# Elektronik für Informatiker

## von den Grundlagen bis zur Mikrocontroller-Applikation

von

Dr. Manfred Rost

Dr. Sandro Wefel

Martin-Luther-Universität Halle-Wittenberg



Oldenbourg Verlag München

Lektorat: Johannes Breimeier
Herstellung: Tina Bonertz
Titelbild: Autoren; Grafik: Irina Apetrei
Einbandgestaltung: hauser lacour

Bibliografische Information der Deutschen Nationalbibliothek
Die Deutsche Nationalbibliothek verzeichnet diese Publikation in der Deutschen Nationalbibliografie; detaillierte bibliografische Daten sind im Internet über http://dnb.d-nb.de abrufbar.

**Library of Congress Cataloging-in-Publication Data**
A CIP catalog record for this book has been applied for at the Library of Congress.


Rosenheimer Straße 143, 81671 München, Deutschland
www.degruyter.com/oldenbourg
Ein Unternehmen von De Gruyter

Gedruckt in Deutschland

Dieses Papier ist alterungsbeständig nach DIN/ISO 9706.

ISBN 978-3-486-70692-5
eISBN 978-3-486-72015-0

# Inhaltsverzeichnis

# Geleitwort

Neunzig Prozent aller Prozessoren steuern nicht etwa Arbeitsplatzrechner, sondern Systeme aus nahezu allen Lebensbereichen, etwa im Transportwesen, in der Medizin, im Maschinenbau, oder in der Energieversorgung. Diese so genannten Eingebetteten Systeme oder Cyber-Physical Systems bilden einen zentralen Bestandteil moderner technischer Produkte und sind mitverantwortlich für eine Vielzahl von Produktinnovationen. Das Bundesministerium für Bildung und Forschung schätzte vor drei Jahren, dass diese Sparte im Jahre 2020 einen jährlichen Umsatz von über 40 Milliarden Euro in Deutschland erzielen wird. Die wirtschaftliche Bedeutung von so genannten eingebetteten Systemen übersteigt heute bereits die der herkömmlichen Rechner, Tendenz steigend. Um solche eingebettete Systeme verstehen und bauen zu können, bedarf es neben guten Kenntnissen des jeweiligen Anwendungsbereiches und guten Kenntnissen in der Algorithmen- und Softwareentwicklung in hohem Maße vertiefte Kenntnisse der Elektronik, um beispielsweise die Schnittstellen zwischen der analogen Welt und digitalen Systemen verstehen und bedarfsgerecht konstruieren zu können.

Dies alleine ist Beweis genug für die Bedeutung der Technischen Informatik, speziell der elektronisch-physikalischen Grundlagen der Informationstechnologie, innerhalb der Informatik. Ungeachtet dessen ist in vielen Informatik-Studiengängen zu beobachten, dass die Technische Informatik immer weiter aus den Curricula zu Gunsten anderer Teilgebiete verdrängt wird. Dies hat zur Folge, dass es insbesondere auch kaum noch auf Informatiker ausgerichtete Lehrbücher der Elektronik gibt, die in das so wichtige Gebiet einführen. Wie ein Transistor arbeitet und sich verhält, wie ein analoges Signal verarbeitet und erzeugt werden kann, welche Sensoren es gibt, wie diese aufgebaut sind und sich verhalten, wie digitale Bausteine in den unterschiedlichen Technologien realisiert werden können, all dies sind Kenntnisse, die zum allgemeinen Fachwissen eines Informatikers gehören, Kenntnisse, die er bei der Realisierung eingebetteter Systeme benötigt.

Das vorliegende Lehrbuch greift diesen Mangel auf. Dr. Manfred Rost hat über viele Jahre die Lehrveranstaltung zu den elektronisch-physikalischen Grundlagen der Informatik und die dazugehörigen Praktika für Studierende der Informatik an der Martin-Luther-Universität Halle-Wittenberg gehalten. Herr Dr. Sandro Wefel liest die im Master angesiedelte Wahlpflichtveranstaltung Eingebettete Systeme, in der die Sensorik eine herausragende Rolle spielt. Sie sind meiner Anregung gefolgt, die in ihren Lehrveranstaltungen behandelten Themen in einem Lehrbuch darzustellen. Herausgekommen ist ein Lehrbuch, das sehr umfassend und sehr sorgfältig das Themengebiet darstellt und behandelt. Beginnend bei den physikalischen Grundlagen der Elektronik und der elektrischen Netzwerke, dem Aufbau von Halbleitern und Halbleiterbausteinen und der Begriffe Signal und Information geht das Buch detailliert sowohl auf die analoge als auch die digitale Schaltungstechnik und auf diesen Technologien basierenden Schaltungen (kombinatorische Schaltungen, sequentielle Schaltungen, Sensoren, Analog-Digital- und Digital-Analog-Wandler) mit einem besonderen Schwerpunkt auf Halbleiter-Speicherschaltungen, ein. Das Buch schließt mit einer Einführung in Mikrocontrollern, die in einer Vielzahl elektronischer Geräte und Systemkomponenten Überwachungs-, Mess- und Steuerungsaufgaben übernehmen.

Das vorliegende Lehrbuch ist ein gelungenes Werk. Als Einführung in die Elektronik für Studierende der Informatik ist es weitgehend vollständig. Trotz der Breite der im Buch behandelten Themen werden die einzelnen Themen in der für ein Lehrbuch notwendigen Tiefe behandelt. Darüber hinaus –und das ist für ein Lehrbuch zu einem solchen Thema wirklich bemerkenswert– ist das Buch gut lesbar.

Das Buch enthält zu jedem Kapitel Fragen und Aufgaben, mit denen das selbstständige Arbeiten mit den Begriffen und Methoden geübt werden kann. Ein umfangreicher Anhang enthält verschiedene Übersichten und Exkurse, die als Nachschlagewerk in Bezug auf Formeln, benutzte Begrifflichkeiten und angewendete Methoden konzipiert sind.

Ich bin überzeugt, dass das Lehrbuch von Herrn Dr. Rost und Herrn Dr. Wefel nicht nur für Studierende der Informatik geeignet ist, sondern auch für Studierende der Elektrotechnik gewinnbringend eingesetzt werden kann, sowohl an Universitäten als auch an Fachhochschulen.

Halle an der Saale, im Juli 2013
Prof. Dr. Paul Molitor

# Vorwort

Das vorliegende Buch entstand auf der Basis einführender Vorlesungen über Elektronik und Sensorik, die die Autoren an der Martin-Luther-Universität Halle am Institut für Physik bzw. am Institut für Informatik für Studierende der Informatik seit 1992 regelmäßig gehalten haben bzw. seit 2007 halten.

Ein Teil dieser Vorlesungen, der eine Einführung in die Schaltalgebra und in die Digitaltechnik beinhaltet, war ursprünglich der Lehrveranstaltung „Technische Informatik" vorgelagert und ist inzwischen in diese Vorlesung eingeflossen.

Über die Digitaltechnik hinaus werden in diesem Buch grundlegende Sachverhalte der Elektronik und Halbleitertechnik behandelt, wie sie für das Verständnis der Arbeitsweise von komplexen Analog- und Digitalschaltungen notwendig sind.

In Kapiteln über Signalwandler, über Sensorik und über Mikrocontroller haben Inhalte einer Vorlesung „Sensorik" und das zugeordnete Praktikum als Bestandteile eines fakultativen Angebotes für höhere Semester Berücksichtigung gefunden. Diese Kapitel zeigen Wege auf, wie Mess- oder Einflussgrößen aus der Umwelt erfasst, elektronisch aufbereitet, in einen Rechner eingekoppelt und digital verarbeitet werden können.

Mit diesem breit gefächerten Inhalt wendet sich das Buch vorwiegend an Studierende der Informatik und ist für den Gebrauch im Rahmen von Vorlesungen zur Technischen Informatik und zur Rechnerarchitektur gedacht. Auch Studierende technischer Wissenschaften, die Elektronik als Nebenfach beinhalten und in der Praxis tätige Ingenieure oder Interessenten, die sich für den Bereich „Eingebettete Systeme" interessieren, werden einen Nutzen aus dem Buch ziehen.

Wir haben an vielen Stellen auf klassische Arbeiten und deren Verfasser verwiesen und im Anhang in einigen Tabellen Meilensteine der historischen Entwicklung von Elektronik, Halbleitertechnik und Prozessortechnik tabellarisch nachgezeichnet. Andererseits haben wir auch aktuelle Entwicklungen berücksichtigt bzw. auf solche hingewiesen. Bei der Breite des Stoffgebietes und dessen Schnelllebigkeit war letzteres nur in sehr beschränktem Umfang möglich.

In unserer Darstellung setzen wir Mathematik- und Physikkenntnisse voraus, wie sie etwa dem Abiturstoff entsprechen. Programmiererfahrung wird nicht erwartet; trotzdem sind Grundkenntnisse der Programmierung im Kapitel über Mikrocontroller nützlich.

Die Verfasser bedanken sich bei allen Kollegen und Studenten, die mit hilfreichen und kritischen Diskussionen, mit dem Korrekturlesen oder mit der Bereitstellung von Materialien zum Gelingen des Buches beigetragen haben. Texas Instruments erlaubte uns, Grafiken aus technischen Unterlagen zum Mikrocontroller MSP430 zu verwenden; dafür bedanken wir uns.

Besonderer Dank gilt Herrn Prof. Dr. Paul Molitor, Institut für Informatik an der Martin-Luther-Universiät Halle, der uns ermutigt hat, dieses Buch zu schreiben und uns permanent unterstützt hat, und dem Verlag, der vielen unserer Wünsche entgegen gekommen ist.

Nicht zuletzt danken wir unseren Ehe- bzw. Lebenspartnern, die viel Verständnis aufgebracht und uns nach Kräften unterstützt haben.

Halle und Leipzig, im Sommer 2013
Die Autoren

# 1. Einleitung und Überblick

Die Elektronik ist eine technische Disziplin, die sich aus der Physik, speziell aus Elektrostatik und Elektrodynamik, heraus entwickelt hat und die heute unser Leben in fast allen Bereichen tangiert. Als Geburtsstunde der Elektronik kann man die Jahre 1906/07 angeben, in denen Lee de Forest das erste Verstärkerbauelement, die Vakuumtriode, erfand und eine Verstärkerschaltung (Audion) mit dieser Elektronenröhre beschrieb. Zuvor war bereits eine andere Elektronenröhre, die Vakuumdiode (Flemming 1904), entwickelt worden. Elektronenröhren bildeten über mehrere Jahrzehnte im 20. Jahrhundert das Rückgrat der Elektronik und der Elektronikentwicklung. Sie wurden dabei selbst immer weiter verbessert, mit weiteren Elektroden ausgestattet, für höhere Frequenzen oder höhere Leistungen ausgelegt und miniaturisiert.

Mit der Erfindung des Transistors durch Bratten, Bardeen und Shoockley[1] im Jahre 1947 wurde eine Wende in der Elektronikentwicklung eingeleitet. Der Transistor verdrängte die Elektronenröhren zunehmend und die Erfindung integrierter Halbleiterstrukturen durch Kilby[2] und Noyce beschleunigte diese Entwicklung rasant. Die neuen Möglichkeiten veränderten und erweiterten die gesamte Elektronik und revolutionierten insbesondere die Rechentechnik.

Die heute vorherrschende Festkörperelektronik oder Mikroelektronik fußt in Gestalt der Halbleiterphysik und Halbleitertechnologie auf modernen physikalischen Disziplinen. Eine weitere Basis der Mikroelektronik sind Chemie und Materialwissenschaft, auf die wir in diesem Buch nur am Rande eingehen.

Die Elektronik selbst hat sich im Laufe der Zeit zu einer breit gefächerten technischen Disziplin entwickelt. Zur besseren Übersicht und Einordnung wird das Gesamtgebiet nach ganz verschiedenen Gesichtspunkten, die sich häufig überlappen, gegliedert. Solche Teil- oder Spezialdisziplinen unterscheidet man z.B. nach der Signalart in Analog- und Digitalelektronik, nach Anwendungsbereichen in Medizinelektronik, Unterhaltungselektronik, KFZ-Elektronik u.a., nach weiteren technischen Gesichtspunkten in Optoelektronik, Leistungselektronik, Hochfrequenztechnik usw. Es gibt zahlreiche weitere Kriterien, die hier nicht aufgelistet werden sollen.

Ein bestimmter Entwicklungsstand der Elektronik war Voraussetzung für die Entwicklung der elektronischen Rechentechnik, die zunächst mit Relais-Rechnern begann. Der erste funktionstüchtige, programmierbare Rechner auf Basis von Relais war der Rechner Z3 von Konrad Zuse [3] (1941), in dem alle logischen Verknüpfungen und Zwischenspeicherungen mit 2000 Relais erfolgten.

---

[1] Alle drei erhielten den Nobelpreis für Physik im Jahre 1956 [Fou]

[2] Nobelpreis für Physik im Jahre 2000

[3] Konrad Ernst Otto Zuse, deutscher Ingenieur (1910–1995), siehe auch Kapitel 7.3.1

Nach Relais wurden Elektronenröhren zur Realisierung logischer Verknüpfungen und Zwischenspeicherungen verwendet. Der erste komplett mit Röhren bestückte Rechner war der ENIAC (Electronic Numerical Integrator and Computer). Er wurde an der University of Pennsylvania entwickelt, 1946 der Öffentlichkeit vorgestellt und arbeitete mit ca. 17500 Röhren.

Relais und Röhren wurden bald durch Halbleiter und integrierte Schaltungen abgelöst. Dennoch waren die frühen Lösungen wegbereitend für alle weiteren Entwicklungen der Rechentechnik [Sjo99].

Die enge Beziehung von **Rechentechnik und Informatik** zur Elektronik ergibt sich, weil für das elektronische Rechnen elektrische und magnetische Phänomene und elektronische Schaltungen in vielfältiger Weise genutzt werden:

- elektronischen Zuständen bestimmter Komponenten eines technischen Systems (Prozessor, Speicher) wird eine logische oder eine numerische Bedeutung (Zustand, Variable, Konstante) zugewiesen,
- in anderen Teilen des gleichen technischen Systems oder zu einem anderen Zeitpunkt repräsentieren elektrische Zustände logische oder arithmetische Befehle,
- durch Dateneingaben werden solche elektrischen Zustände im System definiert, erzeugt bzw. verändert,
- im Verlaufe der Verarbeitung oder Berechnung modifiziert ein Prozessor die internen elektrischen Zustände nach mathematischen bzw. logischen Regeln selbständig,
- Zwischen- oder Endzustände werden als Ergebnis elektrisch oder magnetisch konserviert (gespeichert) oder in einer für den Anwender lesbaren, nicht-elektrischen Form präsentiert (Bildschirm, Display, Ausdruck).

Um interne elektrische Zustände eines Prozessors zu konservieren, weiter zu leiten oder dem Nutzer wieder zugänglich zu machen, stützen sich Rechentechnik und Informatik wiederum auf bekannte Wirkungen des elektrischen Stromes und elektronische Schaltungen. Das betrifft Prozesse wie:

- die magnetische Speicherung von Daten auf magnetischen Datenträgern (Magnetkarte oder Festplatte),
- die Speicherung von Daten oder Programmen unter Nutzung optischer Phänomene (CD, DVD, Blu-ray),
- die Übertragung von Daten (elektrischer Strom oder elektromagnetische Wellen als Informationsträger),
- die Visualisierung errechneter bzw. gespeicherter Daten oder innerer Zustände des Rechners mittels Leuchtdioden (LED) oder auf Displays
- oder die Ausgabe von Ergebnissen auf Druckern oder Plottern.

Zum Verständnis von Gesetzmäßigkeiten, nach denen sich interne, elektronische Zustände eines Prozessors setzen, verändern oder konservieren lassen, ist die Kenntnis von Grundlagen der Elektronik notwendig oder zumindest sehr hilfreich. Ebenso erfordert das Verständnis der Funktion der vielfältigen, in der Rechentechnik und Informatik benutzen Ein- und Ausgabegeräte, der Übertragungsverfahren und anderer Hilfsgeräte Kenntnisse auf dem Gebiet der Elektronik. Andererseits bestimmen physikalische und elektronische Gesetzmäßigkeiten Grenzen, in denen Prozessoren und andere Komponenten der Rechentechnik überhaupt arbeiten können. Genannt seien hier Zusammenhänge zwischen Strukturgrößen, maximaler Taktfrequenz und Betriebsspannung sowie Wärmeerzeugung und -abfuhr im Prozessor.

**Kurzübersicht zum Stoff des Buches:**
Für den Informatiker ist der Bereich der Digitalelektronik von besonderem Interesse. Analoge Elektronikkomponenten spielen bei Datenwandlern, im Zusammenhang mit Fragen der Sensorik, der Datenübertragung oder der Stromversorgung eine Rolle. In beide Bereiche, Analog- und Digitalelektronik, werden wir uns, beginnend mit den hierfür notwendigen physikalischen Grundlagen, einarbeiten.

Da alle Gebiete der Elektronik auf grundlegenden Erkenntnissen der Physik fußen, werden in **Kapitel 2** von der Physik, speziell der Elektrizitätslehre, ausgehend zunächst die Regeln für den Gleich- und Wechselstromkreis entwickelt und passive Bauelemente und elektrische Quellen betrachtet. Die Behandlung linearer Netze und eine Einführung in Vorgänge auf Leitungen sind Gegenstand von **Kapitel 3**.

In **Kapitel 4** erfolgt eine kurze Einführung in die Halbleitertechnik. Wir erläutern hier die Leitungsvorgänge im Halbleiter und beschreiben darüber hinaus Aufbau und Funktion wesentlicher Halbleiterbauelemente.

Danach wenden wir uns in **Kapitel 5** Signalen und deren Darstellung zu. Wir erläutern Beziehungen zu verwandten Sachverhalten und grenzen die Begriffe Signal, Information und System gegeneinander ab.

In **Kapitel 6** betrachten wir die Verarbeitung analoger Signale. Wir besprechen einfache passive Filterschaltungen und analoge Grundschaltungen mit aktiven Bauelementen. Operationsverstärker werden ihrer Bedeutung entsprechend ausführlicher behandelt.

Der Digitaltechnik haben wir zwei Kapitel gewidmet. Zuerst werden in **Kapitel 7** wichtige Grundlagen der Digitaltechnik dargestellt und die Realisierung von Grundgattern beschrieben. Kombinatorische Schaltungen, sequentielle Schaltungen und Speicherschaltungen sind Gegenstand von **Kapitel 8**.

Häufig besteht die Aufgabe, nichtelektrische Größen mit elektronischen Systemen zu erfassen. Dies ist die Aufgabe von Sensoren, die wir in **Kapitel 9** betrachten.

Zur Überführung von analogen Signalen in digitale Signale bzw. umgekehrt nutzt man so genannte Analog-Digital-Wandler bzw. Digital-Analog-Wandler. Grundstrukturen solcher Wandler werden in **Kapitel 10** behandelt. Diese Datenwandler sind Systeme mit komplexer Funktionalität, die sich aus analogen und digitalen Grundschaltungen zusammensetzen lassen (Synthese). Umgekehrt wird in diesem Zusammenhang auch dargestellt, wie sich eine komplexe Funktionalität auf Grundfunktionen reduzieren und dann leichter erklären lässt (Analyse).

Der Mikrocontroller wird stellvertretend für den Aufbau vieler Komponenten eines Rechners betrachtet. Wir erläutern zuerst allgemein Aufbau und Arbeitsweise eines Controllers und das Zusammenspiel mit seiner Peripherie. Anhand eines speziellen Mixed-Signal-Mikrocontrollers erörtern wir einige Anwendungsbeispiele, speziell im Zusammenhang mit dem Messen nichtelektrischer Größen (**Kapitel 11**).

Der behandelte Stoff wird durch Fragen und Aufgaben vertieft und gefestigt, die jeweils am Ende eines Kapitels eingefügt sind.

In den einzelnen Kapiteln wird der Stoff jeweils mit ansteigendem Schwierigkeitsgrad präsentiert. So kann der Leser sich auch schon mit einem folgenden Kapitel beschäftigen, wenn das aktuelle Kapitel noch nicht abschließend bearbeitet ist.

Die Autoren setzen physikalische und mathematische Grundlagen in dem Umfang voraus, wie sie an Gymnasien gelehrt werden.

Möglicherweise ist beim Leser der Schulstoff teilweise in Vergessenheit geraten. Wir haben deshalb in einem **Anhang A** einige wichtige Sachverhalte aus Physik und Mathematik kurzgefasst zum Nachschlagen bereitgestellt. Dies kann und soll keineswegs ein einschlägiges Lehrbuch ersetzen.

Um den Text flüssig lesbar zu halten, wurden auch einige Tabellen zu technischen und physikalischen Fragen, eine Liste Boolescher Funktionen, sowie einige andere Informationen in den Anhang verlagert.

# 2. Physikalische Grundlagen der Elektronik

Wir erleben unsere Umwelt, indem wir Reize aus der Umwelt über unsere Sinne wahrnehmen. Für mechanische, optische, thermische und chemische Reize verfügen wir über entsprechende Rezeptoren. Solche Rezeptoren können, wie bei der Druck-, Temperatur- oder Schmerzempfindung, über den Körper verteilt sein oder, wie beim Geruchssinn, beim Gesichtssinn oder dem Gehör in Sinnesorganen konzentriert sein.

Elektrische und magnetische Phänomene sind den Sinnen des Menschen nicht unmittelbar zugänglich, wir können solche Erscheinungen deshalb nur indirekt über ihre Wirkungen bzw. über Wechselwirkungen erkennen. Als Beispiele seien die schmerzhafte Empfindung beim Stromdurchgang durch den Körper, also der elektrische Schlag, sowie der Blitz genannt. Die vielfältigen Wirkungen der Elektrizität, insbesondere des elektrischen Stromes, sind in unserem täglichen Leben allgegenwärtig. Wir wollen Elektrizität und elektrischen Strom jetzt genauer betrachten.

## 2.1. Elektrizität und elektrischer Strom

### 2.1.1. Statische Elektrizität

Wenn man bestimmte Materialien, wie Bernstein, einen Hartgummistab oder einen Glasstab mit einem trockenen Tuch oder mit einem Fell reibt, beobachtet man, dass Kräfte auf leichte Teile, wie kleine Papierschnipsel oder Haare, ausgeübt werden. Die Teile werden angezogen. Man kann andererseits auch beobachten, dass sich nach dem Reiben gleichartige Teile abstoßen. Dies ist ein seit Jahrhunderten bekanntes elektrisches Phänomen, wir nennen es **Reibungselektrizität**.

Man kann sich in einem kleinen Experiment leicht selbst davon überzeugen, indem man ein Plastiklineal an trockener Kleidung reibt und versucht, dann kleine Stücke von trockenem Zeitungspapier (ca. $1/2\,\mathrm{cm}^2$) aufzuheben.

Reibungselektrizität kann bei vielen Vorgängen in unserer Umgebung auftreten, z.B. wenn sich trockene Kleidung an Bezügen von Sitzmöbeln oder einem Autositz reibt. Einen Ausgleich der so angesammelten **elektrischen Ladung** kann man dann als elektrische Entladung eventuell in Form eines kleinen Funken oder eines harmlosen elektrischen Schlages beobachten bzw. spüren.

Für Halbleiterbauelemente ist diese Reibungselektrizität weniger harmlos; sie kann zur Zerstörung bestimmter Bauelemente führen (siehe Kapitel 4.5.4).

### 2.1.2. Elektrische Ladung

Alle elektrischen Erscheinungen sind an das Vorhandensein oder die Bewegung einer elektrischen Menge, der elektrischen Ladung, geknüpft. In unserem eindeutigen Zusammenhang sprechen wir verkürzt auch einfach von der Ladung. Die elektrische Ladung ist eine grundlegende Erscheinung der Materie. Bestimmte Elementarteilchen besitzen neben ihrer Masse auch eine elektrische Ladung und unterliegen damit der elektromagnetischen Wechselwirkung. Es gilt eine Erfahrungstatsache, die wir den Satz von der Erhaltung der Ladung oder den **Ladungserhaltungssatz** nennen:

**Satz 2.1 (Ladungserhaltungssatz)**
In jedem abgeschlossenen System ist die Summe aller Ladungen konstant.

Es werden genau zwei Arten von Ladung beobachtet, die seit ihrer Entdeckung **positive Ladung** und **negative Ladung** genannt und mit dem entsprechenden Vorzeichen, also mit $+$ bzw. mit $-$, gekennzeichnet werden. Für die elektrische Ladung verwenden wir das Symbol $Q$ oder $q$, wobei ein hochgestelltes $+$ oder $-$ , die Art (Polarität) der Ladung angeben kann.

Elektrische Ladungen üben elektrische Kräfte aufeinander aus, wobei gilt:

- Ladungen mit ungleichen Vorzeichen ziehen einander an und
- Ladungen mit gleichen Vorzeichen stoßen einander ab.

Die elektrische Ladungsmenge wird in **Coulomb**[1] C oder **Amperesekunden** A s gemessen. Dabei gilt:

$$1\,\mathrm{C} = 1\,\mathrm{A\,s}.$$

Das Coulomb ist die SI-Einheit[2] der elektrischen Ladung; es ist eine abgeleitete Einheit, die auf die Basiseinheiten Ampere und Sekunde zurück geführt wird.

Die kleinste vorkommende elektrische Ladung ist die **Elementarladung**[3].

**Elementarladung**
Die Elementarladung ist eine Naturkonstante[4]; ihr Wert beträgt

$$e = 1{,}602\,176\,565 \cdot 10^{-19}\,\mathrm{C} \tag{2.1}$$

[1] Nach Charles Augustin de Coulomb, französicher Physiker (1736–1806)

[2] Das Internationale Einheitensystem (SI) wird im Anhang A.2.1 Seite 464 erläutert.

[3] Die Elementarladung kann mit dem Millikan-Versuch experimentell bestimmt werden. Bei diesem Versuch wird das Steigen oder Fallen kleinster geladener Öltröpfchen in einem elektrischen Feld (siehe Abschnitt 2.1.3) beobachtet. Millikan erhielt für die Bestimmung der Elementarladung 1923 den Nobelpreis für Physik.

[4] Eine Zusammenstellung der wesentlichen Naturkonstanten findet man im Anhang A.2.2, Seite 467.

Wir werden in Rechnungen als genäherten Wert

$$e \approx 1{,}602 \cdot 10^{-19}\,\mathrm{A\,s}$$

verwenden. Mit diesem Näherungswert ergibt sich, dass eine Ladungsmenge von $1\,\mathrm{A\,s}$ einer Anzahl von $6{,}24 \cdot 10^{18}$ Elementarladungen entspricht. Die Ladung ist also quantisiert. Jedoch ist die Elementarladung so klein, dass Ladungsmengen, wie sie in technischen Anwendungen vorkommen, meist als Kontinuum erscheinen.

Um Kräfte zwischen geladenen Objekten problemlos berechnen zu können, machen wir zunächst die vereinfachende Annahme, dass die gesamte betrachtete Ladung $Q$ bzw. $q$ in einem Punkt konzentriert ist. Dies ist das Modell der **Punktladung**. Für zwei Punktladungen kann die Kraft[1] $\vec{F}$, die die beiden Punktladungen aufeinander ausüben, über das **Coulombsche Gesetz** berechnet werden. Dieses lautet:

**Coulombsches Gesetz**

$$\vec{F} = \frac{1}{4\pi \cdot \epsilon_0} \cdot \frac{q_1 \cdot q_2}{r^2} \cdot \frac{\vec{r}}{r} \tag{2.2}$$

Dabei ist:

- $q_1, q_2$ jeweils die Ladung einer Punktladung,
- $r$ der Abstand zwischen den beiden Punktladungen,
- $\epsilon_0$ die elektrische Feldkonstante (Dielektrizitätskonstante),
- $\vec{F}$ der Kraftvektor und
- $\frac{\vec{r}}{r}$ der Einheitsvektor.

Tragen beide Ladungen das gleiche Vorzeichen, so ist $\vec{F}$ eine abstoßende Kraft, bei ungleichen Vorzeichen ist es eine anziehende Kraft.

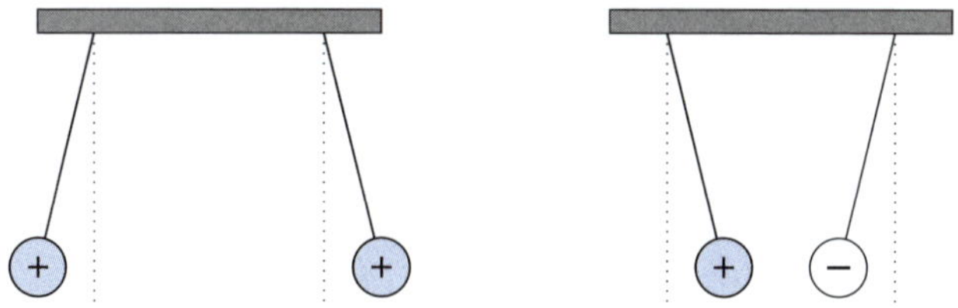


**Abb. 2.1.:** Abstoßung und Anziehung zwischen gleichartigen und verschiedenartigen Punktladungen, schematisch

Die Abb. 2.1 veranschaulicht die Kraftwirkung schematisch mit kleinen geladenen Kügelchen. Dabei ist vorausgesetzt, dass die Ladungen jeweils den gleichen Betrag haben und die geladenen Kügelchen als Punktladungen behandelt werden können.

[1] Kräfte sind Vektoren; zu Vektoren siehe Anhang A.3.1, Seite 476.

### 2.1.3. Das elektrische Feld – elektrisches Potential

Die durch Gleichung 2.2 beschriebene Kraftwirkung zwischen den beiden Ladungen wird in der Physik **Fernwirkung** genannt, weil die Ladungen stets einen Abstand $r$ voneinander haben.

Es hat sich als zweckmäßig erwiesen, diese Fernwirkung der elektrischen Ladungen durch die **Nahwirkung** eines Kraftfeldes, hier des **elektrischen Feldes**, zu ersetzen. Dieses Vorgehen ist ganz analog zum Gravitationsfeld oder Schwerefeld der Erde in der Mechanik.

Zur Definition des elektrischen Feldes wird die Kraftwirkung der Feld-erzeugenden Ladung auf eine sehr kleine Probeladung q, die das Feld nicht beeinflusst, genutzt. Das elektrische Feld wird durch den Feldstärkevektor $\vec{E}$ charakterisiert. Für den Feldstärkevektor gilt folgende Beziehung:

**Elektrische Feldstärke**

$$\vec{E} = \frac{\vec{F}}{q} \tag{2.3}$$

Dabei sind $q$ die Probeladung und $\vec{F}$ die Kraft, die auf die Probeladung im Feld wirkt.

Die elektrische Feldstärke ist, wie die Kraft, ein Vektor im Raum. Der Feldstärkevektor beschreibt nach Betrag und Richtung die elektrische Kraft, die im Raum auf eine Probeladung q wirkt. Sie kann im Gegensatz zur Schwerkraft, die immer anziehend ist, auch abstoßend sein, je nachdem, ob Ladungen ungleichen oder gleichen Vorzeichens betrachtet werden.

**Definition 2.1 (Richtung des elektrischen Feldes)**
Die Richtung des elektrischen Feldes ist per Definition festgelegt: Das elektrische Feld ist von der positiven zur negativen Ladung gerichtet. Positive Probeladungen bewegen sich in Feldrichtung und negative Ladungen der Feldrichtung entgegen.

Das elektrische Feld nach Gleichung 2.3 kann man durch Feldlinien oder Kraftlinien symbolisch darstellen. Die Feldlinien entsprechen Bahnen, auf denen sich eine Probeladung bewegen kann, welche in das Feld gebracht wird und dort frei beweglich ist.

Die Berechnung elektrischer Felder aus gegebenen, ruhenden Ladungsverteilungen ist Gegenstand der Elektrostatik [Mar12]. Von den Feldlinienbildern der zahllosen möglichen Ladungsanordnungen greifen wir nur drei heraus. Die Abb. 2.2a zeigt die Feldlinien einer einzelnen, isolierten Punktladung ohne Wechselwirkung; da die Punktladung positiv ist, zeigen die Feldlinien von der Punktladung weg. In Abb. 2.2b ist das Feldlinienbild zweier Punktladungen ungleichen Vorzeichens, die einander anziehen, dargestellt. Das Feldlinienbild eines geladenen Plattenkondensators, also eines Bauelementes, zeigt die Abb. 2.21 (siehe S. 38).

Wie das Schwerefeld ist das elektrische Feld ein Potentialfeld, d.h., der Energiegewinn oder Verlust, den eine Probeladung $q$ erfährt, wenn sie im Feld verschoben wird, ist nur vom

Anfangs- und Endpunkt, nicht aber vom Weg abhängig. Man kann den Energiegewinn oder Verlust, den die Probeladung $q$ erfährt, wenn sie im Feld verschoben wird, als Wegintegral zwischen dem Anfangspunkt $A$ und dem Endpunkt $B$ auf folgende Weise berechnen:

$$W_{AB} = q \int_A^B \vec{E} d\vec{s}. \tag{2.4}$$

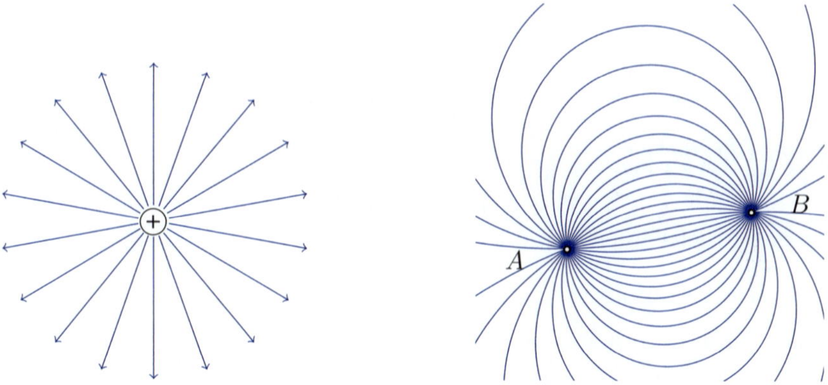


**(a)** Isolierte positive Ladung

**(b)** Zwei Ladungen unterschiedlichen Vorzeichens

**Abb. 2.2.:** Elektrische Feldlinien unterschiedlicher Ladungsverteilungen

Den beiden Punkten $A$ und $B$ ordnet man je ein elektrisches Potential $\phi_A$ und $\phi_B$ zu. Zur Angabe des Potentials benötigt man einen Referenzpunkt mit einem Referenzpotential $\phi_0$. Aus praktischen Gründen gibt man in der Regel eine Potentialdifferenz $\phi_B - \phi_A$ an; diese Potentialdifferenz heißt **elektrische Spannung**.

Die elektrische Spannung ergibt sich analog zu Gleichung 2.4 als Wegintegral von einem Punkt $A$ zu einem Punkt $B$ über die Feldstärke:

**Definition 2.2 (Elektrische Spannung)**

$$U_{AB} = \frac{W_{AB}}{q} = \int_A^B \vec{E} d\vec{s} \tag{2.5}$$

Die Spannung ist eine abgeleitete Größe, die oft verwendet wird und leicht messbar ist. Die Maßeinheit für die elektrische Spannung $U$ ist das Volt[1]: $[U] = \text{V}$. Das Volt ist eine abgelei-

[1] Nach dem italienischen Physiker Alessandro Volta (1745–1827)

tete SI-Einheit und darstellbar als Quotient der Einheiten der elektrischen Leistung und des elektrischen Stromes

$$1\,\mathrm{V} = \frac{1\,\mathrm{W}}{1\,\mathrm{A}} .$$

Um einen elektrischen Energiegewinn für einen Ladungsträger auszudrücken, kann man das Produkt aus beteiligter Ladung und durchlaufener Spannung benutzen:

$$W = Q \cdot U .$$

Diese Beziehung wird insbesondere zur Definition einer sehr kleinen, in der Atomphysik und Halbleiterphysik oft benötigten Energieeinheit, dem **Elektronenvolt** (Symbol **eV**), benutzt.

**Definition 2.3 (Elektronenvolt)**
Ein Elektronenvolt ist die Energieeinheit, die eine Elementarladung gewinnt oder verliert, wenn sie eine Potentialdifferenz von 1 V durchläuft.

## Elektrische Ladung und elektrischer Strom

Freie Ladungsträger unterliegen einer ständigen Wärmebewegung, unabhängig davon in welchem Medium sie sich befinden. Wenn sich Ladungsträger jedoch im Mittel mit einer Vorzugsrichtung bewegen, nennen wir das einen **elektrischen Strom** $I$.

**Das Ampere**
Die SI-Einheit des elektrischen Stromes ist das Ampere[1]:

$$[I] = \mathrm{A} .$$

Das Ampere ist eine physikalische Grundgröße.

Der elektrische Strom stellt eine Verschiebung von Ladung pro Zeiteinheit dar und ergibt sich mathematisch nach einem Grenzübergang als Zeitableitung der Ladung:

$$I = \frac{dQ}{dt} . \tag{2.6}$$

Auf der Ebene der Ladungsträger, also mikroskopisch, ist der elektrische Strom als gerichtete Bewegung von frei beweglichen Ladungsträgern zu beschreiben (siehe Abschnitt 2.1.6).

[1] Nach dem französischen Physiker André-Marie Ampère (1775–1836). Zur Definition des Ampere siehe Anhang A.2.3, Seite 468.

Makroskopisch beobachten wir, zumeist im Zusammenhang mit technischen Produkten, verschiedene Wirkungen des elektrischen Stromes, nämlich:

- eine **thermische Wirkung** bei Glühlampen oder Heizplatten, aber natürlich auch im heimischen PC, dessen Prozessor aktiv gekühlt werden muss,
- eine **optische Wirkung** in Form der Lichtemission von Leuchtdioden oder Gasentladungslampen,
- eine **magnetische Wirkung** bei Elektromagneten, Motoren, Relais oder dynamischen Lautsprechern und
- eine **chemische Wirkung** bei der Aufladung von Akkumulatoren, der Elektrolyse oder der elektrochemischen Metallabscheidung (Galvanisieren).

Weniger geläufig ist die mechanische Wirkung, vermittelt über das Magnetfeld, wie sie zur Definition der elektrischen Stromstärke benutzt wird (siehe Anhang A.2.3). Im Grunde beschreiben alle vorgenannten Sachverhalte die Wandlung elektrischer Energie in eine andere Energieform, nämlich in Wärme, in Strahlung, in mechanische oder chemische Energie.

### 2.1.4. Elektrizität und Atombau

Für die Erklärung elektrischer Phänomene benötigen wir einige Erkenntnisse über den Aufbau der Materie. Deshalb wird an dieser Stelle das Bohrsche Atommodell[1] vereinfacht skizziert. Wir gehen auf den quantenphysikalischen Hintergrund nicht näher ein.

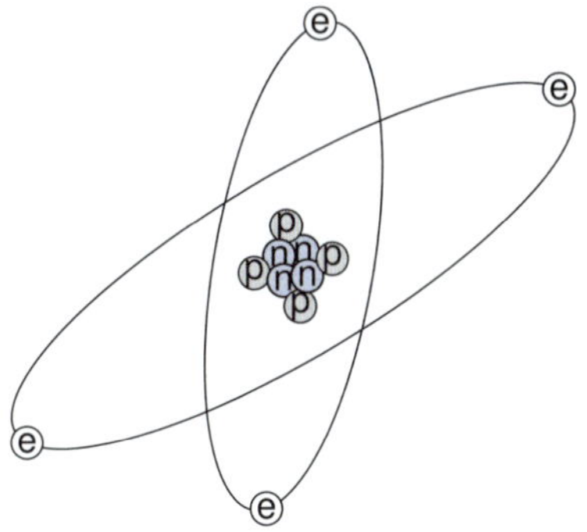


**Abb. 2.3.:** Bohrsches Atommodell

Jedes Atom besteht aus einem Atomkern und einer Elektronenhülle (siehe Abb. 2.3). Der Atomkern selbst enthält Protonen und Neutronen[2] und beinhaltet fast die gesamte Masse des Atoms. Die Protonen tragen eine positive Elementarladung und haben eine vergleichsweise große Ruhemasse (siehe Tabelle 2.1). Die Anzahl der Protonen im Kern entspricht der Ordnungszahl oder Kernladungszahl des Atoms, also der Stellung des Elements im Periodensystem (Periodensystem der Elemente, siehe Anhang A.2.5).

Die Neutronen sind ungeladen und damit elektrisch neutral. Sie spielen für elektronische Fragen keine Rolle. Ihre Ruhemasse ist Tabelle 2.1 zu entnehmen. Die Hülle des Atoms

[1] Niels Bohr, dänischer Physiker (1885–1962), 1922 Nobelpreis für Physik. Frühere Atommodelle und auch das Bohrsche Atommodell (1912) erklären nicht alle experimentellen Befunde der Atomphysik. Durch Einbeziehung der Wellenfunktion für Elektronen, die Interpretation der Lösungen der Wellengleichung als Aufenthaltswahrscheinlichkeiten und die Unschärferelation wurde das Modell wesentlich verfeinert, ohne die Annahmen des Bohrschen Modells aufzugeben (weiterführende Literatur: [Rai03]).

[2] Ausnahme: Wasserstoff; beim Wasserstoff besteht der Atomkern nur aus einem Proton.

besteht aus Elektronen und hat eine viel geringere Masse als der Kern. Jedes Elektron trägt eine negative Elementarladung. Die Ruhemasse eines Elektrons beträgt ca. $\frac{1}{1837}$ der Masse des Protons (siehe Tabelle 2.1). Die Anzahl der Hüllenelektronen ist gleich der Anzahl der Protonen im Kern und entspricht wieder der Ordnungszahl des Atoms im PSE. Damit ist das Atom nach außen elektrisch neutral. Als Symbol für das Elektron und auch für seine Ladung benutzen wir das Symbol $e^-$.

**Tabelle 2.1.:** Bausteine der Atome

| Teilchen | | Ruhemasse | Ladung |
|---|---|---|---|
| Elektron | $m_e =$ | $9{,}109\,382\,15 \cdot 10^{-31}\,\mathrm{kg}$ | $-1{,}602 \cdot 10^{-19}\,\mathrm{A\,s}$ |
| Proton | $m_p =$ | $1{,}672\,621\,637 \cdot 10^{-27}\,\mathrm{kg}$ | $+1{,}602 \cdot 10^{-19}\,\mathrm{A\,s}$ |
| Neutron | $m_n =$ | $1{,}674\,927\,211 \cdot 10^{-27}\,\mathrm{kg}$ | 0 |

Man könnte vermuten, dass auf Grund der elektrischen Anziehung zwischen positiven und negativen Ladungen, die Elektronen der Hülle in den Kern stürzen. Das wird aber nicht beobachtet. Vielmehr bewegen sich die Hüllenelektronen auf bestimmten diskreten Energieniveaus stabil um den Kern. Auf diesen sog. stationären Zuständen emittieren die Elektronen keine elektromagnetische Strahlung (1. Bohrsches Postulat). Unter bestimmten Umständen finden Übergänge von einem diskreten Energieniveau zu einem anderen statt. Solch ein Übergang ist immer mit der Aufnahme oder mit der Abgabe einer bestimmten Energiemenge verbunden. Durch Energieaufnahme können Elektronen auf höherenergetische Niveaus gelangen oder sogar das Atom verlassen. Umgekehrt können Elektronen durch Abgabe diskreter Energien in Form von Strahlung auf freie niedrigere Energieniveaus wechseln. Die abgegebene Energie des Lichtquants entspricht dabei genau der Differenz der Energieniveaus:

$$h \cdot \nu = E_2 - E_1. \tag{2.7}$$

Hier bedeuten

- $h$ das Plancksche Wirkungsquantum[1],
- $\nu$ die Frequenz des emitierten Lichtes und
- $E_2$ das höhere und $E_1$ das niedrigere Energieniveau.

Wenn Atome durch Zufuhr äußerer Energie ein oder mehrere Elektronen aus ihrer Hülle verlieren, ergibt sich infolge der unveränderten Kernladung ein Überschuss an positiven Ladungen und es entstehen ein- oder mehrfach positiv geladene Ionen (Kationen) sowie freie Elektronen. Positive Ionen können durch Einfang von Elektronen wieder neutrale Atome werden.

Atome können unter bestimmten Umständen auch zusätzlich ein oder mehrere Elektronen an sich binden. Sie werden dann zu negativen Ionen (Anionen). Nach Abgabe von überschüssigen Elektronen werden negative Ionen wieder zu neutralen Atomen.

[1] Nach Max Planck, deutscher Physiker, 1858–1947, Nobelpreis für Physik 1918

**Definition 2.4 (Ladungsträger)**
Wir bezeichnen Teilchen, die eine oder mehrere Elementarladungen tragen, zusammenfassend als **Ladungsträger**. Protonen, Elektronen sowie positiv oder negativ geladene Ionen sind also Ladungsträger.

Dagegen sind Atome und Moleküle nach außen elektrisch neutral und damit keine Ladungsträger. Ladungsträger können sowohl in Atomen gebunden als auch frei beweglich sein. Frei bewegliche Ladungsträger sind für die elektrische Leitung und den elektrischen Strom eine notwendige Voraussetzung.

### 2.1.5. Leiter und Isolatoren

Es ist eine Erfahrungstatsache, dass bestimmte Stoffe den elektrischen Strom nicht leiten und andere Materialien ihn mehr oder weniger gut leiten. Nach ihrer elektrischen Leitfähigkeit klassifiziert, unterscheiden wir:

- elektrische Leiter,
- Halbleiter und
- Nichtleiter oder Isolatoren.

In die Klasse der elektrischen Leiter, die den Strom gut leiten, gehören alle Metalle und Legierungen. Nichtleiter sind alle Gase und natürliche Verbindungen, wie Diamant oder Quarz. Viele technische Werkstoffe, wie Glas, Keramik und die meisten Kunststoffe, sind ebenfalls Nichtleiter. Halbleiter können je nach Vorbehandlung und Umgebungsbedingungen eher gut oder eher schlecht leitend sein; Leitungsphänomene im Halbleiter werden wir in Kapitel 4, Abschnitt 4.3.3 behandeln.

Damit ein elektrischer Strom in einem bestimmten Material fließen kann, muss dieses Material eine elektrische Leitfähigkeit haben. Voraussetzung für eine elektrische Leitfähigkeit ist das Vorhandensein von frei beweglichen Ladungsträgern in dem Material.

#### Metallische Leitung

Die besonders gut leitenden Metalle bilden die Gruppe der Leiter. Um die Leitfähigkeit in Metallen zu erklären, wurde Anfang des 20. Jahrhunderts das Modell des Elektronengases von Drude[1] entwickelt. Dieses Modell geht davon aus, dass in einem Metall pro Metallatom ein quasi-freies Elektron existiert. Das heißt, in diesem Modell existieren je nach Metall Ladungsträger von etwa

$$n = 0{,}85 \ldots 8{,}5 \cdot \frac{10^{22}}{\mathrm{cm}^3} .$$

[1] Paul Karl Ludwig Drude, deutscher Physiker, 1863–1906

Man nennt $n$ die **Ladungsträgerdichte**. Die quasi-freien Elektronen können sich innerhalb des Metalls frei bewegen, das Metall aber normalerweise nicht verlassen. Nur, wenn z.B. durch Wärme (Glühemission) oder durch Einstrahlen von Licht (Fotoemission) einzelne Elektronen eine Energie erhalten, die größer ist, als die sog. Austrittsarbeit, können sie das Metall verlassen [Sch74].

**Andere wichtige Leitungsphänomene** sind die Stromleitung in Flüssigkeiten und in Gasen bzw. im Hochvakuum.

In wässrigen Lösungen von **Elektrolyten**, dazu zählen Säuren, Basen und Salze, gibt es als Folge der elektrolytischen Dissoziation der Moleküle mit Ionenbindung positive und negative Ionen. Diese Ionen bilden das Reservoir freier Ladungsträger und erlauben einen Ladungstransport. Zugleich bedingen sie, dass in Elektrolyten der Ladungstransport stets mit einem Massetransport verbunden ist.

Der Stromübergang von einem festen Leiter (Metall) in den Elektrolyten erfolgt an **Elektroden**, die in den Elektrolyt eintauchen oder von diesem benetzt werden. An jeder Elektrode erfolgt bei Stromfluss ein Ladungsaustausch zwischen Metall und Ionen, wobei Ionen Ladungen aufnehmen oder abgeben. Man nennt die elektrolytischen Leiter auch Leiter zweiter Klasse.

**Gase** sind im Normalfall elektrisch isolierend. Man kann Gase jedoch auch ionisieren, z.B. mittels ionisierender Strahlung. Beim Ionisieren werden im Gas aus neutralen Atomen oder Molekülen positive Ionen und freie Elektronen erzeugt. Das ionisierte Gas ist dann leitfähig, bleibt insgesamt aber elektrisch neutral. Die elektrische Leitung in ionisierten Gasen ist die Grundlage von Gasentladungslampen, vom Lichtbogen und natürlich auch vom Blitz.

Der Elektronenstrom im Hochvakuum und dessen Steuerung bilden die Grundlage der Elektronenröhren. Im Hochvakuum sind ausschließlich Elektronen die frei beweglichen Ladungsträger, die durch thermische Elektronenemmission oder auch durch Feldemmission aus einer metallischen Katode freigesetzt werden.

Die Stromleitung in Flüssigkeiten und in Gasen wird hier nicht behandelt. In allen Fällen müssen jedoch frei bewegliche Ladungsträger zur Stromleitung zur Verfügung stehen.

### 2.1.6. Bewegung freier Ladungsträger

Wenn sich freie Ladungsträger in einem elektrischen Feld befinden, wirkt auf diese Ladungsträger eine elektrische Kraft. Diese Kraft, die man nach Gleichung 2.3 berechnen kann, beschleunigt die Ladungsträger entsprechend dem Grundgesetz der Mechanik. Mit den Größen $m$ = Masse und $\vec{a}$ = Vektor der Beschleunigung aus der Mechanik sowie $q$ = Ladung und $\vec{E}$ = Vektor der elektrischen Feldstärke aus der Elektrizitätslehre kann man für die Bewegungsgleichung des Ladungsträgers schreiben:

$$m \cdot \vec{a} = q \cdot \vec{E}. \tag{2.8}$$

Wie aus der Mechanik bekannt ist, beschreibt diese Gleichung eine gleichförmig beschleunigte Bewegung.

Betrachtet man nun das Elektronengas in einem Metall, so wirkt bei angelegter Spannung auf das Ensemble der freien Elektronen ebenfalls eine elektrische Kraft. Diese Kraft beschleunigt die Elektronen solange, bis sie mit einem Atomrumpf zusammenstoßen. Bei diesen Stößen verlieren die Elektronen ihre im elektrischen Feld aufgenommene kinetische Energie wieder. Diese Energie wird dabei an das Kristallgitter (siehe Kapitel 4.3.1) abgegeben und in Wärme umgesetzt. Auf diese Weise bildet sich für die Elektronen im Metall eine mittlere Geschwindigkeit, die sog. **Driftgeschwindigkeit** $\vec{v}_D$, heraus. Ein Zusammenhang zwischen Driftgeschwindigkeit $\vec{v}_D$ und Feldstärke $\vec{E}$ lässt sich herstellen, wenn man eine neue Größe, die **Beweglichkeit** $\mu$, einführt:

$$\vec{v}_D = \mu \cdot \vec{E}. \tag{2.9}$$

Die Beweglichkeit $\mu$ ist eine materialspezifische Größe mit der Dimension $\frac{\mathrm{m}^2}{\mathrm{V\,s}}$.

Wir betrachten nun die mikroskopische Bewegung eines Ladungsträgerensembles in einem vergrößert dargestellten Leiterstück (Abb. 2.4).

Das dargestellte Leiter- bzw. Leitungsstück habe die Länge $l$ und den Querschnitt $A$. Über die Länge $l$ falle die Spannung $U$ ab. Dann erhält man für die in diesem Fall skalar darstellbare Feldstärke im Leiter

$$E = \frac{U}{l}. \tag{2.10}$$

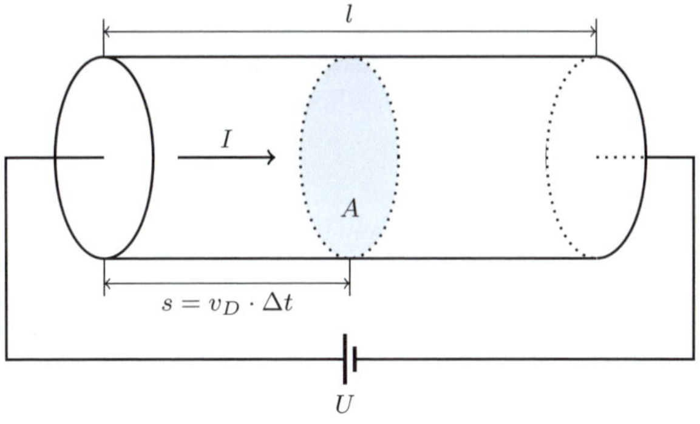


**Abb. 2.4.:** Zur Berechnung der Leitfähigkeit

Ein willkürlich herausgegriffener Ladungsträger bewegt sich in der Zeit $\Delta t$ um die Strecke $s$. Mit der Driftgeschwindigkeit $v_D$ kann man die Strecke $s$ errechnen, die ein Ladungsträger in der Zeit $\Delta t$ zurück legt. Man erhält:

$$s = v_D \cdot \Delta t. \tag{2.11}$$

In der Zeit $\Delta t$ werden alle im Volumen $V = s \cdot A$ befindlichen Ladungsträger durch den Querschnitt $A$ verschoben. Aus der materialspezifischen Ladungsträgerdichte $n = \frac{N}{V}$ und dem Volumen $\Delta V$ kann man nun die Anzahl der durch eine Querschnittsfläche hindurch getretenen Ladungsträger berechnen und durch Multiplikation mit der Elementarladung auch die verschobene Ladung angeben. Man findet:

$$\Delta Q = q \cdot n \cdot A \cdot v_D \cdot \Delta t. \tag{2.12}$$

Im nächsten Schritt ersetzen wir $v_D$ durch $\mu \cdot E$ sowie die elektrische Feldstärke $E$ durch $\frac{U}{l}$ und dividieren dann die Gleichung durch $\Delta t$ und erhalten einen Ausdruck für den Strom $I$:

$$I = \frac{\Delta Q}{\Delta t} = q \cdot n \cdot \mu \cdot A \cdot \frac{U}{l}. \tag{2.13}$$

Nach einer einfachen Umordnung erkennt man, dass der Strom $I$ und die Spannung $U$ zueinander proportional sind, und dass die Proportionalitätsfaktoren einmal das Material $(q \cdot n \cdot \mu)$ und zum anderen die Geometrie $\left(\frac{A}{l}\right)$ des Leiters kennzeichnen:

$$I = \frac{\Delta Q}{\Delta t} = \underbrace{q \cdot n \cdot \mu}_{Material} \cdot \underbrace{\frac{A}{l}}_{Geometrie} \cdot U. \tag{2.14}$$

Der Term $q \cdot n \cdot \mu$ wird auch spezifische Leitfähigkeit $\kappa$ und sein reziproker Wert spezifischer Widerstand $\rho$ genannt. Wir kommen in den Kapiteln 2.3.2 und 4.3.3 darauf zurück.

Wir haben gesehen, dass ein elektrisches Feld im Leiter zu einem Stromfluss führt. Im Gleichgewicht, d.h., ohne angelegte Spannung, kann es daher im Leiter kein inneres elektrisches Feld geben. Jedes elektrische Feld im Leiter würde sich sofort durch entsprechende Verschiebung der Ladungsträger selbst abbauen.

Nun stellen wir uns vor, ein elektrisch geladener Körper wird in die Nähe eines elektrischen Leiters gebracht, ohne diesen zu berühren. Dann baut sich zwischen dem geladenen Körper und dem Leiter ein elektrisches Feld auf. Dieses elektrische Feld übt natürlich eine Kraft auf die frei beweglichen Ladungsträger im Leiter aus, ohne dass es zu einem Stromfluss kommen kann, da die Ladungsträger den Leiter nicht verlassen können. Das äußere elektrische Feld führt stattdessen zu einer Verschiebung der Ladungen an der Oberfläche des Leiters. Diesen Vorgang nennt man **Influenz**. Von außen auf einen Leiter einwirkende elektrische Felder finden wir z.B. beim Plattenkondensator (siehe Abb. 2.21) und wir nutzen sie zur Steuerung des Stromes bei bestimmten Halbleiterbauelementen, den MOS-Feldeffekttransistoren (siehe Abschnitt 4.5.4).

An Nichtleitern wird Influenz nicht beobachtet, weil die frei beweglichen Ladungsträger fehlen. Der Einfluss eines äußeren elektrischen Feldes kann bei Nichtleitern eine Verschiebung der Ladungsschwerpunkte innerhalb der Moleküle bewirken. Diesen Vorgang nennt man **Polarisation**.

## 2.2. Magnetismus – ein Überblick

### 2.2.1. Permanent- und Elektromagnete

Magnetische Phänomene sind seit langem bekannt. Schon im Mittelalter (13. Jhd.) wurden Magnetnadeln erwähnt und als Kompass benutzt, um die Nord-Süd-Richtung zu bestimmen. Die Magnetnadel ist selbst ein kleiner, waagerecht und drehbar gelagerter **Dauermagnet**, der sich im Magnetfeld der Erde in Nord-Süd-Richtung ausrichtet.

Dauermagnete existieren in vielfältigen Formen, z.B. als Stabmagnet oder Hufeisenmagnet. Man kann solche Dauermagnete nutzen, um mittels der Magnetkräfte z.B. magnetische Kleinteile aufzusammeln. Dauermagnete werden während ihrer Herstellung einmal magnetisiert und behalten Ihre magnetischen Eigenschaften bei. Nur wenn ihre Temperatur über eine Grenztemperatur, die **Curie-Temperatur**, anwächst, geht der permanente Magnetismus verloren.

Wenn man einen Draht zu einer Spule (siehe Abb. 2.5) aufwickelt und durch diese Spule einen elektrischen Strom schickt, findet man ebenfalls magnetische Kräfte, die um so stärker sind, je stärker der Strom ist. Die Spule ist zu einem **Elektromagnet** geworden. Solange sie vom Strom durchflossen ist, übt sie nun magnetische Kräfte auf magnetische Körper, Dauermagnete oder andere stromdurchflossene Drähte bzw. Spulen aus.

Die von Dauermagneten und stromdurchflossenen Elektromagneten ausgeübten magnetischen Kraftwirkungen stellen wieder eine Fernwirkung dar.

### 2.2.2. Magnetische Kräfte – das magnetische Feld

Wie bei den elektrischen Kräften wird auch bei den magnetischen Kräften die Fernwirkung der Magnete durch die Nahwirkung eines Feldes, hier des Magnetfeldes, ersetzt.

Das **Magnetfeld** $\vec{H}$ ist wie das elektrische Feld ein Vektorfeld und wird ebenfalls durch gedachte Linien, magnetische Feldlinien, veranschaulicht. Magnetische Feldlinien sind stets geschlossene Linien, die am Magneten in bestimmten Bereichen, welche man einen **magnetischen Pol** nennt, aus- bzw. eintreten. Auf Grund der Kraftwirkungen, die Magnete aufeinander ausüben, unterscheiden wir zwei Arten von Magnetpolen, den **magnetischen Nordpol** und den **magnetischen Südpol**. Die Richtung des Magnetfeldes ist folgendermaßen festgelegt: die Feldlinien verlaufen außerhalb des Magneten vom Nordpol (N) zum Südpol (S).

Der Verlauf magnetischer Feldlinien lässt sich mit einem Experiment leicht veranschaulichen: Man bedeckt einen Dauer- oder Elektromagneten mit einer Glasscheibe und streut Eisenspäne auf die Glasscheibe. Die Eisenspäne ordnen sich dem Feldverlauf entsprechend an (siehe Abb. 2.5).

Zur Berechnung eines Magnetfeldes betrachten wir eine Zylinderspule. Sei $l$ die Länge der Spule und $r$ deren Radius. Dann spricht man bei einer Zylinderspule von einer langen Spule, wenn gilt:

$$l \gg r.$$

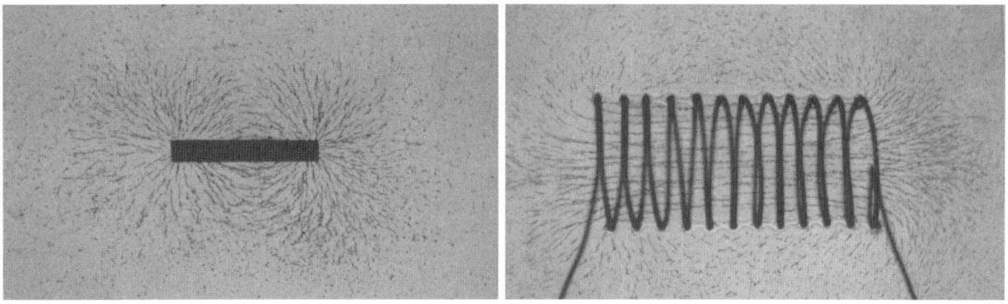

**Abb. 2.5.:** Feld eines Stabmagneten und einer stromdurchflossenen langen Spule, Eisenspäne markieren das magnetische Feld

Im Inneren einer langen Zylinderspule ist das Magnetfeld nahezu homogen und der Vektor der magnetischen Feldstärke zeigt in Richtung der Spulenachse. Der Betrag des Magnetfeldes im Inneren der langen Spule ist dem Strom $I$ und der Windungszahl pro Länge $\frac{N}{l}$ proportional und errechnet sich wie folgt:

$$H = \frac{N}{l} \cdot I \,. \tag{2.15}$$

Aus Gleichung 2.15 kann man ablesen, dass die Einheit der magnetischen Feldstärke

$$[H] = \frac{[I]}{[l]} = \frac{\mathrm{A}}{\mathrm{m}}$$

ist. Den allgemeinen Fall der Berechnung von Magnetfeldern aus Strömen behandeln wir hier nicht; dazu nutzt man das Biot-Savart'sche Gesetz [Mar12].

Eine weitere Größe zur Charakterisierung magnetischer Phänomene ist die **magnetische Flussdichte** $\vec{B}$. Sie ist mit der magnetischen Feldstärke $\vec{H}$ über die Permeabilität $\mu = \mu_0 \cdot \mu_r$ verknüpft:

$$\vec{B} = \mu \cdot \vec{H} = \mu_0 \cdot \mu_r \cdot \vec{H} \,. \tag{2.16}$$

Dabei ist $\mu_0 = 1{,}256\,637\,061\,44 \ldots \cdot 10^{-6}\,\frac{\mathrm{V\,s}}{\mathrm{m}}$ die absolute magnetische Feldkonstante (auch Permeabilitätskonstante des Vakuums). $\mu_r$ ist die relative Permeabilitätszahl und dimensionslos. $\mu_r$ charakterisiert die magnetischen Eigenschaften von Materialien, die sich im Feld befinden. Auf $\mu_r$ gehen wir weiter unten in diesem Abschnitt ein.

Jeder elektrische Strom, also jede gerichtete Bewegung elektrischer Ladungen, erzeugt ein Magnetfeld. Deshalb ist jeder stromdurchflossene Draht von einem Magnetfeld umgeben. Umgekehrt übt ein Magnetfeld eine Kraft auf bewegte elektrische Ladungen aus. Diese Kraft heißt **Lorentz-Kraft**[1]. Die Lorentz-Kraft $\vec{F_L}$ erhält man als Kreuzprodukt[2] aus der Geschwindigkeit

[1] Hendrik Antoon Lorentz, niederländischer Mathematiker und Physiker (1853–1928)

[2] Zum Kreuzprodukt siehe Seite 476

$\vec{v}$ der Ladungsträger und der magnetischen Flussdichte $\vec{B}$ multipliziert mit der Ladung $q$ wie folgt:

$$\vec{F_L} = q \cdot \vec{v} \times \vec{B}\,. \tag{2.17}$$

Der Vektor $\vec{F}$ steht senkrecht auf der von den Vektoren $\vec{v}$ und $\vec{B}$ aufgespannten Fläche. Als Hilfestellung kann man die Drei-Finger-Regel nutzen, um die Kraftrichtung auf den bewegten Ladungsträger zu bestimmen. Von den senkrecht zueinander abgespreizten Fingern der rechten Hand zeigt der Daumen in die Bewegungsrichtung des positiven Ladungsträgers, der Zeigefinger in die Richtung des B-Feldes und der Mittelfinger zeigt in die Richtung der Kraft.

Wir unterscheiden nach magnetischen Gesichtspunkten folgende Stoffgruppen an Hand des Wertes von $\mu_r$ :

- **diamagnetische Stoffe** ($0 < \mu_r < 1$):
  Diese Stoffe verdrängen das Magnetfeld aus ihrem Inneren und gelten in der Praxis als „unmagnetisch"; hierzu zählen Kupfer, Gold und Silber.
- **paramagnetische Stoffe** ($\mu_r > 1$):
  Bei dieser Stoffgruppe richten sich die atomaren magnetischen Momente in externen Magnetfeldern aus und verstärken damit das Magnetfeld im Innern des Stoffes; die Kräfte sind klein und auch diese Stoffe gelten in der Praxis als „unmagnetisch"; hierzu zählen Aluminium, Wolfram und Platin.
- **ferromagnetische Stoffe** ($\mu_r \gg 1$):
  Diese Stoffe werden von beiden Polen eines Magneten angezogen; deshalb nennt man diese Stoffe in der Praxis „magnetisch". $\mu_r$ ist bei diesen Stoffen sehr groß, weil die magnetischen Momente der Atome dieser Stoffe sich spontan in sog. Weißschen[1] Bezirken ordnen. Weißsche Bezirke sind mikroskopisch kleine magnetische Bereiche oder Domänen mit gleicher Magnetisierungsrichtung; es sind elementare Magnete. Ein äußeres Feld dreht die Weißschen Bezirke in Feldrichtung. Wenn die Feldstärke $H$ sehr groß wird und alle Weißschen Bezirke ausgerichtet sind, verhält sich das Material bei weiter wachsender Feldstärke paramagnetisch. $\mu_r$ ist damit feldstärkeabhängig; der Zusammenhang $B(H)$ ist als Hystereseschleife bekannt (vgl. Abb. 2.6).

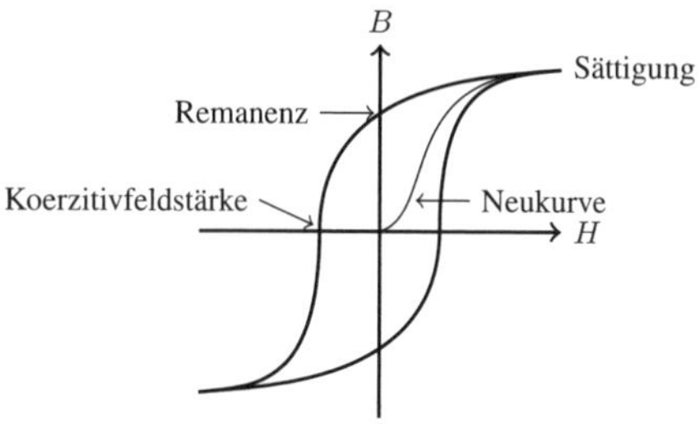


**Abb. 2.6.:** Hystereseschleife eines ferromagnetischen Werkstoffes, schematisch

[1] Nach Pierre-Ernest Weiss, elsässer Physiker (1865–1940)

Der Hystereseschleife kann man entnehmen, dass das $B$-Feld im ferromagnetischen Material nicht verschwindet, wenn die magnetische Feldstärke wieder null wird. Es bleibt die so genannte Remanenz erhalten, die erst verschwindet, wenn ein entgegen gerichtetes $H$ - Feld ausreichender Größe (Koerzitivfeldstärke) angelegt wird. Dieses Verhalten ist Ausdruck dessen, dass die ausgerichteten Weißschen Bezirke in ihrer Lage verharren. Man spricht von hartmagnetischen Werkstoffen, wenn die Koerzitivfeldstärke besonders groß ist und von weichmagnetischen Werkstoffen, wenn sich das Material leicht ummagnetisieren lässt.

Diese Stoffgruppe bildet die technische Basis für magnetische Baugruppen (Transformatoren, Relais, Lautsprecher), magnetische Abschirmungen, Dauermagnete und natürlich für magnetische Datenspeicher. Ferromagnetische Werkstoffe sind Eisen, Nickel, Cobalt und deren Legierungen.

### 2.2.3. Induktionsgesetz

Das Induktionsgesetz beschreibt den Zusammenhang zwischen veränderlichen Magnetfeldern und induzierten Spannungen.

**Induktion in bewegten Leitern** Ein Magnetfeld stehe senkrecht auf einem Leiterstück. Wenn man das Leiterstück senkrecht zum Magnetfeld bewegt, wirkt auf die freien Ladungsträger die Lorentz-Kraft. Die Lorentz-Kraft verschiebt die frei beweglichen Ladungsträger, in Metallen also Elektronen, so dass an den Enden des Leiters eine Spannung entsteht. Man nennt diesen Effekt **elektromagnetische Induktion** und die Spannung eine **induzierte Spannung**.

Die induzierte Spannung an den Enden des bewegten Leiters kann man für den Fall, dass alle Komponenten senkrecht aufeinander stehen, leicht berechnen. Das gerade Leiterstück der Länge $l$ befinde sich vollständig und senkrecht zu diesem in einem homogenen Magnetfeld $\vec{B}$ und werde mit der Geschwindigkeit $\vec{v}$ senkrecht zum Magnetfeld bewegt. Für diesen Fall erhält man für die induzierte Spannung $U_{ind}$:

$$U_{ind} = l \cdot v \cdot B. \tag{2.18}$$

Ein von der induzierten Spannung hervorgerufener Strom ist jeweils so gerichtet, dass er ein Magnetfeld aufbaut, welches der Ursache entgegen gerichtet ist, also die Bewegung hemmt. Dies ist die **Lenzsche Regel**. Es ist Arbeit zu leisten, um einen Strom durch Induktion anzutreiben.

**Induktion in ruhenden Leitern** Für das Phänomen der elektromagnetischen Induktion ist es völlig unerheblich, ob sich ein Leiter im Magnetfeld bewegt, oder ob die Leiteranordnung, z.B. eine Spule, feststeht und sich stattdessen die Intensität des Feldes zeitlich ändert. Die Feldintensität in einer Spule ändert sich sich z.B. dann, wenn man den Stromkreis schließt, in dem die Spule liegt. Der Strom steigt dann von $I = 0$ bis $I = I_{max}$ an. Der die Spule durchfließende Strom induziert in der Spule selbst eine Spannung. Diesen Effekt nennt man

**Selbstinduktion**. Die durch Selbstinduktion induzierte Spannung lässt sich folgendermaßen errechnen:

$$U_{ind} = -L \cdot \frac{dI}{dt}. \tag{2.19}$$

Der Faktor $L$ heißt die **Induktivität** der Spule und das Minuszeichen resultiert aus der Lenzschen Regel. Die Einheit von $L$ ist das Henry[1] (H):

$$[L] = \mathrm{H} = \frac{\mathrm{V\,s}}{\mathrm{A}}.$$

Die Induktivität $L$ einer Spule errechnet sich aus deren Geometrie und der Permeabilitätszahl des Kernmaterials im Spuleninneren. Der einfachste Fall ist die lange Zylinderspule; für eine solche Spule mit Kern beträgt die Induktivität:

$$L = \mu_0 \cdot \mu_r \cdot N^2 \cdot \frac{A}{l}. \tag{2.20}$$

Dabei sind $N$ die Windungszahl, $A$ die Fläche und $l$ die Länge der Spule.

## 2.3. Der Gleichstromkreis

In den folgenden Kapiteln werden Stromkreise, Schaltungen oder Ersatzschaltungen und deren Funktion oder Berechnung oft Gegenstand unserer Betrachtungen sein. Wir stellen deshalb einige notwendige Informationen über die Darstellung von Stromkreisen und Schaltungen an den Anfang.

### 2.3.1. Darstellung von Stromkreisen – Schaltzeichen

In der Anfangszeit der Elektrotechnik und auch in der frühen Elektronik mit Elektronenröhren nutzte man figürliche Darstellungen für die Komponenten eines Stromkreises bzw. einer Schaltung. Diese ursprünglichen Darstellungen sind seit langem durch abstrakte, symbolische Darstellungen für Leitungen, Bauelemente und Komponenten ersetzt worden. Die genormten graphischen Symbole für Bauelemente heißen Schaltzeichen. Leider gibt es im deutschen und im englischen Sprachraum verschiedene Normen, die sich zudem im Verlaufe der Zeit verändert haben und an moderne Anforderungen und komplexere Bauelemente angepasst wurden und werden. Die in diesem Buch benutzten Schaltzeichen entsprechen weitgehend einer modernen europäischen Darstellung (siehe [DIN95]) und werden Stück für Stück eingeführt und erklärt.

[1] Nach dem US-amerikanischen Physiker Joseph Henry (1797–1878)

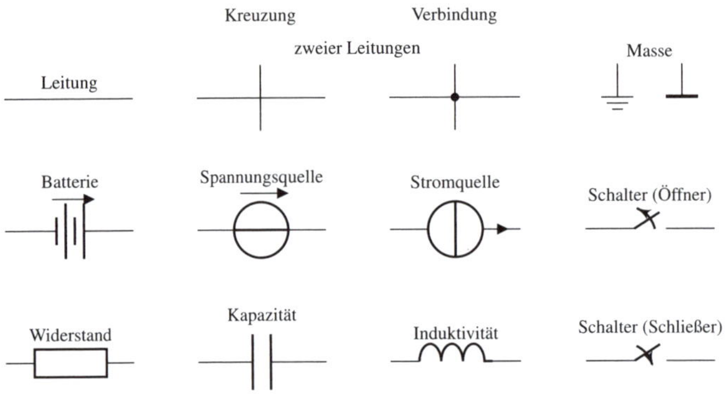


**Abb. 2.7.:** Schaltzeichen

In der Abb. 2.7 sind zunächst einige grundlegende Schaltzeichen zusammen gestellt, die für die Behandlung des Gleich- und Wechselstromkreises in diesem Kapitel benötigt werden. Die dargestellten Bauelemente haben bis auf das Masse-Symbol jeweils zwei Anschlüsse.

**Definition 2.5 (Zweipol)**

Ein Bauelement mit zwei Anschlüssen nennt man einen **Zweipol** oder ein **Eintor**. Einen Zweipol kann man durch Strom- und Spannungsmessungen bei verschiedenen Frequenzen vollständig charakterisieren.

Man unterscheidet weiterhin **aktive Zweipole**, das sind Spannungsquellen und Stromquellen, die Energie liefern können, und **passive Zweipole**, das sind Widerstände, Kondensatoren und Induktivitäten.

## 2.3.2. Ohmsches Gesetz und ohmscher Widerstand

Damit ein elektrischer Strom fließen kann, muss ein Stromkreis immer geschlossen sein. Ein einfacher Stromkreis umfasst entsprechend Abb. 2.8a eine Quelle, hier eine Spannungsquelle, eine Last (Verbraucher, hier der Widerstand R) und Leiterstücke zur Verbindung von Quelle und Last. In diesem Stromkreis sind an der Quelle und am Verbraucher **Zählpfeile** für Strom und Spannung eingetragen.

**Definition 2.6 (Richtung der Zählpfeile)**

Am Verbraucher zeigen die Zählpfeile für Strom und Spannung stets in die gleiche Richtung, an der Quelle hingegen stets in die entgegengesetzte Richtung (Abb. 2.8b).

Experimentell beobachtet man, dass für eine große Klasse von Verbrauchern im Stromkreis ein linearer Zusammenhang zwischen der Spannung $U$ und dem fließenden Strom $I$ besteht.

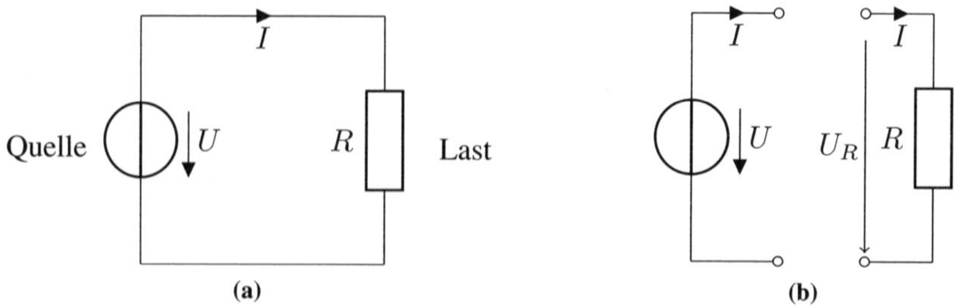


**Abb. 2.8.:** Einfacher Stromkreis (a) und Zählpfeile (b)

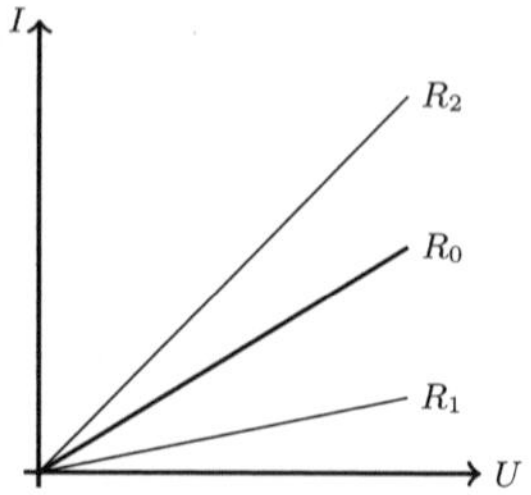


**Abb. 2.9.:** Kennlinien ohmscher Widerstände

**Das Ohmsche Gesetz**

Der lineare Zusammenhang zwischen der Spannung $U$ und dem fließenden Strom $I$ in einem Stromkreis wird folgendermaßen dargestellt:

$$U = R \cdot I. \tag{2.21}$$

Diese Gleichung ist das **Ohmsche Gesetz**[1]. Die Proportionalitätskonstante $R$ heißt **ohmscher Widerstand.**

Die Dimension des ohmschen Widerstandes ist:

$$[R] = \frac{\mathrm{V}}{\mathrm{A}} = \Omega\,.$$

Anstelle des ohmschen Widerstandes wird oft auch der **Leitwert** $G$ benutzt; der Leitwert ist der reziproke Wert des ohmschen Widerstandes:

$$G = \frac{1}{R}.$$

[1] Nach Georg Simon Ohm, deutscher Physiker (1789–1854)

Der Leitwert $G$ hat die Dimension Siemens[1]:

$$[G] = \frac{\mathrm{A}}{\mathrm{V}} = \mathrm{S}\,.$$

Hinweis zum Sprachgebrauch: Die Spannung, die eine Spannungsquelle liefert, nennt man eine **Quellenspannung**. Die Spannung, die an einem ohmschen Widerstand $R$ entsteht (man sagt auch „abfällt"), wenn er von einem Strom $I$ durchflossen wird, nennt man einen **Spannungsabfall** $U_R$.

Wir betrachten nun nochmal die Abb. 2.4 auf Seite 15 sowie die Gleichungen 2.14 und 2.21. Ein Vergleich der Koeffizienten in beiden Gleichungen zeigt, dass der Term $(q \cdot n \cdot \mu \cdot \frac{A}{l})$, den wir für das in Abb. 2.4 betrachtete Leiterstück berechnet haben, genau dem Leitwert $G$ dieses Leiterstückes bzw. dessen reziprokem Widerstand $\frac{1}{R}$ entspricht. Der ohmsche Widerstand $R$ eines Leiters hängt also von dessen Geometrie und von dessen Materialeigenschaften, die man mit einer Materialgröße erfassen kann, ab. Man kann ihn folgendermaßen berechnen:

**Widerstandsbemessungsgleichung**
Der Widerstand $R$ eines homogenen elektrischen Leiters mit konstantem Querschnitt $A$ und der Länge $l$, z.B. eines Drahtes, lässt sich aus der Geometrie des Leiters und einer Materialgröße $\rho$ wie folgt berechnen:

$$R = \rho \cdot \frac{l}{A} \tag{2.22}$$

Die Materialgröße $\rho$ heißt **spezifischer Widerstand**.

Der spezifische Widerstand $\rho$ wiederum ergibt sich aus mikroskopischen Materialeigenschaften:

$$\rho = \frac{1}{q \cdot n \cdot \mu}\,.$$

Für Isolatoren[2] erreicht $\rho$ extrem hohe Werte, z.B. gilt für Diamant $\rho_{Diamant} > 10^{14}\,\Omega\,\mathrm{m}$; demgegenüber ist $\rho$ für Leiter sehr gering und beträgt z.B. für Kupfer $\rho_{Cu} = 0{,}0168 \cdot 10^{-6}\,\Omega\,\mathrm{m}$ (vgl. auch Tabelle im Anhang A.4.2).

Ungeachtet dessen, dass jedes Leitungsstück einen ohmschen Widerstand aufweist, werden in Abb. 2.8 die verbindenden Leiterstücke zwischen Spannungsquelle und ohmschen Widerstand $R$ in der Rechnung nicht berücksichtigt. Ihnen wird formal ein Widerstandswert von $0\,\Omega$ zugewiesen. Der gesamte Widerstand der Schaltung wird in dem **konzentrierten Bauelement** „ohmscher Widerstand" berücksichtigt. Der Widerstand des **verteilten Bauelementes** „Zuleitung" wird hier nicht explizit erfasst. Diese Vereinfachung ist nur unter bestimmten Voraussetzungen (Gleichstrom oder Wechselstrom nicht zu hoher Frequenz und kurze Leitungen)

[1] Werner von Siemens, deutscher Erfinder und Elektrotechniker (1816–1892)

[2] Die Maßeinheit des spezifischen Widerstandes wird in der Literatur auf verschiedene Weise angegeben, nämlich in $\Omega\,\mathrm{m}$, $\Omega\,\mathrm{cm}$ und in $\frac{\Omega\,\mathrm{mm}^2}{\mathrm{m}}$. Es gilt $1\,\Omega\,\mathrm{m} = 100\,\Omega\,\mathrm{cm} = 10^6\,\frac{\Omega\,\mathrm{mm}^2}{\mathrm{m}}$.

möglich. Bei der Betrachtung von Hochfrequenz- oder Datenleitungen muss diese Vereinfachung aufgegeben werden (siehe Kapitel 3.4, Seite 86).

**Die elektrische Leistung** Wie oben beschrieben, geben bei Stromfluss Elektronen ihre im elektrischen Feld aufgenommene Energie partiell an das Kristallgitter ab. Dabei wird kinetische Energie in Wärmeenergie umgewandelt und ein von einem Strom $I$ durchflossener Widerstand $R$ erwärmt. Zugleich fällt am Widerstand die Spannung $U$ ab.

**Definition 2.7 (Elektrische Leistung und Arbeit)**

Die an einem Widerstand $R$ in Wärme umgesetzte elektrische Leistung $P_{el}$ bzw. die Energie $W_{el}$ berechnen sich nach folgenden Beziehungen

$$P_{el} = U \cdot I \tag{2.23}$$

und

$$W_{el} = U \cdot I \cdot t \tag{2.24}$$

Die SI-Einheit der elektrische Leistung ist das Watt[1] $[P_{el}] = \mathrm{W}$ und die Einheit der Energie ist die Wattsekunde $[W_{el}] = \mathrm{W\,s}$ bzw. abgeleitete Einheiten wie die kW h (Kilowattstunde).

Wenn man $U$ bzw. $I$ mit dem ohmschen Gesetz substituiert, ergeben sich die folgenden Beziehungen für die elektrische Leistung $P_{el}$:

$$P_{el} = \frac{U^2}{R} \qquad \text{bzw.} \qquad P_{el} = R \cdot I^2\,. \tag{2.25}$$

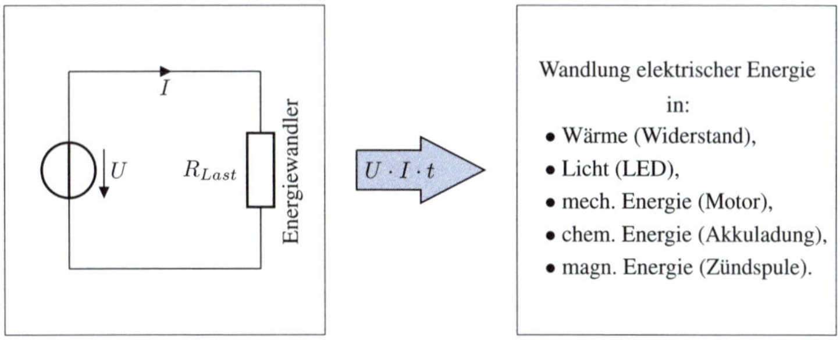


**Abb. 2.10.:** Die Last als Energieformwandler

Wärme entsteht immer, wenn ein elektrischer Strom in normalen Leitern fließt (Ausnahme: Supraleiter). Elektrische Energie kann bekannterweise auch in andere Energieformen umgesetzt und vielfältig genutzt werden, wenn spezielle Lasten, wie Motoren, Glühlampen oder

[1] Nach James Watt, schottischer Erfinder, 1736–1819

Leuchtdioden, Akku-Ladegeräte usw. versorgt werden (siehe Abb. 2.10). Bis auf Leuchtdioden werden wir solche Anwendungen hier nicht behandeln; sie gehören in andere Bereiche der Elektrotechnik bzw. Elektronik (Leistungselektronik).

**Temperaturabhängigkeit des ohmschen Widerstandes** Wenn man den Wert eines ohmschen Widerstandes bei verschiedenen Temperaturen bestimmt, findet man für Metalle, dass sich der Widerstandswert mit zunehmender Temperatur erhöht. Dabei ist es unerheblich, ob die Erwärmung von außen durch die Umgebungstemperatur oder von einem durch den Widerstand fließenden Strom verursacht wird[1]. Die beobachtete Temperaturabhängigkeit des Widerstandes beschreibt man mit einer Taylorreihe:

$$R_\vartheta = R(\vartheta) = R_{20}(1 + \alpha \cdot \delta\vartheta + \beta \cdot \delta\vartheta^2 + \cdots). \tag{2.26}$$

Dabei sind $R_{20}$ der Widerstandswert bei 20 °C, $\delta\vartheta$ die Temperaturänderung sowie $\alpha$ und $\beta$ ein linearer bzw. quadratischer Temperaturkoeffizient. Wenn die Temperaturänderung nicht zu groß ist, kann man die Gleichung nach dem linearen Glied abbrechen und erhält dann:

$$R_\vartheta = R(\vartheta) = R_{20}(1 + \alpha \cdot \delta\vartheta). \tag{2.27}$$

$\alpha = TK_R$ ist der lineare Temperaturkoeffizient des Widerstandes.

Die Temperaturabhängigkeit des Widerstandes ist aus mehreren Gründen von großem praktischen Interesse:

- In elektronischen Schaltungen müssen Widerstände so ausgelegt werden, dass die Schaltung im gesamten Arbeitstemperaturbereich korrekt funktioniert, d.h. im Widerstand produzierte Wärme (Eigenerwärmung) muss unbedeutend sein oder abgeführt werden können.
- Die Temperaturabhängigkeit des Widerstandes wird in sog. Widerstandsthermometern zur Temperaturmessung verwendet (siehe Abschnitt 9.4.1).

**Technische Widerstände und Widerstandsbauformen** Man unterscheidet Festwiderstände und mechanisch einstellbare Widerstände, die Potentiometer und Trimmpotentiometer. Festwiderstände und Potentiometer können als Schichtwiderstand oder Drahtwiderstand ausgeführt sein (siehe Abb. 2.11).

Bei **Drahtwiderständen** ist Widerstandsdraht[2] auf einen Keramikträger aufgewickelt. Drahtwiderstände sind geometrisch größer und teurer als Schichtwiderstände. Sie werden benutzt, wenn höhere Verlustleistungen umgesetzt werden müssen.

[1] Im Falle von elektrischen Heizgeräten ist diese Erwärmung gerade beabsichtigt und wird technisch genutzt. Bei anderen Lasten, wie Glühlampen, muss sie hingenommen werden.

[2] Als Widerstandsdraht bezeichnet man Drähte aus speziellen Metalllegierungen, deren Zusammensetzung (Stöchiometrie) so gewählt ist, dass sich ein möglichst großer spezifischer Widerstand ergibt, um mit kurzer Drahtlänge auszukommen. Ein Beispiel ist Konstantan (55% Kupfer, 44% Nickel, 1% Mangan).

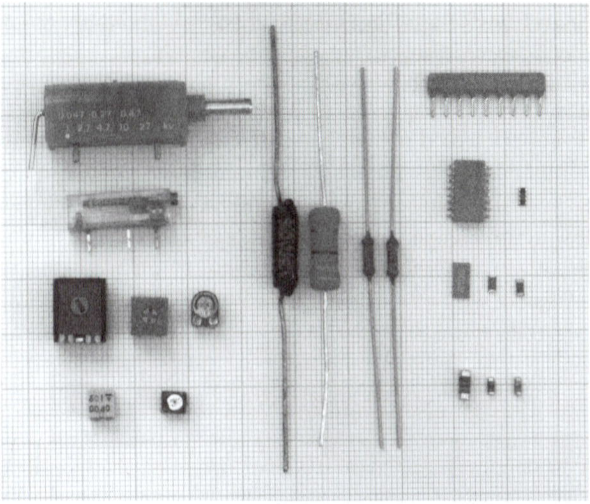

**Abb. 2.11.:** Technische Widerstände, verschiedene Bauformen

Bei **Schichtwiderständen** wird der gewünschte Widerstandswert durch eine dünne, leitfähige Schicht auf einem Keramikträger gebildet. Wenn diese Schicht aus Kohlenstoff besteht, spricht man von einem Kohleschichtwiderstand; besteht sie aus einer Metalllegierung, dann spricht man von einem Metallschichtwiderstand. In diese Schichten können beim Hersteller Schnitte so eingebracht werden, dass sich der Stromweg verlängert. Dadurch erhöht sich der Widerstandswert. Der Hersteller kann auf diese Weise den Widerstandswert z.B. mittels Laser auf einen gewünschten Zielwert abgleichen. Aus logistischen Gründen und aus Kostengründen (Lagerhaltung) ist es dennoch nicht möglich, jeden denkbaren Widerstandswert als Bauelement bereitzuhalten. Man hat sich deshalb auf bestimmte Widerstandswerte geeinigt, die in den E-Reihen (siehe Anhang A.4.1) festgelegt sind.

**Potentiometer** haben drei Anschlüsse. Den dritten Anschluss bildet ein Schleifer, welcher auf der Kohlenstoff- oder Metallschicht bzw. über die Drahtwicklung gleitet. Dies gestattet, zwischen dem Schleifer und einem der beiden anderen Kontakte einen Widerstandswert einzustellen, der zwischen $0\,\Omega$ und einem Endwert liegt (siehe hierzu Seite 32). Potentiometer sind als Drehpotentiometer mit einem Drehwinkel zwischen 270° und 3600° (10 Umdrehungen) und auch als Schieberegler verfügbar.

## 2.3.3. Kirchhoffsche Regeln

Reale Stromkreise oder Schaltungen umfassen in der Regel eine Mehrzahl von Widerständen, Spannungsquellen und anderen Bauelementen; man spricht dann von elektrischen Netzen oder Netzwerken (siehe hierzu Kapitel 3). Zu deren Behandlung reicht das Ohmsche Gesetz keineswegs aus. Unser nächstes Ziel ist deshalb, Hilfsmittel bereitzustellen, um solche Stromkreise zu analysieren. Die **Kirchhoffschen Regeln**[1] erlauben in Verbindung mit dem Ohmschen Gesetz solche Analysen und Berechnungen.

**1. Kirchhoffsche Regel oder Knotensatz** An einem Verzweigungspunkt oder Knoten entsprechend Abb. 2.12 fließen Ströme aus mehreren Zweigen zu und in verschiedene andere Zweige ab. Wir versehen zufließende Ströme $I_{zu}$ mit einem positiven und abfließende Ströme $I_{ab}$ mit einem negativen Vorzeichen und können dann den Knotensatz formulieren.

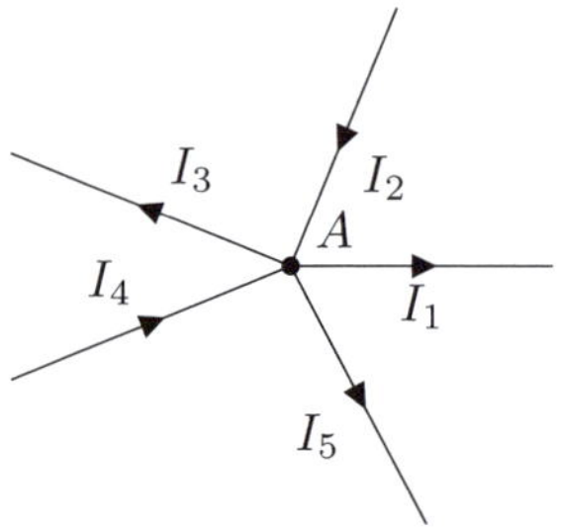


**Abb. 2.12.:** Verzweigungspunkt oder Knoten

**Satz 2.2 (Die 1. Kirchhoffsche Regel oder Knotensatz)**
In einem Verzweigungspunkt (Knoten) ist die Summe aller dem Knoten zufließenden Ströme gleich der Summe aller vom Knoten abfließenden Ströme.

Eine gleichwertige, andere Formulierung lautet:
In einem Verzweigungspunkt (Knoten) ist die Summe aller Ströme Null.

Diese Aussage kann man als Gleichung folgendermaßen formulieren:

$$\sum I_{zu} = \sum I_{ab} \tag{2.28}$$

oder

$$\sum I = 0. \tag{2.29}$$

Der physikalische Hintergrund dieses Satzes ist die Erhaltung der elektrischen Ladung.

**2. Kirchhoffsche Regel oder Maschensatz** Der Maschensatz gilt für geschlossene Strompfade (Maschen) mit beliebig vielen Widerständen und Spannungsquellen. Die Abb. 2.13 zeigt einen geschlossenen Strompfad mit willkürlich eingetragenem Umlaufsinn.

Spannungen und Ströme, deren Richtungspfeile in Richtung des Umlaufsinnes weisen, werden positiv gezählt; alle anderen negativ. Der Spannungsabfall, also die Teilspannung, über jeden

[1] Gustav Robert Kirchhoff, deutscher Physiker (1824–1887)

Widerstand wird mit Hilfe des Ohmschen Gesetzes aus dem Strom ermittelt, der durch den Widerstand fließt, wobei sich das Vorzeichen des Spannungsabfalls aus dem Vorzeichen des Stromes ergibt.

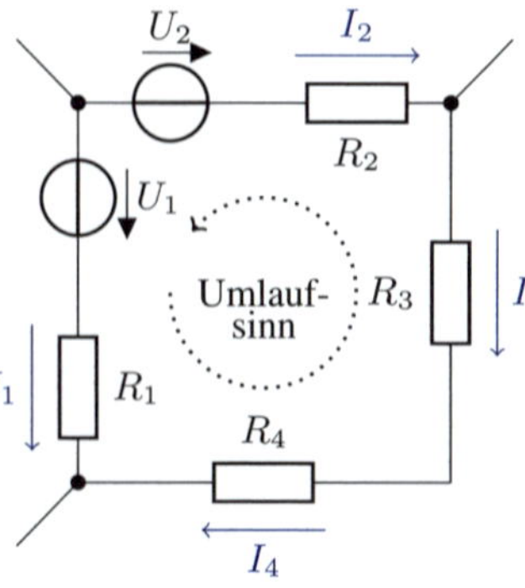


**Abb. 2.13.:** Netzmasche in einem Stromkreis

**Satz 2.3 (Die 2. Kirchhoffsche Regel oder Maschensatz)**
In einem geschlossenen Strompfad ist die Summe aller Spannungsabfälle $(R_n \cdot I_n)$ gleich der Summe aller Quellenspannungen $U_m$(Leerlaufspannungen).

Eine gleichwertige, andere Formulierung lautet:
Die Summe aller Teilspannungen in einer Netzmasche ist Null.

Als Gleichung schreibt man:

$$\sum U_m + \sum (R_n \cdot I_n) = 0. \tag{2.30}$$

Als erste Anwendung für den Maschensatz und den Knotensatz betrachten wir die Reihen- und die Parallelschaltung von Widerständen. In Verbindung mit dem Ohmschen Gesetz kann man dafür leicht einen resultierenden Gesamtwiderstand $R_{ges}$, den wir auch **Ersatzwiderstand** nennen, berechnen. Desweiteren lassen sich einfache Regeln für die Spannungsteilung bei der Reihenschaltung bzw. für die Stromteilung bei der Parallelschaltung in Widerstandsnetzwerken finden.

**Reihenschaltung von Widerständen** In einer Reihenschaltung (siehe Abb. 2.14a) gibt es keinen Knoten (Verzweigungspunkt). Deshalb muss der Strom durch alle Bauelemente gleich sein. Außerdem erscheint aus Sicht der Spannungsquelle die Widerstandsanordnung wie ein einziger Widerstand $R_{ges}$.

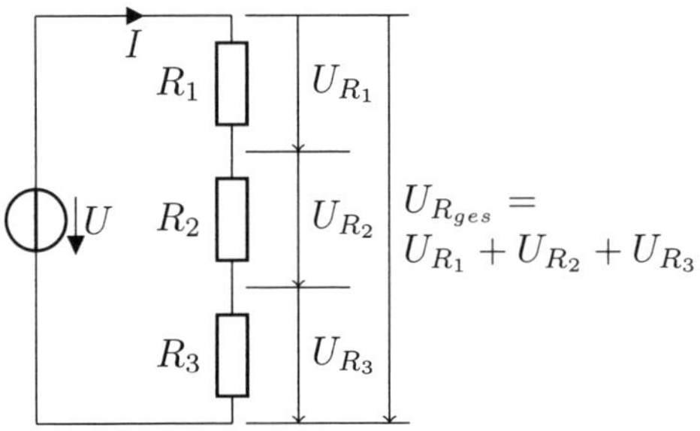

**(a)** Reihenschaltung

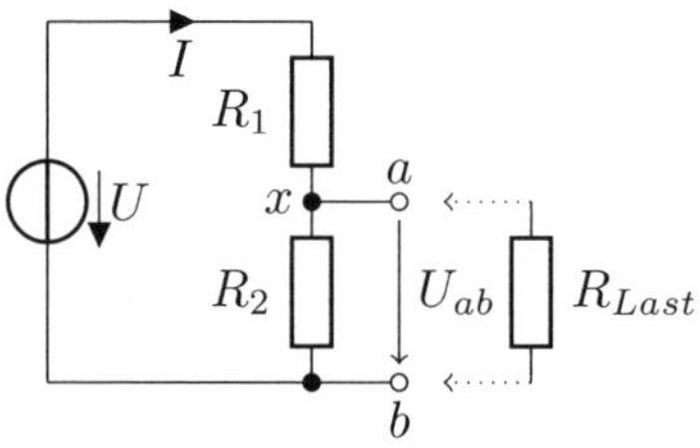

**(b)** Spannungsteiler

**Abb. 2.14.:** Reihenschaltung von Widerständen und Spannungsteilung

Nach dem Maschensatz ist die Summe der Spannungsabfälle gleich der angelegten Spannung $U$; es gilt:

$$U = U_1 + U_2 + U_3 = U_{R_{ges}}\,. \tag{2.31}$$

Nun errechnet man mit dem Ohmschen Gesetz den Spannungsabfall über jeden einzelnen Widerstand

$$U_1 = I \cdot R_1, \qquad U_2 = I \cdot R_2, \qquad U_3 = I \cdot R_3, \qquad U_{R_{ges}} = I \cdot R_{ges}$$

und setzt diese Terme in Gleichung 2.31 ein:

$$U_{R_{ges}} = I \cdot R_{ges} = I \cdot R_1 + I \cdot R_2 + I \cdot R_3\,.$$

Indem man die obige Gleichung durch $I$ dividiert, ergibt sich die Beziehung für den Gesamtwiderstand in einer Reihenschaltung von Widerständen:

$$R_{ges} = R_1 + R_2 + R_3$$

**Gesamtwiderstand bei Reihenschaltung von Widerständen**
Bei einer Reihenschaltung von Widerständen ergibt sich der Gesamtwiderstand durch Addition der einzelnen Teilwiderstände.

$$R_{ges} = \sum_{i=1}^{n} R_i \tag{2.32}$$

**Spannungsteilung und Spannungsteilerregel** In Abb. 2.14b ist ein Spannungsteiler dargestellt. Durch die beiden Widerstände $R_1$ und $R_2$ fließt der Strom $I$. Dieser Strom lässt sich auf dreierlei Weise ausdrücken:

$$I = \frac{U}{R_1 + R_2} = \frac{U_{R_1}}{R_1} = \frac{U_{R_2}}{R_2}.$$

Aus der Gleichheit dieser Ausdrücke ergibt sich unmittelbar:

$$\frac{U_{R_2}}{U_{R_1}} = \frac{R_2}{R_1} \quad \text{und} \quad \frac{U_{R_2}}{U} = \frac{R_2}{R_1 + R_2}. \tag{2.33}$$

Die Teilspannungen verhalten sich zueinander, wie die entsprechenden Teilwiderstände. Diese Regel heißt **Spannungsteilerregel**.

Die Gleichung 2.33 gilt natürlich nur, wenn zwischen den Klemmen $a$ und $b$ kein Verbraucher angeschlossen ist. In diesem Falle spricht man von einem unbelasteten Spannungsteiler.

Beim Anschließen eines Lastwiderstandes $R_{Last}$ kommt es am Punkt $x$ zu einer Stromteilung; wir haben dann einen belasteten Spannungsteiler und die Spannung $U_{ab}$ verringert sich. Man kann dies berechnen, indem anstelle von $R_2$ die Parallelschaltung von $R_2$ und dem Lastwiderstand $R_{Last}$ in Gleichung 2.33 berücksichtigt wird.

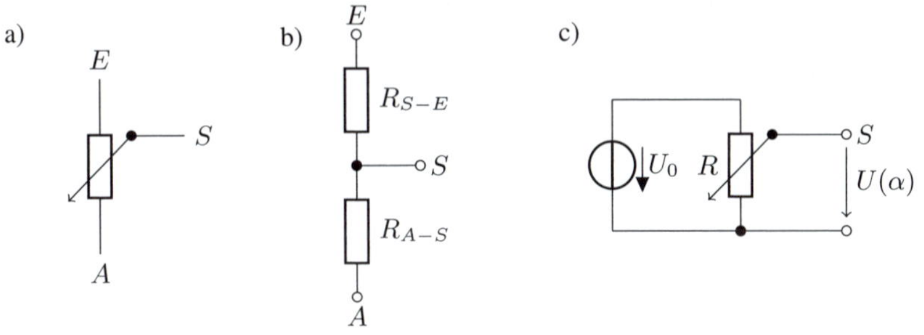


**Abb. 2.15.:** Potentiometer, a) Schaltzeichen, b) Darstellung als Spannungsteiler und c) Bereitstellung einer einstellbaren Spannung

Als nächstes analysieren wir das oben besprochene Potentiometer. Der Schleifer $S$ des Potentiometers sei über einen Drehwinkel von $0°$ $bis$ $\alpha_{max}$ einstellbar und der Gesamtwiderstand betrage $R_{A-E}$. Für eine gegebene Schleiferstellung findet man nun vom Drehwinkel $\alpha$ abhängig den Widerstandswert zwischen Anfang $A$ und Schleifer $S$

$$R_{A-S} = \alpha \cdot R_{A-E}$$

und den Widerstandswert zwischen Schleifer $S$ und Ende $E$

$$R_{S-E} = (1 - \alpha) \cdot R_{A-E}.$$

Für den Drehwinkel $\alpha$ kann der Gesamtwiderstand $R_{A-E}$ ersatzweise, das heißt in Gedanken, in diese zwei Widerstände aufgeteilt werden. Für den Widerstand zwischen Anfang und Schleifer $R_{A-S}$ kann man auch schreiben:

$$R_{A-S} = \frac{\alpha}{\alpha_{max}} \cdot R_{A-E}, \tag{2.34}$$

wenn $R_{A-E}$ der Gesamtwiderstand, $\alpha$ der aktuelle Drehwinkel und $\alpha_{max}$ der gesamte Drehwinkel sind. Wenn man die Potentiometeranschlüsse $A$ und $E$ mit der Spannung $U$ versorgt, kann zwischen den Anschlüssen $A$ und $E$ eine vom Drehwinkel abhängige Teilspannung $U(\alpha) = \alpha \cdot U_0$ abgenommen werden.

**Parallelschaltung von Widerständen** Die Abb. 2.16a zeigt eine Parallelschaltung von Widerständen. Aus Sicht der Spannungsquelle erscheint die Widerstandsanordnung als ein Widerstand $R_{ges}$, denn die Spannungsquelle liefert nur einen Strom, den Gesamtstrom $I_{ges}$. Nachfolgend soll dieser Gesamtwiderstand $R_{ges}$ der parallel geschalteten Widerstände, den wir wieder Ersatzwiderstand nennen, berechnet werden.

Der zufließende Gesamtstrom $I_{ges}$ teilt sich am Knoten A in die Teilströme $I_1$, $I_2$ $I_3$ auf und im Knoten B fließen diese Teilströme wieder zusammen. Da entsprechend unserer obigen Voraussetzung die Zuleitungen einen Widerstand von $0\,\Omega$ haben, fällt darüber keine Spannung ab und an allen Widerständen liegt die Spannung $U$ an.

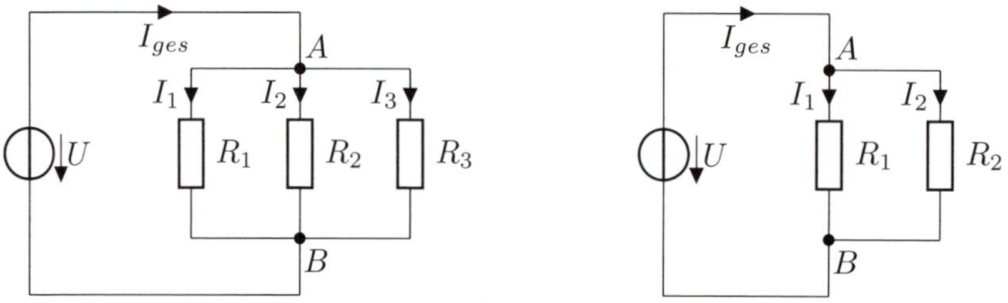


**(a)** Parallelschaltung **(b)** Stromteilung

**Abb. 2.16.:** Parallelschaltung von Widerständen und Stromteilung

Es gilt der Knotensatz:

$$I_{ges} = I_1 + I_2 + I_3, \tag{2.35}$$

und alle Teilströme lassen sich durch das Ohmsche Gesetz ausdrücken:

$$I_1 = \frac{U}{R_1}, \quad I_2 = \frac{U}{R_2}, \quad I_3 = \frac{U}{R_3}, \quad I_{ges} = \frac{U}{R_{ges}}.$$

Wir setzen diese Terme in Gleichung 2.35 ein und erhalten:

$$I_{ges} = \frac{U}{R_{ges}} = \frac{U}{R_1} + \frac{U}{R_2} + \frac{U}{R_3}.$$

Nach Division durch $U$ und Verallgemeinerung auf $n$ Widerstände ergibt sich schließlich:

$$\frac{1}{R_{ges}} = \frac{1}{R_1} + \frac{1}{R_2} + ... + \frac{1}{R_n}. \tag{2.36}$$

**Gesamtwiderstand bei Parallelschaltung**
Bei der Parallelschaltung von Widerständen ergibt sich der reziproke Gesamtwiderstand durch Addieren der reziproken Einzelwiderstände

$$\frac{1}{R_{ges}} = \sum_{i=1}^{n} \frac{1}{R_i}. \tag{2.37}$$

Das ist gleichbedeutend mit dem Satz:
Bei der Parallelschaltung von Widerständen ergibt sich der Gesamtleitwert durch Addition der einzelnen Teilleitwerte:

$$G_{ges} = \sum_{i=1}^{n} G_i. \tag{2.38}$$

Die Gleichung 2.36 kann man für die Berechnung zweier bestimmter Fälle übersichtlicher darstellen. So findet man für die Berechnung der Parallelschaltung von nur zwei Widerständen leicht:

$$R_{ges} = \frac{R_1 \cdot R_2}{R_1 + R_2}.$$

Wenn man $n$ Widerstände mit dem gleichen Widerstandswert parallel schaltet, ergibt sich:

$$R_{ges} = \frac{R}{n}.$$

**Stromteilung und Stromteilerregel** Analog zur Spannungsteilung fragen wir nun nach dem Verhältnis, in welchem ein Strom an einem Knoten geteilt wird.

In Abb. 2.16b teilt sich am Punkt $A$ der Gesamtstrom $I_{ges}$ in die beiden Teilströme $I_1$ und $I_2$. Das Verhältnis dieser Ströme ermittelt man über die Spannung $U$, die man auf dreierlei Weise ausdrücken kann:

$$U = I_1 \cdot R_1 = I_2 \cdot R_2 = I_{ges} \cdot R_{ges}. \tag{2.39}$$

Dabei gilt:

$$I_{ges} = I_1 + I_2 \quad \text{und} \quad R_{ges} = \frac{R_1 \cdot R_2}{R_1 + R_2}.$$

Aus Gleichung 2.39 kann man sofort die Gültigkeit folgender Beziehungen ablesen:

$$\frac{I_1}{I_2} = \frac{R_2}{R_1}, \quad \frac{I_1}{I_{ges}} = \frac{R_{ges}}{R_1}, \quad \text{und} \quad \frac{I_2}{I_{ges}} = \frac{R_{ges}}{R_2}.$$

Bei Parallelschaltung von Widerständen verhalten sich die Teilströme zueinander, wie die vom Strom durchflossenen Leitwerte oder die Reziprokwerte der vom Strom durchflossenen Widerstände, das heißt, durch den kleineren Widerstand fließt der größere Strom. Diese Regel heißt **Stromteilerregel**.

## 2.3.4. Messung von Spannung, Strom und Widerstand

Moderne Messgeräte sind meist digital anzeigende, recht komplexe elektronische Instrumente. In Kapitel 10.1 (siehe Seite 374) skizzieren wir den Aufbau solcher Messgeräte. Für das grundlegende Verständnis des Messprozesses ist es jedoch von Vorteil, die Wechselwirkung des Messgerätes mit dem Messobjekt, in unserem Fall also einer Schaltung, an Hand eines klassischen Drehspulinstrumentes zu erklären.

**Das Drehspulinstrument** ist ein analog anzeigendes Zeigerinstrument; es nutzt magnetische Kräfte (siehe Kapitel 2.2.2) zur Anzeige des Messwertes. In einem Drehspulinstrument ist eine Spule in einem homogenen Magnetfeld leicht drehbar aufgehängt. Eine Rückstellfeder sorgt für ein rücktreibendes Drehmoment bei Auslenkung der Spule und für eine Ruhelage. Bei Stromfluss durch die Spule entsteht ein auslenkendes Drehmoment. Ein durch das Instrument fließender Strom lenkt den Zeiger so weit aus, dass sich rücktreibendes und auslenkendes Drehmoment die Waage halten; so ergibt sich ein dem Strom proportionaler Zeigerausschlag. Das Drehspulinstrument hat einen inneren Widerstand $R_i$, der dem ohmschen Widerstand der Spule entspricht. Bei Vollausschlag liegt am Messwerk eine Spannung $U_{voll}$; gleichzeitig fließt der zum Vollausschlag gehörige Messstrom $I_{voll}$. Aus beiden Größen kann man den Innenwiderstand des Messwerks errechnen[1]:

$$R_i = \frac{U_{voll}}{I_{voll}}.$$

**Messinstrumentegruppen** Man nennt

- **Voltmeter** die Messinstrumente zur Messung von Spannungen,
- **Amperemeter** die Messinstrumente zur Messung der Stromstärke und
- **Ohmmeter** die Messinstrumente zur Messung von Widerstandswerten.

[1] Richtwerte für Drehspulmesswerke, wie sie in Vielfachgeräten eingesetzt werden, sind: $U_{voll} = 200\,\text{mV}$, $I_{voll} = 50\,\mu\text{A}$, $R_i = 2\,\text{k}\Omega$.

Voltmeter und Amperemeter sind passive Zweipole; sie sind für einen bestimmten Messbereich ausgelegt und haben stets einen Innenwiderstand $R_i$. Die Abb. 2.17 zeigt die entsprechenden Schaltsymbole sowie ein allgemeines Symbol. Häufig finden für die Messung von Spannung, Stromstärke und weiterer elektrischer Größen sog. Vielfachmesser Anwendung. Bei diesen Geräten wird ein empfindliches Anzeigeinstrument durch externe Beschaltung für die zu messende Größe und den jeweiligen Messbereich konfiguriert.

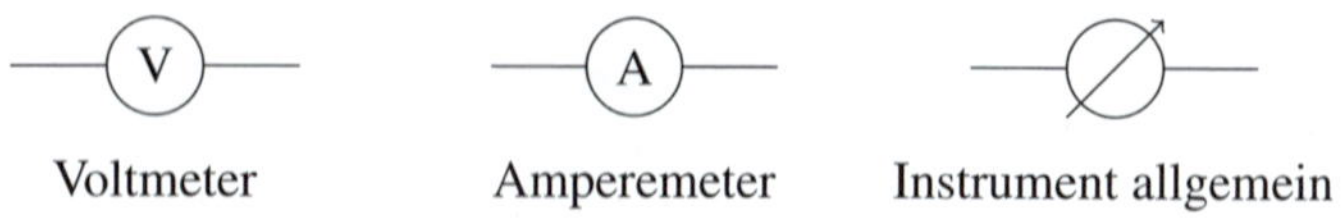


**Abb. 2.17.:** Schaltsymbole für Messinstrumente

Zur **Spannungsmessung** (siehe Abb. 2.18) wird das Voltmeter parallel zum Messobjekt, also zu einer Spannungsquelle bzw. zu einem Verbraucher ($R_2$ in der Abbildung), über dem der Spannungsabfall zu messen ist, geschaltet. Damit das Messergebnis nicht durch eine unbeabsichtigte, merkliche Stromteilung verfälscht wird, muss das Voltmeter sehr hochohmig sein, d.h., es muss einen sehr hohen Innenwiderstand $R_{i_{VM}}$ haben. Es soll gelten $R_{i_{VM}} \longrightarrow \infty$.

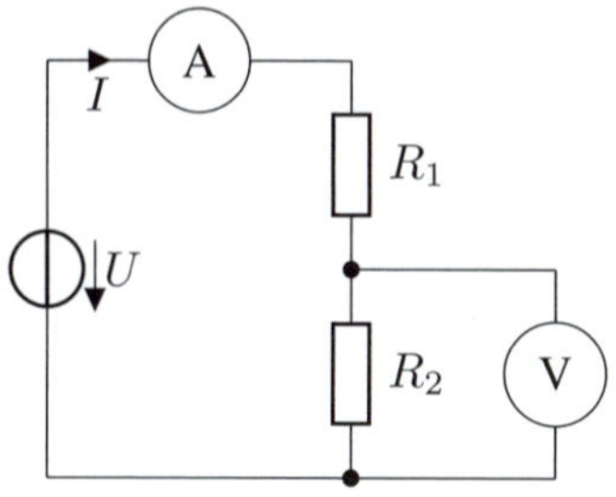


**Abb. 2.18.:** Anschluss eines Volt- und eines Amperemeters an einen Stromkreis

Zur **Strommessung** (siehe Abb. 2.18) wird das Amperemeter in Reihe geschaltet, so dass es vom zu messenden Strom durchflossen wird. Der Innenwiderstand des Amperemeters $R_{i_{AM}}$ soll möglichst klein sein, damit das Messergebnis nicht durch eine unbeabsichtigte, merkliche Spannungsteilung verfälscht wird. Es soll gelten $R_{i_{AM}} \longrightarrow 0$.

**Messbereichserweiterungen:** Um ein gegebenes, empfindliches Drehspulinstrument für eine gewünschte Messgröße, also Spannung oder Strom, und einen bestimmten Messbereich nutzbar zu machen, bedient man sich Schaltungen zur Messbereichserweiterung. Um solch eine Schaltung zu dimensionieren, müssen zwei der drei Instrument-spezifischen Größen

- $U_{voll}$, die Spannung, die bei Vollausschlag am Instrument anliegt,
- $I_{voll}$, der Strom, der bei Vollausschlag durch das Instrument fließt,
- $R_i$, Innenwiderstand des Instrumentes

bekannt sein.

Die Messbereichserweiterung für eine Spannungsmessung erfolgt durch Spannungsteilung. Dazu wird ein Vorwiderstand $R_V$ zum Messinstrument in Reihe geschaltet, so dass er zusammen mit dem Innenwiderstand des Messinstrumentes einen Spannungsteiler bildet (siehe Abb. 2.19, linkes Teilbild ). Für einen neuen Messbereich (Anschluss an den Klemmen 1 und 2) soll der Vollausschlag $U_{neu}$ betragen. Den Wert des notwendigen Vorwiderstandes $R_V$ findet man dann unter Anwendung der oben erörterten Regeln auf folgendem Weg:

$$U_{neu} = I_{voll} \cdot (R_i + R_V)$$

$$R_V = \frac{U_{neu}}{I_{voll}} - R_i.$$

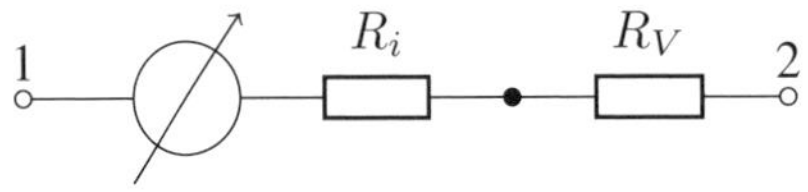


Erweiterung des Spannungsbereiches durch $R_V$

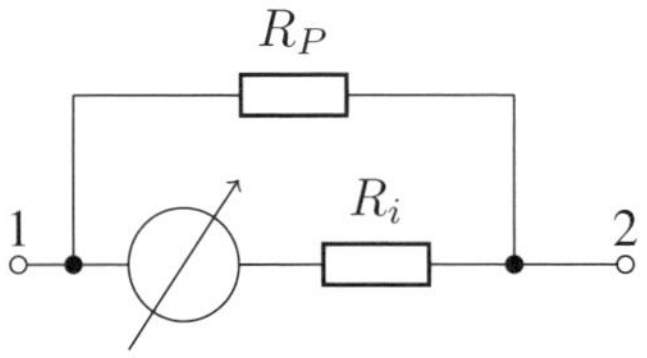


Erweiterung des Strombereiches durch $R_P$

**Abb. 2.19.:** Schaltungen zur Messbereichserweiterung

Die Messbereichserweiterung für eine Strommessung erfolgt durch Stromteilung. Dazu wird ein Parallelwiderstand (shunt) $R_P$ zum Messinstrument parallel geschaltet, so dass der Innenwiderstand des Messwerkes und der Parallelwiderstand einen Stromteiler bilden (siehe Abb. 2.19, rechtes Teilbild). Den Parallelwiderstand $R_P$ für einen neuen Strommessbereich mit dem Vollausschlag $I_{neu}$ findet man unter Nutzung der oben besprochenen Regeln z.B. folgendermaßen:

$$I_{R_P} = I_{neu} - I_{voll}$$

$$R_P = \frac{U_{voll}}{I_{R_P}}.$$

Im empfindlichsten Messbereich wird das nicht beschaltete Messinstrument für Spannungs- und für Strommessungen verwendet. Jede Beschaltung des Messinstruments mit passiven Bauelementen, wie eben besprochen, macht dieses Instrument unempfindlicher.

Bedingt durch einen endlichen Innenwiderstand entstehen Messfehler. Um diese klein zu halten, müssen die oben genannten Bedingungen eingehalten werden (Voltmeter: $R_{i_{VM}} \longrightarrow \infty$, Amperemeter: $R_{i_{AM}} \longrightarrow 0$).

**Ohmmeter – Messung des ohmschen Widerstandes** Für die Messung des Widerstandes benötigt man eine Spannungsquelle. Als Ohmmeter kann z.B. ein aktiver Zweipol, wie in Abb. 2.20 dargestellt, oder eine Brückenschaltung (siehe Abb. 3.8) dienen.

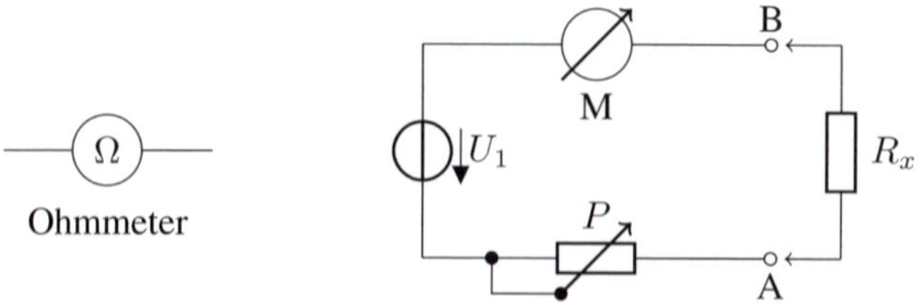


**Abb. 2.20.:** Ohmmeter, Symbol und Prinzipschaltung

Das Ohmmeter entsprechend Abb. 2.20 umfasst das Instrument $M$, eine Spannungsquelle $U$ und ein Potentiometer und arbeitet folgendermaßen: Zuerst werden die Klemmen $A$ und $B$ kurzgeschlossen und mit dem Potentiometer wird das Instrument auf Vollausschlag abgeglichen, dies entspricht einem Wert des Widerstandes $R_x$ von $0\,\Omega$. Danach wird an den Klemmen $A$ und $B$ der unbekannte Widerstand $R_x$ angeschlossen. Dabei stellt sich ein Strom ein, der dem Widerstandswert $R_x$ entspricht. Die Anzeige des Instruments $M$ ist so kalibriert, dass der Widerstandswert direkt abgelesen werden kann.

## 2.3.5. Kondensatoren – Energiespeicher im Gleichstromkreis

Wenn man auf einen isolierten elektrischen Leiter eine elektrische Ladung bringt, dann verteilt sich diese Ladung so, dass der Leiter selbst feldfrei ist. Aber gegenüber seiner Umgebung verändert der Leiter sein Potential; er baut eine von der Ladung abhängige Spannung zu anderen Leitern in seiner Umgebung auf. Der Quotient aus der aufgebrachten Ladung $Q$ und der sich dabei ausbildenden Spannung $U$ ist konstant und heißt **Kapazität**:

**Definition 2.8 (Kapazität)**

Die Kapazität

$$C = \frac{Q}{U} \tag{2.40}$$

beschreibt die Fähigkeit einer Leiteranordnung, elektrische Ladung zu speichern.

**Kondensatoren** sind Bauelemente mit einer bestimmten Kapazität, also mit der Fähigkeit, elektrische Ladung zu speichern. Sie bestehen aus zwei gegeneinander elektrisch isolierten flächenhaften Leitern.

Die Einheit der Kapazität[1] ist das Farad (F); es ist eine abgeleitete SI-Einheit, für die gilt:

$$[C] = \frac{[Q]}{[U]} = \frac{1\,\mathrm{C}}{1\,\mathrm{V}} = \frac{1\,\mathrm{A\,s}}{1\,\mathrm{V}} = 1\,\mathrm{F}.$$

Für die Praxis ist $1F$ eine zu große Einheit; deshalb erfolgen Kapazitätsangaben meist mit verkleinernden gesetzlichen Vorsätzen, z.B. als µF, nF oder pF.

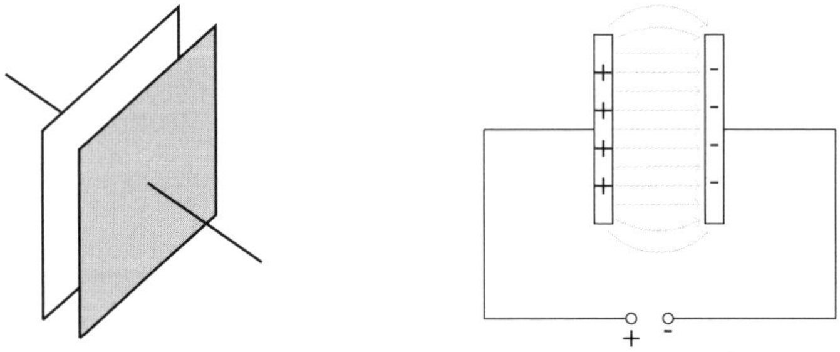


**Abb. 2.21.:** Plattenkondensator, Aufbau und Feldlinien, schematisch

Den einfachsten Aufbau eines Kondensators findet man beim Plattenkondensator. Hier sind zwei leitfähige Platten, jeweils mit der Fläche $A$, und dem Plattenabstand $d$ einander gegenüber angeordnet (siehe Abb. 2.21). Zwischen den Platten befindet sich ein Isolator, den man im Hinblick auf seine dielektrischen Eigenschaften auch Dielektrikum nennt. Der Plattenabstand $d$ sei klein gegen die laterale Ausdehnung der Platten, dann ist das elektrische Feld im Plattenkondensator homogen und man kann die Kapazität nach folgender Gleichung berechnen:

**Kapazität eines Plattenkondensators**

$$C = \epsilon_0 \cdot \epsilon_r \cdot \frac{A}{d}. \qquad (2.41)$$

$\epsilon_0$ ist die absolute Dielektrizitätskonstante; sie gilt für das Vakuum. $\epsilon_r$ ist die relative Dielektrizitätskonstante, es ist eine Materialkennzahl des Dielektrikums (Isolators) zwischen den Platten. Die Kapazität eines Kondensators hängt nur von der Geometrie der Leiteranordnung und der Dielektrizitätskonstanten des Dielektrikums ab.

Wenn man einen Kondensator mit einer Spannungsquelle verbindet, fließt kurzzeitig ein Strom und der Kondensator wird geladen. Während des Ladens sammeln sich Ladungen auf den Platten und es baut sich ein elektrisches Feld zwischen den Platten auf. Direkt zwischen den Platten beobachtet man ein homogenes Feld und in den Randbereichen ein Streufeld, welches über die geometrische Begrenzung der Platten hinaus reicht. Der Ladevorgang dauert solange

[1] Anmerkung zum Sprachgebrauch: Gelegentlich wird auch für das Bauelement Kondensator selbst das Wort Kapazität verwendet.

an, bis am Kondensator dieselbe Spannung wie an der Spannungsquelle erreicht ist. Trennt man den geladenen Kondensator von der Spannungsquelle, so behält er seine Ladung, bis er z.B. durch Kurzschluss der Anschlüsse entladen wird.

Die Energie, die beim Laden in den Kondensator transportiert und als elektrische Feldenergie dort gespeichert wird, kann man mit einem Gedankenexperiment ermitteln. Wir nehmen an, der Kondensator habe schon eine Anfangsladung, so dass an seinen Klemmen die Spannung $U$ liegt. Jetzt werde der negativ geladenen Platte eine positive Probeladung $q$ entnommen und gegen die Kraft des elektrischen Feldes zur positiven Platte transportiert. Dabei ändert sich die Ladung beider Platten und auch die Spannung am Kondensator. Mit den Gleichungen 2.4 und 2.40 kann man schreiben

$$W = \int_0^Q U dq = \frac{1}{C} \int_0^Q q dq.$$

Nachdem die Integration ausgeführt ist, kann man das Ergebnis wie folgt angeben:

**Elektrische Energie im Kondensator**
Beim Laden eines Kondensators wird ein elektrisches Feld im Kondensator aufgebaut und dabei Energie als elektrische Feldenergie gespeichert. Diese Energie berechnet man folgendermaßen:

$$W_C = \frac{1}{2}\frac{Q^2}{C} = \frac{1}{2} Q \cdot U = \frac{1}{2} C \cdot U^2. \tag{2.42}$$

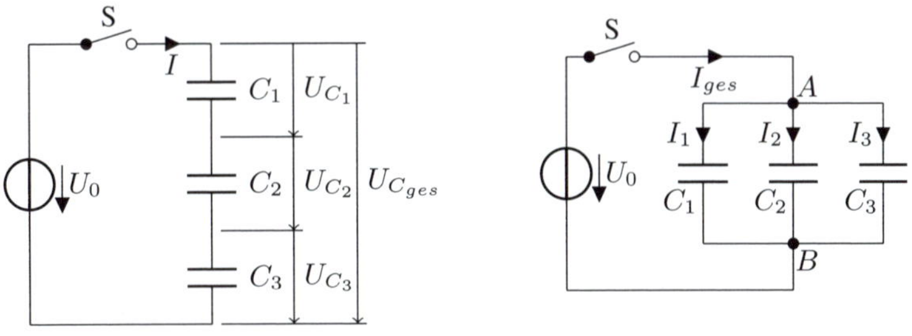


**(a)** Reihenschaltung **(b)** Parallelschaltung

**Abb. 2.22.:** Zusammenschaltung von Kapazitäten

**Zusammenschaltung von Kondensatoren** **Reihenschaltung:** Wir betrachten zunächst die Reihenschaltung entsprechend Abb. 2.22a. Zu Beginn seien alle Kondensatoren entladen. Schließt man den Schalter $S$, dann fließt solange ein Ladestrom $I$ durch alle Kondensatoren, bis die Summe der einzelnen Spannungen $U_{C_i}$ gleich der insgesamt angelegten Spannung $U_0$ ist. Am

Ende des Ladevorganges ist auf jeden Kondensator die gleiche Ladung geflossen. Man kann den Maschensatz anwenden und schreiben:

$$U_0 = U_{ges} = (U_{C_1} + U_{C_2} + U_{C_3}).$$

Mit Gleichung 2.40 ersetzen wir nun jede Spannung $U_{C_i}$ durch den Term $\frac{Q}{C_i}$:

$$\frac{Q}{C_{ges}} = \frac{Q}{C_1} + \frac{Q}{C_2} + \frac{Q}{C_3}$$

und dividieren dann durch die allen Kondensatoren gemeinsame Ladung $Q$. So erhält man die Beziehung für die Berechnung der Gesamtkapazität $C_{ges}$ bei einer Reihenschaltung von Kondensatoren:

**Gesamtkapazität bei Reihenschaltung von $n$ Kapazitäten**

$$\frac{1}{C_{ges}} = \sum_{i=1}^{n} \frac{1}{C_i}. \tag{2.43}$$

**Parallelschaltung:** Die Abb. 2.22b zeigt eine Parallelschaltung von Kondensatoren. Zunächst seien alle Kondensatoren entladen, d.h., Ladung und Spannung sind an jedem Kondensator Null. Wenn der Schalter $S$ geschlossen wird, fließt kurzzeitig auf jeden Kondensator ein individueller Ladestrom $I_{C_i}$. Nach dem Ladevorgang liegt an allen Kondensatoren die Spannung $U_0$, aber es sind, je nach Kapazität, unterschiedliche Ladungen gespeichert. Die insgesamt gespeicherte Ladung $Q_{ges}$ setzt sich additiv aus den Teilladungen zusammen:

$$Q_{ges} = Q_{C_1} + Q_{C_2} + Q_{C_3}.$$

Mit der Gleichung 2.40 können wir die Teilladungen und die Gesamtladung durch die jeweilige Kapazität und die Spannung ersetzen und erhalten

$$U_0 \cdot C_{ges} = U_0 \cdot (C_1 + C_2 + C_3).$$

Damit ergibt sich für die Berechnung der Gesamtkapazität von $n$ parallel geschalteten Kondensatoren:

**Gesamtkapazität bei Parallelschaltung von $n$ Kapazitäten**

$$C_{ges} = \sum_{i=1}^{n} C_i. \tag{2.44}$$

**Laden eines Kondensators – dynamisches Verhalten** Wir wollen nun das Zeitverhalten beim Laden und Entladen eines Kondensators untersuchen und schalten dazu jeweils einen Widerstand in Reihe. Entsprechend Abb. 2.23 wird ein Kondensator $C$ über einen Widerstand $R$ und einen Schalter $S$ mit einer Spannungsquelle verbunden. Der Kondensator sei zu Beginn des Experiments ungeladen, folglich ist die Spannung $U_C$ am Kondensator zunächst Null. Nach dem Schließen des Schalters fließt Ladung von der Spannungsquelle auf den Kondensator und die Spannung am Kondensator steigt an; sie wird eine Funktion der Zeit $U_C(t)$ (siehe Abb. 2.23).

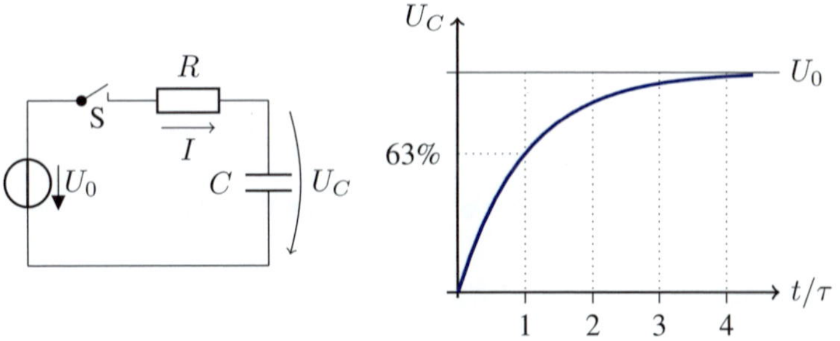


**Abb. 2.23.:** Ladung eines Kondensators über einen Widerstand, Schaltung und Ladekurve

Widerstand und Kondensator sind in Reihe geschaltet, d.h., nach den Kirchhoffschen Regeln gilt, dass die Summe der Teilspannungen (Spannungsabfälle) $U_R(t)$ und $U_C(t)$ gleich der Quellenspannung $U_0$ ist:

$$U_0 = U_R(t) + U_C(t).$$

Wenn man die Spannung am Kondensator mit Gleichung 2.40 ausdrückt, ergibt sich für deren zeitliche Änderung $\frac{dU_C}{dt}$[1]:

$$\frac{dU_C(t)}{dt} = \frac{1}{C}\frac{dQ_C}{dt} = \frac{I(t)}{C}.$$

Für $I(t)$ kann man unter Nutzung des Ohmschen Gesetzes und der Kirchoffschen Regeln schreiben:

$$I(t) = \frac{U_0 - U_C(t)}{R}.$$

Durch Einsetzen ergibt sich schließlich:

[1] Dabei wird vorausgesetzt, dass die Kapazität C zeitlich konstant ist, dass also $\frac{dC}{dt} = 0$ gilt.

$$\frac{dU_C(t)}{dt} = \frac{U_0 - U_C(t)}{R \cdot C}.$$

Diese Differentialgleichung lässt sich mit dem Verfahren der Trennung der Variablen[1] leicht integrieren:

$$\frac{d(U_C(t) - U_0)}{U_C(t) - U_0} = -\frac{dt}{R \cdot C}.$$

Man erhält zunächst

$$\ln(U_C(t) - U_0) = e^{-\frac{t}{R \cdot C}} + K.$$

Dabei ist $K$ eine unbestimmte Integrationskonstante, deren Wert durch Einsetzen der Anfangsbedingung ermittelt wird.

Mit der Anfangsbedingung $U_C(t = 0) = 0$ ergibt sich:

**Laden eines Kondensators**

$$U_C(t) = U_0 \cdot (1 - e^{-\frac{t}{R \cdot C}}) \tag{2.45}$$

Der Term $R \cdot C$ hat die Dimension einer Zeit und heißt **Zeitkonstante** $\tau$. Damit erhält die Gleichung 2.45 die Form

$$U_C(t) = U_0 \cdot (1 - e^{-\frac{t}{\tau}})$$

und lässt so den Vergleich unterschiedlicher RC-Glieder mit gleicher Zeitkonstante zu. Die Spannung $U_C(t)$ am Kondensator nähert sich asymptotisch der Spannung $U_0$. Zur Zeit $t = \tau$ ist der Kondensator zu $63\%$ geladen, zur Zeit $t = 3\,\tau$ schon zu $95\%$ und nach $t = 10\,\tau$ kann der Kondensator als geladen betrachtet werden.

Der Kondensator behält die Spannung, die er beim Ladevorgang erreicht hat, auch nach Öffnen des Schalters; er stellt nun selbst eine Spannungsquelle dar.

[1] Erklärung siehe Anhang A.3.3

**Entladen eines Kondensators** Der geladene Kondensator wird wieder entladen, indem entsprechend Abb. 2.24 ein Stromkreis zwischen seinen beiden Anschlüssen über den Widerstand $R$ und den Schalter $S$ geschlossen wird. Dabei kehrt sich die Stromrichtung um und die Ladung fließt vom Kondensator ab. Der Kondensator verliert die vorher gespeicherte Energie wieder und die Spannung $U_C$ fällt (siehe Abb. 2.24).

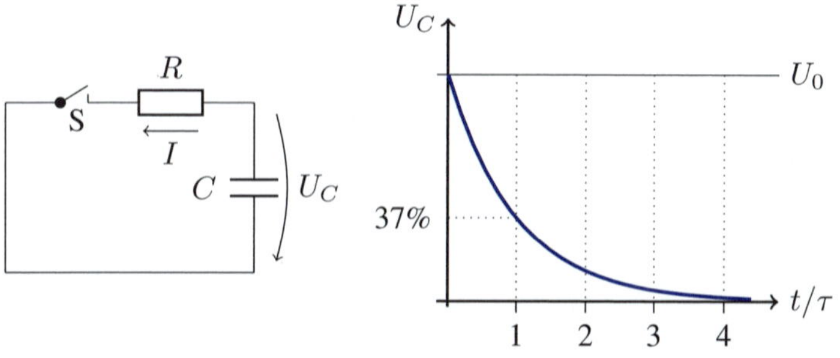


**Abb. 2.24.:** Entladung eines Kondensators über einen Widerstand, Schaltung und Entadekurve

Man kann den Entladestrom auf zweierlei Weise ausdrücken:

$$I(t) = \frac{dQ_C}{dt} = C \cdot \frac{dU_C}{dt}$$

und

$$I(t) = \frac{-U_C}{R}.$$

Durch Gleichsetzen, Integration und Einsetzen der Anfangsbedingung $U_C(t = 0) = U_{C_0}$ nach obigem Muster erhält man für den Entladevorgang folgende Gleichung:

**Entladen eines Kondensators**

$$U_C(t) = U_{C_0} \cdot e^{-\frac{t}{R \cdot C}}. \tag{2.46}$$

Hier tritt die gleiche Zeitkonstante $\tau = RC$ wie beim Laden des Kondensators auf und wir können die Gleichung 2.46 in der Form

$$U_C(t) = U_{C_0} \cdot e^{-\frac{t}{\tau}}$$

schreiben. Zur Zeit $t = \tau$ ist der Kondensator auf ca. 37% entladen und zur Zeit $t = 3\,\tau$ auf ca. 5%.

Das Laden und Entladen eines Kondensators über einen Widerstand begegnet uns in der Elektronik in vielfältiger Weise. Im Zusammenhang mit Fragen der Signalverarbeitung untersuchen wir in den Kapiteln 6.1.2 und 6.1.3 das Zeitverhalten und die Übertragungsfunktion von RC-Gliedern weiter.

**Technische Kondensatoren und Kondensatorbauformen** Analog zu den Widerständen kennt man Kondensatoren mit fester und mit einstellbarer Kapazität (siehe Abb. 2.25). In der Anwendung dominieren eindeutig Kondensatoren mit fester Kapazität, während Kondensatoren mit einstellbarer Kapazität nur in Bereichen der Analogelektronik noch eine Rolle spielen.

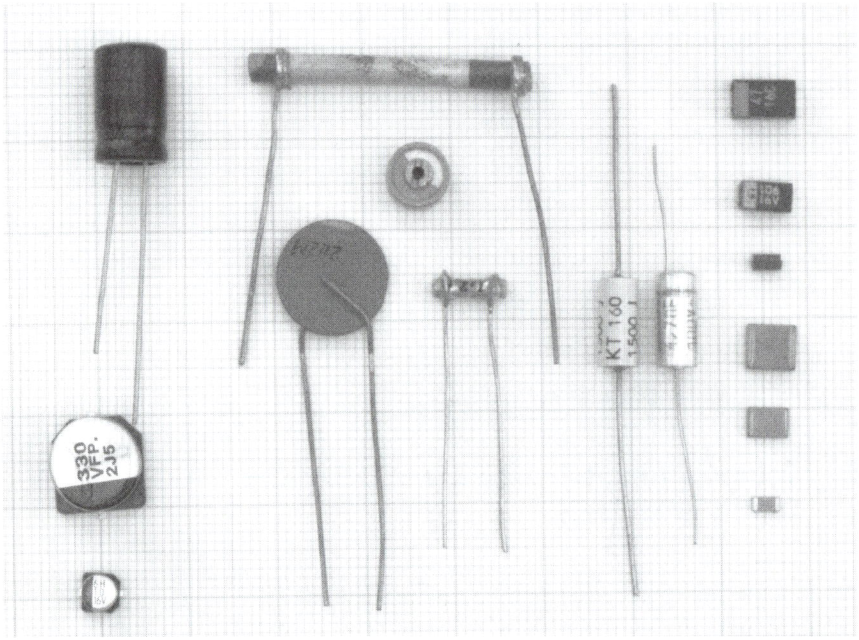


**Abb. 2.25.:** Technische Kondensatoren in verschiedenen Bauformen

Kondensatoren unterscheidet man nach dem verwendeten Dielektrikum und nach ihren Bauformen. Wichtige Dielektrika sind:

- **Luft** ($\varepsilon_r \sim 1$) - Plattenkondensator:
  Der Plattenkodensator ist eine Urform der Kondensatoren. Es stehen sich zwei Platten definierter Größe in einem definierten Abstand gegenüber. Solche Kondensatoren kann man nicht für große Kapazitäten bauen, wohl aber für hohe Spannungen (viele kV). Diese Kondensatoren spielen in der Mikroelektronik keine Rolle.
- **dielektrische Folien** ($\varepsilon_r \sim 10^3 \ldots 10^5$) – Folienkondensator:
  Hier sind Folien aus hochwertigen Dielektrika mit dünnen leitfähigen Schichten versehen. Die Folien werden aufgewickelt, um Platz zu sparen und man erhält auf kleinem Raum hochwertige Kondensatoren etwa im Kapazitätsbereich von pF bis $\mu$F.

- **dielektrische Funktionskeramik** ($\varepsilon_r \sim 10^2 \cdots \sim 10^5$) – Keramikkondensator: Besonders hohe relative Dielektrizitätskonstanten erreicht man mit sog. dielektrischen Funktionskeramiken, wie z.B. mit Bariumtitanat ($BaTiO_3$) mit verschiedenen Dotierungen. Diese Werkstoffe haben ferroelektrische Eigenschaften, das heißt, $\varepsilon_r$ ist feldstärkeabhängig.

- **dünne Oxidschichten** in Elektrolytkondensatoren und Tantalkondensatoren: In klassischen Elektrolytkondensatoren ist das Dielektrikum Aluminiumoxid ($Al_2O_3$ mit $\varepsilon_r = 9,6$. In den moderneren Tantalkondensatoren findet Tantalpentoxid ($Ta_2O_5$ mit $\varepsilon_r = 29$) oder Niobpentoxid ($Nb_2O_5$: $\varepsilon_{r)} = 42$) als Dielektrikum Anwendung. Elektrolytkondensatoren und Tantalkondensatoren sind sog. gepolte Kondensatoren. Die sehr dünne Oxidschicht wird bei der Herstellung elektrochemisch erzeugt. Beim Betrieb muss an einer Elektrode, der Anode, stets eine positive Spannung anliegen, um die Oxidschicht nicht zu schädigen. Man erreicht mit diesen Kondensatoren sehr hohe Kapazitätswerte auf kleinem Raum

**Drehkondensatoren** und **Trimmkondensatoren** sind Bauelemente mit mechanisch einstellbarer Kapazität. Sie bestehen aus zwei Plattenpaketen, die man so ineinander drehen kann, dass sich die elektrisch wirksame Plattenfläche und damit die Kapazität mit dem Drehwinkel ändert. Drehkondensatoren wurden früher zur Abstimmung von Schwingkreisen in Rundfunkempfängern (Senderwahl) verwendet; sie sind heute durch Kapazitätsdioden weitgehend verdrängt.

### 2.3.6. Spulen – magnetische Energiespeicher im Gleichstromkreis

Wenn durch eine Spule ein Strom fließt, existiert in dieser Spule und in deren Umgebung ein Magnetfeld. Dieses Magnetfeld beinhaltet die Energie, die zum Aufbau des Feldes notwendig war; sie wird wieder frei gesetzt, sobald der Strom unterbrochen wird und das Feld zusammenbricht.

Wenn eine Spule von einem zeitlich veränderlichem Strom $\frac{dI}{dt}$ durchflossen wird, gilt für den Spannungsabfall an der Spule

$$U_L = L\frac{dI}{dt}. \tag{2.47}$$

(Man beachte das gegenüber Gleichung 2.19 umgekehrte Vorzeichen! Der Spule wird hier Energie zugeführt.)

Zur Berechnung der magnetischen Feldenergie gehen wir von den Gleichungen 2.24 und 2.47 aus und können für die Energieänderung schreiben:

$$dW = IL\frac{dI}{dt}dt.$$

Um die gesamte Feldenergie zu erhalten, integrieren wir von 0 bis $I$

$$W = L \int_0^I I dI$$

und erhalten:

**Magnetische Energie im Feld einer Spule**

$$W_L = \frac{1}{2} L I^2 \tag{2.48}$$

Man kann die Ähnlichkeit der Gleichungen 2.48 und 2.42 als Merkhilfe nutzen.

Wir betrachten nun die Zusammenschaltung von Induktivitäten, also die Reihenschaltung und die Parallelschaltung (siehe Abb. 2.26). Dabei wird vorausgesetzt, dass sich die Induktivitäten nicht gegenseitig durch eventuelle magnetische Verkopplungen oder Streufelder beeinflussen.

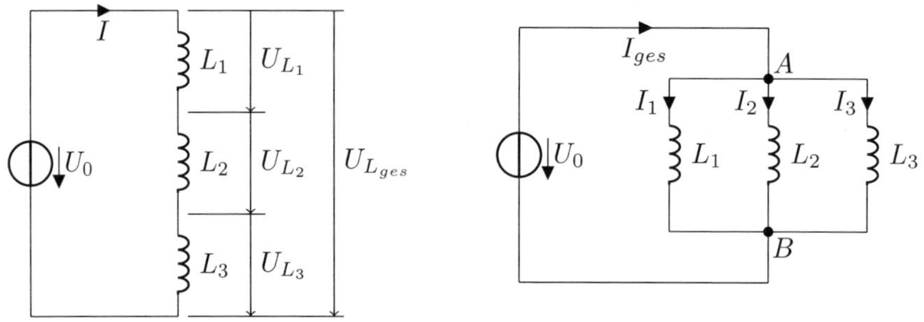


**(a)** Reihenschaltung **(b)** Parallelschaltung

**Abb. 2.26.:** Zusammenschaltung von Induktivitäten

Analog zu ohmschen Widerständen findet man für die Reihenschaltung nicht gekoppelter Spulen durch Anwendung des Maschensatzes:

$$L_{ges} = L_1 + L_2 + ... + L_n \tag{2.49}$$

und für die Parallelschaltung durch Anwendung des Knotenpunktsatzes

$$\frac{1}{L_{ges}} = \frac{1}{L_1} + \frac{1}{L_2} + ... + \frac{1}{L_n}. \tag{2.50}$$

Entsprechend unserem Vorgehen bei den Kondensatoren wollen wir nun untersuchen, wie sich die Spule in einem Gleichstromkreis beim Zu- und Abschalten einer Spannung verhält. Nach Abb. 2.27 sei eine Spule $L$ zunächst stromlos (Schalter $S$ in Stellung 0). Dann werde die Spule über einen Widerstand $R$ mit einer Spannungsquelle verbunden (Schalter $S$ in Stellung 1). Nach dem Umschalten des Schalters beginnt Strom zu fließen, in der Spule wird ein magnetisches Feld aufgebaut und es wird elektrische Energie in magnetische Feldenergie überführt.

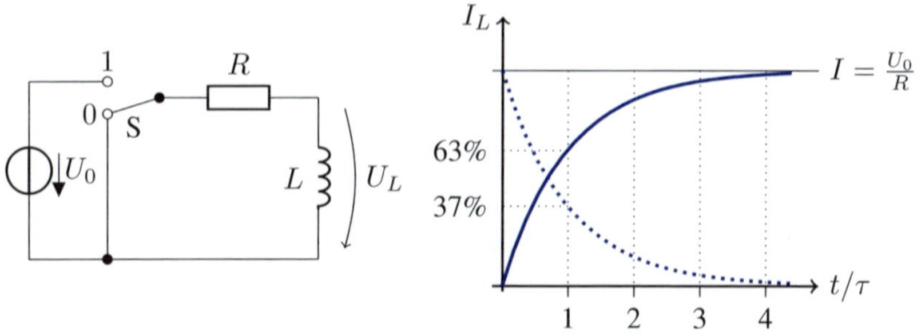


**Abb. 2.27.:** Zu- und Abschaltung einer Induktivität

Der Strom in diesem Kreis wird durch die angelegte Spannung, die in der Spule induzierte Spannung und den Widerstand bestimmt:

$$U_0 + U_L = R \cdot I. \tag{2.51}$$

Die an der Spule entstehende Spannung können wir durch Gleichung 2.19 ausdrücken

$$U_0 - L \cdot \frac{dI}{dt} = R \cdot I$$

und erhalten nach Umstellen und Integration der Gleichung sowie dem Einsetzen der Anfangsbedingung

$$I(t) = \frac{U_0}{R} \cdot (1 - e^{-\frac{R}{L}t}). \tag{2.52}$$

Der Strom kann maximal den Wert $I_0 = \frac{U_0}{R}$ annehmen.

Der Term $\frac{R}{L}$ hat die Dimension einer Zeit und heißt Zeitkonstante $\tau$ und wie bei der Ladung eines Kondensators stellen wir den Stromanstieg über $\frac{t}{\tau}$ dar (Abb. 2.27, ausgezogene Kurve).

Nun schalten wir den Schalter schlagartig zurück in die Stellung 0. Das bedeutet, dass in Gleichung 2.51 der Term $U_0$ null wird. Wir lösen nun die Differentialgleichung und finden mit

$$I(t) = I_0 \cdot e^{-\frac{R}{L}t} \tag{2.53}$$

die Abklingkurve für den Strom (Abb. 2.27, punktierte Kurve).

**Fazit:** Die Behandlung von Schaltvorgängen an RC- und RL-Schaltungen im Gleichstromkreis führt zu Gleichungen und Lösungen gleichen Typs; bei Kapazitäten steht die Spannung und bei Induktivitäten der Strom im Mittelpunkt.

## 2.4. Wechselstrom

Der bisher betrachtete Gleichstrom kann durch Schaltvorgänge, variable Lasten, die Erschöpfung einer Quelle oder die Einkopplung von Störungen zeitlich schwanken; er behält aber stets seine Richtung bei. Bei Wechselstrom ist das anders.

**Definition 2.9 (Wechselstrom als periodische Funktion)**

Beim Wechselstrom wechseln die Spannung und der Strom periodisch ihre Richtung; Spannung und Strom lassen sich durch eine periodische Funktion darstellen:

$$F(t) = F(t + n \cdot T) \quad \text{mit} \quad n = 0, \pm 1, \pm 2, .... \tag{2.54}$$

wobei $T$ die Periodendauer der Funktion ist.

### 2.4.1. Erzeugung und Darstellung von Wechselstrom

Wechselstrom kann man auf verschiedene Weise erzeugen, zum Beispiel:

- durch Nutzung des Induktionsgesetzes oder
- mittels elektronischer Schaltungen (siehe dazu Abschnitt 6.5).

Das Prinzip der Erzeugung von Wechselstrom unter Nutzung des Induktionsgesetzes ist in Abb. 2.28) schematisch dargestellt. Eine Leiterschleife rotiere in einem homogenen $\vec{B}$-Feld mit konstanter Winkelgeschwindigkeit $\omega$.

Dabei schneidet die Leiterschleife fortwährend die magnetischen Feldlinien, so dass sich der magnetische Fluss, der die Leiterschleife durchsetzt, kontinuierlich ändert. Die Flussänderung folgt einer harmonischen Funktion und es entsteht durch Induktion eine harmonische Wechselspannung mit der Periodendauer $T = \frac{2\pi}{\omega}$. In einem geschlossenen Stromkreis fließt dann ein ebensolcher Wechselstrom. Das skizzierte Prinzip wird technisch in Wechselstromgeneratoren genutzt. Dazu wird die Leiterschleife durch entsprechend viele Windungen ersetzt und an den Punkten a und b werden Schleifringe angeschlossen, die es ermöglichen, über Schleifer die erzeugte Spannung abzuleiten.

Eine Wechselspannung bzw. einen Wechselstrom nennt man **harmonisch**, wenn der Zeitverlauf der Wechselgröße durch eine Sinus- bzw. eine Kosinusfunktion beschrieben werden kann (siehe Abb. 2.29). Sinusförmige Wechselströme werden technisch häufig genutzt; sie dienen zur Stromversorgung über das öffentliche Stromnetz.

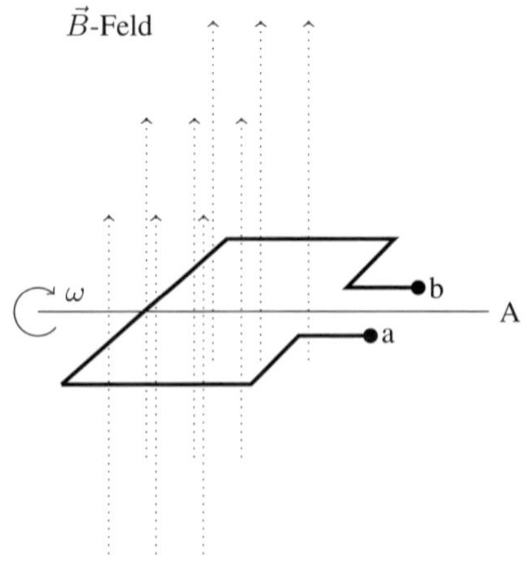


**Abb. 2.28.:** Zur Erzeugung harmonischer Wechselspannung

Wenn energiespeichernde Elemente, also Kapazitäten bzw. Induktivitäten, im Stromkreis vorhanden sind, entsteht eine Phasenverschiebung zwischen Wechselspannung und Wechselstrom, die mit Hilfe der Phasenwinkel von Spannung ($\varphi_u$) bzw. Strom ($\varphi_i$) ausgedrückt wird.

Analytisch kann eine harmonische Wechselspannung entweder durch eine Sinus- oder durch eine Kosinusfunktion beschrieben werden; der Unterschied besteht in einer Phasenverschiebung von $\frac{\pi}{2}$. Wir wählen die Kosinusfunktion und erhalten damit folgende Gleichungen:

**Definition 2.10 (Harmonische Wechselspannung und harmonischer Wechselstrom)**

$$u(t) = \widehat{U} \cdot \cos(\omega \cdot t + \varphi_u), \qquad i(t) = \widehat{I} \cdot \cos(\omega \cdot t + \varphi_i). \tag{2.55}$$

Die einzelnen Terme haben dabei folgende Bedeutung (siehe auch Abb. 2.29):

- $u(t)$ und $i(t)$ sind die Momentanwerte der Spannung bzw. des Stromes
- $\widehat{U}$ und $\widehat{I}$ heißen **Amplitude** (auch Spitzenwert) der Spannung bzw. des Stromes, sie geben den größtmöglichen Momentanwert an
- $\omega$ ist die **Kreisfrequenz**, sie ergibt sich aus der Periodendauer: $\omega = \frac{2\pi}{T}$
- $\varphi_u$ und $\varphi_i$ sind die Nullphasenwinkel der Spannung bzw. des Stromes und
- $t$ ist die Zeit

Anstelle der Periodendauer $T$ wird häufig deren reziproker Wert, die **Frequenz** $f$ verwendet: Die Einheit der Frequenz ist das Hertz[1] $[f] = \frac{1}{\text{s}} = \text{Hz}$.

[1] Nach dem deutschen Physiker Heinrich Rudolf Hertz (1857–1894)

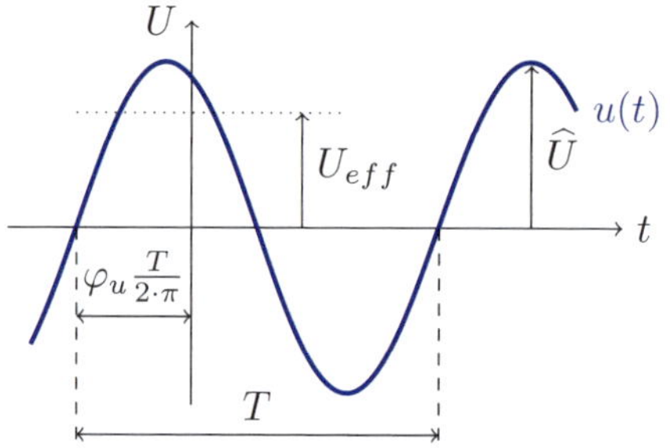


**Abb. 2.29.:** Harmonische Wechselspannung als Zeitfunktion mit Periodendauer ($T$), Amplitude ($\widehat{U}$), Nullphasenwinkel ($\varphi_u$) und Effektivwert ($U_{eff}$)

In diesem Kapitel setzen wir stets harmonische Wechselgrößen voraus und wir betrachten nur den eingeschwungenen Zustand, d.h. Schaltvorgänge werden nicht berücksichtigt.

**Die komplexe oder symbolische Darstellung** Die Phasenverschiebung zwischen Strom und Spannung, die Kapazitäten oder Induktivitäten im Wechselstromkreis verursachen, ist in Abb. 2.30 dargestellt. Als Folge dieser Phasenverschiebung schwankt der Quotient der Momentanwerte von Spannung und Strom, also $\frac{u(t)}{i(t)}$, zwischen $-\infty$ und $+\infty$. Er spiegelt weder zeitlich konstante Eigenschaften der Bauelemente noch ein stationäres Verhalten eines Stromkreises wider und ist für die Analyse von Schaltungen nicht verwendbar.

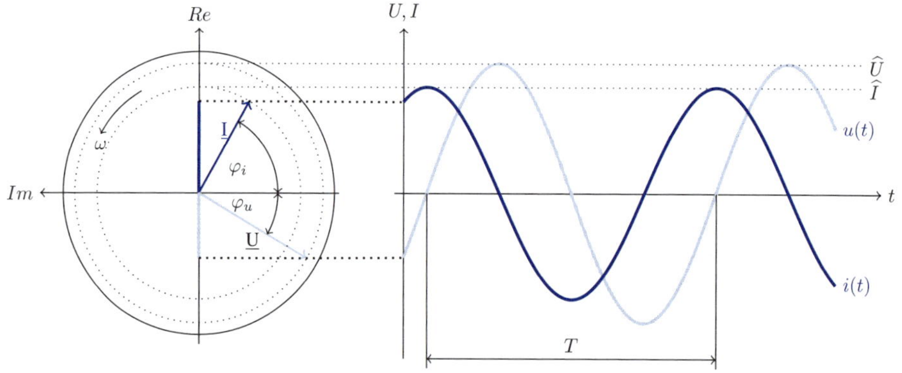


**Abb. 2.30.:** Rotierende Zeiger und Zeitfunktion von Strom und Spannung, der Strom eilt der Spannung um 90° voraus

Um dieses Problem zu beheben, nutzt man die **komplexe Rechnung**[1], auch **symbolische Methode** genannt, und geht folgendermaßen vor. Man ergänzt sowohl den Spannungsterm als auch den Stromterm um einen imaginären Anteil und erhält so einen komplexen Ausdruck:

[1] Zur komplexen Rechnung siehe im Anhang S. 478.

$$\underline{u}(t) = \widehat{U} \cdot [\cos(\omega \cdot t + \varphi_u) + j \cdot \sin(\omega \cdot t + \varphi_u)]$$
$$\underline{i}(t) = \widehat{I} \cdot [\cos(\omega \cdot t + \varphi_i) + j \cdot \sin(\omega \cdot t + \varphi_i)]\,.$$

Wir kennzeichnen die komplexen Größen durch einen Unterstrich. So bedeuten

- $\underline{u}(t)$ bzw. $\underline{i}(t)$ die komplexen Momentanwerte von Spannung bzw. Strom und
- $\underline{U}$ sowie $\underline{I}$ die komplexen Amplituden von Spannung bzw. Strom.

Die komplexen Größen beinhalten den jeweiligen Phasenwinkel, also $\varphi_u$ bzw. $\varphi_i$.

Nun werden die komplexen Ausdrücke in der Eulerschen Form geschrieben und man erhält:

$$\underline{u}(t) = \widehat{U} \cdot e^{j(\omega \cdot t + \varphi_u)} = \underline{U} \cdot e^{j \cdot \omega \cdot t} \tag{2.56}$$
$$\underline{i}(t) = \widehat{I} \cdot e^{j(\omega \cdot t + \varphi_i)} = \underline{I} \cdot e^{j \cdot \omega \cdot t}. \tag{2.57}$$

Wenn man nun mit den komplexen Größen den Quotienten $\frac{\underline{u}(t)}{\underline{i}(t)}$ bildet, kann man den zeitabhängigen Teil abspalten und kürzen:

$$\frac{\underline{u}(t)}{\underline{i}(t)} = \frac{\widehat{U} \cdot e^{j \cdot (\omega \cdot t + \varphi_u)}}{\widehat{I} \cdot e^{j \cdot (\omega \cdot t + \varphi_i)}} = \frac{\widehat{U} \cdot e^{j \cdot \omega \cdot t} \cdot e^{j \cdot \varphi_u}}{\widehat{I} \cdot e^{j \cdot \omega \cdot t} \cdot e^{j \cdot \varphi_i}} = \frac{\widehat{U}}{\widehat{I}} \cdot e^{j(\varphi_u - \varphi_i)} = \frac{\underline{U}}{\underline{I}}\,. \tag{2.58}$$

**Komplexer Widerstand oder Impedanz**

Der Quotient $\frac{\underline{U}}{\underline{I}}$ ist zeitunabhängig und heißt Impedanz oder komplexer Widerstand $\underline{Z}$.

$$\underline{Z} = \frac{\widehat{U} \cdot e^{j \cdot \varphi_u}}{\widehat{I} \cdot e^{j \cdot \varphi_i}} = \frac{\underline{U}}{\underline{I}} \tag{2.59}$$

Der Realteil der Impedanz heißt **Wirkwiderstand** und der Imaginärteil **Reaktanz** oder **Blindwiderstand**. Der Wert einer Impedanz $\underline{Z}$ verändert sich mit der Frequenz.

Der Kehrwert der Impedanz $\frac{\underline{I}}{\underline{U}}$ heißt **Admittanz**. Die Admittanz wird bevorzugt bei der Behandlung von Parallelschaltungen benutzt.

**Komplexer Leitwert oder Admittanz**

$$\underline{Y} = \frac{\widehat{I} \cdot e^{j \cdot \varphi_i}}{\widehat{U} \cdot e^{j \cdot \varphi_u}} = \frac{\underline{I}}{\underline{U}} \tag{2.60}$$

Impedanz und Admittanz ergeben sich eindeutig aus den Eigenschaften der Bauelemente im Stromkreis; sie beinhalten den Phasenwinkel und hängen von der Frequenz ab.

**Das Zeigerdiagramm:** Die Ausdrücke für die Momentanwerte für die Wechselspannung bzw. den Wechselstrom

$$\widehat{U} \cdot e^{j(\omega \cdot t + \varphi_u)} = \underline{U} \cdot e^{j \cdot \omega \cdot t} \quad \text{und} \quad \widehat{I} \cdot e^{j(\omega \cdot t + \varphi_i)} = \underline{I} \cdot e^{j \cdot \omega \cdot t}$$

können als rotierender Spannungszeiger bzw. Stromzeiger in der komplexen Ebene aufgefasst werden. Beide Zeiger rotieren mit der Winkelgeschwindigkeit $\omega$; der Winkel zwischen den Zeigern bleibt konstant, wenn die Winkelgeschwindigkeit konstant bleibt. Die Länge der Zeiger entspricht den reellen Amplituden $\widehat{U}$ bzw. $\widehat{I}$. Durch Projektion der Zeiger auf die reelle Achse ergeben sich die Momentanwerte als Kosinusfunktionen, wie in Abb. 2.30 dargestellt. Zur weiteren Veranschaulichung kann man sich die Flächennormale der rotierenden Leiterschleife in Abb. 2.28 als einen rotierenden Zeiger vorstellen (siehe auch Kapitel A.3.2).

Weil der Winkel zwischen Spannungszeiger und Stromzeiger bei einer festen Frequenz nur von den Bauelementen und deren Schaltung abhängt, kann man die Verhältnisse zwischen Wechselspannung und Wechselstrom vorteilhaft mit ruhenden Zeigern im sog. **Zeigerdiagramm** darstellen. Wir legen deshalb unseren weiteren Überlegungen ruhende Zeiger zugrunde.

Zur weiteren Vereinfachung ersetzt man die Phasenwinkel von Spannung $\varphi_u$ und Strom $\varphi_i$ durch deren zeitlich konstante Differenz

$$\varphi = \varphi_u - \varphi_i,$$

denn der Nullphasenwinkel hängt vom zufälligen Beginn der Beobachtung ab und ist für den eingeschwungenen Zustand irrelevant.

Zeiger werden wie eben benutzt, um die Phasenbeziehungen und die Amplituden von Spannung und Strom darzustellen. Sie werden auch genutzt, um die Größe und Phasenbeziehungen von komplexen Widerständen in der komplexen Widerstandsebene oder von komplexen Leitwerten in der komplexen Leitwertebene darzustellen (siehe Kapitel 2.4.2).

Die Phasenbeziehungen und die Beträge von Zeigern gelten jeweils nur für eine Frequenz. Sollen z.B. Impedanz, Admittanz oder andere Größen nicht nur für eine Frequenz sondern für mehrere Frequenzen oder einen Frequenzbereich dargestellt werden, nutzt man sog. Ortskurven.

**Definition 2.11 (Ortskurve)**

Eine **Ortskurve** ist der geometrische Ort, den die Spitze eines Zeigers als Funktion der Frequenz in einer komplexen Ebene beschreibt.

Wir werden von Ortskurven im nächsten Kapitel Gebrauch machen und diese nutzen, um die verschiedenen Wechselstromwiderstände zu differenzieren.

### Effektivwert von Strom und Spannung – die Leistung im Wechselstromkreis

Im Wechselstromkreis ändern sich die Momentanwerte der Spannung und des Stromes von Moment zu Moment; es sind Funktionen der Zeit. Damit wird auch die Leistung eine Zeitfunktion, die während einer Periode zwischen Null und einem Spitzenwert schwankt.

Wenn für einen Wechselstromkreis eine Spannung angegeben wird, z.B. 230 V für unser Stromnetz, dann ist dies der sog. **Effektivwert**. Der Effektivwert ist ein Mittelwert über eine Periodendauer $T$, der so berechnet wird, dass im Mittel über eine Periode die gleiche Wirkleistung an einem ohmschen Widerstand erzeugt wird, wie sie ein Gleichstrom mit dem gleichen Spannungswert in der gleichen Zeit erzeugen würde.

Mit den zeitunabhängigen Effektivwerten von Strom $I_{eff}$ bzw. Spannung $U_{eff}$ kann man Gleichung 2.25 verwenden und für die Leistung, die an einem ohmschen Widerstand im Wechselstromkreis umgesetzt wird, schreiben

$$P_{eff} = U_{eff} \cdot I_{eff} = R \cdot I_{eff}^2 = \frac{U_{eff}^2}{R} .$$

Den Effektivwert erhält man, indem man den zeitlichen Mittelwert der entsprechenden Größe über eine Periode bildet. Es gilt allgemein für die Leistung

$$\overline{P}^T = P_{eff} = \frac{1}{T} \int_0^T P(t) dt,$$

für die Spannung

$$\overline{U}^T = U_{eff} = \sqrt{\frac{1}{T} \int_0^T U^2(t) dt}$$

und für den Strom

$$\overline{I}^T = I_{eff} = \sqrt{\frac{1}{T} \int_0^T I^2(t) dt}.$$

Um die Effektivwerte zu ermitteln, muss die konkrete Kurvenform der Wechselgröße bekannt sein. Wir legen wieder eine rein harmonische Größe zugrunde und können dann die Zeitfunktion explizit aufschreiben. Für die Spannung als Beispiel erhalten wir

$$U_{eff}^2 = \frac{\widehat{U}^2}{T} \int_0^T \cos^2 \omega t \cdot dt$$

und können die Integration ausführen

$$U_{eff}^2 = \frac{\widehat{U}^2}{2}.$$

Für die Effektivwerte harmonischer Spannungen und Ströme ergibt sich schließlich:

**Effektivwerte harmonischer Größen**

$$U_{eff} = \frac{\widehat{U}}{\sqrt{2}} \quad \text{bzw.} \quad I_{eff} = \frac{\widehat{I}}{\sqrt{2}} \tag{2.61}$$

## 2.4.2. Widerstände im Wechselstromkreis

Wir untersuchen nun das Verhalten des ohmschen Widerstandes, der Kapazität und der Induktivität im Wechselstromkreis und wollen zuerst festhalten, dass

- ein ohmscher Widerstand immer elektrische Energie in Wärme umsetzt, sobald er von einem Strom durchflossen wird,
- eine Kapazität Energie als elektrische Feldenergie speichert und
- eine Induktivität Energie als magnetische Feldenergie speichert.

Wir betrachten alle Bauelemente zunächst als ideal; Unterschiede zwischen idealen und realen Bauelementen erörtern wir am Ende dieses Kapitels.

Im Wechselstromkreis kann man die genannten Zweipole charakterisieren (vgl. Abb. 2.31):

- durch die Phasenverschiebung zwischen Strom und Spannung (linke Bildspalte),
- die Darstellung in der komplexen Ebene (mittlere Bildspalte) und
- den Betrag als Funktion der Kreisfrequenz (rechte Bildspalte).

Im Folgenden zeigen wir, wie sich diese Eigenschaften ergeben und beziehen uns dabei stets auf die Gegenüberstellung in Abb. 2.31.

**Ohmscher Widerstand** Am ohmschen Widerstand gibt es zwischen Strom und Spannung keine Phasenverschiebung; im Zeigerdiagramm sind die Zeiger von Strom und Spannung bei allen Frequenzen parallel (siehe Abb. 2.31 Zeile „Widerstand“). Der Widerstandswert eines ohmschen Widerstandes ist unabhängig von der Frequenz. In der komplexen Widerstandsebene wird ein ohmscher Widerstand durch einen Punkt auf der reellen Achse repräsentiert.

**Kapazität und der kapazitive Blindwiderstand** Im Wechselstromkreis wird eine Kapazität periodisch umgeladen; im Mittel über eine ganze Periode verschwindet die Ladungsänderung. Ausgehend von Gleichung 2.40 kann man die Spannung am Kondensator wie folgt angeben:

$$U(t) = \frac{1}{C} \int_0^t I(t) \cdot dt.$$

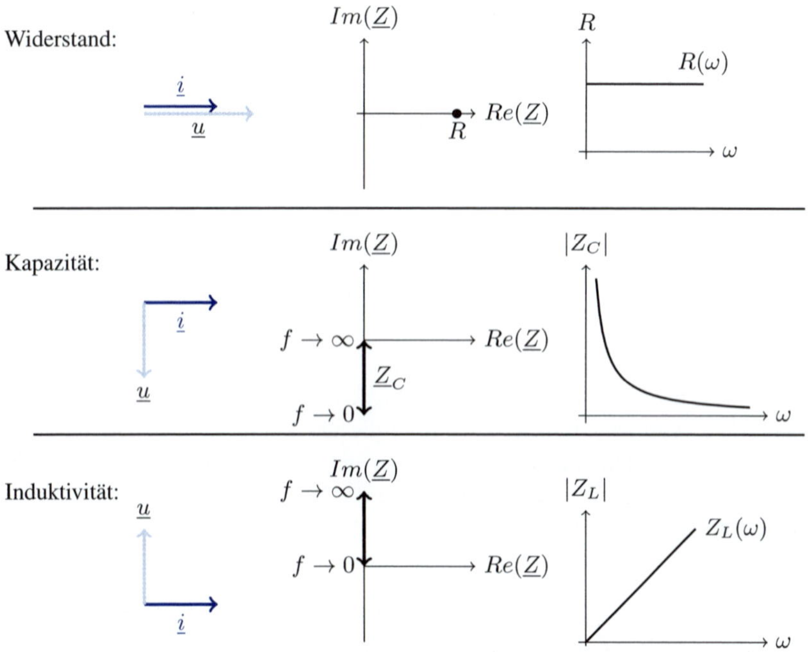


**Abb. 2.31.:** Widerstände im Wechselstromkreis
- oben: ohmscher Widerstand, Strom und Spannung sind phasengleich
- Mitte: Kapazität, der Strom eilt der Spannung um 90° voraus
- unten: Induktivität, der Strom eilt der Spannung um 90° nach

Im Wechselstromkreis schreiben wir den Zusammenhang zwischen Spannung und Strom in komplexer Darstellung und erhalten:

$$\underline{U} \cdot e^{j\omega \cdot t} = \frac{1}{C} \cdot \int \underline{I} \cdot e^{j\omega \cdot t} dt.$$

Nach Ausführung der Integration ergibt sich:

$$\underline{U} e^{j\omega \cdot t} = \frac{1}{j\omega C} \underline{I} e^{j\omega \cdot t}.$$

Nun bilden wir den Quotient $\frac{\underline{U}}{\underline{I}}$ und bekommen einen zeitunabhängigen Ausdruck:

$$\underline{Z}_C = \frac{\underline{U}}{\underline{I}} = \frac{1}{j\omega C} = -\frac{j}{\omega C} \tag{2.62}$$

$\underline{Z}_C$ ist die Impedanz der Kapazität; sie besteht nur aus einem Imaginärteil $Im(\underline{Z})$, ist also ein reiner Blindwiderstand, den man **kapazitiven Blindwiderstand** oder verkürzt auch den kapazitiven Widerstand nennt.

Nach den Regeln der komplexen Rechnung (siehe A.3.2 ) können wir $\underline{Z}_C$ in Betrag und Phase aufspalten und erhalten:

$$|\underline{Z}_C| = Z_C = \frac{1}{\omega \cdot C} \qquad arg(\underline{Z}_C) = \varphi = \frac{1}{j} = -j. \tag{2.63}$$

Der Phasenwinkel $\varphi = \varphi_u - \varphi_i$ beträgt $-90°$, d.h. an der Kapazität eilt die Spannung dem Strom um 90° nach. Im Zeigerdiagramm liegt zwischen den Zeigern von Strom und Spannung ein Winkel von $-\frac{\pi}{2} = -90°$ (siehe Abb. 2.31, Zeile „Kapazität").

In der komplexen Widerstandsebene entspricht die Ortskurve des kapazitiven Widerstandes dem negativen Ast der imaginären Achse, wobei mit wachsender Frequenz der Blindwiderstand immer kleiner wird. Wenn man den Betrag des kapazitiven Blindwiderstandes über der Frequenz aufträgt, ergibt sich ein Hyperbelast.

**Induktivität und induktiver Blindwiderstand** Der Zusammenhang zwischen Spannungsabfall und Strom ist gegeben durch

$$U = L \cdot \frac{dI}{dt}.$$

Wir ersetzen Spannung und Strom durch komplexe Wechselgrößen in der Eulerschen Form

$$\underline{U} \cdot e^{j\omega \cdot t} = L \cdot \frac{d(\underline{I} \cdot e^{j\omega \cdot t})}{dt}$$

und erhalten nach Ausführung der Differentiation die Impedanz der Induktivität:

$$\underline{Z}_L = \frac{\underline{U}}{\underline{I}} = j \cdot \omega L \tag{2.64}$$

Auch die Impedanz der Induktivität besteht nur aus einem Imaginärteil $Im(\underline{Z})$, ist also ein reiner Blindwiderstand, der **induktiver Blindwiderstand** oder verkürzt auch induktiver Widerstand heißt.

Analog zum obigen Vorgehen ermitteln wir Betrag und Phase und erhalten:

$$|\underline{Z}_L| = Z_L = \omega \cdot L \qquad arg(\underline{Z}_L) = j. \tag{2.65}$$

Hier ist $\varphi = \varphi_u - \varphi_i = +90°$, d.h. die Spannung eilt dem Strom um $90°$ voraus und zwischen den Zeigern von Strom und Spannung liegt ein Winkel von $+\frac{\pi}{2} = +90°$ (siehe Zeile „Induktivität“in Abb. 2.31). In der komplexen Widerstandsebene deckt sich die Ortskurve des induktiven Widerstandes mit dem positiven Ast der imaginären Achse, wobei mit wachsender Frequenz der Blindwiderstand immer größer wird.

Trägt man den Betrag des induktiven Blindwiderstandes über der Frequenz auf, so erhält man eine Gerade, die durch den Ursprung geht.

### 2.4.3. Zusammenschaltung von Widerständen im Wechselstromkreis

Für die Reihen- und Parallelschaltung von ohmschen Widerständen, Kapazitäten und Induktivitäten im Wechselstromkreis gelten ebenfalls die Kirchhoffschen Regeln. Die Berücksichtigung von Betrag und Phasenwinkel erfolgt durch komplexe Rechnung oder durch Verwendung von Zeigern.

Reihen- und Parallelschaltungen der genannten Bauelement können beliebig gemischt auftreten. Wir behandeln aus Gründen der Übersichtlichkeit zunächst die Reihen- und Parallelschaltung von nur zwei Elementen. Bei Vorhandensein mehrerer Widerstände, Kapazitäten oder Induktivitäten werden diese zuerst zu einem Ersatzbauelement zusammen gefasst, wie oben beschrieben.

#### Reihenschaltung von einem Wirk- und einem Blindwiderstand

Wie im Gleichspannungskreis werden beide Bauelemente vom gleichen Strom durchflossen und die komplexen Teilspannungen addieren sich zur komplexen Gesamtspannung; es gilt der Maschensatz. Ebenso addieren sich die komplexen Widerstände.

Im Zeigerdiagramm dient der Stromzeiger als Bezugszeiger. Die Zeiger sind ruhend, da $\underline{Z}$ zeitunabhängig ist. Sie werden geometrisch addiert.

Spannungszeiger und Widerstandszeiger unterscheiden sich nur um einen Skalierungsfaktor; der Phasenwinkel ist für Spannungen und Impedanzen gleich. Man kann deshalb ein Zeigerdiagramm sowohl für die Spannungen auch für die Impedanzen nutzen und muss nur den Skalierungsfaktor berücksichtigen. Das Zeigerdiagramm gilt natürlich nur für eine feste Frequenz. Bei variabler Frequenz erfolgt die Darstellung als Ortskurve.

**Reihenschaltung von Widerstand und Kapazität** Für die Impedanz gilt:

$$\underline{Z} = R + \underline{Z}_C = R + \frac{1}{j\omega C}\,. \tag{2.66}$$

Für den Betrag und den Phasenwinkel erhält man:

$$|\underline{Z}| = \sqrt{R^2 + \left(\frac{1}{\omega C}\right)^2}; \qquad \varphi = -\arctan\left(\frac{1}{\omega RC}\right) \tag{2.67}$$

Die Größen $\underline{Z}$, $|\underline{Z}|$ und $\varphi$ sind frequenzabhängig; der Phasenwinkel ist immer negativ; er liegt zwischen 0 und $-90°$, wie die Abb. 2.32 zeigt.

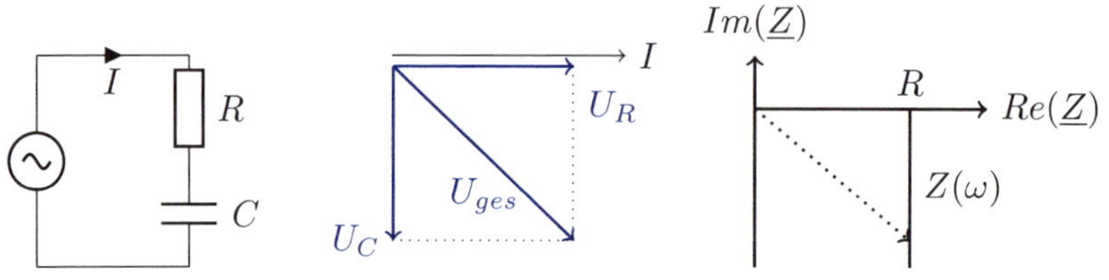


**Abb. 2.32.:** RC-Reihenschaltung mit Zeigerdiagramm und Ortskurve

**Reihenschaltung von ohmschem Widerstand und Induktivität** Hier erhält man entsprechend:

$$\underline{Z} = R + \underline{Z}_L = R + j\omega L \tag{2.68}$$

sowie für den Betrag und den Phasenwinkel

$$|\underline{Z}| = \sqrt{R^2 + (\omega L)^2}, \qquad \varphi = -\arctan\left(\frac{\omega RL}{R}\right). \tag{2.69}$$

Die Größen $\underline{Z}$, $|\underline{Z}|$ und $\varphi$ sind frequenzabhängig; der Phasenwinkel ist immer positiv; er liegt zwischen 0 und $+90°$.

Die Schaltung, das entsprechende Zeigerdiagramm für eine Frequenz und die Ortskurve sind in Abb. 2.33 dargestellt.

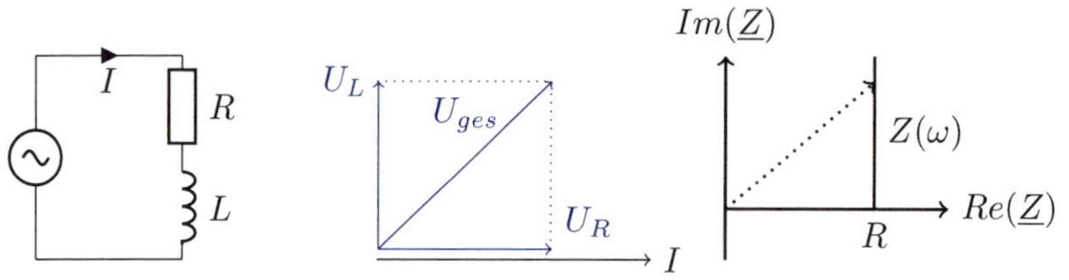


**Abb. 2.33.:** RL-Reihenschaltung mit Zeigerdiagramm und Ortskurve

### Parallelschaltung von einem ohmschen Widerstand und einem Blindwiderstand

An den parallel geschalteten Bauelementen liegt die gleiche Spannung an. Es findet eine Stromteilung statt und der komplexe Gesamtstrom ergibt sich durch Addition der komplexen Teilströme. Es gilt der Knotensatz. Anstelle mit der Impedanz, rechnen wir mit deren Reziprokwert, der Admittanz $\underline{Y}$. Die komplexen Teilleitwerte addieren sich zum komplexen Gesamtleitwert.

Im Zeigerdiagramm dient jetzt der Spannungszeiger als Bezugszeiger und die Stromzeiger werden geometrisch addiert.

Die fließenden Ströme und die entsprechenden Leitwerte unterscheiden sich nur um einen Skalierungsfaktor; der Phasenwinkel ist für Ströme und Leitwerte bei einer festen Frequenz gleich. Man kann deshalb das Zeigerdiagramm für die Ströme und für die Leitwerte nutzen und muss nur den Skalierungsfaktor berücksichtigen. Bei variabler Frequenz erfolgt die Darstellung als Ortskurve.

**Parallelschaltung von Widerstand und Kapazität** Der Blindleitwert der Kapazität ist

$$\underline{Y}_C = \frac{1}{\underline{Z}_C} = j\omega C.$$

Damit ergibt sich für die Parallelschaltung eines ohmschen Widerstandes mit einer Kapazität:

$$\underline{Y} = G + \underline{Y}_C = \frac{1}{R} + j\omega C. \tag{2.70}$$

Die Admittanz wird wieder in Betrag und Phasenwinkel aufgespalten und wir erhalten:

$$|\underline{Y}| = \sqrt{\left(\frac{1}{R}\right)^2 + (\omega C)^2}, \qquad \varphi = \arctan \omega RC. \tag{2.71}$$

Die Abb. 2.34 zeigt die Schaltung, das Zeigerdiagramm und die Ortskurve.

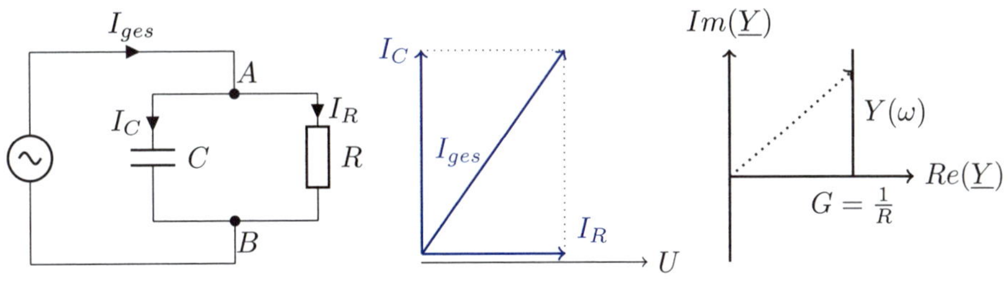


**Abb. 2.34.:** RC-Parallelschaltung mit Zeigerdiagramm und Ortskurve

**Parallelschaltung von Widerstand und Induktivität** Der Blindleitwert der Induktivität ist

$$\underline{Y}_L = \frac{1}{\underline{Z}_L} = \frac{1}{j\omega L}.$$

Damit ergibt sich für die Parallelschaltung eines ohmschen Widerstandes mit einer Induktivität:

$$\underline{Y} = G + \underline{Y}_L = \frac{1}{R} + \frac{1}{j\omega L}. \tag{2.72}$$

Für den Betrag und den Phasenwinkel erhält man

$$|\underline{Y}| = \sqrt{\left(\frac{1}{R}\right)^2 + \left(\frac{1}{\omega L}\right)^2}, \qquad \varphi = -\arctan\left(\frac{R}{\omega L}\right).$$

Die Schaltung, das entsprechende Zeigerdiagramm und die Ortskurve sind in Abb. 2.35 dargestellt.

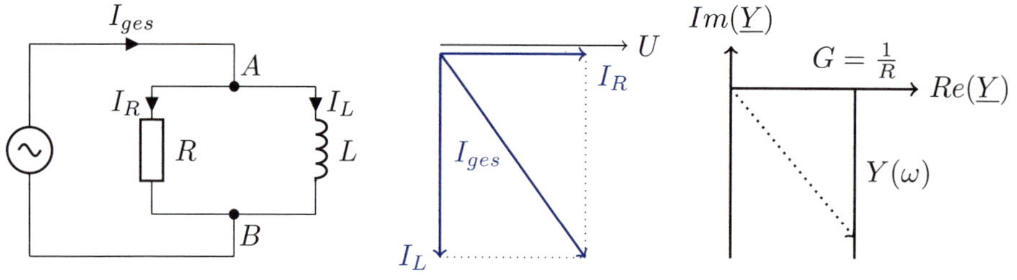


**Abb. 2.35.:** RL-Parallelschaltung mit Zeigerdiagramm und Ortskurve

## 2.4.4. Schwingkreise

Wir untersuchen jetzt Schaltungen, die eine Kapazität und eine Induktiviät, also zwei Blindwiderstände, enthalten. Wie wir oben gesehen haben, sind Kapazität und Induktiviät Energiespeicher und die ideale Impedanz besitzt keinen Wirkwiderstandsanteil. Wir werden in Kapitel 2.4.6 zeigen, dass reale Kondensatoren und reale Spulen stets mit Verlusten behaftet sind. Diese Verluste berücksichtigen wir hier schon als ohmschen Widerstand $R_V$.

**Reihenschaltung von Kapazität, Induktiviät und Verlustwiderstand** Bei der Reihenschaltung entsprechend Abb. 2.36 gilt wieder der Maschensatz; die Teilspannungen sind unter Berücksichtigung des Phasenwinkels, also als Zeiger, zur Gesamtspannung zu addieren:

$$\underline{U}_{ges} = \underline{U}_L + \underline{U}_C + \underline{U}_{R_V}. \tag{2.73}$$

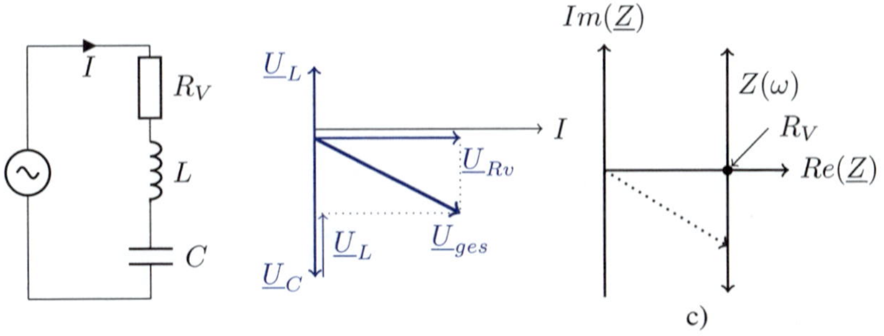


**Abb. 2.36.:** RLC-Reihenschaltung mit Zeigerdiagramm und Ortskurve

Ebenso addieren sich die einzelnen Komponenten zur Gesamtimpedanz des Stromkreises:

$$\underline{Z} = \underline{Z}_L + \underline{Z}_C + R_V = j\omega L + \frac{1}{j\omega C} + R_V = j\left(\omega L - \frac{1}{\omega C}\right) + R_V.$$

Die Gesamtimpedanz zerlegen wir wieder in Betrag und Phasenwinkel:

$$|\underline{Z}| = \sqrt{R^2 + \left(\omega L - \frac{1}{\omega C}\right)^2}, \qquad \varphi = \arctan\frac{\omega L - \frac{1}{\omega C}}{R}.$$

Die Gesamtimpedanz hat nun einen Wirkwiderstandsanteil, der genau $R_V$ entspricht. Die resultierende Blindkomponente kann, je nach Frequenz, positiv oder negativ sein und auch Null werden. Bei positiven Vorzeichen der Blindkomponente spricht man von induktivem Verhalten des Kreises, bei negativem Vorzeichen von kapazitivem Verhalten.

**Resonanz** Bei einer bestimmten Frequenz $f_0$ sind die Beträge des kapazitiven und des induktiven Blindwiderstandes gleich; dann wird die resultierende Blindkomponente Null. Diesen Fall nennt man **Resonanz** und die Frequenz $f_0 = \frac{\omega_0}{2\pi}$ heißt **Resonanzfrequenz**.

Zur Ermittlung der Resonanzfrequenz gehen wir zunächst von vernachlässigbaren Verlusten aus und setzen dafür $R_V = 0$. Mit dieser Vereinfachung ergibt sich aus

$$\underline{Z}_L + \underline{C}_L = j\omega L - \frac{j}{\omega C} = 0$$

die Resonanzfrequenz:

**Resonanzfrequenz**

$$f_0 = \frac{1}{2\pi}\sqrt{\frac{1}{LC}} \tag{2.74}$$

Bei Berücksichtigung des Verlustwiderstandes $R_V$ ergibt sich die Beziehung:

$$f_0 = \frac{1}{2\pi}\sqrt{\frac{1}{LC} - \left(\frac{R_V}{2L}\right)^2}.$$

Da zwei energiespeichernde Zweipole in der Schaltung vorhanden sind, fragen wir nun nach der Verteilung der Energie auf diese Energiespeicher, wenn man Energie in den Stromkreis einbringt. Der Energieeintrag kann z.B. dadurch erfolgen, dass man die Kapazität auf eine Spannung $U_0$ auflädt, bevor man den Kreis schließt.

Entsprechend Abb. 2.37 werde eine Kapazität $C$ mit Hilfe eines Schalters $S$ zuerst mit einer Gleichspannungsquelle $U_0$ verbunden, geladen, dann von der Quelle getrennt und mit der Reihenschaltung von Induktivität $L$ und Verlustwiderstand $R_V$ verbunden. Die Kapazität entlädt sich über $L$ und $R_V$, sobald der Schalter $S$ in die Stellung 1 gebracht wird.

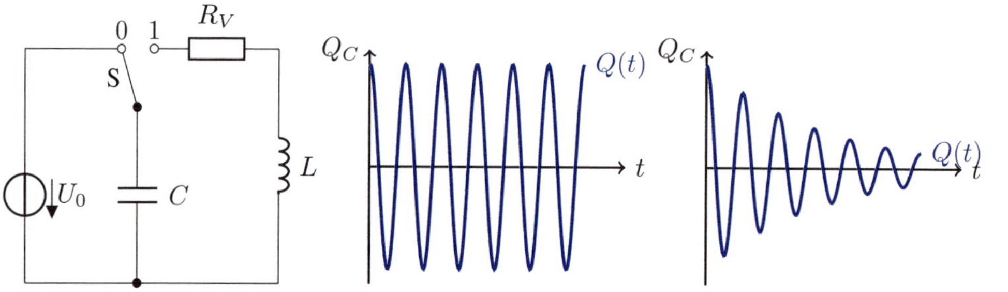


**Abb. 2.37.:** Reihenschwingkreis: Schaltung, ungedämpfte und gedämpfte Schwingung

Während sich die Kapazität entlädt, fließt elektrische Energie von der Kapazität ab. Der Entladestrom fließt durch die Induktivität, baut dort ein Magnetfeld auf und die Energie wird in magnetische Feldenergie überführt. Wenn die Kapazität vollständig entladen ist, kulminiert das Magnetfeld in der Induktivität und baut sich anschließend wieder ab. Beim Abbau des Magnetfeldes entsteht durch Selbstinduktion eine Spannung, die dem Abbau entgegen wirkt und zugleich einen Strom antreibt, der die Kapazität mit entgegengesetzter Polarität erneut lädt. Die anfangs vorhandene gesamte Energie pendelt so zwischen elektrischer Feldenergie in der Kapazität und magnetischer Feldenergie in der Induktivität hin und her, bis sie durch den Verlustwiderstand $R_V$ aufgezehrt und in Wärmeenergie umgesetzt ist. Die Schaltung stellt damit ein schwingungsfähiges System dar, einen **Schwingkreis**.

Um nun das zeitliche Verhalten der Spannungen zu untersuchen, gehen wir von Gleichung 2.73 aus. Wir setzen für die Gesamtspannung Null, denn bei Schalterstellung 1 in Abb. 2.37 ist keine Spannungsquelle im Kreis:

$$U_{ges} = U_L + U_{R_V} + U_C = 0. \tag{2.75}$$

Nun drücken wir die Teilspannungen an $L$, $R_V$ und $C$ über die Ladung bzw. eine Zeitableitung der Ladung aus. Mit $I = \frac{dQ}{dt}$ erhalten wir die Terme:

$$U_L = L\frac{dI}{dt} = L\frac{d^2Q}{dt^2}, \qquad U_{R_V} = R_V I = R_V\frac{dQ}{dt}, \qquad U_C = \frac{Q}{C}.$$

Diese Terme setzen wir in Gleichung 2.75 ein und erhalten die folgende Differentialgleichung:

$$\underbrace{L\frac{d^2Q}{dt^2}}_{U_L} + \underbrace{R_V\frac{dQ}{dt}}_{U_R} + \underbrace{\frac{Q}{C}}_{U_C} = 0. \tag{2.76}$$

Wir dividieren diese Differentialgleichung durch $L$

$$\frac{d^2Q}{dt^2} + \frac{R_V}{L}\frac{dQ}{dt} + \frac{Q}{LC} = 0 \tag{2.77}$$

substituieren

$$\frac{R_V}{L} = \delta, \qquad \frac{1}{LC} = \omega_0^2$$

und erhalten so

$$\frac{d^2Q}{dt^2} + \delta\frac{dQ}{dt} + \omega_0^2 Q = 0. \tag{2.78}$$

Die Differentialgleichung 2.77 ist die Schwingungsgleichung; ihre Lösungen sind gedämpfte harmonische Schwingungen (siehe Kapitel A.3.3).

$$Q(t) = Q_0 e^{-\frac{\delta t}{2}} \cos\omega_0 t. \tag{2.79}$$

Der Term $\delta = \frac{R_V}{L}$ beschreibt die Dämpfung; je nach Größe dieses Terms sind verschiedene Fälle zu unterscheiden (siehe Abb. 2.37):

- Für $R_V = 0$ ist auch $\delta = 0$ und die Schwingung ist ungedämpft.
- Für $0 < \delta < \omega_0$ (schwache Dämpfung) entsteht eine gedämpfte Schwingung, die um so schneller abklingt, je größer $\delta$ ist.
- Für $\omega_0 = \delta$ (aperiodischer Grenzfall) und bei starker Dämpfung ($\omega_0 < \delta$) kommt keine periodische Schwingung mehr zustande.

### 2.4.5. Transformatoren

Wir haben in Abschnitt 2.2.3 gesehen, dass in einer Spule, die einem veränderlichen Magnetfeld ausgesetzt ist, eine Spannung induziert wird. Dabei ist es unerheblich, ob das veränderliche Magnetfeld durch einen bewegten Magneten oder durch eine von einem Wechselstrom durchflossene Spule erzeugt wird.

Jetzt seien zwei Spulen magnetisch gekoppelt, d.h. sie sind so zueinander angeordnet, dass das Magnetfeld der ersten Spule $L_1$, die wir **Primärspule** nennen, die zweite Spule $L_2$, die **Sekundärspule**, durchsetzt. Die magnetische Wechselwirkung beider Spulen beschreibt man mit der **Gegeninduktion** $M$. Die Gegeninduktion $M$ hängt ab vom Kopplungsfaktor $k$ und den Einzelinduktivitäten $L_1$ und $L_2$; sie beträgt

$$M = k\sqrt{L_1 \cdot L_2}. \tag{2.80}$$

Eine besonders feste Kopplung erreicht man, wenn beide Spulen einen gemeinsamen ferromagnetischen, speziell einen weichmagnetischen Kern haben. Dies ist das Konzept eines **Transformators** oder **Übertragers** (vgl. Abb. 2.38).

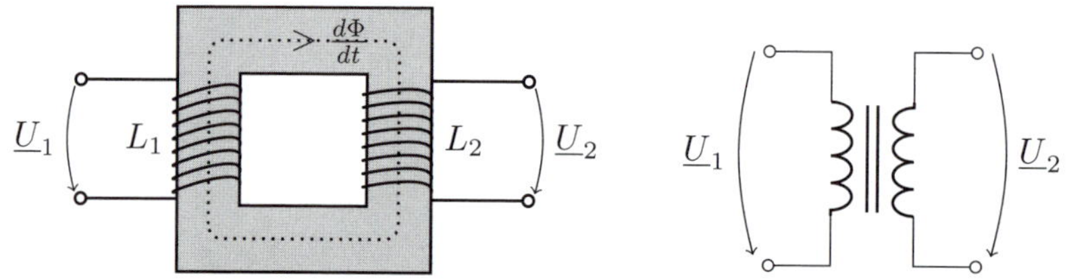


**(a)** Prinzip **(b)** Schaltbild

**Abb. 2.38.:** Transformator, physikalisches Prinzip (a) und Schaltbild (b)

Legt man nun eine Wechselspannung $\underline{U}_1$ an die Primärspule $L_1$, dann fliesst durch die Primärspule $L_1$ ein Wechselstrom, der einen mit der gleichen Frequenz wechselnden magnetischen Fluss $\frac{d\Phi}{dt}$ im Kern generiert. Diese Flusswechsel durchsetzen die Sekundärspule $L_2$ und als Folge wird eine Spannung, die Sekundärspannung $\underline{U}_2$, induziert. Die Sekundärspannung hat wiederum die gleiche Frequenz wie die **Primärspannung** an $L_1$.

Wir fragen nun nach der Ausgangsspannung des Transformators und setzen zunächst voraus, dass auf der Sekundärseite des Transformators kein Strom fließt; man spricht dann vom unbelasteten Transformator oder vom Transformator im Leerlauf. Für diesen Fall kann man die Sekundärspannung aus dem Verhältnis der Windungszahlen und der Primärspannung nach der folgenden Gleichung berechnen:

$$U_2 = \frac{N_2}{N_1} \cdot U_1. \tag{2.81}$$

Dabei sind $N_1$ und $N_2$ die Windungszahlen der Primär- bzw. der Sekundärwicklung.

Beide Wicklungen haben auch einen ohmschen Widerstand, den man nach der Widerstandsbemessungsgleichung ermitteln kann (vgl. Gleichung 2.22 auf Seite 24). Wenn nun auf der Sekundärseite des Transformators eine Last angeschlossen ist und ein Strom fließt, muss analog zu den Betrachtungen in Kapitel 3.2.1 (S. 73) der Spannungsabfall über den Innenwiderstand der Wicklung mit betrachtet werden. Die abgreifbare Sekundärspannung $U_2$ wird dadurch kleiner, als mit Gleichung 2.81 berechnet. Im Grenzfall eines Kurzschlusses auf der Sekundärseite, d.h. wenn der Lastwiderstand $0\,\Omega$ beträgt, verschwindet $U_2$. In der Sekundärwicklung fließt dann der Kurzschlussstrom und die gesamte primärseitig eingespeiste Leistung erwärmt den Transformator. Als Schutzmaßnahme gegen Kurzschlüsse oder Überlastung sind bei Netztransformatoren unbedingt Sicherungen vorzusehen.

### Technische Transformatoren und Übertrager

Transformatoren unterscheiden sich je nach Anwendungszweck in Aufbau, Größe und Gewicht erheblich.

Von einem **Netztransformator** spricht man, wenn der Transformator der Stromversorgung und meist auch der galvanischen Trennung vom Stromnetz dient und direkt am Stromversorgungsnetz (z.B. 230 V, 50 Hz) angeschlossen wird. Netztransformatoren haben mindestens eine Primärwicklung, die ans Netz angeschlossen wird, und eine oder mehrere Sekundärwicklungen sowie einen Weicheisenkern. Der Weicheisenkern garantiert eine feste Kopplung der Wicklungen und ein geringes Streufeld. Um sog. Wirbelstromverluste[1] klein zu halten, wird der Kern aus gegeneinander isolierten Trafoblechen als Ringkern oder geschachtelt aufgebaut. Netztransformatoren sind der Leistungselektronik zuzuordnen.

Wenn ein Transformator für höhere Frequenzen, also für den kHz- oder MHz-Bereich, ausgelegt ist, spricht man von einem **Übertrager**. Übertrager werden sowohl in Schaltnetzteilen und zur Signalübertragung verwendet. Sie haben je nach Verwendungszweck ebenfalls mindestens eine Primarwicklung und eine oder mehrere Sekundärwicklungen. Als Kernmaterial kommen in der Regel Ferrite[2] zum Einsatz.

[1] Unter Wirbelstrom versteht man einen Strom in einem ausgedehnten elektrischen Leiter, der sich als Folge einer induzierten Spannung in einem sich zeitlich ändernden Magnetfeld ausbildet und in einer in sich geschlossenen Bahn fließt. Ein solcher ausgedehnter Leiter wäre der nicht geschachtelte Kern eines Transformators. Jeder Wirbelstrom verursacht Verluste, indem er den Kern erwärmt.

[2] Ferrite sind keramische Werkstoffe, in die kleine ferromagnetische Partikel eingebettet sind. Dadurch werden Wirbelstromverluste weitgehend vermieden.

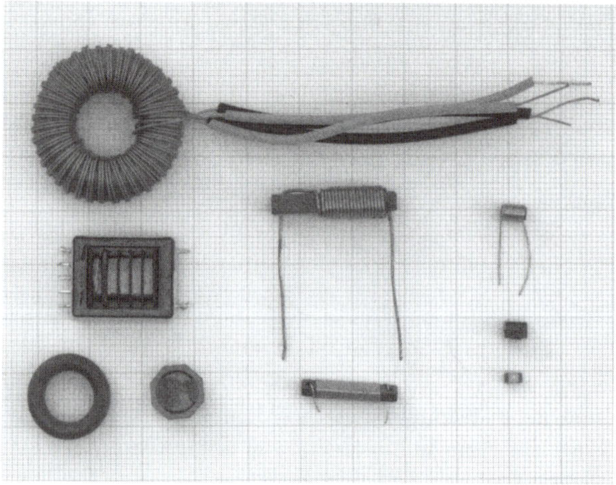

**Abb. 2.39.:** Übertrager und Induktivitäten, verschiedene Bauformen

Die Abb. 2.39 zeigt einige Übertrager und einige technische Spulen mit Ferritkern als Beispiel.

## 2.4.6. Ideale versus reale Bauelemente

Im Unterschied zu unseren bisherigen Annahmen zeigen Bauelemente in der Regel kein ideal ohmsches, kapazitives oder induktives Verhalten. Bei realen Bauelementen vermischen bzw. überlagern sich bestimmte Eigenschaften der bisher betrachteten idealen Bauelemente. Man beschreibt das reale Verhalten eines Bauelementes deshalb mit einem Modell, dem Ersatzschaltbild[1], wobei dieses Modell die wahren Eigenschaften des Bauelementes widerspiegelt und die Komponenten des Ersatzschaltbildes als ideal angenommen werden.

Um das zu verdeutlichen, betrachten wir zuerst einen einfach gewickelten Drahtwiderstand entsprechend Abb. 2.40. Der Aufbau eines solchen Drahtwiderstandes ähnelt dem einer Spule ohne Kern. Deshalb ist neben dem ohmschen Widerstand ein induktiver Anteil unvermeidbar.

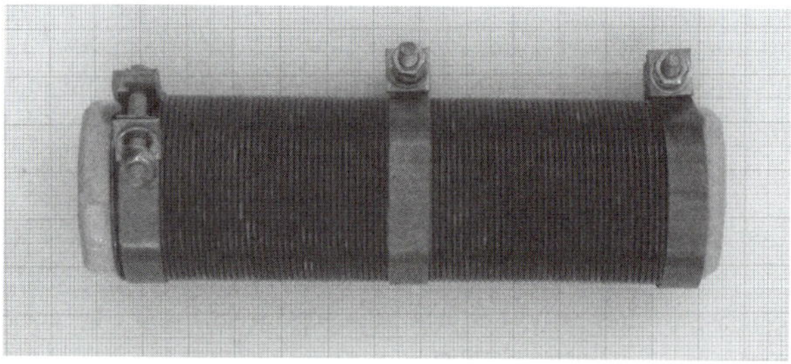

**Abb. 2.40.:** Drahtwiderstand, der Aufbau lässt den induktiven Anteil erahnen

[1] Wir behandeln das Konzept der Ersatzschaltung in Kapitel 3.2.1

Im Modell, also in der Ersatzschaltung, wird bei einem solchen Widerstand der induktive Anteil durch die Reihenschaltung einer Induktivität zum Widerstand analog zu Abb. 2.33 berücksichtigt.

Daneben gibt es verschiedene Widerstandsbauformen, die durch ihren andersartigen Aufbau die induktive Komponente weitgehend vermeiden. Dazu zählen Drahtwiderstände mit Bifilarwicklung oder planare Schichtwiderstände.

Bei realen Kondensatoren entstehen Verluste durch Umpolarisation des Dielektrikums (Polarisationsverluste) und, insbesondere bei Elektrolytkondensatoren, auch durch eine Restleitfähigkeit des Dielektrikums. Das berücksichtigt man im Ersatzschaltbild eines realen Kondensators mit einem ohmschen Widerstand, der als Parallelwiderstand (analog zu Abb. 2.34) die Verluste beschreibt.

Eine Spule ist wie ein Drahtwiderstand aus Draht gewickelt. Die Wicklung hat unvermeidbar einen ohmschen Widerstand, der nach der Widerstandsbemessungsgleichung berechnet werden kann. Sofern die Spule einen ferromagnetischen Kern hat, treten Verluste durch Ummagnetisierung des Kerns hinzu, die man ebenfalls in den Verlustwiderstand des Modells einbezieht. Das Ersatzschaltbild einer realen Spule beinhaltet einen zur Induktivität in Serie geschalteten ohmschen Widerstand; wir verweisen hier nochmals auf die Abb. 2.33.

Wir haben gesehen, dass man das Verhalten realer passiver Bauelemente, also von Spulen, Kondensatoren und auch von bestimmten Widerstandsbauformen durch eine Reihen- oder Parallelschaltung idealer Bauelemente modellieren kann. Zur Charakterisierung der Verluste bei Kondensatoren und Spulen dient der Verlustwinkel $\delta$ oder der Verlustfaktor $\tan\delta$

$$\delta = 90^\circ - \varphi. \tag{2.82}$$

Je kleiner der Verlustwinkel $\delta$ ist, desto näher liegen die Eigenschaften des betrachteten Bauelements dem idealen Modell.

Die in Kapitel 2.4.3 angestellten Überlegungen können wir nutzen, um den Verlustwinkel bzw. den Verlustfaktor zu berechnen. Man erhält als Verlustfaktor für die Kapazität

$$\tan\delta_C = \omega RC$$

und für die Induktivität:

$$\tan\delta_L = \frac{R}{\omega L}.$$

Bei hohen Frequenzen, wie sie als Taktfrequenz in Rechnern oder bei der drahtlosen Daten- bzw. Nachrichtenübertragung auftreten, müssen noch weitere Effekte berücksichtigt werden. Dazu zählen die Kapazität zwischen Spulenwicklung und Kern oder der Skineffekt.

Neben den Eigenschaften der bisher betrachteten **konzentrierten Bauelemente** sind bei hohen Frequenzen auch Eigenschaften des Schaltungsaufbaus bzw. der Leiterplatte zu berücksichtigen. So hat jede einzelne Leitung bzw. jeder Leitungszug eine, wenn auch kleine, Induktivität sowie eine kleine Kapazität zu benachbarten Leiterzügen. Diese sog. parasitären Induktivitäten und Kapazitäten können bei Schaltvorgängen zu parasitären Schwingungen führen. Auf diesen Problemkreis, der der Hochfrequenztechnik zuzurechnen ist, gehen wir hier nicht ein und verweisen statt dessen auf die Literatur [MGL92].

## 2.5. Fragen und Aufgaben

2.1 Man kann Stoffe hinsichtlich Ihrer elektrischen Leitfähigkeit in mehrere Gruppen einteilen. Welche Gruppen kennen Sie?

2.2 Erläutern Sie die Begriffe elektrische Ladung und Ladungsträger!

2.3 Welche Einheit hat die elektrischen Ladung? Wie nennt man die kleinste vorkommende elektrische Ladung und wie groß ist sie?

2.4 Beschreiben Sie das Bohrsche Atommodell!

2.5 Welche Wirkungen des elektrischen Stromes kennen Sie?

2.6 Welche Ladungsträger tragen

- in Metallen,
- in Halbleitern,
- in wässrigen Elektrolytlösungen und
- in Gasen

zum elektrischen Strom bei?

2.7 Wie kann man das Magnetfeld in der Nähe eines Dauermagneten oder einer stromdurchflossenen Spule nachweisen oder den Feldlinienverlauf sichtbar machen?

2.8 Ein begrenztes, sonst jedoch homogenes Magnetfeld sei genau in y-Richtung ausgerichtet und habe die magnetische Induktion $\vec{B_y}$. In dieses Magnetfeld werden in x-Richtung freie Ladungsträger mit der Geschwindigkeit $\vec{v_x}$, also senkrecht zu den Feldlinien, eingeschossen. Welche Kraft wirkt gegebenenfalls auf die Teilchen? Wie verändert sich qualitativ die Bahn der eingeschossenen Teilchen, wenn es a) Neutronen, b) Protonen bzw. c) Elektronen sind[1]?

2.9 Welcher Zusammenhang besteht im Gleichstromkreis zwischen Strom und Spannung? Was besagt das Ohmsche Gesetz. Nennen Sie die Einheiten für Strom und Spannung?

2.10 Gegeben ist ein Kupferdraht mit der Länge $l = 1\,\text{m}$ und dem Querschnitt $A = 1{,}5\,\text{mm}^2$. Der spezifische Widerstand des Materials beträgt $0{,}017\,\frac{\Omega\,\text{mm}^2}{\text{m}}$.

2.10.1 Berechnen Sie den ohmschen Widerstand dieses Kupferdrahtes.

[1] Hinweis: Das Konzept der magnetischen Strahlablenkung bzw. Strahlführung findet in Teilchenbeschleunigern Anwendung. Es wurde bei Fernsehbildröhren zur Ablenkung der Elektronenstrahlen genutzt. In sehr alten Bildröhren wurden ferner mit einer sog. Ionenfalle Ionen und Elektronen im Strahlerzeugungssystem magnetisch getrennt.

2.10.2 Der Draht werde von einem Strom $I = 5\,\text{A}$ durchflossen. Wie groß ist der Spannungsabfall $U$, der dabei am Draht entsteht, und wie viele Elementarladungen passieren pro Sekunde den Querschnitt des Drahtes?

2.11 Gegeben ist eine Glühlampe mit der Aufschrift 60 W / 230 V. Welchen Widerstand würden Sie auf Grund der angegebenen Daten erwarten? Mit einem Ohmmeter wird ein Widerstand von $61\,\Omega$ an dieser Glühlampe gemessen. Wie erklären Sie den Unterschied?

2.12 Gegeben ist ein Drehspulmessinstrument. Bei Vollausschlag fließt ein Strom von $I_i = 50\,\mu\text{A}$, der Spannungsabfall $U_i$ beträgt dabei 100 mV.

2.12.1 Berechnen Sie den Innenwiderstand des Instruments!

2.12.2 Geben Sie eine Schaltung für eine Messbereichserweiterung auf $U_{10\,V} = 10\,\text{V}$ bei Spannungsmessung und $I_{1A} = 1\,\text{A}$ bei Strommessung an und bemessen Sie die Schaltung!

2.12.3 Wie kann man mit dem gegebenen Instrument ein Ohmmeter aufbauen? Welche Komponenten benötigen Sie zusätzlich? Erklären Sie die Funktion Ihres Ohmmeters!

2.13 Ein Paar paralleler, gegeneinander isolierter Platten bildet einen Plattenkondensator mit Luft als Dielektrikum. Berechnen Sie die Kapazität dieses Kondensators, wenn die Plattenfläche $10\,\text{cm}^2$ und der Plattenabstand 1 mm beträgt. Wie ändert sich die Kapazität, wenn der Plattenabstand auf 0,1 mm verringert wird? Randeffekte sind nicht zu berücksichtigen.

2.14 Zwei Kondensatoren mit den Kapazitäten $C_1 = 0{,}01\,\mu\text{F}$ und $C_2 = 300\,\text{pF}$ werden a) parallel und b) in Reihe geschaltet. Berechnen Sie die Gesamtkapazität für beide Fälle und geben Sie das Ergebnis in nF an!

2.15 Kondensatoren können als Energiespeicher dienen. Welche Energie hat ein Kondensator gespeichert, dessen Kapazität $100\,\mu\text{F}$ beträgt und an dem eine Spannung von $U_C = 10\,\text{V}$ anliegt? Geben Sie das Ergebnis in W s an. Auf welchen Wert sinkt $U_C$, wenn der Kondensator $20\%$ seiner Energie abgibt?

2.16 Eine Luftspule habe 20 Windungen, eine Länge von 25 mm und einen Durchmesser von 8 mm. Berechnen Sie die Induktivität der Spule, die als lange Spule behandelt werden kann.

**Anmerkung:** Zur Beschreibung harmonischer Wechselströme und von Widerständen im Wechselstromkreis nutzt man die komplexe Rechnung (siehe auch Abschnitt A.3.2). Wir bieten deshalb hier einige Aufgaben zur komplexen Rechnung an:

2.17 Gegeben sind die drei komplexen Zahlen:

$\underline{Z}_1 = 1 + j$, $\underline{Z}_2 = 1 - j$ und $\underline{Z}_3 = a \cdot e^{j(\omega t + \phi)}$.

a) Stellen Sie $\underline{Z}_1, \underline{Z}_2$ und $\underline{Z}_3$ als Zeiger in der Gaußschen Zahlenebene dar.

b) Bilden Sie jeweils die konjugiert komplexe Zahl.

c) Bilden Sie jeweils den absoluten Betrag.

d) Berechnen Sie jeweils Realteil, Imaginärteil und den Winkel $\phi$.

e) Differenzieren Sie $\underline{Z}_3$ nach $t$.

f) Bilden Sie folgende Terme:
$\frac{\underline{Z}_1}{\underline{Z}_2}$, $\frac{\underline{Z}_2}{\underline{Z}_1}$ und $\underline{Z}_1 \cdot \underline{Z}_2$
und vereinfachen Sie diese soweit wie möglich.

g) Formen Sie $\underline{Z}3$ in die trigonometrische Form $[\underline{Z} = r(\cos x + j \sin x)]$ um.

2.18 Gegeben ist ein Kondensator mit einer Kapazität von 1 nF. Stellen Sie den Betrag des kapazitiven Widerstandes im Frequenzbereich von 10 Hz bis 100 kHz grafisch dar.

2.19 Ein Kondensator $C$ =10 nF und ein Widerstand $R$ = 16 kΩ sind a) parallel und b) in Reihe geschaltet.
Berechnen Sie für beide Fälle die Impedanz $\underline{Z}$, deren Betrag und den Phasenwinkel für die Frequenz von 1 kHz! Skizzieren Sie für den konkreten Fall die Zeigerdiagramme! Berechnen Sie auch die Zeitkonstante $\tau$, und geben Sie diese in $\mu s$ an!

2.20 Für den UKW-Rundfunk sind in Deutschland Frequenzen zwischen 87,5–108,0 MHz reserviert. Ein Schwingkreis für diesen Frequenzbereich bestehe aus einer Spule mit einer Induktivität von 0,16 µH und einer Kapazität. Zwischen welchen Werten muss die Kapazität veränderbar sein, damit der oben genannte Frequenzbereich überstrichen werden kann?

# 3. Grundlagen elektrischer Netzwerke

## 3.1. Vorbemerkungen und Überblick

In Elektrotechnik und Elektronik versteht man unter einem Netzwerk ein Modell realer Schaltungen. Elektrische Netzwerke und deren Komponenten können der Gewinnung, Aufbereitung, Verteilung und Nutzung elektrischer Energie dienen (Leistungselektronik). In der Informationselektronik dienen sie der Erfassung, Verarbeitung, Verteilung und Nutzung elektrischer Signale.

In Gestalt von Reihenschaltung und Parallelschaltung haben wir einfachste elektrische Netzwerke bereits kennen gelernt. Man kann sich leicht vorstellen, dass ein elektrisches Netzwerk durch Kombination und Verschachtelung der Reihen- und Parallelschaltung einer Mehrzahl aktiver und passiver Zweipole sehr komplex und unübersichtlich werden kann.

Um die Übersichtlichkeit eines solchen Netzwerks zu verbessern und seine Analyse zu erleichtern, reduziert man dessen Komplexität durch Gruppieren seiner Komponenten in Funktionsblöcke sowie durch die Verwendung von Modellen und von Ersatzschaltungen.

### Beschreibung elektrischer Netzwerke – Netzwerkelemente

Der Begriff elektrisches Netzwerk ist eine Abstraktion, die nur funktionell wesentliche Aspekte erfasst.

**Definition 3.1 (Elektrisches Netzwerk)**

Ein elektrisches Netzwerk

- ist eine modellhafte Abbildung einer elektrischen Schaltung,
- die aus einfachen, idealen Netzwerkelementen besteht und
- der Beschreibung und Berechnung einer realen Schaltung oder eines Schaltungsentwurfs dient.

Allgemein können Netzwerkelemente Bauelemente mit zwei Klemmen (Zweipole oder Eintore), wie Widerstände, Kondensatoren, Batterien oder Dioden und selbstverständlich auch

Bauelemente mit mehr als zwei Klemmen, wie Transistoren, Transformatoren oder Leitungen sein.

Ein besonders wichtiger, spezieller Fall sind **lineare elektrische Netzwerke** .

**Definition 3.2 (Lineares elektrisches Netzwerk)**
Für lineare Netzwerke gilt:

- der Zusammenhang zwischen Strom und Spannung bzw. zwischen den Eingangs- und den Ausgangsgrößen ist linear,
- sie umfassen ausschließlich lineare Netzwerkelemente und
- es gilt das Superpositionsprinzip.

**Erklärung:** Superposition heißt, dass sich gleiche Größen linear überlagern, ohne sich wechselseitig zu beeinflussen. Man kann die sich überlagernden Größen, also Spannungen oder Ströme, mathematisch als Linearkombination der Einzelgrößen mit entsprechenden Gewichten darstellen.

Lineare Netzwerkelemente sind ohmsche Widerstände, (Luft-) Kondensatoren und (Luft-) Spulen[1].

Der allgemeinere Fall sind **nichtlineare Netzwerke**.

**Definition 3.3 (Nichtlineares Netzwerk)**
Für nichtlineare Netzwerke gilt:

- der Zusammenhang zwischen Strom und Spannung bzw. zwischen den Eingangs- und den Ausgangsgrößen ist nichtlinear,
- sie beinhalten mindestens ein nichtlineares Netzwerkelement.

Nichtlineare Netzwerkelemente sind Schalter, Glühlampen, Dioden oder Transistoren. Auch Spulen mit ferromagnetischen Kernen oder Kondensatoren mit ferroelektrischen Dielektrika zeigen nichtlineares Verhalten [Spi01].

Man kann nichtlineare Netzwerke und Netzwerkelemente unter bestimmten Bedingungen mit linearen Modellen approximieren. Zum Beispiel kann man eine an sich nichtlineare Schaltung bei genügend kleiner Aussteuerung als quasi linear ansehen. Davon wird bei Verstärkern mit dem Konzept der Kleinsignal-Aussteuerung um einen Arbeitspunkt Gebrauch gemacht (siehe Kapitel 6.3.3).

Wir unterscheiden ferner zwischen aktiven und passiven Netzwerken:

[1] Der Hinweis auf Luftkondensatoren und Luftspulen ist notwendig, weil Dielektrika und Kernmaterialien nichtlineares Verhalten zeigen können.

**Definition 3.4 (Aktive und passive Netzwerke)**
Aktive Netzwerke enthalten mindestens eine Strom- oder Spannungsquelle.
Passive Netzwerke beinhalten keinerlei Quellen.

# 3.2. Lineare Zweipol-Netze

## 3.2.1. Berechnung linearer Zweipol-Netze

Den Begriff **Zweipol** haben wir in Kapitel 2.3 Seite 22 als ein elektronisches System mit genau zwei Klemmen (Anschlusskontakten) eingeführt, dessen elektrisches Verhalten durch Strom- und Spannungsmessungen an seinen Klemmen eindeutig charakterisiert werden kann.

Zur Berechnung von Netzwerken mit Zweipolen, also mit Spannungsquellen, Stromquellen, Widerständen, Kapazitäten und Induktivitäten, benötigen wir stets die Kirchhoffschen Regeln und die Strom-Spannungs-Beziehung der passiven Zweipole, also z.B. das ohmsche Gesetz für Widerstände. Man kann allein mit diesen Regeln ein Netzwerk berechnen. Dazu sind für alle Netzmaschen die Maschengleichungen und für alle Knoten die Knotengleichungen aufzustellen und das entsprechende, linear unabhängige Gleichungssystem ist zu lösen. Jedoch wird dieses Vorgehen mit zunehmender Komplexität eines Netzwerks unübersichtlich und schwierig. Deshalb wurden Methoden entwickelt, die die Netzwerkberechnung vereinfachen. Dazu zählen das Konzept der Ersatzschaltung und das Superpositionsprinzip (siehe unten).

Um komplizierte Schaltungen und Netzwerke berechnen oder auf einem Rechner simulieren zu können, sind formale Verfahren und Algorithmen notwendig. Zu formalen Verfahren zählen das Knotenpotentialverfahren und das Maschenstromverfahren. Diese Verfahren werden wir hier nicht behandeln; wir verweisen dazu auf die Literatur [Unb87].

### Konzept der Ersatzschaltung

**Definition 3.5 (Ersatzschaltung)**
Eine **Ersatzschaltung** ist ein Modell eines realen Bauelementes oder einer realen Schaltung unter Verwendung idealer Zweipole, welches sich elektrisch genau so verhält, wie das reale Bauelement bzw. die modellierte reale elektrische Schaltung.

In diesem Sinne steht der Gesamtwiderstand einer Reihen- oder Parallelschaltung von Widerständen zugleich für deren Ersatzschaltung.
Eine Ersatzschaltung muss auch ein an Bauelementen oder Baugruppen real beobachtetes Verhalten unter Verwendung idealer Modelle erklären. Wir haben davon bereits beim Vergleich idealer und realer Bauelemente in Kapitel 2.4.6 Gebrauch gemacht. Eine andere Aufgabe wird

beispielsweise sein, mittels einer Ersatzschaltung zu erklären, warum an Batterien und anderen Quellen die abgegebene Spannung an den Klemmen vom augenblicklich entnommenen Strom abhängt.

Die Abb. 3.1 zeigt die Zusammenschaltung eines aktiven und eines passiven Zweipols, ohne auf deren innere Beschaffenheit einzugehen. Der aktive Zweipol (Quelle) liefert die Spannung $U_{Kl}$ und den Strom $I_Q$ an den passiven Zweipol, den Verbraucher, der beispielsweise für eine Vielzahl parallel oder in Reihe geschalteter Widerstände oder deren Ersatzschaltung steht. Am passiven Zweipol liegt natürlich die gleiche Spannung $U_{Kl}$, und in ihn hinein fließt der betragsmäßig gleiche Strom $I_L$, den die Quelle als $I_Q$ liefert.

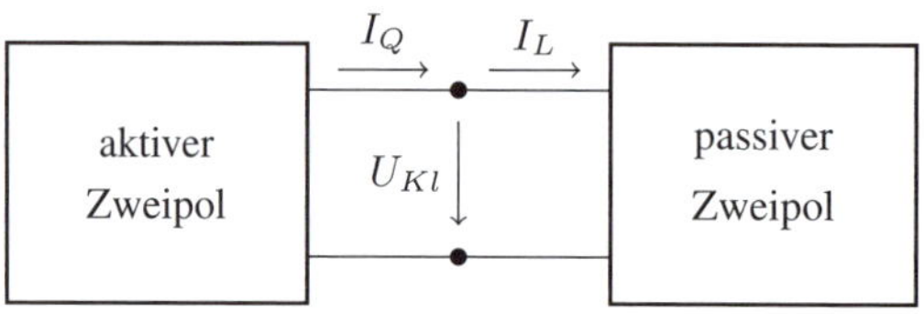


**Abb. 3.1.:** Zusammenschaltung eines aktiven und eines passiven Zweipols

Wenn man einen Zweipol über Strom- und Spannungsmessungen an seinen Klemmen charakterisiert, ist es nicht notwendig, dass man seinen realen inneren Aufbau kennt. Man kann ihn als **Black Box** betrachten und alle Erkenntnisse aus den Messungen an seinen Klemmen ziehen. Das Verhalten bzw. die Zusammenhänge zwischen interessierenden Größen werden in Form von Kennlinien dargestellt. Bei diesem Verfahren gehen natürlich innere physikalische Zusammenhänge verloren; trotzdem genügt das Verfahren den schaltungstechnischen Fragestellungen.

## Ersatzspannungsquelle und Ersatzstromquelle – Satz von Helmholtz

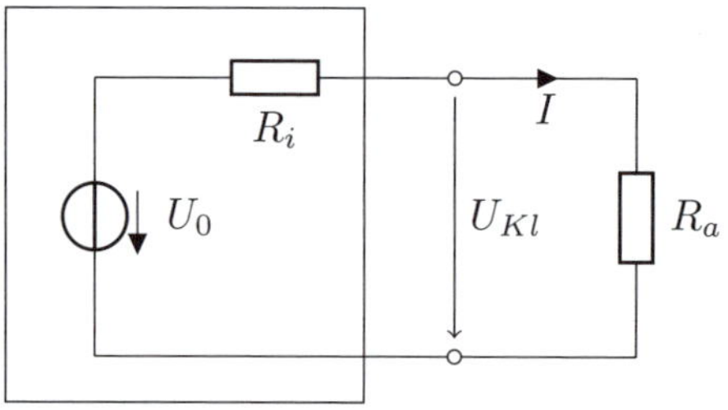


**Abb. 3.2.:** Ersatzschaltung einer realen Spannungsquelle

Jedes Netzwerk von Spannungsquellen, Stromquellen und Widerständen kann elektrisch äquivalent durch einfachere Ersatzschaltungen beschrieben werden, z.B. indem man äußere, parallel und in Reihe geschaltete Widerstände zu einem Ersatzwiderstand $R_a$ und, sofern möglich, auch mehrere Quellen zu einer Quelle zusammenfasst.

Wenn innerhalb des Netzwerkes nur ein äußerer Widerstand $R_a$ veränderlich ist, ist es vorteilhaft, das Netzwerk als Zusammenschaltung einer elektrischen Quelle mit dem Innenwiderstand $R_i$ und dem veränderlichen äußeren Widerstand $R_a$ darzustellen. Für solch ein Netzwerk gilt der **Satz von Helmholtz**[1]:

**Satz 3.1 (Satz von Helmholtz)**

Ein Netzwerk mit einem veränderlichen äußerem Widerstand $R_a$ kann ersatzweise dargestellt werden entweder durch

- eine **Ersatzspannungsquelle** mit der **Leerlaufspannung** $U_0$, dem inneren Widerstand $R_i$ als **Serienwiderstand** sowie dem veränderlichen äußeren Widerstand $R_a$ (siehe Abb. 3.2) oder
- eine **Ersatzstromquelle** mit dem **Kurzschlussstrom** $I_K$, dem gleichen Innenwiderstand $R_i$ als **Parallelwiderstand** sowie dem veränderlichen äußeren Widerstand $R_a$ (siehe Abb. 3.3).

Ersatzspannungsquelle und Ersatzstromquelle sind wichtige Modelle zur Analyse und Synthese von elektronischen Schaltungen und zur Beschreibung elektronischer Geräte. Wir werden mit diesen Modellen im nächsten Abschnitt das Verhalten von realen Quellen bei verschiedener Belastung untersuchen und zeigen, dass die Modelle gleichwertig sind und sich ineinander überführen lassen.

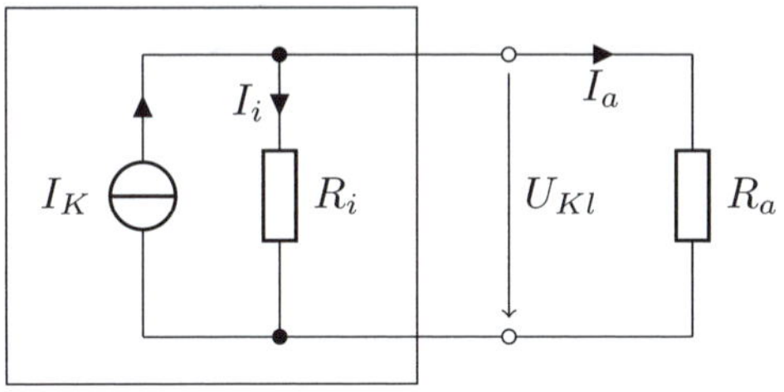


**Abb. 3.3.:** Ersatzschaltung einer realen Stromquelle

## Superpositions- oder Überlagerungsprinzip

Im linearen Netzwerk überlagern sich die von einzelnen Quellen im Netzwerk generierten Ströme linear unabhängig. Die Quellen beeinflussen sich also nicht gegenseitig, so dass man zur Berechnung des Netzwerkes das Überlagerungsprinzip nutzen kann:

[1] Hermann von Helmholtz, deutscher Physiker und Physiologe (1821–1894 )

**Netzwerkberechnung nach dem Überlagerungsprinzip**

**(1)** Zur Berechnung des linearen Netzwerkes werden in Gedanken der Reihe nach alle Spannungsquellen bis auf eine Spannungsquelle $U_i$ kurzgeschlossen; die inneren Widerstände der kurzgeschlossenen Spannungsquellen verbleiben in der Schaltung. Nun liegt nur noch ein reines Widerstandsnetz vor und in allen Zweigen können die von der einen gerade nicht kurz geschlossenen Spannungsquelle $U_i$ verursachten Teilströme ermittelt werden.

**(2)** Die Prozedur nach Punkt 1 wird der Reihe nach für alle im Netzwerk vorhandenen Spannungsquellen durchgeführt. Dabei ergeben sich für jede Spannungsquelle Teilströme in den Zweigen des Netzwerks.

**(3)** Für jeden Zweig werden alle Teilströme der einzelnen Spannungsquellen zum Gesamtstrom aufaddiert.

Bei Stromquellen ist das Verfahren zu modifizieren. Stromquellen werden bis auf eine aufgetrennt, so dass sie keinen Strombeitrag liefern können; die inneren Widerstände der Stromquellen verbleiben in der Schaltung. Es liegt nun wieder ein reines Widerstandsnetz vor und in allen Zweigen können die von der einen gerade nicht abgetrennten Stromquelle $I_i$ verursachten Teilströme und Spannungsabfälle ermittelt werden. Die Prozedur ist wieder für alle Stromquellen durchzuführen und schließlich sind die Teilspannungen in jedem Zweig zu summieren.

### 3.2.2. Lineare Zweipol-Netze – Beispiele und Anwendungen

#### Ideale und reale Quellen: Leerlauf – Kurzschluss – Leistungsanpassung

Eine ideale Spannungsquelle liefert unabhängig von der äußeren Beschaltung eine konstante Spannung $U_0$, während eine ideale Stromquelle einen konstanten Strom $I_K$ liefert (siehe Abb. 3.4).

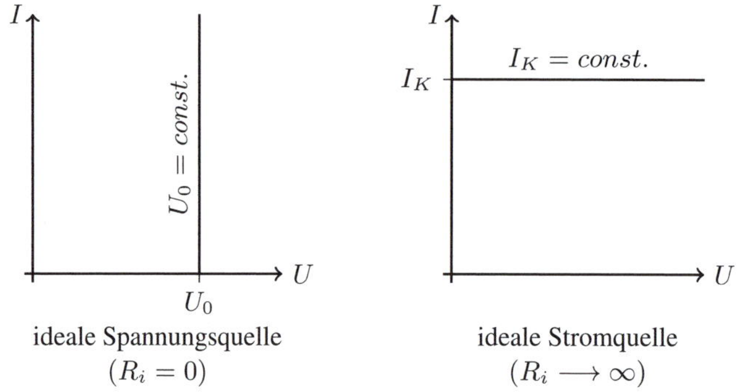


**Abb. 3.4.:** Kennlinien idealer Spannungs- bzw. Stromquellen

Reale Quellen zeigen wegen ihres endlichen Innenwiderstandes[1] $R_i$ ein deutlich anderes Verhalten, wenn eine Last angeschlossen wird. Wir wollen deshalb folgende Fragen untersuchen, die sich beim Anschluss einer Last an eine reale Spannungsquelle oder Stromquelle stellen:

- Ändert sich die Spannung bei Belastung mit einem Widerstand $R_a$? Wenn ja, wie?
- Welche maximale Spannung kann man der Quelle entnehmen?
- Welchen maximalen Strom kann man der Quelle entnehmen?
- Welche maximale Leistung kann man der Quelle entnehmen?

Wir nutzen zur Beantwortung dieser Fragen wieder die Spannungsquellen-Ersatzschaltung entsprechend Abb. 3.2 und analysieren Strom und Spannung am Lastwiderstand $R_a$ als Funktion vom Widerstandswert des Lastwiderstandes.

Für den gesamten Kreis gilt

$$U_0 = I \cdot (R_i + R_a).$$

Die Spannung über dem äußeren Widerstand $R_a$ ist zugleich die Klemmenspannung $U_{Kl}$; sie berechnet sich zu

$$U_{Kl} = I \cdot R_a = U_0 - I \cdot R_i. \tag{3.1}$$

Das heißt, die Klemmenspannung $U_{Kl}$ ist um den Spannungsabfall über den inneren Widerstand $U_{R_i} = I \cdot R_i$ kleiner als die Leerlaufspannung $U_0$ (siehe Abb. 3.5).

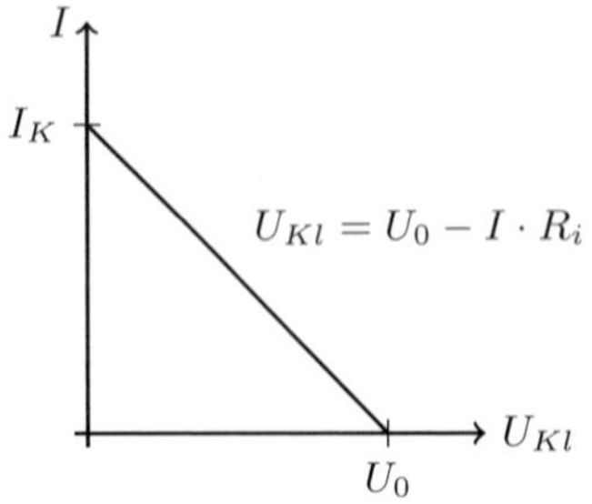


**Abb. 3.5.:** Kennlinie einer realen Spannungsquelle

Wir betrachten nun nacheinander drei markante Fälle, die man als Leerlauf, als Kurzschluss bzw. als Leistungsanpassung bezeichnet:

**Leerlauf:** Wenn kein Lastwiderstand angeschlossen und der Ausgang offen ist, kann man den äußeren Widerstand als unendlich groß annehmen, d.h. $R_a \longrightarrow \infty$. In diesem Fall verschwindet der Strom, $I \longrightarrow 0$, und die Klemmenspannung $U_{Kl}$ erreicht ihren Maximalwert, die **Leerlaufspannung**

$$U_{Kl} = U_0. \tag{3.2}$$

Es wird keine Leistung umgesetzt.

**Kurzschluss:** Einen anderen Grenzfall erhält man, wenn der äußere Widerstand Null wird, d.h. $R_a = 0$. Dann verschwindet auch die Klemmenspannung ($U_{Kl} = 0$) und es fließt der größtmögliche Strom, der **Kurzschlussstrom**:

$$I_K = \frac{U_0}{R_i}. \tag{3.3}$$

[1] Der Innenwiderstand $R_i$ wird nicht als Bauelement in die Quelle eingebaut; er modelliert nur deren reales Verhalten und ist in Berechnungen zu berücksichtigen.

In diesem Fall wird am inneren Widerstand die gesamte Leistung

$$P = I_K^2 R_i = \frac{U_0^2}{R_i}$$

umgesetzt; die Spannungsquelle erwärmt sich und kann zerstört werden. Praktisch ausgeführte Schaltungen der Leistungselektronik werden deshalb mit Sicherungen gegen Zerstörung durch Überlastung oder durch Kurzschluss geschützt.

**Leistungsanpassung:** Um zu erfahren, unter welchen Umständen der Quelle die maximale Leistung entnommen werden kann, greifen wir auf Gleichung 2.25 zurück und stellen die an $R_a$ umgesetzte Leistung als Funktion von $R_a$ dar:

$$P_{R_a} = \frac{U_{Kl}^2}{R_a} = I^2 R_a = R_a \cdot \frac{U_0^2}{(R_i + R_a)^2}.$$

Diese Gleichung wird nun in einer Kurvendiskussion auf ein Maximum untersucht (erste und zweite Ableitung nach $dR_a$ bilden, $\frac{dP}{dR_a} = 0$, $\frac{d^2P}{dR_a^2} < 0$). Als Ergebnis erhält man, dass die Quelle genau dann ihre maximale Leistung abgibt, wenn gilt:

$$R_a = R_i. \tag{3.4}$$

Diesen Fall nennt man **Leistungsanpassung**.

Bei der Untersuchung realer Stromquellen findet man die gleichen Ergebnisse. Für Leerlauf ($R_a \longrightarrow \infty$) muss der Kurzschlussstrom $I_K$ über den inneren Widerstand $R_i$ fließen; er erzeugt dort den Spannungsabfall $U_0$

$$I_K \cdot R_i = U_0.$$

Ein Vergleich mit Gleichung 3.3 zeigt die Gleichwertigkeit der Darstellung von Strom- und Spannungsquelle.

**Fazit:** Die Leerlaufspannung $U_0$, der Kurzschlussstrom $I_K$ und der innere Widerstand $R_i$ sind feste Größen einer realen Quelle. Zwei dieser Größen reichen, um eine Quelle zu charakterisieren.

### Einige Beispiele

Wir wollen nun an einigen Beispielen die Anwendung dieser Regeln demonstrieren. Für Rechnungen mit konkreten Zahlenwerten verweisen wir auf die Aufgaben am Ende des Kapitels.

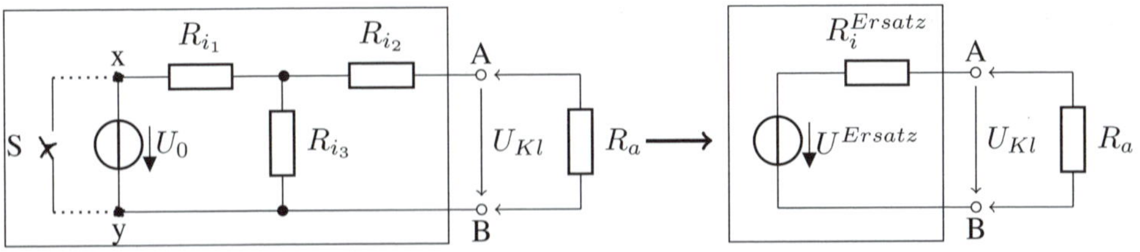


**Abb. 3.6.:** Vereinfachung der inneren Schaltung einer Spannungsquelle

**1. Beispiel** Die Abb.3.6 zeigt im linken Teilbild eine mögliche innere Schaltung einer Spannungsquelle mit der Quellenspannung $U_0$, deren Innenwiderstand sich aus 3 Teilwiderständen $R_{i_1}, R_{i_2}$ und $R_{i_3}$ zusammensetzt. $R_{i_2}$ und $R_{i_3}$ mögen interne Verbraucher darstellen, z.B. einen Lüfter ($R_{i_3}$) und ein in Serie geschaltetes Amperemeter ($R_{i_2}$).

Die Schaltung der Spannungsquelle soll nun so vereinfacht werden, dass sie durch das rechte Teilbild ersetzt werden kann. Dazu gehen wir folgendermaßen vor: Über den links dargestellten Schalter $S$ schließen wir in Gedanken $U_0$ zwischen den Punkten $x$ und $y$ kurz; wir behalten so $R_{i_1}$ in der Schaltung und haben ein reines Widerstandsnetzwerk. Nun können wir von den Klemmen her den gesamten Ersatz-Innenwiderstand $R_i^{Ersatz}$ der Quelle bestimmen. Er ergibt sich aus der Parallelschaltung von $R_{i_1}$ und $R_{i_3}$, die zu $R_{i_2}$ in Serie geschaltet ist, zu:

$$R_i^{Ersatz} = \frac{R_{i_1} \cdot R_{i_3}}{R_{i_1} + R_{i_3}} + R_{i_2}.$$

Nun benötigen wir noch die Spannung $U^{Ersatz}$, die an den Klemmen der Ersatzschaltung liegt. Diese Spannung ergibt sich offensichtlich durch Spannungsteilung über $R_{i_1}$ und $R_{i_3}$. Nach der Spannungsteilerregel erhalten wir:

$$U^{Ersatz} = \frac{R_{i_3}}{R_{i_1} + R_{i_3}} \cdot U_0.$$

Um nun den Strom $I_a$ durch den Widerstand $R_a$ zu berechnen, nutzen wir die Spannungsquellenersatzschaltung mit den Werten $U^{Ersatz}$ und $R_i^{Ersatz}$.

**2. Beispiel** Die Abb. 3.7 zeigt ein Stromversorgungsteil, in dem zwei Spannungsquellen $U_1$ und $U_2$ mit den inneren Widerständen $R_{i_1}$ und $R_{i_2}$ parallel geschaltet sind, und die einen äußeren Widerstand $R_a$ speisen. Auch dafür soll eine einfache Spannungsquellenersatzschaltung entwickelt werden.

Den Innenwiderstand $R_i^{Ersatz}$ der parallel geschalteten Spannungsquellen findet man, indem man, wie im 1. Beispiel skizziert, in Gedanken beide Spannungsquellen kurzschließt. Die inneren Widerstände $R_{i_1}$ und $R_{i_2}$ werden behalten; sie sind parallel geschaltet und man erhält als resultierenden Innenwiderstand $R_i^{Ersatz}$:

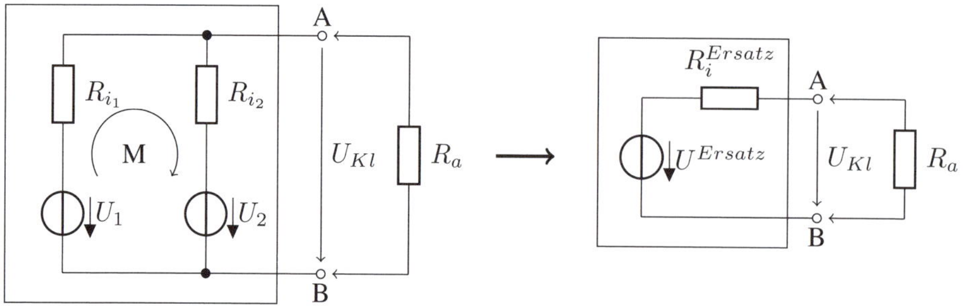


**Abb. 3.7.:** Parallelschaltung von Spannungsquellen

$$R_i^{Ersatz} = \frac{R_{i_1} \cdot R_{i_2}}{R_{i_1+R_{i_2}}}.$$

Die Spannung zwischen den Klemmen $A$ und $B$ ohne äußeren Widerstand $R_a$, also $U^{Ersatz}$ ergibt sich, indem man unter Berücksichtigung des Umlaufsinnes zuerst den Strom $I_M$ in der Masche $M$ berechnet

$$I_M = \frac{U_2 - U_1}{R_{i_1} + R_{i_2}}$$

und dann von einer der Quellenspannungen $U_1$ bzw. $U_2$ den Spannungsabfall $I_M \cdot R_{i_1}$ bzw. $I_M \cdot R_{i_2}$subtrahiert:

$$U^{Ersatz} = U_2 - I_M \cdot R_{i_2}.$$

**3. Beispiel** Wir untersuchen nun die Wheatstonesche Brückenschaltung[1] (siehe Abb. 3.8), die man zur Messung unbekannter Widerstände verwendet.

Die Wheatstonesche Brücke entsprechend Abb. 3.8a kann man als aus zwei unabhängigen Spannungsteilern bestehend auffassen, deren Abgänge an den Klemmen $a$ und $b$ gegeneinander gemessen werden.

Für die unbelasteten Spannungsteiler gilt:

$$U_{R_2} = \frac{R_2}{R_1 + R_2} \cdot U_1 \quad \text{und} \quad U_{R_4} = \frac{R_4}{R_3 + R_4} \cdot U_1.$$

Zwischen den Klemmen $a$ und $b$ misst man die Brückenspannung $U_{Br}$, die sich aus den Teilspannungen folgendermaßen ergibt:

[1] Nach Charles Wheatstone, englischer Physiker (1802–1875)

$$U_{Br} = U_{R_4} - U_{R_2} = \left( \frac{R_4}{R_3 + R_4} - \frac{R_2}{R_1 + R_2} \right) \cdot U_1.$$

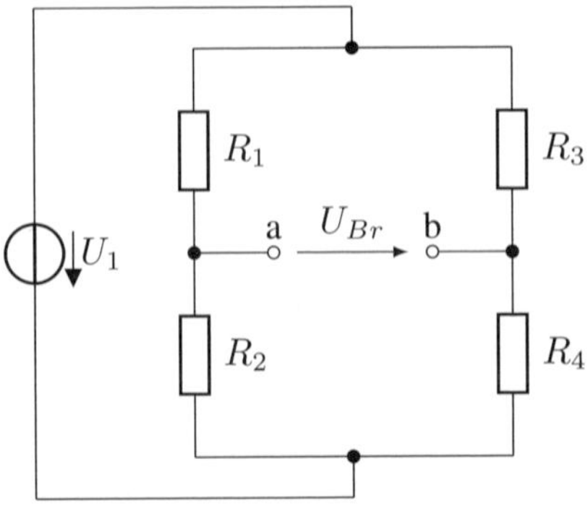


(a) Wheatstone-Brücke im Leerlauf

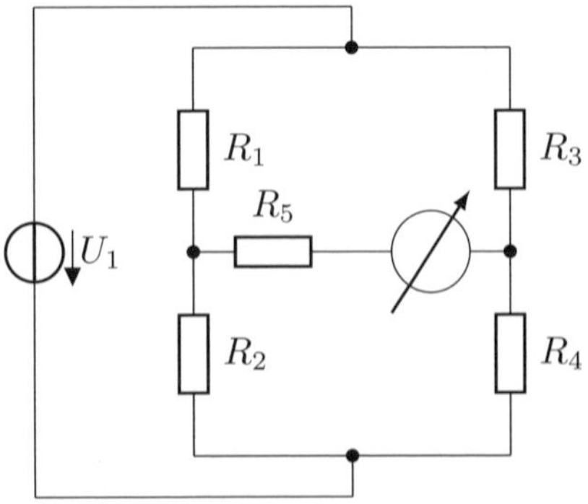


(b) Wheatstone-Brücke mit Querstrom

**Abb. 3.8.:** Wheatstonesche Brückenschaltung

Wenn die Brückenspannung verschwindet, also $U_{Br} = 0$ gilt, nennt man die Brücke abgeglichen. Im abgeglichenen Zustand muss gelten:

$$\frac{R_4}{R_3 + R_4} = \frac{R_2}{R_1 + R_2}.$$

Nach einigen elementaren Umformungen erhält man

$$\frac{R_1}{R_2} = \frac{R_3}{R_4}. \tag{3.5}$$

Zur Widerstandsmessung müssen zwei der Widerstände, z.B. $R_1$ und $R_2$, bekannt sein. Ein dritter Widerstand, z.B. $R_3$, wird durch ein Potentiometer mit kalibrierter Skala ersetzt. Der letzte Widerstand $R_4$ sei ein zu bestimmender, unbekannter Widerstand. Nach Anlegen der Betriebsspannung $U_1$ wird mit dem Potentiometer die Spannung $U_{Br}$ auf Null abgeglichen und an der kalibrierten Skala des Potentiometers der Wert des unbekannten Widerstandes abgelesen.

Um die Brückenspannung abzugleichen, ist natürlich ein Messinstrument erforderlich, was in unserem Beispiel den inneren Widerstand $R_5$ habe (siehe Abb. 3.8b). Im nicht abgeglichenen Fall, wenn also $U_{Br} \neq 0$ gilt, fließt nun ein Querstrom $I_5$. Unsere Voraussetzung, die Spannungsteiler $R_1, R_2$ und $R_3, R_4$ als unbelastet zu betrachten, gilt damit nicht mehr.

Um den Querstrom zu berücksichtigen, kann man die Kirchhoffschen Regeln nutzen oder auch $U_{Br}$ mit einer Ersatzspannungsquelle entsprechend Abb. 3.2 darstellen. Dazu berechnen wir die Brückenspannung $U_{Br}$ ohne Belastung durch $R_5$ und den Innenwiderstand der Ersatzspannungsquelle $R_{i_{Br}}$. Für $R_{i_{Br}}$ ergibt sich

$$R_{i_{Br}} = \frac{R_1 R_2}{R_1 + R_2} + \frac{R_3 R_4}{R_3 + R_4},$$

wie man analog zu den obigen Rechnungen nachvollziehen kann.

## 3.3. Vierpole und Zweitore

Komplexere elektronische Baugruppen haben in der Regel eine Vielzahl von Anschlussklemmen, auch Pole genannt; die Baugruppe ist n-polig. Häufig können Pole so einander zugeordnet werden, dass man daran einen Zweipol als Quelle oder Last betreiben kann. Ein Verstärker beispielsweise verfügt mindestens über je zwei zusammengehörige Anschlussklemmen für das Eingangssignal und für das Ausgangssignal sowie zwei weitere Klemmen zur Stromversorgung.

**Definition 3.6 (Tor)**

Ein Tor ist ein zusammengehöriges Klemmenpaar, wobei der in das Tor hineinfließende Strom zu jedem Zeitpunkt den gleichen Betrag hat, wie der herausfließende Strom. Man sagt, hinein- und herausfließender Strom sind gegengleich (Torbedingung).
An einem Tor kann man je nach dessen Art entweder einen aktiven oder einen passiven Zweipol (Eintor) betreiben.

Wenn man die beiden Zweipole in Abb. 3.1 (Seite 74) nicht direkt miteinander verbindet, sondern ein Netzwerk, wie in Abb. 3.9 dazwischen schaltet, hat dieses Netzwerk vier Anschlussklemmen, von denen je zwei zusammen gehören und ein Eingangs- sowie ein Ausgangstor bilden.
Für die Beschreibung und Untersuchung solcher elektronischer Strukturen nutzt man den Vierpol bzw. das Zweitor. Vierpol bzw. Zweitor sind weitere grundlegende Strukturen elektrischer Netze.

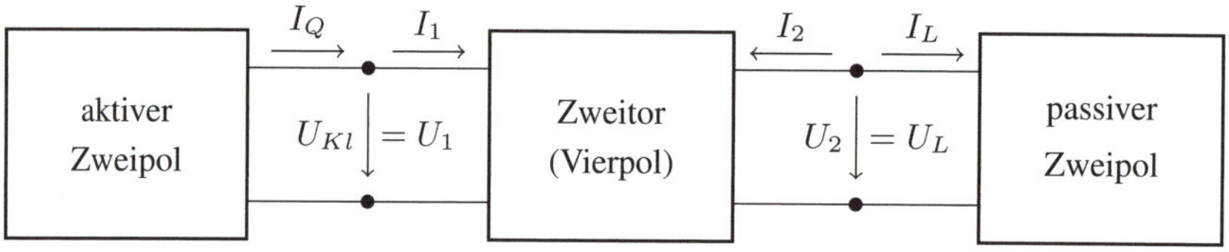


**Abb. 3.9.:** Zusammenschaltung eines aktiven und eines passiven Zweipols

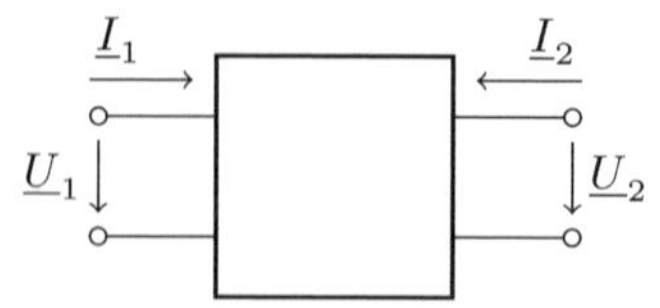


**Abb. 3.10.:** Vierpol allgemein

**Definition 3.7 (Vierpol und Zweitor)**

Ein **Vierpol** besitzt zwei Polpaare (Klemmenpaare), je ein Eingangs- und ein Ausgangsklemmenpaar.
Ein **Zweitor** besitzt wie der Vierpol je ein Eingangs- und ein Ausgangsklemmenpaar, die zusätzlich die Torbedingung (gegengleiche Ströme) erfüllen.

Das Zweitor[1] wird durch vier von außen messbare Größen, nämlich Strom und Spannung jeweils am Eingang und am Ausgang, eindeutig beschrieben. Die messtechnisch ermittelten Abhängigkeiten werden in Kennlinienfeldern oder mittels zweier unabhängiger Gleichungen dargestellt. Bei dieser Art der Beschreibung ist es wiederum nicht erforderlich, den inneren Aufbau zu kennen. Deshalb können wir auch das Zweitor (den Vierpol) als Black Box betrachten. Wie wir schon feststellten, werden dabei innere physikalische Zusammenhänge nicht berücksichtigt; dennoch genügt diese Form der Beschreibung den schaltungstechnischen Erfordernissen.

Um Messungen am Zweitor (Vierpol) vorzunehmen, müssen wir den Spannungen und Strömen jeweils Richtungen zuordnen und verfahren entsprechend der Abb. 3.9. Danach ist:

- die Ausgangsspannung der Quelle $U_{Kl}$ gleich der Eingangsspannung des Zweitors $U_1$

und

- die Ausgangsspannung des Zweitors $U_2$ ist gleich der Spannung an der Last $U_L$.

Bezüglich der Stromrichtung vereinbaren wir, dass die Ströme am Zweitor jeweils zu diesem hin fließen[2] . Damit gilt folgendes:

- der Ausgangsstrom der Quelle $I_Q$ ist bezüglich Betrag und Richtung gleich dem Eingangsstrom des Zweitors $I_1$,
- der Ausgangsstrom des Zweitors $I_2$ ist betragsmäßig gleich dem Strom $I_L$, der in die Last fließt; beide Ströme sind entgegengesetzt gerichtet, d.h. $I_2 = -I_L$.

Diese Größen können sowohl Gleichstrom- als auch Wechselstromgrößen sein. Wir verwenden deshalb nachfolgend die komplexe Schreibweise entsprechend Abb. 3.10.

[1] Anmerkung zum Sprachgebrauch: Der Begriff „Vierpol“ ist viel älter als der Begriff „Zweitor“ und in Verbindung mit der Vierpoltheorie gut etabliert; er schließt den Begriff Zweitor ein.Wir werden bei unseren Betrachtungen beide Begriffe gelegentlich synonym verwenden.

[2] Die Zählrichtung von $I_2$ wird bei der sog. Kettenschaltung umgekehrt.

Im Rahmen der **Zweitor-Theorie** werden allgemeingültige Aussagen über Zweitore und deren Zusammenschaltung getroffen. Die Zweitor-Theorie ist ein Werkzeug der analogen Elektronik und Elektrotechnik; wir werden deshalb auf diese Thematik hier nicht im Detail eingehen und verweisen auf die umfangreiche Literatur (z.B. [Fre84]). Nachfolgend zeigen wir das grundsätzliche Vorgehen und diskutieren beispielhaft zwei konkrete Fälle.

Wie schon erwähnt, erfolgt die Verknüpfung von Eingangs- und Ausgangsgrößen ohne Kenntnis des inneren Aufbaus über die von außen messbaren Größen, von denen zwei als unabhängig und zwei als abhängig betrachtet werden. Je nach Paarung der Größen ergeben sich jeweils zwei unabhängige Gleichungen für die Verknüpfung der Größen. Die Gleichungen werden oft in Matrixform angegeben; für die Koeffizienten ergibt sich dann eine Koeffizientenmatrix.

Eine erste messtechnisch realisierbare Möglichkeit zur Charakterisierung eines Vierpols ist es, die beiden auftretenden Spannungen als Funktion der beiden Ströme zu ermitteln und anzugeben; man erhält dann die Gleichungen der sog. **Impedanzform** oder **Widerstandsform**:

$$\underline{U}_1 = \underline{Z}_{11} \cdot \underline{I}_1 + \underline{Z}_{12} \cdot \underline{I}_2$$
$$\underline{U}_2 = \underline{Z}_{21} \cdot \underline{I}_1 + \underline{Z}_{22} \cdot \underline{I}_2$$

die in Matrixform folgendermaßen geschrieben wird:

$$\begin{pmatrix} \underline{U}_1 \\ \underline{U}_2 \end{pmatrix} = \begin{pmatrix} \underline{Z}_{11} & \underline{Z}_{12} \\ \underline{Z}_{21} & \underline{Z}_{22} \end{pmatrix} \cdot \begin{pmatrix} \underline{I}_1 \\ \underline{I}_2 \end{pmatrix}. \tag{3.6}$$

Wenn das Zweitor aus einfachen, linearen Zweipolen aufgebaut und der Aufbau bekannt ist, können die Matrixelemente rechnerisch mit Hilfe der früher besprochenen Regeln bestimmt werden. Wir zeigen dies an dem in Abb. 3.11 dargestelltem Widerstandsnetzwerk.

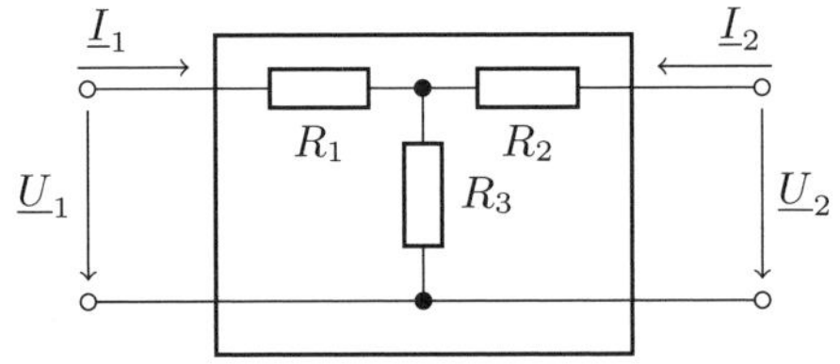


**Abb. 3.11.:** Widerstandsnetzwerk als Vierpol

Wir betrachten zuerst den Eingang bei offenem Ausgang, d.h. es gelte $\underline{I}_2 = 0$. Für diesen Fall ergibt sich:

$$\underline{Z}_{11} = \frac{\underline{U}_1}{\underline{I}_1} = R_1 + R_3.$$

$\underline{Z}_{11}$ heißt **Leerlauf-Eingangsimpedanz** des Zweitors bzw. Leerlauf-Eingangswiderstand im Gleichstromfall.

Als nächstes betrachten wir den Ausgang bei offenem Eingang ($\underline{I}_1 = 0$) und finden entsprechend:

$$\underline{Z}_{22} = \frac{\underline{U}_2}{\underline{I}_2} = R_2 + R_3.$$

Hier sprechen wir von der **Leerlauf-Ausgangsimpedanz** des Zweitors bzw. vom Leerlauf-Ausgangswiderstand im Gleichstromfall.

Über den Widerstand $R_3$ findet eine Verkopplung zwischen Eingang und Ausgang statt, die man in folgender Weise beschreibt:

$$\underline{Z}_{12} = \frac{\underline{U}_1}{\underline{I}_2},$$

$$\underline{Z}_{21} = \frac{\underline{U}_2}{\underline{I}_1}.$$

In unserem konkreten Fall ist $\underline{Z}_{12} = \underline{Z}_{21} = R_3$ und diese Größen heißen:

- $\underline{Z}_{12}$: **Kernwiderstand, vorwärts** und
- $\underline{Z}_{21}$: **Kernwiderstand, rückwärts**.

Je nach Wahl der abhängigen und unabhängigen Größen gibt es weitere Formen der Zweitormatrix. Dies sind die Leitwertform, mehrere Hybridformen und die Kettenform. Jede dieser Formen hat ihre spezifischen Einsatzgebiete. So wird die Leitwertform verwendet, wenn die Ströme gesucht und die Spannungen gegeben sind, die Hybridform, wenn je ein Strom und eine Spannung gegeben sind. Die Kettenform wird zur Behandlung der sog. Kettenschaltung verwendet. Die einzelnen Matrizen lassen sich ineinander umrechnen (siehe hierzu [Fre84]).

**Gesteuerte Quellen** Gesteuerte Quellen sind eine weitere wichtige Gruppe von Zweitoren. Die Abb. 3.12 zeigt als Beispiel eine stromgesteuerte Stromquelle ($I_2 = f(I_1)$).

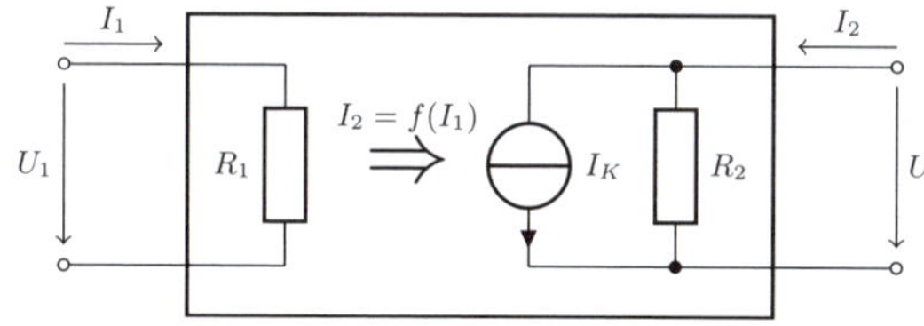


**Abb. 3.12.:** Gesteuerte Quelle als Vierpol

Für die Beschreibung von gesteuerten Quellen eignet sich die Hybridform; sie wird verwendet, wenn Eingangs- und Ausgangsgrößen gemischt auftreten:

$$\underline{U}_1 = \underline{H}_{11} \cdot \underline{I}_1 + \underline{H}_{12} \cdot \underline{U}_2$$
$$\underline{I}_2 = \underline{H}_{21} \cdot \underline{I}_1 + \underline{H}_{22} \cdot \underline{U}_2$$

$$\begin{pmatrix} U_1 \\ I_2 \end{pmatrix} = \begin{pmatrix} H_{11} & H_{12} \\ H_{21} & H_{22} \end{pmatrix} \cdot \begin{pmatrix} I_1 \\ U_2 \end{pmatrix} . \tag{3.7}$$

Gesteuerte Quellen werden als Modell für steuerbare Halbleiterbauelemente verwendet; wir werden dies in Verbindung mit Transistoren nutzen (siehe Kapitel 4.5.3 und 4.5.4). Vorab sei bemerkt, dass solche steuerbaren Halbleiterbauelemente natürlich nicht aus realen Zweipolen aufgebaut werden, wohl aber mit deren Hilfe modelliert werden können. Die als Zweitor-Parameter gemessenen Abhängigkeiten sind in der Regel nichtlinear und können in Form von Kennlinien grafisch dargestellt werden. Die Zweitor-Parameter ändern sich dann entsprechend der Kennlinienkrümmung und gelten nur in zusammengehörigen Kennlinienpunkten. Die Zweitor-Parameter können den Kennlinien entnommen und differentiell angegeben werden (vgl. h-Parameter beim Transistor auf Seite 130).

Für ausführliche Darstellungen der Vierpoltheorie verweisen wir auf die einschlägige Literatur [Fre84].

## 3.4. Leitungen

Wir sind bisher stillschweigend von zwei Voraussetzungen ausgegangen, die wir jetzt hinterfragen müssen. Diese Voraussetzungen sind

- das Modell konzentrierter Bauelemente, d.h. die geometrische Ausdehnung der Bauelemente und Ortskoordinaten wurden nicht berücksichtigt;
- die Annahme der Gleichzeitigkeit der Signale am Eingang und Ausgang der Schaltung, d.h. Signallaufzeiten wurden nicht berücksichtigt.

Mit diesen Voraussetzungen konnten wir überall im Netzwerk die Ströme aus der Kenntnis der Widerstände und der Spannungen berechnen. Diese Voraussetzungen gelten dann nicht mehr, wenn das Netzwerk räumlich sehr ausgedehnt ist, oder wenn die Arbeitsfrequenzen sehr hoch sind. Wegen der endlichen Ausbreitungsgeschwindigkeit von Strom und Spannung muss man dann zusätzlich deren Ortsabhängigkeit beachten.

Wir untersuchen nun eine lange Zweidrahtleitung entsprechend Abb. 3.13, bestehend aus Hin- und Rückleitung. An einem Ende der Leitung ist ein Generator angeschlossen und es werde ein Signal eingespeist; am anderen Ende sei ein Lastwiderstand (Abschlusswiderstand) angeschlossen.

Nach der Widerstandsbemessungsgleichung (Gleichung 2.22) ist klar, dass der Ohmsche Widerstand mit der Länge des betrachteten Leitungsstückes linear wächst. Entsprechend verhält es sich mit den anderen Größen. Wir führen deshalb zur Charakterisierung der Leitung folgende, jeweils auf die Längeneinheit bezogene Größen ein (vgl. Abb. 3.13):

- $R'$: Widerstandsbelag, gibt den pro Längeneinheit wirksamen ohmschen Widerstand an;
- $L'$: Induktivitätsbelag, gibt die pro Längeneinheit wirksame Induktivität an;
- $C'$: Kapazitätsbelag, gibt die pro Längeneinheit wirksame Kapazität zwischen den Leitern an;
- $G'$: Ableitungsbelag, gibt den pro Längeneinheit wirksamen Leitwert zwischen den Leitern an.

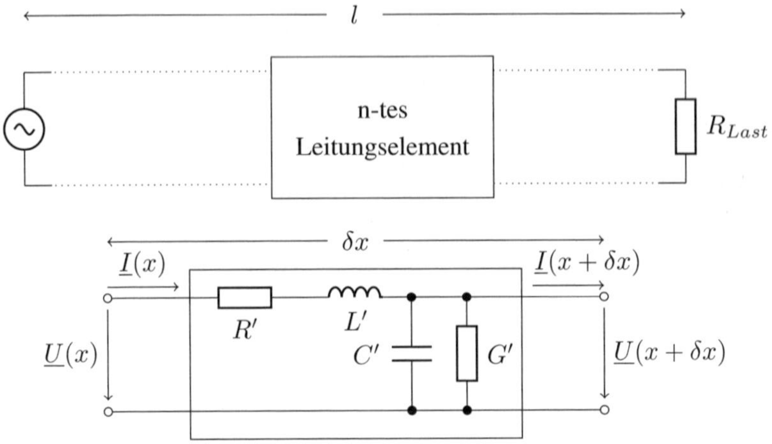


**Abb. 3.13.:** Leitung mit Leitungselement (oben) und
Ersatzschaltung eines Leitungselementes der Länge $\delta x$ (unten)

Der Einfachheit halber wurden in Abb. 3.13 die Beläge nur für die Hinleitung gezeichnet; sie treten natürlich in der Hin- und Rückleitung auf.

In der Ersatzschaltung des Leitungsstückes $\delta x$ erkennt man, dass es über die Elemente $G'$ und $C'$ einen Nebenschluss[1] zwischen Hin- und Rückleiter gibt. Deshalb wird die an einem Ende eingespeiste Energie in einer unendlich langen Leitung komplett aufgezehrt. In einer Leitung mit endlicher Länge wird zudem ein Teil der eingespeisten Energie aufgezehrt.

Zur Beschreibung der Vorgänge auf der Leitung zerlegen wir die Leitung, die eine Gesamtlänge $l$ haben soll, in kleine Leitungsstücke mit der Länge $\delta x$ und behandeln solch ein Leitungsstück als Vierpol. Als Variable tritt nun die Länge $x$ auf.

[1] Mit Nebenschluss bezeichnet man einen Zweig in einer Parallelschaltung, über den ein Teil des Gesamtstromes fließt.

Wir beaufschlagen die Leitung mit einem Sinussignal und untersuchen nur den eingeschwungenen Zustand, so dass wir die komplexe Rechnung verwenden können. Unter Verwendung von Knotenregel und Maschensatz findet man dann folgende Beziehungen:

$$\underline{U}(x+\delta x)-\underline{U}(x)=-\delta x\cdot\left(\underline{I}(x)\cdot R'+\frac{\partial \underline{I}}{\partial t}\cdot L'\right)$$

$$\underline{I}(x+\delta x)-\underline{I}(x)=-\delta x\cdot\left(\underline{U}(x)\cdot G'+\frac{\partial \underline{U}}{\partial t}\cdot C'\right).$$

Nach dem Grenzübergang $\delta x \longrightarrow 0$ erhält man die Leitungsgleichungen:

$$\frac{\partial \underline{U}}{\partial x}=-\underline{I}(R'+j\omega L') \tag{3.8}$$

$$\frac{\partial \underline{I}}{\partial x}=-\underline{U}(G'+j\omega C'). \tag{3.9}$$

Aus diesen gekoppelten Differentialgleichungen ergibt sich nach nochmaligem Differenzieren einer der beiden Gleichungen und Einsetzen in die jeweils andere die **Telegraphengleichung**. Wir differenzieren zunächst Gleichung 3.8 nach $x$ und setzen sie dann in Gleichung 3.9 ein:

$$\frac{\partial^2 \underline{U}}{\partial x^2}=\underline{U}(R'+j\omega L')(G'+j\omega C').$$

Anlog erhält man:

$$\frac{\partial^2 \underline{I}}{\partial x^2}=\underline{I}(R'+j\omega L')(G'+j\omega C').$$

Diese Gleichungen lassen sich mit einem Ansatz für ebene Wellen für Strom und Spannung lösen und man erhält:

$$\underline{U}(x,t)=\underbrace{\underline{U}e^{-\gamma x}}_{\text{hinlaufende Welle}}+\underbrace{\underline{U}^{*}e^{+\gamma x}}_{\text{zurücklaufende Welle}} \tag{3.10}$$

$$\underline{I}(x,t)=\underbrace{\underline{I}e^{-\gamma x}}_{\text{hinlaufende Welle}}+\underbrace{\underline{I}^{*}e^{+\gamma x}}_{\text{zurücklaufende Welle}} \tag{3.11}$$

mit der Ausbreitungskonstanten $\gamma$

$$\gamma=\alpha+j\beta=\sqrt{(R'+j\omega L')(G'+J\omega C')}.$$

Der Realteil $\alpha$ der Ausbreitungskonstante $\gamma$ heißt auch **Dämpfungskonstante**; er beschreibt die exponentielle Abnahme der Amplitude von Strom und Spannung mit der Leitungslänge. Der Imaginärteil $j\beta$ heißt **Phasenkonstante** und erlaubt, die Wellenlänge zu ermitteln.

Die Leitung ist durch ihren Wellenwiderstand $\underline{Z}_0$ gekennzeichnet. $\underline{Z}_0$ lässt sich berechnen, indem man die Lösungen 3.10 und 3.11 in die Leitungsgleichungen einsetzt:

$$\underline{Z}_0 = \sqrt{\frac{R' + L'}{G' + C'}}.$$

Wenn man die Leitungsverluste vernachlässigen kann, beispielsweise bei verlustarmen kurzen Leitungen, kann man $R' = 0$ und $G' = 0$[1] setzen und erhält:

$$\underline{Z}_0 = \sqrt{\frac{L'}{C'}}.$$

Wir referieren hier noch einige wichtige Ergebnisse aus der Theorie der Leitungen, verweisen zu deren Begründung jedoch auf die weiterführende Literatur [MGL92].

Im Folgenden gehen wir davon aus, dass die Leitung am Ende mit einer Impedanz $\underline{Z}_L$ abgeschlossen ist.

- Wenn $\underline{Z}_L$ ein ohmscher Widerstand und sein Widerstandswert gleich dem Wellenwiderstand $\underline{Z}_0$ ist, dann wird in diesem Widerstand die gesamte, über das Kabel transportierte Energie aufgezehrt und es gibt keine zurück laufende Welle (Anpassung).
- Ist andererseits der Abschlusswiderstand $\underline{Z}_L$ vom Wellenwiderstand $\underline{Z}_0$ verschieden, so wird ein Teil der Energie reflektiert und es bildet sich eine zurück laufende Welle so aus, dass sich am Lastwiderstand die Bedingung

  $$Z_L = \frac{\underline{U}}{\underline{I}}$$

  einstellt.
- Der Reflexionsfaktor

  $$\underline{r} = \frac{\underline{Z}_L - \underline{Z}_0}{\underline{Z}_L + \underline{Z}_0}$$

  gibt quantitativ Auskunft über Anpassung bzw. Fehlanpassung. Es gilt:

  - $\underline{r} = +1$: Leerlauf, Abschlusswiderstand $\underline{Z}_L \longrightarrow \infty$,
  - $0 < \underline{r} < +1$: Fehlanpassung, Abschlusswiderstand zu groß,
  - $\underline{r} = 0$: **Anpassung**, nur in diesem Fall wird keine Energie reflektiert,
  - $-1 < \underline{r} < 0$: Fehlanpassung, Abschlusswiderstand zu klein,
  - $\underline{r} = -1$: Kurzschluss, $\underline{Z}_L = 0\,\Omega$.

[1] Man beachte, dass $G$ ein Leitwert ist; $G' = 0$ entspricht deshalb einem unendlich großem Widerstand. Analoges gilt für die Beläge.

Die Ergebnisse der Leitungstheorie sind für schnelle Bussysteme und Computernetzwerke (maximale Leitungslänge, Abschlusswiderstand) von Bedeutung; sie spielen zudem bei allen Höchstfrequenzschaltungen, Antennenleitungen usw. eine wichtige Rolle.

## 3.5. Fragen und Aufgaben

3.1 Erläutern Sie die Begriffe elektrisches Netzwerk, Netzwerkelement und Ersatzschaltung.

3.2 Was besagt der Satz von Helmholtz und wofür ist er anwendbar?

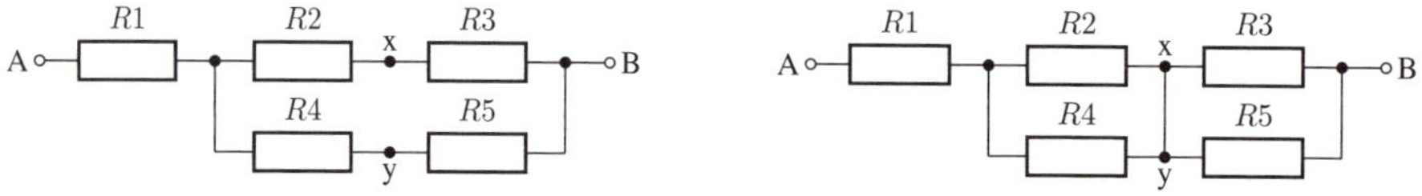


**(a)** Variante a **(b)** Variante b

**Abb. 3.14.:** Widerstandsnetzwerke

3.3 Gegeben sind zwei Widerstandsnetzwerke entsprechend Abb. 3.14, die sich dadurch unterscheiden, dass in der Schaltung Abb. 3.14b zwischen den Punkten $x$ und $y$ eine Kurzschlussbrücke eingefügt ist.

3.3.1 Berechnen Sie für beide Schaltungen den Ersatzwiderstand a) allgemein und b) für die folgenden Widerstandswerte:

$$R_1 = R_2 = R_5 = 1\,\mathrm{k\Omega} \qquad \text{und} \qquad R_3 = R_4 = 100\,\Omega.$$

3.3.2 Nun werden in beiden Schaltungen zwei Widerstände vertauscht, so dass sich folgende neue Anordnung ergibt:

$$R_1 = R_2 = R_4 = 1\,\mathrm{k\Omega} \qquad \text{und} \qquad R_3 = R_5 = 100\,\Omega.$$

Berechnen Sie für diese Widerstandsanordnung und beide Schaltungen den Ersatzwiderstand!

3.3.3 Berechnen Sie für die Schaltung nach Abb. 3.14a und beide Widerstandsanordnungen die Spannung zwischen den Punkten $x$ und $y$, wenn an den Klemmen $A$ und $B$ des Netzwerks eine Spannung $U_0$ anliegt und diskutieren Sie Ihr Ergebnis!

3.4 An einem Stromversorgungsgerät betrage die Klemmenspannung 12 V, wenn ein Lastwiderstand von 12 Ω angeschlossen ist. Schließt man einen weiteren Lastwiderstand von 24 Ω parallel an, so geht die Klemmenspannung auf 10 V zurück. Wie groß sind der Innenwiderstand und die Leerlaufspannung des Gerätes?

3.5 Wie groß muss in der Schaltung entsprechend Abb. 3.15 $R_2$ gewählt werden, damit an den Ausgangsklemmen maximal eine Spannung von $U_2 = 25\,\mathrm{V}$ auftreten kann, wenn $U_1 = 100\,\mathrm{V}$, $R_1 = 1\,\mathrm{k\Omega}$ und $P = 1\,\mathrm{k\Omega}$ gilt?

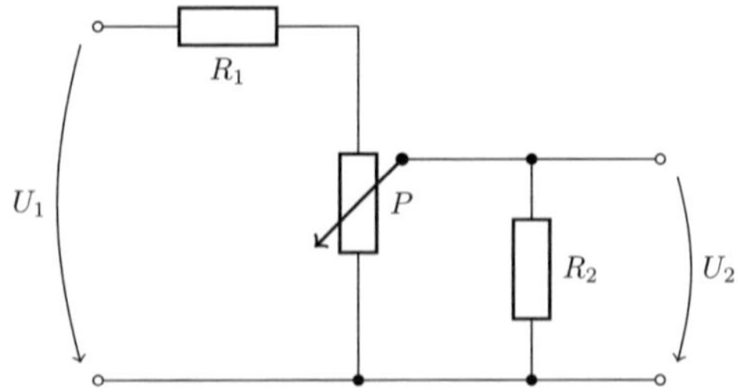


**Abb. 3.15.:** Potentiometer mit Lastwiderstand

3.6 Gegeben sind zwei elektrische Quellen $Q_1$ und $Q_2$. Beide Quellen haben eine Leerlaufspannung von $U_0 = 1\,\mathrm{V}$; sie unterscheiden sich aber bezüglich Ihres Innenwiderstandes dramatisch. Es gelte $R_{i_{Q1}} = 10^{-6}\,\Omega$ und $R_{i_{Q2}} = 10^{6}\,\Omega$.
Beide Quellen werden nacheinander mit Testwiderständen belastet, die folgende Werte haben:

$$R_{Test} = 0{,}1\,\Omega, \quad 1\,\Omega, \quad 10\,\Omega \quad \text{und} \quad 100\,\Omega.$$

Berechnen Sie für jeden Testwiderstand die Klemmenspannung $U_{Kl}$ und den Strom $I$ durch den Testwiderstand. Mit welchem Modell (Spannungs- bzw. Stromquelle) sind die Quellen $Q_1$ und $Q_1$ am besten zu beschreiben? Ist unser 230 V -Wechselstromnetz besser als Spannungs- oder als Stromquelle zu beschreiben? Begründen Sie Ihre Aussage.

3.7 Wann versagt das Modell konzentrierter elektronischer Bauelemente?

3.8 Erläutern Sie die Behandlung von verteilten elektronischen Bauelementen am Beispiel einer Leitung und geben Sie das Ersatzschaltbild für ein differentiell kleines Leitungsstück an!

3.9 Was versteht man unter dem Wellenwiderstand einer Leitung?

3.10 Eine verlustarme Koaxialleitung habe einen Wellenwiderstand $Z_0 = 50\,\Omega$ und der Kapazitätsbelag betrage $C' = 75\,\frac{\mathrm{pF}}{\mathrm{m}}$. Welchen Induktivitätsbelag $L'$ muss die Leitung haben?

3.11 An eine Koaxialleitung wird ein Endgerät angeschlossen. Was passiert, wenn der Eingangswiderstand des Endgerätes nicht mit dem Wellenwiderstand der Leitung übereinstimmt? Diskutieren Sie die möglichen Fälle. Welche Schlussfolgerung ziehen Sie für drahtgebundene Computernetzwerke?

# 4. Halbleiter und Halbleiterbauelemente

## 4.1. Abgrenzung der Halbleiter

Wenn man die festen Stoffe nach ihrer spezifischen elektrischen Leitfähigkeit $\sigma$ bzw. nach ihrem spezifischem elektrischen Widerstand $\rho = \frac{1}{\sigma}$ klassifiziert, stehen die Halbleiter in einem weiten Wertebereich zwischen den elektrischen Leitern und den Isolatoren. Für die Ordnung nach dem spezifischen Widerstand $\rho$ gilt:

$$\rho_{Leiter} < \rho_{Halbleiter} < \rho_{Isolator}.$$

Den Wertebereich kann man folgendermaßen grob eingrenzen:

$$10^{-6}\,\Omega\,\mathrm{m} < \rho_{Halbleiter} = \frac{1}{\sigma_{Halbleiter}} < 10^{9}\,\Omega\,\mathrm{m}.$$

Hochreines Halbleitermaterial hat dabei jeweils einen höheren spezifischen Widerstand als das gleiche, aber verunreinigte oder dotierte Material. Mittels Dotierung lässt sich bei Halbleitern der spezifische Widerstand in weiten Grenzen einstellen. Die Tabelle 4.1 verdeutlicht diese Ordnung.

**Tabelle 4.1.:** Spezifischer Widerstand einiger Metalle, Halbleiter und Isolatoren

| **Stoffgruppe** | **Material** | **spezifischer Widerstand** $\rho$ in $\Omega\,\mathrm{m}$ |
|---|---|---|
| **Leiter** | Silber | $1.59 \cdot 10^{-8}$ |
| | Kupfer | $1.68 \cdot 10^{-8}$ |
| | Aluminium | $2.65 \cdot 10^{-8}$ |
| **Halbleiter** | Germanium, rein | $600 \cdot 10^{-3}$ |
| | Germanium, dotiert | $(1 \cdots 600) \cdot 10^{-3}$ |
| | Silizium, rein | $2300$ |
| | Silizium, dotiert | $0.1 \cdots 2300$ |
| **Isolatoren** | Glas | $10^{9} \cdots 10^{12}$ |
| | Teflon | $> 10^{13}$ |

Wie bei Metallen sind die elektrischen Leitungsphänomene im klassischen Halbleiter rein elektronischer Art, d.h. die Ladungsträger sind Elektronen und an die elektrische Leitung ist kein Massetransport geknüpft. Metalle und Halbleiter werden bei Stromdurchgang nicht verändert. Das unterscheidet Metalle und Halbleiter grundlegend von den Elektrolyten, in denen die Stromleitung zugleich mit einem Massetransport und daran gekoppelt, mit chemischen Veränderungen des Elektrolyten und in vielen Fällen auch mit Veränderungen der Elektroden verknüpft ist.

Grundlegend verschieden ist jedoch die Temperaturabhängigkeit der elektrischen Leitfähigkeit bei Leitern und bei Halbleitern. Bei Leitern sinkt die Leitfähigkeit mit steigender Temperatur, während sie bei Halbleitern wächst (siehe dazu Kapitel 4.3.3).

Für die Anwendungen in der Elektronik interessieren Leiter und Halbleiter nur in ihrer festen Phase, also als **Festkörper**. Die Beschreibung und Untersuchung fester Körper ist Gegenstand der **Festkörperphysik** [Sch74], [Kit13].

Alle Halbleiterbauelemente fußen auf elektrischen Leitungsphänomenen und deren Beeinflussung durch elektrische oder andere physikalische bzw. chemische Größen. Um die Leitungsphänomene im Festkörper, speziell im Halbleiter, qualitativ zu verstehen, sind gewisse Kenntnisse des Aufbaus und der Struktur fester Körper notwendig. Wir verschaffen uns deshalb im Kapitel 4.3 einen Überblick über die Struktur fester Körper und wenden uns dann der Leitfähigkeit im Festkörper und im Halbleiter zu.

Halbleiterphysik und Halbleitertechnologie bilden die Basis der heutigen Elektronik. Unsere kurze Einführung kann keinesfalls Lehrbücher dieser komplexen Gebiete ersetzen. Interessenten verweisen wir auf die im Literaturverzeichnis angegebene weiterführende Literatur zu diesen Gebieten [BBKS05], [Mü95].

Zunächst stellen wir uns die Frage, welche Materialien überhaupt Halbleiter sind.

## 4.2. Halbleitermaterialien

Neben dem bekanntesten Halbleitermaterial Silizium (Si) gibt es eine Vielzahl weiterer Materialien, die als Halbleiter Bedeutung erlangt haben oder die früher eine Bedeutung[1] hatten. Außerdem gewinnen bestimmte organische Verbindungen als Halbleiter Interesse und industrielle Bedeutung. In der Abb. 4.1 sind halbleitende Materialien nach chemischen Gesichtspunkten zusammengestellt. Eine Untergliederung nach physikalischen Gesichtspunkten setzt Begriffe voraus, die wir erst in Kapitel 4.3 erläutern und danach nutzen werden.

Wir betrachten zuerst die anorganischen Halbleitermaterialien. Diese werden nach ihrer chemischen Zusammensetzung weiter unterteilt in:

- **Elementhalbleiter** und
- **Verbindungshalbleiter**.

[1] Kupferoxydul-Gleichrichter wurden schon seit etwa 1925 und Selen-Gleichricher seit etwa 1930 industriell hergestellt; sie haben heute keine Bedeutung mehr.

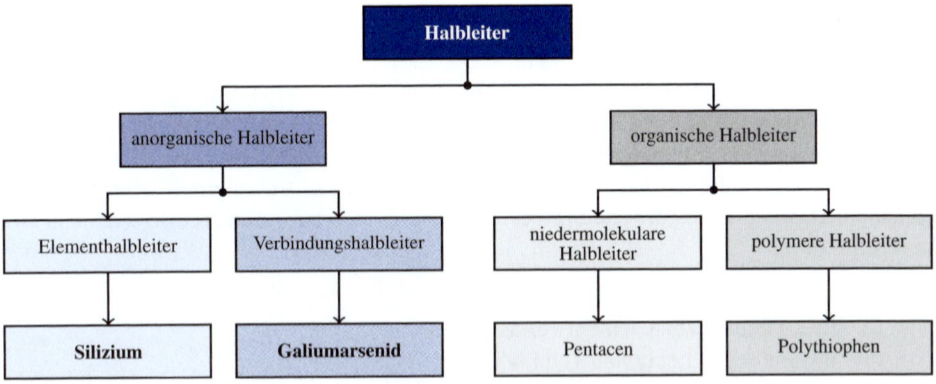


**Abb. 4.1.:** Halbleitermaterialien – eine Übersicht

## Elementhalbleiter

Die chemischen Elemente **Silizium**, **Germanium** sowie alpha-Zinn[1] bilden die überschaubare Gruppe der Elementhalbleiter. Alle genannten Elemente stehen, wie auch Kohlenstoff, in der 4. Hauptgruppe des Periodensystems und haben jeweils vier Valenzelektronen.

Mit **Germanium** hat die Entwicklung der modernen Halbleitertechnik begonnen; der erste Transistor war ein Germanium-Spitzentransistor. Germanium hat jedoch als Halbleitermaterial nicht die Bedeutung wie Silizium erlangt und wurde von diesem verdrängt.

**Silizium** hat sich bald als das günstigere und wirtschaftlichere Material erwiesen und ist heute das bedeutendste Halbleitermaterial. Wesentliche Gründe dafür sind:

- das Ausgangsmaterial Quarzsand ist in fast unbegrenzten Mengen verfügbar,
- reines Silizium bildet stabile, gut isolierende Deckschichten aus $SiO_2$ und
- die Siliziumtechnologie hat einen hohen Entwicklungsstand erreicht.

Die Deckschichtbildung, eine chemische Besonderheit des Siliziums, ist eine wesentliche Voraussetzung für die hocheffektive Siliziumplanartechnologie[2].

Eine weitere Voraussetzung für eine preiswerte Technologie ist die Verfügbarkeit hinreichend großer, qualitativ hochwertiger Si-Scheiben (Wafer). Heute sind Si-Scheiben mit Durchmessern von 30 cm herstellbar und verfügbar; damit ist auch diese Bedingung erfüllt.

Einige wesentliche Daten von Germanium und Silizium sind in Tabelle 4.2 auf Seite 112 zusammengestellt.

---

[1] alpha-Zinn spielt wegen seines sehr geringen Bandabstandes von nur 0,1 eV für elektronische Bauelemente keine Rolle.

[2] Bei der Planartechnik [WS03] werden alle wesentlichen Prozessschritte nacheinander an der Oberseite der Halbleiterscheibe durchgeführt.

## Verbindungshalbleiter

Zahlreiche anorganische Verbindungen zeigen ebenfalls Halbleitereigenschaften; diese Stoffe bilden die große Gruppe der **Verbindungshalbleiter** [US86]. Verbindungshalbleiter finden breite Anwendung bei Halbleiterbauelementen, obwohl ihre Technologie schwieriger und teurer ist als die Siliziumtechnologie. Um zu verstehen, warum trotzdem die teureren Verbindungshalbleiter sich viele Anwendungsbereiche erschlossen haben, muss man nach den Grenzen des Siliziums fragen. So ist Silizium nicht geeignet

- für Leuchtdioden und Halbleiter-Laser,
- für Höchstfrequenzbauelemente und
- für Anwendungen bei hohen Temperaturen.

Verbindungshalbleiter bieten im Gegensatz zum Silizium die Möglichkeit, aus einer breiten Materialpalette für bestimmte Aufgaben Materialien mit genau angepassten Halbleitereigenschaften auszuwählen bzw. herzustellen. Auf Grund ihrer Eigenschaften sind jeweils bestimmte Verbindungshalbleiter geeignet für

- optoelektronische Bauelemente, wie Leuchtdioden (LED) und Halbleiter-Laser,
- Höchstfrequenzbauelemente und
- höhere Einsatztemperaturen.

Begleitet werden diese vorteilhaften Möglichkeiten von verschiedenen Problemen wie

- die Einhaltung der Stöchiometrie bei zwei oder mehr Komponenten im Grundmaterial,
- dem Problem, dass diese Materialien keine stabilen Oxide bilden und
- dem Problem, dass die Technologien aufwendiger und teurer sind als die Siliziumtechnologie.

Die Verbindungshalbleiter werden nach den Hauptgruppen des Periodensystems benannt, aus denen die Elemente der Verbindung stammen. So kennt man III-V-Verbindungshalbleiter, II-VI-Verbindungshalbleiter, II-V-Halbleiter und andere.

**III-V-Halbleiter** bestehen danach aus Elementen der 3. und der 5. Hauptgruppe. Vertreter dieser Gruppe sind die Materialien:

- Galliumarsenid (GaAs),
- Galliumphosphid (GaP),
- Galiumantimonid (GaSb),
- Indiumphosphid (InP),
- Indiumarsenid (InAs) und
- Indiumantimonid (InSb).

Galliumarsenid ist der bedeutendste Vertreter dieser Gruppe; es wird für Höchstfrequenzbauelemente, Leucht- und Laserdioden sowie Bauelemente mit erweitertem Temperaturbereich eingesetzt. Einige wesentliche Daten dieses Materials sind in Tabelle 4.2 auf Seite 112 den Daten der Elementhalbleiter gegenüber gestellt.

Von Bedeutung ist, dass III-V-Halbleiter auch Mischkristalle folgender Zusammensetzungen

$$\mathrm{A}_x\,\mathrm{B}_{1-x}\,\mathrm{C} \text{ oder } \mathrm{A}_x\,\mathrm{B}_{1-x}\,\mathrm{C}_y\,\mathrm{D}_{1-x}$$

bilden. Die Mischkristalle ändern mit der Zusammensetzung ihre elektronischen Eigenschaften stetig. Auf diese Weise kann man bei der Herstellung des Materials entsprechend Einfluss auf die Eigenschaften nehmen.

**II-VI-Verbindungshalbleiter** sind entsprechend der Nomenklatur Verbindungen aus Elementen der 2. und der 6. Hauptgruppe. Vertreter dieser Gruppe sind

- Zinksulfid (ZnS),
- Zinkselenid (ZnSe),
- Zinktelurid (ZnTe),
- Cadmiumsulfid (CdS),
- Cadmiumselenid (CdSe) und
- Cadmiumtelurid (CdTe).

Diese Materialien finden bei Fotowiderständen und als Lumineszenzmaterial Anwendung.

Neben den genannten Materialien gibt es noch zahlreiche weitere anorganische Verbindungen mit Halbleitereigenschaften; dazu verweisen wir auf die entsprechende Literatur ([US86]).

## Organische und polymere Halbleiter

Polymere waren ursprünglich nur als Isolatoren bekannt und werden als solche seit langem genutzt.

In den siebziger Jahren des letzten Jahrhunderts wurden auch Halbleitereigenschaften an organischen Verbindungen und Polymeren[1] gefunden. Das vergleichsweise junge Gebiet **organischer Halbleiter** wurde intensiv bearbeitet und es ist gelungen, aktive Bauelemente aus organischen Materialien herzustellen. Als Beispiel seien organische Feldeffekttransistoren (*organic field-effect transistor* = OFET) genannt. In Gestalt sog. RFID-Tags (*radio-frequency identification*, per Funk auslesbare, selbstklebende Etiketten) scheinen organische Halbleiter inzwischen Eingang in Massenmärkte zu finden.

Eine ganz andere Anwendung sind organischer Leuchtdioden (OLED, *organic light emitting diode*) und OLED-Displays. OLED-Displays enthalten eine Vielzahl organischer Leuchtdioden, die mit herkömmlicher Elektronik angesteuert werden; solche Baugruppen sind inzwischen als Massenprodukte, z.B. in für Smartphones verfügbar.

Für die praktische Anwendung werden Funktions- oder Baugruppen mit organischen Halbleitern so angeboten, dass sie bequem eingesetzt werden können. Beispielsweise werden RFID-Tags komplett und einsatzbereit geliefert und können auf ein zu markierendes Teil aufgeklebt

[1] Im Jahr 2000 wurde der Nobelpreis für Chemie an Alan J. Heeger (USA), Alan G. MacDiarmid (Neuseeland) und Hideki Shirakawa (Japan) für Arbeiten auf diesem Gebiet verliehen.

werden. OLED-Displays sind mit genormten Schnittstellen zur herkömmlicher Elektronik ausgestattet und werden unter Beachtung der Schnittstellenparameter genauso angesteuert, wie andere Displays auch.

Die Leitungsphänomene in organischen Halbleitern unterscheiden sich deutlich von denen in anorganischen Halbleitern. Wir verweisen dazu auf die einschlägige Literatur [GMB10].

# 4.3. Ausgewählte festkörperphysikalische Grundlagen

## 4.3.1. Struktur fester Körper

Zur Einordnung vergleichen wir zu Beginn dieses Kapitels den Aggregatzustand **fest** mit den anderen klassischen Aggregatzuständen **flüssig** und **gasförmig**.

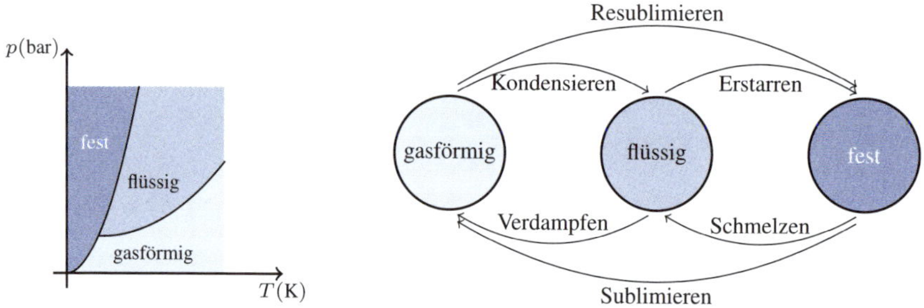


(a) Phasendiagramm, schematisch

(b) Aggregatzustände und Phasenübergänge

**Abb. 4.2.:** Phasendiagramm, Aggregatzustände und Phasenübergänge

In welchem Aggregatzustand ein Stoff unter Normalbedingungen[1] vorliegt, hängt von den Wechselwirkungen der atomaren bzw. molekularen Bausteine des entsprechenden Stoffes ab. Im makroskopischen Bereich kann man den Zustand des Stoffes unter Nutzung der **Zustandsvariablen**[2] absolute Temperatur $T$ und Druck $p$ im **Phasendiagramm** oder **Zustandsdiagramm** entsprechend Abb. 4.2a grafisch darstellen. Veränderungen der Zustandsvariablen können zu **Phasenübergängen** und damit zur Veränderung des Aggregatzustandes eines Stoffes führen. Bei konstantem Druck kann man durch Erhöhung der Temperatur über einen entsprechend großen Bereich einen Feststoff zuerst schmelzen und schließlich verdampfen. Senkt man die Temperatur wieder ab, so wird der Stoff zunächst kondensieren und schließlich erstarren.

[1] Unter Normalbedingungen versteht man in der Physik eine Temperatur von $T_n = 273{,}15\,\mathrm{K}$ bzw. 0 °C und einen Druck $p_n = 101\,325\,\mathrm{Pa} = 101\,325\,\frac{\mathrm{N}}{\mathrm{m}^2} = 1{,}013\,25\,\mathrm{bar}$ bzw. 1 atm (siehe DIN 1343).

[2] Zu den thermodynamischen Zustandsvariablen oder Zustandsgrößen eines Systems gehören auch das Volumen, die Teilchenzahl, die innere Energie, die Enthalpie und die Entropie.

Bei manchen Stoffen bzw. unter bestimmten Bedingungen wird die flüssige Phase übersprungen; man spricht dann von Sublimation bzw. Resublimation (siehe Abb. 4.2b).

Die klassischen Aggregatzustände **gasförmig, flüssig und fest** kann man folgendermaßen charakterisieren:

- **Gase** haben weder eine bestimmte Gestalt noch ein bestimmtes Volumen, weil die Wechselwirkungen zwischen den Atomen gering sind. Für das einfachste, idealisierte Modell eines Gases, das **ideale Gas**, wird angenommen, dass die Teilchen keine Ausdehnung haben und keine Kräfte aufeinander ausüben. Sie können aber über Stöße Energie miteinander austauschen.
- **Flüssigkeiten** besitzen keine bestimmte Gestalt, wohl aber ein bestimmtes Volumen. Bei Flüssigkeiten ist die Wechselwirkung zwischen den Atomen bzw. Molekülen viel stärker als bei Gasen. Als Folge dieser Wechselwirkung beobachtet man eine **Nahordnung** über wenige Atomabstände zwischen den atomaren bzw. molekularen Bausteinen.
- **Festkörper** haben demgegenüber sowohl eine feste Gestalt als auch ein bestimmtes Volumen. Grund dafür ist die noch stärkere Wechselwirkung zwischen den atomaren Bausteinen, die zur Ausbildung einer **Fernordnung** über viele Atomabstände führt. Ausdruck dieser Fernordnung im Festkörper ist die Bildung von **Kristallen**. In Festkörpern können verschiedene feste Phasen nebeneinander existieren, wie man an Gesteinen leicht beobachten kann.

  Unter bestimmten Umständen können Flüssigkeiten erstarren, ohne zu kristallisieren. Dann entstehen **amorphe Festkörper**, die ähnlich wie Flüssigkeiten nur über eine **Nahordnung** verfügen bei der nur extrem kleine geordnete Bereiche über wenige Atomabstände existieren . Zur Gruppe der amorphen Festkörper gehören die Gläser. Aber auch Silizium kann in dünnen Schichten amorph hergestellt werden.

Für die Funktion elektronischer Bauelemente spielen Phasengrenzen, wie die Grenzflächen Halbleiter–Metall oder Halbleiter–Isolator, eine entscheidende Rolle (siehe Kapitel 4.4). Bestimmte Prozesse an den Phasengrenzen gasförmig–fest bzw. flüssig–fest ermöglichen es, chemisch-analytische Messungen durchzuführen und die Konzentration $c$ chemischer Komponenten auf elektrische Größen abzubilden. Dies wird in der chemischen Sensorik genutzt (siehe Kapitel 9.6).

Phasenübergänge wiederum sind in der Halbleitertechnologie bei der Einkristallzüchtung, der Epitaxie und anderen Prozessen von Bedeutung; solche technologische Prozesse werden wir hier nicht betrachten und verweisen dazu auf die Literatur [RM91].

## Kristalle, Kristallgitter und Fernordnung

Die wissenschaftliche Untersuchung der regulären Strukturen von Kristallen begann visuell und mit optischen Hilfsmitteln etwa im 17. Jahrhundert. Zur genaueren Aufklärung der Struktur der Festkörper bedurfte es der Röntgentechnik[1] und anderer moderner Verfahren der Phy-

[1] Nach Wilhelm Conrad Röntgen, deutscher Physiker (1845–1923), Nobelpreis für Physik 1901

sik. Unter Nutzung von Röntgenstrahlen fanden M.v. Laue, W. Friedrich und P. Knipping[1] 1912 die Gitterstruktur der Kristalle (Nachdruck der Originalarbeiten: [FKL55]).

Die Struktur aller kristallinen Festkörper lässt sich mit dreidimensionalen Kristallgittern beschreiben. Das Kristallgitter ist eine Abstraktion, ein Modell. Es ist durch die regelmäßige Anordnung der Gitterbausteine (Atome, Moleküle) im Raum und deren Abstand zueinander gekennzeichnet. Dabei stellt man sich die Gitterbausteine als Punkte vor und fasst kleinste Einheiten zu sog. **Elementarzellen** zusammen.

**Definition 4.1 (Elementarzelle)**

Eine Elementarzelle ist die kleinste Einheit eines Gitters, die durch wiederholte Translation in die drei orthogonalen Raumrichtungen das Gitter reproduziert. Sie muss alle Atomabstände sowie bei einer chemischen Verbindung auch alle Atomsorten im richtigen Verhältnis und der richtigen Zuordnung im Raum umfassen.

Ein bestimmter Stoff kristallisiert in seinem typischen Gitter. Manche Stoffe können auch in verschiedenen Gittertypen kondensieren (z.B. Kohlenstoff als Grafit oder als Diamant). Die verschiedenen Gitter werden nach ihren Symmetrieeigenschaften unterschieden. Es gibt sieben Kristallsysteme, die in 14 sog. Bravais-Gitter[2] bzw. 32 Kristallklassen gegliedert werden. Die Art des Gitters und die Bindungskräfte der Gitterbausteine bestimmen wesentlich die Eigenschaften des jeweiligen Festkörpers.

Zur weiteren Erklärung des Gitterkonzeptes betrachten wir zunächst eine regelmäßige, lineare Anordnung von Punkten, ein eindimensionales Gitter. Im einfachsten Fall besteht das eindimensionale Gitter nur aus identischen Gitterpunkten (Atomen A), die untereinander den identischen Abstand $a$, die **Gitterkonstante** oder den Gitterabstand, haben. Man kann das Gitter erzeugen, indem ein Gitterpunkt[3] A immer wieder längs der x-Achse um die Translationsperiode $a$ verschoben und erneut platziert wird (siehe Abb. 4.3).

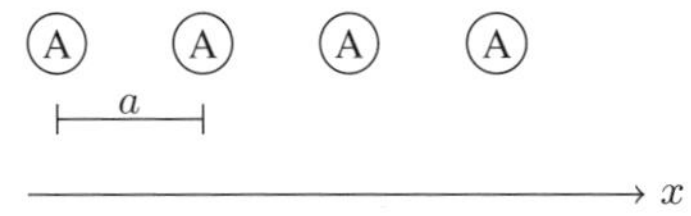


**Abb. 4.3.:** Eindimensionales Gitter

Nun verschieben wir das lineare Gitter senkrecht zu sich selbst in y-Richtung, wieder jeweils um eine Translationsperiode $a$, und erhalten so ein quadratisches Flächengitter (siehe Abb. 4.4a). Am Flächengitter kann man sich leicht klar machen, dass man Elementarzellen auf verschiedene Weise bilden kann, z.B. hier als Quadrat (dick) bzw. Rhombus (punktiert). Man

[1] Max von Laue, Deutscher Physiker (1879–1960), Nobelpreis für Physik 1914; Walter Friedrich, deutscher Physiker (1883–1968); Paul Knipping, deutscher Physiker (1883–1935)

[2] A. Bravais französischer Physiker und Kristallograph (1811–1863)

[3] Wenn zu einem Gitterpunkt mehr als ein Atom gehört, also z.B. bei chemischen Verbindungen, müssen alle zur Elementarzelle gehörigen Gitterpunkte um die Translationsperiode $a$ verschoben werden.

wählt natürlich zweckmäßigerweise die einfachste Geometrie für die Elementarzelle, hier also das Quadrat.

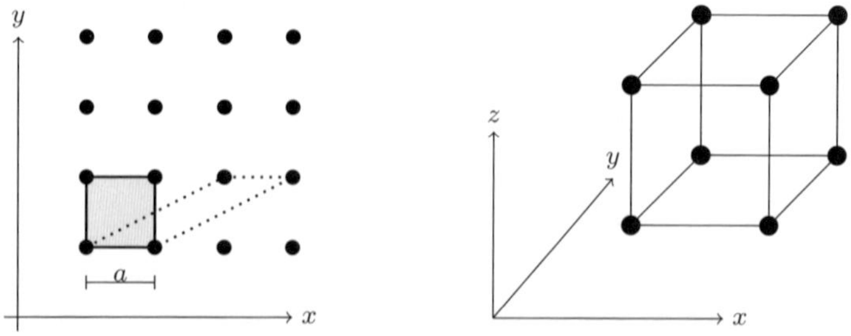


**(a)** Flächengitter **(b)** kubisches Gitter

**Abb. 4.4.:** Flächengitter mit verschiedenen Elementarzellen und primitives kubisches Gitter

Wenn man von solch einer Elementarzelle ausgeht und diese im Beispiel jeweils um die Gitterkonstante in x- und in y-Richtung verschiebt, ergibt sich das quadratische Flächengitter.

Zum dreidimensionalen Gitter gelangt man schließlich, indem das zweidimensionale Gitter (siehe Abb. 4.4b) in die dritte Dimension, also senkrecht zur Papierebene, mit dem gleichen Gitterabstand a fortgesetzt wird. Es entsteht ein kubisches Gitter, das sog. primitive kubische Gitter. Von den verschiedenen Kristallgittertypen sind das kubisch raumzentrierte oder bcc[1]-Gitter und das kubisch flächenzentrierte oder fcc[2]-Gitter häufig anzutreffen (Abb. 4.5); in jedem dieser Gittertypen kristallisieren ca. 30% der Elemente.

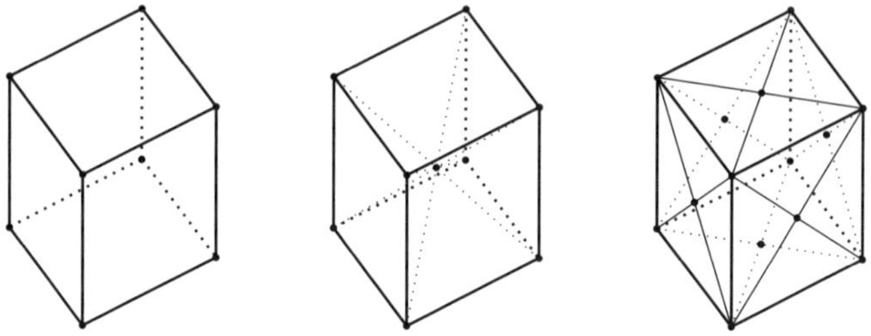

**(a)** sc-Gitter **(b)** bcc-Gitter **(c)** fcc-Gitter

**Abb. 4.5.:** Elementarzellen kubischer Gitter: a) primitives kubisches Gitter, b) kubisch raumzentriertes und c) kubisch flächenzentriertes Gitter

Die für uns wichtigen Elementhalbleiter Silizium (Si) und Germanium (Ge) kristallisieren, wie auch der Kohlenstoff (C), im sog. **Diamantgitter**. Dies ist ebenfalls ein fcc-Gitter, wobei zu

[1] bcc steht für *body centered cubic*

[2] fcc steht für *face centered cubic*

einem Gitterpunkt zwei Atome gehören und das zweite Atom in x-, y- und z-Richtung um $\frac{1}{4}\,a$ gegenüber dem ersten Atom versetzt ist.

### Idealkristall versus Realkristall

Wenn man eine Elementarzelle in alle Achsenrichtungen periodisch fortsetzt, ohne irgendwelche Störungen zuzulassen, erhält man einen **Idealkristall**. An seiner Kristalloberfläche endet diese periodische Fortsetzung abrupt, denn es existieren außerhalb des Kristalls keine Nachbaratome mehr und es entstehen ungesättigte Bindungen.

Unter natürlichen Bedingungen beginnt die Kristallisation einer Schmelze unabhängig voneinander an verschiedenen Punkten und es wachsen gleichzeitig mehrere Kristalle. Deshalb entstehen polykristalline Körper mit vielen **Gitterstörungen**. Gitterstörungen können verschiedene Ausdehnungen haben. Nach ihrer Ausdehnung unterscheidet man folgende Gitterstörungen

- punktförmig (Zwischengitterplätze, Fehlstellen, Fehlbesetzungen),
- linienhaft (Linien- und Schraubenversetzungen) und
- flächenhaft (Kleinwinkelkorngrenzen, Oberflächen).

Für die Herstellung von Halbleiterbauelementen benötigt man **Einkristalle**. Das sind hochreine Kristalle, die weitgehend frei von unerwünschten Gitterstörungen sind. Die Einkristalle werden unter sehr definierten Bedingungen mittels spezieller Kristallzuchtverfahren (z.B. Verfahren nach Czochralski, siehe [RM91]) hergestellt. Aus den Einkristallen werden dann die **Wafer** hergestellt. Wafer sind dünne Halbleiterscheiben mit gut präparierter, polierter Oberfläche, auf denen die eigentlichen Halbleiterbauelemente in den vielstufigen Prozessen der Halbleitertechnologie hergestellt werden [WS03].

Zum Zwecke der definierten Beeinflussung der Leitfähigkeit des Halbleitermaterials werden bei der Kristallzucht im gesamten Einkristall punktförmige Defekte, also Fehlbesetzungen, gezielt eingebaut. Diesen Prozess nennt man **Dotieren**. Im Oberflächenbereich der Wafer wird mehrmals lokal dotiert, um die gewünschten Bauelemente (Dioden, Transistoren) zu realisieren. Entsprechende technologische Schritte sind hier die Diffusion und die Implantation.

## 4.3.2. Zur Leitfähigkeit im Festkörper

Um zu erklären, warum ein Festkörper ein Leiter, ein Halbleiter oder ein Isolator ist, kommen wir nochmals auf den Bau der Atome und das Bohrsche Atommodell zurück und betrachten das Zusammenwirken der Atome im Festkörper aus energetischer Sicht.

### Potentialtopfmodell isolierter Atome

Der Atomkern mit seiner positiven Ladung ist von einem elektrischen Potential umgeben, in dem sich die Elektronen der Hülle auf diskreten Energieniveaus strahlungsfrei bewegen und die Kernladung abschirmen. Man stellt diesen Sachverhalt an einem Potentialtopfmodell entsprechend Abb. 4.6a dar, wobei auf der Ordinate die Energien der Elektronen in Elektronenvolt (eV) abgetragen sind. Am Übergang zwischen einem gerade freiem und einem noch gebundenem Elektron wird die Energie $E = 0\,\text{eV}$ gesetzt; alle gebundenen Elektronen haben dann negative Energien.

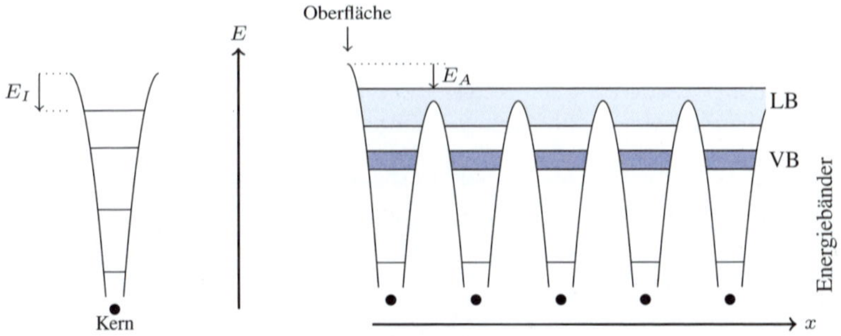


**(a)** Potentialtopf für isoliertes Atom mit Energietermen

**(b)** Überlagerung der Potentialtöpfe im linearen Gitter und Energiebänder

**Abb. 4.6.:** Potentialtopf und Bänder am linearen Gitter

Wenn einem Elektron von außen eine Energie zugeführt wird, die größer als die Ionisiergsenergie ($E_I$ in Abb. 4.6a) ist, kann es das Atom verlassen; das Atom wird ionisiert. Dabei entstehen zwei Ladungsträger: ein freies Elektron und ein positives Ion. Je nach Atom liegt die Energie für die erste Ionisierung zwischen $3{,}894\,\text{eV}$ für Cäsium und $24{,}587\,\text{eV}$ für Helium. Solche Energien können z.B. durch Stöße mit freien Elektronen genügend hoher Energie aufgebracht werden. Diese Art der Ionisierung liegt der Stromleitung in Gasen zugrunde.

## Atome im Kristallverband

Wie wir oben gesehen haben, sind in einem Kristall sehr viele Atome (Größenordnung $10^{26}$) in sehr geringem Abstand, dem Gitterabstand, angeordnet. Die positive Kernladung all dieser Atome erzeugt jeweils einen eigenen Potentialtopf. Die Anordnung der Atome im Kristallgitter zieht folglich ein dreidimensionales periodisches Gitterpotential nach sich.

In einem stark vereinfachenden Gedankenexperiment reduzieren wir das dreidimensionale Problem auf ein eindimensionales. Wir ordnen entsprechend Abb. 4.6b eine große Zahl von Atomen in einem Liniengitter an und verkleinern die Abstände bis auf reale Gitterabstände der Größe $a$ (Größenordnung $5 \cdot 10^{-10}\,\text{m}$). Die Nähe der Atome führt zur Überlappung von deren Potentialtöpfen und zur Wechselwirkung der äußeren Hüllenelektronen.

Für eine erste mathematische Behandlung wird dieses Modell nochmals vereinfacht und der Potentialverlauf wird mäanderförmig angenommen (Kronig-Penney-Modell, siehe [Sch74]). Zur Lösung des skizzierten, stark vereinfachten Problems muss man die Quantenmechanik heranziehen und die eindimensionale Schrödingergleichung[1] für ein Elektron im periodischen Potential lösen.

Die Voraussetzungen und Ergebnisse der quantenmechanischen Überlegungen und Rechnungen kann man folgendermaßen zusammenfassen:

- die Annäherung der Atome führt zur Überlappung von deren Potentialtöpfen und zur Wechselwirkung der äußeren Hüllenelektronen,
- die diskreten Energieterme von isolierten Atomen spalten im Gitterverband auf, es werden Energiebänder,
- die Energiebänder werden streng nach quantenmechanischen Regeln besetzt,
- das am weitesten außen liegende Band ist das **Leitungsband** (LB),
- energetisch unter dem Leitungsband befindet sich das **Valenzband** (VB).

Für die elektronischen Leitungsphänomene des Stoffes sind nur die Besetzung des Leitungsbandes mit Elektronen und der energetische Abstand zwischen dem Leitungsband und dem Valenzband von Bedeutung. Der energetische Abstand zwischen Leitungsband und Valenzband $E_g$ wird **Bandabstand** (*band gap*) genannt und in Elektronenvolt (eV) gemessen.

Die Abbildung 4.7 zeigt stark vereinfachte Bändermodelle, wobei nur noch die für die elektrische Leitung relevanten Bänder, also Valenzband und Leitungsband, dargestellt sind. Anhand dieser Abbildung wollen wir nun die charakteristischen Unterschiede zwischen Leitern, Halbleitern und Isolatoren heraus arbeiten.

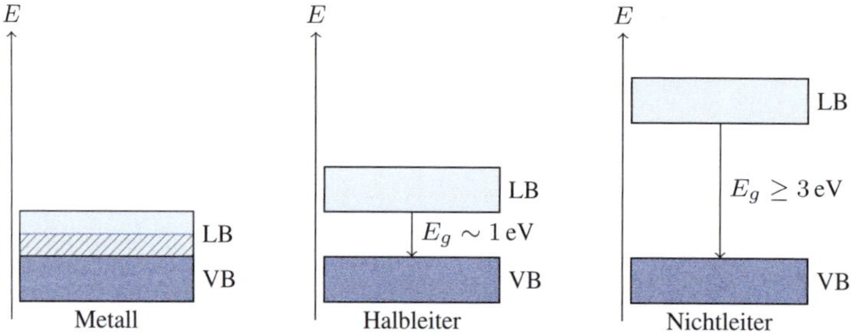


**Abb. 4.7.:** Bandabstand bei Leitern, Halbleitern und Nichtleitern, schematisch

- **Leiter** – das sind alle Metalle – haben stets eine große Zahl Elektronen im Leitungsband (Größenordnung 1 Elektron/Atom). Diese Elektronen verkörpern das vorn beschriebene Elektronengas und sorgen für die gute Leitung des elektrischen Stroms. Beim Anlegen eines elektrischen Feldes nehmen die Elektronen im Leitungsband Energie auf und bewegen sich mit der Driftgeschwindigkeit $v_D$ in einer Vorzugsrichtung, auf Grund ihrer negativen Ladung, entgegen der Richtung des elektrischen Feldes. Der elektrische Strom

[1] Grundlegende Gleichung der nichtrelativistischen Quantenmechanik; Erwin Schrödinger, deutscher Physiker (1887–1961), 1933 Nobelpreis für Physik.

ist ein reiner Elektronenstrom und nicht mit Materialtransport oder chemischen Veränderungen im Leiter verbunden.

- Beim **Halbleiter** ist das Leitungsband am absoluten Nullpunkt leer und das Valenzband voll besetzt. Der Abstand zwischen Valenzband und Leitungsband ist von der Größenordnung $E_g \sim 1\,\text{eV}$. Mit wachsender Temperatur können Elektronen aus dem Valenzband in das Leitungsband angehoben werden und eine Leitfähigkeit hervorrufen.

  Bei Halbleitermaterialien müssen wir zwischen der Leitung im reinen Halbleiter (sog. Eigenleitung) und in gezielt verunreinigtem, also dotiertem Halbleiter unterscheiden. Wir betrachten dies im nächsten Abschnitt genauer.

- Bei **Nichtleitern** oder **Isolatoren** beträgt der Bandabstand 3 eV oder mehr. Bei diesem großen Bandabstand werden keine Elektronen in das Leitungsband angeregt. Deshalb ist das Leitungsband leer, auch bei hohen Temperaturen, und es kann keine Elektronenleitung stattfinden.

Natürlich kann auch einem Elektron im Festkörper so viel Energie zugeführt werden, dass es den Festkörper verlassen kann; das beschreiben wir mit dem Begriff Austrittsarbeit:

**Definition 4.2 (Austrittsarbeit)**
Die Austrittsarbeit $E_A$ ist die Energie, die einem Elektron minimal zugeführt werden muss, damit es den Kristall verlassen kann (siehe Abb. 4.6 ).

## Anmerkungen zur ionischen Leitung

Bestimmte Festkörper, die Ionenkristalle, zeigen insbesondere bei höherer Temperatur (300–600 °C) auch **Ionenleitung**. Man nennt diese Stoffe im Gegensatz zu den Elektronenleitern **Ionenleiter** oder **Feststoff-Ionenleiter**. Die Ladungsträger im Ionenleiter sind Anionen und Kationen; die elektrische Leitung ist dadurch immer mit einem Massetransport verbunden und die Leitfähigkeit ist vergleichsweise gering (siehe [KF90]). Diese Leitungsform tritt bei den hier zu behandelnden elektronischen Halbleitern nicht auf; wir werden nur in Kapitel 9.6.1 in Verbindung mit Gassensoren darauf zurückkommen.

Ferner wollen wir erwähnen und an einem Beispiel, dem **Memristor**[1], zeigen, dass für bestimmte elektronische Anwendungen auch die Eignung von Ionenleitern untersucht wird. Der Memristor ist ein neuartiges, zweipoliges Bauelement mit Widerstandseigenschaften, wobei der Widerstandswert von der geflossenen Ladungsmenge und der Richtung des Stromes reversibel abhängig ist. Der Memristor behält seinen stromabhängigen Widerstandswert, auch wenn er von der Spannung getrennt wird. Er besitzt damit eine Speicherfunktion und wird mit dem Ziel entwickelt, eine mehrwertige, nichtflüchtige und energiesparende Speicherzelle zu schaffen (MLC, *multi-level cell*).

Physikalisch wird dieses Bauelementekonzept mit einer Dünnschicht-Schichtstruktur

[1] Der Memristor befindet sich derzeit (2013) in einer Entwicklungsphase und ist noch nicht marktreif.

Platinelektrode / $TiO_2$ / $TiO_{2-x}$ / Platinelektrode

realisiert. Die beiden Titanoxid-Modifikationen haben unterschiedliche spezifische Leitfähigkeiten und bei Stromfluss verschieben sich durch Ionenwanderung innerhalb des Bauelementes die Leitfähigkeitsverhältnisse so, dass sich unterschiedliche Widerstandswerte ergeben.

Eine Voraussetzung für den Einsatz solcher Konzepte besteht darin, dass Materialsysteme verwendet werden, die Ionenleitung auch bei Zimmertemperatur und darunter aufweisen.

## 4.3.3. Leitfähigkeit im Halbleiter

Wir betrachten hier die Elementhalbleiter Silizium (Si) und Germanium (Ge), die beide in der 4. Hauptgruppe stehen, jeweils vier Valenzelektronen haben und im Diamantgitter kristallisieren. Jedes Atom bildet im Gitterverband mit seinen Nachbaratomen vier sog. **Elektronenpaarbindungen** aus und erreicht damit eine stabile Konfiguration (8 Elektronen in der äußeren Schale). In Abb. 4.8a ist diese Bindungssituation für Silizium in die Ebene projiziert dargestellt. In diesem Zustand sind alle Elektronen gebunden und es gibt keine freien Ladungsträger.

Aus elektronischer Sicht unterscheiden sich Silizium (Si) und Germanium (Ge) durch den Bandabstand; er beträgt $1{,}12\,\text{eV}$ für Si und nur $0{,}65\,\text{eV}$ für Ge. Eine vorteilhafte chemische Eigenschaft von Silizium ist die Bildung geschlossener Deckschichten aus $SiO_2$. Dies ist eine wichtige Voraussetzung für die Planartechnologie, über die Germanium nicht verfügt.

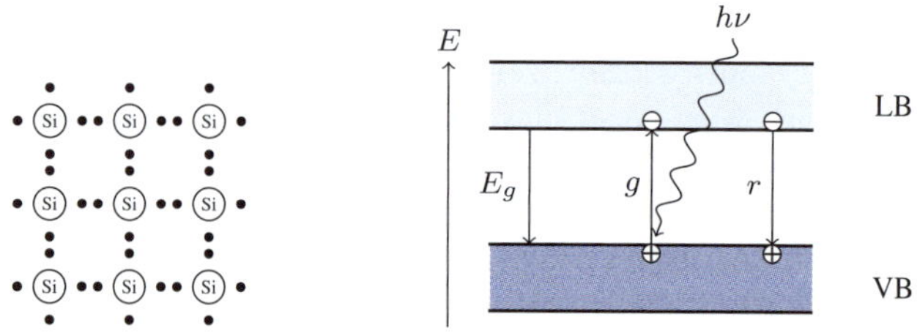


**(a)** Reines Silizium

**(b)** Bändermodell zur Eigenleitung

**Abb. 4.8.:** Reines Silizium, eigenleitend

### Reine Halbleiter und Eigenleitung

Wie bereits erwähnt, stehen am absoluten Nullpunkt auch im Halbleiter, wie beim Isolator, keine Elektronen im Leitungsband zur Verfügung. Auf Grund des vergleichsweise geringeren Bandabstandes können im reinen Halbleitermaterial oberhalb des absoluten Nullpunktes Elektronen aus dem Valenzband in das Leitungsband gehoben, d.h. thermisch angeregt werden (siehe Abb. 4.8).

Die Zahl dieser Elektronen steigt mit zunehmender Temperatur exponentiell an. Man nennt diesen Prozess **Ladungsträgergeneration**. Angeregte Ladungsträger gehen vom Leitungsband auch wieder in das Valenzband über. Dies ist die **Rekombination**. Insgesamt bildet sich ein dynamisches, nur von der Temperatur abhängiges Gleichgewicht heraus. Im Gleichgewicht sind die **Generationsrate** $g(T)$ und die **Rekombinationsrate** $r(T)$ gleich.

Die Elektronen haben im Leitungsband eine Beweglichkeit $\mu^-$ und eine von der Temperatur abhängige Dichte $n^-$. Elektronen, die das Valenzband verlassen, hinterlassen im Valenzband eine Lücke. Aus Gründen der einfacheren Beschreibung wird im Valenzband nun das Verhalten dieser Lücke (anstelle der verbliebenen Elektronen) weiter verfolgt. Man nennt diese Lücke ein **Defektelektron** oder **Loch** und ordnet dem Defektelektron eine positive Elementarladung und eine eigene Beweglichkeit $\mu^+$ zu. Die Dichte der Defektelektronen $n^+$ muss auf Grund des Bildungsmechanismus natürlich gleich der Dichte der Elektronen sein und beide sind gleich der **Inversionsdichte** $n_i$

$$n^+ = n^- = n_i.$$

$n_i$ hat für Silizium bei Zimmertemperatur den Wert $n_i = 10^{-10}\,\frac{1}{\text{cm}^3}$.

Legt man nun eine Spannung an eine solche Halbleiterprobe, dann nehmen die Elektronen im Leitungsband und die Defektelektronen im Valenzband Energie auf und bewegen sich. Wir beobachten einen elektrischen Strom, der sich aus zwei Teilströmen, nämlich dem Elektronenstrom im Leitungsband und dem Defektelektronenstrom im Valenzband zusammensetzt. Dabei bewegen sich die Elektronen entgegen der Richtung des elektrischen Feldes und die Defektelektronen in Richtung des elektrischen Feldes.
Analog zum Vorgehen in Kapitel 2.1.6 kann man unter Berücksichtigung von Elektronen und Defektelektronen den Strom im Halbleiter analysieren und werkstoffspezifische sowie geometriespezifische Abhängigkeiten finden. Schließlich ergibt sich folgende Beziehung für die Leitfähigkeit im reinen oder eigenleitenden Halbleiter

$$\sigma = e^- \cdot n_i \cdot (\mu^- + \mu^+). \tag{4.1}$$

Man nennt dies die **Eigenleitfähigkeit**, sie tritt im reinen Halbleiter auf und ist stark temperaturabhängig (siehe Abb. 4.11a).

### Dotierte Halbleiter und Störstellenleitung

Für fast alle praktischen Anwendungen werden die Halbleitermaterialien dotiert, das heißt, es werden definiert Fremdatome eingebaut. Die Fremdatome bilden nulldimensionale Störstellen (Punktdefekte, Fehlbesetzungen); sie sind in das Kristallgitter eingebaut und somit ortsfest. Störstellen beeinflussen im dotierten Halbleiter das Ladungsträgergleichgewicht maßgeblich. Die Dichten von Elektronen $n^-$ und Defektelektronen $n^+$ sind nicht mehr gleich, aber zwischen ihnen gilt die Beziehung

$$n^+ \cdot n^- = n_i^2. \tag{4.2}$$

Diese Beziehung lässt sich mit den gleichen Überlegungen herleiten wie in der Chemie das Massenwirkungsgesetz. Man nennt diese Beziehung deshalb auch **Massenwirkungsgesetz**.

Wir nehmen nun an, das 4-wertige Silizium sei geringfügig mit einem Element aus einer benachbarten Hauptgruppe verunreinigt, also dotiert.

**n-Leitung** Zuerst seien Atome eines Elementes der 5. Hauptgruppe, also 5-wertige Elemente, wie Arsen (As) oder Phosphor (P), eingebaut. Damit können wieder 4 Elektronenpaare pro Atom gebildet werden, und es bleibt ein Elektron pro 5-wertiges Atom übrig (siehe Abb. 4.9a). Zur Freisetzung dieses überzähligen Elektrons bedarf es nur einer sehr geringen Anregungsenergie von der Größenordnung einiger m e V. Diese überzähligen Elektronen erzeugen im Bändermodell sog. **Störterme**, die dicht unter der Leitungsbandunterkante liegen und bei Raumtemperatur ionisiert sind.

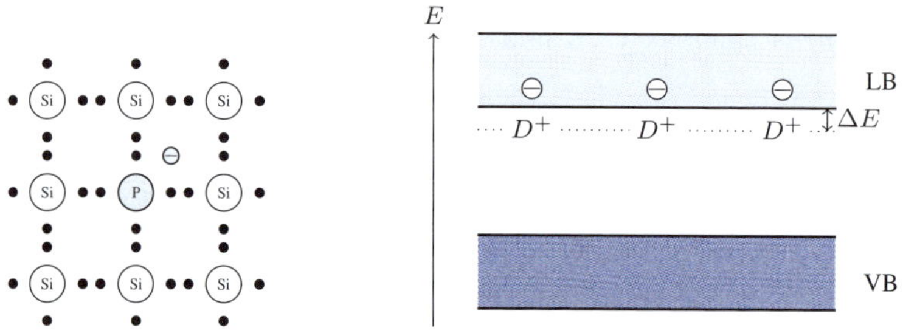


**(a)** P-dotiertes Silizium **(b)** Bändermodell zur n-Leitung

**Abb. 4.9.:** Phosphor-dotiertes Silizium, n-leitend

Fremdatome, die Elektronen liefern, nennt man **Donatoren**, ihre Dichte bezeichnen wir mit $n_D$ oder, wenn sie ionisiert sind, mit $n_D^+$. Wir nehmen nun an, alle Donatoren seien ionisiert, haben also je ein Elektron in das Leitungsband abgegeben. Die Donatoren selbst sind dann positiv geladen und liefern einen Beitrag von $n_D^+$ Elektronen an den Kristall. Weiter soll gelten:

$$n_D^+ \gg n_i .$$

Dann gilt wegen des Massenwirkungsgesetzes $n^+ \ll n_i$, dass $n^+$ bei der Berechnung der Leitfähigkeit vernachlässigt werden kann. Die in der Überzahl vorhandenen Ladungsträger, hier also die Elektronen, nennt man **Majoritätsträger**. Die in Unterzahl vorhandenen Träger heißen **Minoritätsträger**.

Für die Leitfähigkeit im Bereich der Zimmertemperatur muss man nur die Majoritätsträger berücksichtigen und erhält dann:

$$\sigma_n = e^- \cdot n_D^+ \cdot \mu^- . \tag{4.3}$$

Mit Donatoren dotierte Halbleiter nennt man auch n-Leiter und die Leitungsart **n-Leitung**.

**p-Leitung** Nun seien Atome eines Elementes der 3. Hauptgruppe, z.B. Bor (B) oder Aluminium (Al), also 3-wertige Elemente eingebaut. Damit können nur noch 3 Elektronenpaare gebildet werden und es fehlt ein Elektron pro 3-wertiges Atom (siehe Abb. 4.10a). Dieses fehlende Elektron entspricht dem oben eingeführten Defektelektron; es kann sich bei Zuführung einer sehr geringen Anregungsenergie von einigen m e V bewegen und sorgt so für eine Leitfähigkeit. Für Defektelektronen ergeben sich im Bändermodell Störterme, die dicht über der Valenzbandoberkante liegen.

Fremdatome, die Defektelektronen generieren, heißen **Akzeptoren**, ihre Dichte bezeichnen wir mit $n_A$ oder, wenn sie ionisiert sind (also ein Elektron eingefangen haben), mit $n_A^-$. Wir nehmen nun an, alle Akzeptoren seien ionisiert, haben also ein Elektron gebunden. Sie sind dann negativ geladen und liefern einen Beitrag von $n_A^-$ Defektelektronen im Leitungsband. Weiter soll gelten:

$$n_A^- \gg n_i.$$

Dann wird wegen des Massenwirkungsgesetzes $n^- \ll n_i$ und $n^-$ kann bei der Berechnung der Leitfähigkeit vernachlässigt werden.

Hier sind die Defektelektronen die Majoritätsträger und die Elektronen Minoritätsträger.

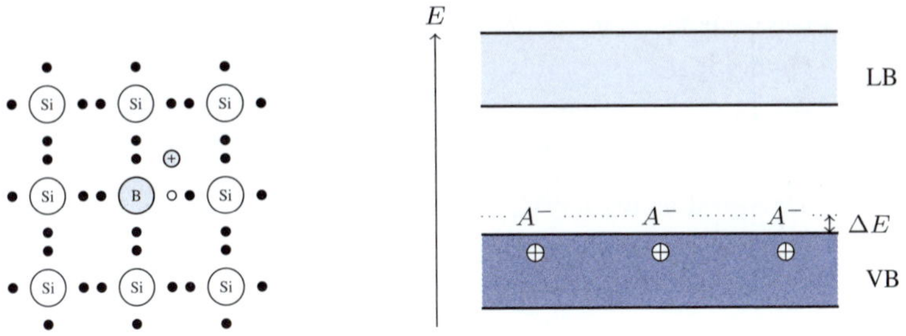


(a) Bor-dotiertes Silizium

(b) Bändermodell zur p-Leitung

**Abb. 4.10.:** Bor-dotiertes Silizium, p-leitend

Für die Leitfähigkeit im Bereich der Zimmertemperatur werden wieder nur die Majoritätsträger berücksichtigt und man erhält:

$$\sigma_p = e^- \cdot n_A^- \cdot \mu^+. \tag{4.4}$$

Mit Akzeptoren dotierte Halbleiter nennt man p-Leiter und die Leitungsart **p-Leitung**.

## Temperaturabhängigkeit der Leitfähigkeit

Die Abb. 4.11 veranschaulicht die Veränderung der Leitfähigkeit für Eigenleitung und Störstellenleitung mit der Temperatur schematisch[1]. Bei Eigenleitung werden mit zunehmender Temperatur immer mehr Ladungsträgerpaare gebildet, so dass die Leitfähigkeit stetig ansteigt.

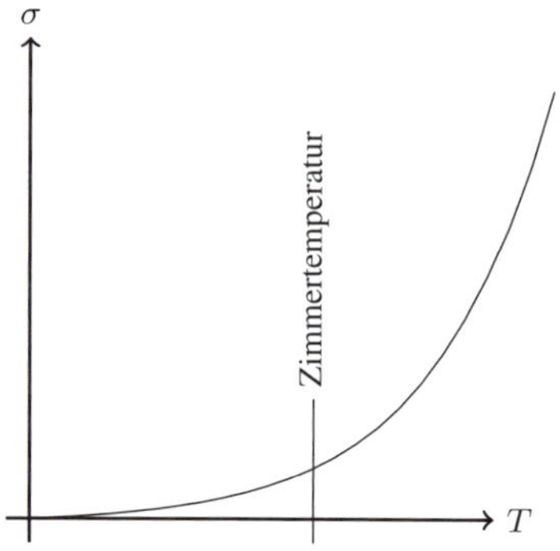


(a) Eigenleitung

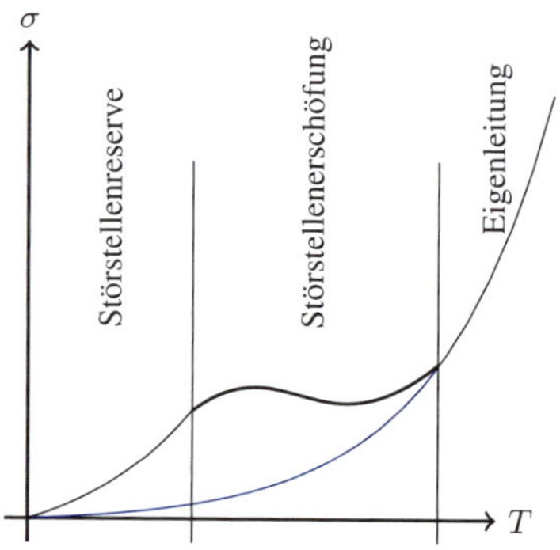


(b) Störstellenleitung

**Abb. 4.11.:** Temperaturabhängigkeit der Leitfähigkeit für eigenleitende und dotierte Halbleiter, schematisch

Beim dotierten Halbleiter unterscheidet man 3 Bereiche:

- den Bereich der **Störstellenreserve**; hier ist die Temperatur so niedrig, dass noch nicht alle Störstellen ionisiert sind und mit steigender Temperatur weitere Störstellen ionisiert werden, so dass die Leitfähigkeit steigt.
- den Bereich der **Störstellenerschöpfung**; in diesem Bereich sind praktisch alle Störstellen ionisiert, aber die Eigenleitung spielt noch keine Rolle; dies ist der Temperaturbereich, in dem Halbleiterbauelemente in der Regel betrieben werden.
- den Bereich der **Eigenleitung**; die Temperatur ist so hoch, dass die Eigenleitung zunehmend eine Rolle spielt und die Störstellenleitung schließlich dominiert; Halbleiterbauelemente sind nicht mehr, wie gewohnt, steuerbar.

## Absorption und Emission von Licht

Die Anregung von Elektronen aus dem Valenzband in das Leitungsband kann thermisch oder auch durch Photonen (Schlangenlinie in Abb. 4.8b) erfolgen. Bedingung ist, dass die Energie des Photons $h \cdot \nu$ mindestens so groß wie die Bandlücke ist. Der Effekt heißt **Fotoeffekt** und

[1] In der Festkörperphysik wird in der Regel die Leitfähigkeit über $\frac{1}{T}$ aufgetragen. Aus didaktischen Gründen haben wir die Darstellung über $T$ gewählt.

als Ergebnis findet man dann eine **Photoleitung**, die solange anhält, wie eine Belichtung des Materials stattfindet und die danach schnell abklingt.

Wie Elektronen durch Licht aus dem Valenzband in das Leitungsband angeregt werden können, so kann unter bestimmten Umständen auch ein Lichtquant emittiert werden, wenn ein Elektron aus dem Leitungsband in das Valenzband rekombiniert. Die Energie der emittierten Lichtstrahlung $h \cdot \nu$ entspricht dabei wieder dem Bandabstand.

Beim Übergang der Elektronen von einem Band zu einem anderen Band gilt außer dem Energiesatz auch der Impulssatz. Informationen über den Impuls der Elektronen im Kristallgitter sind in dem von uns benutzten, extrem vereinfachten Bändermodell leider nicht enthalten.

Wenn man die realen Potentialverhälnisse innerhalb des Festkörpers berücksichtigt, zeigt sich im Bändermodell eine Abhängigkeit der Elektronenenergie vom Wellenzahlvektor $\vec{k}$. Für verschiedene Richtungen im Kristall ergeben sich verschiedene $E(\vec{k})$-Abhängigkeiten. Die Gesamtheit dieser Abhängigkeiten heißt Bandstruktur des Festkörpers.

Die Elementhalbleiter Silizium und Germanium sind sog. **indirekte Halbleiter**. Bei diesen Materialien liegt das $E(\vec{k})$-Maximum des Valenzbandes bei einem anderen $\vec{k}$-Wert als das $E(\vec{k})$-Minimum des Leitungsbandes. Bei der Paarerzeugung und Rekombination müssen sich deshalb Energie und Impuls ändern; solche Übergänge heißen indirekte Übergänge. Bei indirekten Übergängen wird die Energie an das Kristallgitter abgegeben und es entsteht kein Lichtquant (nichtstrahlende Rekombination).

Im Gegensatz dazu haben Galiumarsenid und andere Verbindungshalbleiter einen direkten Übergang; es sind **direkte Halbleiter**, die keine Impulsänderung bei der Rekombination erfordern. Hier findet strahlende Rekombination statt und die Energie wird als Lichtquant (Photon) emittiert.

### 4.3.4. Einige Materialdaten und Ergänzungen

Nachdem wir einige notwendige Begriffe aus der Festkörperphysik erklärt haben, stellen wir in Tabelle 4.2 einige Daten von Silizium, Germanium und Galiumarsenid gegenüber, die wichtige Unterschiede aufzeigen und zur Charakterisierung der Halbleiter dienen. Mit diesen Daten werden in Kapitel 4.2 getroffene Aussagen verständlicher. So ist Silizium als indirekter Halbleiter nicht für Leuchtdioden geeignet. Galiumarsenid hingegen eignet sich als direkter Halbleiter für Leuchtdioden (LED) im Infrarotbereich. Auf Grund der hohen Elektronenbeweglichkeit eignet es sich auch für Höchstfrequenzbauelemente und erlaubt wegen des größeren Bandabstandes auch höhere Einsatztemperaturen.

Wir hatten in Kapitel 4.2 erwähnt, dass bei dem Mischkristallsystem

$$\mathrm{Ga}_x\,\mathrm{In}_{1-x}\,\mathrm{As}_y\,\mathrm{P}_{1-y}$$

der Bandabstand zwischen $0{,}3$–$2{,}3\,\mathrm{eV}$ eingestellt werden kann. Man gewinnt auf diese Weise die Möglichkeit, die Wellenlänge des emittierten Lichtes zu bestimmen. Man nennt diese Beeinflussung der Halbleitereigenschaften „**band gap engineering**“.

Die II-VI-Verbindungshalbleiter sind ebenfalls direkte Halbleiter mit großem Bandabstand ($W_g > 1{,}6\,\text{eV}$) aber geringerer Beweglichkeit; sie finden bei Fotowiderständen und als Lumineszenzmaterial Anwendung.

Wir hatten erwähnt, dass bei Verbindungshalbleitern die Einhaltung der Stöchiometrie wichtig ist. Nachdem wir die Wirkung von Dotanten besprochen haben, ist leicht einzusehen, dass Abweichungen von der Stöchiometrie wie eine Dotierung wirken können und das elektrische Verhalten entsprechend verändern.

**Tabelle 4.2.:** Ausgewählte Daten wichtiger Halbleitermaterialien [Mü95]

| **Material / Eigenschaft** | **Ge** | **Si** | **GaAs** |
|---|---|---|---|
| Bandabstand $W_g$[eV] | 0,67 | 1,12 | 1,43 |
| Übergang Valenzband $\rightleftarrows$ Leitungsband | indirekt | indirekt | direkt |
| Inversionsdichte $n_i$[cm$^{-3}$] | $2{,}5 \cdot 10^{13}$ | $1{,}5 \cdot 10^{10}$ | $1{,}8 \cdot 10^{6}$ |
| Elektronenbeweglichkeit $\mu^-$[cm$^2$/(V s)] | 3900 | 1350 | 8500 |
| Löcherbeweglichkeit $\mu^+$[cm$^2$/(V s)] | 1900 | 480 | 450 |
| Austrittsarbeit[1] [eV] | 4,32 | 4,43 | 4,44 |
| Wellenlänge des abgestrahlten Lichtes $\lambda$[µm] | – | – | 0,88 |

## Polykristalline und amorphe Halbleiter

**Polykristalline Halbleiter** Halbleitende Materialien sind natürlich auch in polykristalliner Form halbleitend. Das ist für Anwendungen insofern interessant, als man den aufwendigen Prozess der Einkristallzüchtung spart. Bei der Betrachtung der Leitfähigkeit müssen zusätzlich die Verhältnisse bzw. die Einflüsse von Korngrenzen berücksichtigt werden. Außerdem kann man in einem feinkörnigen Gefüge kaum submikroskopische Bauelementestrukturen erzeugen, wie das einkristalline Halbleiter gestatten.

Trotzdem werden polykristalline Halbleiter für bestimmte Anwendungen eingesetzt, wie die folgenden drei Beispiele zeigen:

- oxidische Halbleiter auf Spinellbasis[2] für Thermistoren (Heißleiter),
- thermoelektrische Halbleiter ($Bi_2Te_3$ u.a.) für Peltierbatterien und Thermogeneratoren,
- polykristallines Silizium für großflächige Silizium-Solarzellen.

[1] Die Austrittsarbeit ist von der Dotierung abhängig (Werte für n-Leiter, $10^{14}$ cm$^{-3}$ [RM91]).
[2] Bestimmte Metalloxide mit kubischem Kristallgitter

Solarzellen auf Silizium-Basis können sowohl aus einkristallinem wie auch aus polykristallinem Material und auf Dünnschichtbasis hergestellt werden. Polykristalline und Dünnschicht-Solarzellen sind weniger effektiv als solche auf der Basis einkristallinen Siliziums, sie sind aber deutlich preisgünstiger.

**Amorphe Halbleiter** In Kapitel 4.3.1 hatten wir amorphe Festkörper erwähnt. Auch amorphe Festkörper können halbleitende Eigenschaften haben. Amorphe Halbleiter werden für verschiedene Spezialanwendungen eingesetzt, beispielsweise

- großflächig, als photoleitende Beschichtung auf den sog. Bildtrommeln in Laserdruckern zur Übertragung des Druckbildes auf Papier;
- großflächig, als dünne amorphe Siliziumschichten für Solarzellen,
- mikroskopisch, als dünne Siliziumschichten (Gatekontakt).

Struktur und Leitungsphänomene amorpher Halbleiter unterscheiden sich deutlich von denen in kristallinen anorganischen Halbleitern. Interessenten verweisen wir auf die einschlägige Literatur [Hey84].

## 4.4. Grundstrukturen von Halbleiterbauelementen

### 4.4.1. Übersicht

Für den Anwender sind anwendungsbereite, hochintegrierte Schaltkreise wie Prozessoren, Mikrocontroller, Speicher- oder Schnittstellenschaltkreise von Interesse. Wir betrachten in diesem Kapitel zunächst einfache Bauelementestrukturen, also Dioden und Transistoren, um darauf aufbauend in späteren Kapiteln Funktionsblöcke und schließlich ganze Schaltkreise verstehen zu können.

Integrierte Schaltkreise (*integrated circuit, IC*) enthalten eine hohe Anzahl (Größenordnung $10^3 \cdots 10^9$) einfacher Transistorstrukturen, die auf dem Halbleiterchip mit passiven Bauelementestrukturen zu Funktionsblöcken (Stromquellen, Verstärker, Inverter usw.) zusammengeschaltet sind. Eine Anzahl gleicher oder verschiedener Funktionsblöcke wiederum sind auf dem Chip funktionsorientiert verbunden und realisieren die Gesamtfunktion des Schaltkreises.

Jedes einzelne Bauelement kann man wiederum in bestimmte Substrukturen mit definierter elektronischer Funktion zerlegen; solche Grundstrukturen sind:

- homogene Bereiche unterschiedlicher Leitfähigkeit
  - Halbleiter-Volumenmaterial
  - Leitbahnen
  - Widerstandsschichten
  - Isolations- und Passivierungsschichten

- Grenzflächen
  - Halbleiter-Oberfläche
  - Halbleiter-Isolator-Grenzfläche
  - Metall-Halbleiter-Übergang
  - Metall-Isolator-Halbleiter-Grenzflächen (MIS-Struktur), speziell: Grenzfläche Silizium-Siliziumdioxid (Si/$SiO_2$, MOS-Struktur)
  - pn-Übergang (Übergang von p- und n-dotierten Gebieten desselben Halbleiters)
  - Heteroübergänge
  - Korngrenzen (in polykristallinen Halbleitern)

Wenn ein Halbleiter mit einem Leiter verbunden wird, liegt immer ein Metall-Halbleiter-Übergang vor. Dieser Übergang kann ohmsches Verhalten zeigen (lineare U-I-Kennlinie), man spricht dann von einem ohmschen Kontakt; er kann auch Gleichrichterverhalten (Diodenkennlinie) zeigen, man spricht dann von einem Schottky-Kontakt (Schottky-Dioden). Das Verhalten wird durch die Paarung Metall-dotierter Halbleiter bestimmt (siehe hierzu [BBKS05]). Wir setzen bei den nachfolgenden Betrachtungen stets ohmsche Kontakte voraus.

Halbleiter-Heteroübergänge sind Übergänge zwischen unterschiedlichen Halbleitermaterialien. An der Kontaktfläche treffen Materialien mit unterschiedlichen Gitterkonstanten (Misfit) und unterschiedlichen Bandabständen aufeinander. Als Folge des Misfit entsteht lokal eine mechanische Verspannung des Gitters und die unterschiedlichen Bandabstände führen zu Band-Diskontinuitäten mit höchsten Beweglichkeiten (zweidimensionales Elektronengas).

Diese Strukturen, Korngrenzen ausgenommen, werden in mikroskopisch kleinen Gebieten, d.h. im µm- bzw. Sub-µm-Bereich, auf den Wafern, also z.B. auf Si-Scheiben mit bis zu 12" Durchmesser, in großer Anzahl hergestellt, um die notwendigen einfachen, aktiven oder passiven Bauelemente (Transistoren, Dioden, Kapazitäten, Widerstände) auf dem Halbleiterchip zu realisieren.

Die Herstellung solcher Strukturen und ganzer Halbleiterbauelemente ist Gegenstand der verschiedenen Halbleitertechnologien, auf die wir hier nicht eingehen werden (siehe dazu [RM91, WS03]).

Wir werden nachfolgend den **pn-Übergang** (häufigste Struktur) und die **MOS-Struktur** sowie **bipolare und unipolare Bauelemente**, die auf diesen Strukturen basieren, erklären. Außerdem betrachten wir noch Bauelemente, die allein mit einem homogenen Halbleiterbereich arbeiten.

### 4.4.2. pn-Übergang

Als pn-Übergang bezeichnet man eine Halbleiterstruktur, in welcher ein p-leitendes und ein n-leitendes Gebiet so eng in einem Kristall benachbart sind, dass beide Gebiete miteinander wechselwirken, wodurch neue elektronische Eigenschaften beobachtet werden. Wir wollen uns die Phänomene mit einem Gedankenexperiment und an Hand der Abb. 4.12 klar machen. Dabei wählen wir als Modell den abrupten, symmetrischen pn-Übergang, d.h. der angenommene

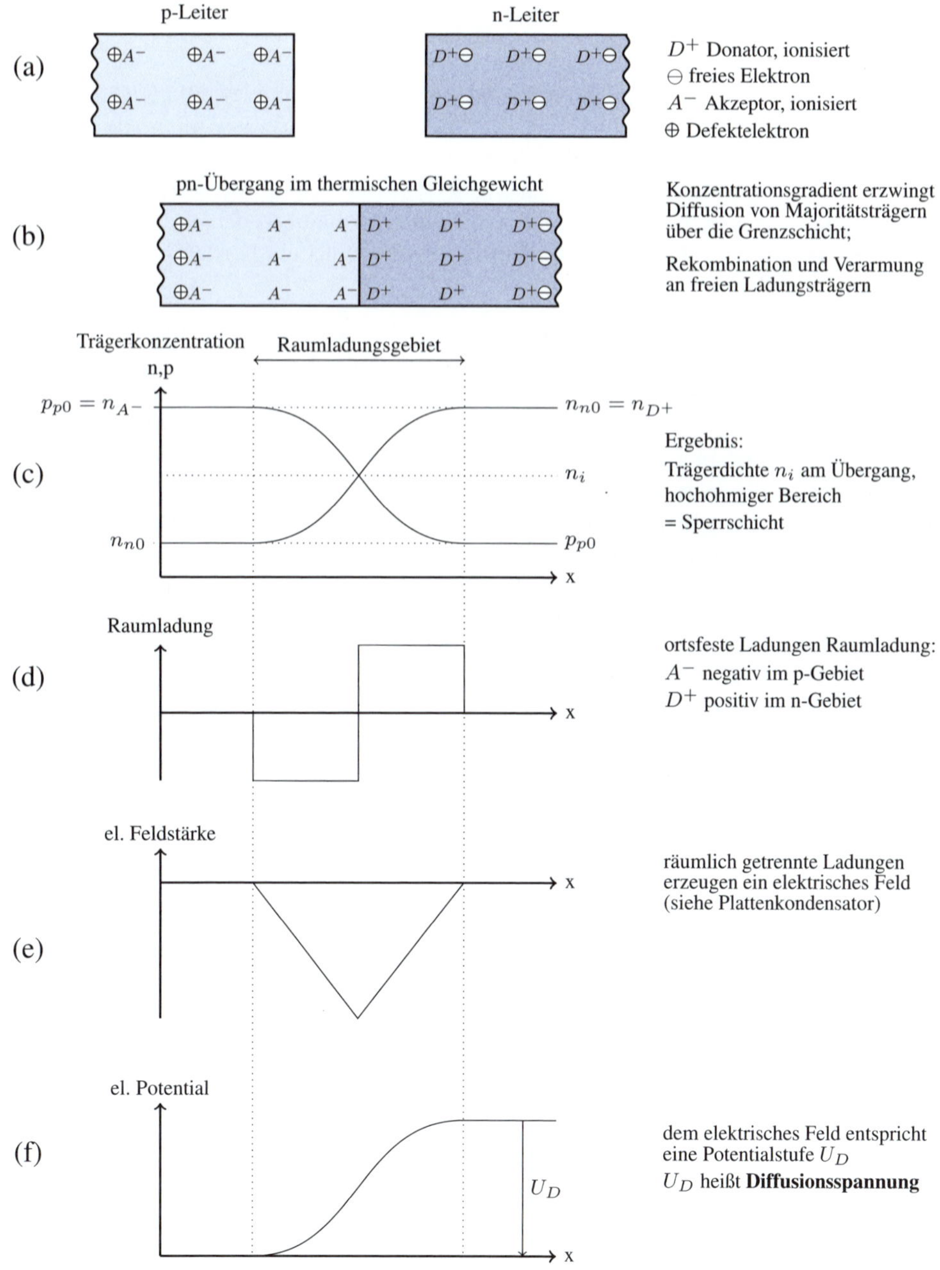


**Abb. 4.12.:** pn-Übergang, schematische Darstellung wesentlicher Sachverhalte

Konzentrationssprung erfolgt abrupt und im p- und im n-Gebiet liegt jeweils die gleiche Dotantenkonzentration vor.

Gegeben seien ein p-leitender und ein n-leitender Kristall, beide mit jeweils gleich hoher Störstellenkonzentration $N_A = N_D$ (Abb. 4.12a). Bei Zimmertemperatur seien alle Störstellen ionisiert; jeder der Kristalle enthält deshalb bei Zimmertemperatur die gleiche Anzahl an frei beweglichen Ladungsträgern und ist nach außen elektrisch neutral. Beide Kristalle sollen eine atomar glatte Oberfläche besitzen und werden mit ihren atomar glatten Oberflächen stark aufeinander gepresst, so dass sie im Gedankenexperiment als ein Kristall betrachtet werden können (Abb. 4.12b).

In diesem gedachten Kristall mit p-Leitung auf der linken Seite und n-Leitung auf der rechten Seite ergibt sich an der unmittelbaren Nahtstelle ein großer Konzentrationssprung ortsfester und beweglicher Ladungsträger. Der Konzentrationsunterschied führt zu einer Diffusion der beweglichen Ladungsträger in das jeweils andere Gebiet, wodurch dort die Rekombinationsrate steigt. So diffundieren Elektronen aus dem n-Gebiet in das p-Gebiet und rekombinieren dort mit Defektelektronen. Gleichzeitig diffundieren Defektelektronen in das n-Gebiet und rekombinieren dort mit Elektronen. Diese Stromanteile nennt man **Diffusionsströme**. Auf Grund der Diffusionsströme und der Rekombination verringert sich im Bereich der Nahtstelle die Konzentration beweglicher Ladungsträger bis auf die Inversionsdichte. In diesem Bereich sinkt die Leitfähigkeit bis auf die Eigenleitfähigkeit und das Material wird hochohmig, so dass eine **Sperrschicht** gebildet wird (Abb. 4.12c). Die ionisierten Dotanten $A^-$ und $D^+$ sind in den Kristall eingebaut und damit ortsfest. Sie können nicht diffundieren, schaffen aber eine lokale Raumladung. Im p-Gebiet verursachen die negativ geladenen Akzeptoren eine negative Raumladung und entsprechend führen die positiv geladenen Donatoren im n-Gebiet dort zu einer positiven Raumladung (Abb. 4.12d). Zwischen der positiven Raumladung und der negative Raumladung herrscht ein elektrisches Feld. Dieses innere elektrische Feld verursacht einen Elektronenstrom vom p- zum n-Gebiet und einen Defektelektronenstrom vom n- zum p-Gebiet. Diese Stromanteile heißen Driftströme. Im Gleichgewicht sind Drift- und Diffusionströme gleich groß. Sie heben sich deshalb nach außen auf oder anders ausgedrückt, ihre Summe ist Null.

Dem inneren elektrischen Feld entspricht eine Potentialdifferenz, also eine elektrische Spannung, die **Diffusionsspannung** $U_D$ (Abb. 4.12f). Über das Gleichgewicht der Drift- und Diffusionströme kann man diese Diffusionsspannung errechnen und erhält[1]

$$U_D = U_T \cdot \ln \frac{n_{D^+} \cdot n_{A^-}}{n_i^2}. \tag{4.5}$$

$U_T$ ist die **Temperaturspannung**

$$U_T = \frac{k \cdot T}{e}.$$

Der sich selbst überlassene pn-Übergang entsprechend Abb. 4.12 befindet sich im **thermischen Gleichgewicht**. Legt man an den pn-Übergang eine äußere Spannung, fließt Strom und es

[1] Wir verzichten hier auf die Ableitung der angegebenen Gleichungen und verweisen auf die Literatur [Mü95].

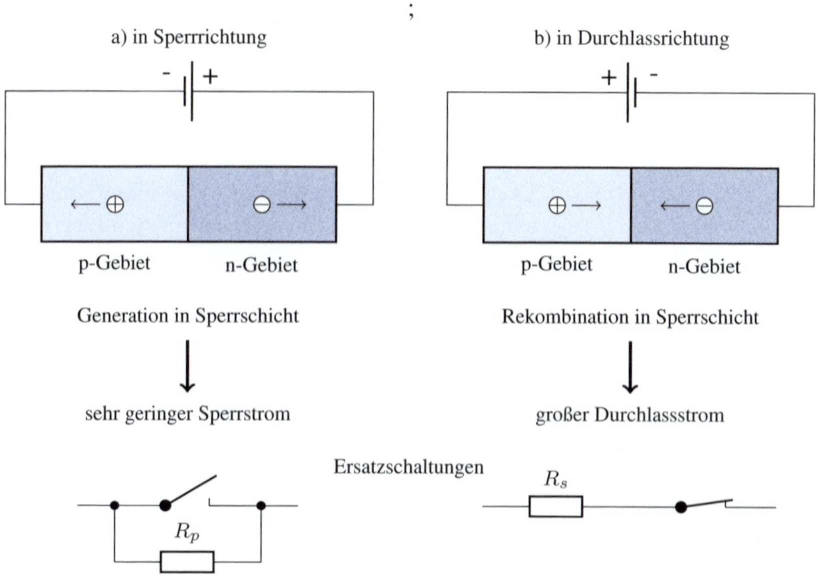


**Abb. 4.13.:** pn-Übergang in Sperr- und in Durchlassrichtung

ergibt sich ein **Nichtgleichgewicht**. Dabei sind zwei Fälle zu unterscheiden, die Polung in Sperrrichtung und die Polung in Durchlassrichtung (siehe Abb. 4.13):

- **Sperrrichtung**

  Wenn der Pluspol der Spannungsquelle mit dem n-Gebiet und der Minuspol mit dem p-Gebiet verbunden wird, liegt eine Polung in **Sperrrichtung** vor. Bei dieser Polung werden von der Sperrschicht weitere Ladungsträger abgesaugt. Im Bereich der Sperrschicht steigt die Generationsrate und es werden Ladungsträger neu generiert, so dass dort die Dichte $n_i$ erhalten bleibt. Als Folge fließt ein geringer, temperaturabhängiger Sperrstrom. In einem Ersatzschaltbild kann man den in Sperrrichtung gepolten pn-Übergang näherungsweise durch einen geöffneten Schalter mit großem Parallelwiderstand $R_p$ nachbilden.

- **Durchlassrichtung**

  Wird dagegen der Minuspol der Spannungsquelle mit dem n-Gebiet und der Pluspol mit dem p-Gebiet verbunden, so ist der pn-Übergang in **Durchlassrichtung** gepolt.

  Bei dieser Polung werden Elektronen im n-Gebiet und Defektelektronen im p-Gebiet zur Sperrschicht hin beschleunigt und überschwemmen diese mit Ladungsträgern. Im Bereich der Sperrschicht rekombinieren diese Ladungsträger miteinander und es wird ein um Größenordnungen höherer Durchlassstrom registriert. Der Durchlassstrom wird von den jeweiligen Majoritätsträgern getragen, also im n-Gebiet von den Elektronen und im p-Gebiet von den Defektelektronen. In einem Ersatzschaltbild kann man den in Durchlassrichtung gepolten pn-Übergang näherungsweise durch einen geschlossenen Schalter mit kleinem Serienwiderstand $R_s$ nachbilden.

Für den Strom durch den pn-Übergang als Funktion der außen angelegten Spannung erhält man unter Berücksichtigung verschiedener Halbleitereigenschaften, der Dotierung und aller inneren Teilströme die Gleichung

$$I = I_S \cdot \left(\exp \frac{eU_{AK}}{kT} - 1\right) = I_S \cdot \left(\exp \frac{U_{AK}}{U_T} - 1\right). \tag{4.6}$$

Dabei ist $I_S$ der sog. **Sättigungsstrom**, der sich aus Eigenschaften und Dotierung der eingesetzten Halbleiter ergibt. Gleichung 4.6 beschreibt die Kennlinie einer Halbleiterdiode, wie sie in Abb. 4.14a schematisch zusammen mit dem Schaltzeichen einer Diode dargestellt ist.

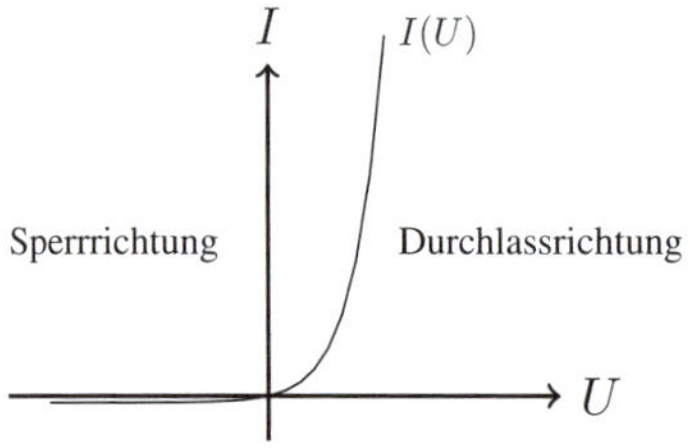


**(a)** Kennlinie

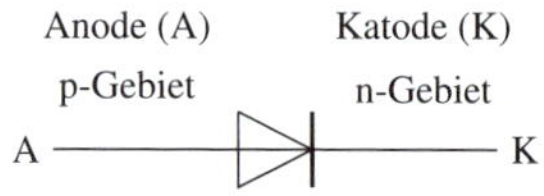


**(b)** Schaltzeichen

**Abb. 4.14.:** Kennlinie eines pn-Überganges und Diodenschaltzeichen

Näherungsweise kann man den pn-Übergang als einen von der Spannungsrichtung gesteuerten Schalter betrachten (siehe Ersatzschaltung in Abb. 4.13).

## 4.4.3. MOS-Kapazität und Feldeffekt

Als **Feldeffekt** bezeichnet man die Veränderung der Leitfähigkeit in oberflächennahen Bereichen von leitenden Materialien durch ein senkrecht zur Oberfläche des Materials einwirkendes elektrisches Feld [Ard05]. Der Effekt ist bei schwach dotierten Halbleitern besonders ausgeprägt und bildet die Basis der Feldeffekttransistoren. Wir betrachten nun diesen Effekt an einer MOS-Kapazität.

Eine Schichtfolge Metall-Oxid-Halbleiter entsprechend Abb. 4.15a bezeichnet man als **MOS-Kapazität**[1]. Diese können mit unterschiedlichen, n- oder p-leitenden Halbleitermaterialien realisiert werden. Für die folgende Erklärung der MOS-Kapazität an Hand der Abb. 4.15 gehen wir von p-dotiertem Silizium als Halbleiter aus.

[1] MOS steht für die Anfangsbuchstaben der englischen Worte ***M**etal-**O**xide-**S**emiconductor*.

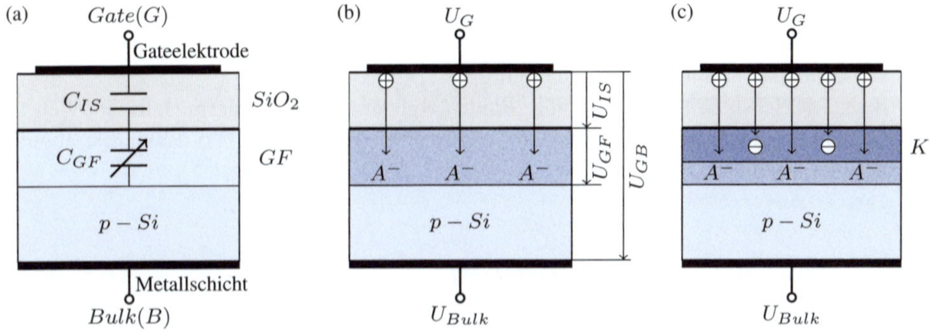


**Abb. 4.15.:** MOS-Struktur und MOS-Kapazität, schematisch

Das p-leitende Halbleitersubstrat heißt **Bulk** (B); die Rückseite ist mit einer Metallschicht, die als ohmscher Kontakt ausgebildet ist, versehen. Entsprechend Abb. 4.15a ist die Oberseite des Substrates mit einer dünnen Isolatorschicht (Siliziumdioxid $SiO_2$, Größenordnung der Dicke 50 nm) beschichtet. Auf die Oxidschicht ist die Gateelektrode bzw. das **Gate** (G), aufgebracht. Die Gateelektrode kann aus Metall oder aus Polysilizium[1] bestehen. Über die Elektroden Bulk und Gate kann man die MOS-Struktur mit einer externen Spannung beaufschlagen.

Legt man nun eine Spannung $U_{GB}$ zwischen dem Gate und der Rückseitenmetallisierung an, so bildet sich wie beim Plattenkondensator ein elektrisches Feld senkrecht zur Oberfläche der MOS-Struktur aus. Dieses elektrische Feld beeinflusst durch Influenz (siehe Seite 16) das Ladungsgleichgewicht im Halbleiter und verändert die Trägerdichte an der dem Isolator zugewandten Grenzfläche des Halbleitermaterials. Je nach Polarität und Höhe der angelegten Spannung $U_{GB}$ kann man die Trägerdichte an der Grenzfläche erhöhen oder absenken. Die Folge davon ist ein elektrisches Feld und damit auch ein Spannungsabfall innerhalb des p-leitenden Siliziums. Die angelegte Spannung $U_{GB}$ teilt sich damit auf in einen Spannungsabfall über der Isolatorschicht $U_{IS}$ und einen Spannungsabfall in der Si-Grenzfläche $U_{GF}$. Nach Einstellung eines spannungsabhängigen Ladungsträgergleichgewichtes ist die MOS-Struktur dank der Isolatorschicht stromlos. Es fließt nur bei Spannungsänderungen, die wie bei jedem Kondensator Ladungsänderungen nach sich ziehen, ein Strom, jedoch kein stationärer Gleichstrom.

Wenn man die angelegte Spannung $U_G$ hinreichend positiv macht, kann erreicht werden, dass im ursprünglich p-leitenden Halbleitermaterial dicht an der Grenzschicht Isolator-Silizium eine n-leitende Schicht, ein sog. **Inversionskanal**, kurz auch Kanal $K$ (siehe Abb. 4.15c), entsteht. Man nennt diesen Vorgang **Ladungsträgerinversion**. Die Elektronen im Kanal stammen aus dem p-leitenden Silizium. Es ist klar, dass der Kanal nur solange besteht, wie die notwendige Spannung $U_{GB}$ anliegt; er verschwindet, wenn die Spannung $U_{GB}$ zu klein wird.

Wir wollen noch den wesentlichen Unterschied zwischen einem herkömmlichen Kondensator mit der Schichtfolge Metall-Isolator-Metall und einem MOS-Kondensator herausstellen:

[1] Polysilizium ist auf Grund des Herstellungsprozesses polykristallin; es kann dotiert werden und hat dann eine der Dotierung entsprechende, hohe Leitfähigkeit; es ist prozesskompatibel zu vielen Halbleitertechnologien.

- Beim herkömmlichen Kondensator sammeln sich Ladungen auf den metallischen Platten; die Kapazität ist wegen der festen Geometrie ebenfalls fest und unabhängig von der am Kondensator anliegenden Spannung.
- Beim MOS-Kondensator wird eine „Platte" von der Grenzschicht im Halbleiter gebildet, die von der angelegten Spannung abhängig ist. Damit ist die MOS-Kapazität ebenfalls spannungsabhängig.

## 4.5. Halbleiterbauelemente

Zur Orientierung stellen wir mit Abb. 4.16 eine kleine Übersicht der Bauelemente, die in diesem Kapitel behandelt werden, an den Anfang. Bauelemente der Leistungselektronik, wie Thyristor oder IGBT[1] werden nicht berücksichtigt.

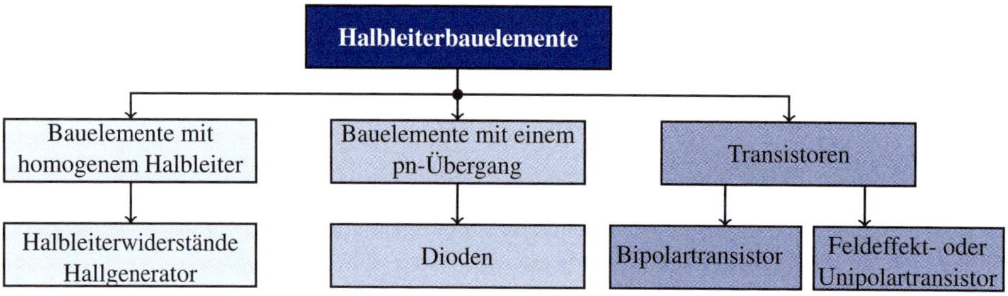


**Abb. 4.16.:** Halbleiterbauelemente – eine erste Übersicht

Die Bauelemente der linken und der mittleren Spalte zählen zur Gruppe der passiven elektronischen Bauelemente; sie zeigen keine Verstärkung[2].

Transistoren sind aktive elektronische Bauelemente. Sie zeigen eine Verstärkung und werden in der Analogtechnik als Verstärker und in der Digitaltechnik als Schalter eingesetzt. Die einzelnen Transistorenarten weisen unterschiedliche Eigenschaften auf und werden nach dem zugrunde liegenden Funktionsprinzip eingeteilt in:

- **Bipolartransistoren**, diese erfordern Elektronen und Defektelektronen und benötigen stets eine geringe Steuerleistung,
- **Unipolar- oder Feldeffekttransistoren**, diese arbeiten mit nur einer Sorte frei beweglicher Ladungsträger und sind praktisch leistungslos über eine Spannung steuerbar; erst bei hohen Frequenzen ist eine merkliche Steuerleistung erforderlich.

Feldeffekttransistoren werden nach ihrem Funktionsprinzip nochmals in zwei wesentliche Gruppen geteilt, in

[1] **I**nsulated-**G**ate **B**ipolar **T**ransistor

[2] Verstärkung nennt man das Verhältnis einer gesteuerten Größe zur steuernden Größe (siehe Definition 6.2, Seite 169).

- die MOS-Feldeffekt-Transistoren (**MOSFET**) und
- die Sperrschicht-Feldeffekt-Transistoren (**JFET**).

Wir werden die Transistoren in dieser Reihenfolge behandeln.

Die in diesem Kapitel angegebenen Kennlinien stellen prinzipielle Verläufe dar. Für reale Bauelemente liefern die Hersteller typspezifische Kenndaten und Datenblätter.

## 4.5.1. Bauelemente mit homogenem Halbleiter

Halbleiterbauelemente die ausschließlich mit homogenem Halbleitermaterial arbeiten, nutzen jeweils Effekte im Volumen des Halbleiters, die durch äußere Einflüsse wie beispielsweise Temperatur, Strahlung oder magnetische Felder hervorgerufen werden. Zu den Halbleiterbauelementen, die einen homogenem Halbleiterbereich nutzen, gehören (siehe Abb. 4.17)

- Thermistoren,
- Fotowiderstände und
- Hall-Generatoren.

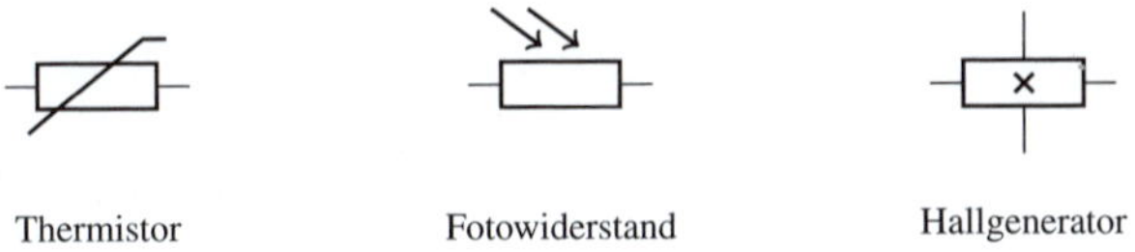


**Abb. 4.17.:** Schaltsymbole von Bauelementen mit homogenem Halbleiter

**Thermistor** (Kunstwort aus den englischen Worten *thermal* und *resistor*)

Ein Thermistor ist ein Temperatur-gesteuerter elektrischer Widerstand, dessen Widerstandswert bei steigender Temperatur definiert sinkt. Der Thermistor besitzt einen negativen Temperaturkoeffizienten, dessen Betrag vergleichsweise groß aber stark nichtlinear ist. Man nennt Thermistoren auch NTC-Widerstände (von ***N**egative **T**emperature **C**oefficient*) oder **Heißleiter**. Der Grund für dieses Verhalten ist die mit der Temperatur zunehmende Generation von Ladungsträgern. Thermistoren werden aus verschiedenen halbleitenden Verbindungen hergestellt, z.B. aus gepressten und gesinterten Metalloxiden.

**Fotowiderstand** Der Fotowiderstand ist ein Licht-gesteuertes Bauelement. Es wird der innere lichtelektrische Effekt genutzt, um den Widerstandswert belichtungsabhängig über einen großen Bereich zu verändern. Mit wachsender Lichtintensität verringert sich der Widerstand des ganzen Halbleitervolumens. Damit das Licht auf das Halbleitermaterial gelangen kann, muss der Fotowiderstand ein optisches Fenster haben. Fotowiderstände verwenden als lichtempfindliche Schicht Verbindungshalbleiter wie CdS. In Tabelle 4.3 sind die Daten eines speziellen Fotowiderstandes als Beispiel angegeben.

**Tabelle 4.3.:** Beispieldaten eines CdS – Fotowiderstandes (Typ NSL-19M51)

| Max. Empfindlichkeit bei $\lambda$ | Dunkelwiderstand | Hellwiderstand bei 10 lx[1] | Hellwiderstand bei 100 lx |
|---|---|---|---|
| 550 nm | 100 MΩ | 20–100 kΩ | 5 kΩ |

**Hall-Generator** Der Hall-Generator[2] ist ein Magnetfeld-gesteuertes Bauelement. Bei Stromfluss und gleichzeitigem Einwirken eines Magnetfeldes senkrecht zum Strompfad wird eine Spannung, die **Hallspannung** generiert; dieser Effekt heißt **Halleffekt**[3].

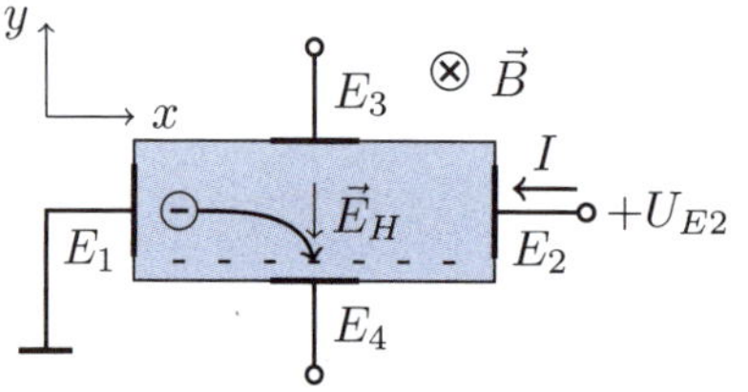

**(a)** n-Leiter

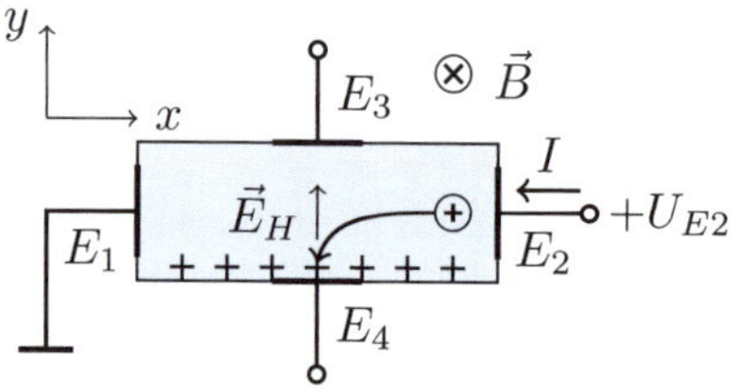

**(b)** p-Leiter

**Abb. 4.18.:** Hall-Generator, Prinzip

An Hand der Abb. 4.18 erläutern wir den Halleffekt für eine n-leitende und eine p-leitende Probe sowie gleichzeitig das Prinzip des Hall-Generators. Die flächenhaft ausgebildeten Halbleiterproben haben jeweils vier Elektroden und sind einem Magnetfeld ausgesetzt. In der Abbildung steht der Vektor der magnetischen Flussdichte $\vec{B}$ senkrecht zur Zeichenebene und tritt in die Zeichenebene ein.

An die Elektrode $E_2$ wird extern eine Spannung $+U_{E2}$ angelegt, so dass von $E_2$ nach $E_1$ ein Strom $I$ durch die Probe fließt. Auf Grund des Magnetfeldes wirkt auf die bewegten Ladungsträger die Lorentzkraft (siehe Gleichung 2.17, Seite 19). Die Lorentzkraft lenkt die Ladungsträger zum Probenrand hin ab. Die Richtung dieser Ablenkung ist von der Art der Ladungsträger und von deren Bewegungsrichtung abhängig (vergl. Abb. 4.18):

- Im n-leitenden Material bewegen sich Elektronen in x-Richtung, also entgegen der Richtung des elektrischen Feldes, welches von der angelegten Spannung aufgebaut wird; die Elektronen werden auf Grund der Lorentzkraft zum unteren Probenrand hin abgelenkt.

[2] Lux: abgeleitete SI-Einheit der Beleuchtungsstärke
[2] Nach Edwin Herbert Hall, US-amerikanischer Physiker (1855–1938)
[3] Man beachte die englische Aussprache des Namens *Hall*, um Verwechslungen mit dem Begriff Hall, in der Bedeutung Nachhall, zu vermeiden.

- Im p-leitenden Material bewegen sich die Löcher in Richtung des elektrischen Feldes, welches von der angelegten Spannung aufgebaut wird, also in (-x)-Richtung; sie werden ebenfalls zum unteren Probenrand abgelenkt.

Auf Grund der Ansammlung der Ladungsträger am unteren Probenrand entsteht in y-Richtung ein elektrisches Feld auf, **das Hallfeld**, und an den Elektroden $E_3$ und $E_4$ kann eine Spannung, die Hallspannung, abgegriffen werden. Die Polarität der Hallspannung ist vom Leitfähigkeitstyp des Halbleitermaterials abhängig. Die Hallspannung ist gerade so groß, dass die elektrische Kraft die Lorentzkraft kompensiert; sie ist daher der $z$-Komponente $B_z$ des $\vec{B}$-Feldes proportional. Wenn das $B$-Feld, wie in Abb. 4.18 vorausgesetzt, senkrecht auf der Probe und der Stromrichtung steht, kann man die Hallspannung folgendermaßen berechnen:

$$U_H = R_H \cdot I \cdot B_z$$

$R_H$ ist der Hallkoeffizient; er ist von den Ladungsträgerdichten und deren Beweglichkeit abhängig. Wenn der Strom $I$ und der Hallkoeffizient $R_H$ bekannt sind, kann man die $z$-Komponente des $\vec{B}$-Feldes errechnen. Der Halleffekt erlaubt damit zweierlei, nämlich

- Aussagen über den Leitfähigkeitstyp eines Halbleiters zu machen (Messverfahren in der Technologie) und
- Magnetfeld-gesteuerte Bauelemente zu realisieren und Magnetfelder zu vermessen.

Thermistoren, Fotowiderstände und Hall-Generatoren bilden jeweils eine nichtelektrische Größe, im vorliegenden Fall die Temperatur, Lichtstrahlung bzw. ein Magnetfeld auf eine elektrische Größe, nämlich den elektrischen Widerstand bzw. die Spannung ab. Solche Bauelemente nennen wir **Sensoren**. Sensoren ermöglichen es, nicht-elektrische Größen elektrisch zu messen (siehe hierzu Kapitel 9).

### 4.5.2. Dioden – Bauelemente mit einem pn-Übergang

Eine wichtige Anwendung findet der oben besprochene pn-Übergang bei Halbleiterdioden. Je nach Aufbau und Auslegung können Dioden sehr unterschiedlichen Zwecken dienen, nach denen sie meist auch benannt werden, beispielsweise:

- Gleichrichterdioden,
- Zener-Dioden (Z-Dioden),
- Leuchtdioden oder
- Fotodioden.

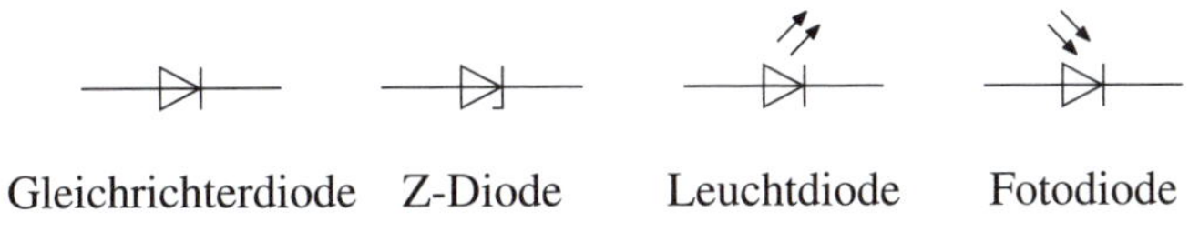


**Abb. 4.19.:** Schaltzeichen verschiedener Dioden

Eine spezielle Diodenart, die Schottky-Dioden, nutzen anstelle eines pn-Überganges einen Metall-Halbleiter-Übergang; diese Dioden behandeln wir nicht (siehe hierzu z.B. [BBKS05]).

**Gleichrichterdioden** dienen dazu, Wechselspannung gleich zu richten, d.h. eine am Eingang der Gleichrichterschaltung angelegte Wechselspannung wird in eine pulsierende Gleichspannung am Ausgang umgesetzt. Solche Schaltungen werden in praktisch allen Geräten genutzt, die mit Wechselspannung gespeist werden, aber intern Gleichspannung benötigen. Wir betrachten solche Schaltungen in Kapitel 6.2.

Wenn die Sperrspannung einen bestimmten Betrag überschreitet, erhöht sich der Sperrstrom stark. Man spricht dann vom Durchbruch, für den verschiedene Mechanismen verantwortlich sein können. Die Durchbruchspannung ist vom Diodentyp abhängig; sie kann bei einigen Volt, aber auch bei mehr als 1000 V liegen.

In Durchlassrichtung führt der Durchlassstrom zur Erwärmung der Diode. Der maximale Durchlassstrom darf ebenfalls nicht überschritten werden; er kann zur thermischen Zerstörung des Bauelementes führen.

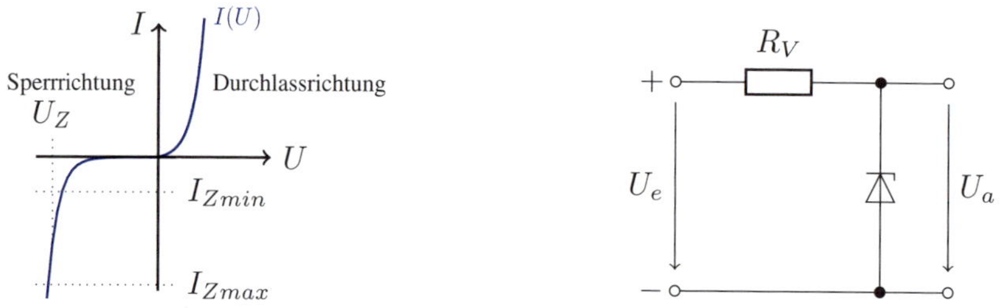


**(a)** Kennlinie **(b)** Schaltungsanodenung

**Abb. 4.20.:** Z-Diode: Kennlinie und Einsatzschaltung

**Zener-Dioden oder Z-Dioden** Bei Z-Dioden und Zener-Dioden wird bei Betrieb in Sperrrichtung der Durchbruch bei einer wohldefinierten Spannung $U_Z$ technisch genutzt (reversibler erster Durchbruch, siehe Abb. 4.20a). Der Sperrstrom steigt dann exponentiell an und muss begrenzt werden, um die Z-Diode vor Zerstörung zu schützen. Die Durchbruchsspannung kann während des Herstellungsprozesses eingestellt werden; sie kann etwa zwischen 3 V und 100 V liegen.
Z-Dioden werden zur Spanungsstabilisation benutzt. Dazu wird die Z-Diode über einen Vorwiderstand in Sperrrichtung betrieben und über der Z-Diode wird die auf die Spannung $U_Z$ stabilisierte Gleichspannung abgegriffen (siehe Abb. 4.20b).

**Leuchtdioden (LED)** LEDs werden entsprechend Abb. 4.21a in Durchlassrichtung betrieben und emittieren bei Stromfluss Licht. Der Strom durch eine LED muss begrenzt werden; dazu eignet sich ein Vorwiderstand $R_V$. Daneben gibt es eine Vielzahl von ICs zur Ansteuerung von (Leistungs-) LED für Beleuchtungszwecke.

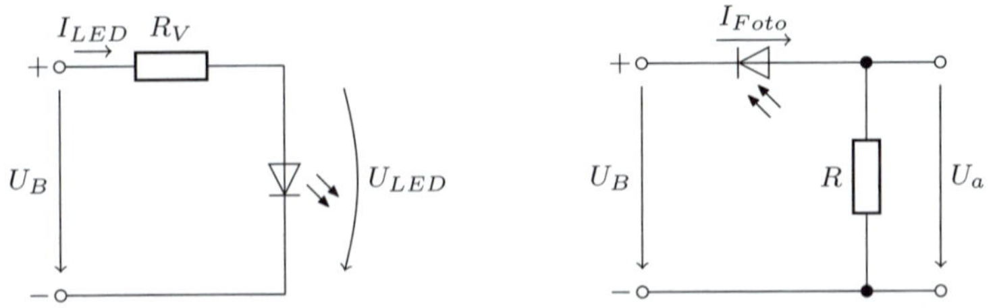


**(a)** Leuchtdiode (Durchlassrichtung) **(b)** Fotodiode (Sperrrichtung)

**Abb. 4.21.:** Anschluss einer LED (links) und einer Fotodiode (rechts)

Für LED's werden Verbindungshalbleiter, wie z.B. Galiumarsenid oder Galiumphosphid verwendet. Die Wellenlänge (Farbe) des emittierten Lichtes hängt vom Bandabstand des Halbleiters ab. Mit kürzer werdender Wellenlänge wächst die notwendige Brennspannung (rot: $U_{LED} = 1{,}6\,\text{V}$, blau: $U_{LED} = 2{,}9\,\text{V}$). Damit die Strahlung aus dem Gehäuse austreten kann, haben Leuchtdioden ein optisches Fenster oder ein gänzlich transparentes Gehäuse, welches in Abstrahlrichtung des Lichtes als Linse ausgebildet sein kann.

**Halbleiter-Laser** sind elektrisch gesehen ebenfalls Leuchtdioden (Dioden-Laser[1]). Im Halbleiter-Laser arbeitet die Leuchtdiode zusätzlich mit einem optischen Resonator so zusammen, dass stimulierte Emission möglich wird. Als Ergebnis der stimulierten Emission entsteht ein gut fokusiertes, monochromatisches und kohärentes Lichtbündel hoher Intensität.

**Fotodioden** nutzen den inneren lichtelektrischen Effekt im Raumladungsgebiet des in Sperrrichtung betriebenen pn-Überganges. Bei Belichtung des pn-Überganges werden dort Ladungsträgerpaare generiert, wenn die Energie der einfallenden Lichtquanten größer als der Bandabstand ist:

$$h \cdot \nu > E_g .$$

Die durch das einfallende Licht erzeugten Ladungsträgerpaare werden im Raumladungsfeld des pn-Überganges getrennt und bilden den Fotostrom, der über einige Größenordnungen proportional zum Lichteinfall ist.

Die Abb. 4.21b zeigt eine in Sperrrichtung betriebene Fotodiode mit einem Widerstand $R$, der den Fotostrom auf eine Spannung $U_a$ abbildet[2].

---

[1] LASER ist ein Kunstwort für ***L**ight **A**mplification by **S**timulated **E**mission of **R**adiation*

[2] Besser geeignet ist dafür einen Operationsverstärker entsprechend Abb. 6.32

Um Absorbtionsverluste gering zu halten, muss der pn-Übergang nahe der Halbleiteroberfläche liegen und natürlich muss die Fotodiode ein optisches Fenster für den Lichteintritt zum Kristall besitzen.

Fotodioden sind Licht-gesteuerte Bauelemente. Sie gehören zur Gruppe der Sensoren, denn sie gestatten es, nichtelektrische Größen elektrisch zu messen (siehe hierzu Kapitel 9.5).

Die verschiedenen Diodenarten finden in der Schaltungstechnik für ganz unterschiedliche Aufgaben Anwendung, beispielsweise

- in Stromversorgungen als Gleichrichter und zur Spannungsstabilisierung (siehe Kapitel 6.2),
- als spannungsabhängiger Schalter und Überspannungsschutz für spannungsempfindliche Bauelemente (siehe Kapitel 6.1.4),
- als Kapazitätsdiode zur Abstimmung von Schwingkreisen,
- zur galvanischen Trennung von Stromkreisen als Optokoppler,
- zur Modulation und Demodulation in der Nachrichtentechnik (Aussteuerung der nichtlinearen Kennlinie).

Wir betrachten in den Kapiteln 6.1.4 und 6.2 eine kleine Auswahl dieser Anwendungen.

### 4.5.3. Bipolartransistoren – Bauelemente mit zwei pn-Übergängen

Bipolartransistoren haben zwei pn-Übergänge und verfügen über drei Anschlüsse. Sie heißen bipolar, weil Elektronen und Löcher am Ladungstransport beteiligt sind. Bipolartransistoren erlauben es, mit einer kleinen (Steuer-) Leistung im Eingangskreis eine größere Leistung im Ausgangskreis zu steuern, d.h. es wird der Energiefluss einer äußeren Stromquelle gesteuert. Bipolartransistoren werden in der Analogtechnik als Verstärkerbauelemete (Kapitel 6.3.3) und in der Digitaltechnik als Schalter (Kapitel 7.3.2) eingesetzt.

Um zwei pn-Übergänge in einem Bauelement zu realisieren, sind zwei Zonenfolgen möglich, nämlich die Zonenfolgen n-p-n und p-n-p; dementsprechend spricht man vom pnp-Transistor und vom npn-Transistor (siehe Abb. 4.22).

Die Elektroden heißen bei beiden Transistorarten **Emitter** (E), **Basis** (B) und **Kollektor** (C). Die am Transistor anliegenden Spannungen erhalten einen Doppelindex, der angibt, zwischen welchen Elektroden die Spannung gemessen wird. So steht $U_{BE}$ für die von der Basis zum Emitter gemessene Spannung, die Basis-Emitter-Spannung. Dabei gilt $U_{BE} = -U_{EB}$. Entsprechend ist $U_{CE}$ die Spannung zwischen Kollektor und Emitter, also die Kollektor-Emitter-Spannung und $U_{CB}$ die Kollektor-Basis-Spannung. Kollektorstrom $I_C$, Basisstrom $I_B$ und Emitterstrom $I_E$ werden jeweils zum Transistor hin fließend betrachtet.

Damit gilt am Transistor nach Abb. 4.22 für die Ströme die Knotengleichung

$$I_E + I_B + I_C = 0. \qquad (4.7)$$

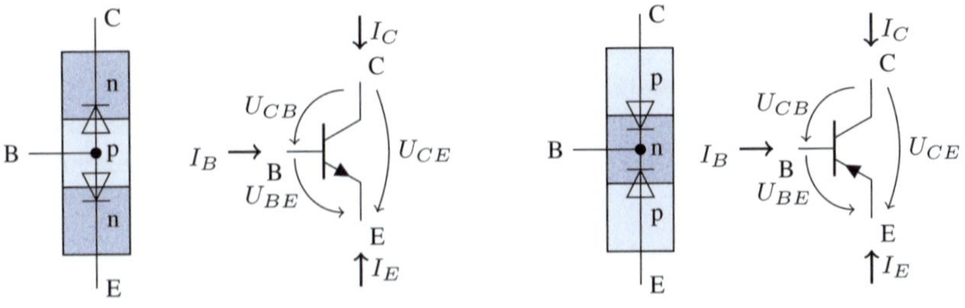


**(a)** npn-Transistor **(b)** pnp-Transistor

**Abb. 4.22.:** Bipolartransistoren, Zonenfolgen und Schaltsymbole mit Zählpfeilen

und die für Spannungen die Maschengleichung

$$U_{CE} = U_{CB} + U_{BE} \,. \tag{4.8}$$

Der Emitter-Basis-Übergang und der Basis-Kollektor-Übergang können, jeweils für sich genommen, als Diode mit einem gemeinsamen p- bzw. n-Gebiet betrachtet werden (Abb. 4.22). Man kann den Transistor jedoch nicht durch zwei einzelne Dioden ersetzen, denn für das Erreichen der Transistorfunktion ist es zwingend notwendig, dass die Halbleitergebiete miteinander in Wechselwirkung treten können. Damit man über den Emitter-Basis-Übergang den Basis-Kollektor-Übergang elektrisch beeinflussen kann, muss die Basis sehr schmal (Größenordnung $\mu m$) und viel schwächer als Emitter und Kollektor dotiert sein.

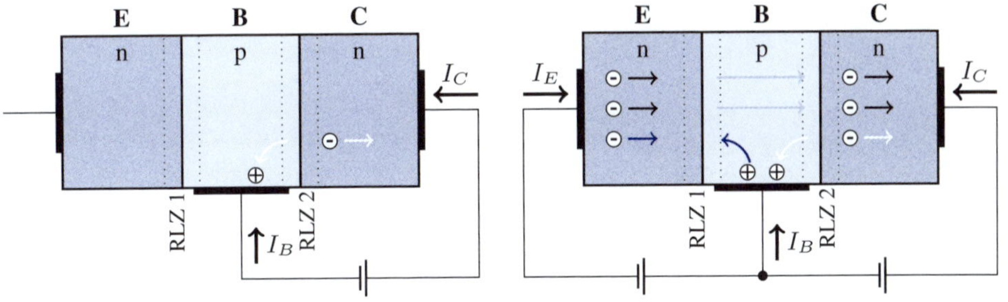


**(a)** Basis-Kollektor-Diode mit Kollektorreststrom **(b)** Durchlassstrom der Emitter-Basis-Strecke generiert Kollektorstrom

**Abb. 4.23.:** Ladungsträgerströme an einem npn-Transistor,
a) mit offenem Emitter
b) mit Basis-Emitter-Spannung in Durchlassrichtung

**Wirkungsweise** Wir erklären die Wirkungsweise der Bipolartransistoren an einem npn-Transistor und nutzen dazu die Abb. 4.23. Die pnp-Transistoren arbeiten analog; jedoch ist die Polarität aller Spannungen umzukehren und alle Ladungsträger sind durch solche, mit dem jeweils anderen Vorzeichen zu ersetzen.

Um den Transistoreffekt (Verstärkung) zu erzielen, muss der Emitter-Basis-Übergang in Durchlassrichtung und der Basis-Kollektor-Übergang in Sperrrichtung gepolt sein, d.h. beim npn-Transistor liegt an Basis und Kollektor jeweils der Pluspol der entsprechenden Spannungsquelle.

Bei offenem Emitterstromkreis (Abb. 4.23a) und anliegender Kollektor-Basis-Spannung $U_{CB}$ fließt über den Basis-Kollektor-Übergang, wie von der Diode bekannt, nur ein sehr kleiner Sperrstrom ($I_{CB0}$). Dieser Strom entsteht durch Ladungsträgergeneration (Paarbildung) in der Raumladungszone des Basis-Kollektor-Überganges (RLZ 2). Er ist temperaturabhängig und ansonsten nicht steuerbar. Wir wollen voraussetzen, dass $I_{CB0}$ so klein ist, dass wir ihn gegen alle anderen Ströme, die bei Durchlasspolung der Emitter-Basis-Strecke fließen, vernachlässigen können.

Wenn der Emitterstromkreis geschlossen und $U_{BE} > 0$ ist, fließt über den Emitter-Basis-Übergang ein Durchlassstrom, der Emitterstrom $I_E$ (Abb. 4.23b). Vom Emitter werden Elektronen in das Basisgebiet injiziert und erhöhen dort die Minoritätsträgerkonzentration (**Ladungsträgerinjektion**).

Weil Dotierung und Breite der Basis gering sind, rekombiniert nur ein kleiner Teil der injizierten Elektronen mit Defektelektronen im Bereich der Raumladungszone RLZ 1 bzw. im Basisgebiet. Dieser Teil fließt als Basisstrom $I_B$ über den Basisanschluss ab. Der größte Teil der in das Basisgebiet injizierten Elektronen diffundiert in das Raumladungsgebiet des Basis-Kollektor-Überganges RLZ 2. Dort unterliegen die Elektronen dem von der Kollektor-Basis-Spannung $U_{CB}$ aufgebautem elektrischen Feld und werden von diesem Feld abgesaugt; sie bilden den Kollektorstrom $I_C$.

Den Basisstrom $I_B$ und den Kollektorstrom $I_C$ kann man durch den Emitterstrom $I_E$ folgendermaßen ausdrücken:

- Basisstrom $I_B = (1 - A) \cdot I_E$
- Kollektorstrom $I_C = A \cdot I_E$.

Dabei kann $A$ je nach Transistor einen Wert von $0{,}95 \cdots 0{,}99$ haben.

Mit wachsender Basis-Emitter-Spannung $U_{BE}$ wächst der Basisstrom $I_B$; der Zusammenhang entspricht einer Diodenkennlinie (dritter Quadrant in Abb. 4.25b). Mit der Basis-Emitter-Spannung respektive mit dem Basisstrom kann so der Kollektorstrom gesteuert werden. Beim normalen Betrieb ist die Spannung $U_{BE}$ eine Durchlassspannung; ihr Wert beträgt bei einem Si-Transistor $0{,}7$–$0{,}8$ V. Die Spannung $U_{CE}$ ist als Sperrspannung deutlich höher, sie kann z.B. $10$ V aber auch ein Mehrfaches davon betragen.

Bei Einsatz eines Transistors in einer Schaltung gehört eine der drei Elektroden zugleich zum Eingangs- oder Steuerkeis und zum Ausgangs- oder Lastkreis. Gegen diese Elektrode werden Signalspannungen gemessen. Es gibt dafür drei mögliche Anordnungen, die in Abb. 4.24 dargestellt sind. Die Schaltungen werden nach der Elektrode bezeichnet, die vom Eingangs- und vom Ausgangskreis gemeinsam genutzt wird; sie heißen **Basisschaltung** (entspricht der

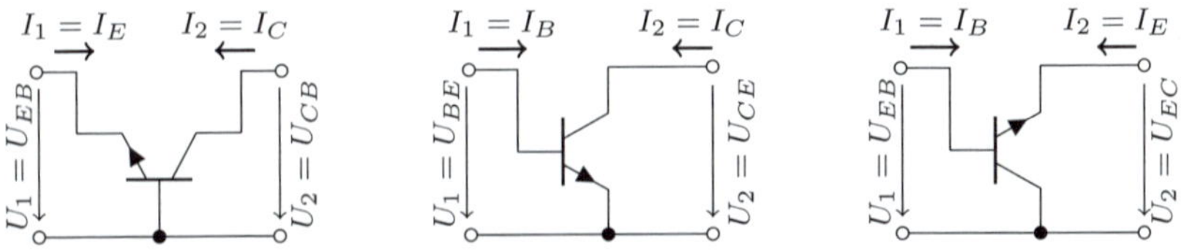


**(a)** Basisschaltung **(b)** Emitterschaltung **(c)** Kollektorschaltung

**Abb. 4.24.:** Transistorgrundschaltungen in Vierpoldarstellung

Abb. 4.23b), **Emitterschaltung** und **Kollektorschaltung**. Die Emitterschaltung wird am häufigsten angewandt.

Die Grundschaltungen nach Abb. 4.24 kann man mit dem Verhältnis zwischen gesteuertem Strom im Ausgangskreis und steuerndem Strom im Eingangskreis charakterisieren. Der Quotient heißt **Gleichstromverstärkung** und wird für die Basisschaltung mit $A$, für die Emitterschaltung mit $B$ und für die Kollektorschaltung $B_C$ bezeichnet. Man erhält

- $A = \frac{|I_C|}{|I_E|} < 1$,
- $B = \frac{|I_C|}{|I_B|} = \frac{A}{1-A} \gg 1$ und
- $B_C = \frac{|I_E|}{|I_B|} = \frac{1}{1-A} \gg 1$.

Für die Anwendung in der Schaltungstechnik beschreibt man den Transistor mit verschiedenen Kennlinien, Kennlinienfeldern und Ersatzschaltungen.

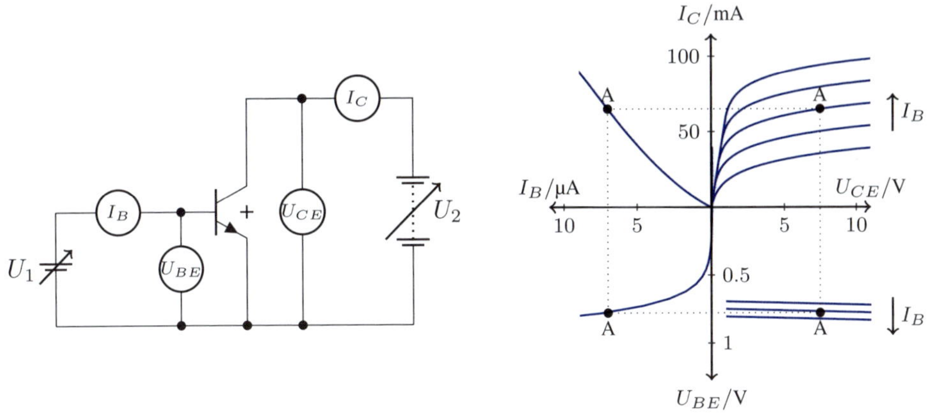


**(a)** Messanordnung **(b)** Kennlinienfeld

**Abb. 4.25.:** Bipolartransistor: Messanordnung zur Kennlinienaufnahme in Emitterschaltung und Kennlinienfeld, schematisch

Die Abb. 4.25a zeigt eine Schaltung zur Aufnahme von Kennlinien in Emitterschaltung. Die Schaltung erlaubt, durch unabhängige Variation der Spannungen $U_1$ und $U_2$ verschiedene Abhängigkeiten der Größen $U_{BE}, I_B, U_{CE}, I_C$ voneinander aufzunehmen.

In Abb. 4.25b sind solche Kennlinien schematisch in einem Vier-Quadranten-Kennlinienfeld dargestellt, wobei die Quadranten folgende Informationen beinhalten:

- 1. Quadrant, Ausgangskennlinienfeld: $I_C = f(U_{CE})$ mit $I_B$ als Parameter,
- 2. Quadrant, Übertragungskennlinie: $I_C = f(I_B,$
- 3. Quadrant, Eingangskennlinie: $U_{BE} = f(I_B)$ und
- 4. Quadrant, Rückwirkungskennlinien: $U_{BE} = f(U_{CE})$

Die Kennlinien sind stark nichtlinear. Um solche Nichtlinearitäten bei der Berechnung von Schaltungen zu umgehen, trennt man das Gesamtproblem nach Möglichkeit in ein Gleichstrom- und ein Wechselstromverhalten auf und untersucht bzw. berechnet diese separat. Bei der Verstärkung kleiner Signale geht man folgendermaßen vor:

- Bestimmung des Gleichstromverhaltens durch Wahl eines geeigneten Arbeitspunktes A in Abb. 4.25b, der Arbeitspunkt ist durch die Wahl von $U_{CE}$ und $I_C$ festgelegt;
- Bestimmung des Wechselstromverhaltens mit den Kleinsignal-h-Parametern.

Die Kleinsignal-h-Parameter entsprechen den Tangenten an den Kennlinien im Arbeitspunkt A und dienen der Linearisierung der Kennlinien im Arbeitspunkt; sie haben in den einzelnen Quadranten die folgende Bedeutung:

- 1. Quadrant: Leerlaufausgangsleitwert $h_{22} = \frac{\Delta I_C}{\Delta U_{CE}}|_{I_B=\text{const}}$,
- 2. Quadrant: Kurzschlussstromverstärkung $h_{21} = \frac{\Delta I_C}{\Delta I_B}|_{U_{CE}=\text{const}}$,
- 3. Quadrant: Kurzschlusseingangswiderstand $h_{11} = \frac{\Delta U_{CE}}{\Delta I_B}|_{U_{CE}=\text{const}}$
- 4. Quadrant: Leerlaufspannungsrückwirkung $h_{12} = \frac{\Delta U_{CE}}{\Delta U_{CE}}|_{I_B=\text{const}}$.

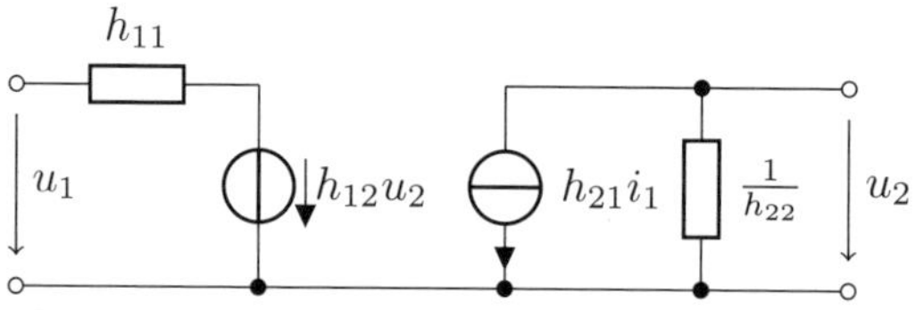


**Abb. 4.26.:** Bipolartransistor: Kleinsignal-Ersatzschaltbild

Die Kleinsignalparameter entsprechen im Ersatzschaltbild des Transistors Schaltelementen, wie die Abb. 4.26 zeigt. Das Ersatzschaltbild entspricht dem einer gesteuerten Quelle, wie wir in Kapitel 3.3 und Abb. 3.12 dargestellt haben. Dieses Ersatzschaltbild beschreibt nur das Wechselstromverhalten, nicht aber das Gleichstromverhalten.

Das Kleinsignalverhalten lässt sich mit den Kleinsignalparametern und dem Ersatzschaldbild analog zu Gleichung 3.7 mit folgendem Gleichungssystem beschreiben:

$$\begin{pmatrix} u_1 \\ i_2 \end{pmatrix} = \begin{pmatrix} h_{11} & h_{12} \\ h_{21} & h_{22} \end{pmatrix} \cdot \begin{pmatrix} i_1 \\ u_2 \end{pmatrix}. \tag{4.9}$$

### 4.5.4. MOS-Feldeffekttransistoren

Der Feldeffekt und die in Kapitel 4.4.3 beschriebene MOS-Struktur bilden die Basis der MOS-Feldeffekt-Transistoren, kurz MOSFET. Aus einem MOS-Kondensator entsteht ein MOSFET, indem zwei weitere Elektroden ergänzt werden, die den Inversionskanal der MOS-Kapazität kontaktieren, sobald dieser existiert. Diese Elektroden heißen **Source** (S) und **Drain** (D) und werden durch zwei stark dotierte (in den Bildern mit + gekennzeichnet), gut leitende Inseln realisiert.

Wir müssen zunächst zwei Fälle unterscheiden.

- Bei p-leitendem Grundmaterial entsteht durch Inversion ein n-leitender Kanal (siehe Kapitel 4.4.3 Abb. 4.15). Deshalb sind n-leitende Inseln als Source und Drain zu verwenden und es entsteht ein **n-Kanal-MOSFET**.
- Bei n-leitendem Grundmaterial entsteht durch Inversion ein p-leitender Kanal. Für Source und Drain müssen deshalb p-leitende Inseln verwendet werden; es entsteht ein **p-Kanal-MOSFET**.

<table>
<tr><th colspan="2">n-Kanal</th><th colspan="2">p-Kanal</th></tr>
<tr><th>selbstleitend<br>Verarmungstyp<br>(depletion)</th><th>selbstsperrend<br>Anreicherungstyp<br>(enhancement)</th><th>selbstleitend<br>Verarmungstyp<br>(depletion)</th><th>selbstsperrend<br>Anreicherungstyp<br>(enhancement)</th></tr>
<tr><td>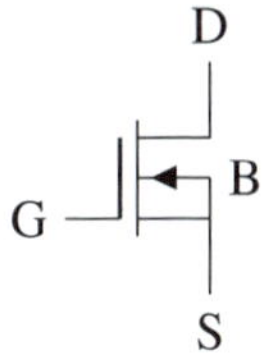</td><td>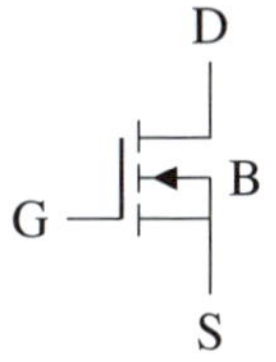<br>nMOS<br>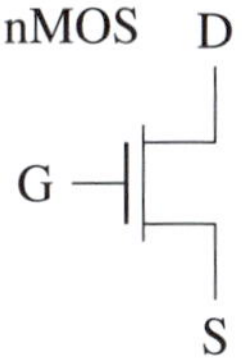</td><td>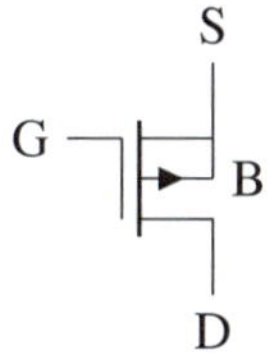</td><td>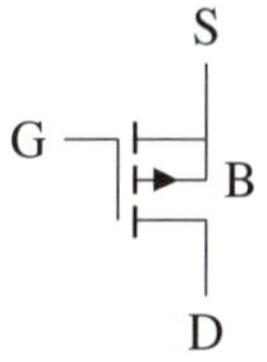<br>pMOS<br>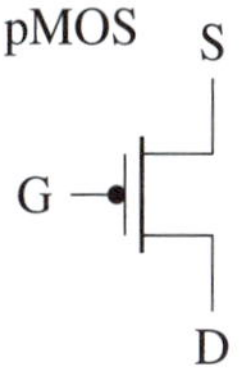</td></tr>
<tr><td colspan="4">G: Gate, S: Source, D: Drain, B: Bulk (ist entweder fest mit Source verbunden und wird manchmal nicht gezeichnet – oder wird nach außen geführt)</td></tr>
</table>

**Tabelle 4.4.:** Symbole für MOSFET-Arten

Beim n-Kanal-MOSFET fließt der Strom innerhalb des Transistors nur in n-leitenden Gebieten (Source→Kanal→Drain). Es ist nur eine Ladungsträgersorte am Stromfluss beteiligt. Entsprechendes gilt für den p-Kanal-Typ. Man spricht deshalb im Gegensatz zum Bipolartransistor hier deshalb von **Unipolartransistoren**.

Für jede dieser beiden MOSFET-Arten wird eine weitere Unterscheidung nach dem Verhalten bei der Gate-Source-Spannung $U_{GS} = 0\,\mathrm{V}$ getroffen; man unterscheidet

- selbstleitende oder Verarmungstypen und
- selbstsperrende oder Anreicherungstypen.

Die vier MOSFET-Arten und ihre Schaltsymbole sind in Tabelle 4.4 zusammengestellt.

Wie beim Bipolartransistor eingeführt, verwenden wir auch hier Doppelindizes, um Spannungen zu kennzeichnen. So sind $U_{GS}$ die Gate-Source- und $U_{DS}$ die Drain-Source-Spannung.

**Funktionsweise** Die Funktion der MOSFETs behandeln wir am n-Kanal-Typ und greifen dabei auf die MOS-Struktur entsprechend Abb. 4.15 (Seite 119) zurück.

In Abb. 4.27a sind in eine MOS-Struktur die beiden zusätzlichen Elektroden Source und Drain eingebaut worden. Weil zwischen diesen beiden n-leitenden Elektroden das p-leitende Grundmaterial liegt, gibt es zwei pn-Übergänge, die gegeneinander geschaltet sind (als Dioden im Bild eingetragen). Unabhängig von der Polarität der Drain-Source-Spannung $U_{DS}$ ist einer dieser beiden Übergänge stets in Sperrrichtung gepolt, so dass zunächst kein Strom fließen kann. Wird eine hinreichend positive Steuerspannung $U_{GS}$ angelegt, so bildet sich ein Inversionskanal unter der Isolatorschicht (selbstsperrend oder Anreicherungstyp). Dieser ist wie Source und Drain n-leitend und verbindet die beiden Elektroden. Nun kann ein Elektronenstrom als Drainstrom $I_D$ fließen (Abb. 4.27b). Die Leitfähigkeit des Kanals wird über dessen Querschnitt und Ladungsträgerkonzentration mittels der Gate-Source-Spannung $U_{GS}$ praktisch leistungslos gesteuert; dieser Steuerung durch ein elektrisches Feld liegt die Influenz (siehe Seite 16) zugrunde.

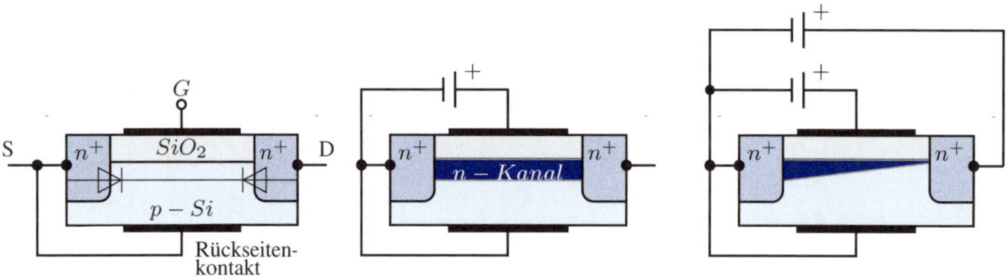


(a) MOSFET ohne Spannungen (b) Ausbildung des Kanals nach Anlegen von $U_{GS}$ (c) Einschnürung des Kanals durch Drainstrom $I_D$

**Abb. 4.27.:** Struktur eines MOSFET ohne und mit Spannungen, schematisch

Der im Inversionskanal fließende Strom verursacht längs des Kanals einen Spannungsabfall, der zur Drainelektrode hin zunimmt und so gerichtet ist, dass er die lokal wirksame Steuerspannung längs des Kanals vergrößert. In der Folge kommt es mit wachsender Spannung $U_{DS}$ und wachsendem Drainstrom $I_D$ zu einer Abschnürung des Kanals (*pinch-off*) und der Kanal wird hochohmig. (Abb. 4.27c). Dieser Fall entspricht im Ausgangskennlinienfeld (siehe Abb. 4.28 ) dem Sättigungsbereich, während der nicht abgschnürte Kanal dem ansteigenden Ast der Kennlinien entspricht.

Wie sich ein MOSFET bei der Gate-Source-Spannung $U_{GS} = 0\,\text{V}$ verhält, kann mit ortsfesten Ladungen im Gateoxid (Oberflächenzustände) beeinflusst werden. Positive ortsfeste Ladungen im Gateoxid erzeugen ein das äußere Steuerfeld unterstützendes inneres Steuerfeld. Letzteres verschiebt die Steuerkennlinie zu negativen Gate-Source-Spannungen. Der MOSFET wird selbstleitend und zur Sperrung ist eine negative Steuerspannung erforderlich (selbstleitender Typ oder Verarmungstyp, linke Kennlinie in Abb. 4.28a ).

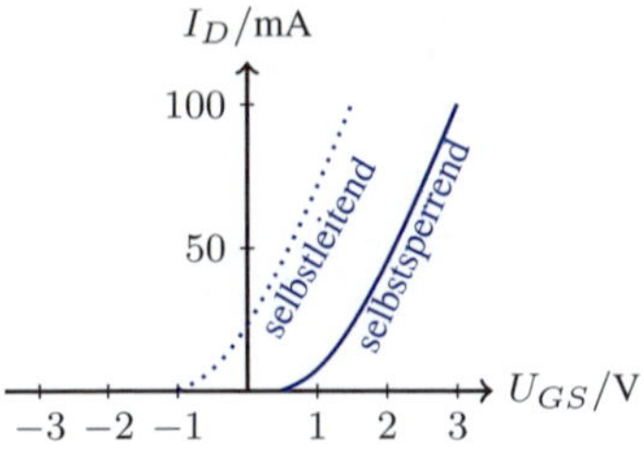


**(a)** Steuerkennlinie

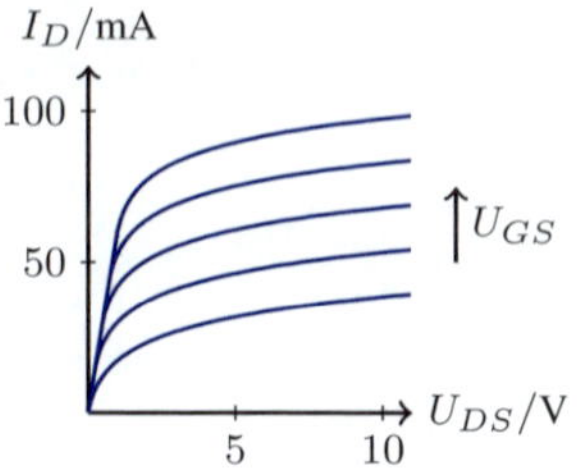


**(b)** Ausgangskennlinienfeld

**Abb. 4.28.:** n-Kanal-MOSFET-Kennlinien, schematisch

Über das Gate fließt beim MOSFET nur während der Umladung der Gatekapazität ein Strom. Bei quasistatischem Betrieb erfolgt die Steuerung leistungslos. Das Kennlinienfeld umfasst entsprechend Abb. 4.28 nur die Ausgangskennlinien $I_D(U_{DS})$ mit $U_{GS}$ als Parameter und die Übertragungs- oder Steuerkennlinien $I_D(U_{GS})$.

Wie beim Bipolartransistor beschrieben, wählt man auch hier zunächst einen Arbeitspunkt A, der durch eine bestimmte Drain-Source-Spannung $U_{GS}$ und einen bestimmten Drainstrom $I_D$ gekennzeichnet ist. Diese Gleichspannungswerte werden mit externen Bauelementen im Steuer- und im Ausgangskreis eingestellt. Das Wechselstromverhalten beschreiben die Kleinsignalparameter und ein entsprechendes Ersatzschaltbild (Abb. 4.29).

Im Ersatzschaltbild wird der Drainstrom von einer gesteuerten Stromquelle generiert:

$$I_D = S \cdot u_1 .$$

Der Parameter $S$ heißt **Steilheit** und ist gleich dem Anstieg der Steuerkennlinie im Arbeitspunkt

$$S = \frac{\Delta I_D}{\Delta U_{GS}} . \tag{4.10}$$

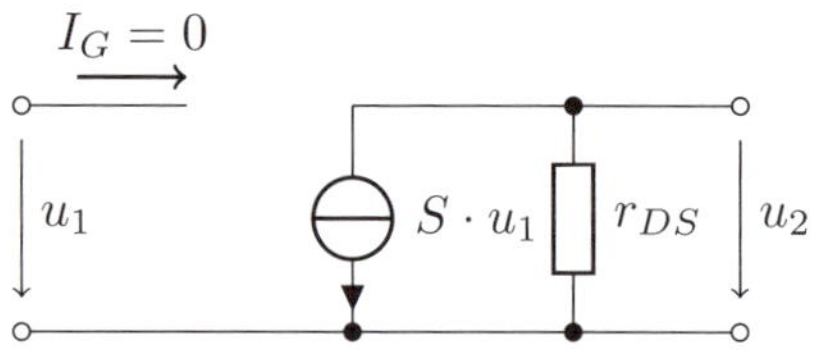


**Abb. 4.29.:** MOSFET: Kleinsignal-Ersatzschaltbild

Der Parameter $r_{DS}$ heißt Ausgangswiderstand und entspricht dem Anstieg einer Ausgangskennlinie im Arbeitspunkt:

$$r_{DS} = \frac{\Delta U_{DS}}{\Delta I_D}. \tag{4.11}$$

Der offene Eingang berücksichtigt, dass im statischen Fall kein Gatestrom fließt ($I_G = 0$).

MOSFETs erlauben eine hohe Integrationsdichte in integrierten Schaltungen. Sie haben nur einen geringen Flächenbedarf und mit der ausgereiften Planartechnologie kann man sub-$\mu$m-Strukturen herstellen. Ein paar Zahlen sollen das belegen (Quellen: [Kal09], [TSG10])

- Kanallänge: 1–10 µm bzw. bei Höchstintegration 0,1–1 µm,
- Dicke der $SiO_2$-Schicht: 40–100 nm bzw. bei Höchstintegration 15 nm,
- Dicke der Gate-Elektrode: 1 µm,
- Kanaldicke: einige 10 nm.

## 4.5.5. Sperrschicht-Feldeffekt-Transistoren (JFET)

Sperrschicht-Feldeffekt-Transistoren (Junction-FET oder JFET) basieren ebenfalls auf einer Steuerung des Stromes in einem n- oder p-leitendem Kanal durch den Feldeffekt. Sie nutzen dafür einen pn-Übergang, wobei der steuerbare Strompfad (Kanal) parallel zur lateralen Ausdehnung des pn-Überganges liegt. Der gesteuerte Strom fließt dabei nicht über den pn-Übergang, er wechselt im Halbleiter nicht von einem zum anderen Leitfähigkeitstyp. Da nur eine Ladungsträgersorte am Stromtransport beteiligt ist, gehören sie zur Gruppe der Unipolartransistoren.

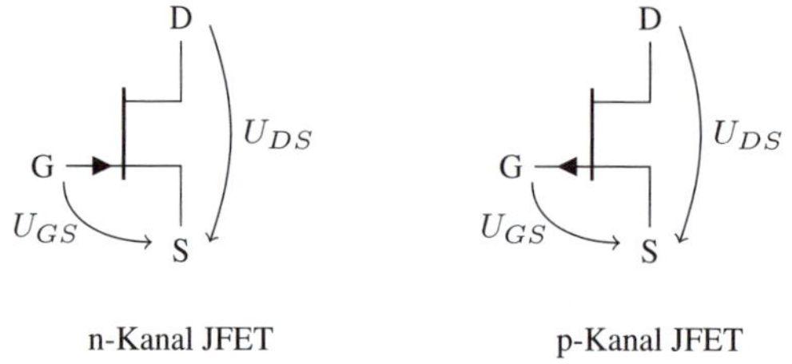


**Abb. 4.30.:** JFET-Schaltsymbole

In der Abb. 4.30 sind die Schaltsymbole beider Typen mit den Zählpfeilen dargestellt. Wir betrachten nachfolgend den n-Kanal-Typ.

Der Aufbau eines n-Kanal-JFET ist in Abb. 4.31 schematisch dargestellt. Ein n-Kanal-JFET erfordert als Ausgangsmaterial ein schwach dotiertes, n-leitendes Halbleitermaterial, welches mit zwei ohmschen Kontakten versehen ist. Diese Elektroden heißen wiederum **Source** $S$ und **Drain** $D$. Ein stärker dotiertes p-Gebiet an den Längsseiten der Struktur bildet mit dem n-leitenden Grundmaterial den pn-Übergang und dient als **Gate** $G$ (Steuerelektrode). Das p-Gebiet hat ebenfalls einen ohmschen Kontakt.

Der Kanal ist bereits ohne angelegte Steuerspannung $U_{GS}$ vorhanden. Deshalb fließt beim Anlegen der Drain-Source-Spannung $U_{DS}$ ohne Steuerspannung ein Drainstrom $I_D$. Ein JFET ist daher selbstleitend bzw. ein Verarmungstyp (siehe Abb. 4.31a).

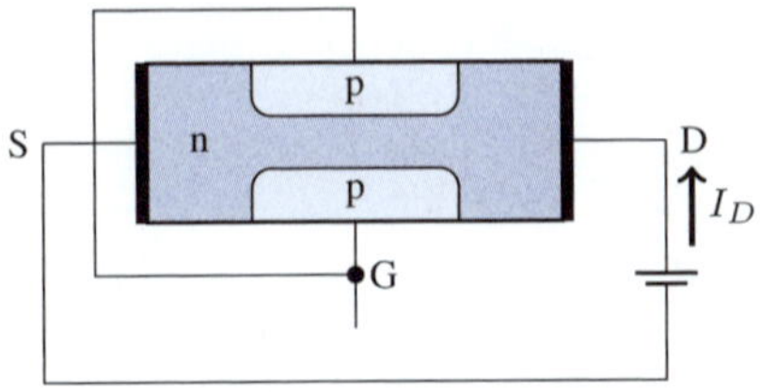


**(a)** ohne Gate-Source-Spannung

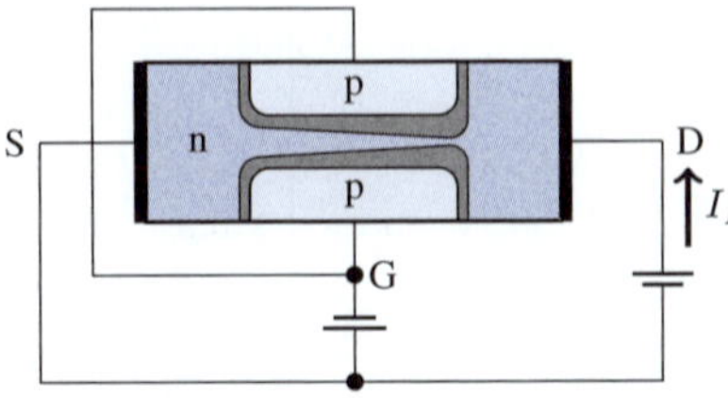


**(b)** mit Gate-Source-Spannung und Einschnürung des Kanals

**Abb. 4.31.:** JFET: Aufbau und Funktion, schematisch

Um den Drainstrom $I_D$ zu steuern, wird der pn-Übergang in Sperrrichtung betrieben (Minuspol am Gate). Mit sinkender Steuerspannung $U_{GS}$ weitet sich die Raumladungszone am pn-Übergang auf und der parallel verlaufende Kanal verengt sich (siehe Abb. 4.31b). Man kann so durch Variation der angelegten Sperrspannung den Kanalquerschnitt und damit dessen Widerstand beeinflussen (Querschnittsteuerung). Da die Gate-Source-Spannung immer so gewählt ist, dass der pn-Übergang in Sperrrichtung betrieben wird ($U_{GS} < 0$ beim n-Kanal-Typ), fließt über das Gate nur ein kleiner Sperrstrom, d.h. die Steuerung des Drainstromes $I_D$ erfolgt praktisch leistungslos.

Der im Kanal fließende Elektronenstrom verursacht längs des Kanals einen Spannungsabfall. Dieser ist so gerichtet, dass er die lokal wirksame steuernde Spannung vergrößert und zwar um so mehr, je näher der betrachtete Punkt an der Drain-Elektrode liegt.

Wenn dieser innere Spannungsabfall klein gegen die Steuerspannung $U_{GS}$ ist, beobachtet man, dass der Anstieg des Drainstromes $I_D$ nahezu proportional zur Spannung $U_{DS}$ ist. Das ist bei kleinen Drain-Source-Spannungen $U_{DS}$ der Fall. Man spricht hier vom **Triodenbereich**.

Wenn $U_{DS}$ und der Drainstrom $I_D$ hinreichend groß sind, wächst der Spannungsabfall im Kanal und als Folge schnürt sich der Kanal weiter ein (siehe Abb. 4.31b). Die Ausgangskennlinie verläuft dann flach und man spricht von einem **Sättigungs-** oder **Abschnürbereich** (pinch-off Effekt).

Wie beim MOSFET fließt kein Steuerstrom und das Kennlinienfeld umfasst die Ausgangskennlinien und die Übertragungs- oder Steuerkennlinie. Die Abb. 4.32 zeigt schematisch die Kennlinien eines n-Kanal-JFET. Zu beachten ist, dass jeder JFET ein Verarmungstyp ist; der maximale Drainstrom fließt daher bei $U_{GS} = 0\,\mathrm{V}$. Beim n-Kanal-JFET werden deshalb negative Steuerspannungen benötigt. Das Ersatzschaltbild entspricht dem des MOSFET; analog zum MOSFET wird der Zusammenhang zwischen Drainstrom $I_D$ und steuernder Gate-Source-Spannung im Arbeitspunkt mit einer Steilheit $S$ beschrieben:

$$S = \frac{\Delta I_D}{\Delta U_{GS}}.$$

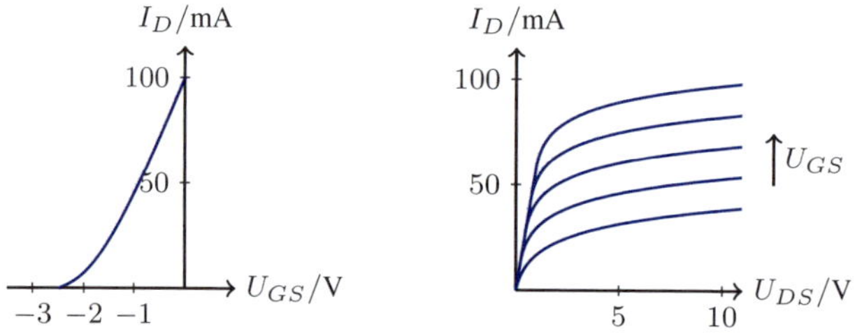


(a) Steuerkennlinie (b) Ausgangskennlinienfeld

**Abb. 4.32.:** JFET-Kennlinien, schematisch

### 4.5.6. Halbleiterbauelemente – Stand und Entwicklungstrends

Die hier behandelten Halbleiterbauelemente sind Grundformen, die sich heute großer Verbreitung erfreuen. Zahlreiche Weiter- und Neuentwicklungen der Bauelemente selbst, ihrer Materialbasis und ihrer Technologie haben zu einer kaum mehr überschaubaren Vielfalt und Vielzahl von Varianten geführt. Die permanent fortdauernde Entwicklung auf diesem Sektor verfolgt Ziele wie

- die Erhöhung der Integrationsdichte in integrierten Schaltungen, das schließt die Verringerung der pro Bauelement benötigten Chipfläche und die Reduktion der Verlustleistung pro Funktion ein,
- die Erhöhung der Arbeitsfrequenz,
- die Erweiterung des Einsatztemperaturbereiches und
- nicht zuletzt die Senkung der Kosten.

Antrieb dieser Entwicklung sind stetig wachsende Anforderungen aus den verschiedenen Anwendungsbereichen, die Erschließung neuer technologischer Möglichkeiten und neuer Materialien und die fortschreitende Integration. Einige Beispiele sollen diese Aussagen illustrieren.

Für die Anwendungen im GHz-Bereich (Radar, Funk) wurden unter Nutzung moderner Technologien und neuer Materialkombinationen spezielle Höchstfrequenz-Transistoren entwickelt, die in diesem früher für Halbleiter kaum für möglich gehaltenen Frequenzbereich effektiv arbeiten. Zu diesen Lösungen für die Höchstfrequenztechnik zählen spezielle Transistoren wie

- der SiGe-HBT-Transistor (Heterojunction Bipolar Transistoren mit Si-Ge-Mischkristallschicht),
- der High Electron Mobility Transistor (HEMT) und
- der MESFET (Metal Semiconductor Field Effect Transistor).

Im Bereich der Leistungselektronik ist aus einer geschickten Kombination von Bipolartransistor und FET ein Bauelement, der sog. IGBT (Insulated-Gate Bipolar Transistor), entstanden, der eine leistungsarme Ansteuerung von Verbrauchern mit hoher Leistung ermöglicht.

Zur Beschreibung oder Simulation des elektrischen Verhaltens neuer Halbleiterbauelemente werden entsprechende Ersatzschaltungen und Kennlinien genutzt, wie wir gezeigt haben. Diese Beschreibungsformen haben sich schon in der Epoche der Elektronenröhren herausgebildet und bewährt.

### Integration und Realisierung komplexer Funktionen

Zu Beginn der Halbleiterära, als elektronische Schaltungen ausschließlich mit diskreten Bauelementen realisiert wurden, war man bestrebt, die Anzahl der aktiven Bauelemente gering zu halten. Die Möglichkeit der Integration vieler Bauelemente auf einem Chip und dessen Herstellung in einem Prozess hat das Vorgehen heute grundlegend verändert. An die Stelle einer Minimierung der Anzahl von aktiven diskreten Bauelementen ist die Realisierung möglichst vieler Funktionen auf einem Chip getreten. Beispielsweise kann man einen einfachen Verstärker prinzipiell mit einem Transistor und ein paar passiven Bauelementen aufbauen (siehe S. 171). Seitdem integrierte Verstärker, sog. Operationsverstärker (siehe S. 179) verfügbar sind, haben sie sich für viele Anwendungen durchgesetzt. Operationsverstärker beinhalten heute einige hundert bis zu einigen tausend einzelne Transistoren. Noch deutlicher stellt sich diese Entwicklung bei höchstintegrierten Digitalschaltungen wie Controllern oder Speicherbausteinen dar (siehe hierzu auch Kapitel A.7.3).

Die Fortschritte der Halbleitertechnologie haben es über einige Jahrzehnte ermöglicht, die Bauelementestrukturen zu verkleinern und die Zahl und Dichte der Bauelemente auf einem Halbleiterchip zu erhöhen. Sie folgten damit lange einer Vorhersage von Gordon E. Moore (Mooresches Gesetz[1]). Inzwischen ist absehbar, dass die fortlaufende Verkleinerung der Halbleiterstrukturbreiten an physikalische und technologische Grenzen stoßen wird. Man rechnet damit, dass in den Jahren nach 2020 grundlegend neue Bauelementekonzepte und Materialien erforderlich werden.

Prognosen über zukünftige Entwicklungen der Halbleitertechnik findet man auf der Internetseite „International Technology Roadmap for Semiconductors“ [IRT13].

---

[1] Nach Gordon E. Moore, Mitbegründer und langjähriger CEO der Firma Intel; er prognostizierte 1965, dass sich die Zahl der Transistoren in integrierten Schaltungen jährlich verdoppeln würde [Moo65]. Hierbei handelt es sich nicht wirklich um ein Gesetz, sondern eher um eine Regel, die empirisch durch Studien untermauert wurde bzw. wird.

## 4.6. Fragen und Aufgaben

4.1 Erläutern Sie folgende Begriffe: fester Körper, Kristallgitter, Realkristall und Einkristall.

4.2 In der Festkörperphysik benutzt man die Energieeinheit eV. Welche Potentialdifferenz muss ein Ladungsträger durchlaufen, damit sich seine Energie um 1 eV verändert? Wieviel W s entspricht ein 1 eV?

4.3 In der Festkörper- und Halbleiterphysik werden viele Phänomene mit dem Bändermodell erklärt.

4.3.1 Was versteht man unter dem Bändermodell und wie kommen die Energiebänder zustande?

4.3.2 Welche Rolle spielen Valenz- und Leitungsband sowie deren Abstand und Besetzung für die elektrische Leitfähigkeit eines Materials?

4.3.3 Grenzen Sie unter Nutzung des Bändermodells Metalle (Leiter), Halbleiter und Isolatoren gegeneinander ab.

4.3.4 Welche Ladungsträger sind für den Stromtransport a) in Metallen und b) in Halbleitern zuständig?

4.4 Nennen Sie einige wichtige Halbleitermaterialien. Welches sind Element- und welches Verbindungshalbleiter? Wo stehen die Elementhalbleiter (Elemente der Verbindungshalbleiter) im Periodensystem?

4.5 Wie kann man die Leitfähigkeit eines Halbleiters beeinflussen?

4.6 Erläutern Sie die verschiedenen Leitungsmechanismen in einem Halbleiter!

4.6.1 Unter welchen Umständen treten Eigen-, n- bzw. p-Leitung auf?

4.6.2 Wie berechnet sich die spezifische Leitfähigkeit eines Halbleiters a) bei Eigenleitung und b) bei Störstellenleitung?

4.6.3 Die Ladungsträgerdichte und damit die Leitfähigkeit eines Halbleiters sind temperaturabhängig. Was versteht man unter Störstellenreserve, Störstellenerschöpfung und Eigenleitung? In welchem dieser Bereiche werden Halbleiterbauelemente eingesetzt und warum?

4.6.4 Berechnen Sie die spezifische Leitfähigkeit (den spezifischen Widerstand) für eigenleitendes Silizium und eigenleitendes Germanium bei Zimmertemperatur. Die notwendigen Zahlenwerte können Tabelle 4.2 entnommen werden.

4.6.5 Berechnen Sie die spezifische Leitfähigkeit und den spezifischen Widerstand für n-leitendes und p-leitendes Silizium, wenn pro $cm^3$ jeweils a) $10^{14}$ bzw. b) $10^{16}$ Donatoren bzw. Akzeptoren eingebaut (dotiert) wurden und Störstellenerschöpfung herrscht. Diskutieren Sie Ihre Ergebnisse!

4.7 Wie und unter welchen Umständen kann Lichteinstrahlung die Leitfähigkeit eines Halbleiters beeinflussen? Was versteht man unter Photoleitung?

4.8 Erklären Sie die Funktion eines NTC-Widerstandes und eines Fotowiderstandes! Wofür kann man diese Bauelemente nutzen?

4.9 Was versteht man unter dem Hall-Effekt? Wie entsteht in einem Hall-Generator die Hall-Spannung und von welchen Größen ist sie abhängig? Wofür werden a) der Hall-Effekt und b) Hall-Generatoren technisch genutzt?

4.10 Beschreiben Sie einen pn-Übergang und erläutern Sie die Vorgänge an einem pn-Übergang a) im thermischen Gleichgewicht, b) in Sperrrichtung und c) in Durchlaßrichtung.

4.11 Skizzieren Sie die Kennlinie einer Diode und diskutieren Sie die verschiedenen Bereiche! Wofür werden Diode technisch genutzt?

4.12 Wie arbeitet eine Leuchtdiode und wovon hängt die Farbe (Wellenlänge) des emittierten Lichtes ab?

4.13 Erläutern Sie Aufbau und Funktion von Bipolartransistoren am Beispiel eines npn-Transistors.

4.13.1 Was beschreiben die Begriffe Emitterschaltung, Basisschaltung und Kollektorschaltung? Skizzieren Sie die Grundschaltungen für einen npn-Transistor.

4.13.2 Das Kennlinienfeld eines npn-Transistors in Emitterschaltung ist zu ermitteln. Entwerfen Sie eine Schaltung für diese Aufgabe und erläutern Sie den Ablauf der Kennlinienaufnahme!

4.13.3 Erläutern Sie das Kennlinienfeld und das h-Parameter-Ersatzschaltbild eines Bipolartransistors. Welche Zusammenhänge bestehen zwischen h-Parametern und Kennlinienfeld?

4.13.4 Nutzen Sie für die näherungsweise Bestimmung von h-Parametern eines npn-Transistors die Abb. 4.25b und ermitteln Sie für den dort markierten Arbeitspunkt die Parameter $h_{11}$, $h_{21}$ und $h_{22}$.

4.14 Feldeffekttransistoren basieren auf der Steuerung der Leitfähigkeit eines Kanals durch ein elektrisches Feld.

4.14.1 Erläutern Sie den Feldeffekt!

4.14.2 Skizzieren Sie den Aufbau einer MOS-Kapazität und erklären Sie das Zustandekommen der Inversionsschicht. Warum ist die MOS-Kapazität spannungsabhängig?

4.14.3 Skizzieren Sie den Aufbau eines Isolierschicht-Feldeffekttransistors (MOSFET) und erklären Sie dessen Funktionsprinzip am Beispiel eines n-Kanal-Typs. Nutzen Sie die MOS-Kapazität als Ausgangsbasis.

4.14.4 Wodurch unterscheiden sich selbstleitende und selbstsperrende MOSFET?

4.14.5 Welche Steuerleistung benötigt ein MOSFET a) im statischen und b) im dynamischen Betrieb?

4.14.6 Wie unterscheiden sich Sperrschicht-Feldeffekttransistoren (JFET) von MOSFET?

4.14.7 Erläutern Sie Aufbau und Funktion von n-Kanal-JFET.

# 5. Signal und Information

## 5.1. Abgrenzung und Begriffsbestimmungen

Wir empfangen täglich zahllose Signale und Informationen über unsere Sinne, nämlich:

- optische Signale beim Sehen,
- akustische (mechanische) Signale beim Hören,
- mechanische und thermische Signale bei Berührung und beim Betasten sowie
- chemische Signale beim Riechen und Schmecken.

Wenn wir sprechen oder gestikulieren, senden wir Signale und Informationen aus, die gehört und gesehen werden können. Das Aussenden von Geruchsstoffen (Botenstoffen) als Signal und Information spielt in der Tierwelt eine große Rolle und ist beim Menschen auch anzutreffen (z.B. Angstschweiß, Körpergeruch, Benutzen von Parfüm).

Die Begriffe Signal und Information finden in der Umgangssprache oft Anwendung, ohne dass sie scharf abgegrenzt bzw. exakt definiert werden; dementsprechend sind die Bedeutungsinhalte in der Umgangssprache situationsbezogen und unscharf.

Zur Unterscheidung der Begriffe Signal und Information (Signalinhalt, Nachricht) betrachten wir als Beispiel zunächst das Aussenden von rotem Licht in verschiedenen Situationen. Je nach Ort und Situation ist die Bedeutung, die wir mit rotem Licht verbinden, ganz unterschiedlich, zum Beispiel:

- **Betriebsanzeige**: ein Gerät ist eingeschaltet und eine rote LED zeigt dies an;
- **Vorsicht**: ein vorausfahrendes Fahrzeug bremst, die Bremsleuchte ist aktiv;
- **Halt**: Rot an einer Verkehrsampel zwingt zum Halten.

Im Zusammenhang mit der Signalverarbeitung wollen wir die Begriffe Signal und Information exakt abgegrenzt verwenden und benutzen hier folgende Definitionen:

**Definition 5.1 (Signal)**

Ein Signal ist eine von einem ersten (physikalischen) System sich ausbreitende Wirkung, die geeignet ist, einem zweiten (physikalischen) System Informationen über Veränderungen im ersten System zu übermitteln.

In diesem Sinne sind der Amplituden-Zeit-Verlauf oder in Bildern der Amplituden-Orts-Verlauf einer physikalischen (oder chemischen) Größe ein Signal.

Konkreter heißt das, Signale können sein:

- analoge Funktionen der Zeit, z.B. eine Spannungs-Zeit-Funktion $U(t)$, eine Strom-Zeit-Funktion $I(t)$ oder eine Temperatur-Zeit-Funktion $\vartheta(t)$
- analoge Funktionen des Ortes und der Zeit, z.B. von Helligkeit oder Farbe in Bildern $f(x, y, t)$ oder
- digitale Funktionen der Zeit, wie das Ein- und Ausschalten einer Lampe nach einem Zeitplan.

Ein Signal transportiert stets auch Energie. Man kann sich das an Lichtsignalen klar machen; jedes am Signal beteiligte Lichtquant transportiert die Energie $h \cdot \nu$.

Den Begriff **Information**[1] nutzen wir folgendermaßen:

**Definition 5.2 (Information)**

Unter Information wollen wir den „Signalinhalt“ verstehen, also eine an Signale gebundene Nachricht. Diese Nachricht ist bestimmten Signalparametern, z.B. der Amplitude, der Frequenz oder der Phasenlage durch Modulation oder Kodierung aufgeprägt.

Der Bedeutungsinhalt, also die Information, des Signals erschließt sich dem Empfänger durch Demodulation bzw. durch Dekodierung des Signals. Voraussetzung für die Rückgewinnung der Information aus den Signalparametern ist, dass Modulationsart bzw. Code dem Empfänger bekannt sind. Wir wollen das mit einigen Beispielen verdeutlichen:

- Verkehrsampel: rotes bzw. grünes Licht sind reine Signale; die internationale Bedeutung ist per Definition in den Straßenverkehrsordnungen festgelegt und wird in der Kindheit erlernt;
- Signalhorn, Hupe, Sirene: der ausgesandte Ton ist ein reines Signal; je nach Situation kann die Bedeutung (Signalinhalt, Nachricht) unterschiedlich sein, z.B. Beginn oder Ende einer Pause, Warnung eines ankommenden Fahrzeugs, Feuer u.a..
- Händedruck: die Kraft des Händedrucks zweier Menschen ist ein reines Signal; die damit verbundene Bedeutung hängt von der Situation und den Personen ab.

[1] In der Informationstheorie wird nach Claude Shannon die Entropie $H$ als Maß für die Informationsmenge $I$ über ein Alphabet $Z$ eingeführt. $H(I)$ wird quantitativ wie folgt definiert:

$$H(I) = -\sum_{i=1}^{|Z|} p_i \cdot \log_2 p_i$$

wobei $p_i$ die Wahrscheinlichkeit für das Auftreten des $i$-ten Zeichens (Ereignisses) im Alphabet Z ist [Rai70].

In unserem Zusammenhang ist der Begriff „System“ neu aufgetreten, den wir folgendermaßen definieren:

**Definition 5.3 (System)**

**System** ist ein Oberbegriff für

- eine Einrichtung oder eine Anordnung, welche ein oder mehrere Eingangssignale X in ein oder mehrere Ausgangssignale Y überführt oder
- eine Transformationsvorschrift, welche eine oder mehrere Eingangsfunktionen $X(t, \vec{r}, ...)$ in eine oder mehrere Ausgangsfunktionen $Y(t, \vec{r}, ...)$ überführt.

In diesem Sinne sind in der analogen Elektronik Verstärker, Filter oder Messgleichrichter und in der digitalen Elektronik Zähler, Digitalfilter oder Addierer jeweils als System zu verstehen. Aber auch Signalverarbeitungsprozesse (Software), die aus einem Satz von Rohdaten (Eingangsfunktion) Ergebnisdaten (Ausgangsfunktion) erzeugen, betrachten wir jeweils als System.

Eine besonders wichtige Gruppe sind die linearen zeitinvarianten Systeme (LTI: ***L**inear **T**ime-**I**nvariant*). Lineare Systeme verzerren Signale nicht und zeitinvariant heißt, dass die Systemfunktion sich während der gesamten Beobachtungszeit nicht verändert.

Die Beschreibung und Charakterisierung eines Systems erfolgt durch Einkopplung von definierten Testsignalen am Systemeingang und Beobachtung der Signale am Systemausgang. Durch Zuordnung von Eingangssignal und Ausgangssignal gewinnt man Aussagen über das Verhalten des Systems, die in Form einer Übertragungsfunktion oder einer Antwortfunktion des Systems dargestellt werden.

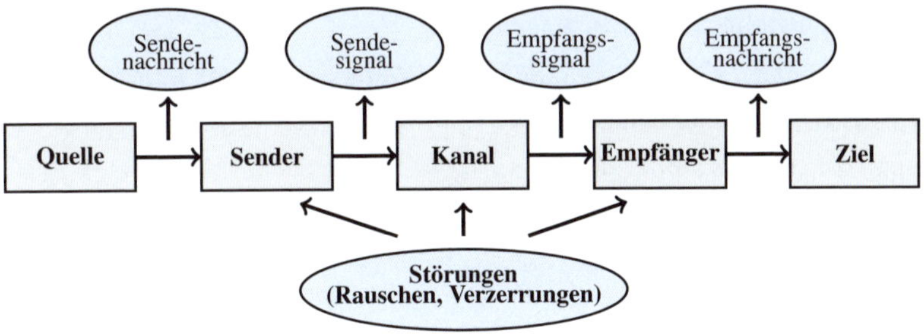


**Abb. 5.1.:** Signal- und Informationsfluss

Die Untersuchung von Systemen kann im Frequenzbereich oder im Zeitbereich erfolgen. Im Frequenzbereich benutzt man periodische Funktionen als Testsignale, die z.B. sinusförmig sein und verschiedene Frequenzen und Amplituden haben können. Im Zeitbereich hingegen werden Sprungfunktionen oder Impulse (Deltafunktionen) als Testsignal eingesetzt, die dann eine Sprungantwort bzw. eine Impulsantwort generieren.

Die Antwortsignale im Frequenz- und im Zeitbereich sind über die Fourier-Transformation miteinander verknüpft [Mey11].

Wenn eine Information von ihrem Erzeugungsort (Quelle) zu ihrem Bestimmungsort (Ziel) transportiert wird, durchläuft sie eine Vielzahl von Teilsystemen, die schematisch in der Abb.5.1 dargestellt sind.

Die Signalübertragung kann über einen elektrischen, einen optischen oder einen akustischen Kanal erfolgen. Sender und Empfänger und auch der Kanal müssen den ganz unterschiedlichen Anforderungen angepasst und entsprechend gestaltet sein. In diesem Buch betrachten wir überwiegend elektrische Signale und deren Verarbeitung in elektronischen Systemen. Von Systemen zur Verarbeitung analoger Signale setzen wir in der Regel voraus, das es LTI-Systeme sind.

## 5.2. Nutz- und Störsignale

Signale sind während ihrer Erzeugung, Übertragung und Verarbeitung stets unterschiedlichen Störeinflüssen ausgesetzt, die die Signalqualität verschlechtern.

Solche Störeinflüsse können z.B. sein:

- Rauschen von verschiedenen Quellen,
- elektrische oder magnetische Einkopplung von niederfrequenten Störsignalen (Netzbrummen),
- elektrische oder magnetische Einkopplung von hochfrequenten Störsignalen (Funksender),
- lineare und nichtlineare Verzerrungen.

In der Abb. 5.1 sind diese Störungen mit dargestellt. Es ist ersichtlich, dass sie prinzipiell an allen Teilsystemen auftreten können.

Wir betrachten zunächst das Rauschen.

**Definition 5.4 (Rauschen)**

**Rauschen** ist ein statistisches Signal, d.h. eine Schwankung oder Fluktuation des Signalpegels um einen Mittelwert.

Einem Rauschsignal können ganz verschiedene statistische physikalische Effekte zugrunde liegen, was die Signalcharakteristik der einzelnen Rauschanteile prägt. So erlauben es Eigenschaften des Rauschsignals, die verschiedenen Rauschanteile nach ihren Entstehungsursachen zu unterscheiden und zu klassifizieren. Wir betrachten kurz das Widerstandsrauschen und das Schrot-Rauchen.

**Widerstandsrauschen** Das vielleicht bekannteste Rauschsignal ist das **weiße Rauschen** oder Widerstandsrauschen. Es entsteht an jedem ohmschen Widerstand und hat seine Ursache in der statistischen thermischen Bewegung der Ladungsträger, die an den Anschlüssen des Widerstandes eine temperaturabhängige effektive Rauschspannung $U_{R_{eff}}$ verursacht. Diese Rauschspannung kann nach der Nyquist-Formel[1] berechnet werden:

$$U_{R_{eff}} = \sqrt{4 \cdot k \cdot T \cdot R \cdot \Delta f}. \tag{5.1}$$

Dabei ist $k$ die Boltzmann-Konstante, $T$ die absolute Temperatur, $R$ der Widerstandswert und $\Delta f$ die Bandbreite des Messkanals.

Man kann das Widerstandsrauschen dadurch klein halten, dass man niederohmig, bei niedriger Temperatur und mit geringer Bandbreite arbeitet. Zur Verringerung des thermischen Eigenrauschens werden z.B. sehr empfindliche Detektoren gekühlt betrieben.

Eine messtechnische interessante Anwendung findet das Widerstandsrauschen bei der Temperaturmessung mittels Rauschthermometer.

**Schrot-Rauchen** Das Schrot-Rauchen ist ein Rauscheffekt, der durch Stromfluss über eine Potentialbarriere entsteht. Der elektrische Strom kann als Summe von statistisch unabhängigen Ladungspulsen dargestellt werden, wobei jeder einzelne Ladungspuls gerade einer Elementarladung entspricht. Das Schrot-Rauchen kann folgendermaßen berechnet werden:

$$\overline{i^2_{R_{eff}}} = 2 \cdot e \cdot I \cdot \Delta f\,.$$

Dabei bedeuten: $e$ die Elementarladung, $I$ der Strom und $\Delta f$ die Bandbreite des Messkanals. Das Schrot-Rauschen ist temperaturunabhängig und wird benutzt, um für Messzwecke Rauschquellen zu realisieren.

Von den zahlreichen weiteren Rauscheffekten seien noch zwei genannt:

In allen Halbleiterbauelementen stellt sich, wie in Kapitel 4 beschrieben, ein Ladungsträgergleichgewicht durch Generation und Rekombination ein. Generation und Rekombination von Ladungsträgern sind ebenfalls statistische Prozesse (siehe Kapitel 4.3.3). Die dadurch entstehenden Rauschanteile nennt man **Generationsrauschen** bzw. **Rekombinationsrauschen**. Sie wachsen mit der Temperatur.

Bei ferromagnetischen Werkstoffen findet man das sog. **Barkhausen-Rauschen**, einen Rauscheffekt, der seine Ursache in statistischen Effekten bei der Ummagnetisierung des Werkstoffes hat (Umklappen der Weißschen Bezirke). Dieser Effekt kann für Materialuntersuchungen eingesetzt werden [Ben99].

In Abb. 5.2 sind vier Oszillogramme dargestellt, die eine Rauschspannung, ein Sinussignal und zwei unterschiedlich verrauschte Sinussignale zeigen.

[1] Nach Harry Nyquist, US-amerikanischer Physiker (1889–1976)

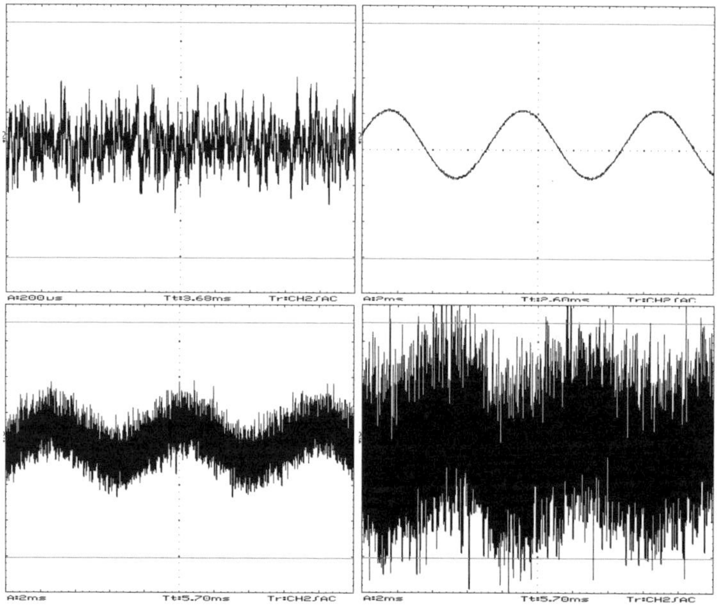

**Abb. 5.2.:** Oszillogramme verschiedener Signale:
Rauschen und Sinussignal (oben), verrauschte Sinussignale (unten)

Die Oszillogramme entstammen einem Vorlesungsexperiment, mit welchem Folgendes gezeigt wird: Einem niederfrequenten Sinussignal wird ein Rauschsignal mit zunehmender Rauschamplitude beigemischt und das verrauschte Signal wird einmal auf einem Oszilloskop visuell dargestellt und zum anderen über einen Lautsprecher hörbar gemacht. Man beobachtet dann bei ausreichender Rauschamplitude, dass am Oszilloskop das Sinussignal nicht mehr erkennbar und vom Rauschen voll überdeckt ist, während man den Ton (Sinussignal) akustisch noch deutlich wahrnimmt. Das heißt, das Ohr wirkt hier als Filter. Damit ist eine Methode zur Hervorhebung eines Signals aus dem Rauschen gefunden: die Filterung.

Wir vermerken noch, dass auch die zeitliche Abfolge von Zufallszahlen, die ein Zufallsgenerator erzeugt, die Charakteristik von Rauschen aufweist und als Rauschen verstanden werden kann.

Rauschen, dessen Charakterisierung oder Messung, sind nicht Hauptgegenstand dieses Buches; für weitere Informationen verweisen wir deshalb auf die weiterführende Literatur [Blu96, Mü90, Den88].

Des weiteren können Störungen des Nutzsignals von Schaltprozessen, von Hochfrequenz oder vom Wechselstromnetz herrühren und auf elektrischem oder magnetischem Weg in den Signalpfad eingekoppelt werden. Dies ist der breite Problemkreis der elektromagnetischen Verträglichkeit [Gon05].

Zur Vermeidung von elektrischen Einkopplungen werden elektrische Abschirmungen, z.B. in Gestalt abgeschirmter Leitungen oder ein Faradayscher Käfig, benutzt. Die Unterdrückung magnetischer Einkopplungen ist aufwendiger. Der zu schützende Bereich muss mit geeigneten weichmagnetischen Materialien (weichmagnetische Nickel-Eisen-Legierung, wie z.B. Mu-Metall) umhüllt werden.

Bei den **Verzerrungen** sind lineare und nichtlineare Verzerrungen zu unterscheiden. **Lineare Verzerrungen** entstehen, wenn die Verstärkung oder Dämpfung bei verschiedenen Frequenzen unterschiedlich ist (Tonblende bzw. Equalizer am Radio). Dabei entstehen keine neuen Frequenzen. **Nichtlineare Verzerrungen** treten an allen Bauelementen mit nichtlinearer Kennlinie auf, z.B. an Dioden. Bei nichtlinearen Verzerrungen entstehen stets neue Frequenzen. Augenfällige Beispiele sind die Einweg- und die Zweiweg-Gleichrichtung einer Sinusspannung. Man kann die Entstehung nichtlinearer Verzerrungen dadurch reduzieren, dass man bei Bauelementen mit nichtlinearer Kennlinie die Aussteuerung so gering wählt, dass man den Bereich näherungsweise als linear betrachten kann (siehe Kapitel 6.3.3).

Als Fazit kann man feststellen, dass es praktisch keine störsignalfreien Signale gibt, dass man aber viele Möglichkeiten hat, den Einfluss von Störgrößen klein zu halten. Im Übrigen ist die Beeinträchtigung kleiner analoger Signale durch Störsignale viel größer als die digitaler Signale.

## 5.3. Analoge und digitale Signale

Der Zeitverlauf von natürlichen Größen, wie z.B. Helligkeit, Außentemperatur oder Luftdruck im Verlaufe eines Tages, liefert analoge Signale $f(t)$.

Analoge Signale sind zeitkontinuierlich und wertkontinuierlich, d.h. sie existieren im Beobachtungszeitraum zu jedem Zeitpunkt und können jeden beliebigen Wert in ihrem Definitionsbereich annehmen.

Im Gegensatz dazu sind digitale Signale eine Folge oder ein Satz von diskreten Werten $f_m$ zu diskreten Zeiten $t_m$; sie können als Wertetabelle dargestellt werden. Unter diskreten Werten verstehen wir Folgendes:

**Definition 5.5 (diskret)**
Diskret nennt man eine reelle Größe, wenn sie nur bestimmte Werte annehmen kann und Zwischenwerte ausgeschlossen sind.

Wir haben den Begriff diskret in diesem Sinn bereits im Zusammenhang mit Energietermen der Atome und mit dem Bändermodell benutzt[1].

[1] Anmerkung: Der Begriff diskret wird in der Elektronik noch in einem anderen Zusammenhang verwendet: man spricht von *diskreten Bauelementen*, wenn man einzeln verwendbare Widerstände, Kondensatoren, Spulen, Transistoren oder Dioden meint, bzw. von einem *diskreten Schaltungsaufbau*, wenn eine Schaltung aus diskreten Bauelementen besteht. Damit werden solche Bauelemente gegen integrierte Schaltungen (IC) abgegrenzt.

Als leicht nachvollziehbares Beispiel für die Abbildung einer analogen Größe auf diskrete, digitale Werte betrachten wir die Registrierung des Verlaufs der Außentemperatur an einem Sommertag. Am Morgen sei es kühl, z.B. 9 °C, am Mittag heiß, z.B. 35 °C, und am Abend wird es wieder kühl. Zu jedem Zeitpunkt existiert ein Temperaturwert, der zwischen einem Minimum und einem Maximum jeden beliebigen Wert annehmen und als Kurve dargestellt werden kann. Die Außentemperatur ist damit eine analoge Größe. Wir lesen nun ein genaues Thermometer zu diskreten Zeiten, z.B. aller Stunden, ab und erhalten so einen hinsichtlich des Momentanwertes genauen, aber zeitdiskreten Wert, die Ablesung liefert einen **Abtastwert**.

Im nächsten Schritt entscheiden wir, die genauen Ablesewerte auf ganzzahlige Temperaturwerte zu runden. So erhalten wir schließlich zeit- und wertdiskrete Temperaturwerte. Dabei kann der gerundete Wert bis zu 0,5 °C vom genauen Momentanwert abweichen. Dieser Messwertsatz erfüllt nun die Kriterien digitaler Signale.

In gleicher Weise kann man analoge elektrische Signale $U(t), I(t)$ oder allgemein $f(t)$ in diskrete Signale umsetzen, indem das Analogsignal zu diskreten Zeiten, den Abtastzeiten $t_m$, abgetastet und der Abtastwert quantisiert, d.h. auf diskrete Werte abgebildet (digitalisiert) wird. Diese Prozedur übernehmen Analog-Digital-Wandler (siehe Kapitel 10.4). Die notwendigen Schritte sind in Abb. 5.3 dargestellt.

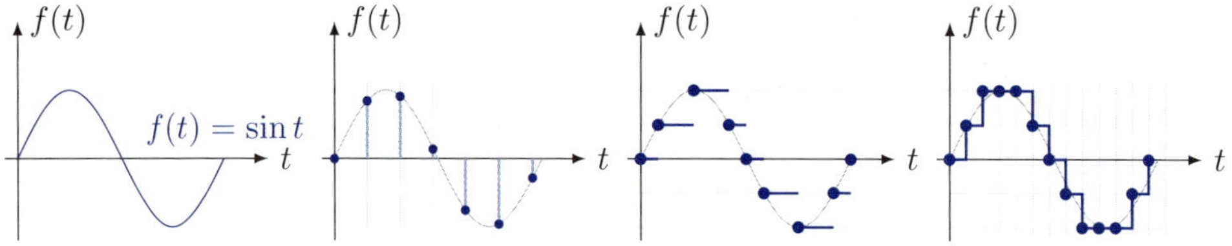


**(a)** kontinuierlich analog **(b)** zeitdiskret **(c)** wertdiskret **(d)** zeit- und wertdiskret

**Abb. 5.3.:** Kontinuierliche und diskrete Abläufe

Wir gehen von einem kontinuierlichen analogen Signal (in der Abb. 5.3 ist dies eine harmonische Schwingung) aus und tasten das Signal zu bestimmten Zeitpunkten $t_m$ ab. Das Ergebnis ist ein zeitdiskretes Signal (Abb. 5.3b).

Unter **zeitdiskret** versteht man Systeme, bei denen sich das Verhalten in bestimmten, meist äquidistanten zeitlichen Schritten verändert bzw. bei denen man den Zustand in bestimmten Zeitintervallen betrachtet.

Bei der Abbildung eines kontinuierlichen auf ein zeitdiskretes Signal geht die Information zwischen den Abtastzeitpunkten verloren. Soll das zeitdiskrete Signal das ursprüngliche Signal möglichst gut abbilden, so benötigt man eine hinreichend hohe Abtastfrequenz oder Abtasrate.

Im nächsten Schritt wird auch der Wertebereich in diskrete Abschnitte eingeteilt, wie es in Abb. 5.3c dargestellt ist. Systeme zur Verarbeitung dieser Signale werden als **wertdiskret** oder **digital** bezeichnet; die Elektronik zur Verarbeitung dieser Werte ist die Digitaltechnik.

Bei der Abbildung des analogen Signals auf ein wertdiskretes Signal geht wiederum Information verloren. Zur Verringerung dieses Informationsverlustes kann man die Auflösung erhöhen. Im Ergebnis soll die entstehende Folge $[f_m]$ das Analogsignal möglichst gut approximieren.

Abb. 5.3d zeigt schließlich, wie das analoge Signal auf ein sowohl wert- als auch zeitdiskretes Signal abgebildet wurde. Ein solches Signal ist ein digitales Signal.

In der umgekehrten Richtung kann man auch digitale Signale in analoge Signale umsetzen; dabei wird zwischen den Stützstellen interpoliert. Diese Aufgabe übernehmen Digital-Analog-Wandler (siehe Kapitel 10.3). Bei den Wandlungsprozessen eventuell verloren gegangene Information bleibt verloren.

**Tabelle 5.1.:** Signaloperationen in Analog- und Digitaltechnik

| **Analogtechnik** | **beide** | **Digitaltechnik** |
|---|---|---|
| Verstärkung | | Zählung |
| Dämpfung | | De- /Inkrementierung |
| Gleichrichtung | | Kodierung |
| analoge Operationen | | numerische Operationen |
| Modulation/Demodulation | | Speicherung |
| | Signalerzeugung | |
| | Signalfilterung | |

Analog- und Digitalsignale ermöglichen jeweils spezifische Signaloperationen, von denen einige in der Tabelle 5.1 aufgelistet sind.

Die Digitaltechnik ist deutlich komplexer als die analoge Elektronik. Wegen vieler Vorteile und insbesondere wegen der guten Integrierbarkeit hat sie jedoch analoge elektronische Lösungen aus vielen Bereichen verdrängt. Bestimmte Aufgaben, wie z.B. die Verstärkung kleinster Signale, sind nach wie vor eine Domäne der Analogtechnik.

## 5.4. Darstellungen von Signalen

### 5.4.1. Darstellung analoger Signale

Analoge Signale kann man im **Zeitbereich** oder im **Frequenzbereich** darstellen.

Die Darstellung im Zeitbereich kommt unserer Anschauung am nächsten. Hier werden die Momentanwerte des Signals über einer Zeitachse aufgetragen, wie wir das beim Wechselstrom schon getan haben. Diese Darstellung wird auch bei Oszillografen (siehe Abb. 5.2) oder bei x-t-Schreibern, wie dem EKG (Elektrokardiogramm), angewandt.

Bei der Darstellung im Frequenzbereich wird auf der Abszisse die Frequenz und auf der Ordinate die Amplitude bei der jeweiligen Frequenz aufgetragen. Ein sinusförmiges Signal hat hier genau eine Spektrallinie bei der Frequenz und mit der Amplitude des Sinussignals.

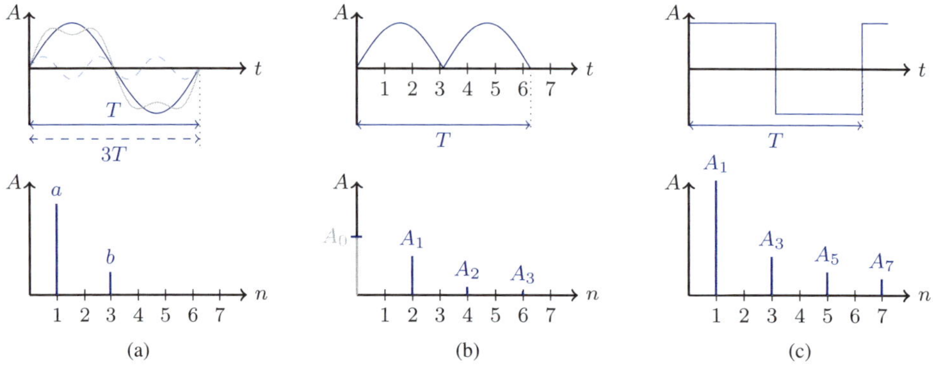


**Abb. 5.4.:** Beispiele periodischer Funktionen mit ihrem Amplitudenspektrum

In Abb. 5.4a sind zwei Sinussignale

$$F_1(t) = a \sin \omega t \qquad \text{und} \qquad F_2(t) = b \sin 3 \cdot \omega t$$

eingetragen, wobei das kleinere Signal die dreifache Frequenz aber nur ein Viertel der Amplitude des größeren Signals hat. Außerdem ist die Summe der beiden Signale

$$F_{\sum} = a \sin \omega t + b \sin 3 \cdot \omega t$$

dargestellt; das Summensignal ist kein Sinussignal mehr. Im Amplitudenspektrum ist das daran erkennbar, dass mehr als eine Frequenz vorkommt.

In der Regel sind Signale nicht sinusförmig. Periodische, nicht sinusförmige Funktionen kann man unter bestimmten Bedingungen in eine Funktionenreihe entwickeln, deren Glieder Sinus- und Kosinusfunktionen mit ganzzahligen Vielfachen der Frequenz der Grundschwingung sind. Diese Reihen heißen **Fourier-Reihen**[1].

**Fourier-Reihe** Wir untersuchen jetzt ein nicht sinusförmiges Signal $F(t)$. Das Signal $F(t)$ sei periodisch und habe die Periodendauer $T$. Dann gilt:

$$F(t) = F(t + n \cdot T) \qquad \text{mit} \qquad n = 0, \pm 1, \pm 2.... \tag{5.2}$$

[1] Nach Jean-Baptiste-Joseph Fourier, französischer Mathematiker und Physiker (1768–1830)

Man kann eine solche Funktion $F(t)$ in eine Fourier-Reihe entwickeln, wenn sie innerhalb einer Periode $T$ nur

- endlich viele Extremwerte und
- endlich viele Sprungstellen besitzt, und
- sonst stetig ist.

Die allgemeine Form der Fourier-Reihe lautet (siehe z.B. [FW09, Rie97]):

$$F(t) = \frac{a_0}{2} + \sum_{n=1}^{\infty} [a_n \cdot \cos(n \cdot \omega_0 \cdot t) + b_n \cdot \sin(n \cdot \omega_0 \cdot t)]. \tag{5.3}$$

Die Fourier-Koeffizienten werden wie folgt berechnet:

$$a_n = \frac{2}{T} \cdot \int_{t_0}^{t_0+T} F(t) \cdot \cos n \cdot \omega_0 \cdot dt \tag{5.4}$$

$$b_n = \frac{2}{T} \cdot \int_{t_0}^{t_0+T} F(t) \cdot \sin n \cdot \omega_0 \cdot dt. \tag{5.5}$$

Die Koeffizienten dieser Glieder entsprechen den Amplituden der jeweiligen Frequenzen. Die Gesamtheit der Koeffizienten nennt man das **Amplitudenspektrum** des Signals. Aus praktischen Gründen wird die Reihe abgebrochen, wenn die Fourier-Koeffizienten einen bestimmten, vorgegebenen Wert unterschreiten.

Aus der Vielzahl möglicher Signalformen betrachten wir folgende zwei Beispiele:

**Beispiel 5.1 (Signaldarstellungen)**

- Das Signal $F(t) = A \cdot |\sin \omega t|$ (Abb. 5.4b) liegt am Ausgang eines Zweiweg-Gleichrichters an und hat die folgende Fourier-Entwicklung:

$$f(t) = \frac{2A}{\pi} - \frac{4A}{\pi} \sum_{k=1}^{\infty} \frac{\cos 2k\omega t}{(2k)^2 - 1}.$$

- Die Rechteckschwingung nach Abb. 5.4c wird durch

$$F(t) = \begin{cases} +A & \text{für } 0 < t < \frac{T}{2} \\ -A & \text{für } \frac{T}{2} < t < T \end{cases}$$

beschrieben; die zugehörige Fourier-Reihe lautet:

$$f(t) = \frac{4A}{\pi} \sum_{k=1}^{\infty} \frac{(\sin(2k-1)\omega t)}{2k-1}.$$

Nichtperiodische Schwingungen oder einzelne Impulse liefern kontinuierliche Amplitudenverteilungen anstelle eines diskreten Spektrums. Solche Signale können mit der Fourier-Transformation behandelt werden (siehe dazu z.B. [Mey11]).

### 5.4.2. Darstellung digitaler Signale

Wie wir gesehen haben, sind digitale Signale eine Folge diskreter Werte, die dem jeweiligen, quantisierten Momentanwert zur Abtastzeit des Signals entsprechen.

Wir können nun diese diskreten Werte durch Zahlen darstellen. Digitale Schaltungen, mit denen wir uns ab Kapitel 7 beschäftigen, basieren auf einer zweiwertigen Logik. Für die Zahlendarstellung bietet sich deshalb ein zweiwertiges, ein binäres Zahlensystem an. Dieses, als **Dualsystem** bezeichnete Zahlensystem ist ein polyadisches Zahlensystem[1], zur Basis 2. Der Wert $X$ einer (positiven ganzen) Zahl wird in polyadischen Zahlensystemen, zu denen neben dem Dualsystem auch das uns vertrautere Dezimalsystem gehört, mittels eines Polynoms

$$X = \sum_{i=0}^{n-1} x_i \cdot \mathcal{B}^i \quad = \quad x_{n-1} \cdot \mathcal{B}^{n-1} + x_{n-2} \cdot \mathcal{B}^{n-2} + \ldots + x_0 \cdot \mathcal{B}^0 \tag{5.6}$$

zur Basis $\mathcal{B}$ dargestellt. Für das Dezimalsystem gilt $\mathcal{B} = 10$, für das Dualsystem $\mathcal{B} = 2$. Die einzelnen Koeffizienten liegen im Bereich $0 \leq x_i < \mathcal{B}$; es sind die Ziffern der Zahl.

Die Zahl $X$ wird durch Aneinanderreihung der Ziffern $(x_{n-1}, x_{n-2}, \ldots, x_0)_\mathcal{B}$ notiert, die Indizes geben die Position an[2]. Begonnen wird mit dem größten und somit höchstwertigem Index.

Für das Dezimalsystem umfasst der Zeichenvorrat die Werte 0 bis 9, für das Dualsystem lediglich die Werte 0 und 1. Beispiel 5.2 demonstriert die Darstellung einer Zahl in beiden Systemen.

**Beispiel 5.2 (Darstellung der Zahl 123)**

| | |
|---|---|
| Dezimalsystem, | $X = 1 \cdot 10^2 + 2 \cdot 10^1 + 3 \cdot 10^0$ |
| Basis $\mathcal{B} = 10$ | $X = (1, 2, 3)_{10} = 123$ |
| Dualsystem, | $X = 1 \cdot 2^6 + 1 \cdot 2^5 + 1 \cdot 2^4 + 1 \cdot 2^3 + 0 \cdot 2^2 + 0 \cdot 2^1 + 1 \cdot 2^0$ |
| Basis $\mathcal{B} = 2$ | $X = (1, 1, 1, 1, 0, 1, 1)_2 = 1111011$ |

Das Beispiel zeigt, dass zur Darstellung einer Zahl im Dualsystem mehr Stellen als im Dezimalsystem benötigt werden. Wir können trotzdem jede beliebige ganze Zahl darstellen, vorausgesetzt es steht genügend Platz (Stellen) zur Verfügung. Die Anzahl der Stellen lässt sich

[1] Polyadische Zahlensysteme werden auch als Stellenwertsysteme bezeichnet. Jede Stelle hat eine bestimmte Wertigkeit, abhängig von ihrer Postion innerhalb der Zahl.

[2] Ist die Basis für den aktuellen Kontext klar ersichtlich, so notiert man die Zahl vereinfacht durch lückenloses Aneinanderreihen (Konkatenieren) der einzelnen Ziffern: $(1, 2, 3)_{10} \mathrel{\hat{=}} 123$.

mit $n = \lceil \log_2 X \rceil$ bemessen (allgemein: $n = \lceil \log_{\mathcal{B}} X \rceil$). Für das Dualsystem heißt das: mit $n$ Ziffern lassen sich Werte von 0 bis $2^n - 1$ darstellen, wobei jede Ziffer nur den Wert 0 oder 1 annehmen kann.

Ändert man in Gleichung 5.6 den Startwert des Index von 0 auf $-k$, so lassen sich auch rationale Dualzahlen mit bis zu $k$ Nachkommastellen darstellen. Dabei ist zu beachten, dass nicht jede Zahl, für die es eine kurze dezimale Darstellung gibt, auch gut dual darstellbar ist. So lässt sich der dezimale Wert 0,3 im Dualsystem nur als endlose periodische Folge $0,0100110011\ldots$ angeben.

Der zur Verfügung stehende Platz (Anzahl der Binärstellen, Datenwortbreite) ist in realen digitalen Systemen beschränkt. So benötigt jede Stelle zur Speicherung und Verarbeitung einen gewissen Platz, den wir als ein **Bit**[1] bezeichnen. Ein Prozessor hat nur eine bestimmte Anzahl von Stellen (siehe Kapitel 11), die er parallel verarbeiten kann. Beispielsweise kann ein 32-Bit-Rechner ganze Zahlen im Bereich von 0 bis $2^{32} - 1$ verarbeiten. Die in Rechnern verwendete Darstellung vorzeichenbehafteter und rationaler Zahlen ist im Anhang A.5 dargestellt.

Obwohl einem Digitalrechner das Binärsystem zugrunde liegt, werden in der Digitaltechnik noch andere Zahlensysteme verwendet. Häufig anzutreffen ist das Hexadezimalsystem, dessen Basis der Wert 16 ist und dessen Zeichenvorrat somit 16 Zeichen umfasst {0,1,2,3,4,5,6,7,8,9, A,B,C,D,E,F}, wobei die Zeichen A,B,C,D,E,F den Werten 10 bis 15 entsprechen. Letztendlich entspricht damit die hexadezimale Darstellung einer **Kodierung** der Binärzahl, bei der 4 Binärziffern auf eine hexadezimale Ziffer abgebildet werden. Diese Darstellung wird aufgrund der kompakten Schreibweise gern verwendet.

### Codes und Kodierung

Für die digitale, rechnergestützte Verarbeitung von Signalen und Informationen sind Zahlen allein nicht ausreichend. Um neben Zahlen auch andere Zeichen darstellen zu können, benutzt man **Codes**. Unter einem Code $C$ verstehen wir eine Vorschrift, die Zeichen aus einer Menge $X$ auf Zeichen einer anderen Menge $Y$ abbildet: $C : X \to Y$.

Die Mengen besitzen einen gewissen Zeichenvorrat. Bei der Funktion muss es sich um eine injektive Abbildung handeln, das heißt, für jedes Element $y$ aus $Y$ gibt es höchstens ein Element aus der Menge $X$, das $y$ als Bild hat.

In der Regel werden in der Digitaltechnik Informationen binär kodiert. Man wählt also Kodierungen der Form $C : X \to \{0,1\}^m$. Zudem verwendet man des öfteren Umkodierungen binär vorliegender Informationen, d.h. Kodierungen der Form $C : \{0,1\}^n \to \{0,1\}^m$. Ein Beispiel ist die bereits genannte hexadezimale Darstellung.

---

[1] Ein Bit ist die kleinstmögliche unterscheidbare Datenmenge. Bei einer Binärzahl entspricht ein Bit einer Stelle (Ziffer) innerhalb der Zahl und kann die Werte 0 oder 1 annehmen. Bezüglich der Informationstheorie nach Shannon stellt ein Bit den Informationsgewinn $I$ dar, den die Wahl zwischen zwei gleich wahrscheinlichen Alternativen ermöglicht.

Aus der Vielzahl alphanumerischer Codes nennen wir hier als Beispiel den ASCII-Code[1]. Der ASCII-Code ist ein 7-Bit-Code, d.h. jedem Zeichen des sog. Maschinenalphabets wird ein Bitmuster mit genau 7 Bits zugeordnet. Damit sind 128 Zeichen, 95 druckbare und 33 nicht druckbare Zeichen, darstellbar (siehe ASCII-Code und dessen Erweiterungen in Anhang A.5).

Neben der Abbildung von Zahlen und Zeichen auf eine binäre Trägermenge werden Codes benutzt, um in Digitalschaltungen Steuer- und Adressierungsaufgaben zu erfüllen. So wird z.B. der **BCD-Code** (*Binary Coded Decimal*), der jede Stelle einer Dezimalzahl binär kodiert, verwendet, um Sieben-Segment-Anzeigen anzusteuern. Ein 1-aus-n-Code wird verwendet, um Leitungen in Multiplexern auszuwählen. Die folgende Tabelle zeigt einige Beispiele für Kodierungen. Für umfassende Darstellungen von Codes und Kodierungen verweisen wir auf die Literatur (z.B. [Gö07].

**Tabelle 5.2.:** Verschiedene Codes

| Code | Beispielwerte | | |
|---|---|---|---|
| dezimal | 65 | 66 | 67 |
| dual (mit 8 Bit) | 01000001 | 01000010 | 01000011 |
| hexadezimal | 41 | 42 | 43 |
| ASCII | *A* | *B* | *C* |

Auf Grund der Art der Darstellung von Werten mit Binärzahlen kann in Digitalschaltungen eine Information häufig nicht über eine einzelne Leitung transportiert werden. Die digitale Information wird dann, entsprechend der Stellenzahl der Dualzahl, auf mehrere parallele Leitungen unterschiedlicher Wertigkeit verteilt (siehe Bus in Kapitel 7.4.1). Die Abbildung 5.5 zeigt vorab beispielhaft den zeitlichen Signalverlauf auf mehreren Ausgangsleitungen einer Digitalschaltung. Wir werden in Kapitel 8.3 sehen, dass es sich im Beispiel um einen BCD-Zähler handelt.

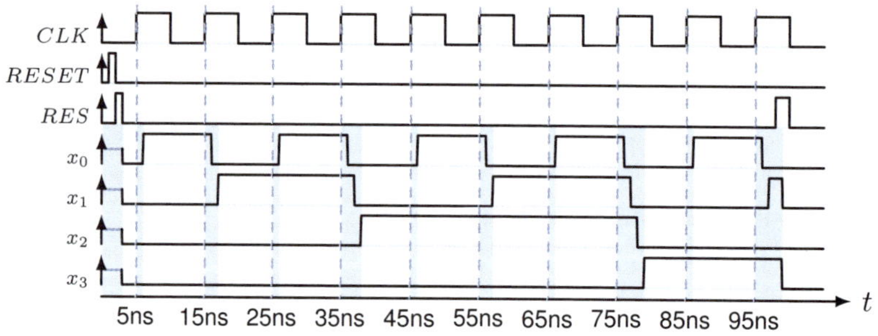


**Abb. 5.5.:** Signalverlauf einer Digitalschaltung

[1] ASCII steht für *American Standard Code for Information Interchange*.

## 5.5. Fragen und Aufgaben

5.1 Unterscheiden und erläutern Sie die Begriffe Signal und Information.

5.2 Nennen Sie wesentliche Merkmale a) analoger und b) digitaler Signale! Welche Vorteile bieten Digitalsignale?

5.3 Was versteht man unter elektronischem Rauschen? Wie ist Rauschen als Signal zu bewerten? Welche Rauschursachen kennen Sie?

5.4 Berechnen Sie die thermischen Rauschspannungen, die an zwei ohmschen Widerständen $R_1 = 100\,\Omega$ und $R_2 = 10\,\mathrm{M}\Omega$ bei folgenden Temperaturen und Bandbreiten entstehen: a) Temperatur des flüssigen Stickstoffs, b) Zimmertemperatur (25 °C) und c) $\vartheta = 200\,°\mathrm{C}$; Bandbreite jeweils 100 Hz und 1 MHz.

5.5 Nennen Sie Möglichkeiten, um Rauscheinflüsse zu minimieren!

5.6 Welche Möglichkeiten zur Darstellung von analogen Signalen kennen Sie? Wie lassen sich die Darstellungsmöglichkeiten ineinander überführen?

5.7 Welche Schritte sind notwendig, um analoge Signale in digitale Signale zu überführen?

5.8 Auf welche Weise kann man digitale Signale darstellen?

5.9 Wie viele verschiedene Zeichen kann man mit 7 Bit bzw. allgemein mit $n$ Bit darstellen?

5.10 Wie kann man Dezimalzahlen a) in Binärzahlen und b) in Hexadezimalzahlen konvertieren? Geben Sie einen Algorithmus an.

5.11 Gegeben sind die folgenden Dezimalzahlen

$$d_1 = 64, \qquad d_2 = 40, \qquad d_3 = 207, \qquad d_4 = 208, \qquad d_5 = 0.$$

Wandeln Sie diese Dezimalzahlen a) in Binärzahlen und b) in Hexadezimalzahlen um.

5.12 Erläutern Sie die Addition zweier (vorzeichenloser) $n$-stelliger Binärzahlen! Welche Ergebnisse erhält man bei 4 Bit für die Fälle $0001 + 0001$, $0111 + 0001$ und $1111 + 0001$, wenn für das Ergebnis ebenfalls genau 4 Bit zur Verfügung stehen?

5.13 Gegeben sind folgende, hexadezimal kodierte vorzeichenlose Binärzahlen:

$$h_1 = 40, \qquad h_2 = 28, \qquad h_3 = D0, \qquad h_4 = CF.$$

Bilden Sie die Summen $h_1 + h_2$ und $h_3 + h_4$ und geben Sie das Ergebnis jeweils als Binärzahl, als Hexadezimalzahl und als Dezimalzahl an.

# 6. Analogschaltungen

In diesem Kapitel werden wir grundlegende Analogschaltungen, nämlich passive Filter, ausgewählte Schaltungen mit Dioden und einfache Verstärker kennenlernen. Diese Schaltungen erlauben es, die oben skizzierten Formen der analogen Signalverarbeitung zu realisieren; sie sind in allen Gebieten der Elektronik anzutreffen. Von besonderer Bedeutung sind die Operationsverstärker, denen wir deshalb auch etwas breiteren Raum widmen.

Für eine umfassende Darstellung dieses Gebietes verweisen wir auf [TSG10].

## 6.1. Filter

Die Aufgabe von Filtern ist es, ein Signal nach bestimmten Kriterien auszuwählen und zu bearbeiten. In diesem Sinn kann man mit Filtern ausgewählte Signalanteile behalten oder verändern oder sie auch weitgehend aussondern. Signale kann man bezüglich

- ihrer Frequenz,
- ihrer Amplitude
- oder ihres zeitlichen Auftretens

filtern. Wir kennen dementsprechend unterschiedliche Arten von Filterverfahren und Filterschaltungen.

In der Regel versteht man unter einem Filter eine Schaltung, die ein Eingangssignal abhängig von der Frequenz in Amplitude und Phase verändert und am Ausgang das gefilterte Signal bereitstellt, also ein **Frequenzfilter**. Frequenzfilter erlauben es beispielsweise,

- bestimmte Frequenzen zu selektieren, um einen Funksender auszuwählen,
- unerwünschte Signalanteile, wie Brummen oder Rauschen, abzuschwächen
- oder mit einer Tonblende oder einem Equalizer Tonsignale zu bearbeiten.

**Amplitudenfilter** sind Schaltungen, deren Übertragungseigenschaften anhängig von der Amplitude sind. Man nutzt sie, um sehr schwache Signale zu unterdrücken oder um zu große Amplituden zu begrenzen (Begrenzer, Limiter). Die Filterung hinsichtlich der Amplitude wird auch verwendet, um die Häufigkeitsverteilung von Signalamplituden zu bestimmen.

Die Filterung bezüglich der Zeit wird angewandt, um den zeitlichen Zusammenhang zwischen verschiedenen Signalen, z.B. einem Anregungs- und einem Antwortsignal in einem Sensorsystem, auszuwerten. Solche Filterverfahren findet man beispielsweise beim Radar und Echolot.

### 6.1.1. Frequenzfilter – Filtercharakteristiken

Frequenzfilter verändern abhängig von der Frequenz die Amplitude und Phase eines Signals. Man kann solche Filter mit ausgezeichneten Frequenzen charakterisieren; je nach Art der Filter sind das **Grenzfrequenzen** oder **Resonanzfrequenzen**. Grenzfrequenz heißen die Frequenzen, bei denen das Filter die Amplitude eines Signals auf den $\frac{1}{\sqrt{2}}$-fachen Wert des ursprünglichen Wertes dämpft.

Man unterscheidet **aktive Filter** und **passive Filter**. Aktive Filter beinhalten Verstärker. Wir beschränken uns hier auf passive Filter, die ausschließlich mit passiven Bauelementen arbeiten.

Frequenzfilter lassen sich nach ihrer Filtercharakteristik in folgende vier Gruppen einteilen:

- **Tiefpass**: lässt Signale mit niedrigen Frequenzen unterhalb einer Grenzfrequenz $f_g$ passieren und sperrt hohe Frequenzen oberhalb von $f_g$;
- **Hochpass**: lässt Signale mit hohen Frequenzen oberhalb einer Grenzfrequenz $f_g$ passieren und sperrt niedrige Frequenzen unterhalb von $f_g$;
- **Bandpass**: lässt Signale in einem bestimmten Frequenzbereich $f_o$–$f_u$ passieren und sperrt alle anderen Frequenzen;
- **Bandsperre**: sperrt einen bestimmten Frequenzbereich $f_o$–$f_u$ und lässt Signale mit allen anderen Frequenzen passieren.

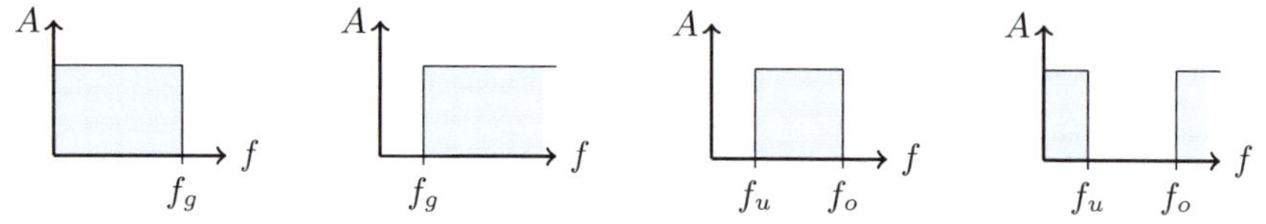


(**a**) Tiefpass (**b**) Hochpass (**c**) Bandpass (**d**) Bandsperre

**Abb. 6.1.:** Filtercharakteristiken idealer Frequenzfilter

Die Abb. 6.1 zeigt diese vier Filtercharakteristiken jeweils für ein ideales Filter. Reale Filter haben weniger steile Flanken und können ein Überschwingen zeigen.

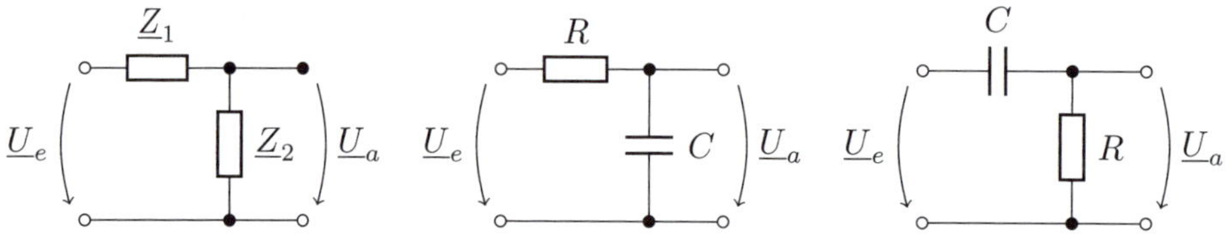


(**a**) allgemein (**b**) RC-Tiefpass (**c**) RC-Hochpass

**Abb. 6.2.:** Komplexe Spannungsteiler

Einfachste passive Frequenzfilter kann man als komplexe Spannungsteiler realisieren, wie dies in Abb. 6.2 gezeigt ist. Man benötigt dann nur einen frequenzabhängigen Widerstand, also eine Kapazität oder eine Induktivität, und einen ohmschen Widerstand.

Zur Kategorie passiver Frequenzfilter gehören auch Schwingkreise, die aus mindestens zwei Blindwiderständen, einer Kapazität und einer Induktivität, bestehen (siehe Kapitel 2.4.4).

Wir betrachten zunächst Abb. 6.2a. Am Eingang des Vierpols liegt eine harmonische Eingangsspannung $\underline{U}e$. Unter Nutzung der komplexen Rechnung finden wir die Ausgangsspannung $\underline{U}a$ entsprechend der Spannungsteilerregel als Quotient

**Übertragungsfunktion**

$$\underline{g}(\omega) = \frac{\underline{U}_a}{\underline{U}_e} = \frac{\underline{Z}_2}{\underline{Z}_1 + \underline{Z}_2} \tag{6.1}$$

Die Funktion $\underline{g}(\omega)$ heißt **Übertragungsfunktion**; sie kann in Betrag und Phase zerlegt werden. Den Betrag der Übertragungsfunktion nennt man den **Amplitudengang** und die Phase den **Phasengang**. Der Begriff **Frequenzgang** umfasst Amplituden- und Phasengang eines linearen Systems. Amplitudengang und Phasengang einer Schaltung werden häufig über einer gemeinsamen Frequenz- bzw. Kreisfrequenzachse dargestellt. Eine solche Darstellung heißt **Bode-Diagramm** (vgl. Abb. 6.3 und 6.6). Um mehrere Frequenzdekaden zu erfassen, wird die Frequenzachse logarithmisch skaliert. Auch der Amplitudengang wird logarithmisch skaliert dargestellt bzw. es wird ein logarithmisches Pegelmaß, das **Dezibel** (dB) [Sch67], benutzt.

**Definition 6.1 (Dezibel)**

Das Dezibel ist ein logarithmisches Verhältnismaß; es wird benutzt, um Leistungs-, Strom- oder Spannungsverhältnisse zu beschreiben. Für Leistungsverhältnisse gilt:

$$\text{Leistungspegel:} \qquad p_P = 10 \cdot \log_{10} \frac{P_a}{P_e} \text{dB} \tag{6.2}$$

Für Spannungsverhältnisse, wie den Amplitudengang $|g(\omega)|$, gilt:

$$\text{Spannungsspegel:} \qquad p_U = 20 \cdot \log_{10} \frac{U_a}{U_e} \text{dB} \tag{6.3}$$

wobei der Index $e$ für die Eingangs- und der Index $a$ für die Ausgangsgröße steht.

| Spannungsverhältnis | Dezibel |
|---|---|
| 1 : 100 | -40 |
| 1 : 1 | 0 |
| 100 : 1 | 40 |

**Tabelle 6.1.:** Spannungsverhältnis vs. Dezibel

Negative Dezibelwerte beschreiben eine Dämpfung, positive Dezibelwerte dagegen eine Verstärkung des Signals. Die Tabelle 6.1 veranschaulicht dies mit einigen Zahlenbeispielen.

### 6.1.2. RC-Tiefpass

Der RC-Tiefpass ist ein passiver Vierpol und besteht entsprechend Abb. 6.2b aus einem Widerstand $R$ und einem Kondensator $C$, wobei die Eingangsspannung $U_e$ über die Reihenschaltung beider Bauelemente eingespeist und die Ausgangsspannung über dem Kondensator $C$ abgegriffen wird.

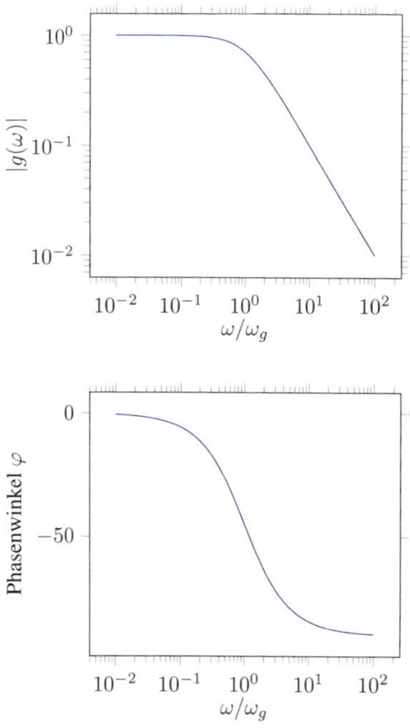


**Abb. 6.3.:** Tiefpass, Amplitudengang (oben) und Phasengang (unten)

Wir betrachten zunächst harmonische Eingangsspannungen. Durch Einsetzen der konkreten Beziehungen für $R$ und $C$ in Gleichung 6.1 erhält man die komplexe Übertragungsfunktion $\underline{g}$

$$\underline{g}(\omega) = \frac{\underline{U}_a}{\underline{U}_e} = \frac{\frac{1}{j\omega C}}{R + \frac{1}{j\omega C}} = \frac{1}{j\omega RC + 1} \tag{6.4}$$

Nach den Regeln der komplexen Rechnung erhält man für den Betrag der Übertragungsfunktion $|g(\omega)|$

$$|g(\omega)| = \sqrt{\frac{1}{1 + (\omega RC)^2}} \tag{6.5}$$

und für den Phasengang $g(\omega)$

$$\varphi = -\arctan(\omega RC).$$

Der Betrag der Übertragungsfunktion $|g(\omega)|$ hat zwei Asymptoden, nämlich für $\omega \to \infty$ und für $\omega \to 0$, die sich bei der Grenzfrequenz schneiden

$$\lim_{\omega \to 0} |g(\omega)| = 1 \qquad \text{und} \qquad \lim_{\omega \to \infty} |g(\omega)| = \frac{1}{\omega RC}.$$

Unabhängig von den Werten des Widerstandes und der Kapazität ergibt sich bei Variation der Frequenz stets eine ausgezeichnete Frequenz, bei welcher der Betrag des kapazitiven Widerstandes gleich dem Wert des ohmschen Widerstandes ist. Diese Frequenz entspricht der Grenzfrequenz.

Aus $R = \left|\frac{1}{\omega_g C}\right|$ ergibt sich die entsprechende Grenzkreisfrequenz bzw. die Grenzfrequenz zu

$$\omega_g = \frac{1}{RC} \qquad \text{bzw.} \qquad f_g = \frac{1}{2\pi RC}.$$

Bei der Grenzkreisfrequenz sind die Spannungsabfälle über den Widerstand und den Kondensator betragsmäßig gleich groß und der Phasenwinkel beträgt

$$\varphi(\omega_g) = -45^\circ,$$

wie man direkt aus dem Zeigerdiagramm ablesen kann (siehe Abb. 2.32, Seite 58).

Die Grenzkreisfrequenz $\omega_g$ erlaubt es, Amplitudengang und Phasengang zu normieren, so dass die normierte Darstellung für alle RC-Tiefpässe gilt. Dazu werden die Abszissenwerte durch die Grenzkreisfrequenz (Kreisfrequenz) dividiert und die Abszisse in Teilen bzw. Vielfachen von $\omega_g$ ($f_g$) skaliert. Die Abb. 6.3 zeigt das Bode-Diagramm eines RC-Tiefpasses in normierter Form.

**Sprungantwort des RC-Tiefpasses** Ein anderes Testverfahren nutzt Sprungfunktionen oder Impulse, die auf den Eingang des Tiefpasses gelegt werden.

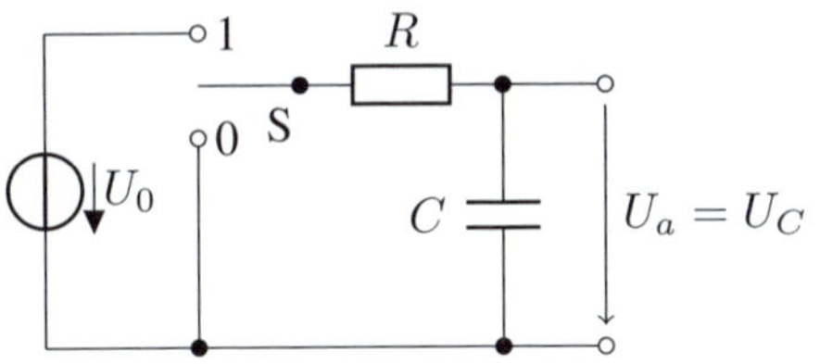


**Abb. 6.4.:** RC-Tiefpass, geschaltet

Wir untersuchen nun die Reaktion des Tiefpasses auf definierte Spannungssprünge am Eingang und legen dazu Abb. 6.4 zugrunde.

Die Eingangsspannung $U_e$ hat entweder den Wert $0V$, wenn der Schalter in Stellung „0" steht oder $U_B$, wenn der Schalter in Stellung „1" steht.

Zu Beginn der Beobachtung stehe der Schalter $S$ in Stellung „0" und der Kondensator sei vollständig entladen; die Spannung am Kondensator ist also 0 V. Ferner gelte, außer zum Zeitpunkt des Umschaltens,

$$\frac{dU_e}{dt} = 0.$$

Der Schalter werde in die Stellung „1" gebracht. Zu diesem Zeitpunkt beginnt die Ladung des Kondensators und es fließt ein zeitabhängiger Ladestrom durch den Widerstand in den Kondensator, bis die Kondensatorspannung $U_B$ erreicht ist oder der Vorgang unterbrochen wird. Nach einer gewissen Zeit wird der Schalter zurück in die Ausgangsstellung gebracht und der Kondensator wird wieder entladen.

Beide Vorgänge haben wir bereits in Kapitel 2.3.5 behandelt und folgende Gleichungen erhalten:

- für die Ladung die Gleichung 2.45:

$$U_C(t) = U_0 \cdot (1 - e^{-\frac{t}{R \cdot C}})$$

- und für die Entladung die Gleichung 2.46

$$U_C(t) = U_{C_0} \cdot e^{-\frac{t}{R \cdot C}} \; .$$

Das Produkt $R \cdot C$ mit der Dimension einer Zeit ist die bekannte Zeitkonstante $\tau$ und $U_{C_0}$ ist die Spannung, die der Kondensator zu Beginn der Entladung hat.

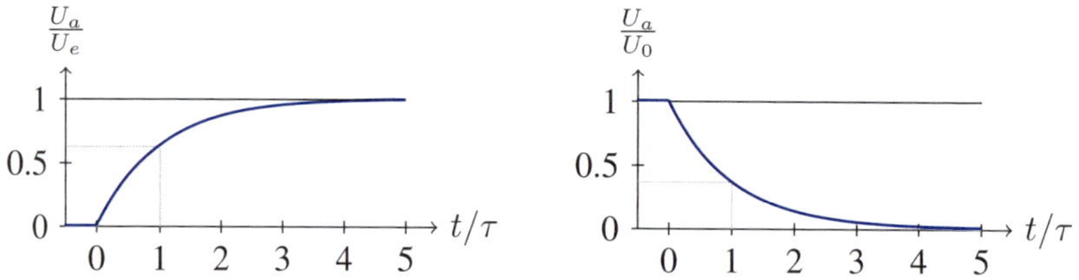


**(a)** Einschaltvorgang - steigende Flanke

**(b)** Ausschaltvorgang - fallende Flanke

**Abb. 6.5.:** Sprungantwort des RC-Tiefpasses

Das periodische Umschalten der Eingangsspannung zwischen den Werten 0 und $+U_B$ können wir unter dem Gesichtspunkt der Signalverarbeitung als Erzeugung von Rechteckimpulsen verstehen. Die obigen Gleichungen beschreiben also auch die Veränderung von Rechteckimpulsen beim Passieren eines Tiefpasses. Die Verformung der Rechteckimpulse ist abhängig vom Verhältnis der Impulsbreite $T$ zur Zeitkonstante $\tau$. Generell gilt, dass ein Tiefpass die Flankensteilheit der Impulse verringert und die Impulse verrundet. Wenn $T \ll \tau$ ist, wirkt der Tiefpass als Integrierglied.

### 6.1.3. RC-Hochpass

Der RC-Hochpass ist wie der RC-Tiefpass ein passiver Vierpol und besteht entsprechend Abb. 6.2c aus einem Widerstand $R$ und einem Kondensator $C$, wobei im Vergleich zum Tiefpass die Positionen von Widerstand und Kondensator getauscht sind und die Ausgangsspannung über dem Widerstand abgenommen wird.

Wir betrachten zunächst wieder das Verhalten bei harmonischen Spannungen und ermitteln die Übertragungsfunktion. Man findet durch Einsetzen in Gleichung 6.1:

$$\underline{g}(\omega) = \frac{\underline{U}_a}{\underline{U}_e} = \frac{R}{R + \frac{1}{j\omega C}} = \frac{1}{1 + \frac{1}{j\omega R \cdot C}} \; . \tag{6.6}$$

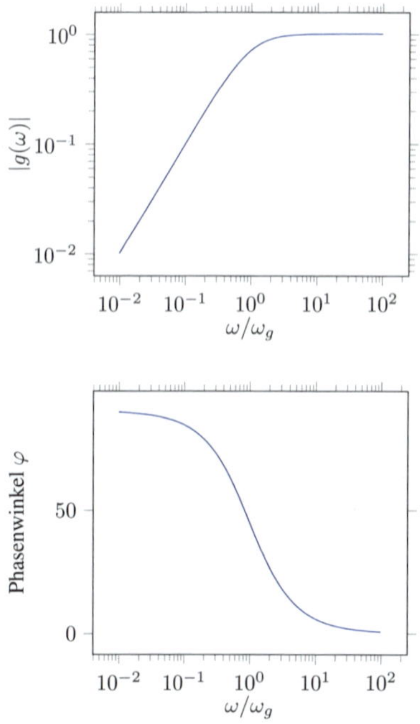


**Abb. 6.6.:** Hochpass, Amplitudengang (oben) und Phasengang (unten)

Für den Betrag der Übertragungsfunktion $|g(\omega)|$ ergibt sich

$$|g(\omega)| = \sqrt{\frac{1}{1 + \frac{1}{(\omega RC)^2}}} \tag{6.7}$$

und für den Phasenwinkel:

$$\varphi = \arctan \frac{1}{\omega RC}.$$

Wie beim RC-Tiefpass gilt für eine Frequenz $R = \left|\frac{1}{\omega_g C}\right|$. Daraus ergibt sich die entsprechende Grenzkreisfrequenz bzw. die Grenzfrequenz

$$\omega_g = \frac{1}{RC} \qquad \text{bzw.} \qquad f_g = \frac{1}{2\pi RC}.$$

Sie wird zur Normierung der Frequenzachse genutzt. Die normierte Darstellung ist das Bode-Diagramm (siehe Abb. 6.6).

Bei der Grenzkreisfrequenz beträgt der Phasenwinkel $\varphi(\omega_g) = 45°$.

Der Betrag der Übertragungsfunktion $|g(\omega)|$ hat zwei Asymptoden, nämlich für $\omega \to \infty$ und für $\omega \to 0$, die sich bei der Grenzfrequenz schneiden

$$\lim_{\omega \to 0} |g(\omega)| = \omega RC \qquad \text{und} \qquad \lim_{\omega \to \infty} |g(\omega)| = 1.$$

**Sprungantwort des RC-Hochpasses** Wir untersuchen nun die Sprungantwort des Hochpasses und benutzen analog zum Tiefpass eine Schaltung mit Gleichspannungsquelle und Umschalter entsprechend Abb. 6.7.

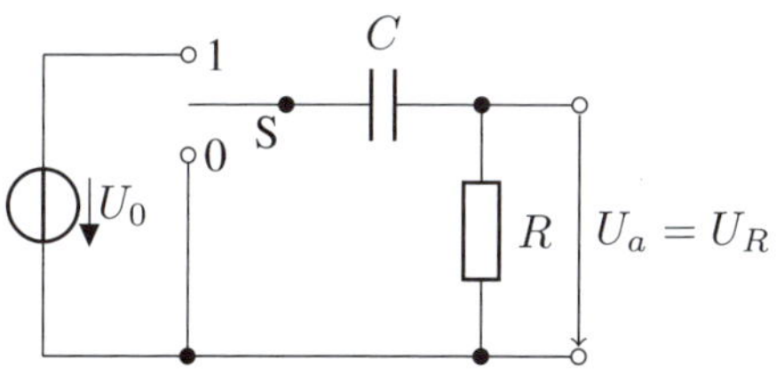


**Abb. 6.7.:** RC-Hochpass, geschaltet

Da die Ausgangsspannung $U_a$ über dem Widerstand $R$ abgegriffen wird, ist sie nur von 0 verschieden, wenn Strom fließt. Aufgrund der Reihenschaltung teilt sich die Gesamtspannung auf:

$$U_B = U_C + U_R.$$

Zu Beginn sei der Kondensator völlig ohne Ladung, d.h. es gilt $U_C = 0$. Wenn nun der

Schalter bei $t = 0$ in Stellung „1“ gebracht wird, liegt für einen Moment bei $t = 0$ die Gesamtspannung $U_0$ am Ausgang. Mit zunehmender Zeit steigt die Ladung des Kondensators und damit auch $U_C$ an, während die Ausgangsspannung $U_a = U_R$ entsprechend sinkt:

$$U_a(t) = U_a|_{t=0} \cdot e^{-\frac{t}{R \cdot C}} \ .$$

Wenn nach einer gewissen Zeit der Schalter wieder auf „0 “ geschaltet wird, entlädt sich der Kondensator über den Widerstand. Damit kehrt sich die Stromrichtung um, und wir erhalten einen negativen Impuls.

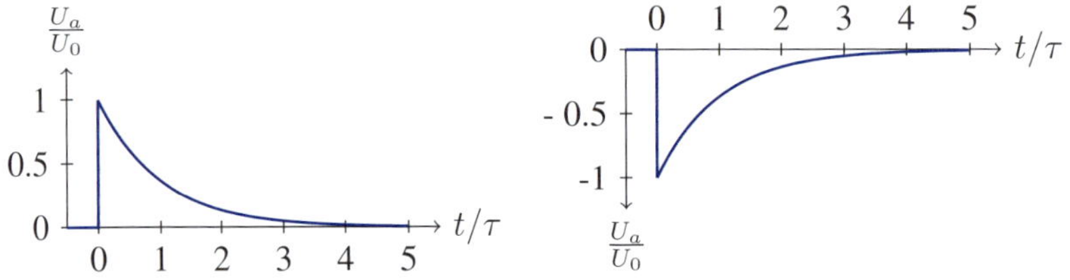


(**a**) Einschaltvorgang - steigende Flanke (**b**) Ausschaltvorgang - fallende Flanke

**Abb. 6.8.:** Sprungantwort des RC-Hochpasses

Ein Rechteckimpuls wird beim Passieren eines Hochpasses immer verändert. Die Veränderung hängt vom Verhältnis der Impulsdauer $T$ zur Zeitkonstante $\tau$ ab. Für $\frac{T}{\tau} \gg 1$ wirkt der Hochpass als Differenzierglied; am Ausgang erscheinen Nadelimpulse für beide Impulsflanken. Für $\frac{T}{\tau} \ll 1$ wird das „Dach“ des Impulses entsprechend einer Entladekurve verformt.

### 6.1.4. Begrenzer – Amplitudenfilter mit Dioden

Wir betrachten hier einfache Amplitudenfilter mit Dioden, die als Schutz für empfindliche Schaltungen oder Bauelemente eingesetzt werden.

Die Abb. 6.9a zeigt eine Schaltung zum Schutz empfindlicher Instrumente gegen zu hohe Spannungen. Unabhängig von der Polarität der Eingangsspannung ist eine der Dioden in Sperrrichtung und die andere in Durchlassrichtung geschaltet. Die in Sperrrichtung geschaltete Diode ist ohnehin sehr hochohmig und beeinflusst die Eingangsspannung nicht. Für sehr kleine Spannungen ist auch die in Durchlassrichtung geschaltete Diode hochohmig. Erst wenn der Durchlassstrom zu fließen beginnt, wird diese Diode zunehmend niederohmig. Die leitende Diode bildet dann mit dem vorgeschalteten Widerstand $R_V$ einen nichtlinearen Spannungsteiler. Oberhalb ihrer Schwellenspannung begrenzen die Dioden so die Spannung am Instrument auf $U_{min}$ bzw. $U_{max}$. Die Abb. 6.9b verdeutlicht das Prinzip.

In Abb. 6.9c ist ein anderes Schutzkonzept dargestellt, wie es in Verbindung mit MOSFETs eingesetzt wird. Bei MOSFETs, die am Eingang einer Schaltung liegen, muss das Gate gegen

Überpannungen geschützt werden, damit der Gateisolator nicht zerstört wird. Da die Gatekapazität gering ist (Größenordnung pF), reichen schon kleine Ladungsmengen, um zu hohe Spannungen am Gate hervor zu rufen. Solche Überspannungen können auftreten, wenn eine Person elektrisch aufgeladen ist und den Gateanschluss berührt.

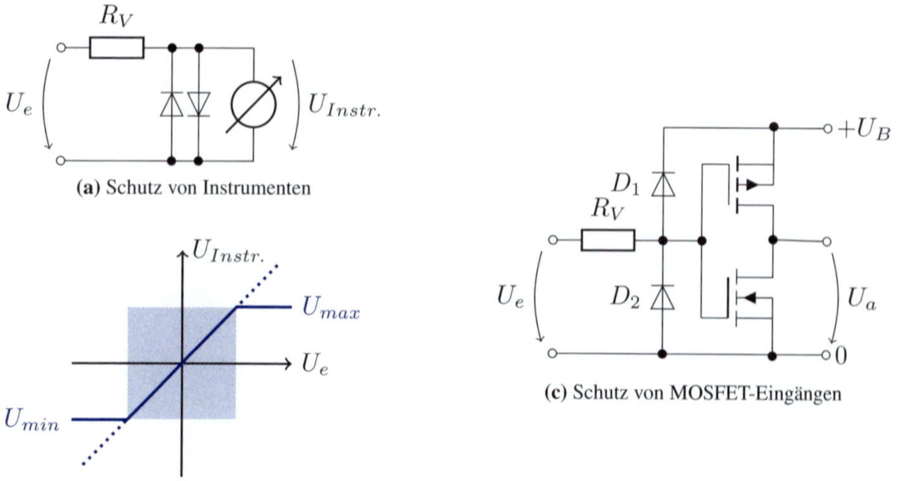


(**a**) Schutz von Instrumenten

(**b**) Funktion der Spannungsbegrenzung

(**c**) Schutz von MOSFET-Eingängen

**Abb. 6.9.:** Spannungsbegrenzung mit Dioden

In der Schaltung wird die Diode $D_1$ leitend, wenn die Eingangsspannung über die Betriebsspannung $U_B$ ansteigt. Die Diode „klemmt" die Eingangsspannung dann auf die Betriebsspannung; bei Unterschreiten des Massepotentials „klemmt" Diode $D_2$ auf das Massepotential.

## 6.2. Gleichrichter

Gleichrichterschaltungen erzeugen durch Gleichrichtung mit einer oder mehreren Dioden aus einer Wechselspannung am Eingang eine pulsierende Gleichspannung am Ausgang (siehe Abb. 6.10b und Abb. 6.12b). Gleichrichterschaltungen werden in allen Geräten genutzt, die vom 50 Hz-Stromnetz gespeist, aber intern mit Gleichspannung betrieben werden; sie sind wesentlicher Bestandteil von Stromversorgungen. Zur klassischen Stromversorgung gehören (siehe Abb. 6.13)

- ein Netztransformator[1],
- ein Gleichrichter,
- eine Siebschaltung und
- bei Bedarf eine Stabilisierungsschaltung.

[1] Klassische Netztransformatoren arbeiten bei 50 Hz Netzfrequenz und mit Weicheisenkernen; Übertrager in modernen Schaltnetzteilen arbeiten bei deutlich höheren Frequenzen oberhalb der oberen Hörschwelle. Die Übertrager nutzen Ferritkerne; sie sind leichter und energieeffizenter als herkömmliche Transformatoren.

Die einfachste Gleichrichterschaltung ist der **Einweggleichrichter** entsprechend Abb. 6.10. Hier liegt eine Diode im Strompfad; sie stellt in Durchlassrichtung einen geringen und in Sperrrichtung einen sehr hohen Widerstand dar. Dementsprechend wird die Halbwelle, bei welcher die Diode in Sperrrichtung gepolt ist, praktisch abgeschnitten und es entsteht ein pulsierender Gleichstrom, bei dem jeweils die negative Halbwelle vom Wechselstrom fehlt[1].

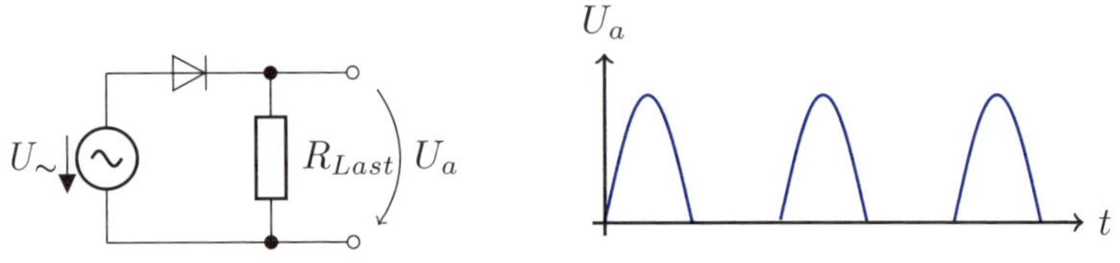


**(a)** Schaltung **(b)** Ausgangsspannung

**Abb. 6.10.:** Schaltung Einweggleichrichter

Die Ausgangsspannung der Einweggleichrichterschaltung ist eine pulsierende Gleichspannung und beinhaltet einen hohen Wechselspannungsanteil, der die gleiche Frequenz hat, wie die am Eingang angelegte Wechselspannung.

Zur Verbesserung der Gleichspannung und Beseitigung dieses Wechselspannungsanteils schaltet man einen Kondensator, den sog. Ladekondensator $C_L$, als Energiespeicher direkt parallel zum Ausgang des Gleichrichters. Der Ladekondensator liefert bei richtiger Dimensionierung während der abgeschnittenen Halbwelle Energie und sorgt dafür, dass die Gleichspannung nur noch wenig absinkt, sondern nahe der Spitzenspannung der Wechselspannung bleibt. Ein Einweggleichrichter mit Ladekondensator liefert auch ohne Lastwiderstand eine Gleichspannung.

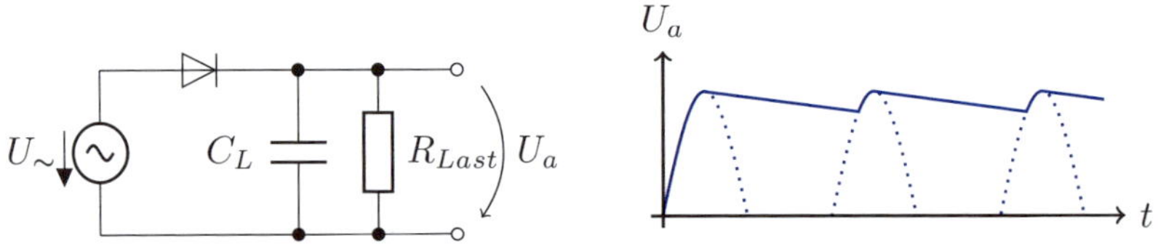


**(a)** Schaltung **(b)** Ausgangsspannung (Halbwellen punktiert)

**Abb. 6.11.:** Einweggleichrichter mit Ladekondensator

Zusätzlich kann man ein sog. **Siebglied** $(L_S, C_S)$ verwenden, um die Restwelligkeit der Gleichspannung zu reduzieren. Ein Siebglied ist ein frequenzabhängiger Spannungsteiler, der so ausgelegt wird, dass der am Ladekondensator verbliebene Wechselspannungsanteil weitgehend kurzgeschlossen wird, so dass eine „glatte" Gleichspannung übrig bleibt.

[1] Würde man einen Einweggleichrichter ganz ohne Lastwiderstand betreiben, fände man am Ausgang noch die Wechselspannung vom Eingang vor, denn auch in Sperrrichtung hat die Diode einen endlichen, wenn auch sehr hohen Widerstand.

Eine Gleichrichterschaltung, die auch die negative Halbwelle des Wechselstromes nutzt, ist die **Zweiweggleichrichterschaltung**.

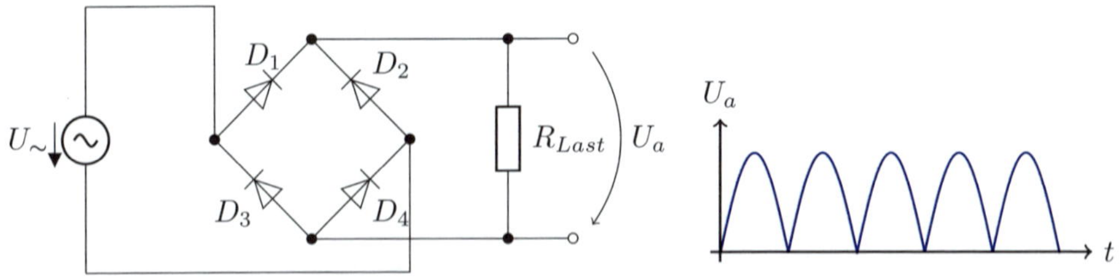


**(a)** Schaltung **(b)** Ausgangsspannung

**Abb. 6.12.:** Schaltung Zweiweggleichrichter

Bei der Zweiweggleichrichterschaltung werden stets mehrere Dioden benutzt und so zusammen geschaltet, dass auf der Gleichspannungsseite beide Halbwellen einen Strom in die gleiche Richtung antreiben. Das gelingt z.B. mit einer Brückenschaltung von 4 Dioden entsprechend Abb. 6.12. Bei dieser Schaltung hat der Brummspannungsanteil die doppelte Frequenz der angelegten Spannung; die Schaltung kommt deshalb mit einem kleineren Ladekondensator und einfacheren Siebmitteln aus.

Zum Aufbau einer klassischen Stromversorgungsschaltung ist ein Transformator mit einer Gleichrichterschaltung zu verbinden. Die Restwelligkeit der am Gleichrichter zur Verfügung stehenden Spannung wir durch Filterung reduziert und die Spannung anschließend stabilisiert, bevor sie am Ausgang der Schaltung zur Verfügung gestellt wird. Die Abb. 6.13 zeigt die Struktur des kompletten Stromversorgungsteiles.

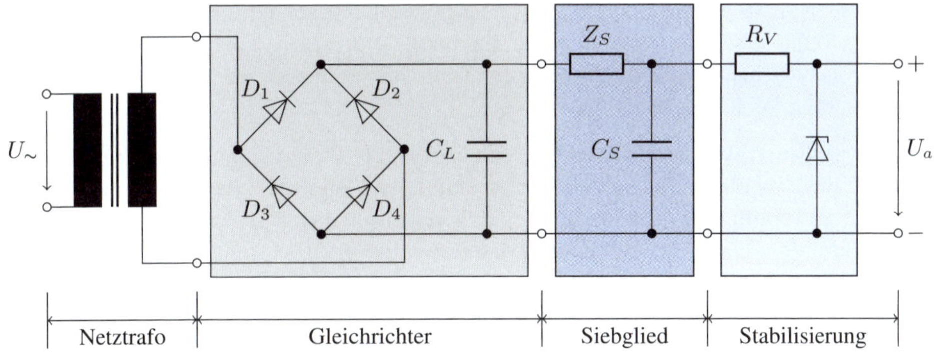


**Abb. 6.13.:** Schema eines Stromversorgungsgerätes, bestehend aus Netztransformator, Zweiweggleichrichter mit Ladekondensator, Siebglied und Stabilisierungsschaltung

Die Komponenten haben folgende Aufgaben:

- Der Netztransformator stellt eine Kleinspannung als Wechselspannung bereit und sorgt gleichzeitig für eine galvanische Trennung der Kleinspannung vom Stromnetz.
- Die Gleichrichterschaltung setzt die Wechselspannung in eine pulsierende Gleichspannung um und der Ladekondensator $C_L$ liefert in den Pulspausen die Energie. Der Ladekondensator reduziert so die Amplitude der Brummspannung am Ausgang des Gleichrichters.
- Das Siebglied ist eine Filterschaltung (frequenzabhängiger Spannungsteiler) mit der Aufgabe, den verbliebenen Wechselspannungsanteil (50 Hz bzw. 100 Hz) aus der Gleichspannung heraus zu filtern. Das Längsglied $Z_S$ kann bevorzugt eine Induktivität oder auch ein ohmscher Widerstand sein.
- Schwankungen der Netzspannung machen sich am Ausgang des Siebgliedes natürlich noch bemerkbar. Solche Schwankungen zu eliminieren und eine konstante Ausgangsspannung bereit zu stellen, ist Aufgabe der Stabilisierungsschaltung. Hier angegeben ist eine einfache Z-Diodenschaltung.

## 6.3. Verstärker

Elektronische Verstärker sind Baugruppen oder Geräte, die ein eingehendes elektronisches Signal so verändern, dass die Eingangsgröße (Spannung, Strom oder Leistung) am Ausgang mit veränderter, meist größerer Amplitude wieder abgegeben werden kann. Sie benötigen dafür immer eine fremde Energiequelle, also eine Spannungs- bzw. Stromquelle, welche die notwendige Energie liefern kann.

Häufig werden Verstärker nach ihrem Anwendungszweck bezeichnet; so kennt man z.B. Messverstärker, Audioverstärker, Antennenverstärker usw. Andererseits kann man Verstärker auch nach ihrer technischen Ausführung benennen (Transistorverstärker, integrierte Verstärker, ein- und mehrstufige Verstärker usw.).

In den folgenden Abschnitten führen wir in ausgewählte Grundlagen der Verstärkertechnik ein und zeigen, wie durch Zusammenschalten aktiver und passiver Bauelemente ein einfacher Verstärker entsteht und wie bestimmte Verstärkereigenschaften aus den Werten der Bauelemente zu ermitteln sind. Von besonderem Interesse sind natürlich integrierte Verstärker; wir gehen deshalb auf die sog. **Operationsverstärker** etwas ausführlicher ein. Interessierte Leser verweisen wir auf die umfangreiche weiterführende Literatur[1] [TSG10, Mei97].

[1] Fachliteratur über Verstärker erscheint, seitdem Verstärkerröhren zur Verfügung standen, also ab Anfang des 20. Jahrhunderts. Wir erinnern an Heinrich Barkhausen (deutscher Physiker 1881–1956), einen Pionier auf diesem Gebiet der Technik, und seine grundlegenden Arbeiten [Bar24].

## 6.3.1. Verstärker als Vierpol

Für eine systematische Behandlung werden die verschiedenen Verstärkertypen abstrakt als **aktiver Vierpol** betrachtet. Die notwendige fremde Energiequelle wird in diese Betrachtung nicht einbezogen; es wird jedoch stets eine geeignete Energieversorgung vorausgesetzt.

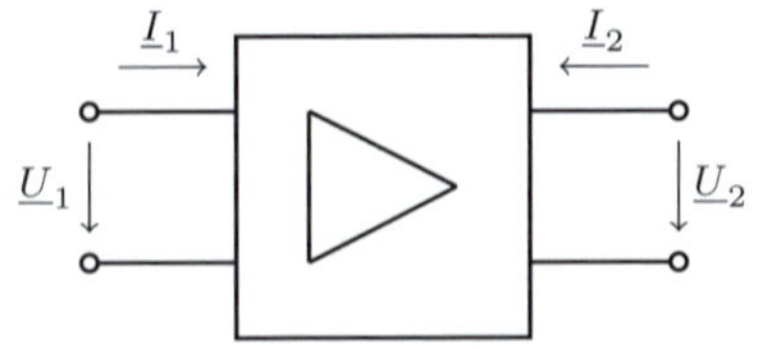


**Abb. 6.14.:** Verstärker als Vierpol

Die Abb. 6.14 zeigt einen Verstärker allgemein als Vierpol (vgl. dazu Kapitel 3.3). Aus den Eingangsgrößen $\underline{U}_1$ und $\underline{I}_1$ sowie den Ausgangsgrößen $\underline{U}_2$ und $\underline{I}_2$ werden Kenngrößen des Verstärkers abgeleitet. Die Kenngrößen sind, wie die Eingangs- und Ausgangsgrößen, im allgemeinen komplex:

**Definition 6.2 (Kenngrößen eines Verstärkers)**

$$\text{Spannungsverstärkung:} \quad \underline{V}_u = \frac{\underline{U}_2}{\underline{U}_1} \tag{6.8}$$

$$\text{Stromverstärkung:} \quad \underline{V}_i = \frac{\underline{I}_2}{\underline{I}_1} \tag{6.9}$$

$$\text{Leistungsverstärkung:} \quad \underline{V}_P = \underline{V}_u \cdot \underline{V}_i \tag{6.10}$$

$$\text{Eingangsimpedanz:} \quad \underline{Z}_1 = \frac{\underline{U}_1}{\underline{I}_1} \tag{6.11}$$

$$\text{Eingangsimpedanz:} \quad \underline{Z}_2 = \frac{\underline{U}_2}{\underline{I}_2} \tag{6.12}$$

## 6.3.2. Rückkopplung

Rückkopplung ist ein allgemeines Prinzip, welches man in der Elektronik und in der Regelungstechnik sehr häufig benutzt, um Systemeigenschaften gezielt zu beeinflussen.

**Definition 6.3 (Rückkopplung)**

Unter Rückkopplung versteht man die Rückführung eines Teiles des Ausgangssignals eines Systems über ein Rückkopplungsnetzwerk zurück auf den Eingang desselben Systems.

Das Prinzip ist in Abb. 6.15 für einen Spannungsverstärker dargestellt; wir werden dieses Prinzip auch in der Digitaltechnik anwenden.

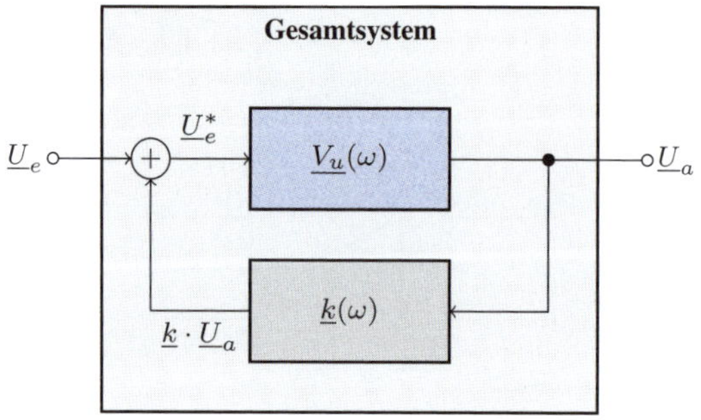


**Abb. 6.15.:** Rückkopplung: ein allgemeines Prinzip

Ein Gesamtsystem entsprechend Abb. 6.15 beinhalte einen Spannungsverstärker (hellblau) mit der Verstärkung $\underline{V}_u(\omega)$ und ein Rückkopplungsnetzwerk (grau) mit dem Koppelfaktor $\underline{k}(\omega)$. Das System hat die Eingangsspannung $\underline{U}_e$ und die Ausgangsspannung $\underline{U}_a$. Die Spannung $\underline{U}_a$ ist zugleich Ausgangsspannung des Verstärkers.

Wir berechnen nun die Spannungsverstärkung des rückgekoppelten Systems

$$\underline{V}_u^R = \frac{\underline{U}_a}{\underline{U}_e}.$$

Die Ausgangsspannung $\underline{U}_a$ des Verstärkers wird über das Rückkopplungsnetzwerk auf den Summationspunkt (+) vor dem Verstärkereingang geführt. Am Summationspunkt werden das Eingangssignal des Systems $\underline{U}_e$ und das rückgekoppelte Signal $\underline{k} \cdot \underline{U}_a$ addiert und dem Verstärker als Eingangssignal $\underline{U}_e^*$ zugeführt.

Für die Spannungsverstärkung $\underline{V}_u^R$ des rückgekoppelten Systems findet man nun:

$$\underline{U}_a = \underline{U}_e^* \cdot \underline{V}_u$$

$$\underline{U}_a = (\underline{U}_e + \underline{k} \cdot \underline{U}_a) \cdot \underline{V}_u$$

und nach Umstellen ergibt sich für die Verstärkung des rückgekoppelten Systems

**Verstärkung des rückgekoppelten Systems**

$$\underline{V}_u^R = \frac{\underline{U}_a}{\underline{U}_e} = \frac{\underline{V}_u}{1 - \underline{k} \cdot \underline{V}_u} \tag{6.13}$$

Je nach dem Betrag des Nenners $|1 - \underline{k} \cdot \underline{V}_u|$ unterscheidet man zwei wesentlich verschiedene Fälle, nämlich:

- die **Gegenkopplung**, in diesem Fall ist $|1 - \underline{k} \cdot \underline{V}_u| > 1$, die Verstärkung $\underline{V}_u^R$ wird kleiner als die Verstärkung $\underline{V}_u$ des nicht gegengekoppelten Verstärkers; der Verstärker wird stabiler und seine Bandbreite wird größer;
- und die **Mitkopplung**, hier ist $|1 - \underline{k} \cdot \underline{V}_u| < 1$, die Verstärkung $\underline{V}_u^R$ wird größer als die Verstärkung $\underline{V}_u$ des nicht mitgekoppelten Verstärkers; der Verstärker wird instabiler, neigt zum Schwingen (siehe Kapitel 6.5) und die Bandbreite wird kleiner.

Das Rückkopplungssignal kann aus dem Ausgangsstrom oder der Ausgangsspannung abgeleitet und am Eingang parallel oder in Serie zugeführt werden. Danach unterscheidet man mehrere verschiedene Formen der Rückkopplung.

### 6.3.3. Transistor-Kleinsignalverstärker

In diesem Abschnitt zeigen wir, wie ein Transistorverstärker prinzipiell aufgebaut ist und funktioniert. Als einfachstes Modell wählen wir einen einstufigen Verstärker mit Bipolartransistor in Emitterschaltung und betrachten dessen Kleinsignalverhalten.

Der Begriff **Kleinsignalverhalten** beschreibt, dass die Aussteuerung so begrenzt wird, dass der Zusammenhang zwischen Eingangsgrößen und Ausgangsgrößen als linear betrachtet werden kann. Zur Beschreibung und Berechnung der Schaltung können deshalb die h-Parameter und entsprechende Ersatzschaltbilder benutzt werden, die wir in Kapitel 4.5.3 vorgestellt haben. Die Abb. 6.16 zeigt das Schaltbild eines solchen Kleinsignalverstärkers.

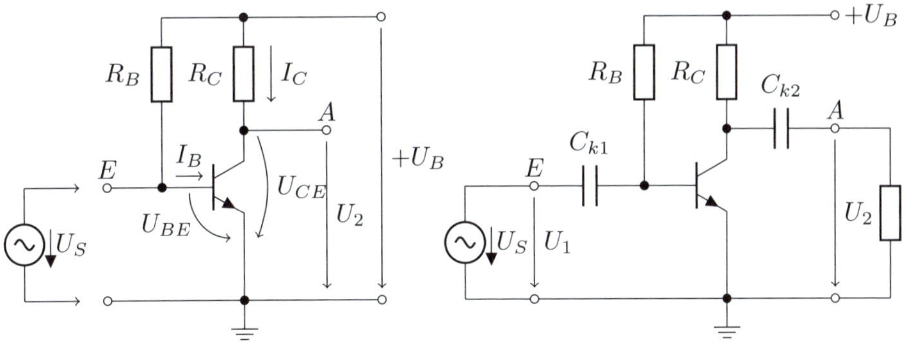


(a) Zur Arbeitspunkteinstellung (b) Mit Außenbeschaltung und Koppelkondensatoren

**Abb. 6.16.:** Einstufiger Transistor-Kleinsignalverstärker in Emitterschaltung

**Arbeitspunkteinstellung** Damit der Transistor als Verstärker arbeiten kann, muss ein Arbeitspunkt eingestellt werden.

**Definition 6.4 (Arbeitspunkt)**

**Arbeitspunkt** nennt man die Strom- und Spannungsverhältnisse, die an einem Bauelement oder in einer Schaltung ohne ansteuerndes Signal herrschen.

Beim Bipolartransistor wird der Arbeitspunkt durch einen Punkt in jedem Quadranten des Kennlinienfeldes repräsentiert. Die für den Arbeitspunkt notwendigen Bedingungen werden durch Beschaltung des Transistors geschaffen.

Wir betrachten zuerst den Kollektorkreis und das Ausgangskennlinienfeld (1. Quadrant in Abb. 4.25). Der Arbeitspunkt ist durch einen bestimmten Kollektorstrom und die dabei anliegende Kollektorspannung gekennzeichnet. Entsprechend Abb. 6.16a liegt in der Kollektorleitung des Transistors der Widerstand $R_C$, den man auch **Arbeitswiderstand** nennt und der mit der Kollektor-Emitter-Strecke einen Spannungsteiler bildet. Für die Spannungsteilung im Kollektorkreis gilt nach dem Maschensatz

$$U_B = U_{CE} + I_C \cdot R_C.$$

Wir stellen diese Beziehung nach $U_{CE}$ um:

**Arbeitsgerade**

$$U_{CE} = U_B - I_C \cdot R_C \qquad (6.14)$$

Diese Gleichung beschreibt die **Arbeitsgerade**, die man im Ausgangskennlinienfeld darstellen und unter Verwendung der Achsenschnittpunkte leicht konstruieren kann. Für die Achsenschnittpunkte gilt:

**Achsenschnittpunkte der Arbeitsgeraden**

Schnittpunkt mit $U_{CE}$-Achse bei $I_C = 0$: $$U_{CE} = U_B \qquad (6.15)$$

Schnittpunkt mit $I_C$-Achse bei $U_{CE} = 0$: $$I_C = \frac{U_B}{R_C} \qquad (6.16)$$

Die Spannung $U_{CE}$ ist zugleich die Ausgangsspannung $U_2$ des Verstärkers; sie liegt immer auf einem Punkt der Arbeitsgeraden bzw. bewegt sich entlang der Arbeitsgeraden. Häufig wählt man $U_{CE} \approx \frac{1}{2}U_B$, um einen möglichst großen Aussteuerbereich zu erhalten.

Damit im Arbeitspunkt ein definierter Kollektorstrom fließt, muss eine entsprechende Basis-Emitter-Spannung $U_{BE}$ anliegen und ein Basisstrom $I_B$ fließen, der sich aus Kollektorstrom und Gleichstromverstärkung ergibt $\left(I_B = \frac{I_C}{B}\right)$. In Abb. 6.16a sorgt dafür der Basisvorwiderstand $R_B$, der mit der Basis-Emitter-Strecke des Transistors einen Spannungsteiler bildet. Der Wert des Widerstandes $R_B$ ergibt sich bei vorgegebenem Basisstrom nach der Gleichung

$$R_B = \frac{U_B - U_{BE}}{I_B}. \tag{6.17}$$

Die zum Basisstrom $I_B$ gehörige Basis-Emitter-Spannung $U_{BE}$ entnimmt man dem Kennlinienfeld (Übertragungskennlinie im 2. Quadranten); sie beträgt bei Siliziumtransistoren etwa 0,7 V.

Betrachten wir nun die Verstärkung eines Signals. Eine Signalquelle, z.B. ein Mikrophon, eine vorgelagerte Verstärkerstufe oder ein Signalgenerator, wird am Eingang $E$ und an Masse angeschlossen und liefert das Eingangssignal $U_1$. Das verstärkte Signal wird als Ausgangssignal $U_2$ zwischen Punkt $B$ und Masse parallel zur Kollektor-Emitter-Strecke ausgekoppelt und treibt eine Last $R_a$, z.B. einen Kopfhörer oder eine nachfolgende Verstärkerstufe.

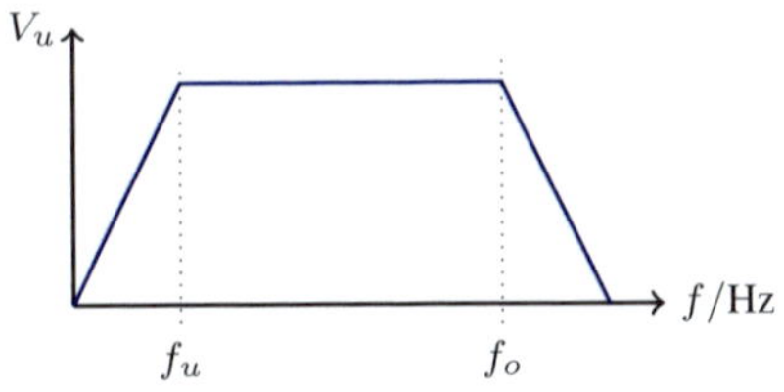


**Abb. 6.17.:** Amplitudengang eines Wechselspannungsverstärkers, schematisch

Die Signalquelle hat einen Innenwiderstand und dieser liegt parallel zur Basis-Emitter-Strecke. Im Ausgangskreis liegt die angeschlossene Last parallel zur Kollektor-Emitter-Strecke des Transistors. Der Innenwiderstand der Signalquelle und der Lastwiderstand beeinflussen den eingestellten Arbeitspunkt. Um diese Beeinflussung zu vermeiden, wird zwischen Signalquelle und Transistor ein Koppelkondensator $C_{k1}$ und zwischen Kollektor und Last ein weiterer Koppelkondensator $C_{k2}$ geschaltet, wie das in Abb. 6.16b dargestellt ist. Die beiden Koppelkondensatoren stellen sicher, dass der eingestellte Arbeitspunkt nicht verändert wird; sie bilden aber auch mit den Widerständen frequenzabhängige Spannungsteiler und bewirken so einen Frequenzgang des Verstärkers. Insbesondere können sehr niederfrequente Signale mit diesem Konzept nicht verstärkt werden.

Der Frequenzgang wird wie bei den passiven Filtern mit einer unteren Grenzfrequenz $f_u$ und einer oberen Grenzfrequenz $f_o$ charakterisiert. Die obere Grenzfrequenz resultiert aus der Frequenzabhängigkeit des Stromverstärkungsfaktors und aus unvermeidbar vorhandenen Parallelkapazitäten in der Schaltung.

Der Kollektorstrom ist phasengleich zum steuernden Basisstrom und damit auch zur Basis-Emitter-Spannung. Da die Ausgangsspannung $U_2$ mit steigendem Kollektorstrom sinkt, ergibt sich eine Phasenverschiebung von $180\,^\circ$ zwischen Eingangssignal und Ausgangssignal.

Für ein gegebenes Steuersignal kann man das Ausgangssignal unter Nutzung des Kennlinienfeldes mit Arbeitsgerade konstruieren. Die Abb. 6.18 zeigt das für ein Sinussignal schematisch[1].

[1] Man beachte, dass entsprechend der Achsenbeschriftung $U_{BE}$ nach unten positiv gezählt wird!

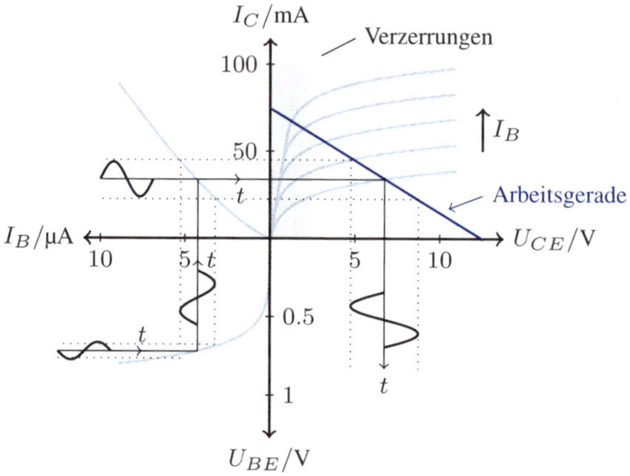


**Abb. 6.18.:** Signalkonstruktion an Kennlinien und Arbeitsgerade, schematisch

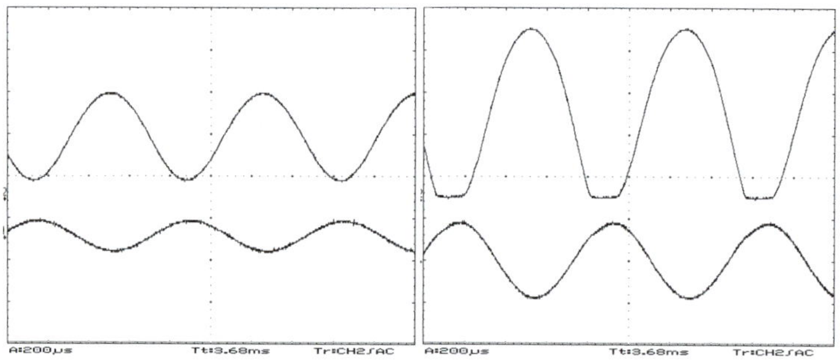

**Abb. 6.19.:** Oszillogramme von Signalen am Eingang (unten) und am Ausgang (oben) des Verstärkers

Die Abb. 6.19 zeigt zwei Oszillogramme von Eingangssignal und Ausgangssignal eines Transistorverstärkers. In beiden Oszillogrammen ist die Phasenverschiebung von $180\,^\circ$ zwischen Eingangssignal (unten) und Ausgangssignal (oben) zu erkennen. Das Ausgangssignal ist im linken Bild unverzerrt. Im rechten Bild ist das Ausgangssignal stark verzerrt, weil der Verstärker bis in den grau hinterlegten Bereich in Abb. 6.18 ausgesteuert wurde; man sagt, er wurde übersteuert.

Zur Berechnung der Eingangs- und Ausgangsimpedanz sowie der Strom- und Spannungsverstärkung der Schaltung, die man auch Betriebsgrößen nennt, machen wir noch zwei vereinfachende Voraussetzungen:

- die Ausgangsspannungsrückwirkung sei vernachlässigbar $h_{12} \approx 0$
- der Kurzschlussausgangsleitwert $h_{22}$ sei gegen die sonst im Kollektorkreis vorkommenden Leitwerte ebenfalls vernachlässigbar.

Damit kann das ursprüngliche Ersatzschaltbild des Transistors (siehe Abb. 4.26) weiter vereinfacht werden; wir ersetzen den Transistor nun durch die in Abb. 6.20 blau hinterlegte Struktur. Dieses einfache Ersatzschaltbild gilt nur für einen mittleren Frequenzbereich; es beschreibt nicht den Frequenzgang der Schaltung.

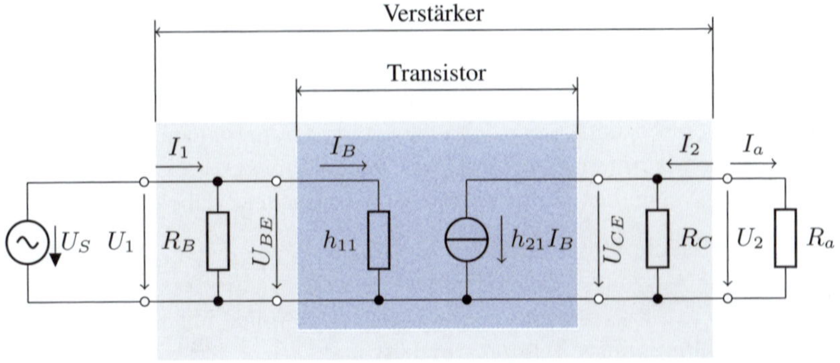


**Abb. 6.20.:** Vereinfachtes Ersatzschaltbild des Transistor-Kleinsignalverstärkers

Aus der Ersatzschaltung Abb. 6.20 kann man nun mit den Rechenregeln für lineare Netze die gesuchten Kenngrößen ermitteln:

- Eingangsimpedanz $Z_1$: wie im Ersatzschaltbild erkennbar, sind $h_{11}$ und $R_B$ parallel geschaltet
$$Z_1 = \frac{h_{11} \cdot R_B}{h_{11} + R_B},$$
- Ausgangsimpedanz $Z_2$:
$$Z_2 = R_C,$$
- Stromverstärkung $V_i$: der Eingangsstrom $I_1$ teilt sich in einen Strom durch $R_B$ und den Basisstrom $I_B$. Nur dieser Stromanteil ist verstärkungswirksam. Der Kollektorstrom teilt sich in einen Strom durch $R_C$ und durch $R_a$. Man erhält:
$$V_i = h_{21} \cdot \frac{R_C}{R_a + R_C} \cdot \frac{R_B}{R_B + h_{11}},$$
- Spannungsverstärkung $V_u$: für die Spannung $U_2$ liegen $R_C$ und $R_a$ parallel
$$V_u = -\frac{h_{21}}{h_{11}} \cdot \frac{R_C \cdot R_a}{R_C + R_a}.$$

### 6.3.4. Direkt gekoppelte Verstärker

Wir betrachten zunächst die folgende, häufig auftretende Problemstellung aus dem Bereich der elektronischen Messtechnik. Es sollen Messgrößen wie Helligkeit, Sonneneinstrahlung oder Temperatur im Außenbereich über 24 Stunden elektronisch bzw. mit einem PC erfasst werden. Solche Messgrößen liefern sehr langsam veränderliche Signale. Für diese Aufgabenstellung ergeben sich mit den oben beschriebenen Verstärkern mehrere Probleme.

Die Koppelkondensatoren und andere Kondensatoren im Signalweg des Verstärkers bestimmen dessen Frequenzgang; insbesondere existiert eine unteren Grenzfrequenz $f_u$. Sehr langsam veränderliche Messgrößen erfordern deshalb andere Verstärker, sog. direkt gekoppelte Verstärker oder Gleichspannungsverstärker, die keine untere Grenzfrequenz haben.

Ein weiteres Problem ist die Temperaturabhängigkeit der Bauelemente, insbesondere der Transistoren. Falls sich die Ausgangsspannung verändert, weil sich die Temperatur des Verstärkers ändert, dann kann diese Änderung nicht vom eigentlichen Signal unterschieden werden. Man nennt diesen Temperatureinfluss **Temperaturdrift** und spricht von einer signaläquivalenten Größe.

Allgemein fordern wir von einem Gleichspannungsverstärker, dass

- er keine untere Grenzfrequenz hat,
- keine Temperaturdrift auftritt,
- für $U_e = 0$ auch $U_a = 0$ gilt
- und dass er eine ausreichend hohe Verstärkung hat.

Die technische Realisierung dieser Eigenschaften erfordert stets mehrere Verstärkerstufen.

#### Differenzverstärker

Die Eingangsstufe eines direkt gekoppelten Verstärkers bildet ein Differenzverstärker. Seine Aufgabe ist es, eine bestimmte Art von Signalen, die sog. Gleichtaktsignale (siehe unten), weitgehend zu unterdrücken. Die Abb. 6.21 zeigt das Prinzip eines Differenzverstärkers mit Bipolartransistoren.

Entsprechend Abb. 6.21 besteht ein Differenzverstärker aus zwei Brückenzweigen. Die Zweige umfassen je einen Transistor mit Kollektorwiderstand (T1 mit $R_{C_1}$ sowie T2 mit $R_{C_2}$) und werden über einen gemeinsamen Emitterwiderstand $R_E$ gespeist. Die beiden Transistoren sollen identische Kennlinien und das gleiche Temperaturverhalten haben[1]. Auch die beiden Kollektorwiderstände sollen den gleichen Widerstandswert haben. Der gemeinsame Emitterwiderstand $R_E$ soll sehr groß sein bzw. durch eine Konstantstromquelle ersetzt werden. Die

[1] Beide Transistoren sollen deshalb auf einem Chip und benachbart sein (Doppeltransistor), was bei einem integrierten Schaltkreis ohnehin gegeben ist.

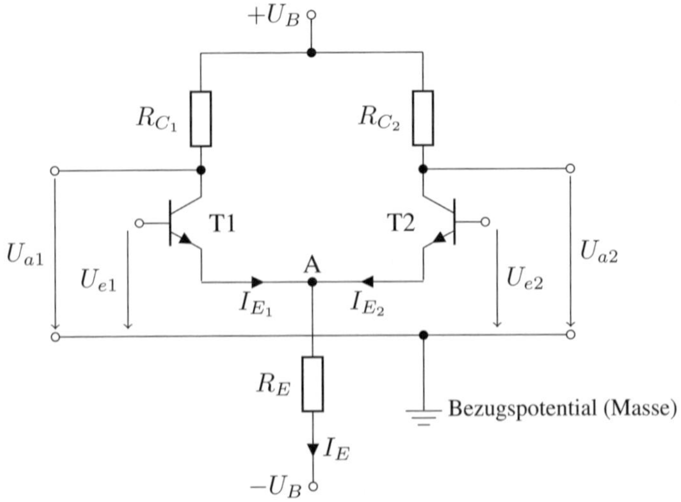


**Abb. 6.21.:** Differenzverstärker, schematisch

Schaltung hat zwei Eingänge ($U_{e_1}$ und $U_{e_2}$) und zwei Ausgänge ($U_{a1}$ und $U_{a2}$). Sie wird durch zwei zum Bezugspotential (Masse) symmetrische Spannungen $+U_B$ und $-U_B$ versorgt[1].

Ohne Ansteuerung, d.h. bei $U_{e_1} = U_{e_2} = 0$, teilt sich der als konstant vorausgesetzte Emittergesamtstrom $I_E$ am Knotenpunkt A aus Gründen der Symmetrie zu gleichen Teilen in die Emitterströme der beiden Transistoren $I_{E_1}$ und $I_{E_2}$ auf, es gilt also:

$$I_{E_1} = I_{E_2} = \frac{1}{2} \cdot I_E.$$

Wir nehmen als nächstes an, die beiden Eingangsspannungen werden um einen kleinen, aber gleichen Betrag abgesenkt oder angehoben[2], dann gilt $U_{e_1} = U_{e_2} < 0$. Man nennt diese Art der Ansteuerung **Gleichtaktansteuerung**.

Bei Gleichtaktansteuerung wird die Symmetrie der Schaltung nicht gestört und die Stromverteilung am Knoten A nicht verändert. Folglich entsteht bei Gleichtaktansteuerung mit kleiner Amplitude im Idealfall keine Spannungsdifferenz zwischen den Kollektoren von $T_1$ und $T_2$ und damit kein Ausgangssignal. Die Gleichtakteingangsspannung wird angegeben als

$$U_G = \frac{U_{e_1} + U_{e_2}}{2}.$$

[1] Zur Einstellung des Arbeitspunktes der Transistoren notwendige Bauelemente sind in der Schaltung aus Gründen der Übersichtlichkeit nicht dargestellt.

[2] Das entspricht z.B. einer Änderung der Basis-Emitter-Spannung $U_{BE}$ infolge einer Temperaturänderung.

Im Realfall kann sich die Ausgangsspannung bei Gleichtaktansteuerung doch geringfügig verändern, deshalb wird eine **Gleichtaktverstärkung** $V_G$ definiert

$$V_G = \frac{U_{a2}}{U_G}. \tag{6.18}$$

Wir nehmen nun an, die beiden Eingangsspannungen werden um einen kleinen, aber entgegengesetzten Betrag abgesenkt bzw. angehoben, dann gilt

$$\Delta U_{e1} = -\Delta U_{e2}.$$

Man nennt diese Art der Ansteuerung **Differenzansteuerung**. Bei Differenzansteuerung wird die Symmetrie der Schaltung gestört und die Stromverteilung am Knoten A verändert sich. Weil $I_E$ konstant ist, muss gelten

$$\Delta I_{E_1} = -\Delta I_{E_2}.$$

Als Folge ändern sich die Kollektorströme der beiden Transistoren; der Kollektorstrom des Transistors T1 steige um $\Delta I_{C_1}$ dann muss der Kollektorstrom des Transistors T2 um den gleichen Betrag sinken. Es gilt

$$\Delta I_{C_1} = -\Delta I_{C_2}.$$

Deshalb entstehen bei Differenzansteuerung zwei gegenphasige Ausgangssignale

$$\Delta U_{a_1} = -\Delta U_{a_2}.$$

Für die Weiterverarbeitung in der nächsten Verstärkerstufe benötigt man nur ein Ausgangssignal des Differenzverstärkers; wir legen uns dabei willkürlich fest auf $U_{a_2}$. Wir definieren nun die **Differenzverstärkung** $V_D$ und benötigen dazu zunächst die **Differenzeingangsspannung** $U_D$

$$U_D = \Delta U_{e_1} - \Delta U_{e_2}.$$

Für die Differenzverstärkung erhält man dann

$$V_D = \frac{U_{a2}}{U_D}. \tag{6.19}$$

Wir wollen nun noch die Phasenlage zwischen Eingangs- und Ausgangssignal betrachten. Dazu sei zunächst $\Delta U_{e_2} = 0$ und nur $U_{e_1}$ soll sich ändern können, d.h. nur hier liegt ein Signal an. In diesem Fall ist die Ausgangsspannung phasengleich zur steuernden Spannung. Man nennt deshalb diesen Eingang einen **nichtinvertierenden Eingang**.

Ist dagegen $\Delta U_{e_1} = 0$ und am Eingang vom Transistor T2 liegt das Eingangssignal an, dann tritt zwischen dem Eingangssignal $\Delta U_{e_2}$ und dem Ausgangssignal eine Phasenverschiebung von 180° auf. Deshalb heißt dieser Eingang **invertierender Eingang**.

Der Differenzverstärker erzeugt eine Potentialdifferenz zwischen seinen Eingängen und seinem Ausgang. Diese Potentialdifferenz muss kompensiert werden. Um diese und die anderen oben gestellten Forderungen, wie eine hohe Verstärkung und ein geringer Innenwiderstand, zu erfüllen, sind weitere direkt gekoppelte Verstärkerstufen mit speziellen Eigenschaften erforderlich. Wir werden diese speziellen Verstärkerstufen hier nicht besprechen, sondern wenden uns im nächsten Abschnitt direkt dem Operationsverstärker zu, der solche Verstärkerstufen mit umfasst.

## 6.4. Operationsverstärker

Operationsverstärker[1] bildeten in den sechziger Jahren des vergangenen Jahrhunderts die Basis der Analogrechner [Ulm09]. Man nannte sie daher auch Rechenverstärker und nutzte sie, um Rechenoperationen, wie Addition, Multiplikation, Integration usw., mit analogen elektronischen Mitteln durchzuführen.

Heute sind Operationsverstärker als universelle, integrierte Verstärkerbauelemente (IC) unverzichtbare Komponenten in der analogen Elektronik sowie in der Mess- und Regelungstechnik. Operationsverstärker werden zudem in Mikrocontroller integriert. Mit diesen sog. Mixed-Signal-Controllern gelingt es, nicht zu komplexe Aufgaben der Signalverarbeitung mit nur einem IC zu bewältigen (siehe Kapitel 11.7). Beispiele hierfür sind batteriebetriebene Handmessgeräte.

Operationsverstärker ermöglichen es, zahlreiche lineare und nichtlineare analoge Operationen durchzuführen, wie z.B.

- die **Addition und Subtraktion** von Spannungen,
- die **Integration** einer Spannung über der Zeit oder
- den **Vergleich** zweier Spannungen (Komparator).

Die unterschiedlichen Funktionen werden ausschließlich durch externe Beschaltung, d.h. durch Rückkopplung der Operationsverstärker erreicht. Die Korrektheit solcher Schaltungen basiert auf den Eigenschaften der Operationsverstärker, die wir uns nun anschauen wollen.

### 6.4.1. Eigenschaften, Kenngrößen und Übertragungsfunktion

Für Operationsverstärker gilt:

- es sind direkt gekoppelte Verstärker oder Gleichspannungsverstärker;
- sie haben wie der Differenzverstärker einen invertierenden (-) und einen nichtinvertierenden (+) Eingang; man fasst beide Eingänge auch als Differenzeingang zusammen;
- man unterscheidet wie beim Differenzverstärker zwei Verstärkungen, die Differenzverstärkung $V_D$ und die Gleichtaktverstärkung $V_G$, wobei entsprechend Abb. 6.22 gilt

$$V_D = \frac{U_a}{U_D} \quad \text{mit} \quad U_D = U_+ - U_-$$

$$V_G = \frac{U_a}{U_G} \quad \text{mit} \quad U_G = \frac{U_+ + U_-}{2}$$

- die Differenzverstärkung $V_D$ soll sehr groß sein (ideal: $V_D \to \infty$);

[1] Für Operationsverstärker findet man in der Literatur verschiedene Abkürzungen; gängige Abkürzungen sind OV und OPV in der deutschen sowie *op amp* und OA in der angelsächsischen Literatur.

- für die Gleichtaktverstärkung soll gelten $V_G \ll V_D$ (ideal: $V_G \to 0$);
- die Eingangsimpedanz für Differenz- und Gleichtaktsignale ist sehr hoch ($\to \infty$);
- die Ausgangsimpedanz ist gering, so dass ein Strom im Milliamperebereich angetrieben werden kann;
- der Operationsverstärker hat einen definierten Frequenzgang (siehe Abb. 6.23), so dass eine beliebige Gegenkopplung möglich ist.

Die Abb. 6.22 zeigt das Schaltsymbol eines Operationsverstärkers mit seinen Anschlüssen. Aus Gründen der Übersichtlichkeit werden wir später die Anschlüsse der Betriebsspannung nicht mehr mit angeben; wir setzen trotzdem in allen folgenden Schaltungen mit Operationsverstärkern voraus, dass eine funktionsgerechte Spannungsversorgung realisiert ist.

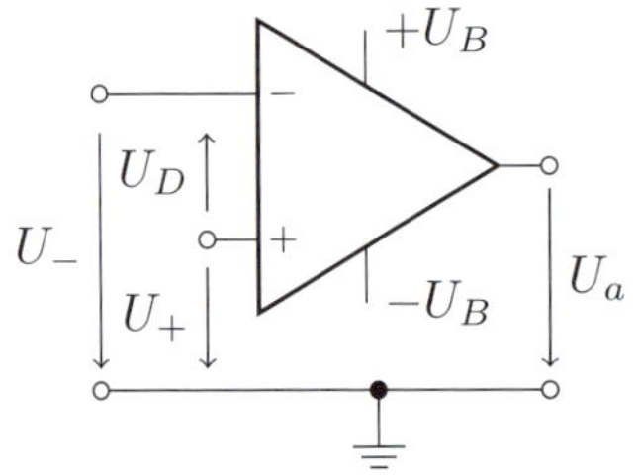


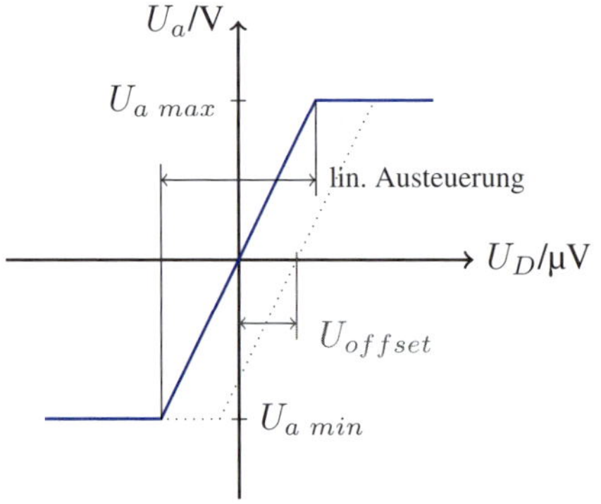


**Abb. 6.22.:** Operationsverstärker, Symbol mit Spannungen und Übertragungsfunktionen

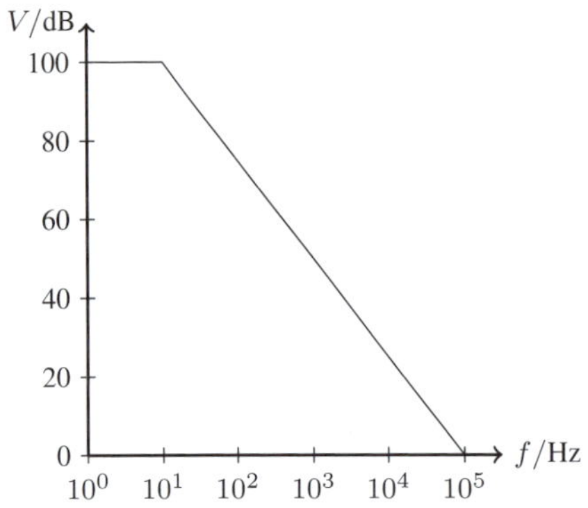


**Abb. 6.23.:** Frequenzgang eines Operationsverstärkers

Wenn man einen Operationsverstärker mit einer Differenzspannung $U_D$ ansteuert, dann erreicht die Ausgangsspannung $U_a$ nicht die positive bzw. negative Betriebsspannung, sondern bleibt wegen des Spannungsabfalls über interne Bauelemente etwas kleiner. Wir nennen den maximal erreichbaren Ausgangsspannungswert $U_{a\ max}$ und den minimal erreichbaren Wert $U_{a\ min}$.

Wird das Produkt $(U_D \cdot V_D) \geq U_{a\ max}$ bzw. $(U_D \cdot V_D) \leq U_{a\ min}$, dann erhält man ein amplitudenbegrenztes und damit verzerrtes Ausgangssignal. Der Verstärker arbeitet nicht mehr linear, er wird übersteuert (siehe Abb. 6.22).

Für den idealen Operationsverstärker gelten jeweils die schärfsten Bedingungen. Dagegen zeigen reale Operationsverstärker Abweichungen vom idealen Verhalten. Zum Beispiel kann ein realer Operationsverstärker eine sog. **Offsetspannung** $U_{Offset}$ besitzen. Eine Offsetspannung verschiebt die Übertragungsfunktion auf der $U_D$-Achse (gestrichelte Linie in Abb. 6.22). Dieser Fehler kann leicht kompensiert werden (siehe unten).

Die Gleichtakt-Übertragungsfunktion hat einen vergleichbaren Verlauf wie die in Abb. 6.22 dargestellte Differenzübertragungsfunktion; allerdings ist die Verstärkung um Größenordnungen geringer (Teilung der Abszisse in $V$).

Neben der Differenzverstärkung wird häufig die **Gleichtaktunterdrückung** CMMR (*common mode rejection ratio*) angegeben. Man versteht darunter das Verhältnis von Differenzverstärkung zu Gleichtaktverstärkung:

$$CMMR = \left| \frac{V_D}{V_G} \right| .$$

Der Wert gibt an, um wie viel schlechter Gleichtaktsignale verstärkt werden als Differenzsignale.

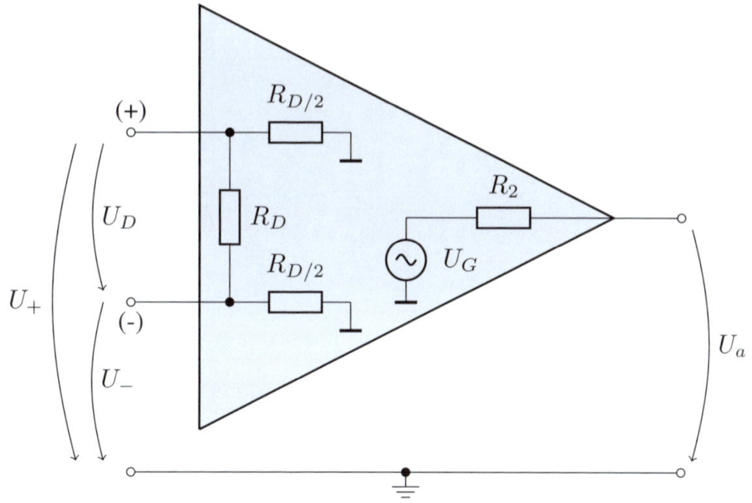


**Abb. 6.24.:** Ersatzschaltung eines Operationsverstärkers

Die beschriebenen Eigenschaften eines Operationsverstärkers kann man in Form einer Ersatzschaltung darstellen, wie es die Abb. 6.24 zeigt. Mit diesem Ersatzschaltbild findet man die Ausgangsspannung unter Berücksichtigung der Differenz- und der Gleichtaktverstärkung

$$U_a = V_D \cdot U_D + V_G \cdot U_G. \tag{6.20}$$

Die Abb. 6.23 zeigt den Frequenzgang eines idealen Operationsverstärkers. Es gibt keine untere Grenzfrequenz und ab der sog. Eckfrequenz fällt die Verstärkung mit 20 dB/Dekade. Dieser Frequenzgang ist Voraussetzung für die beliebige Gegenkoppelbarkeit.

Moderne integrierte Operationsverstärker kommen dem idealen Operationsverstärker in ihren Eigenschaften so nahe, dass man bei der Analyse und Synthese vieler Applikationen näherungsweise mit den Eigenschaften des idealen Operationsverstärkers rechnen kann.

### 6.4.2. Berechnung von Operationsverstärker-Schaltungen

Die Abb. 6.25 zeigt innerhalb des hellgrauen Rechteckes eine einfache Verstärkerschaltung mit einem Operationsverstärker. Die gesamte Verstärkerschaltung umfasst außer dem Operationsverstärker nur noch die beiden Widerstände $R_1$ und $R_2$. Wir wollen diese einfache Schaltung nutzen, um das grundsätzliche Vorgehen bei der Berechnung von Operationsverstärkerschaltungen zu besprechen. Die Spannungsversorgung ist, wie vereinbart, nicht mit dargestellt; es sollen $+U_B = 12\,\text{V}$ und $-U_B = -12\,\text{V}$ als Versorgungsspannungen anliegen. Wir nehmen an, dass $U_2$ von $+10\,\text{V}$ bzw. $-10\,\text{V}$ sicher im linearen Bereich erreicht.

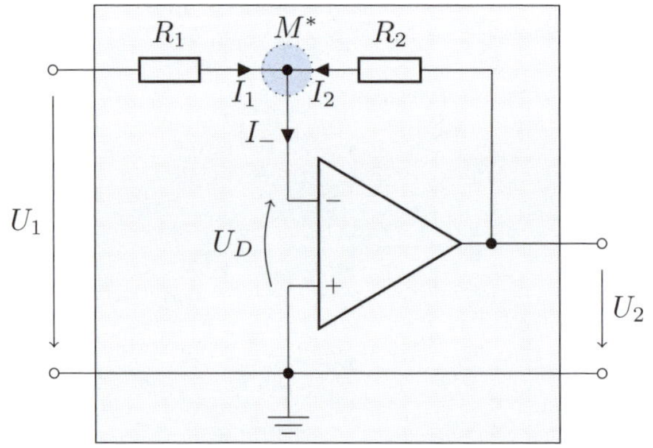


**Abb. 6.25.:** Zur Berechnung von Schaltungen mit Operationsverstärkern

Bei den folgenden Überlegungen müssen wir streng zwischen der Gesamtschaltung im Kästchen und dem Operationsverstärker als Bauelement unterscheiden:

- Für die Gesamtschaltung ist $U_1$ die Eingangsspannung und $U_2$ die Ausgangsspannung. Damit ergibt sich für die Spannungsverstärkung der Gesamtschaltung

$$V = \frac{U_2}{U_1}\,.$$

- Für den Operationsverstärker ist $U_D$ die Differenzeingangsspannung und $U_2$ die Ausgangsspannung. Zwischen diesen beiden Spannungen besteht der Zusammenhang

$$V_D = \frac{U_2}{U_D}\,.$$

Um die Eigenschaften der gesamten Schaltung zu berechnen, setzen wir voraus, dass eine reine Differenzansteuerung vorliegt, dass also $U_G = 0\,\text{V}$ gilt. Außerdem machen wir zum Operationsverstärker die folgenden Annahmen:

- die Differenzverstärkung $V_D$ sei hinreichend groß, z.B. $V_D \geq 10^6$ und
- der Differenzeingangswiderstand $R_D$ sei hinreichend groß, z.B. $R_D \geq 10^6\,\Omega$.

Für eine Ausgangsspannung von $U_2 = 10\,\text{V}$ beträgt die Differenzeingangsspannung dann

$$U_D = \frac{10\,\text{V}}{V_D} = 10^{-5}\,\text{V}.$$

Die Differenzeingangsspannung $U_D$ liegt in der Schaltung zwischen dem Punkt $M^*$ und Masse an. Das Potential des Punktes $M^*$ liegt nahe am Massepotential, es ist nur um $U_D$ von diesem entfernt. Man nennt den Punkt $M^*$ deshalb **virtuelle Masse**.

Der Punkt $M^*$ ist ein Knotenpunkt. In ihn fließen die Ströme $I_1$ und $I_2$ hinein und der Strom $I_-$ heraus. Nach den Kirchhoffschen Regeln (Knotenpunktsatz) muss gelten:

**Knotenpunktsatz an der virtuellen Masse $M^*$:**

$$I_1 + I_2 + I_- = 0 \tag{6.21}$$

$$I_1 + I_2 = I_- \tag{6.22}$$

Den Strom $I_-$ können wir aus der Differenzeingangsspannung $U_D$ und dem Differenzeingangswiderstand $R_D$ errechnen, er beträgt mit den angenommenen Werten:

$$I_- = \frac{U_D}{R_D} = \frac{10^{-5}\,\text{V}}{10^6\,\Omega} = 10^{-11}\,\text{A}.$$

Da der Ausgang des Operationsverstärkers Ströme im Milliamperebereich liefern kann, wählen wir den Widerstand $R_2 = 10\,\text{k}\Omega$. Bei der angenommenen Ausgangsspannung von $U_2 = 10\,\text{V}$ beträgt der der Strom $I_2$

$$I_2 = \frac{U_2 - U_D}{R_2} = \frac{10\,\text{V} - 10^{-5}\,\text{V}}{10\,\text{k}\Omega} = 1\,\text{mA}.$$

Den Strom $I_-$ kann man gegen den Strom $I_2$ praktisch vernachlässigen. Der Strom $I_1$ muss dann gleich dem Strom $I_2$ sein, um die Bedingung 6.22 zu erfüllen, muss gelten

$$I_1 + I_2 = 0.$$

Mit dem ohmschen Gesetz erhalten wir für die Ströme $I_1$ und $I_2$ folgende Gleichungen

$$I_1 = \frac{U_1}{R_1} \qquad \text{und} \qquad I_2 = \frac{U_2}{R_2}$$

$$\frac{U_1}{R_1} + \frac{U_2}{R_2} = 0.$$

Wir können nun die Verstärkung der Schaltung, also den Quotienten $\frac{U_2}{U_1}$ angeben

**Verstärkung der Schaltung:**

$$V = \frac{U_2}{U_1} = -\frac{R_2}{R_1} \tag{6.23}$$

Die Gleichung 6.23 enthält nur noch Werte der externen Beschaltung des Operationsverstärkers, aber keine Eigenschaften des verwendeten Operationsverstärkers.

### 6.4.3. Lineare Grundschaltungen mit Operationsverstärkern

**Der invertierende Verstärker** Die Schaltung eines invertierenden Verstärkers entspricht der Schaltung, die wir im letzten Abschnitt der allgemeinen Berechnung von Operationsverstärkerschaltungen zugrunde gelegt hatten. Damit erhält man für die Verstärkung des invertierenden Verstärkers wieder

$$V = -\frac{R_2}{R_1}. \tag{6.24}$$

In realen Schaltungen kann die Grundschaltung um weitere Bauelemente ergänzt werden, um bestimmte Korrekturen zu ermöglichen (siehe Abb. 6.26).

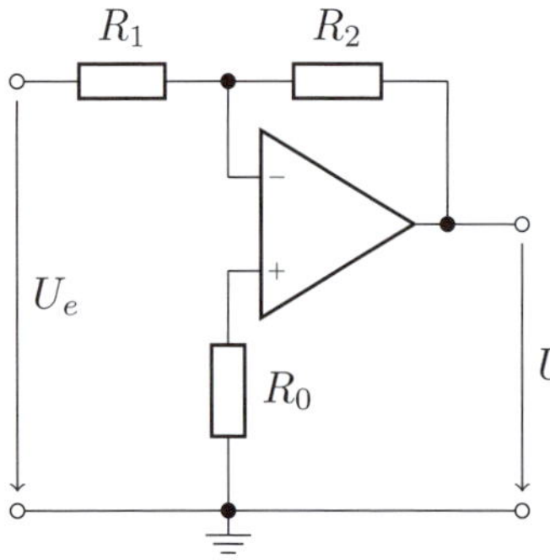


**(a)** Kompensation des Biasstromes

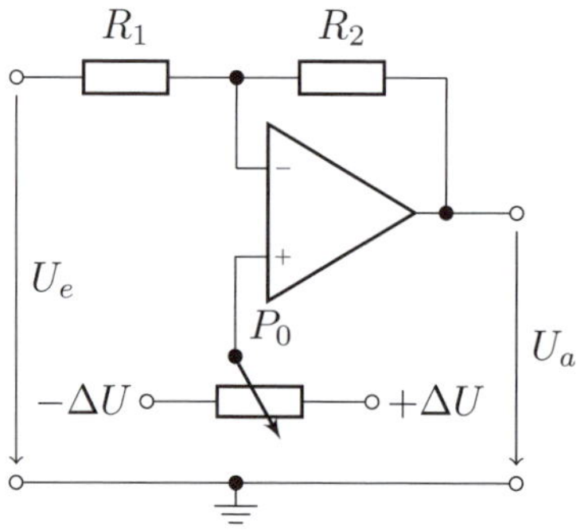


**(b)** Kompensation der Offsetspannung

**Abb. 6.26.:** Invertierender Verstärker mit Komponenten zur Fehlerkorrektur

Wir nehmen an, Eingangs- und Ausgangsspannung des Operationsverstärkers seien exakt 0. Dann würde ein Eingangsstrom $I_-$, der über die Widerstände $R_1$ und $R_2$ fließen muss, einen, wenn auch sehr kleinen Spannungsabfall erzeugen. Dieser Spannungsabfall tritt am Operationsverstärker als unerwünschter Fehler der Differenzeingangsspannung auf. Um dies zu vermeiden, kann man vor den nichtinvertierenden Eingang einen Widerstand $R_0$ schalten, an dem bei Gleichheit von $I_+$ und $I_-$ jeweils der gleiche Spannungsabfall auftritt, so dass der Fehler der Differenzeingangsspannung verschwindet.

Zur Korrektur der Offsetspannung kann man am Fußpunkt von $R_0$ oder parallel zu $R_0$ eine kleine, einstellbare Spannung einspeisen. Bei paralleler Einspeisung arbeitet die Schaltung wie ein Subtrahierer (siehe Abb .6.31). Die kleine Spannung zur Offsetkorrektur kann man analog über einen Einstellregler (siehe Abb. 6.26), ein Digitalpotentiometer oder über einen Digital-Analog-Wandler bereitstellen. Die Verwendung eines Digital-Analog-Wandlers oder eines Digitalpotentiometers ist eine Voraussetzung für einen automatischen Abgleich.

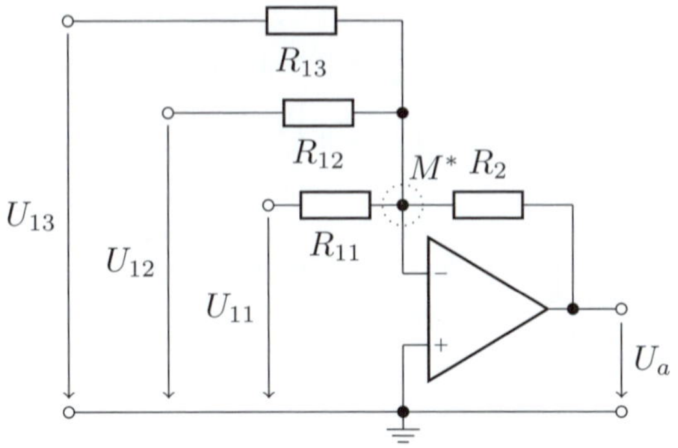


**Abb. 6.27.:** Addierer (invertierend)

**Umkehraddierer – Addition von Spannungen** Wir haben gesehen, dass in der virtuellen Masse die Ströme $I_1$ vom Eingang und $I_2$ vom Ausgang der Schaltung zusammen fließen und zusammen 0 ergeben. Prinzipiell könnte sich $I_1$ (oder auch $I_2$) aus Teilströmen zusammen setzen. Das nutzt man beim Umkehraddierer (siehe Abb. 6.27).

In Abb. 6.27 setzt sich der Strom $I_1$ aus drei Teilströmen zusammen. Man kann schreiben

$$I_1 = I_{11} + I_{12} + I_{13}$$

und da jeder Teilstrom in die virtuellen Masse fließt, kann man ihn aus der zugehörigen Eingangsspannung und dem Widerstand errechnen

$$I_{11} = \frac{U_{11}}{R_{11}} \qquad I_{12} = \frac{U_{12}}{R_{12}} \qquad I_{13} = \frac{U_{13}}{R_{13}}.$$

Zwischen den Eingangsspannungen und der Ausgangsspannung gilt die folgende Beziehung:

$$U_a = -R_2 \left( \frac{U_{11}}{R_{11}} + \frac{U_{12}}{R_{12}} + \frac{U_{13}}{R_{13}} \right). \tag{6.25}$$

Die Widerstände $R_{1i}$ wichten die jeweilige Eingangsspannung $U_{ei}$. Für den Spezialfall

$$R_2 = R_{11} = R_{12} = R_{13}$$

kürzen sich in Gleichung 6.25 die Widerstände heraus und es gilt

$$U_a = -(U_{11} + U_{12} + U_{13}),$$

solange $U_a < U_{a_{max}}$ ist. Es ist also eine reine Addition von Spannungen.

**Der nicht-invertierende Verstärker** Beim nichtinvertierenden Verstärker wird der Operationsverstärker über den nichtinvertierenden Eingang angesteuert. Folglich ist das Ausgangssignal phasengleich mit dem Eingangssignal. Das Gegenkopplungssignal wird über einen Spannungsteiler am Ausgang gewonnen und dem invertierenden Eingang zugeführt (siehe Abb. 6.28).

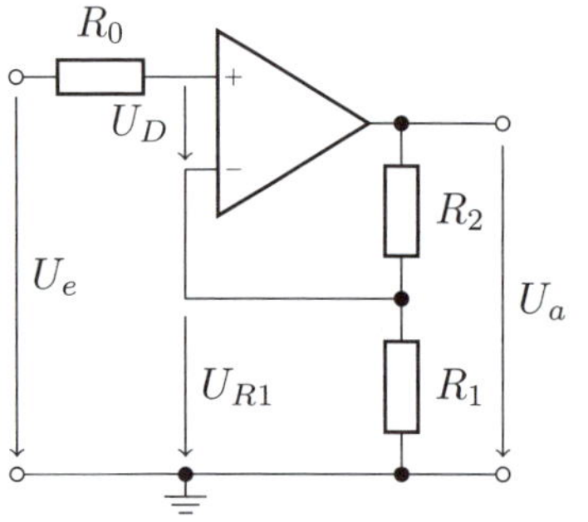


**Abb. 6.28.:** nichtinvertierender Verstärker

Natürlich gilt auch hier, dass die Differenzeingangsspannung gegen 0 geht. Deshalb liegen der nichtinvertierende Eingang und der invertierende Eingang praktisch auf dem gleichen Potential. Der Operationsverstärker treibt durch den aus den Widerständen $R_1$ und $R_2$ bestehenden Spannungsteiler einen Strom und es gilt die Spannungsteilerregel

$$\frac{U_e}{R_1} = \frac{U_a}{R_1 + R_2}.$$

Man stellt diese Gleichung nach dem Quotienten $\frac{U_a}{U_e}$ um und erhält für die Verstärkung des nichtinvertierenden Verstärkers die folgende Beziehung:

$$V = \frac{R_2 + R_1}{R_1} = \frac{R_2}{R_1} + 1. \tag{6.26}$$

Da der nichtinvertierende Eingang vom Ausgang mit der Eingangsspannung mitgeführt wird, hat diese Schaltung eine extrem hohe Eingangsimpedanz, solange sie nicht übersteuert wird.

Ein Spezialfall des nichtinvertierenden Verstärkers ist der **Elektrometerverstärker**; er ist gekennzeichnet durch einen extrem hohen Eingangswiderstand, einen kleinen Ausgangswiderstand und die Verstärkung $V = +1$. Er wird als **Impedanzwandler** zur Ankopplung hochohmiger Quellen benutzt. Den Elektrometerverstärker erhält man aus dem nichtinvertierenden Verstärker, indem man den Widerstand $R_1$ über alle Grenzen wachsen lässt und ihn schließlich entfernt. Da nun kein Strom mehr durch $R_2$ fließt, kann man $R_2$ durch einen Kurzschluss ersetzen und erhält aus Gleichung 6.26

$$V = \frac{0}{\infty} + 1 = 1.$$

**Integration von Spannungen – der Integrator** Wir ersetzen jetzt den Widerstand $R_2$ in Abb. 6.25 durch einen Kondensator und erhalten so Abb. 6.29. Diese Schaltung heißt **Integrator**, denn sie integriert die am Eingang anliegende Spannung. Das kann man folgendermaßen zeigen: Der Strom $I_2$ wird nach den am Kondensator gültigen Regeln berechnet und man erhält

$$I_2 = C \cdot \frac{dU_a}{dt}.$$

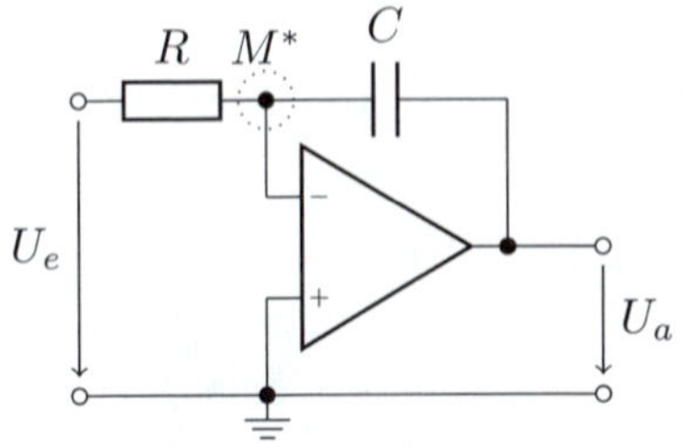


**Abb. 6.29.:** Integrator

Weiterhin gilt für $I_1$ natürlich $I_1 = \frac{U_e}{R}$ und an der virtuellen Masse $I_1 + I_2 = 0$ . Damit erhält man schließlich

$$\frac{U_e}{R} = C \cdot \frac{dU_a}{dt}$$

und

$$U_a = -\frac{1}{R \cdot C} \int U_e dt. \tag{6.27}$$

**Subtraktion von Spannungen – der Subtrahierer** Die Subtraktion zweier Spannungen $U_{e_1}$ und $U_{e_2}$ kann man in zwei Schritte zerlegen:

- der Subtrahend wird mit $(-1)$ multipliziert,
- der mit $(-1)$ multiplizierte Subtrahend wird zum Minuend addiert.

Die erste Teilaufgabe kann ein invertierender Verstärker und die zweite Teilaufgabe ein Addierer übernehmen. Mit diesem Ansatz benötigen wir zwei Operationsverstärker, die wie in Abb. 6.30 dargestellt, zusammengeschaltet sind.

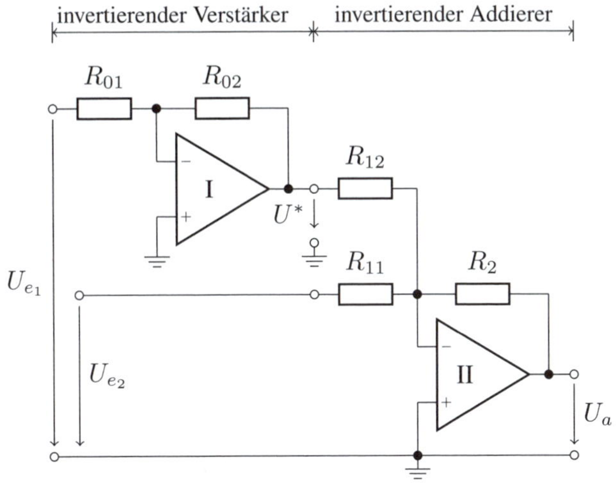


**Abb. 6.30.:** Subtrahierer mit zwei Operationsverstärkern

Der Operationsverstärker I bildet aus der Eingangsspannung $U_{e_1}$ die Spannung $U^*$

$$U^* = -\frac{R_{02}}{R_{01}} \cdot U_{e_1},$$

die zugleich Eingangsspannung des Umkehraddierers ist.

Aus Gleichung (6.25) für den Umkehraddierer erhält man die Ausgangsspannung:

$$U_a = -\frac{R_2}{R_{11}} \cdot U_{e_2} - \frac{R_2}{R_{12}} \cdot U^* = -\frac{R_2}{R_{11}} \cdot U_{e_2} + \frac{R_2}{R_{12}} \cdot \frac{R_{02}}{R_{01}} \cdot U_{e_1}.$$

Für $R_{02} = R_{01}$ und $R_{11} = R_{12} = R$ vereinfacht sich die Gleichung und man erhält

$$U_a = \frac{R_2}{R} \cdot (U_{e_1} - U_{e_2}). \tag{6.28}$$

Das heißt, beide Spannungen werden subtrahiert und zugleich mit dem Faktor $\frac{R_2}{R}$ verstärkt. Wenn zusätzlich $R_2 = R$ gilt, ergibt sich schließlich die unverstärkte Differenz der Spannungen:

$$U_a = (U_{e_1} - U_{e_2}).$$

Da jeder Operationsverstärker über einen invertierenden und einen nichtinvertierenden Eingang verfügt, kann man einen Subtrahierer auch mit nur einem Operationsverstärker realisieren. Die Abb. 6.31 zeigt die Schaltung eines solchen Subtrahierers. Man kann sich das Verhalten der Schaltung leicht durch folgende Fallunterscheidung klar machen:

Ist die Spannung $U_{e_1}$ gleich Null, dann steuert nur $U_{e_2}$ den Verstärker an und der Operationsverstärker arbeitet so als invertierender Verstärker.

Ist dagegen die Spannung $U_{e_2}$ gleich Null und nur $U_{e_1}$ steuert den Verstärker an, dann arbeitet die Schaltung als nichtinvertierender Verstärker.

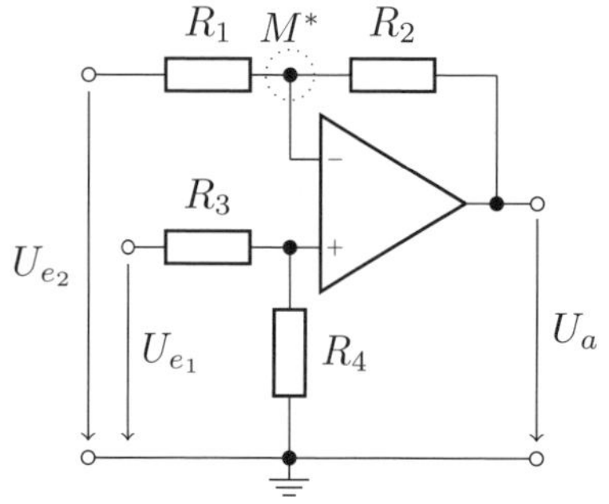


**Abb. 6.31.:** Subtrahierer

Im allgemeinen Fall gilt für die Ausgangsspannung die folgende Beziehung

$$U_a = \frac{R_1 + R_2}{R_1} \cdot \frac{R_4}{R_3 + R_4} \cdot U_{e_1} - \frac{R_2}{R_1} \cdot U_{e_2}. \tag{6.29}$$

Wenn bestimmte Widerstände gleich sind, vereinfacht sich Gleichung 6.29. Für den speziellen Fall $R_1 = R_3$ und $R_2 = R_4$ gilt beispielsweise

$$U_a = \frac{R_2}{R_1} \cdot (U_{e_1} - U_{e_2})$$

und für den Fall $R_1 = R_2 = R_3 = R_4$ erhält man

$$U_a = (U_{e_1} - U_{e_2}).$$

**Strom-Spannungs-Wandler** Die Abb. 6.32 zeigt einen Strom-Spannungs-Wandler, einen **I/U-Wandler**. Um die Funktion der Schaltung zu erklären, greifen wir nochmals auf Abb. 6.25 zurück. Der Wert des Widerstandes $R_1$ in Abb. 6.25 soll $0\,\Omega$ betragen, $R_1$ wird also durch einen Kurzschluss ersetzt. Damit fließt $I_1$ direkt in die virtuelle Masse.

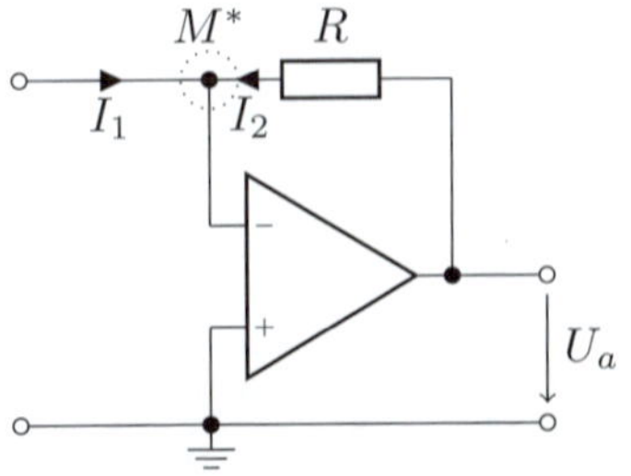


**Abb. 6.32.:** Operationsverstärker als Strom-Spannungs-Wandler

Da auch hier die Summe der Ströme an der virtuellen Masse 0 sein muss, erhält man

$$I_1 + \frac{U_a}{R} = 0$$

oder

$$U_a = -I_1 \cdot R. \tag{6.30}$$

Ein solcher I/U-Wandler wird oft verwendet, um kleine Ströme auf eine Spannung abzubilden, die dann bequem mit einem Analog-Digital-Wandler erfasst werden kann.

### 6.4.4. Nichtlineare Schaltungen mit Operationsverstärkern

Schaltungen mit Operationsverstärkern zeigen dann ein nichtlineares Verhalten,

- wenn entweder der Operationsverstärker bis in die Sättigung ausgesteuert wird (siehe Abb. 6.22)
- oder wenn nichtlineare Bauelemente in der äußeren Beschaltung verwendet werden.

Der Komparator und Schmitt-Trigger-Schaltungen nutzen die Übersteuerung; Präzisionsgleichrichter, Logarithmierer und andere Funktionserzeuger verwenden nichtlineare Bauelemente. Lassen Sie uns einige solcher Schaltungen anschauen.

**Vergleich von Spannungen – der Komparator** Beim Komparator nutzt man die Eigenschaft der extrem hohen Verstärkung des Operationsverstärkers, um die Spannung an beiden Eingängen zu vergleichen. Der Operationsverstärker wird entsprechend Abb. 6.33a ohne Gegenkopplung betrieben und so schon mit sehr kleinen Spannungen $|U_e| > \frac{U_{a\,\max}}{V_D}$ übersteuert.

In der Abbildung ist der invertierende Eingang mit Masse verbunden und die Eingangsspannung $U_e$ liegt am nichtinvertierenden Eingang an. Die Eingangsspannung wird so mit dem Massepotential verglichen. Kleine Abweichungen vom Massepotential führen zur Vollaussteuerung, so dass die Ausgangsspannung entweder $+U_{a_{max}}$ oder $-U_{a_{max}}$ beträgt (siehe Abb. 6.33b). Um mit einem anderen Potential als dem Massepotential zu vergleichen, wird in die Leitung vom invertierenden Eingang zur Masse bei $X$ die Spannungsquelle, die als Referenz dienen soll, eingefügt.

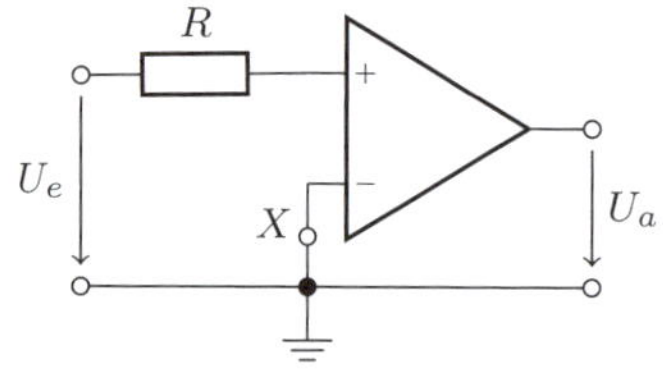

(a) Schaltung

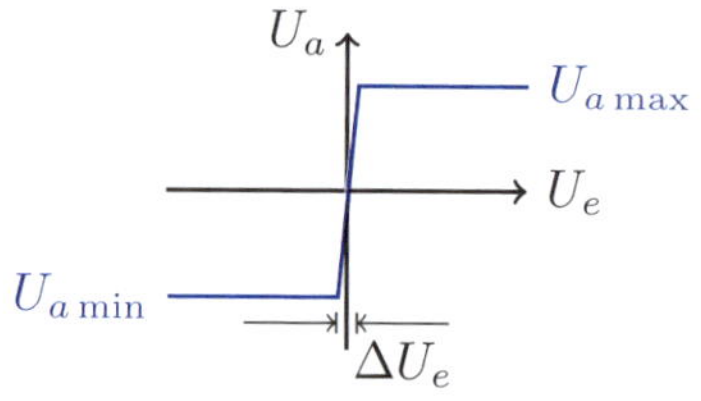

(b) Ausgangs- vs. Eingangsspannung

**Abb. 6.33.:** Operationsverstärker als Komparator

Man kann auch den nichtinvertierenden Eingang mit der Referenz oder Masse verbinden und am invertierenden Eingang die Eingangsspannung anlegen. In Abb. 6.33b wäre dann $-U_e$ an die Abszisse zu schreiben.

Solche Komparatorschaltungen nutzt man zum Beispiel, um Triggervorgänge auszulösen.

**Ein Komparator mit Hysterese – der Schmitt-Trigger** Wir betrachten nun einen Soll-Ist-Wert-Vergleich in einer Regelschaltung. Wenn als vergleichende Baugruppe ein Komparator genommen würde, schaltet der Regler nach Erreichen des Sollwertes bei jeder kleinsten Abweichung. Um das zu vermeiden, kann man durch eine geeignete Rückkopplung den Komparator mit einer Hysterese ausstatten, so dass er erst nach Über- bzw. Unterschreiten eines Schwellwertes kippt. Eine solche Schaltung ist in Abb. 6.34a dargestellt; man nennt sie **Schmitt-Trigger**.

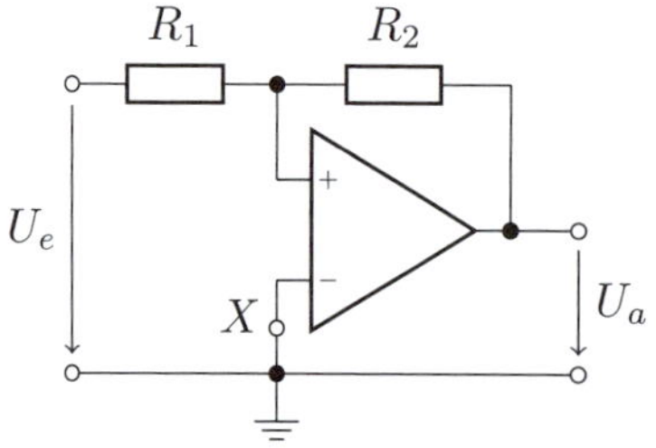

(a) Schaltung

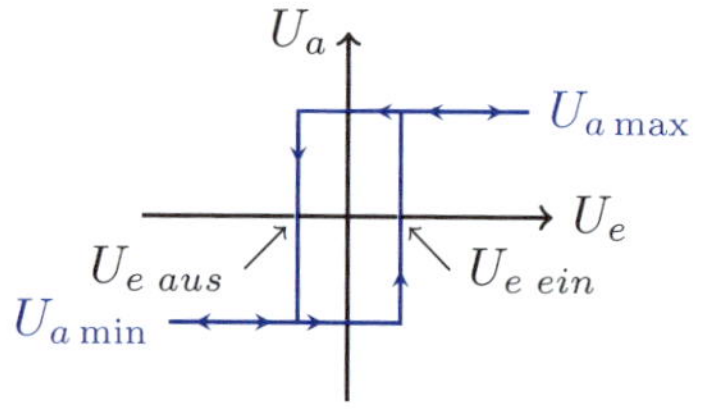

(b) Ausgangs- vs. Eingangsspannung

**Abb. 6.34.:** Schmitt-Trigger, eine Schaltung mit Hysterese

Entsprechend Abb. 6.34a besitzt der Ausgang des Schmitt-Triggers nur die beiden stationären Spannungspegel $U_{a\,max}$ und $U_{a\,min}$ zwischen denen er umschaltet, wenn die Eingangsspannung Umschaltpunkte erreicht. Das tritt auf,

- wenn die Ausgangsspannung ihren Maximalwert $U_{a\,\max}$ hat und die Eingangsspannung den Wert $U_{e\ aus}$ erreicht; die Spannung $U_{e\ aus}$ berechnet sich zu

$$U_{e\ aus} = -\frac{R_1}{R_2} U_{a\,\max},$$

- wenn die Ausgangsspannung ihren minimalen Wert $U_{a\,\min}$ hat und die Eingangsspannung den Wert $U_{e\ ein}$ erreicht; die Spannung $U_{e\ ein}$ berechnet sich zu

$$U_{e\ ein} = -\frac{R_1}{R_2} U_{a\,\min}.$$

Als Schalthysterese $\Delta U_e$ bezeichnet man die Differenz $U_{e\ ein} - U_{e\ aus}$

$$\Delta U_e = U_{e\ ein} - U_{e\ aus} = \frac{R_1}{R_2}(U_{a\,\max} - U_{a\,\min}). \tag{6.31}$$

**Präzisionsgleichrichter** Für Messzwecke müssen manchmal sehr kleine Spannungen, die noch zu keinem Stromfluss durch eine Diode führen würden, gleichgerichtet werden. Dafür nutzt man aktive Gleichrichter mit Operationsverstärkern, sog. Präzisionsgleichrichter. Diese Präzisionsgleichrichter haben gegenüber passiven Gleichrichtern den Vorteil, dass Einflüsse einer realen Diode (Schwellspannung, nichtlineare Kennlinie) nahezu vollständig eliminiert werden.

Die Abb. 6.35 zeigt im linken Bildteil hellgrau hinterlegt einen Einweggleichrichter, dessen Ausgangsspannung $U_{\text{Einweg}}$ zwischen Punkt $B$ und Masse abgenommen wird.

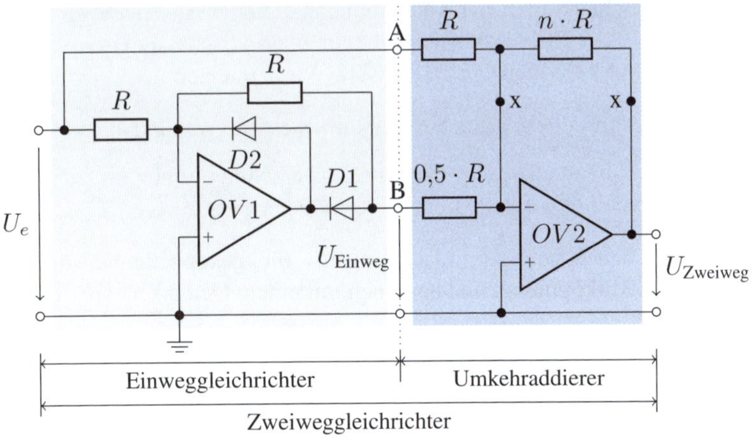


**Abb. 6.35.:** Präzisionsgleichrichter

Der Operationsverstärker $OV1$ verstärkt die Eingangsspannung $U_e$ wie ein invertierender Verstärker und dreht die Phase um 180 °. Das Signal am Ausgang von $OV1$ öffnet in der positiven

Halbwelle der Eingangsspannung die Diode $D1$, so dass die Gegenkopplung wirksam wird und die Verstärkung der Schaltung $V = 1$ beträgt. In der negativen Halbwelle der Eingangsspannung sperrt $D1$ und $D2$ öffnet. Damit wird die Verstärkung der Schaltung für die negative Halbwelle praktisch 0 und man erhält für die Ausgangsspannung $U_{\text{Einweg}}$

$$U_{\text{Einweg}} = \begin{cases} -U_e & \text{für } U_e > 0 \\ 0 & \text{für } U_e < 0. \end{cases} \qquad (6.32)$$

Der rechte Teil von Abb. 6.35 zeigt hellblau hinterlegt einen Umkehraddierer, dem am Eingang $A$ das Eingangssignal $U_e$ und am Eingang $B$ das Ausgangssignal des Einweggleichrichters zugeführt wird. Durch die Wahl der Widerstände werden die Signale im Addierer mit 1 für $R$ bzw. 2 für $0,5 \cdot R$ gewichtet. Das Ergebnis entspricht einer Zweiweggleichrichtung, wobei das gleichgerichtete Signal durch die Wahl des Gegenkopplungswiderstandes $(n \cdot R)$ n-fach verstärkt als $U_{\text{Zweiweg}}$ am Ausgang zur Verfügung steht. Für das Ausgangssignal gilt

$$U_{\text{Zweiweg}} = |n \cdot U_e|. \qquad (6.33)$$

Um die Ausgangsspannung zu glätten, fügt parallel zum Gegenkopplungswiderstand $n \cdot R$ zwischen den mit x gekennzeichneten Punkten einen Kondensator ein.

## 6.5. Schwingungserzeugung – Oszillatoren

Periodische elektronische Schwingungen werden in Elektronik, Rechentechnik und Nachrichtentechnik allenthalben benötigt, z.B. als Taktsignal in digitalen Systemen, als Trägersignal zur Signalübertragung oder als Testsignal. Zur Erzeugung periodischer elektronischer Schwingungen gibt es verschiedene Möglichkeiten ([Kur88]). Wir betrachten in diesem Buch:

- die Nutzung positiv rückgekoppelter Verstärkerschaltungen und
- im Kapitel 10.1 die synthetische Schwingungserzeugung unter Nutzung eines Digital-Analog-Wandlers und weiterer digitaler Komponenten .

In diesem Kapitel schauen wir uns zunächst positiv rückgekoppelte Verstärkerschaltungen, also Schaltungen mit Mitkopplung, und beginnen mit einem Gedankenexperiment.

Wir gehen von Abb. 6.15 aus, legen einen Schalter $S$ in die Rückkopplungsleitung und trennen dort in Gedanken den Rückkopplungspfad unmittelbar vor dem Summationspunkt auf (siehe Abb. 6.36).

Wir speisen nun eine kleine sinusförmige Spannung $\underline{U}_e = U_0 \sin \omega t$ am Eingang des Systems ein und verändern dann den Rückkopplungsfaktor $\underline{k}$ solange, bis die Spannung $\underline{k} \cdot \underline{U}_a$ am Ausgang des Rückkopplungsnetzwerks gleich der Eingangsspannung $\underline{U}_e$ des Systems ist, d.h. die beiden Spannungen müssen in Betrag und Phase übereinstimmen. Wenn diese Übereinstimmung erreicht ist, wird die in Gedanken geöffnete Verbindung wieder hergestellt, d.h.

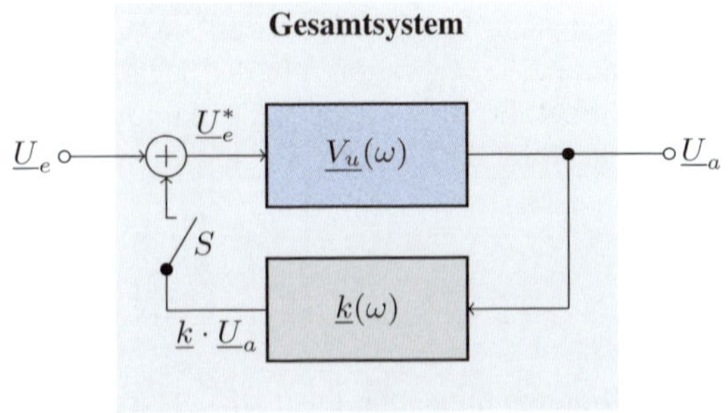


**Abb. 6.36.:** Zur Erklärung der Selbsterregung

der Schalter $S$ wird geschlossen und die Eingangsspannung wird weggelassen. Die Schaltung arbeitet nun im Zustand der Selbsterregung und liefert ein periodisches Ausgangssignal, ohne ein Eingangssignal zu benötigen, d.h., sie arbeitet als Oszillator bzw. Generator.

In Gleichung 6.13 verschwindet für diesen Fall, den man **Selbsterregung** nennt, der Nenner. Da Verstärkung und Kopplungsfaktor komplexe Größen sind, müssen für die Selbsterregung eine Betrags- und eine Phasenbedingung, die sog. **Schwingbedingung**, erfüllt sein.

**Schwingbedingung**

$$|\underline{k} \cdot \underline{V}| \geq 1 \qquad \varphi = 0, 2\pi, 4\pi, \ldots. \tag{6.34}$$

Für das Anschwingen nutzt die Oszillatorschaltung die vorhandene Rauschspannung, die am Eingang stets und unvermeidbar anliegt. Die Frequenz des Oszillators wird über frequenzbestimmende Glieder– das können ein Schwingkreis, RC-Glieder oder ein Schwingquarz sein – festgelegt. Schließlich muss die Amplitude der Schwingung stabilisiert werden. Dies kann durch eine mit wachsender Amplitude sinkende, also amplitudenabhängige Verstärkung, durch nichtlineare Glieder im Rückkopplungszweig oder durch eine Regelschaltung erfolgen.

## Sinusgeneratoren

Die Abb. 6.37 zeigt drei Prinzipschaltungen verschiedener Oszillatortypen, die am Ausgang jeweils eine Sinusspannung abgeben. Maßnahmen bzw. Hilfsmittel zur Gewährleistung einer konstanten Amplitude sind nicht mit dargestellt.

**LC-Oszillatoren** Ein LC-Oszillator nutzt einen Schwingkreis (siehe Kapitel 2.4.4) als frequenzbestimmende Schaltungsstruktur. In Abb. 6.37a ist eine sog. Meißner-Schaltung[1] dargestellt. Hier dient ein Parallelschwingkreis als Arbeitswiderstand eines Transistors und die

[1] Nach Alexander Meißner, östereichischer Physiker (1883–1958)

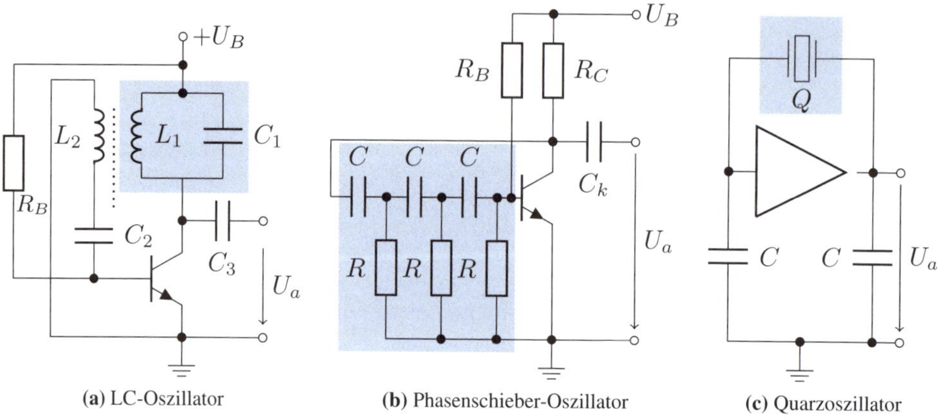


**Abb. 6.37.:** Oszillator-Prinzipien: frequenzbestimmende Bauelemente sind blau hinterlegt

phasenrichtige Rückkopplung erfolgt induktiv über die Spule $L_2$. Der Parallelschwingkreis hat bei seiner Resonanzfrequenz $f_0$ den größten Widerstand, so dass der Verstärker für genau diese Frequenz die höchste Verstärkung hat. Die Resonanzfrequenz eines LC-Oszillators kann man durch Umschalten oder Verändern der Induktivität oder der Kapazität (Drehkondensator, Kapazitätsdiode) einstellbar machen.

**Phasenschieber-Oszillator** Ein Phasenschieber-Oszillator erzeugt eine Phasenverschiebung von 180 ° in der Rückkopplungsleitung mit mehreren RC-Gliedern oder bei hohen Frequenzen mit Verzögerungsleitungen. Der Phasenschieber-Oszillator nach Abb. 6.37b beinhaltet drei gleich aufgebaute RC-Hochpässe, die bei einer bestimmten Frequenz, der Schwingfrequenz, in der Summe gerade eine Phasenverschiebung von 180 ° erzeugen. Beim Durchlaufen des Phasenschiebers wird das Signal erheblich gedämpft, denn jedes RC-Glied stellt einen frequenzabhängigen Spannungsteiler dar. Der Ausgang des Phasenschiebers wird mit dem Eingang des Verstärkers verbunden. Der Verstärker dreht die Phase nochmals um 180 ° und gleicht die Dämpfung aus, so dass insgesamt ein schwingungsfähiges System vorliegt.

**Quarzoszillatoren** In einem Quarzoszillator ist ein Schwingquarz das frequenzbestimmende Bauelement. Quarz ist eine kristalline Form von Siliziumdioxid ($SiO_2$) und ist **piezoelektrisch**.

> **Definition 6.5 (Piezoelektrizität)**
>
> Piezoelektrizität nennt man das Auftreten einer elektrischen Polarisation und damit einer elektrischen Spannung an den Oberflächen eines Festkörpers, wenn dieser elastisch verformt wird (direkter Piezoeffekt). Umgekehrt verformen sich piezoelektrische Materialien, wenn eine elektrische Spannung angelegt wird (inverser Piezoeffekt).

Ein Schwingquarz besteht aus einem Quarzkörper, z.B. aus einer dünnen Scheibe mit zwei flächenhaften Elektroden. Der Quarzkörper stellt ein mechanisch schwingungsfähiges System mit genau definierter, durch seine Geometrie bestimmte Eigenfrequenz $f_0$ dar. Wenn der Schwingquarz elektrisch angeregt wird, beginnt er dank des inversen Piezoeffektes auf seiner Eigenfrequenz zu schwingen. Das Verhalten des Schwingquarzes kann in der Nähe der Resonanzfrequenz mit einer Ersatzschaltung, bestehend aus einen verlustbehafteten Serienschwingkreis (siehe Abb. 2.36) mit zusätzlicher paralleler Kapazität, elektrisch nachgebildet werden.

Im Quarzoszillator ist der Schwingquarz in den Rückkopplungszweig geschaltet (siehe Abb. 6.37c) und sorgt nur auf seiner Eigenfrequenz für die Erfüllung der Schwingbedingungen. Quarzoszillatoren liefern so eine hochgenaue **Festfrequenz**.

Schwingquarze sind für viele verschiedene Frequenzen verfügbar, beginnend mit 32,768 kHz, den sog. Uhrenquarzen[1] bis zu etwa 320 MHz. Höhere Frequenzen mit Quarzgenauigkeit werden durch Frequenzvervielfachung gewonnen.

## Funktionsgeneratoren

Funktionsgeneratoren erzeugen Schwingungen mit verschiedenen Kurvenformen, z.B. Rechteck-, Dreieck-, Sägezahn- und auch Sinus-Schwingungen. Sie finden breite Anwendung in der Messtechnik.

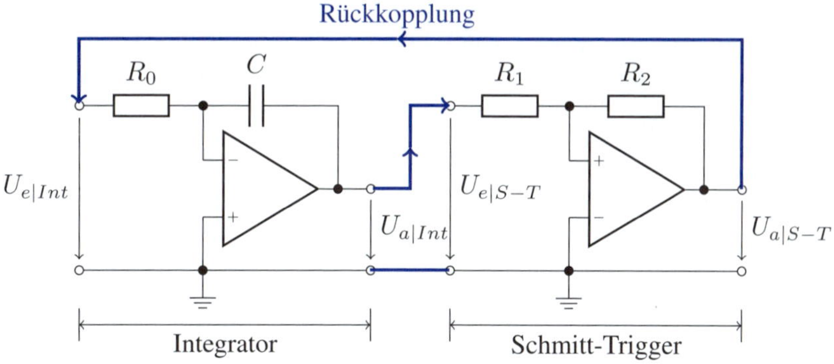


**Abb. 6.38.:** Funktionsgenerator

Einen einfachen Funktionsgenerator, der Dreieck- und Rechteck-Schwingungen liefert, zeigt die Abb. 6.38. In diesem Funktionsgenerator sind zwei Operationsverstärkergrundschaltungen, ein Integrator und ein Schmitt-Trigger zusammen geschaltet und rückgekoppelt.

**Arbeitsweise**: Beim Einschalten möge der Schmitt-Trigger in den Zustand mit negativer Ausgangsspannung $U_{a|S-T} = -U_0$ kippen. $U_{a|S-T}$ ist dank der Rückkopplung zugleich Ein-

[1] Aus der Frequenz 32,768 kHz entsteht durch Teilen durch $2^{15}$ ein Takt von genau 1 Sekunde.

gangsspannung des Integrators; der Integrator liefert solange einen linearen Spannungsanstieg an seinem Ausgang, bis die Schaltschwelle des Schmitt-Triggers erreicht wird. Wenn der Schmitt-Trigger kippt, wird zugleich auch die Eingangsspannung des Integrators positiv und dieser liefert nun eine linear fallende Spannung, bis der Schmitt-Trigger wieder kippt. Im Ergebnis erzeugt die Schaltung am Ausgang des Integrators eine symmetrische Dreieckspannung, deren Amplitude durch die Schaltschwellen des Schmitt-Triggers bestimmt ist, und am Ausgang des Schmitt-Triggers eine Rechteckspannung, deren Amplitude gleich der maximalen Ausgangsspannung des Operationsverstärkers ist. Die Periodendauer $T$ der Schwingung kann man aus den Gleichungen 6.27 und 6.31 ableiten; man erhält:

$$T = 4 \cdot \frac{R_0 \cdot R_1 \cdot C}{R_2}$$

und für die Frequenz

$$f = \frac{1}{T} = \frac{R_2}{4 \cdot R_0 \cdot R_1 \cdot C}.$$

## 6.6. Digital steuerbare Analogschaltungen

Für die Behandlung digital steuerbarer Analogschaltungen[1] müssen wir auf einige Sachverhalte der Digitaltechnik vorgreifen, die erst in den folgenden beiden Kapitel behandelt werden.

Historisch gesehen hatte die Analogtechnik schon einen hohen Entwicklungsstand erreicht, als die stürmische Entwicklung der digitalen Elektronik begann. Inzwischen enthalten analoge Schaltungen oft digitale Komponenten, z.B. um früher notwendige manuelle Abschaltungen, Umschaltungen oder Einstellungen elektronisch vornehmen zu können. Außerdem werden heute in ursprünglich reine Digitalschaltungen, analoge Komponenten integriert. Man spricht dann von Mixed-Signal-Schaltungen.

Ein Grundelement digital steuerbarer Analogschaltungen sind die **Analogschalter**. In komplexen programmierbaren Analogschaltungen dienen Analogschalter dazu, den Signalpfad zu routen oder die Funktion einer Schaltung programmgesteuert, also per Software, festzulegen oder während des Betriebes zu verändern.

### 6.6.1. Analogschalter und Analog-Multiplexer

Die Aufgabe elektronischer Analogschalter ist es, einen Leitungs- oder Signalpfad zu trennen bzw. durchzuschalten, so wie das auch mechanische Schalter, z.B. Relais, leisten. Ein Analogschalter muss deshalb

[1] In diese Gruppe gehören auch die Switched-Capacitor-Schaltungen, die mit geschalteten Kapazitäten die Funktion von Widerständen im Zeitmittel nachbilden. SC-Schaltungen behandeln wir hier nicht; wir verweisen dazu z.B. auf [TSG10].

- im geöffneten Zustand eine Unterbrechung herstellen, idealerweise soll sein Widerstand gegen unendlich gehen und
- im geschlossenen Zustand für alle vorkommenden Signalspannungen oder -ströme einen geringen Widerstand realisieren, idealerweise sollte der Widerstand Null sein.

Analogschalter werden technisch mit Feldeffekttransistoren realisiert. Prinzipiell kann man mit nur einem FET einen Signalpfad trennen und wieder schließen. Der Durchgangswiderstand einer so einfachen Anordnung ist aber von der Polarität der Signalspannung abhängig.

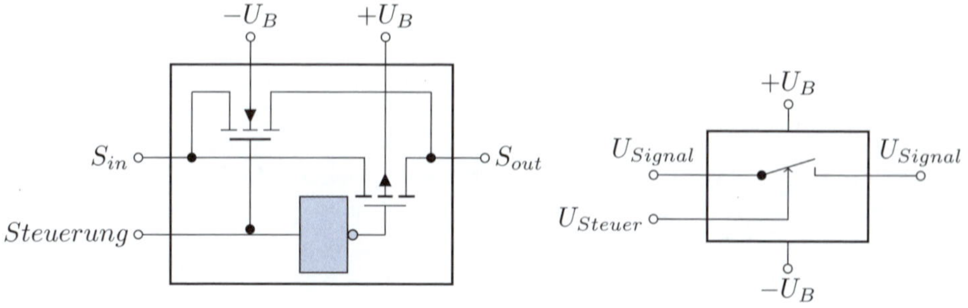


**Abb. 6.39.:** Analogschalter, schematische Innenschaltung und symbolische Darstellung

Man verbessert das Verhalten, indem entsprechend Abb. 6.39 zwei MOSFETs unterschiedlichen Leitfähigkeitstyps parallelgeschaltet werden. Die Steuerung der MOSFETs erfolgt mit einem digitalen Steuersignal. Das digitale Steuersignal hat nur die beiden logischen Zustände 1 und 0 (siehe Kapitel 7). Für den zweiten MOSFET muss das Steuersignal negiert werden. Die Negation leistet ein NICHT-Gatter[1] (blau hinterlegt).

Bei der Darstellung von Analogschaltern in Blockschaltbildern werden, wie wir das schon beim Operationsverstärker kennen gelernt haben, die Versorgungsanschlüsse nicht mit gezeichnet.

Elektronische Analogschalter lassen sich zusammen mit anderen Halbleiterkomponenten direkt auf einem Halbleiterchip integrieren. Sie schalten trägheitslos und damit viel schneller als mechanische Schalter, zudem sind sie kleiner und preisgünstiger.

Analogschalter gibt es in vielfältigen Ausführungen. Analog zu mechanischen Schaltern gibt es Analogschalter als (siehe Abb. 6.40):

- einfache ein- oder mehrpolige Schalter,
- ein- oder mehrpolige Umschalter, die pro Schalter eine Auswahl zwischen zwei Leitungs- bzw. Signalpfaden ermöglichen und
- Analogmultiplexer, also Umschalter mit mehreren Ausgängen, was eine Verteilung von Signalen auf verschiedene Ausgänge bzw. eine Auswahl verschiedener Eingangssignale ermöglicht.

[1] Siehe hierzu Abb. 7.22b auf Seite 234 in Kapitel 7.3.2.

Für die korrekte Arbeitsweise eines Analogmultiplexers in einer Schaltung besteht in der Regel die Forderung, dass eine durchgeschaltete Verbindung zuerst geöffnet wird, bevor eine neue Verbindung hergestellt wird (*break before make*).

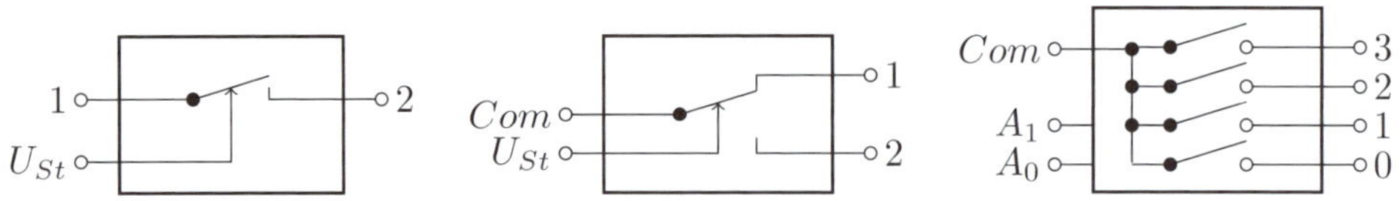


**(a)** einpoliger Schalter **(b)** einpoliger Umschalter **(c)** 1 auf 4-Analogmultiplexer

**Abb. 6.40.:** Analogschalter, Umschalter und Analogmultiplexer

Die Steuereingänge an Analogschaltern sind Digitaleingänge, das heißt, diese Eingänge werden mit Digitalpegeln bedient. Nach Abb. 6.40 ist mindestens ein digitaler Steuereingang erforderlich. Analogmultiplexer haben Adresseingänge; zur Auswahl einer Adresse sind bei $2^n$ Ein- bzw. Ausgangsleitungen $n$ Adressleitungen erforderlich. Vielfach haben Analogschalter noch weitere Steuereingänge wie Chip-Select, Enable oder Power-Down, deren Funktion den jeweiligen Datenblättern zu entnehmen ist.

Generell gilt, dass die Spannungen am Signalpfad eines Analogschalters die Spannungen $+U_B$ bzw. $-U_B$ nicht über- bzw. unterschreiten dürfen. Um für Spannungen ober- bzw. unterhalb der Betriebsspannung einsetzbar zu sein, verfügen bestimmte Analogschalter über interne Gleichspannungswandler, sog. dc/dc-Wandler, mit deren Hilfe die Betriebsspannung für den Schalter auf dem Chip vergrößert wird.

Wesentliche elektrische Parameter von Analogschaltern sind:

- der Durchlasswiderstand (On-Resistance, Größenordnung: wenige Ohm),
- die Gleichheit der Durchlasswiderstände bei verschiedenen Kanälen (On-Resistance Matching Between Channels, Größenordnung: $< 1\,\Omega$ bis wenige Ohm)
- die Schaltzeit für das Ein- ($t_{on}$) bzw. Ausschalten ($t_{off}$) (Größenordnung: einige ns),
- maximale Signalspannung, Betriebsspannung und Logik-Pegel.

## 6.6.2. Programmierbare Verstärker

Um bestimmte Eigenschaften eines Verstärkers digital programmierbar zu machen, werden in den Signalpfad oder einen Rückkopplungspfad Analogschalter oder Analogmultiplexer eingefügt. Diese erlauben es, mit digitalen Steuersignalen Verstärkung oder Frequenzgang zu ändern oder einen von mehreren Eingangs- oder Ausgangskanälen auszuwählen. Wir zeigen dies exemplarisch am Beispiel eines Verstärkers, dessen Verstärkung umschaltbar ist.

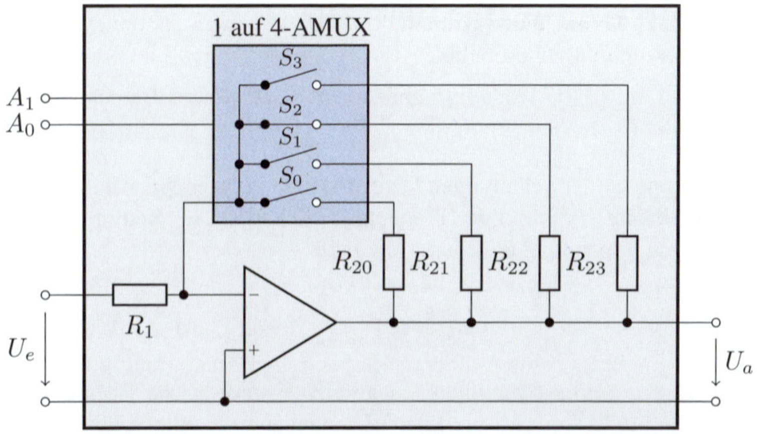


**Abb. 6.41.:** Invertierender Verstärker mit digital programmierbarer Verstärkung

Die Abb. 6.41 zeigt einen invertierenden Verstärker, in dessen Gegenkopplungszweig ein Analogmultiplexer (AMUX, blau hinterlegt) eingebaut ist. Im Analogmultiplexer ist immer genau einer der Schalter geschlossen und schaltet je nach anliegender Adresse $A_1 A_0$ einen der vier Gegenkopplungswiderstände $R_{20} \cdots R_{23}$ in den Gegenkopplungszweig. Damit ermöglicht der Analogmultiplexer, zwischen vier verschiedenen Verstärkungen zu wählen bzw. während des laufenden Betriebes umzuschalten, wenn die Adressdaten $A_1 A_0$ von einem Mikrocontroller bereitgestellt werden.

Die beiden digitalen Steuer- oder Adressleitungen $A_0$ und $A_1$ erlauben es, vier verschiedene Zustände (Digitalworte) zu realisieren, die wir mit 00, 01, 10 und 11 bezeichnen wollen. Für diese Zustände ergeben sich mit Gleichung 6.24 zur Berechnung der Verstärkung eines invertierenden Verstärkers die in Tabelle 6.2 angegebenen Verstärkungen. Bei der in der Abb. 6.41 dargestellte Schalterstellung beträgt die Verstärkung $V = -\frac{R_{22}}{R_1}$.

**Tabelle 6.2.:** Adresse und Verstärkung

| anliegende Adresse | geschlossener Schalter | Verstärkung |
|---|---|---|
| 00 | $S_0$ | $-\frac{R_{20}}{R_1}$ |
| 01 | $S_1$ | $-\frac{R_{21}}{R_1}$ |
| 10 | $S_2$ | $-\frac{R_{22}}{R_1}$ |
| 11 | $S_3$ | $-\frac{R_{23}}{R_1}$ |

## 6.7. Fragen und Aufgaben

6.1 Skizzieren Sie einen RC-Hochpass und einen RC-Tiefpass. Berechnen Sie für beide Schaltungen die Übertragungsfunktion $\underline{g}(\omega) = \frac{\underline{U}_2}{\underline{U}_1}$ und die Grenzfrequenz $f_g$ .

6.1.1 Am Eingang beider Schaltungen liege eine harmonische Wechselspannung mit einer Amplitude von $10\,V$ und der Frequenz $f$. Ermitteln Sie Betrag und Phasenwinkel der Ausgangsspannung jeweils für die Fälle:

$$f = f_g, \qquad f = 0,1 \cdot f_g \qquad \text{und} \qquad f = 10 \cdot f_g.$$

6.1.2 Am Eingang beider Schaltungen liege eine symmetrische Rechteckspannung mit einer Amplitude von 10 V und der Periodendauer $T$. Wie verändert sich das Ausgangssignal jeweils für die Fälle:

$$T = \tau, \qquad T = 0,1 \cdot \tau \qquad \text{und} \qquad T = 10 \cdot \tau?$$

6.2 Skizzieren Sie einen LC-Hochpass und einen LC-Tiefpass und berechnen Sie für beide Schaltungen die Übertragungsfunktion!

6.3 Kann man einen Hochpass bzw. einen Tiefpass zur Signalverarbeitung nutzen? Wenn ja, wie?

6.4 Wie lässt sich eine frequenzunabhängige Spannungsteilung realisieren?

6.5 Wir betrachten ein Stromversorgungsgerät entsprechend Abb. 6.13 und untersuchen nachfolgend einige Teilfunktionen.

6.5.1 Der Netztransformator liefere eine Spannung von $U_{eff} = 10\,\text{V}$. Wie hoch ist die Spannung am Ladekondensator $C_L$ und welche Kurvenform hat diese Spannung, wenn kein Strom entnommen wird?

6.5.2 Erklären Sie die Funktionsweise der Stabilisierungsschaltung mit Z-Diode unter Nutzung einer Z-Dioden-Kennlinie!

6.5.3 Die Z-Diode habe eine Durchbruchspannung von $U_Z =$ 10 V und eine maximale Verlustleistung von $P_{Z_{max}}$ = 5 W. Am Eingang der Stabilisierungsschaltung liege eine Spannung von 14 V. Berechnen Sie den Vorwiderstand $R_V$ so, dass die Z-Diode bei Leerlauf des Gerätes gerade noch nicht überlastet wird. Welcher maximale Strom $I_{max}$ kann dem Gerät entnommen werden, ohne dass die Ausgangsspannung unter $U_Z$ absinkt?

6.5.4 Ergänzen Sie die angegebene Schaltung um eine Leuchtdiode (LED) zur Betriebsanzeige. Für die LED gelten folgende Betriebsparameter: $U_{LED}$=2,3 V und $I_{LED}$ = 3 mA. Geben Sie die Schaltung an und berechnen Sie hinzugekommene Bauelemente!

6.6 Mit welchen Kenngrößen beschreibt man allgemein einen Verstärker? Nennen Sie mindestens drei!

6.7 Was versteht man unter Rückkopplung? Wie kann man mit einer Rückkopplung das Verhalten eines Verstärkers (einer Verstärkerstufe) beeinflussen?

6.8 In Kapitel 6.3.3 sind zwei Gleichungen zur Berechnung der Stromverstärkung und der Spannungsverstärkung des Transistor-Kleinsignalverstärkers angegeben. Leiten Sie diese Gleichungen unter Nutzung der Verstärkungsdefinitionen (siehe Box 6.2) und des Ersatzschaltbildes (Abb. 6.20) her!

6.9 Wir betrachten einen Transistor-Kleinsignalverstärker in Emitterschaltung entsprechend Abb. 6.16 näher.

6.9.1 Zuerst soll der Arbeitspunkt eingestellt werden. Berechnen Sie dazu die Widerstände $R_B$ und $R_C$ für die folgenden Werte :

$$U_B = 14\,\text{V},\ I_C = 3\,\text{mA},\ I_B = 50\,\mu\text{A und } U_{BE} = 0{,}7\,\text{V}$$

Außerdem soll gelten $U_{CE} = \frac{1}{2}U_B$.

6.9.2 Als nächstes sollen unter Verwendung des vereinfachten Ersatzschaltbildes für mittlere Frequenzen entsprechend Abb. 6.20 die Spannungsverstärkung $V_U$, die Eingangsimpedanz $Z_1$ und die Ausgangsimpedanz $Z_2$ der Schaltung bestimmt werden, wenn $h_{11} = 20\,\text{k}\Omega$ und $h_{21} = 230$ betragen. Es sei kein Lastwiderstand $R_a$ angeschlossen und Kondensatoren sollen nicht berücksichtigt werden.

6.10 Wir haben Operationsverstärker als universell anwendbare Bauelemente der Analogelektronik kennen gelernt.

6.10.1 Nennen Sie charakteristische Eigenschaften eines idealen Operationsverstärkers und skizzieren Sie die Übertragungsfunktion.

6.10.2 Was verstehen Sie unter der virtuellen Masse?

6.10.3 Erläutern Sie das Vorgehen bei der Berechnung von Operationsverstärkerschaltungen.

6.10.4 Ein Operationsverstärker arbeitet als invertierender Verstärker. Die Schaltung habe eine Spannungsverstärkung von $V_U = -10$ und einen Eingangswiderstand von $10\,\text{k}\Omega$. Skizzieren Sie die Schaltung und geben Sie die Widerstandswerte an.

6.11 Ein Operationsverstärker soll als Integrator arbeiten. Skizzieren Sie die Schaltung!

6.11.1 Zur Zeit $t = 0$ liege der Ausgang des Integrators auf $0\,\text{V}$. Am Eingang werde eine Gleichspannung von $-0{,}5\,\text{V}$ zugeschaltet. In $20\,\text{ms}$ soll eine Ausgangsspannung von $5\,\text{V}$ erreicht werden. Bestimmen Sie den Integrationskondensator $C$, wenn der Eingangswiderstand der Schaltung $100\,\text{k}\Omega$ beträgt.

6.11.2 Tragen Sie den Zeitverlauf von Eingangs- und Ausgangsspannung über einer gemeinsamen Zeitachse auf.

# 7. Digitale Schaltungstechnik

Im vorangegangenen Kapitel wurden analoge Schaltungen mit aktiven und passiven Bauelementen behandelt, und es wurde gezeigt, dass sich mit analogen Schaltungen arithmetische oder logische Operationen durchführen lassen. Jedoch besitzen solche Schaltungen nur eine begrenzte Genauigkeit und die Ergebnisse liegen in einem gewissen Toleranzbereich. Ursache für die beobachteten Abweichungen sind die Streuungen der Bauelemente selbst, Temperatureinflüsse und Störsignale, wie bereits in Kapitel 5.2 gezeigt wurde. Diese Tatsache erschwert den Bau von komplexen analogen Systemen, insbesondere bei einem großen Wertebereich und hoher Geschwindigkeit, da sich die Fehler fortpflanzen. Der reale elektrische Wert am Ausgang einer analogen Schaltung hängt deshalb neben der Eingabe noch von weiteren, zum Teil zufälligen Faktoren, wie Störsignalen, ab und kann größere Abweichungen vom erwarteten Sollwert haben.

Möchte man diese Unsicherheit vermeiden, so benötigt man elektrische Schaltungen, die Signale anders bewerten und Eingangs- bzw. Ausgangswerte z.B. in Intervalle aufteilten. Das leisten digitale Schaltungen.

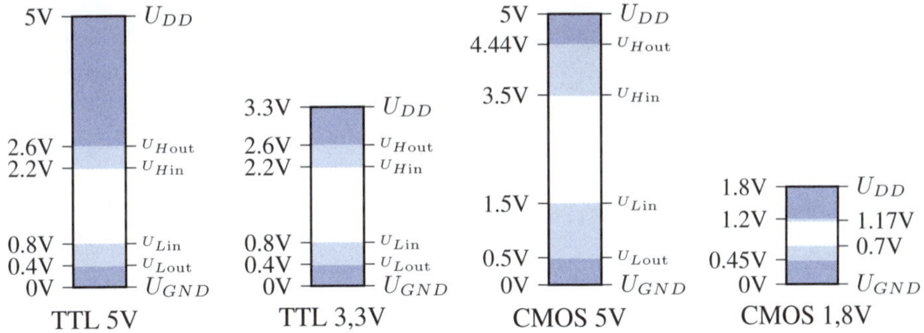


**Abb. 7.1.:** Signalpegel und Toleranzwerte in der Digitaltechnik (Quelle: Texas Instruments)

Wie in Abb. 7.1 (links) dargestellt, werden Ausgangsspannungen für die digitale *TTL 5V* Technik im Intervall 2,2–5 V als ein Wert (High oder 1) und Spannungen unter 0,8 V als ein anderer Wert (Low oder 0) angesehen[1]. Eine nachfolgende Schaltung muss Werte innerhalb eines Intervalls am Eingang als gleichwertig betrachten und somit immer den gleichen Ausgangswert berechnen, auch wenn die Eingangswerte innerhalb der Intervallgrenzen schwanken. Wir benötigen dafür Schaltungen, deren Ein- und Ausgabewerte in *diskrete* Intervalle aufgeteilt sind, also *wertdiskrete* Systeme (siehe Kapitel 5.3).

[1] Zur Erklärung der weiteren Unterteilung siehe Definition 7.6 auf Seite 235.

Die Zuordnung physikalischer Größen in diskrete Bereiche hat den Effekt, dass viele auftretende Störungen eliminiert werden können. So bewirkt die diskrete Aufteilung in feste Intervalle, dass Störungen keinen Einfluss auf die Ausgangswerte haben, insofern sie nur zu Abweichungen führen, die innerhalb des Intervalls verbleiben.

Durch die Verwendung von *zeitdiskreten* Systemen lassen sich außerdem unterschiedliche Verarbeitungszeiten oder Zeitabweichungen, die auf Störeinflüssen beruhen, ebenfalls eliminieren. Im Gegensatz zu den bisher betrachteten *zeitkontinuierlichen* Systemen, benötigen wir für zeitdiskrete Systeme eine Zeitvorgabe. Wir werden in Kapitel 7.2.2 und Kapitel 8.3, in denen wir uns getaktete Schaltungen anschauen, darauf zurückkommen.

# 7.1. Grundlagen

## 7.1.1. Digitale Signale und Digitalisierung

Durch die Einteilung der Werte in Bereiche oder Werteklassen lassen sich „Fehler" aufgrund von externen Störungen oder Streuungen der Parameter von eingesetzten Bauteilen in bestimmten Grenzen abfangen. Um diesen Vorteil ausnutzen zu können, benötigen wir eine Schaltungstechnik zur Verarbeitung von diskreten Werten. Dabei wird ein Wert durch den Bereich einer physikalischen Größe, wie z.B. der Spannung, dargestellt. Der vormals kontinuierliche Wertebereich wird in eine beschränkte Anzahl von Werten zerlegt, die wir einzeln beziffern können.

Dieser Ansatz führt zum Begriff **digital**, verwandt mit dem englischen Begriff *Digit* (Ziffer), welcher vom lateinischen Wort *digitus* für Finger abgeleitet wurde. Unter digitaler Elektronik versteht man Baugruppen, welche diskrete Werte verarbeiten können. Dazu müssen die getrennten Bereiche, in denen die Werte liegen können, „durchnummeriert" werden.

Den Vorgang, bei dem die vormals kontinuierlichen Werte auf den diskreten Wertebereich abgebildet werden, bezeichnet man als **Digitalisierung**.

Eine Schaltung, bei der die unterscheidbaren Ein- und Ausgangswerte durch *ganze Zahlen* aus einem *vorgegebenen Wertebereich* dargestellt werden, nennt man digitale Schaltung bzw. **Digitalschaltung**.

Im Beispiel 7.1 wird nur die Digitalisierung des Wertebereiches betrachtet. Auch der Zeitbereich kann in diskrete Intervalle unterteilt werden. Viele Digitalschaltungen arbeiten in Abhängigkeit von einem Zeittakt und sind somit zeitdiskret (siehe Kapitel 8.3).

Zwischen der digitalen und der analogen Technik existieren natürlich Schnittstellen in Form von Schaltungen, die analoge Werte in digitale Werte bzw. digitale Werte in analoge Werte konvertieren. Wir werden solche Analog-Digital-Wandler und Digital-Analog-Wandler in Kapitel 10 betrachten.

**Beispiel 7.1 (Diskrete Aufteilung des Wertebereichs in 5 Teile)**
Angenommen eine Schaltung teilt die Spannung, die an einem Eingang bezüglich Masse anliegt, in fünf nicht überlappende Bereiche zwischen der Betriebsspannung $U_B$ und der Masse $U_{GND}$ (meist ist $U_{GND}$=0 V) ein. Bei Eingangswerten innerhalb eines Bereiches liefert die Schaltung den gleichen Ausgangswert. Bei verschiedenen Bereichen kann sie natürlich unterschiedliche Ausgangswerte liefern. Dadurch wäre aber die konkrete Eingangsspannung nicht mehr von Interesse, sondern lediglich der Bereich, in dem sie liegt. Diese Bereiche kann man einfach durchnummerieren, z.B. mit den Zahlen $0, 1, 2, 3, 4$. Jeder konkrete Eingangswert kann durch Angabe einer Nummer zwischen 0 und 4 spezifiziert werden. Wir weisen dem Eingang ein Digit, d.h. eine einzelne Ziffer zu.

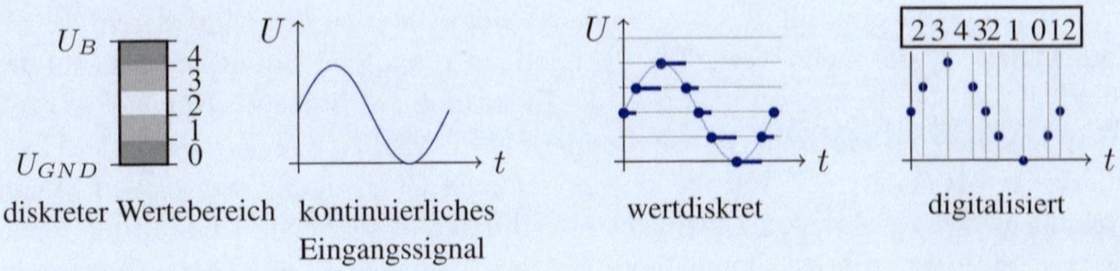


**Abb. 7.2.:** Abbildung eines Eingangssignals auf einen 5-wertigen Bereich

Man kann das Prinzip auf mehrere Eingänge ausdehnen, so dass die Schaltung mit mehreren Digits arbeitet. In bestimmten Fällen können wir mehrere Eingänge zusammengefasst betrachten und somit die zusammen gehörigen Ziffern als Zahl interpretieren. Wir betrachten die Werte auf mehreren Eingangsleitungen als eine Zahl mit mehreren Stellen, wobei jede Stelle Werte aus dem vorgegebenen Wertebereich (in unserem Beispiel von 0 bis 4) annimmt. Zu jeder Zahl am Eingang kann dann der Ausgangswert der Schaltung, der auch wieder eine Ziffer bzw. eine Zahl sein wird, angegeben werden.

Eine digitale Signalleitung kann zu einem Zeitpunkt genau einen Wert aus dem vorgegebenen Wertebereich übertragen. Viele Digitalschaltungen nutzen einen zweiwertigen Wertebereich. Sie basieren auf der Binärelektronik.

## Binärelektronik

Betrachtet man die historische Entwicklung der Digitaltechnik, so findet man bereits im 19. Jahrhundert mit der Einführung von Morsezeichen eine erste Form einer Digitalisierung. Dabei wird die eigentlich schon diskrete Menge der Zahlen und Buchstaben auf lediglich zwei Zeichen abgebildet, die durch unterschiedliche Zeiten (kurz und lang) dargestellt wurden. Diese Zeichen konnten einfach durch elektrische Signale übertragen werden. Da die Codewörter der Zeichen aber nicht präfixfrei[1] sind, benötigt man zur Trennung noch ein Pausenzeichen, also ein drittes Zeichen [Pie01].

[1] Präfixfrei: kein Codewort ist Präfix eines anderen Codewortes.

Mit der Einführung elektronischer Rechner (vorher gab es bereits mechanische Rechengeräte) wurden zur Darstellung der Werte lediglich zwei Zustände genutzt. Der Vorteil liegt auf der Hand: man kann die Werte einfach auf elektrische Signale abbilden, z.B. liegt eine Spannung an oder nicht, und diese elektrischen Signale mit Relais oder elektronischen Schaltern verarbeiten. Diese einfache Form der Digitalisierung führt uns zu binären Schaltungen und zur Binärelektronik.

Unter **Binärelektronik** versteht man digitale Schaltungen, die zu jedem Zeitpunkt lediglich zwei Werte pro Signalleitung unterscheiden. Das betrifft die Werte für die Ein- und Ausgänge der Schaltung und alle internen Signalleitungen. Wie diese Verarbeitung erfolgt, werden wir in den folgenden Kapiteln erörtern.

Neben der Binärelektronik gibt es noch weitere Möglichkeiten der Digitalisierung, z.B. die Abbildung auf 4, 8 oder mehr Werte. Für die heutige Computertechnik spielt dies auf den ersten Blick keine Rolle. Betrachtet man aber die Elektronik zur Signalübertragung mit höheren Geschwindigkeiten auf längeren Signalleitungen (DSL, VDSL) oder per Funk (UMTS, LTE) so sieht das etwas anders aus. Für die sichere schnelle Übertragung von großen Mengen an Informationen über beschränkte Datenkanäle sind diskrete Wertebereiche mit mehr als zwei Werten pro Zeitpunkt erforderlich und damit für die Computertechnik auch wieder interessant [Wer08].

### Binäre Darstellung

Um beliebige Werte mittels Binärelektronik verarbeiten zu können, müssen diese zuerst binär dargestellt werden, oder genauer gesagt, sie müssen auf binäre Werte abgebildet werden. Dazu benötigen wir eine **binäre Kodierung**.

Ein Rechner, der auf Binärschaltungen basiert,kann unterschiedliche Informationen verarbeiten, beispielsweise Datenmengen, die in ihrer Gesamtheit Bildern, Tönen oder Videos entsprechen. Die binäre Kodierung erfolgt dabei meist über einen Zwischenschritt, bei dem die Informationen zuerst in Form von Zahlen oder Zeichenketten dargestellt werden, für die man eine binäre Kodierung bzw. eine Kodierung im Dualsystem angeben kann (siehe Kapitel 5.4.2).

Zur Verarbeitung werden binäre Operationen benötigt. Komplexe Operationen werden auf einfache Grundfunktionen zurück geführt. Für die Beschreibung der Funktionen benötigen wir mathematische Hilfsmittel, welche wir im Kapitel 7.1.2 einführen werden. Zuerst wollen wir uns aber zwei Beispiele für die Verarbeitung von binären Werten in einem Rechner anschauen. Sie zeigen auf, wie sich die Computertechnik der Binärelektronik bedient.

### Beispiele für die Verarbeitung binärer Werte

Die im Rechner abgelegten Daten sind in Form von Zahlen oder Zeichenketten kodiert. Zur Verarbeitung muss der Rechner Operationen auf diesen Daten durchführen können. Diese Verarbeitung erfolgt durch die Binärelektronik, sie setzt die Operationen zur Verknüpfung binärer Signale um.

Dazu betrachten wir zwei Beispiele, eine arithmetische Operation auf zwei Zahlen und eine Vergleichsoperation auf zwei Zeichenketten. Die Zahlen sind hierbei binär in Festkommadarstellung und die Zeichenketten im ASCII-Code im Rechner abgelegt (siehe Kapitel 5.4.2 und Anhang A.5).

In den Beispielen nutzen wir einfache Operationen (Konjunktion, Disjunktion, Antivalenz). Wir stützen uns dabei auf Ausdrücke aus der Schaltalgebra, welche im Anschluss im Kapitel 7.1.2 erläutert wird. Die Operationen sind im Anhang A.6 aufgelistet.

**Computerarithmetik** Gegeben seien zwei positive ganze Zahlen, die in einer Betragsdarstellung, also in einer Festkommadarstellung ohne Nachkommastellen und ohne Vorzeichen im Rechner abgelegt sind. Betrachten wir eine einfache arithmetische Operation: die Addition. Diese kann analog zur Schulmethode der Addition dezimaler Zahlen erfolgen:

**Beispiel 7.2 (Addition zweier Zahlen: $123 + 5$)**

A$= 123_{10} = 1111011_2$, B$= 5_{10} = 101_2$

```
  1111011   A
+     101   B
+ 1111110   C
-----------
=10000000   S
```

Bei dieser Addition entsteht in jeder Stelle ein Übertrag (C), der jeweils zu der nächst höherwertigen Stelle addiert wird. Die Summe S$=$ $10000000_2 = 2^7$ entspricht dem erwarteten dezimalen Wert von 128.

Lassen Sie uns die Stellen von rechts nach links beginnend bei $i = 0$ durchnummerieren, dann lässt sich für jede Stelle $i$ $S_i$ und $C_i$ unter Beachtung des Übertrags von der vorhergehenden Stelle $C_{i-1}$ wie folgt bestimmen:

| $A_i$ | $B_i$ | $C_{i-1}$ | $C_i$ | $S_i$ |
|---|---|---|---|---|
| 0 | 0 | 0 | 0 | 0 |
| 0 | 1 | 0 | 0 | 1 |
| 1 | 0 | 0 | 0 | 1 |
| 1 | 1 | 0 | 1 | 0 |

| $A_i$ | $B_i$ | $C_{i-1}$ | $C_i$ | $S_i$ |
|---|---|---|---|---|
| 0 | 0 | 1 | 0 | 1 |
| 0 | 1 | 1 | 1 | 0 |
| 1 | 0 | 1 | 1 | 0 |
| 1 | 1 | 1 | 1 | 1 |

In der linken Tabelle, in der der eingehende Übertrag $C_{i-1}$ von der vorhergehenden Stelle jeweils 0 ist, können wir die Ausgangswerte mit einfachen Operationen berechnen. Der Übertrag $C_i$ entspricht der Konjunktion der Eingänge $C_i = A_i \wedge B_i$ und die Summe der ausschließenden Disjunktion (Antivalenz) $S_i = A_i \oplus B_i$.

Unter Beachtung des eingehenden Übertrags $C_{i-1}$ lassen sich die einzelnen Stellen schaltalgebraisch wie folgt beschreiben:

$$S_i = A_i \oplus B_i \oplus C_{i-1} \qquad C_i = (A_i \wedge B_i) \vee ((A_i \oplus B_i) \wedge C_{i-1}) \tag{7.1}$$

An der niedrigstwertigen Stelle ($i = 0$) muss für den eingehenden Übertrag $C_{-1}$=0 definiert werden – man denke sich die beiden Zahlen als Zahlen mit Kommastellen, die aber alle den Wert 0 haben.

Die Gleichung 7.1 beschreibt eine Funktion $\{0,1\}^3 \rightarrow \{0,1\}^2$. Es ist die Funktion eines **Volladdierers** (*fulladder*). $S_i$ ist die binäre Summe (*sum*) an der Stelle $i$ und $C_i$ der Übertrag (*carry*) zur nächst höheren binären Stelle. Wir werden auf diese Funktion noch öfter zurück greifen.

Die Addition kann also auf einfache Verknüpfungen von binären Werten zurück geführt werden. Genau so verhält es sich auch mit anderen arithmetische Operationen.

**Vergleich von Zeichenketten** Neben arithmetischen Operationen beherrschen Rechner auch die Verarbeitung von Zeichenketten (*character string* oder einfach nur *string*). Zu den Operationen gehören beispielsweise das Verbinden von Zeichenketten oder das Suchen innerhalb einer Zeichenkette. Lassen Sie uns die Operation betrachten, die zwei Zeichenketten auf Gleichheit prüft. Die einzelnen Zeichen seien im ASCII-Format dargestellt.

**Beispiel 7.3 (Vergleich der Zeichenketten $A =$ „ab“ mit $B =$ „ac“)**

ASCII(„ab“) = 1100001 1100010   ASCII(„ac“) = 1100001 1100011

```
A    1100001 1100010
B    1100001 1100011
-------------------
Y    0000000 0000001
```

Die Zeichenketten sind ungleich, da sie sich in ihrer binären Darstellung an der letzten Stelle unterscheiden. Es gilt, die Zeichenketten sind genau dann gleich, wenn `Y` an allen Stellen 0 ist.

Der Vergleich von Zeichenketten wird über die binären Eingangswerte berechnet. Dazu bildet man die Antivalenz an jeder Stelle. Sie ergibt den Wert 1, wenn sich die Werte an dieser Position unterscheiden, im Beispiel an der letzten Stelle von `Y`. Die Ergebnisse aller Stellen von `Y` sind anschließend mittels einer Oder-Verknüpfung (Disjunktion) zu verbinden. Unterscheiden sich die Zeichenketten an einer Position, so ist das Ergebnis der Oder-Verknüpfung gleich 1. In diesem Falle sind die Zeichenketten ungleich, andernfalls sind sie gleich.

Für Zeichenketten der Länge $n$ Bit gilt:

$$equal = \neg((A_0 \oplus B_0) \vee (A_1 \oplus B_1) \vee \ldots \vee (A_n \oplus B_n)).$$

Auch Zeichenkettenoperationen sind, wie das Rechnen mit Binärzahlen, durch Verknüpfungen binärer Werte möglich.

### 7.1.2. Mathematische Beschreibung

Die angegebenen Beispiele sollen verdeutlichen, dass sich selbst komplexe Operationen eines Computers mittels einfacher Operationen der Aussagenlogik realisieren lassen, allein durch Verknüpfung binärer Wahrheitswerte. Für die elektronische Verarbeitung von Wahrheitswerten benötigen wir die Verbindung der Aussagenlogik mit der Binärelektronik. Diese erhalten wir über die **Schaltalgebra**, welche eine *boolesche Algebra* mit einer zweiwertigen Trägermenge ist.

#### Boolesche Algebra

Eine **Algebra** ist eine mathematische Struktur. Eine universelle Algebra wird über ein Paar $(A, \Omega)$ mit der

- nicht leeren (Träger-) Menge $A$ und
- einer Menge von Operationen $\Omega$ über dieser Menge $A$[1]
  $\Omega \subseteq \bigcup_{n\in\mathbb{N}}\{f | f : A^n \rightarrow A\}$

definiert. Mit $A^n \rightarrow A$ wird eine $n-$äre Operation bezeichnet. Ein Null-äre Operation ist eine Konstante.

**Beispiel 7.4 (Universelle Algebren)**

Die auf den natürlichen Zahlen basierenden Strukturen mit den Operationen $+$ und $\cdot$ sind Algebren: $(\mathbb{N}, +), (\mathbb{N}, \cdot)$ oder $(\mathbb{N}, +, \cdot)$.

Ein Gegenbeispiel ist $(\mathbb{N}, -)$. Dies ist keine Algebra, da das Ergebnis der Subtraktion kleiner als Null sein kann und somit nicht mehr zur Menge der natürlichen Zahlen gehört.

Bei den ganzen Zahlen ist $(\mathbb{Z}, -)$ wieder eine Algebra.

Die **boolesche Algebra** wurde durch George Boole[2] eingeführt. Auf ihrer Trägermenge sind zwei binäre Operationen – Infimum ($\wedge$) und Supremum ($\vee$) – und eine unäre Operation, das Komplement ($\neg$), definiert. Im Zusammenhang mit der Schaltalgebra sprechen wir von **Konjunktion**, **Disjunktion** bzw. **Negation**.

Für eine boolesche Algebra gelten folgende Axiome, welche auf Giuseppe Peano[3] zurückgehen.

[1] Notation: $\Omega$ ist die Menge aller Verknüpfungen von $n$ Elementen aus der Menge $A$, die wieder auf ein Element der Menge $A$ abbilden. $n$ kann jede natürliche Zahl sein.

[2] Georg Boole (1815–1864), englischer Mathematiker.

[3] Giuseppe Peano (1858–1932), italienischer Mathematiker.

**Definition 7.1 (Boolesche Algebra)**

Sind für eine nicht leere Trägermenge $M$ eine unäre Operation (Negation $\neg$) und zwei binäre Operationen (Konjuktion $\wedge$ und Disjunktion $\vee$) definiert und gelten für beliebige $x, y, z \in M$ folgende Axiome,

| | | |
|---|---|---|
| Kommutativität: | $x \wedge y = y \wedge x$ | $x \vee y = y \vee x$ |
| Assoziativität: | $x \wedge (y \wedge z) = (x \wedge y) \wedge z$ | $x \vee (y \vee z) = (x \vee y) \vee z$ |
| Distributivität: | $x \wedge (y \vee z) = (x \wedge y) \vee (x \wedge z)$ | |
| | $x \vee (y \wedge z) = (x \vee y) \wedge (x \vee z)$ | |
| Absorption: | $x \vee (x \wedge y) = x$ | $x \wedge (x \vee y) = x$ |
| Auslöschung: | $x \vee (y \wedge (\neg y)) = x$ | $x \wedge (y \vee (\neg y)) = x$ |

dann heißt das Tupel $(M, \wedge, \vee, \neg)$ boolesche Algebra.

Daneben enthielt das System von Peano weitere Axiome, die sich aber aus den genannten Axiomen ergaben und demzufolge redundant waren. Sie sind als zusätzliche Rechenregeln sehr hilfreich.

**Satz 7.1 (Regeln / Gesetze der Booleschen Algebra)**

Jede boolesche Algebra $(M, \wedge, \vee, \neg)$ besitzt ein eindeutiges 0-Element (0) und ein eindeutiges 1-Element (1), so dass für beliebige $x \in M$ gilt:

| | | |
|---|---|---|
| Neutralität: | $x \wedge 0 = 0$ | $x \vee 0 = x$ |
| | $x \vee 1 = 1$ | $x \wedge 1 = x$ |

Für beliebige $x, y \in M$ gilt:

| | | |
|---|---|---|
| De Morgansche Gesetze: | $\neg(x \wedge y) = (\neg x) \vee (\neg y)$ | $\neg(x \vee y) = (\neg x) \wedge (\neg y)$ |
| Idempotenz: | $x \vee x = x$ | $x \wedge x = x$ |
| Doppelnegation: | $\neg(\neg x) = x$ | |
| Komplement: | $x \wedge \neg x = 0$ | $x \vee \neg x = 1$ |

Als weitere hilfreiche Regel, die aber nicht aus dem System von Peano stammt, sei hier noch die *Consensus*-Regel genannt: $(\neg x \wedge y) \vee (x \wedge z) = (\neg x \wedge y) \vee (x \wedge z) \vee (y \wedge z)$.

Als Beispiel für eine boolesche Algebra, die uns letztendlich in der Digitaltechnik bei der Beschreibung von Schaltungen hilfreich sein wird, geben wir hier die Algebra über die Menge von binären Vektoren an.

**Beispiel 7.5 (Boolesche Algebra über binäre Vektoren der Länge $n$)**

$\mathbb{B}$ bezeichnet die binäre Menge $\{0, 1\}$. Binäre Folgen der Länge $n$ werden mit $\mathbb{B}^n$ bezeichnet. Für je zwei Elemente $x, y \in \mathbb{B}^n$, also zwei Vektoren seien die Operationen $\wedge$, $\vee$ und $\neg$ wie folgt definiert:

- $(x_1, \ldots, x_n) \wedge (y_1, \ldots, y_n) = (z_1, \ldots, z_n) : \forall k \in \{1, \ldots, n\} : z_k = x_k \wedge y_k$
- $(x_1, \ldots, x_n) \vee (y_1, \ldots, y_n) = (z_1, \ldots, z_n) : \forall k \in \{1, \ldots, n\} : z_k = x_k \vee y_k$
- $\neg(x_1, \ldots, x_n) = (z_1, \ldots, z_n) : \forall k \in \{1, \ldots, n\} : z_k = \neg x_k$

$z$ ist jeweils ein Vektor aus $\mathbb{B}^n$. Die Operationen $x_k \wedge y_k$, $x_k \vee y_k$ und $\neg x_k$ sind Verknüpfungen der einzelnen Elemente der Vektoren, wobei $\wedge$ die elementweise Konjunktion, $\vee$ die elementweise Disjunktion und $\neg$ die elementweise Negation darstellt (siehe Anhang A.6).

$(\mathbb{B}^n, \wedge, \vee, \neg)$ ist eine Boolesche Algebra mit $2^n$ Elementen.

Außer der hier gezeigten booleschen Algebra mit logischen Operatoren gibt es weitere. Jede dieser booleschen Algebren ist isomorph[1] zu der booleschen Algebra $(\mathbb{B}^n, \wedge, \vee, \neg)$ für ein geeignetes $n$. Aus dem Darstellungssatz von Stone [Sto36] lässt sich folgern, dass jede boolesche Algebra isomorph zu einer Mengenalgebra ist, für welche die Verknüpfungen Durchschnitt ($\cap$), Vereinigung ($\cup$) und Komplement ($\neg$) definiert sind und das neutrale 0-Element der leeren Menge und das neutrale 1-Element der gesamten Menge entspricht [KMB89, BM08].

Weiter lässt sich aus dem Satz von Stone folgern, dass alle Booleschen Algebren mit der selben Anzahl von Elementen zueinander isomorph sind [MC99]. Das ist für uns hilfreich, da wir uns auf die Schaltalgebra, eine spezielle Form der booleschen Algebra, konzentrieren werden und somit dort die Möglichkeiten, die uns die verschiedenen Darstellungen boolescher Algebren bieten, ausnutzen können.

**Boolesche Funktionen** Die Digitalelektronik nutzt die boolesche Algebra, um die Funktion von Digitalschaltungen zu beschreiben, beginnend vom einfachen Gatter bis hin zu komplexen Baugruppen. Betrachten wir dazu eine Baugruppe mit mehreren Ein- und Ausgängen.

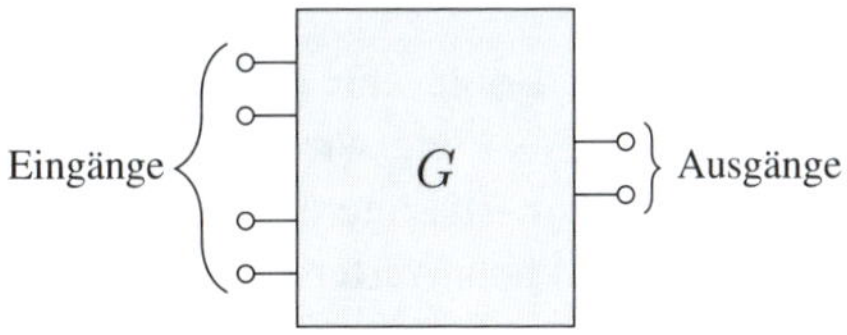


**Abb. 7.3.:** Beschreibung einer digitalen Baugruppe $G$ durch boolesche Funktionen

[1] Isomorph: griechisch „von gleicher Gestalt“. Isomorphie: Strukturerhaltende Abbildung zwischen zwei mathematischen Strukturen.

Für jede der möglichen Eingangsbelegungen soll diese Baugruppe Ausgangswerte erzeugen. Die Werte an jedem Eingang liegen in der Menge $\mathbb{B}$ und auch die Ausgangswerte für jeden Ausgang liegen in dieser Menge. Dann ist $G : \mathbb{B}^n \to \mathbb{B}^m$ eine Funktion, die jede Belegung der $n$ Eingangswerte auf eine konkrete Belegung der $m$ Ausgänge abbildet.

Betrachten wir nun einen der Ausgänge $(i)$ und markieren jedes Element in der Trägermenge der booleschen Algebra mit einem Wert aus $\mathbb{B}$, passend zu der Funktion des Ausgangs. Dann können wir die Funktion des Ausgangs in Abhängigkeit von den Eingangswerten durch eine **boolesche Funktion** beschreiben: $g_i : \mathbb{B}^n \to \mathbb{B}$. Bei mehreren Ausgängen fassen wir die einzelnen Funktionen $g_1, \ldots, g_m$ zu einem Funktionsbündel $G$ zusammen: $G : \mathbb{B}^n \to \mathbb{B}^m$.

Als Beispiel stellen wir die Funktion zweier Baugruppen mit zwei binären Eingängen und einem binären Ausgang vor.

**Beispiel 7.6 (Binäre boolesche Funktionen Antivalenz und Äquivalenz)**

Die Antivalenz zweier Binärwerte, auch als Exclusives Oder (XOR) bezeichnet, ist eine Funktion $f_{\text{XOR}} : \{0,1\}^2 \to \{0,1\}$. Diese Funktion liefert genau dann den Wert 1, wenn die Argumente ungleich sind, ansonsten 0.

Die Äquivalenz ist die dazu inverse Funktion, also die Negation der Antivalenz (XNOR). $f_{\text{XNOR}} : \{0,1\}^2 \to \{0,1\}$ mit $f_{\text{XNOR}}(x_1, x_2) = \neg f_{\text{XNOR}}(x_1, x_2)$.

Man kann die beiden Funktionen tabellarisch wie folgt ausrücken:

| $x_1$ | $x_2$ | $f_{\text{XOR}}(x_1, x_2)$ |
|---|---|---|
| 0 | 0 | 0 |
| 0 | 1 | 1 |
| 1 | 0 | 1 |
| 1 | 1 | 0 |

| $x_1$ | $x_2$ | $f_{\text{XNOR}}(x_1, x_2)$ |
|---|---|---|
| 0 | 0 | 1 |
| 0 | 1 | 0 |
| 1 | 0 | 0 |
| 1 | 1 | 1 |

Andere Darstellungen boolescher Funktionen werden wir in Kapitel 7.2 vorstellen.

### Schaltalgebra

Als Schaltalgebra bezeichnet man eine Boolesche Algebra über einer zweiwertigen Trägermenge $\mathbb{B}$, d.h. mit den Werten 0 und 1, so wie wir diese bereits im Beispiel 7.6 verwendet haben. Diese Algebra ist isomorph zu der Aussagenlogik. Man benötigt lediglich eine Zuordnung der Wahrheitswerte zu den booleschen Werten, z.B. die bereits erwähnte Logikvariante mit $0 \mathrel{\hat{=}} falsch$ und $1 \mathrel{\hat{=}} wahr$.

Die Schaltalgebra dient der mathematischen Beschreibung von booleschen Funktionen im Hinblick auf deren Realisierung in elektrischen Schaltnetzen. Für die Schaltungen müssen die logischen Werte 0 und 1 durch elektrische Signale dargestellt werden. Nutzt man die Spannung, so kann nach Abbildung 7.1 bei positiver Logik das niedrige Spannungsintervall dem Logikpegel 0 zugeordnet werden, das hohe Spannungsintervall dem Logikpegel 1.

Analog zu dieser Zuordnung werden die Logikpegel bei positiver Logik als **(L)ow** und **(H)igh** bezeichnet, bezüglich der Aussagenlogik als **(F)alse** für $falsch$ und **(T)rue** für $wahr$.

Wir können binäre Digitalschaltungen mathematisch durch die Schaltalgebra darstellen: Die Belegung der Ein- und Ausgänge und der Signalleitungen innerhalb der Schaltung stellen wir durch **boolesche Variablen** dar. Die elektrische Verarbeitung der Signale in der Schaltung entspricht den Verknüpfungen boolescher Variablen durch eine **n-äre boolesche Operation**. Baugruppen, die als **Gatter** bezeichnet werden, realisieren diese Verknüpfungen.

In der umgekehrten Richtung lässt sich aus dem Schaltplan einer Digitalschaltung für jedes Signal ein Ausdruck der Schaltalgebra ableiten. Für einfache Schaltungen ohne Rückkopplung kann man dazu einfach die Signalleitungen durch Variablen und die Gatter durch Operatoren ersetzen, die diese Variablen miteinander verknüpfen. Man erhält so die (boolesche) Funktion jeder einzelnen Signalleitung in Form eines Ausdrucks.

$$y = \neg x$$
$$y = \overline{x}$$

| $x$ | $y$ |
|---|---|
| 0 | 1 |
| 1 | 0 |

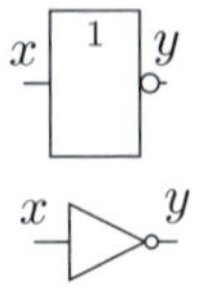


**(a)** Negation

$$w = u \wedge v$$
$$w = u \cdot v = uv$$

| $u$ | $v$ | $w$ |
|---|---|---|
| 0 | 0 | 0 |
| 0 | 1 | 0 |
| 1 | 0 | 0 |
| 1 | 1 | 1 |

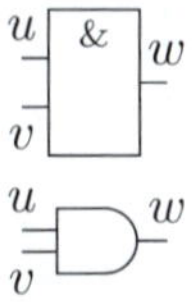


**(b)** Konjunktion

$$w = u \vee v$$
$$w = u + v$$

| $u$ | $v$ | $w$ |
|---|---|---|
| 0 | 0 | 0 |
| 0 | 1 | 1 |
| 1 | 0 | 1 |
| 1 | 1 | 1 |

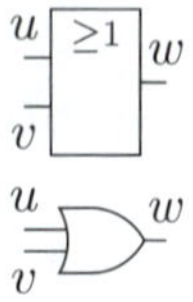


**(c)** Disjunktion

**Abb. 7.4.:** Schaltalgebraische Gleichung nach DIN 66000, Funktionstabelle und Schaltzeichen (Gattersymbol) nach DIN EN 60617 und ANSI/IEEE 91a–1991

Abbildung 7.4 zeigt die schaltalgebraischen Gleichungen für die einfachen unären und binären booleschen Operationen Negation, Konjunktion und Disjunktion. Angegeben sind auch die zugehörigen Funktionstabellen und die digitalen Schaltzeichen bzw. Gattersymbole nach der DIN-Norm 60617 und der international häufig verwendeten ANSI/IEEE-Norm 91a.

Neben den in der Abbildung gezeigten Verknüpfungen lassen sich weitere definieren (siehe Anhang A.6), auch wenn sich diese wiederum durch die drei genannten Operationen realisieren lassen. Demzufolge bilden Konjunktion, Disjunktion und Negation ein **vollständiges Logik-System**. Man kann sich sogar auf nur eine Verknüpfung für ein vollständiges System beschränken. Dafür gibt es zwei Varianten, benannt nach ihren Entdeckern:

- Sheffer-Funktion[1]: Aufbau aus NAND-Gattern: $f(a, b) = \neg(a \wedge b)$
- Peirce-Funktion[2]: Aufbau aus NOR-Gattern: $f(a, b) = \neg(a \vee b)$

---

[1] Henry Maurice Sheffer: 1882–1964, US-amerikanischer Mathematiker
[2] Charles Sanders Peirce: 1839–1914, US-amerikanischer Mathematiker

Jede Digitalschaltung kann durch die Zusammenschaltung digitaler Gatter realisiert werden. Aus Grundgattern lassen sich komplexere Gatter bottom-up aufbauen. Wie wir im Kapitel 7.3.3 sehen werden, kann es aus Platz- und energetischen Gründen durchaus sinnvoll sein, eigene Gatter für Operationen mit ein, zwei oder mehr Eingängen zu entwerfen und diese nicht aus Grundgattern zusammen zu setzen.

Ein Vorteil der Beschränkung auf binäre Logik besteht darin, dass zur Vereinfachung im Sinne von Minimierung der erforderlichen Hardware mathematische Hilfsmittel aus der Schaltalgebra und somit aus der booleschen Algebra genutzt werden können. Das soll in diesem Buch aber nicht genauer behandelt werden. Dazu sei auf die Literatur zu den Themen Rechnerarchitektur und Logiksynthese verwiesen [BM08, KP95].

Die binäre Digitalelektronik ist geeignet für den Aufbau komplexer Funktionen. Es existieren ausgereifte Hilfsmittel für die Spezifikation und den Entwurf (**Synthese**) von Schaltungen, für die Überprüfung der technischen Umsetzung (**Analyse**, insbesondere **Verifikation**) und für den **Test** gefertigter Schaltungen.

## 7.2. Logikklassen

Digitalschaltungen lassen sich in zwei Klassen aufteilen:

- kombinatorische Logik bzw. Schaltnetze und
- sequentielle Logik bzw. Schaltwerke.

Bei einer **kombinatorischen Logik** hängen die Ausgangswerte ausschließlich von den Eingangswerten ab. Zu jeder Belegung der Eingänge kann genau ein Ausgangswert angegeben werden. Eine kombinatorische Logik ist eine *zustandsfreie* Logik.

Im Gegensatz dazu werden bei einer **sequentiellen Logik** zur Bestimmung der Ausgangswerte nicht nur die Eingangswerte benötigt, sondern auch der Zustand, in dem sich das System befindet. Eine sequentielle Logik ist *zustandsbehaftet*. Bei einer Schaltung ist der Zustand durch die Belegung der Signalleitungen innerhalb der Schaltung gegeben. Die Ausgangswerte hängen von den Eingangswerten und der Belegung der Singalleitungen innerhalb der Schaltung und damit von den letzten Ausgangswerten ab.

Die zugehörigen Schaltungen werden als **kombinatorische** oder **sequentielle Schaltungen** bezeichnet. Jeweils ein Beispiel für kombinatorische und sequentielle Schaltungen sind in Abb. 7.5 zu sehen. Die Funktion der Schaltungen und der einzelnen Gatter erklären wir später.

Wir werden uns zuerst mit den Möglichkeiten zur Beschreibung und Darstellung von Digitalschaltungen befassen und beginnen mit den kombinatorischen Schaltungen, da sequentielle Digitalschaltungen die kombinatorischen Schaltungen beinhalten. Im Anschluss erklären

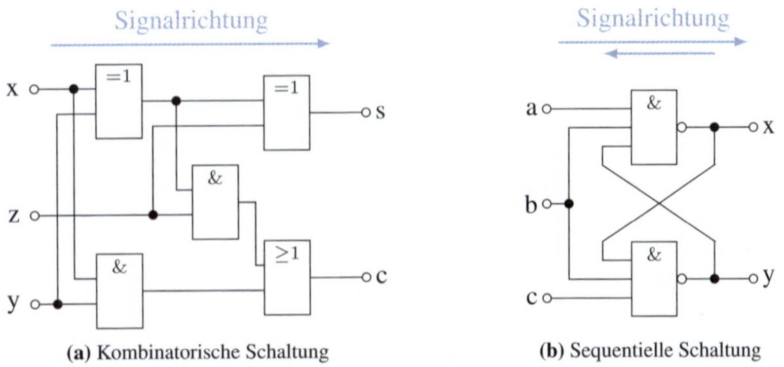


**Abb. 7.5.:** Schaltung (a) ohne und (b) mit Rückkopplung

wir ausgewählte Technologien zur Implementierung von Digitalschaltungen und im folgenden Kapitel 8 betrachten wir einige für die Computertechnik interessante kombinatorische und sequentielle Digitalschaltungen genauer.

## 7.2.1. Schaltnetze, Kombinatorische Digitalschaltungen

Eine kombinatorische Digitalschaltung wird durch eine Zusammenschaltung von Gattern aufgebaut, bei der es keine Rückführung der Ausgänge eines Gatters auf Eingänge von Gattern gibt, welche sich zwischen diesem Gatter und den Eingängen der Schaltung befinden. Es gibt also keine Rückkopplung innerhalb der Schaltung (siehe Kapitel 6.3.2). Die Ausgangswerte der Schaltung können deshalb aus der Eingabe mit Hilfe der schaltalgebraischen Beschreibung der Gatter berechnet werden und besitzen keine funktionale Zeitabhängigkeit. Die selben Eingangswerte führen somit unabhängig vom letzten Zustand der Schaltung zu den selben Ausgangswerten[1].

**Definition 7.2 (Verzögerung, Signallaufzeit)**

Unter der Verzögerung eines Gatters und einer kombinatorischen Schaltung versteht man die Zeit, die vom Anlegen der Eingangswerte bis zum Einstellen der Ausgangswerte vergeht. Diese Zeit wird als **Signallaufzeit** bzw. Laufzeit der Schaltung bezeichnet.

Für den Einsatz von digitalen Schaltungen interessiert meist nicht die Laufzeit für eine bestimmte Eingabe, sondern die Laufzeit im schlechtesten Fall (***worst case***). Der schlechteste Fall ist die Eingabe, welche zur längsten Verzögerung führt. Diese Laufzeit ist abhängig von der Leitungslänge, der Leitungsführung, der Art der Gatter und der Anzahl der Gatter.

[1] Bei diesen Ausführungen vernachlässigen wir die durch Gatter und Verbindungsleitungen verursachten Verzögerungszeiten. Wir betrachten die Ausgangswerte, nachdem alle Berechnungen in der Schaltung ausgeführt sind.

Bedingt werden die Verzögerungen durch die induktiven und kapazitiven Eigenschaften der Schaltungselemente und Leitungen (siehe Kapitel 3.4).

**Definition 7.3 (Längster Pfad, Kritischer Pfad)**

Als kritischen bzw. längsten Pfad der Schaltung bezeichnet man den Signalweg von den Eingängen zu den Ausgängen, der die größte Signalverzögerung aufweist.

Die Verzögerung hängt von der Laufzeit der Gatter und der Signalleitungen ab. Historisch bedingt betrachtet man hauptsächlich die Verzögerung von Gattern, deren Laufzeit bei der heutigen CMOS-Technologie im Bereich von Nanosekunden liegt[1]. Neben der Technologie hängt die Laufzeit der Gatter von der Art und der Anzahl der Eingänge ab. Unter Vernachlässigung der Leitungsverzögerungen und der stark vereinfachten Annahme, dass die Gatter annähernd gleiche Laufzeit besitzen, ist der längste Pfad der Pfad zwischen Ein- und Ausgängen, der die größte Anzahl von Gattern besitzt.

Bis sich eine kombinatorische Digitalschaltung bei Anlegen neuer Eingangswerte auf den Ausgangswert eingestellt hat, kann es aufgrund unterschiedlich langer Pfade zu mehreren unerwünschten Zustandsänderungen an den Ausgängen kommen. Diesen Vorgang bezeichnet man als das **Einschwingen** der Schaltung. Im Anschluss behalten die Ausgänge den stabilen Wert bei, bis sich Eingangswerte erneut ändern. Die Verzögerung ist eine wesentliche Eigenschaft, die im Datenblatt einer kombinatorischen Digitalschaltung verzeichnet sein sollte. Dabei reicht es meist aus, die Laufzeit auf dem längsten Pfad anzugeben.

### Darstellung der Funktion kombinatorischer Digitalschaltungen

Betrachtet man kombinatorische Digitalschaltungen nach dem Einschwingzeitraum, dann ist die Zuordnung der Ausgangswerte zu den Eingangswerten statisch. Diese Zuordnung kann auf verschiedene Arten dargestellt werden. Nachfolgend betrachten wir

- die Funktionstabelle,
- boolesche Ausdrücke und
- und die Darstellung als Entscheidungsgraph.

Jede Darstellungsform hat verschiedene Vor- und Nachteile und man muss für den jeweiligen Einsatzzweck die passende Form abwägen.

Aufgrund der Verbindung zur booleschen Algebra eignen sich die Möglichkeiten der Repräsentation boolescher Funktionen auch zur Beschreibung der Funktion kombinatorischer Digitalschaltungen. Betrachten wir dazu die kombinatorische Schaltung in Abb. 7.6 (links). Diese Schaltung realisiert den Volladdierer (Gleichung 7.1 auf Seite 207). Die Eingänge entsprechen den Variablen der Funktion. Wir haben sie hier mit $x$, $y$ und $z$ bezeichnet. Die Funktion können wir wie folgt darstellen:

[1] Die Laufzeit der Signalleitungen spielt zunehmend eine Rolle, insbesondere wenn diese durch das Halbleitermaterial gefertigt werden. Somit wird bei der Beschränkung auf Gatterlaufzeiten ein Fehler in Kauf genommen.

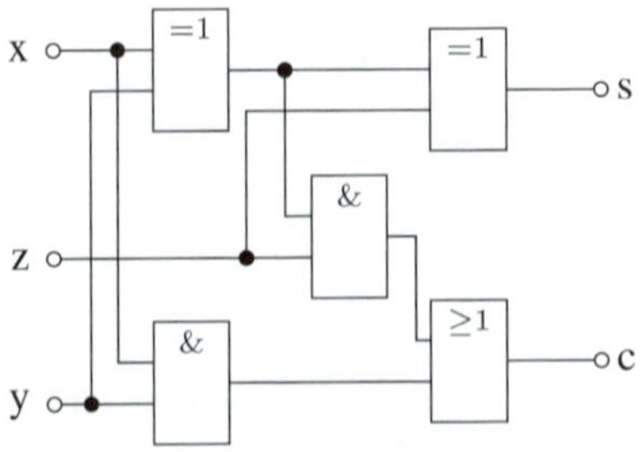


| IN | | | OUT | |
|---|---|---|---|---|
| x | y | z | s | c |
| 0 | 0 | 0 | 0 | 0 |
| 0 | 0 | 1 | 1 | 0 |
| 0 | 1 | 0 | 1 | 0 |
| 0 | 1 | 1 | 0 | 1 |
| 1 | 0 | 0 | 1 | 0 |
| 1 | 0 | 1 | 0 | 1 |
| 1 | 1 | 0 | 0 | 1 |
| 1 | 1 | 1 | 1 | 1 |

**Abb. 7.6.:** Beispiel einer kombinatorischen Schaltung (Volladdierer) mit drei Ein- und zwei Ausgängen und zugehörige Funktionstabelle

**Funktionstabelle** Eine Funktionstabelle[1] ist die tabellarische Auflistung aller möglichen Eingangswerte mit den zugehörigen Ausgangswerten (Abb. 7.6 rechts).

Funktionstabellen eignen sich nur bis zu einer bestimmten Anzahl von Eingängen, da die Anzahl der Zeilen exponentiell mit der Anzahl der Eingänge wächst.

**Boolesche Ausdrücke** Boolesche Funktionen werden häufig durch boolesche Ausdrücke dargestellt. Der Ausdruck wird über die Argumente der Funktion $f(x_1, \ldots, x_n)$, also über die Variablen $x_1, \ldots, x_n$ gebildet.

Die Variablen kommen in dem Ausdruck als *Literale* vor, welche entweder der Variablen (z.B. $x_1$) oder der negierten Variablen (z.B. $\overline{x_1}$) entsprechen. Ein Literal und die Werte 1 und 0 sind bereits ein Ausdruck. Die Negation eines booleschen Ausdrucks ist ebenfalls ein boolescher Ausdruck. Mittels der booleschen Operatoren $(\vee, \wedge, \neg)$[2] lassen sich Ausdrücke verknüpfen, was wiederum einen booleschen Ausdruck liefert. Teilausdrücke können in Klammern gesetzt werden, um die Reihenfolge der Operatoren vorzugeben. Ohne Angabe der Klammerung hat die Negation die höchste Priorität, gefolgt von Konjunktion und Disjunktion.

Zu jeder Belegung der Variablen mit 0 oder 1 liefert der Ausdrucks ebenfalls einen Wert 0 oder 1, entsprechend der durch den Ausdruck beschriebenen booleschen Funktion. Dazu ersetzt man die Variablen im Ausdruck durch ihre Belegung und wertet den Ausdruck aus (siehe semantische Interpretation boolescher Ausdrücke in [BM08]).

[1] Aufgrund der Verbindung zur Aussagenlogik wird eine Funktionstabelle auch als Wahrheitstabelle, Wahrheitstafel oder Wahrheitswertetabelle bezeichnet. Man trägt jedoch nicht Wahr oder Falsch ein, sondern entsprechend der positiven Logik die Werte 1 für wahr und 0 für falsch. Negative Logik kann durch Invertieren der Spaltenbeschriftung realisiert werden.

[2] Klassisch sind boolesche Ausdrücke nur über Konjunktion, Disjunktion und Negation definiert. Wir werden hier erweiterte boolesche Ausdrücke verwenden, in denen alle binären booleschen Operatoren erlaubt sind (siehe Anhang A.6).

Eine kombinatorische Digitalschaltung lässt sich über boolesche Ausdrücke beschreiben. Für jeden Ausgang wird ein boolescher Ausdruck der jeweiligen Funktion auf den Eingängen angegeben, wobei für die binären Gatter die jeweiligen booleschen Operatoren einzusetzen sind. Aus dem Beispiel in Abb. 7.6 können wir folgende erweiterte boolesche Ausdrücke ablesen:

$$f_s(x, y, z) = (x \oplus y) \oplus z$$
$$f_c(x, y, z) = (x \wedge y) \vee ((x \oplus y) \wedge z)$$

Hierbei ist klar, dass dabei die Funktion der Ausgänge in Bezug auf die Eingänge $x, y$ und $z$ gemeint ist, man kann vereinfacht angeben:

$$s = x \oplus y \oplus z \tag{7.2}$$

Es gilt $(x \oplus y) \wedge z = (x \wedge \neg y \wedge z) \vee (\neg x \wedge y \wedge z)$. Mit der Disjunktion mit $(x \wedge y)$ und durch weitere Vereinfachungen[1] erhält man für $c$ folgenden Ausdruck:

$$c = (x \wedge y) \vee (x \wedge z) \vee (y \wedge z) \tag{7.3}$$

Offensichtlich entspricht dies einer anderen Schaltung, bestehend aus drei AND- und zwei OR-Gattern. Diese Schaltung realisiert aber die gleiche Funktion.

Somit eignet sich ein boolescher Ausdruck gut zur Beschreibung einer konkreten Schaltung, die aus binären Gattern besteht. Durch Umformungen kann man einen anderen Ausdruck und demzufolge eine andere Schaltung erhalten, welche die gleiche Funktion realisiert. Für die Synthese von Schaltungen ist dies ein wichtiger Punkt.

**Anmerkung**

Zur Vereinfachung werden wir in Zukunft die Konjunktion ($\wedge$) als Punkt ($\cdot$) schreiben oder kein Symbol angeben, falls die Bedeutung trotzdem klar erkennbar ist. Somit sind folgende Schreibweisen identisch:

$$a \wedge b \;\equiv\; a \cdot b \;\equiv\; ab$$

Die Disjunktion ($\vee$) werden wir durch ein Pluszeichen ($+$) ausdrücken und die Negation ($\neg x$) durch einen Strich über dem Ausdruck ($\neg x \;\equiv\; \overline{x}$). Den Ausdruck (7.3) kann man also unter Nutzung der oben angegebenen Prioritätsregeln schreiben als

$$c = (x \wedge y) \vee (x \wedge z) \vee (y \wedge z) \;\equiv\; xy + xz + yz$$

Möchte man eine boolesche Funktion unabhängig von der konkreten Schaltung beschreiben, so muss man sich auf sog. kanonische Darstellungen zurückziehen. Zu den Bekannteren gehören:

[1] Es wird die Consus-Regel angewendet: $(x \wedge \neg y \wedge z) \vee (x \wedge y) = (x \wedge \neg y \wedge z) \vee (x \wedge y) \vee (x \wedge z)$ und $(\neg x \wedge y \wedge z) \vee (x \wedge y) = (\neg x \wedge y \wedge z) \vee (x \wedge y) \vee (y \wedge z)$.

- **Disjunktive Normalform (DNF)** : Jede Eingangsbelegung, die zum Ausgangswert 1 führt (das sind die Zeilen der Funktionstabelle mit Funktionswert 1), lässt sich durch einen booleschen Ausdruck darstellen, der ein vollständiges Monom ist[1], also in dem alle Variablen entweder als positives oder negatives Literal vorkommen und die mittels Konjunktionen verbunden sind. Man bezeichnet diese Ausdrücke als **Minterme** der Funktion. Die Minterme werden mittels Disjunktionen verknüpft. Für unser Beispiel in Abb. 7.6 lautet die DNF für den Ausgang $c$:

$$c = \overline{x}yz + x\overline{y}z + xy\overline{z} + xyz$$

  Diese Darstellung ist kanonisch[2], da man abgesehen von einer Vertauschung der Minterme immer den gleichen Ausdruck erhält.

  Oft kann man mehrere Minterme unter Verwendung der Consensus-Regel zusammenfassen und „verkürzen", wodurch Variablen entfallen. Diese disjunktive Form ist dann kürzer als die DNF, aber nicht mehr kanonisch. Im Beispiel kann man den letzten Minterm mit den vorhergehenden zusammenfassen und erhält folgenden Ausdruck

$$c = yz + xz + xy \tag{7.4}$$

- **Konjunktive Normalform (KNF)**: Ein boolescher Ausdruck, bestehend aus konjunktiv verknüpften Klauseln,[3], bezeichnet man als Ausdruck in konjunktiver Form. Bei der Darstellung einer booleschen Funktion durch einen Ausdruck in konjunktiver Normalform handelt es sich um einen booleschen Ausdruck der Funktion in konjunktiver Form, bei der alle Klauseln vollständig sind, d.h. sie enthalten alle Variablen als positives oder negatives Literal.

  Für eine Funktion, die durch eine Funktionstabelle gegeben ist, können wir die KNF wie folgt aufstellen. Wir suchen in der Funktionstabelle alle Zeilen mit dem Ausgangswert 0. Zu jeder Zeile bilden wir eine passende Klausel, indem wir die Belegung eines Eingangs $a$ mit $a = 0$ als $a$ und mit $a = 1$ als $\overline{a}$ darstellen. Wir erhalten für alle Eingänge jeweils ein Literal, welche wir disjunktiv verknüpfen. Diese Klauseln fassen wir anschließend durch Konjunktion zusammen und erhalten die kanonische konjunktive Normalform.

  Für Ausgang $c$ in Abb. 7.6 lautet die KNF:

$$c = (x + y + z) \cdot (x + y + \overline{z}) \cdot (x + \overline{y} + z) \cdot (\overline{x} + y + z)$$

  Neben der kanonischen kann man andere konjunktive Formen zur gleichen Funktion bilden, z.B.:

$$c = (x + y) \cdot (x + \overline{y} + z) \cdot (\overline{x} + y + z)$$

---

[1] Eine konjunktive Verknüpfung von Literalen bezeichnet man als **Monom** oder als Konjunktionsterm. Kommen alle Variablen einer Funktion entweder als positives oder als negatives Literal in einem Monom vor, so bezeichnet man es als vollständiges Monom.

[2] Bei der Darstellung boolescher Funktionen bezeichnet man eine eindeutige Darstellung als kanonisch bzw. kanonische Normalform.

[3] Als **Klausel** oder Disjunktionsterm bezeichnet man eine ausschließlich disjunktive Verknüpfung von Literalen.

Die Darstellung in konjunktiver und disjunktiver Normalform führt zu Schaltungen mit AND- und OR-Gattern auf den negierten und nicht negierten Eingangswerten.

**Entscheidungsgraphen** Die Funktion kombinatorischer Digitalschaltungen lässt sich auch in Form von binären Entscheidungsgraphen (*Binary Decision Diagram*, **BDD**) darstellen. Ein Entscheidungsgraph beschreibt eine boolesche Funktion mittels eines endlichen azyklischen gerichteten Graph (siehe Abb. 7.7). In dem Graph sind alle inneren Knoten mit einer Variablen markiert, über die die Funktion definiert ist, die Blätter (Knoten mit Ausgangsgrad 0) sind mit 0 und 1 markiert. Jeder innere Knoten hat zwei ausgehende, mit 0 und 1 markierte Kanten. [1]

Eine boolesche Funktion wird ausgehend vom Wurzelknoten in jedem Knoten in Teilfunktionen zerlegt, die jeweils über eine der Kanten erreicht werden. Diese Zerlegung endet bei den Blättern, die jeweils entweder die konstante boolesche Funktion 0 oder die konstante boolesche Funktion 1 beschreiben. Gleiche Funktionen können zusammengefasst werden, z.B. alle Blätter mit der Beschriftung „0“.

Bei einem BDD wird als Zerlegungsfunktion die Shannon-Zerlegung angewendet, die eine boolesche Funktion in Kofaktoren bezüglich einer Variablen zerlegt:

$$f(x_1,\ldots,x_n) = \overline{x_i}\cdot\underbrace{f(x_1,\ldots,x_n)_{x_i=0}}_{\text{negativer Kofaktor}} + x_i\cdot\underbrace{f(x_1,\ldots,x_n)_{x_i=1}}_{\text{positiver Kofaktor}}$$

$x_1,\ldots,x_n$ sind die Eingangsvariablen. Die Zerlegung nach $x_i$ mit $1 \leq i \leq n$ ist gegeben durch die Teilfunktionen $f(x_1,\ldots,x_n)_{x_i=0}$, bei der $x_i$ fest auf den Wert 0 gesetzt wird und $f(x_1,\ldots,x_n)_{x_i=1}$ mit $x_i = 1$. Anders ausgedrückt:

$$f(x_1,\ldots,x_n)_{x_i=\epsilon} = f(x_1,\ldots,x_{i-1},\epsilon,x_{i+1},\ldots,x_n)$$

Betrachten wir die Funktion aus Gleichung (7.4) als Beispiel: $f_c(x,y,z) = xy + xz + yz$ und zerlegen diese für die Variable $x$, so erhalten wir

$$\begin{aligned} f_c(x,y,z) &= \overline{x}\cdot f_c(0,y,z) + x\cdot f_c(1,y,z)\\ &= \overline{x}\cdot(0\cdot y + 0\cdot z + yz) + x\cdot(1\cdot y + 1\cdot z + yz)\\ &= \overline{x}\cdot(yz) + x\cdot(y+z+yz)\\ &= \overline{x}\cdot\underbrace{(yz)}_{f_{c|x=0}} + x\cdot\underbrace{(y+z)}_{f_{c|x=1}} \end{aligned}$$

Die Zerlegung können wir rekursiv für die Teilfunktionen $f_{c|x=0}$ und $f_{c|x=1}$ fortsetzen und diese beispielsweise nach $y$ und dann nach $z$ zerlegen und erhalten letztendlich den BDD von $f_c$ für diese Zerlegungsreihenfolge[2].

[1] Man beachte: auch wenn ein BDD ein Graph mit Blättern und Knoten mit jeweils zwei ausgehenden Kanten ist, so handelt es sich trotzdem nicht zwangsläufig um einen Baum bzw. um einen Binärbaum, da man in vielen BDDs von der Wurzel über unterschiedliche Pfade zum gleichen Knoten gelangen kann!

[2] Die Zerlegung der Funktion erfolgt in einer bestimmten Reihenfolge der Variablen, über die die Funktion definiert ist. Man bezeichnet diese Reihenfolge als die Variablenordnung, die sich letztendlich im BDD widerspiegelt. In Abb. 7.7 ist die Ordnung $\Pi = (x,y,z)$.

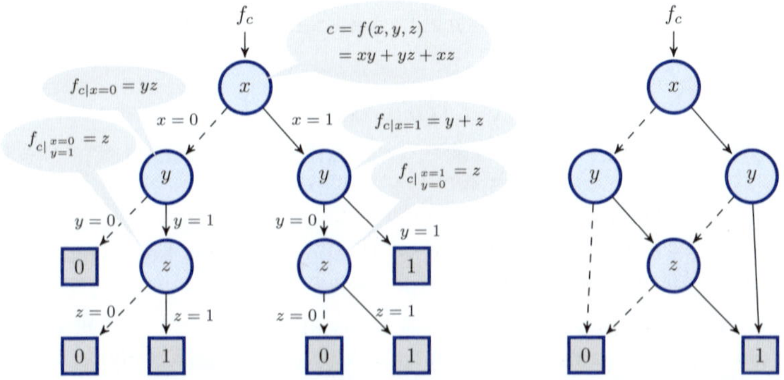


**(a)** BDD mit Variablenordnung $(a, b, c)$ **(b)** Reduzierter BDD

**Abb. 7.7.:** BDD der Funktion $f_y(a, b, c) = ab + ac + bc$

Die Kanten, welche zum negativen Kofaktor führen, bezeichnen wir als negative oder 0-Kanten, die zum positiven Kofaktor als positive oder 1-Kanten. Zwei Knoten, die mit der gleichen Variablen beschriftet sind und deren 0- und 1-Kanten jeweils zu den gleichen Nachfolgern gehen, können zusammen gefasst werden (z.B. die mit $z$ beschrifteten Knoten in Abb. 7.7 haben jeweils den gleichen Zielknoten 1 für $z = 1$ und 0 für $z = 0$). Knoten, deren beide Ausgänge zum gleichen Zielknoten führen, können übersprungen und somit entfernt werden. Dadurch erhält man eine reduzierte Darstellung.

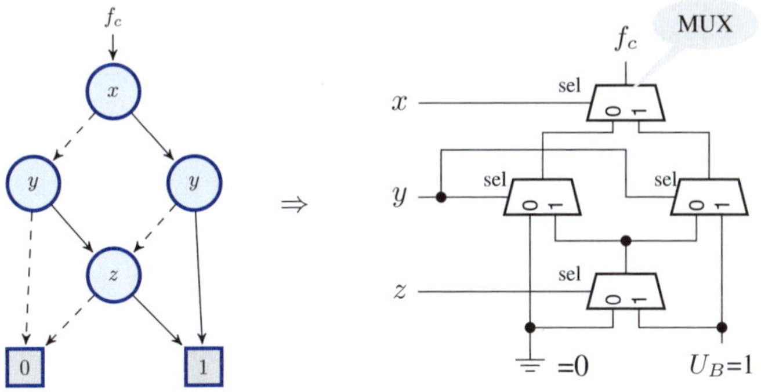


**(a)** Reduzierter BDD **(b)** Multiplexerschaltung

**Abb. 7.8.:** BDD-Darstellung und korrespondierende Schaltung

Ein BDD bietet vielfältige Einsatzmöglichkeiten. Man kann beispielsweise aus einer BDD-Darstellung direkt eine elektronische Schaltung ablesen. Die Abb. 7.8b zeigt eine Realisierung der Funktion $f_c$ mit Multiplexern (MUX, siehe Kapitel 8.2.1). Anstelle der Multiplexer können auch Pass-Transistoren verwendet werden (Kapitel 7.3.4). BDDs finden aber eher Anwendung bei der Logikminimierung, der Logiksynthese und der Verifikation, so wie auch andere graphenbasierte Ansätze[BM08, DB98]. Darüber hinaus gibt es weitere Darstellungen, zu denen logische Netzwerke oder Diagramme, wie z. B. das Karnaugh-Veitch-Diagramm, gehören, auf die wir aber nicht eingehen werden.

### 7.2.2. Schaltwerke, Sequentielle Digitalschaltungen

Bei einer sequentiellen Digitalschaltung hängt der Ausgangswert der Schaltung neben den Eingangswerten auch vom inneren Zustand der Schaltung ab. Als Basis nutzt man eine kombinatorische Schaltung, deren Ausgangswerte zwischengespeichert und als zusätzliche Eingangswerte an die Schaltung zurück geführt werden. Abbildung 7.9 verdeutlicht den Aufbau. Diese Rückführung von Signalen entspricht dem Prinzip der Rückkopplung, welches in Kapitel 6.3.2 vorgestellt wurde. Dort handelte es sich um analoge Signale. Hier betrachten wir die Rückkopplung binärer Signale.

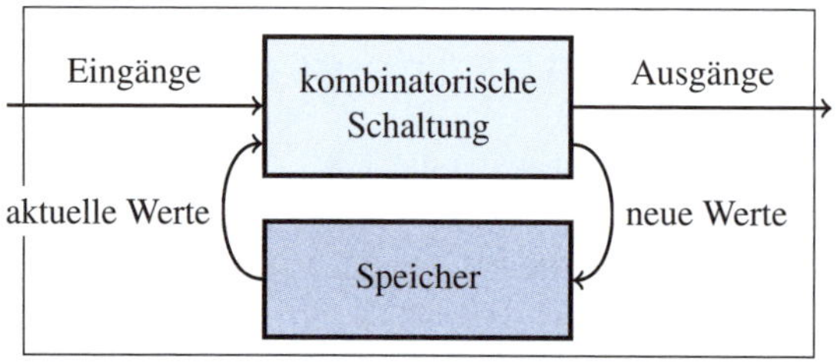


**Abb. 7.9.:** Aufbau eines sequentiellen Systems

Der als Speicher bezeichnete Teil greift auf die Signalleitung innerhalb der Schaltung zu und führt diese entsprechend einer inneren Logik an den Eingang zurück. Diese schaltungsinternen Signale hängen vom Zustand der Schaltung ab. Bezeichnen wir die Ausgangswerte der kombinatorischen Schaltung zusammen mit den rückgekoppelten Werten zum realen Zeitpunkt $t_n$ als $F(t_n)$, dann lässt sich der Ausgangswert $F(t_n)$ einer sequentiellen Schaltung als Funktion der Eingangswerte $I(t_n)$ zu diesem Zeitpunkt und vorhergehender Ausgangswerte $F(t_{n-1}), F(t_{n-2}), \ldots$ beschreiben.

Das folgende Beispiel zeigt, dass man eine sequentielle Schaltung analog zu einer kombinatorischen Schaltung mit einer Funktionstabelle beschreiben kann. In dieser Tabelle kommen als zusätzliche Einträge zeitlich zurück liegende Werte vor, also Signale, die innerhalb der Schaltung oder an deren Ausgängen anliegen. Allerdings eignet sich die Funktionstabelle nicht für jede sequentielle Schaltung. Wir werden deshalb im Anschluss auf weitere Darstellungsformen eingehen. Zuvor müssen wir jedoch die für die Steuerung sequentieller Schaltungen wichtigen Begriffe „Takt“, „synchron“ und „asynchron“ erläutern.

**Beispiel 7.7 (Sequentielle Schaltung)**

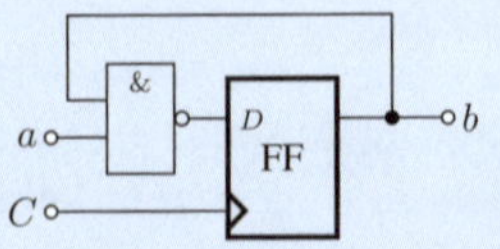


| Eingabe | innerer Zustand | Folge |
|---|---|---|
| $a(t_n)$ | $b(t_{n-1})$ | $b(t_n)$ |
| 0 | 0 | 1 |
| 1 | 0 | 1 |
| 0 | 1 | 1 |
| 1 | 1 | 0 |

Die Schaltung besteht aus einem mit FF bezeichneten Bauelement, das wir in Kapitel 8.3.1 genauer erläutern werden. Hier sei nur soviel gesagt, dass dieses Bauelement den Wert am Eingang $D$ übernimmt, wenn $C$ von 0 auf 1 wechselt und diesen Wert am Ausgang bis zum nächsten 0→1-Wechsel festhält (speichert). Dazu kommt eine kleine kombinatorische Schaltung, bestehend aus einem NAND-Gatter (siehe Anhang A.6).

Auf der rechten Seite ist die zugehörige Funktionstabelle der Schaltung zum Zeitpunkt $t_n$ angegeben. Zu diesem Zeitpunkt soll der 0→1-Wechsel an $C$ erfolgen, $C$ steuert somit die Schaltung.

Wie man leicht erkennen kann, ist der Wert am Ausgang $b$ zum Zeitpunkt $t_n$ abhängig vom Eingang $a$ und dem Zustand, also dem gespeicherten Wert von $b$ zum Zeitpunkt $t_{n-1}$. Der Wert $b(t_{n-1})$ hängt wiederum von der Eingabe und dem Zustand zum Zeitpunkt $t_{n-2}$ ab usw.

Zur Beschreibung der Funktion einer sequentiellen Schaltung genügt oftmals die Angabe des letzten Ausgangswertes für den inneren Zustand:

$$F(t_n) = f(I(t_n), F(t_{n-1}))$$

Für obige Schaltung gilt: $b(t_n) = \overline{a(t_n) \cdot b(t_{n-1})}$

## Synchrone und asynchrone sequentielle Systeme

**Takt** Die im Beispiel 7.7 dargestellte Schaltung hängt neben dem Eingang $a$ von einem Steuersignal ab, welches dort als $C$ bezeichnet wird. Dieses Steuersignal legt den Zeitpunkt fest, an dem eine sequentielle Schaltung die Werte am Eingang übernimmt und neue Ausgangswerte berechnet. Das Signal **triggert** die Schaltung.

Wie wir später noch sehen werden, handelt es sich bei dem Steuersignal häufig um ein periodisches Signal, das von einem Oszillator (siehe Kapitel 6.5) erzeugt wird. Die Schaltungen werden durch dieses Signal mit einer bestimmten Frequenz (**Taktfrequenz**) getriggert. Man sagt, die Schaltung wird getaktet, analog zu einem Musikorchester, welches sich am Takt des Dirigenten orientiert.

Man bezeichnet das Steuersignal sequentieller Schaltungen deshalb häufig auch als **Taktsignal** (*clock signal* oder einfach nur *clock*). Den Eingang bezeichnet man mit $clk$ oder $C$.

**Reset** Wie wir im Beispiel 7.7 sehen, hängt der berechnete Wert neben den Eingängen auch vom letzten Wert am Ausgang ab. Beim Einschalten einer sequentiellen Schaltung ist aber kein vorheriger Wert verfügbar und ohne zusätzliche Maßnahmen ist der innere Zustand der Schaltung unbestimmt.

Um ein deterministisches Verhalten und somit eine vorhersagbare Ausgabe zu erhalten, baut man deshalb in synchrone Schaltungen in der Regel eine Rücksetz-Logik (*reset*) ein, die über ein weiteres Steuersignal, meist als $res$ bezeichnet, ausgelöst wird. Nach dem Einschalten oder während des Betriebes wird ein Resetsignal angelegt, wenn man wieder in diesen definierten Anfangszustand gelangen will.

Baut man in ein System mehrere sequentielle Schaltungen ein und verbindet diese miteinander, so stellt sich die Frage, wie man die einzelnen Schaltungen ansteuert bzw. wie man die Schaltungen untereinander **synchronisiert**.

**Synchrone Schaltungen** Bei einem synchronen Schaltwerk werden die sequentiellen Teilschaltungen über das gleiche Taktsignal angesteuert. Dazu wird der Steuereingang entweder direkt mit dem sog. Systemtakt verbunden oder mit einem Signal, welches durch eine Teilung aus dem Takt gewonnen wird (siehe Kapitel 8.3.7).

Hierbei spielt die Signalverzögerung eine wichtige Rolle. Wird das auslösende Taktsignal zwischen den einzelnen Takteingängen durch Leitungsverzögerungen oder durch eingefügte Gatter zu stark verzögert, so arbeiten die Schaltungen nicht mehr synchron und das Verhalten der Gesamtschaltung kann vom eigentlich erwarteten abweichen.

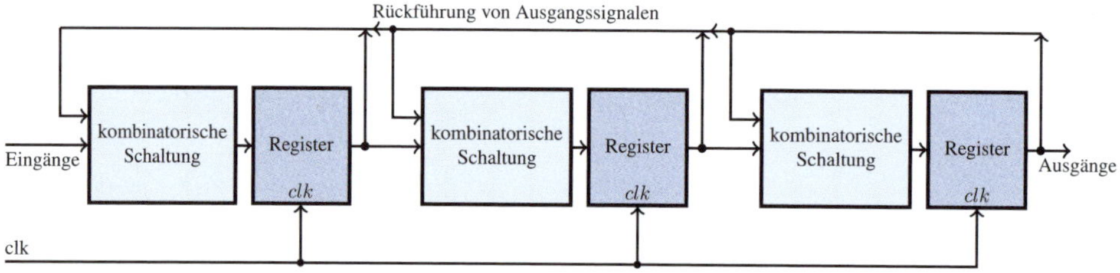


**Abb. 7.10.:** Synchrone sequentielle Digitalschaltung

Für den Aufbau synchroner Schaltungen benötigt man einen Speicher, der taktgesteuert einen neuen Wert übernimmt und speichert. Damit die Gesamtschaltung synchron arbeitet, müssen alle Speicherelemente zum gleichen Zeitpunkt getriggert werden, wie es in Abbildung 7.10 skizziert ist. Für die Speicherelemente nutzt man Latches und Flip-Flops bzw. Register (siehe Kapitel 8.3).

Der wesentliche Vorteil synchroner Schaltungen liegt darin, dass durch Verwendung eines gemeinsamen Taktes der Zeitpunkt, an dem das Ergebnis vorliegt, bekannt ist. Die unterschiedlichen Laufzeiten der kombinatorischen Schaltungen können dadurch ausgeglichen werden. Allerdings kann dies auch ein Nachteil sein, denn der Takt muss sich nach der langsamsten Komponente (siehe Definition 7.3) richten.

**Asynchrone Schaltungen** Auch in asynchronen Schaltwerken hängen die Zustände der Komponenten von den Eingangswerten und den vorhergehenden Komponenten ab. Dabei wird die Zustandsänderung aber nicht durch ein gemeinsames Steuersignal getriggert, die Steuereingänge sind also nicht mit einem gemeinsamen Taktsignal sondern mit Ausgängen vorhergehender Komponenten verbunden. Nur die Änderung der Ausgangswerte einer Komponente kann die Zustandsänderung der folgenden Komponenten auslösen. Die Komponenten synchronisieren sich selbständig. Der Vorteil liegt in der taktunabhängigen Schaltgeschwindigkeit, die man mit asynchronen Schaltwerken erreichen kann.

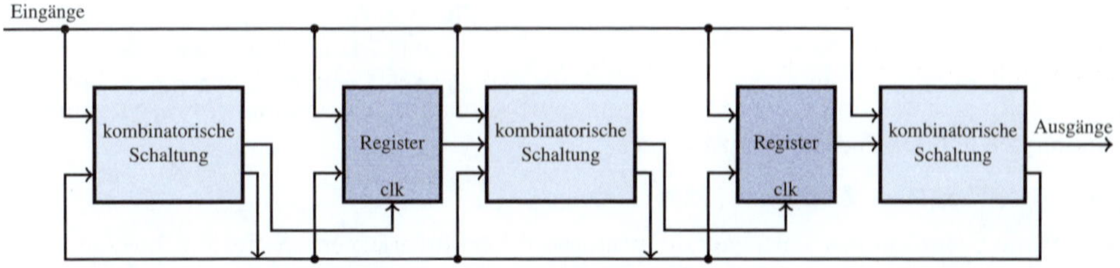


**Abb. 7.11.:** Asynchrone sequentielle Digitalschaltung

Die Änderung der Ausgangswerte einzelner Komponenten und damit die Triggerung der folgenden Komponenten erfolgt zu unterschiedlichen Zeitpunkten. Das kann Probleme verursachen, wenn für einen gewissen Zeitraum ein „falscher“ Zwischenwert an den Ausgangsleitungen anliegt, welcher von der nachfolgenden Komponente übernommen wird. Einen solchen „falschen“ Zwischenwert bezeichnet man als Glitch.

**Definition 7.4 (Glitch)**
Ein Glitch bezeichnet einen kurzzeitigen Zustand eines digitalen Systems, bei dem der Wert vom erwarteten Wert abweicht, also einen kurzzeitigen Fehler im System.

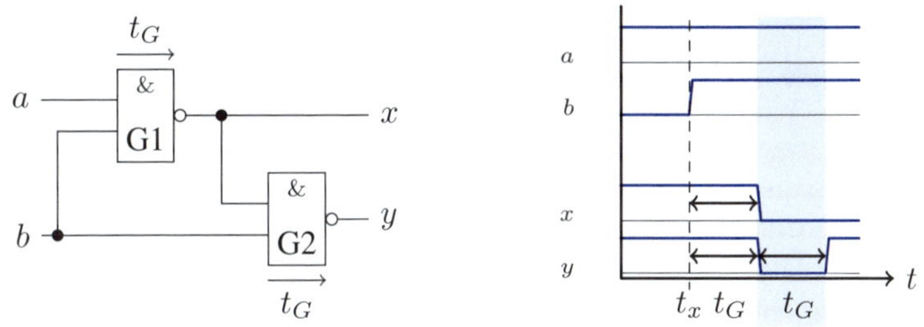


**(a)** Schaltung

**(b)** Zeitliche Abfolge der Signale bei Änderung der Eingänge von $a$=1,$b$=0 auf $a$=1,$b$=1

**Abb. 7.12.:** Gatterverzögerung von G1 verursacht einen Glitch am Ausgang von G2

Betrachten wir das Beispiel in Abb. 7.12. Die Signalverzögerung der Gatter beträgt eine gewisse Zeit, hier mit $t_G$ bezeichnet. Bei einer Änderung der Eingangswerte von $a$=1, $b$=0 auf $a$=1 und $b$=1 zum Zeitpunkt $t_x$ würden beide Ausgänge gleichzeitig ihren Zustand zum Zeitpunkt $t_x$+$t_G$ ändern. Der geänderte Wert $x$ verursacht eine erneute Zustandsänderung am Gatter G2, erneut mit Verzögerung $t_G$, um dann den stabilen Zustand $x$=0, $y$=1 anzunehmen. Für den Zeitraum $t_x + t_G$ bis $t_x + 2 \cdot t_G$ liegt am Ausgang $y$ der Schaltung der scheinbar fehlerhafte Wert $y$=0 an, obwohl sich bei dieser Eingangssignaländerung der Wert von $y$ nicht hätte ändern dürfen.

Es ist schwierig, komplexe asynchrone Systeme zu entwickeln, da der mögliche Zustandsraum aufgrund verschiedener Laufzeiten sehr groß sein kann. In der Praxis kann dies leicht zu sog. Race Conditions führen. Deswegen werden asynchrone Systeme meist nur in einfacher Form realisiert.

**Definition 7.5 (Race Condition, Race Hazard)**
Unter einer Race Condition (Wettlaufsituation) versteht man eine Situation, bei der es zu einer unerwarteten oder nicht vorher bestimmbaren Ausgabe eines Prozesses kommt und die Ausgabe von der zeitlichen Abfolge der Ereignisse abhängt.

In der Elektronik können Race Conditions z.B. durch unterschiedliche Laufzeiten von Signalen innerhalb von ICs entstehen oder durch Eingabe von Werten, bei denen die Schaltung keinen stabilen Zustand annimmt. Race Conditions können auch bei der Programmausführung in einem Rechner auftreten, z. B. durch parallele Programme, die auf die gleichen Daten zugreifen, deren Ausführung aber nicht synchronisiert wurde.

### Darstellung der Funktion sequentieller Digitalschaltungen

Nicht immer eignet sich eine Funktionstabelle zur Beschreibung einer sequentiellen Schaltung. Das funktioniert zwar für die im Beispiel 7.7 dargestellte Schaltung ganz gut, für komplexere Schaltungen mit Zugriff auf weiter zurück liegende Zustände kann eine Tabelle aber sehr groß, unübersichtlich und schwer verständlich werden. Wir benötigen alternative Darstellungen, von denen wir hier Zeit- bzw. Taktdiagramme und Zustandsautomaten vorstellen werden.

**Zeitdiagramm** Bei sequentiellen Schaltungen ist häufig das Zeitverhalten von Interesse, welches sich in einer Tabelle nur schlecht ausdrücken lässt. Dafür sind Zeitdiagramme, auch als Taktdiagramme bezeichnet, besser geeignet. Wir haben ein solches Diagramm bereits in Abb. 7.12b genutzt. In einem Zeitdiagramm wird die Funktion der Schaltung durch Darstellung der zeitlichen Abfolge von Signaländerung in Abhängigkeit von einer Eingabe oder einem Takt beschrieben.

In der Abb. 7.13 ist der zeitliche Verlauf der Reaktion der Ausgänge auf die Änderung der Eingangswerte gut erkennbar. Man kann die Zeit auch mit konkreten Werten bemaßen und somit eine quantitative Aussage, z.B. zum Einschwingen der Schaltung liefern.

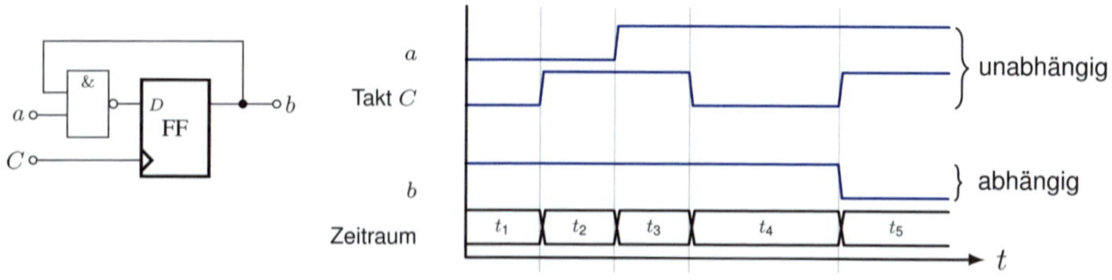


**Abb. 7.13.:** Darstellung zeitlicher Abhängigkeit der Ausgangssignale von den Eingängen

**Zustandsdiagramm** Eine weitere Darstellungsmöglichkeit besteht in der Angabe eines Zustandsdiagramms (*state diagram*), auch als **Zustandsübergangsdiagramm** (*state transition diagram*) bezeichnet.

Die Darstellung entspricht speziellen endlichen Automaten, so wie sie auch in der theoretischen Informatik verwendet werden [Win02].

Für ein Zustandsübergangsdiagramm nutzen wir den deterministischen endlichen Automaten $\mathfrak{A} = [\Sigma, Q, \delta]$ mit

1. $\Sigma$: nicht leeres endliches Eingangsalphabet,
2. $Q$: nicht leere endliche Zustandsmenge und
3. $\delta$: eine Funktion $Q \times \Sigma \to Q$.

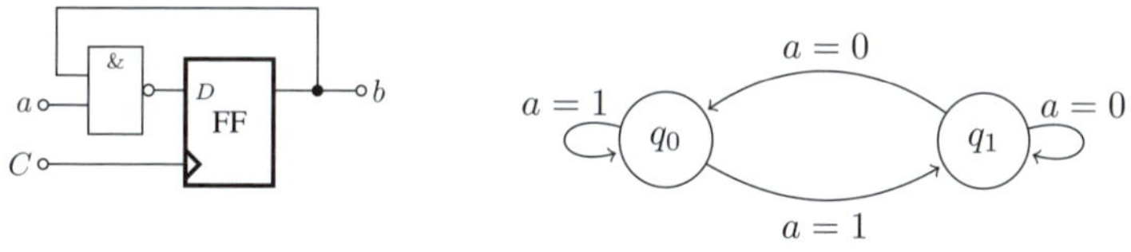


**Abb. 7.14.:** Zustandsautomat $\mathfrak{A}$ einer sequentiellen Schaltung

Betrachten wir die Schaltung in Abb. 7.14 (links), welche der Schaltung aus Beispiel 7.7 entspricht. Das mit FF bezeichnete Bauelement speichert den Wert am Eingang $D$ jeweils bei einem 0→1-Wechsel von $C$ und gibt diesen am Ausgang aus, bis ein neuer Wert übernommen wird. Wir wollen diese Schaltung hier mit einem Automaten beschreiben.

Die Zustandsmenge $Q$ des Automaten ist die Menge der möglichen Ausgangswerte von $b$, also $Q = \{0, 1\}$. Das Eingabealphabet besteht aus den Werten 0 und 1, die dem Eingang $a$ zugewiesen werden können. Wir betrachten die Zeitpunkte der 0→1-Wechsel von $C$, da nur zu diesen Zeitpunkten ein Zustandswechsel auftreten kann. Wir berücksichtigen das Steuersignal $C$, also nicht als separate Eingabe. Der Automat befindet sich zu jedem Zeitpunkt in einem bestimmten Zustand aus $Q$. Durch Änderung des Eingangswertes $a$ kann es zu einem Zustandsübergang (Transition) kommen, der Automat wechselt den Zustand. Diese Zustandsübergänge lassen sich durch den sog. **Zustandsgraph** in Abb. 7.14 (rechts) visualisieren, bei dem die Zustände als Knoten und die möglichen Transitionen als Kanten dargestellt werden.

Die Transitionen sind durch die Funktion $\delta : Q \times \Sigma \to Q$ gegeben. $\delta$ umfasst für jeden Zustand $q \in Q$ und jede Eingabe $a \in \Sigma$ eine Kante von $q$ nach $\delta(q, a)$. Beispiel: Ist der Automat im Zustand $q_0$, so wird er durch Eingabe von $a$=1 in den Zustand $q_1$ überführt.

**Automaten mit Ausgabe**: Zur Spezifikation einer sequentiellen Schaltung benötigt man neben den Zuständen und den von den Eingangssignalen abhängigen Transitionen noch die Ausgangssignale. In Abbildung 7.14 sind die Ausgangssignale relativ leicht abzulesen, deren Wert entspricht den inneren Zuständen. So ist z.B. im Zustand $q_0$ die Ausgabe $b$=0.

Wir können die Ausgabe sequentieller Schaltungen über Zustandsautomaten mit Ausgabefunktion, auch als Transduktoren bezeichnet, spezifizieren. Eine Variante ist der von Edward F. Moore[1] spezifizierte Automat.

**Deterministischer Moore-Automat[2]:** $\mathfrak{Mo} = [\Sigma, Y, Q, f, g, q_S]$ mit

1. $\Sigma, Y$: nicht leere endliche Alphabete, das Eingabe- und das Ausgabealphabet,
2. $Q$: nicht leere endliche Zustandsmenge mit Initialzustand $q_S \in Q$,
3. $f$: Zustandsüberführungsfunktion $Q \times \Sigma \to Q$ und
4. $g$: Ausgabefunktion $Q \to Y$

Jedem Zustand wird im Moore-Automaten eine Ausgabe zugeordnet. Für unser Beispiel ergibt sich der Automat aus Abbildung 7.15.

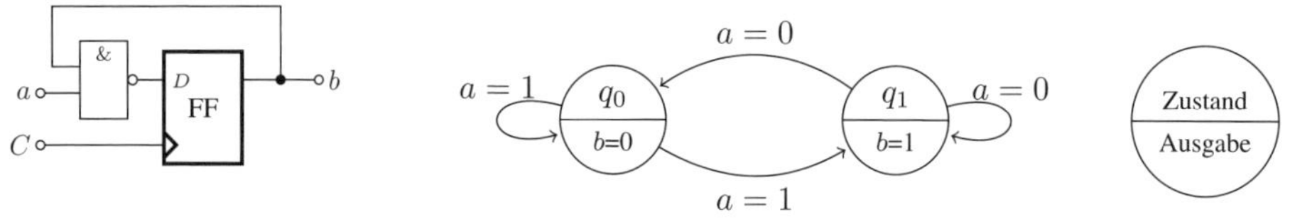


**Abb. 7.15.:** Moore-Automat $\mathfrak{Mo}$ der Schaltung aus Abb. 7.14

Für diese Schaltung gibt es scheinbar keinen Initialzustand. Wir können nicht sagen, in welchem Zustand sich das System beim Einschalten der Versorgungsspannung befindet. Erst durch Anlegen der Eingangssignale wird der Zustand definiert. Wir sehen aber, dass wir von jedem

1 Edward F. Moore: amerikanischer Mathematiker (1925–2003)

2 Moore-Automaten verfügen in der Regel noch über Endzustände. Für die hier genutzte Anwendung in der Digitaltechnik sind sie nicht relevant und können weggelassen werden.

Zustand bei Anlegen von $a$=1 in den Zustand $q_0$ gelangen. Das können wir als Initialzustand definieren, indem wir durch eine Zusatzschaltung sicher stellen, dass beim Einschalten das System in diesen Zustand überführt wird.

Moore-Automaten eignen sich zur Spezifizierung sequentieller digitaler Systeme, bei denen die Ausgabe kombinatorisch vom jeweiligen Zustand der Schaltung (siehe Abb. 7.16) abhängt. Für das in Abb. 7.15 genutzte Flip-Flop trifft dies zu, denn der Zustand ist die Belegung der Ausgangsleitung.

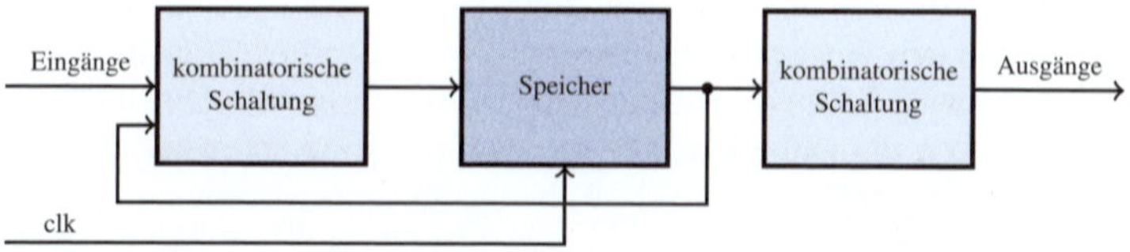


**Abb. 7.16.:** Mit Moore-Automat entscheidbares sequentielles System

Hängt die Ausgabe aber nicht nur vom Zustand ab, sondern fließen aktuelle Eingangswerte kombinatorisch direkt in die Ausgabe ein (Abbildung 7.18), so kann dieses Verhalten mit einem Moore-Automaten nur schlecht dargestellt werden.

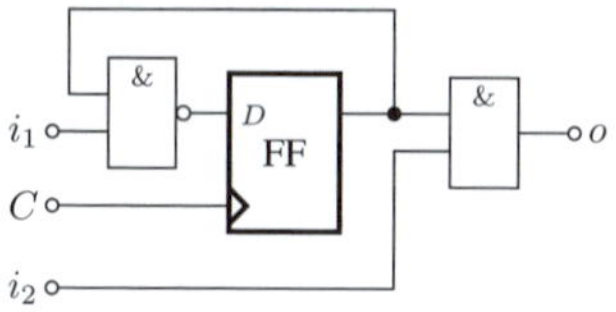


**Abb. 7.17.:** Schaltwerk mit kombinatorischem Einfluss eines Eingangs

Betrachten wir dazu die Schaltung in Abb. 7.17. Uns interessiert der Ausgang $o$. Dessen Ausgangswert ist natürlich wieder abhängig von den inneren Zuständen. Zusätzlich wird der Ausgang aber unmittelbar durch den Eingang $i_2$ beeinflusst. Dieser Eingang beeinflusst nur die Ausgabe, ändert aber nichts an der Menge der Zustände und den zugehörigen Transitionen.

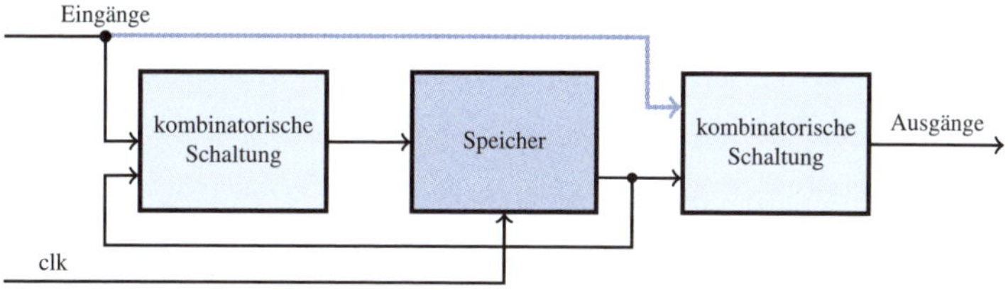


**Abb. 7.18.:** Mit Mealy-Automat entscheidbares sequentielles System

Das Zustandsübergangsverhalten wird zwar durch den Moore-Automat $\mathfrak{Mo}$ in Abb. 7.15 beschrieben, allerdings ist die Ausgabe nicht mehr allein von diesen Zuständen abhängig. Diese

Ausgabe kann in $\mathfrak{Mo}$ nicht angegeben werden. Um die Ausgabe dieser Schaltung zu spezifizieren, nutzen wir einen Mealy-Automaten[1].

> Der deterministische **Mealy-Automat**: $\mathfrak{Me} = [\Sigma, Y, Q, f, g, q_S]$ entspricht dem Moore-Automat $\mathfrak{Mo}$ mit einer Ausnahme:
>
> 4. $g\colon Q \times \Sigma \to Y$ (Ausgabefunktion)

Im Gegensatz zum Moore-Automat ist die Ausgabefunktion nicht mehr nur vom Zustand abhängig, sondern auch von der aktuellen Eingabe, also von Elementen aus dem Eingangsalphabet[2]. In der grafischen Darstellung (Abb. 7.19) ist die Ausgabe somit an die Kante gebunden.

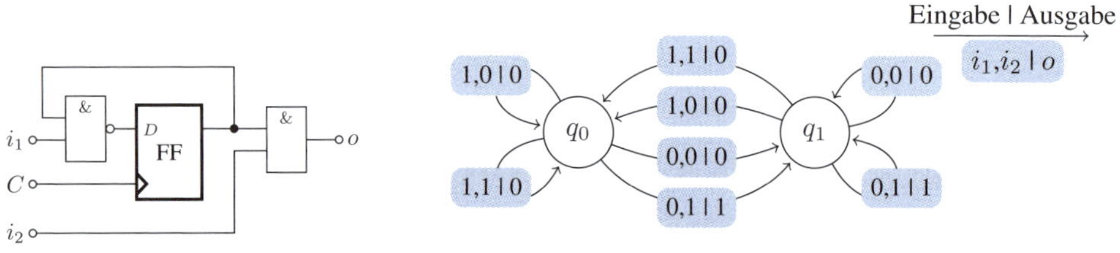


**Abb. 7.19.:** Mealy-Automat $\mathfrak{Me}$ der Schaltung aus Abb. 7.17

## 7.3. Realisierung digitaler Schaltungen

Betrachtet man Rechner in der zeitlichen Reihenfolge ihrer Entwicklung entsprechend Anhang A.7 erkennt man, dass unterschiedliche Bauelemente für die logischen Verknüpfungen verwendet werden. Nach den mechanischen und elektromechanischen Elementen folgten die Röhrenrechner, bevor mit der Nutzung von Transistoren die Ära der Halbleiterschaltungen begann, welche sich bis zu den heutigen hochintegrierten elektronischen Schaltungen fortsetzt. Grundlage aller Digitalschaltungen bilden die Gatter. In diesem Kapitel werden wir den Aufbau einzelner Gatter, beginnend bei den Relais, über Transistoren bis zu den CMOS-Schaltungen, erläutern.

Digitale Schaltungen benötigen eine Eingabe in digitaler Form. Wir werden uns hierbei auf die binäre Form beschränken. Die Eingabe kann z.B. über Schalter oder Tasten erfolgen, die einen Stromkreis schließen und so die Werte 0 oder 1 erzeugen. Es können aber auch Sensoren mit Ausgabe binärer elektrischer Signale genutzt werden. Wir werden einige im Kapitel 9

1 George H. Mealy: amerikanischer Mathematiker (1927–2010)
2 Ein Mealy-Automat lässt sich in einem Moore-Automat umwandeln und umgekehrt. Allerdings werden beim Moore-Automaten meist zusätzliche Zustände benötigt.

vorstellen. Für die Weiterverarbeitung kommt es natürlich auf die Art des Signals an. Meist ist eine elektronische Vorverarbeitung, z.B. eine Verstärkung erforderlich. Zur Vorverarbeitung gehört auch die Umwandlung analoger Signale in eine digitale Form, die Digitalisierung oder Analog-Digital-Wandlung, welche im Kapitel 10 erläutert wird.

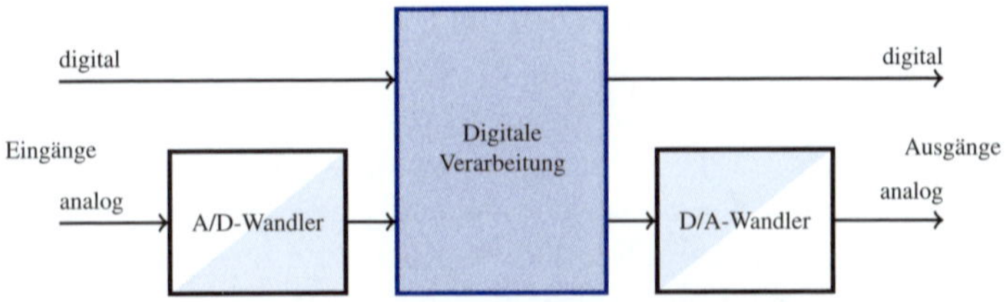


**Abb. 7.20.:** Einbettung einer Digitalschaltung

Die binäre Eingabe wird durch die Digitalschaltung verarbeitet (Abb. 7.20). Die Ausgabe wird in binärer Form an den Ausgängen zur Verfügung gestellt und kann, je nach Bedarf, wieder mittels einer Digital-Analog-Wandlung in ein analoges Signal umgewandelt werden (siehe Kapitel 10). Für die *Verarbeitung* der binären Werte benötigen wir eine Schaltungstechnik, welche die erforderlichen booleschen Verknüpfung zur „Berechnung" des Ausgangswertes auf der binären Eingabe realisiert.

Schaltungstechniken für Digitalschaltungen haben sich im Laufe der Zeit gewandelt. Neue Entwicklungen wurden aufgegriffen und ersetzen alte Techniken. Das Ziel war immer die Verbesserung einer oder mehrerer Eigenschaften. Zu diesen Eigenschaften zählen:

• **Geschwindigkeit** Je schneller eine Schaltung bei einer Signaländerung an den Eingängen den Ausgangswert liefert, umso größer ist ihre Geschwindigkeit. Bei getakteten sequentiellen Schaltungen bedeutet eine Steigerung der maximalen Taktfrequenz eine Steigerung der Geschwindigkeit der Schaltung. Die maximale Taktfrequenz ist abhängig von der Anzahl der kombinatorischen Verknüpfungen, die innerhalb eines Taktes ausgeführt werden können und somit von der Schaltgeschwindigkeit der einzelnen Gatter.

• **Platz** Der Platzbedarf der Gatter entscheidet über die maximale Anzahl von Verknüpfungen, die sich auf einer gegebenen Halbleiterfläche unterbringen lassen. Davon hängt die Ausbeute an ICs auf einem Waver ab und damit insbesondere auch der Preis.

• **Verlustleistung** Ein Teil der messbaren aufgenommenen Energie einer Digitalschaltung (der Anteil ohne Ausgangslast) wird als Verlustleistung in Wärme umgewandelt. Deshalb sollte sowohl bei der Ausführung von Schaltvorgängen innerhalb der Digitalschaltung, als auch im statischen, nicht schaltenden Zustand möglichst wenig Energie aufgenommen werden.

Daneben spielen weitere Faktoren eine Rolle, zu denen die Herstellungs**kosten**, die **Lebensdauer**, die **Betriebsbedingungen** und die **Zuverlässigkeit** gehören. So wird z.B. von einer Digitalschaltung in der Fahrzeugsteuerung eine höhere Zuverlässigkeit im Vergleich zu der eines Bürocomputers verlangt, während sie gleichzeitig unter einem wesentlich größeren Betriebstemperaturbereich arbeiten muss.

Wir wollen uns im Folgenden einige Schaltungstechniken anschauen. Wir gliedern die Erklärung anhand der zeitlichen Entwicklung. Dabei werden wir einige Techniken überspringen, die für heute eingesetzte Rechner keine Bedeutung mehr haben, wie z.B. die Röhrentechnik.

### 7.3.1. Schalter, Relais und Röhren

Betrachtet man die Geschichte von Rechenmaschinen, so waren die ersten Geräte rein mechanischer Natur und basierten auf dem gewohnten Dezimalsystem. Auch die ersten Maschinen mit binärer Eingabe verarbeiteten diese über mechanische Abläufe. Der erste frei programmierbare Rechner mit Programmspeicher, der von Konrad Zuse[1] entwickelte Z1, arbeitete mit mechanischen Schaltgliedern für binäre Operationen [RH02].

Die Mechanik in der Z1 war jedoch nicht sehr zuverlässig. Deswegen entschied sich Zuse bei seinen folgenden Rechnern Z2 und Z3 für elektromagnetische Schalter (Relais), die eine höhere Zuverlässigkeit und Schaltgeschwindigkeit erlaubten.

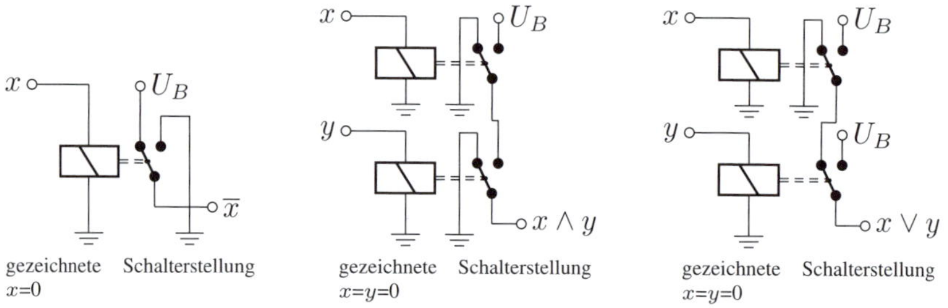


**(a)** Negation (NOT) **(b)** logisches UND (AND) **(c)** logisches ODER (OR)

**Abb. 7.21.:** Relais-Schaltung für die Basis-Operationen NOT, AND und OR

Über mechanische bzw. elektromechanische Schalter lassen sich binäre Operationen einfach realisieren. Interpretieren wir ein Potential nahe dem Massepotential als den binären Wert 0 und die nahe dem Potential $U_B$ als Wert 1, lassen sich binäre Grundoperationen mit Relais nach Abb. 7.21 aufbauen.

Eine Relaisschaltung hat gegenüber einer mechanischen Schaltung eine höhere Zuverlässigkeit und Schaltgeschwindigkeit. Allerdings ist auch die Verlustleistung sehr hoch, denn es müssen immer noch mechanische Schaltvorgänge – das Bewegen der Relaiskontakte – durchgeführt werden. Platz- und Energiebedarf, aber auch die Geschwindigkeit erfüllten die Erfordernisse der Anwender schon bald nicht mehr.

[1] Konrad Ernst Otto Zuse (1910–1995): deutscher Erfinder und Entwickler des ersten programmgesteuerten binären Computers Z3.

**Anmerkung (Offener Ausgang/Eingang)**

Bei der Realisierung digitaler Schaltungen ist es wichtig, dass jeder Ausgang und damit der Eingang der nachfolgenden Schaltung immer in einem der festgelegten Potentialbereiche liegt. Manchmal wird angenommen, dass ein nicht verbundener Ausgang bzw. Eingang, ein so genannter *offener Aus-/Eingang*, dem Wert 0 entspricht. Das würde aber nur gelten, wenn die Last niederohmig ist, also der Ausgang belastet wird. Verwendet man Relais als nachgeschaltete Gatter (siehe Abb. 7.21), so trifft diese Annahme zu, nicht jedoch bei CMOS-Gattern oder anderen Schaltungen mit hohem Eingangswiderstand. Bei einem offenen Ausgang können induktiv oder kapazitiv eingekoppelte Störsignale eine Folge von Zustandswechseln am Eingang der folgenden Gatter erzeugen. Somit muss auch bei einem logischen Ausgangswert 0 der Ausgang auf dem zugeordneten Potential liegen, also in unserem Falle mit der Masse verbunden sein.

Zur Erhöhung der Schaltgeschwindigkeit war die Ersetzung der Relais durch elektronische Schalter, die ohne bewegliche Teile auskommen, erforderlich. Die ersten elektronischen Rechner basierten auf der Elektronenröhre als aktives Schaltelement und wurden als Röhrenrechner bezeichnet. Zu den bekannteren zählen der britische *Colossus*, ein nicht frei programmierbarer Rechner, der zu Dechiffrierung deutscher Funkübertragungen während des zweiten Weltkrieges genutzt wurde und der amerikanische *ENIAC*, ein über Steckverbindungen frei programmierbarer Rechner, der ebenfalls während des zweiten Weltkrieges für militärische Berechnungen eingesetzt wurde [RH02].

Trotz der gesteigerten Schaltgeschwindigkeit (einfache arithmetische Operationen wurden vom ENIAC in weniger als einer tausendstel Sekunde berechnet) hatten die Röhrenrechner ein Problem. Die Lebensdauer der Elektronenröhren ist nicht sehr hoch und damit war die Verfügbarkeit der Röhrenrechner eingeschränkt. Der Platzbedarf und die Verlustleistung blieben wie bei Relaisrechnern ebenfalls sehr hoch.

## 7.3.2. Der Transistor als Schalter

Eine höhere Schaltgeschwindigkeit bei wesentlich geringerer Verlustleistung wurde mit der Einführung von Transistoren in Digitalschaltungen möglich. Der 1955 für die United States Air Force in den Dienst gestellte *TRADIC* war der erste Computer, welcher vollständig aus bipolaren Transistoren aufgebaut wurde und damit die Ära der Halbleiterlogikschaltungen einleitete.

In einem Transistorrechner wurden bipolare Transistoren als Schalter analog zu einer Relaisschaltung eingesetzt. Die Abb. 7.22 zeigt den Aufbau eines einfachen NOT-Gatters. Es handelt sich um eine Emitterschaltung, die bereits im Kapitel 6.3.3 (Seite 171) vorgestellt wurde.

Wir betrachten zuerst einen **idealen Schalter**. Dieser hat im geschlossenen Zustand den Widerstand $0\,\Omega$ und im geöffneten Zustand geht der Widerstand gegen unendlich. In einem I-U-

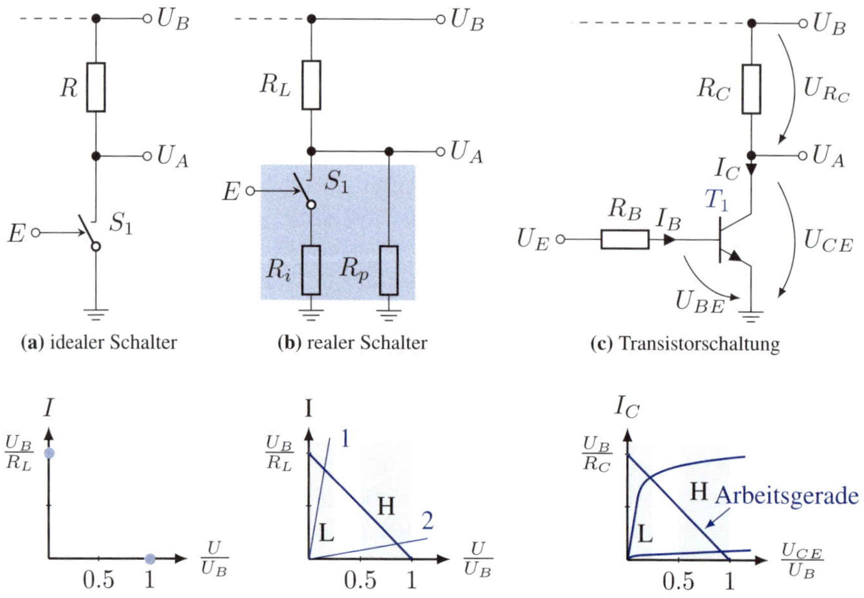


**(a)** idealer Schalter **(b)** realer Schalter **(c)** Transistorschaltung

**(d)** I-U Achsenkreuz **(e)** I-U Kennlinie **(f)** I-U Kennlinie

**Abb. 7.22.:** Der Bipolartransistor als Schalter und NOT-Gatter

Diagramm wird der Schalter durch zwei Punkte auf der I- bzw. U-Achse charakterisiert (siehe Abb. 7.22d).

- im geschlossenen Zustand durch $U_A = 0$ und $I = \frac{U_B}{R_L}$
- im geöffneten Zustand durch $U_A = U_B$ und $I = 0$.

Ein **realer Schalter** (siehe Abb. 7.22b) hat im geschlossenen Zustand einen von Null verschiedenen Innenwiderstand $R_i > 0$ und einen endlichen Widerstand $R_p < \infty$ im geöffneten Zustand (in der Abb. blau hinterlegt). Beispielsweise beträgt bei Leitgummitasten oder Schaltmatten, wie sie für Taschenrechnertastaturen verwendet werden, der Widerstand $R_i$ bei großem Druck nur wenige Ohm und wächst mit nachlassendem Druck fast gegen unendlich. Für den realen Schalter muss die Ausgangsspannung $U_A$ deshalb über die Spannungsteilerregel bestimmt werden. Dazu kann man für den Lastwiderstand $R_L$ eine Arbeitsgerade in ein I-U-Diagramm eintragen, und für verschiedene Schalterwiderstände $(R_i,\ R_p)$ die Ausgangsspannung ermitteln.

Nach der Spannungsteilerregel erhält man

- für den geschlossenen Schalter $U_A = U_B \frac{R_i}{R_L + R_i}$
- und für den geöffneten Schalter $U_A = U_B \frac{R_p}{R_L + R_p}$.

In beiden Fällen werden die Spannungswerte des idealen Schalters nicht erreicht. Die Gerade 1 in der Abb. 7.22e charakterisiert eine hohe Leitfähigkeit, sie steht für den geschlossenen Schalter. Die Gerade 2 repräsentiert den geöffneten Schalter und geringe Leitfähigkeit. Die Schnittpunkte beider Geraden mit der Arbeitsgeraden entsprechen den Verhältnissen am Schalter. Die in der Abb. eingetragenen Bereiche L und H stehen symbolisch für die erlaubten digitalen Pegelwerte.

Beim **Transistor als Schalter** (siehe Abb. 7.22c) müssen wir nur zwei Fälle unterscheiden, einen der dem voll ausgesteuerten Zustand (Schalter geschlossen, hohe Leitfähigkeit) und einen, der dem nicht ausgesteuerten Zustand (offener Schalter, geringe Leitfähigkeit), entspricht. Es ist naheliegend, den Transistor analog zum realen Schalter zu behandeln. Dazu ersetzen wir das I-U-Diagramm durch das Ausgangskennlinienfeld des Transistors und tragen die Arbeitsgerade ein (siehe Abb. 7.22f). Wir benötigen nur zwei Kennlinien, eine, die dem geschlossenen und eine, die dem geöffneten Schalter entspricht. Da nur zwei Signalzustände definiert sind, spielen Verzerrungen keine Rolle und der Transistor wird im leitenden Zustand bis in den Sättigungsbereich ausgesteuert. Die Schnittpunkte der Kennlinien mit der Arbeitsgerade markieren die beiden Zustände des Transistors.

Die Schaltung ist so zu dimensionieren, dass die vorgegebenen digitalen Signalpegel an Ein- und Ausgang eingehalten werden. Sie entspricht dann der logischen NOT-Funktion und muss die folgenden Bedingungen erfüllen

- für $U_E > U_{H_{min}}$ muss $U_A = U_{CE} < U_{L_{max}}$ gelten,
- für $U_E < U_{L_{max}}$ muss $U_A = U_{CE} > U_{H_{min}}$ gelten,
- zusätzlich sind Eingangsspannungen $U_{L_{max}} < U_E < U_{H_{min}}$ verboten.

Für die Dimensionierung gibt es zwei interessante Spannungen: $U_{H_{min}}$ und $U_{L_{max}}$ (siehe auch Abb. 7.23). Eine Spannung unter $U_{L_{max}}$ gilt als logische 0 und eine Spannung über $U_{H_{min}}$ als logische 1. Dimensioniert man die Transistorschaltung für diese **Pegel**, so arbeitet sie als binäres NOT-Gatter: ein 0-Wert am Eingang führt zu einem 1-Wert am Ausgang und analog ein 1-Wert zu einem 0-Wert. Um dieses Gatter *kompatibel* zu anderen Gattern zu gestalten, müssen lediglich passende Werte für die Widerstände gesucht werden, so dass am Ausgang kompatible Pegel erzeugt werden. Das lässt sich auf andere Logikfunktionen ausweiten. Man erhält eine Schaltkreisfamilie zur Verarbeitung binärer Signale.

**Definition 7.6 (Pegel)**

Wir betrachten im Folgenden Digitalschaltungen, bei denen die Ein- und Ausgangswerte durch Potentiale definiert sind, also durch die Spannung zwischen dem Anschluss und einem gemeinsamen Bezugspunkt, üblicherweise der Masse (0V). Wir bezeichnen den Potentialbereich, der dem Low-Wert entspricht als Low-Pegel ($P_L$ oder einfach nur `L` oder 0) und analog den Potentialbereich für den High-Wert als High-Pegel ($P_H$ oder `H` oder 1).

Ein digitales Gatter ist elektrisch kompatibel zu einer *Schaltungs-* oder *Schaltkreisfamilie*, wenn es die vorgegebenen Pegel am Eingang verarbeiten kann und am Ausgang erzeugt.

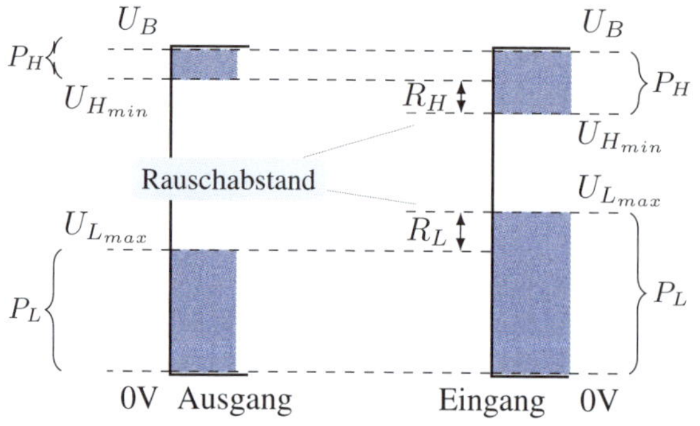


**Abb. 7.23.:** Signalpegel und Rauschabstände bei positiver Betriebsspannung $U_B$

Die Spannungsbereiche der Eingangspegel überlappen die Ausgangspegel und sorgen damit für eine höhere Störsicherheit (Abb. 7.23). In einer Schaltung gibt es Störquellen, so dass jede Signalübertragung gewissen Störungen unterliegt. Das gilt auch zwischen den Aus- und Eingängen von digitalen Schaltungen. Insofern diese innerhalb des Rauschabstandes liegen, werden sie von der nachfolgenden Schaltung unterdrückt.

Es gibt Technologien, die mit differenziellen Signalen und Versorgungsspannung arbeiten oder deren Versorgungsspannung negativ in Bezug auf das Massepotential ist. Wir werden uns hier aber auf Schaltungen mit einer positiven Versorgungsspannung in Bezug auf Masse beschränken. Die Versorgungs- oder Betriebsspannung in Bezug zum Massepotential werden wir als $U_B$ oder $U_{CC}$ bezeichnen. In englischsprachiger Literatur findet man hier auch häufig $\mathrm{V_{CC}}$ (z.B. in Kapitel 11). Die Masse werden wir als $U_{GND}$ oder einfach nur als 0 V oder $GND$ bezeichnen bzw. im Kapitel 11 auch als $\mathrm{V_{SS}}$.

**Signalqualität** Verbunden mit den Pegeln ist auch der Begriff Signalqualität. Für die Qualität eines Signals ist die Differenz der Spannung beim H-Pegel zum Maximalwert bzw. beim L-Pegel zum Minimalwert des Pegels entscheidend. Für die hier betrachteten Schaltungen stellt ein Potential nahe $U_B$ den H-Pegel dar und nahe 0 V den L-Pegel. Man kann auch sagen: $U_B$ ist die beste „1“ und 0 V ist die beste „0“. Je weiter man sich davon entfernt, desto schlechter ist die Qualität des Signals.

Digitale Schaltungen müssen Signale der jeweiligen L- und H-Eingangspegel verarbeiten können. Für die folgenden Schaltungen ist die Qualität des erzeugten Ausgangssignals wichtig. Wenn eine Schaltung die Spannung $U_{H_{min}}$ am Ausgang erzeugt (Abb. 7.23), so liegt der Ausgangswert immer noch in $P_H$. Wird das Signal aber auf dem angeschlossenen Signalpfad über den Rauschabstand gestört bzw. gedämpft, so wird es von der folgenden Schaltung nicht mehr als H-Pegel erkannt. Wird dagegen der Wert $U_{H_{max}} \approx U_B$ ausgegeben, so kann die Dämpfung wesentlich größer sein, das Signal hat eine bessere Qualität.

Man kann digitale Schaltungen anhand der Qualität des Ausgangssignals in zwei Klassen einteilen. Die erste Klasse liefert am Ausgang ein Signal mit gleicher oder gar schlechterer Qualität als das Eingangssignal. Diese Schaltungen beruhen meist darauf, anliegende Eingangssignale weiter zu leiten oder zu sperren. Ein qualitativ schlechtes Eingangssignal wird also nicht aufbereitet. Derartige Gatter bezeichnet man deshalb als **nonrestoring Gates**. Dazu gehören z.B. die Transmission Gates (Kapitel 7.4.4) oder die Pass-Transistor-Logik (Kapitel 7.3.4).

Die meisten Logikgatter liefern aber auch bei qualitativ schlechten Eingangssignalen eine gute Signalqualität am Ausgang. Das Signal wird „aufbereitet" und man bezeichnet diese Gatter als **restoring Gates**.

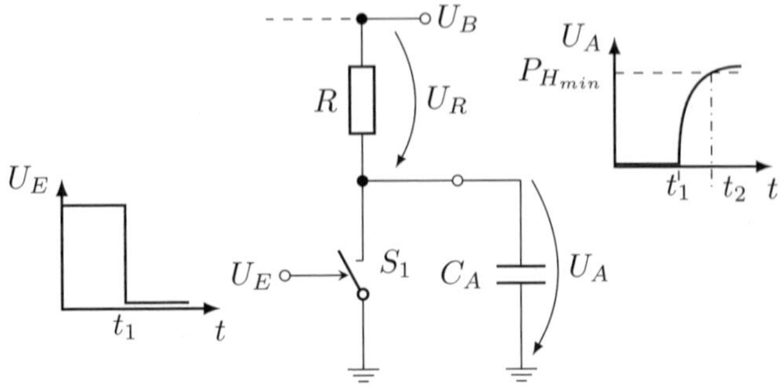


**Abb. 7.24.:** Signalverzögerung am Transistor-Gatter

Basierend auf der bipolaren Transistortechnik können Digitalschaltungen mit hoher Schaltgeschwindigkeit bei gleichzeitig hoher Zuverlässigkeit und geringerem Energieverbrauch im Vergleich zu einer Röhrenschaltung gebaut werden. Allerdings hat diese Technologie auch Grenzen. Die Schaltgeschwindigkeit und die maximale Frequenz, mit der Signale am Eingang noch verarbeitet werden können, ist nicht beliebig steigerbar. Ein begrenzender Faktor ist die Ausgangslast.

In der Abb. 7.24, in welcher der Transistor durch einen Schalter ersetzt wurde, ist am Ausgang des Gatters eine kapazitive Last eingezeichnet. Bei dem dargestellten zeitlichen Verhalten der Eingangsspannung ist der Kondensator anfangs entladen, da bei geschlossenem Schalter die Spannung $U_A$ gleich Null ist. Wird der Schalter zum Zeitpunkt $t_1$ geöffnet, so lädt sich der Kondensator auf. Der durch den Widerstand $R$ begrenzte Stromfluss führt zum Anstieg der Spannung nach der Formel $U_A(t) = U_B \cdot (1 - e^{-\frac{t}{R \cdot C}})$ (vgl. Formel 2.45 auf Seite 42). Es führt zu einem zeitlichen Versatz zwischen $t_1$ und dem Erreichen des High-Pegels zum Zeitpunkt $t_2$ und somit zu einer, von der kapazitiven Last abhängigen Schaltverzögerung.

Für eine genormte Schaltungsfamilie ist die Einhaltung der im Datenblatt verzeichneten Schaltzeiten abhängig von der Ausgangslast. Der begrenzende Faktor ist der maximale Stromfluss am Ausgang. In den Daten der Schaltung wird dies über den Fan-Out beschrieben.

**Definition 7.7 (Fan-Out)**

Der Fan-Out beschreibt die maximale Ausgangslast, die von einem digitalen Gatter angesteuert werden kann, ohne den definierten Pegelbereich zu verlassen. Als Maß wird das Verhältnis des maximalen Ausgangsstromes eines Gatters zu den maximalen Eingangsströmen, die von den angeschlossenen Gattern aufgenommen werden, verwendet:

$$\text{Fan-Out} = \frac{i_a}{i_e} \quad \frac{\text{maximaler Gatter-Ausganggsstrom}}{\text{maximaler Gatter-Eingangsstrom}}$$

Bei einer genormten Schaltungsfamilie gilt, dass der ganzzahlige Anteil des Fan-Outs die maximale Anzahl der Eingänge von digitalen Gattern angibt, die von einem Gatter der gleichen Familie angesteuert werden können.

An dieser Stelle sei auch gleich der Begriff des **Fan-In** erwähnt, der aber eher selten genutzt wird. Der Fan-In ist ein Maß für die Stromaufnahme eines digitalen Gatters am Eingang in Bezug auf die Stromaufnahme eines „Standardgatters“ der jeweiligen Schaltungsfamilie.

Normalerweise hat ein Eingang eines Gatters einer Familie einen Fan-In von 1. So kann z.B. ein Baustein mit Fan-Out=10 insgesamt 10 Eingänge von Gattern mit jeweils Fan-In=1 ansteuern.

Ein Nachteil der Schaltung ist die Verlustleistung, die auch ohne Schaltvorgänge anfällt. Bei dem NOT-Gatter in Abb. 7.22 fließt bei H-Pegel am Eingang auch ohne Ausgangslast ein Strom über $R_C$ und den Transistor $T_1$. Der Stromverbrauch wird zwar durch $R_C$ begrenzt, aber ein zu großer Widerstand führt wiederum zu längeren Schaltzeiten und verringertem Fan-Out.

## TTL – Transistor-Transistor-Logik

Eine Möglichkeit zur Reduktion der Stromaufnahme bei gleichzeitig hoher Schaltgeschwindigkeit besteht in der Verwendung einer Logikschaltung mit nachgeschalteter komplementärer Ausgangsstufe. Eine Technologie, bei der sowohl die Berechnung der logischen Funktion, als auch die komplementäre Ausgangsstufe der Gatter durch Bipolartransistoren aufgebaut wird, ist die TTL-Technik.

Betrachten wir zuerst die Realisierung von booleschen Funktionen mit bipolaren Transistoren. Möchte man das in Abb. 7.22a dargestellte Schaltungsprinzip nicht nur für unäre, sondern auch für binäre Gatter wie AND und OR nutzen, so erfordert dies etwas höheren Aufwand.

Unter der Annahme, dass ein bipolarer Transistor wie ein Schalter in einer Relaisschaltung arbeitet (vgl. Abb. 7.21), könnten Gatter durch einfache Ersetzung der Schalter durch Transistoren realisiert werden. Das ist aber meist nicht möglich. Betrachten wir dazu Abb. 7.25. Werden beide Transistoren geöffnet, so soll $U_A$ annähernd $U_B$ betragen, andernfalls 0 V. Zum Öffnen der Transistoren $T_x$ muss jeweils eine Spannung an $U_{Ex}$ angelegt werden. Entscheidend ist, dass bei Anlegen von $U_{Ex} > U_{H_{min}}$ die jeweilige Spannung $U_{BEx}$ oberhalb des

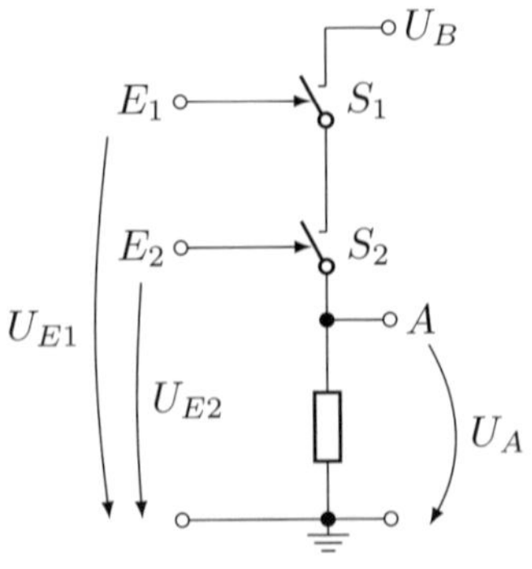


**(a)** AND-Gatter mit Schaltern (richtig)

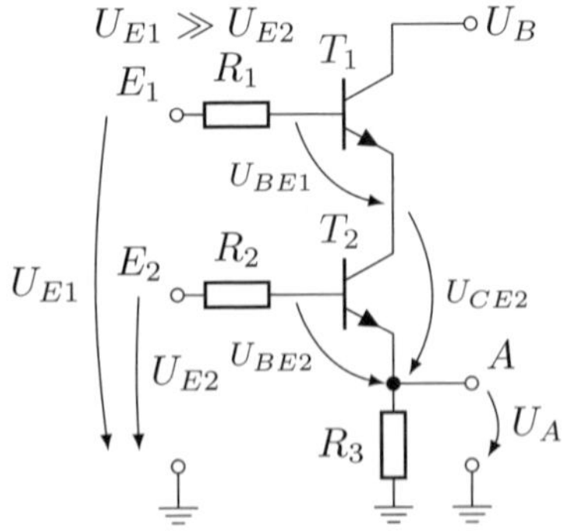


**(b)** Formale Übertragung auf Transistorschaltung (so nicht möglich, siehe Text)

**Abb. 7.25.:** AND-Gatter: Schalterabstraktion mit bipolaren Transistoren (so nicht möglich)

Schwellwertes liegt. Im Gegensatz zum NOT-Gatter aus Abb. 7.22 liegen die Emitteranschlüsse in Abb. 7.25b aber auf einem anderen Potential. Die Spannung $U_{E1}$ ist mindestens um $U_A + U_{CE2}$ von $U_{BE1}$ entfernt. Es ist eine höhere Eingangsspannung $U_{E1}$ gegenüber $U_{E2}$ erforderlich. Damit sind die zu Beginn dieses Kapitels genannten zwei Fälle für die beiden Transistoren nicht zu realisieren, die Eingangspotentialbereiche weichen ab. Außerdem fällt über die Kollektor-Emitter-Strecken auch im geöffneten Zustand eine Spannung ab, so dass der Ausgangswert merklich von $U_B$ abweicht. Insgesamt passt diese Schaltung nicht in die Schaltkreisfamilie des NOT-Gatters[1].

Um die genannten Problem zu vermeiden, trennt die TTL-Technologie die Logikfunktion von der Ansteuerung des Ausgangs. TTL steht für Transistor-Transistor-Logik und beschreibt eine aus bipolaren Transistoren aufgebaute Familie von ICs für die digitale Signalverarbeitung. In der Abb. 7.26 ist der Aufbau eines NAND- und eines AND-Gatters als TTL-Schaltung dargestellt.

Erkennbar ist jeweils die Eingangsstufe, welche die logische Grundfunktion verarbeitet, eine Zwischenstufe zur Aufbereitung der Signale und die Ausgangsstufe, welche die verarbeiteten Signale mit der zum TTL-Standard entsprechenden Leistung am Ausgang zur Verfügung stellt.

Die logischen Verknüpfungen werden mit spannungsgesteuerten Schaltern (Dioden) realisiert. Dazu dienen die Transistoren der Eingangsstufe $T_{1a}$ und $T_{1b}$ bei denen Basis und Kollektor auf einem gemeinsamen Potential liegen. Man realisiert diese Transistoren durch einen Multiemitter-Transistor.

[1] Man kann allerdings verschiedene Gatter und damit eine Schaltkreisfamilie auch durch „einfache“ Zusammenschaltungen von Dioden aufbauen. Dies wird im Kapitel 7.4.2 gezeigt.

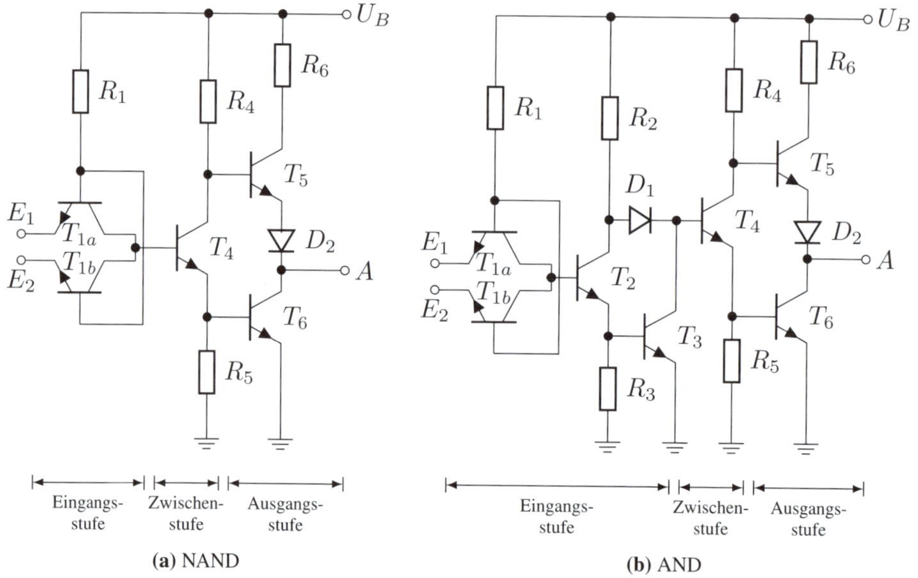


**Abb. 7.26.:** TTL-Gatter

**TTL-Eingangsstufe** Betrachten wir für die Eingangsstufe in Abb. 7.26a folgende zwei Fälle:

1. Liegt mindestens einer der beiden Eingänge $E_1$ oder $E_2$ auf dem Low-Pegel (Masse), also $E_1$=0 oder $E_2$=0 oder $E_1$=$E_2$=0, so fließt der über $R_1$ begrenzte Strom zu den auf Low-Pegel liegenden Eingang über die betreffende Basis-Emitter-Diode ab. Die zusammen geschalteten Transistoren arbeiten im Sättigungsbereich, es fließt kein Strom über den Kollektor. Das entspricht dem Wert 0 an der Basis des nachgeschalteten Transistors $T_4$, woraufhin $T_4$ sperrt.

2. Liegen beide Eingänge $E_1$ oder $E_2$ auf dem High-Pegel ($E_1$=$E_2$=1), so kann in diesem Fall über keinen der $T_1$-Transistoren Strom über die Basis-Emitter-Diode fließen. Die Basis-Kollektor-Dioden werden leitend und in Folge dessen öffnet $T_4$.

Im AND-Gatter (siehe Abb. 7.26b) wird das Signal von $T_2$ und $T_3$ in Verbindung mit der Diode $D_1$ invertiert, d.h., wenn im NAND-Gatter die Basis von $T_4$ logisch auf dem Wert 0 liegt, so liegt sie im AND-Gatter auf dem Wert 1.

**TTL-Zwischenstufe** $T_4$ stellt die Zwischenstufe dar und dient zur Ansteuerung der Ausgangsstufe. Es gilt: Liegt die Basis von $T_4$ auf 0-Pegel, so liegt der Kollektor auf dem 1-Pegel, andernfalls auf dem 0-Pegel. Das entspricht in Abb. 7.26b der NAND- und in Abb. 7.26b der AND-Funktion.

**TTL-Ausgangsstufe** Die Ausgangsstufe wird durch eine als *Totem-Pole* bezeichnete Endstufe gebildet. Diese dient als Treiber für die nachfolgenden Gatter und kann entsprechend hohe Ströme aufnehmen bzw. liefern, begrenzt durch den Widerstand $R_6$.

Wenn der Zwischenstufentransistor sperrt, so liegt an der Basis des unteren Transistors $T_6$ der Endstufe ein Potential unterhalb der Schwellspannung an, an der Basis des oberen Transistors $T_5$ hingegen ein hohes Potential. Der Ausgangswert entspricht dann 1. Ist der Zwischenstufentransistor leitend, so kehrt sich das Verhältnis um. Am unteren Transistor wird die Schwellspannung zwischen Basis und Emitter überschritten, er öffnet. Am oberen Transistor, dessen Basis etwa auf dem gleichen Potential liegt, wird die Spannung jedoch aufgrund des Spannungsabfalls über die Diode am Emitter nicht erreicht, der Transistor sperrt. Der Ausgangswert ist 0.

Der Pegel am Ausgang $A$ verhält sich wie der am Kollektor von $T_4$. Der niederohmige Ausgang ist aber wesentlich belastbarer, hat also einen größeren Fan-Out. Die beiden Endstufentransistoren arbeiten in entgegengesetzter Weise, weshalb man diese Schaltung auch als **Gegentaktendstufe** bezeichnet. Dieses Prinzip wird auch bei der später vorgestellten CMOS-Technik verwendet.

| | |
|---|---|
| Pegel In $P_L$ / $P_H$ | <0,8 / >2,0 V |
| Pegel Out $P_L$ / $P_H$ | <0,4 / >2,4 V |
| Fan-Out | ca. 10 |
| Leistung | 10 mW |
| Schaltzeit | 10 ns |
| Schaltfrequenz | 40 MHz |

(a) Standard-TTL Serie 74 00

| | |
|---|---|
| Pegel In $P_L$ / $P_H$ | <0,8 / >2,0 V |
| Pegel Out $P_L$ / $P_H$ | <0,5 / >2,7 V |
| Fan-Out | ca. 20 |
| Leistung | 2 mW |
| Schaltzeit | <10 ns |
| Schaltfrequenz | 50 MHz |

(b) Low-Power-Schottky-TTL Serie 74 LS 00

**Tabelle 7.1.:** TTL Serie 74 XX 00 mit $U_B$=5 V

Der Begriff TTL umfasst nicht nur das Schaltungsprinzip, sondern definiert auch einen Standard für die Betriebsparameter der Gatter. Die in der Tabelle 7.1 angegebenen Parameter beziehen sich auf die Serie 7400, für die eine Vielzahl an ICs im Handel erhältlich ist.

Eine TTL-kompatible Schaltung muss nicht zwangsläufig aus bipolaren Transistoren aufgebaut sein, sie muss lediglich die definierten Pegel für die verwendete TTL-Variante verarbeiten können. Für die Berechnung des Fan-Outs muss dann der Strom beachtet werden, welcher von einem Gatter geliefert bzw. von den angeschlossenen Gattern aufgenommen wird. Hierbei wird zwischen L- und H-Pegel unterschieden, wobei die größere Belastung und damit der kleinere der Fan-Out-Werte entscheidend ist.

Neben Standard-TTL gibt es weitere TTL-Varianten:

- Low-Power-TTL (Serie 74L00): nur 1/10 Leistungsaufnahme auf Kosten der Schaltzeit
- High-Speed-TTL (Serie 74H00): Halbierung der Schaltzeit bei gleichzeitiger Verdopplung der Leistungsaufnahme

- Schottky-TTL (Serie 74S00): geringe Schaltzeit mit sehr hoher Leistungsaufnahme
- Low-Power-Schottky-TTL (Serie74LS00): etwa 1/5 der Leistungsaufnahme bei gleicher Schaltzeit.

Ein Nachteil der TTL-Technologie ist die Leistungsaufnahme der Schaltung. Sie wird einerseits verursacht durch die Steuerung der Schaltglieder (Transistoren) über den Stromfluss und anderseits durch die auch im statischen Zustand fließenden Ströme. So fließt z. B. bei geöffnetem Transistor $T_4$ in Abb. 7.26 Strom über $R_4$, $T_4$ und $R_5 \| T_6$.

### 7.3.3. FET als Schalter

Durch einen Wechsel von bipolaren Transistoren zu Feldeffekttransistoren wird von stromgesteuerten Schaltungen auf spannungs- bzw. potentialgesteuerte Schaltung umgestellt.

#### MOS-Technik

Bei der MOS-Technik werden die im Kapitel 4.5.4 vorgestellten Feldeffekttransistoren eingesetzt. Nach dem Typ der verwendeten Transistoren (siehe Tabelle auf Seite 131) unterscheidet man pMOS-, nMOS- und CMOS-Schaltungen.

**pMOS-Schaltungen** Die einfach zu fertigende pMOS-Technologie nutzt p-Kanal-Transistoren zum Aufbau der Gatterfunktionen. Auch die benötigten internen Widerstände können in ICs durch pMOS-Transistoren nachgebildet werden, so dass eine Fertigungstechnologie für das komplette Gatter genutzt und die Schaltung günstig realisiert werden kann.

Bei einem p-Kanal-Transistor ist das Bezugspotential die positive Versorgungsspannung. Demzufolge ist der Source-Anschluss mit dem höheren Potential verbunden, das Potential des Drain-Anschlusses liegt darunter. Der Transistor „leitet", wenn die Spannung am Gate kleiner als die Spannung am Source-Anschluss zuzüglich der Schwellenspannung[1] $U_{tp}$ ist. Steigt die Spannung darüber, so erhöht sich der Innenwiderstand $R_{DS}$ und der Transistor sperrt.

In der Abb. 7.27 ist eine pMOS-Schaltung skizziert. Es handelt sich um eine Verstärkerschaltung mit $V_U = \frac{\Delta U_A}{\Delta U_E}$, die aber im nichtlinearen Bereich betrieben wird.

Der Source-Anschluss ist mit dem Bezugspotential 0 V verbunden, die Versorgungsspannung demzufolge $-U_B$. Insofern die Spannung $U_E = U_{GS}$ oberhalb der Schwellspannung $U_{tp}$ liegt, fließt kein Strom $I_D$ über den Source-Drain-Kanal. Das Potential des Ausgangs entspricht ohne Last etwa $-U_B$. Sinkt $U_E$ unter den Schwellwert (in der Abbildung bei $-1{,}3$ V), so wird der Kanal leitend, es fließt ein Strom $I_D$, der Widerstand $R_{DS}$ sinkt. Das Potential des Ausgangs verschiebt sich zu 0 V. Begrenzt wird der Stromfluss durch $R_D$. Je höher der Arbeitswiderstand $R_D$, desto steiler der Anstieg.

[1] Die Schwellenspannung $U_{tp}$ ist abhängig von der Fertigung des Kanals und liegt bei einem selbstsperrenden p-Kanal-Typ unterhalb von 0 V.

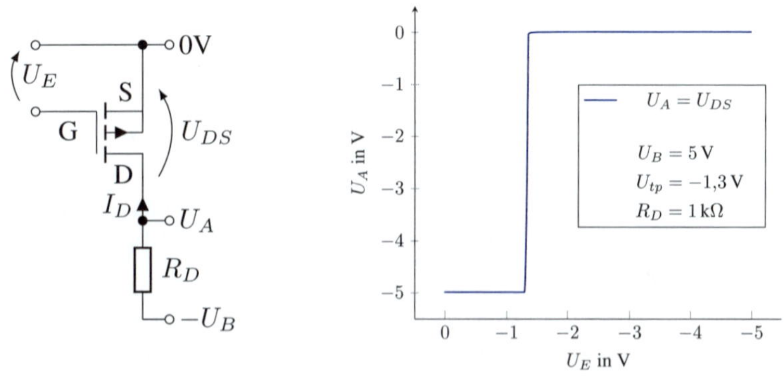


**(a)** Schaltung **(b)** $U_A$ als Funktion von $U_E$

**Abb. 7.27.:** pMOS-Inverter

Stellen wir uns die Schaltung in Abb. 7.27 nun so vor, dass $-U_B$ durch die Masse und die 0 V durch die Betriebsspannung $U_B$ ersetzt worden sind. Die Masse ist jetzt das Bezugspotential. Dann gilt: Bei einer Eingangsspannung $U_E$ größer als $|U_B| + U_{tp}$ liegt der Ausgang etwa auf dem Masse-Potential (Low-Pegel $P_L$), bei einer niedrigeren Eingangsspannung auf dem Potential $U_B$ (High-Pegel $P_H$). Die Schaltung arbeitet als Inverter.

**nMOS-Schaltungen** Die p-Kanal Transistoren haben im Vergleich zu n-Kanal-Transistoren den Nachteil einer niedrigeren Schaltgeschwindigkeit, denn die Leitung erfolgt über Defektelektronen (Löcher) und diese haben eine geringere Beweglichkeit als Elektronen. Ein n-Kanal-Transistor „schaltet“ schneller, da die Leitung über Elektronen erfolgt. Die Beweglichkeiten unterscheiden sich bei Silizium etwa um den Faktor 3 (siehe Tabelle 4.2).

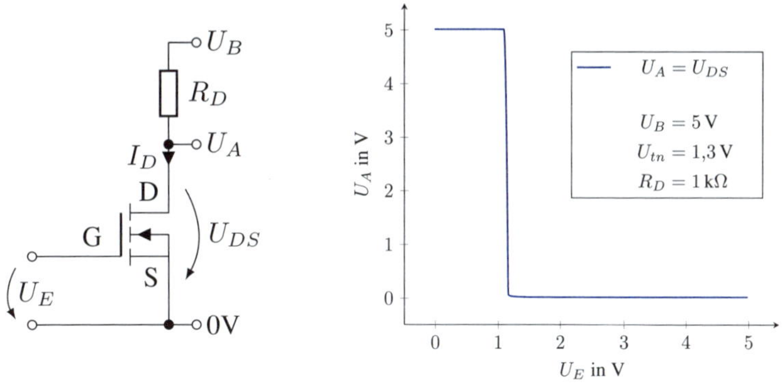


**(a)** Schaltung **(b)** $U_A$ als Funktion von $U_E$

**Abb. 7.28.:** nMOS-Inverter

Der Source-Anschluss des n-Kanal-Transistors ist mit dem niedrigeren Potential verbunden, also in unserer Schaltung mit 0 V. Dann lässt sich das Prinzip des Inverters mit einen n-Kanal-Transistor nach Abb. 7.28 realisieren.

Ist die Eingangsspannung unterhalb des Schwellwertes $U_{tn}$, so sperrt der Transistor. Das Potential des Ausgangs liegt auf $U_B$ (High-Pegel $P_H$). Bei Erreichen des Schwellwertes öffnet der Kanal, der Innenwiderstand $R_{DS}$ des Transistors sinkt und das Ausgangspotential verschiebt sich zum Massepotential (Low-Pegel $P_L$). Auch diese Schaltung funktioniert als Inverter.

Wir können die n- und p-Kanal-Transistoren als spannungsgesteuerte Schalter ansehen, wie es die folgende Darstellung skizziert. Der pMOS-Transistor arbeitet als Öffner, der nMOS-Transistor als Schließer:

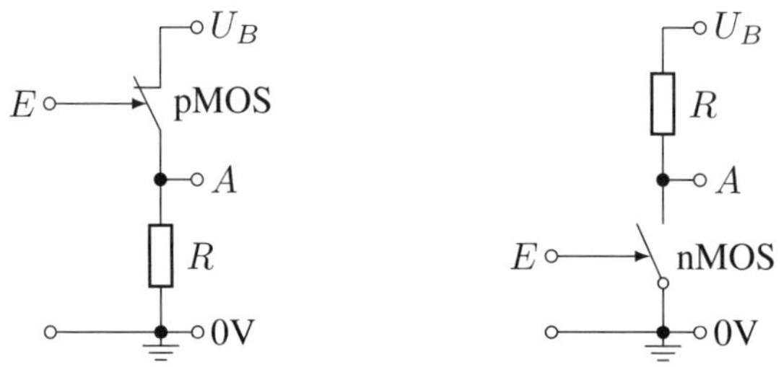


**(a)** pMOS **(b)** nMOS

**Abb. 7.29.:** Vereinfachte Ersatzschaltung für MOS-Inverter

> **Anmerkung zur Verwendung von „geöffnet" und „geschlossen" bei Transistoren**
>
> Wenn in den vorhergehenden Kapiteln von gesperrten oder geöffneten Transistoren gesprochen wurde, dann war damit die Verbindung bzw. der Kanal zwischen Source und Drain gemeint. In der Digitaltechnik betrachtet man Transistoren als Ersatz für Schalter. Wenn vom „Öffnen" und „Schließen" gesprochen wird, ist damit gemeint, dass ein geschlossener Transistor ein Transistor mit leitendem Kanal ist, also einem geschlossenem Schalter entspricht. Ein „geöffneter" Transistor ist dann ein geöffneter Schalter, würde also den Stromfluss unterbrechen. Um Missverständnisse zu vermeiden, ist deshalb der Kontext zu beachten.

Sollen Transistoren als Schalter genutzt werden, dann ist zu beachten, dass FETs nicht einfach wie elektromechanische Schalter (Relais) eingesetzt werden können. Hierbei sind einige Regeln zu beachten, die wir im folgenden Abschnitt erläutern wollen.

Beim Einsatz von nMOS- und pMOS-Transistoren kommt es auf den Zweig an, in dem der Transistor eingebaut wird. Wir unterscheiden zwei Bereiche:

- pull-up: zwischen dem Ausgang und der positiven Versorgungsspannung und
- pull-down: zwischen Ausgang und der Masse.

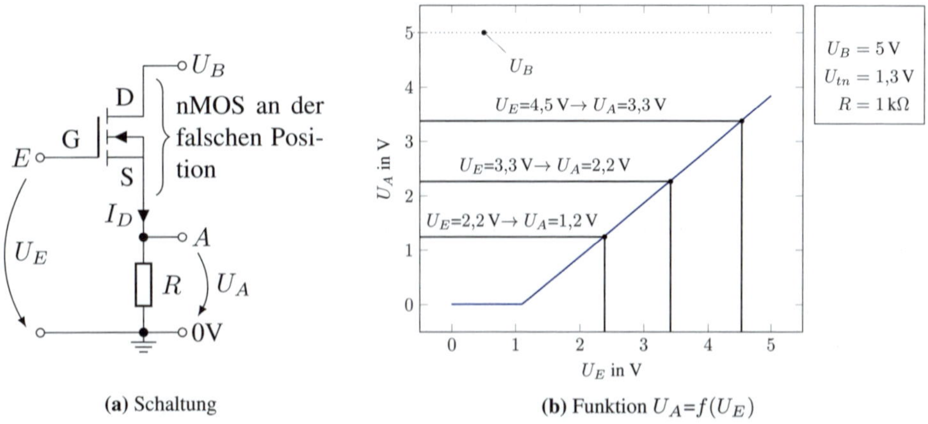


**(a)** Schaltung

**(b)** Funktion $U_A = f(U_E)$

**Abb. 7.30.:** Schaltung mit nMOS-Transistor im pull-up Zweig

Betrachten wir nun in Abb. 7.30 die Ausgabe einer Schaltungssimulation, bei der ein nMOS-Transistor im pull-up Zweig eingesetzt wird. Die dargestellte Funktion ist die simulierte Spannung am Ausgang bei einer ansteigenden Eingangsspannung $U_E$ zwischen 0 V und $U_B$. Wie wir sehen, ist der Anstieg im Vergleich zur Abb. 7.28 wesentlich flacher und wir erreichen auch nicht annähernd das High-Potential. Die Schaltung ist nicht mehr kompatibel zur nMOS-Technologie, denn bei einem Wert von ca. 4,5 V liefert sie am Ausgang nur etwa 3,3 V. Kaskadiert man diese Schaltung, so wird bereits an der dritten Stufe das erforderliche Potential $U_{tn}$ am Eingang nicht mehr erreicht.

Ein vergleichbares Problem tritt auf, wenn pMOS-Transistoren mit dem Drain-Anschluss an Masse im pull-down Zweig und einem Lastwiderstand im pull-up Zweig eingesetzt werden.

Als Merkhilfe kann man es vereinfacht so ausdrücken: *„nMOS-Transistoren sind gut für Nullen und schlecht für Einsen, pMOS-Transistoren sind gut für Einsen und schlecht für Nullen."*

Ein pMOS-Transistor im pull-up Zweig arbeitet als Öffner und ein nMOS-Transistor im pull-down Zweig als Schließer. Damit lassen sich Inverter gut realisieren (siehe Abb. 7.27 und Abb. 7.28). Durch Serien- oder Parallelschaltung von Transistoren lassen sich auch andere boolesche Operationen gut umsetzen, z.B. NAND und NOR, wie wir später noch sehen werden.

In nMOS-Technologie benötigt man für ein AND-Gatter allein mit Schließern im pull-down Zweig eine mehrstufige Schaltung. Zuerst wird die NAND-Funktion realisiert und anschließend ein Inverter nachgeschaltet (siehe Abb. 7.31).

Durch die Serienschaltung der nMOS-Transistoren in der Eingangsschaltung liegt der Punkt $A_2$ nur dann auf Low-Pegel, wenn beide Transistoren $T_1$ und $T_2$ leitend sind. Der Pegel am Anschluss $A_2$ entspricht somit der NAND-Funktion beider Eingänge. Mit dem nachgeschalteten Inverter erhält man das gewünschte AND-Gatter.

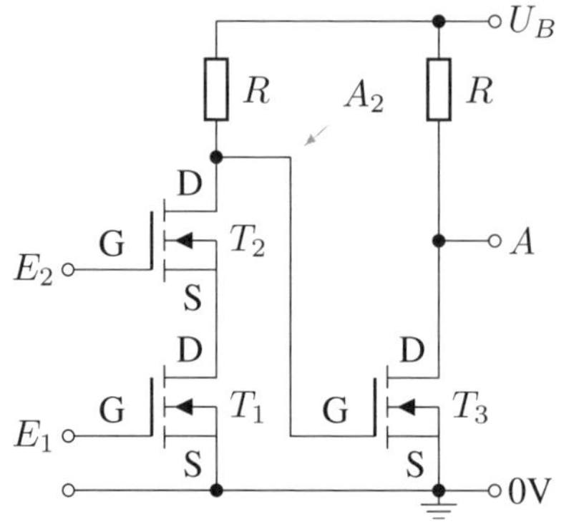


**Abb. 7.31.:** (N)AND-Schaltung mit nMOS-Transistoren

Nach diesem Prinzip können mehrere Eingänge und die damit verbundenen „Schalter“ in Reihe oder parallel geschaltet werden. Das ermöglicht den Aufbau von Gattern für binäre boolesche Operationen (siehe Anhang A.6), aber auch für komplexere Funktionen.

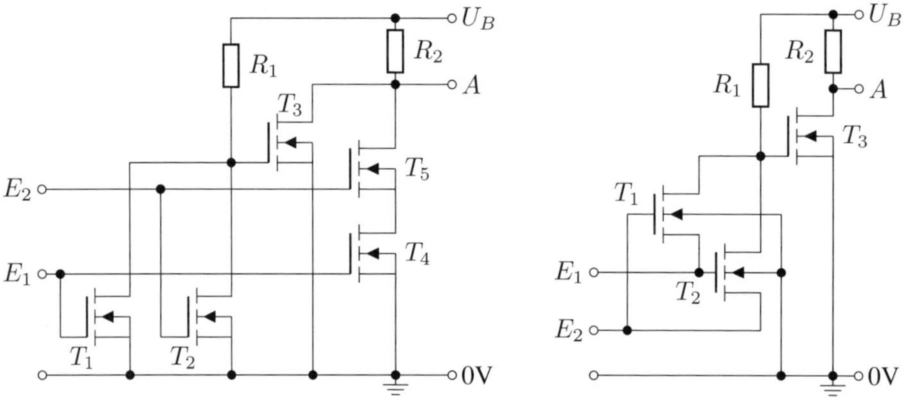


**(a)** nMOS - XOR

**(b)** alternative XOR-Variante, nMOS-Transistoren mit Bulk-Anschluss

**Abb. 7.32.:** nMOS: XOR-Gatterschaltungen

Als weiteres Beispiel für ein Gatter mit zwei Eingängen geben wir zwei Varianten eines XOR-Bausteins in nMOS-Technologie an. Die Berechnung der XOR-Funktion ($\oplus$) erfolgt in Abb. 7.32a nach folgendem Schema. Die Transistoren $T_1, T_2$ berechnen das logische NOR und in Verbindung mit dem Inverter $T_3$ das logische OR auf der Eingabe, $T_4$ und $T_5$ berechnen das NAND. OR und NAND arbeiten gegen den gemeinsamen Lastwiderstand $R_2$ am Ausgang[1].

[1] Das entspricht einer verdrahteten Logik, welche in Kapitel 7.4.2 vorgestellt wird.

Der Ausgang liegt nur dann auf H-Pegel, wenn weder die NAND-, noch die OR-Verknüpfung auf der Eingabe den 1-Wert liefern. Dies entspricht der XOR-Funktion:

$$\begin{aligned} A &= \underbrace{\overline{(E_1 \cdot E_2)}}_{T_4,T_5} \cdot \underbrace{(E_1 + E_2)}_{T_1,T_2,T_3} \\ &= (\overline{E_1} + \overline{E_2}) \cdot (E_1 + E_2) = \overline{E_1} \cdot E_2 + E_2 \cdot \overline{E_1} \\ &= E_1 \oplus E_2 \end{aligned}$$

Die vereinfachte Variante mit drei Transistoren in Abb. 7.32b arbeitet nach folgendem Prinzip. Das Sourcepotential der Transistoren $T_1$ und $T_2$ bezieht sich jeweils auf einen der Eingänge. So kann $T_1$ nur leiten, wenn $E_1$ auf 0 und $E_2$ auf 1 liegt. Analog funktioniert es bei $T_2$. In den anderen Fällen – $E_1$ und $E_2$ liegen auf gleichem Potential – bleibt der Eingang von $T_3$ auf H-Pegel. Das entspricht einem XNOR und mit $T_3$ als Inverter ergibt das die gewünschte XOR-Funktion.

Die Nutzung von Feldeffekttransistoren erlaubt die Ansteuerung durch geschaltete Potentiale. Der Eingangswiderstand der Gatter ist sehr hoch und die Verlustleistung bei der Ansteuerung wurde gegenüber den TTL-Schaltungen verringert. Je nach Eingangsbelegung fließt aber trotzdem ein Strom über das Gatter. Betrachten wir dazu die nMOS-NOR Schaltung in Abb. 7.33.

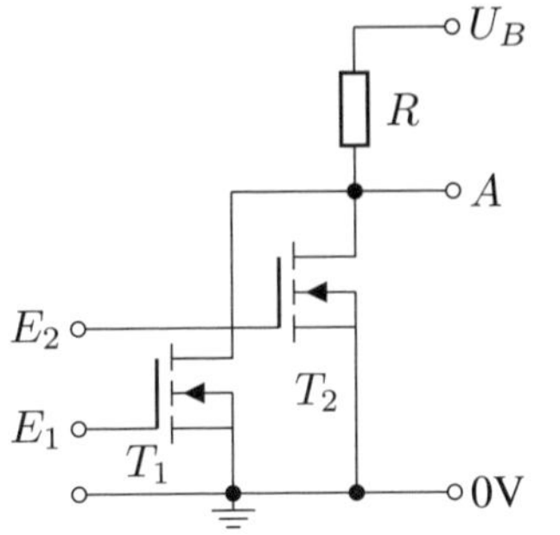


**(a)** nMOS: NOR

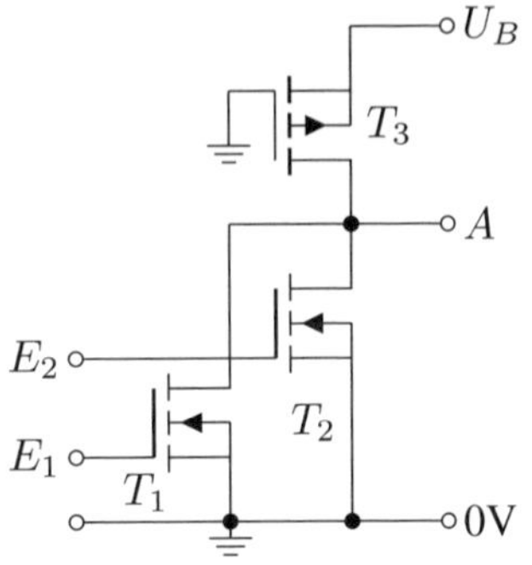


**(b)** Pseudo-nMOS: NOR mit pMOS-Transistor als aktiver Pull-Up-Widerstand

**Abb. 7.33.:** NOR-Gatterschaltungen

Bei allen Belegungen, die am Ausgang den Wert 0 liefern, wird entweder über Transistor $T_1$ oder über $T_2$ eine Verbindung zwischen dem Ausgang und der Masse hergestellt. Demzufolge fließt ein Strom über den Widerstand $R$. In der Abb. 7.33b wurde der Widerstand durch den pMOS-Transistor $T_3$ ersetzt. Dieser scheinbar immer leitende Transistor (Gate ist mit Masse verbunden) stellt eine Stromquelle dar und wird wie ein Widerstand genutzt. Man bezeichnet dieses Schaltungsprinzip als **Pseudo-nMOS**. Die nMOS-Schaltungen und die Pseudo-nMOS-Schaltungen wandeln über den Widerstand bzw. den Transistor Energie in Wärme um.

Abhilfe bringt eine Technologie, bei der im statischen Fall kein Pfad zwischen $U_B$ und Masse über einen Widerstand oder einen als Widerstand betriebenen Transistor existiert. Dazu muss auf jedem Pfad mindestens ein sperrender Feldeffekttransistor liegen, dessen großer Innenwiderstand im Gegensatz zum Festwiederstand $R$ einen merklichen Stromfluss verhindert. Dies erreicht man mit der CMOS-Technologie.

## CMOS

CMOS ist eine MOS-Technologie, bei der die Ausgangsstufe als Komplementärstufe aufgebaut ist, was der Technologie ihren Namen gab CMOS: *Complementary MOS*.

Die Funktionsweise entspricht der Zusammenschaltung der pMOS- und nMOS-Technologie. Der Ausgang wird durch zwei komplementär angesteuerte Blöcke entweder mit $U_B$ oder mit der Masse verbunden (siehe Abb. 7.34a). Der obere Block wird durch eine pMOS-Schaltung, der untere durch eine nMOS-Schaltung realisiert. Durch die komplementäre Ansteuerung wird immer nur eine Verbindung hergestellt, der Ausgang liefert somit entweder eine logische 0 oder eine 1.

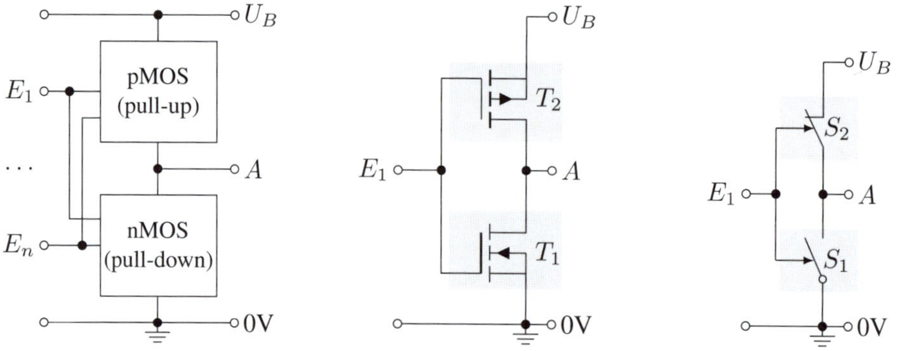


**(a)** Prinzip CMOS **(b)** CMOS-Inverter **(c)** Inverter mit Schaltern

**Abb. 7.34.:** CMOS-Funktionsweise

Die Abb. 7.34b zeigt den Aufbau einer Inverter-Schaltung in CMOS-Technik. Der obere pMOS-Transistor $T_2$ leitet, wenn am Eingang der logische Wert 0 anliegt. Der Ausgang liegt auf dem Potential $U_B$, also auf dem Wert 1, da zur gleichen Zeit der untere nMOS-Transistor $T_1$ gesperrt ist. Ändert sich der Eingang auf den Wert 1, so wechselt der Zustand beider Transistoren und der Ausgang geht auf den Wert 0. Der pMOS-Transistor arbeitet als Öffner, der nMOS-Transistor als Schließer, so wie es in Abb. 7.34c skizziert ist. Der obere und der untere Block arbeiten dual zueinander.

**Entwurf einer CMOS-Schaltung** Betrachten wir zuerst Gatter mit zwei Eingängen. Gegeben sei eine boolesche Funktion, z.B. in Form eines booleschen Ausdrucks über die zwei Eingänge $E_1$ und $E_2$.

Beginnen wir mit dem pull-up Zweig. In diesem können wir nur Öffner (pMOS) einsetzen. Wir müssen dazu den gegebenen Ausdruck so umformen, dass er sich nur aus Konjunktionen und Disjunktionen aus den negativen Literalen $\overline{E_1}$ und $\overline{E_2}$ ergibt[1]. Negative Literale werden in der Schaltung durch Öffner ersetzt, die von den zugehörigen Signalen angesteuert werden. Die Disjunktionen realisieren wir durch Parallelschaltungen, die Konjunktionen durch Reihenschaltungen. Anschließend suchen wir für den pull-down Zweig die komplementäre Darstellung, bestehend aus Schließern. Betrachten wir dazu zwei Beispiele, ein NAND- und ein NOR-Gatter.

**NAND**

| $E_1$ | $E_2$ | $A$ |
|---|---|---|
| 0 | 0 | 1 |
| 0 | 1 | 1 |
| 1 | 0 | 1 |
| 1 | 1 | 0 |

$$A = \overline{E_1 \cdot E_2} = \overline{E_1} + \overline{E_2}$$

$$\overline{A} = \overline{\overline{E_1 \cdot E_2}} = E_1 \cdot E_2$$

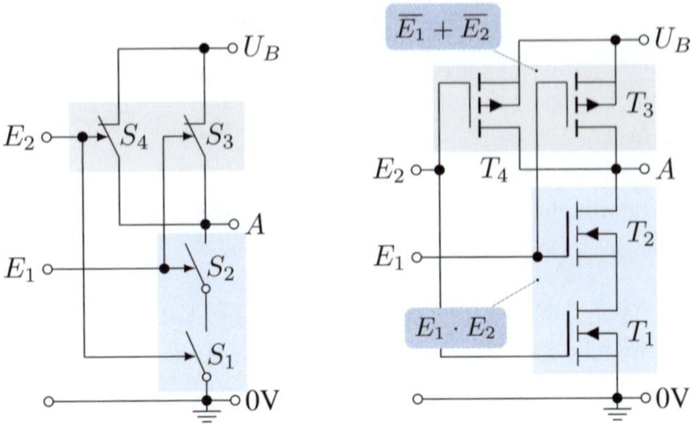


**(a)** NAND mit Schaltern **(b)** CMOS-NAND

**Abb. 7.35.:** CMOS NAND-Gatter

Für die NAND-Funktion der beiden Eingänge $E_1$ und $E_2$ (siehe Abb. 7.35) benötigen wir für den pull-up-Zweig einen Ausdruck über $\overline{E_1}$ und $\overline{E_2}$. Aus $A = \overline{E_1 \cdot E_2}$ folgt nach der De Morganschen Regel $A = \overline{E_1} + \overline{E_2}$. Das logische OR erzeugen wir durch eine Parallelschaltung der beiden Schalter $S_4$ und $S_3$ bzw. der Transistoren $T_4$ und $T_3$. Darüber wird der gesamte obere Zweig realisiert. Der pull-down Zweig wird dual aufgebaut, statt der Parallelschaltung nutzen wir eine Reihenschaltung von Schließern bzw. nMOS-Transistoren. Er bildet damit die Funktion $E_1 \cdot E_2$ und verbindet den Ausgang nur dann mit Masse, wenn beide Eingänge den Wert 1 haben. Wie man an der Funktionstafel ablesen kann, ist dies auch die einzige Eingangsbelegung, bei der am Ausgang der Wert 0 anliegt.

Die NOR-Funktion ist ähnlich aufgebaut (siehe Abb. 7.36). Wir suchen wieder einen passenden Ausdruck aus Disjunktionen und Konjunktionen, der nur aus den negierten Eingangswerten besteht und finden für die NOR-Funktion $\overline{E_1 + E_2} = \overline{E_1} \cdot \overline{E_2}$. Diese bauen wir aus einer

[1] Diese Umformung ist nicht für jede boolesche Funktion möglich. Tritt dieser Fall auf, muss eine Stufe davor geschaltet werden.

**NOR**

| $E_1$ | $E_2$ | $A$ |
|---|---|---|
| 0 | 0 | 1 |
| 0 | 1 | 0 |
| 1 | 0 | 0 |
| 1 | 1 | 0 |

$$A = \overline{E_1 + E_2} = \overline{E_1} \cdot \overline{E_2}$$

$$\overline{A} = \overline{\overline{E_1 + E_2}} = E_1 + E_2$$

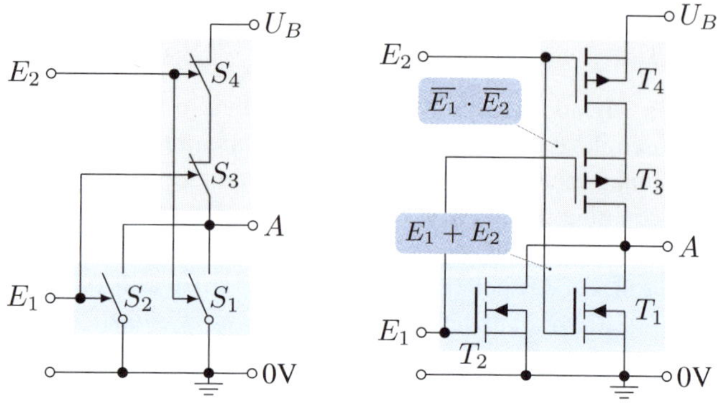


**(a)** NOR mit Schaltern **(b)** CMOS-NOR

**Abb. 7.36.:** CMOS NOR-Gatter

Reihenschaltung der pMOS-Transistoren $T_3$ und $T_4$ auf. Für den pull-down Zweig verwenden wir wieder die duale Schaltung aus zwei nMOS-Transistoren $T_1$ und $T_2$, die parallel geschaltet werden.

Für das Prinzip des komplementären (dualen) Aufbaus einer CMOS-Schaltung kann man folgende einfache Faustregel verwenden (siehe Abb. 7.35 und Abb. 7.36):

- Jedem Öffner (pMOS-Transistor) im pull-up Zweig wird ein Schließer (nMOS-Transistor) im pull-down Zweig zugeordnet.
- Parallele Teilschaltungen im pull-up Zweig werden durch serielle Teilschaltungen und serielle durch parallele Teilschaltungen im pull-down Zweig ergänzt.

Betrachten wir diesen Sachverhalt etwas ausführlicher. Gegeben sei eine Funktion $f$ auf den Eingangswerten $E_1, \ldots, E_n$. Gesucht sind eine Funktion $f_1$ für den pull-up-Zweig und eine Funktion $f_0$ für den pull-down Zweig.

- Der aktive pull-up Zweig muss am Ausgang den Wert 1 liefern, wenn der Wert der realisierten Funktion 1 ist. Der mit $U_B$ verbundene pull-up Zweig besteht nur aus pMOS-Transistoren, also aus Öffnern, die jeweils von einem Eingang angesteuert werden. Ist der Eingangswert 1 wird die Verbindung zu $U_B$ unterbrochen, der Ausgang liegt auf 0. Das entspricht einer Invertierung des Eingangswertes, die wir im booleschen Ausdruck durch ein negatives Literal darstellen.

  Wir suchen somit einen Ausdruck für $f_1$, der nur aus negativen Literalen besteht und dessen Verknüpfungen sich auf Disjunktion und Konjunktion unter Nutzung von Klammerung (Ausnutzung der Distributivität) beschränkt und für den $f_1 = f$ gilt. Eine direkte Verwendung positiver Literale ist im pull-up Zweig nicht erlaubt, da wir nur pMOS-Transistoren einsetzen.

- Im pull-down Zweig suchen wir eine Funktion $f_0$ mit $f_0 = 1 \Leftrightarrow f = 0$, also $f_0 = \neg f$. Da im pull-down Zweig nur Schließer (nMOS-Transistoren) eingesetzt werden, suchen wir für $f_0$ einen Ausdruck aus positiven Literalen, wieder unter Nutzung von Disjunktion, Konjunktion und Klammerung.

  In der booleschen Algebra können wir allein mit Disjunktion, Konjunktion und den Werten 0 und 1 zu einem Eingang, also zu einer Variable $x$ nicht den inversen Wert $\overline{x}$ bilden. Somit benötigen wir für viele Funktionen auch noch die inversen Eingangswerte, welche wir aber durch vorgeschaltete Inverter (siehe Abb. 7.34b) jederzeit erzeugen können. In der Realität ist dies meist nicht nötig, da in der Schaltung oftmals auch die inversen Signale zur Verfügung stehen.

**Entwurf eines CMOS-Volladdierers** Schauen wir uns ein etwas größeres Beispiel an. Im Kapitel 7.1.1 haben wir bereits die Funktion des Volladdierers kennen gelernt. Für die Ausgänge (vgl. Seite 217 ff.) gilt:

| $x$ | $y$ | $z$ | $s$ | $c$ |
|---|---|---|---|---|
| 0 | 0 | 0 | 0 | 0 |
| 0 | 0 | 1 | 1 | 0 |
| 0 | 1 | 0 | 1 | 0 |
| 0 | 1 | 1 | 0 | 1 |
| 1 | 0 | 0 | 1 | 0 |
| 1 | 0 | 1 | 0 | 1 |
| 1 | 1 | 0 | 0 | 1 |
| 1 | 1 | 1 | 1 | 1 |

Siehe Gleichung 7.2 und 7.3:

$$\begin{aligned} s &= \overline{x}\overline{y}z + \overline{x}y\overline{z} + x\overline{y}\overline{z} + xyz \\ &= x \oplus y \oplus z \\ c &= \overline{x}yz + x\overline{y}z + xy\overline{z} + xyz \\ &= xy + xz + yz \end{aligned}$$

$s$ ist die binäre Summe über zwei Eingänge und einen eingehenden Übertrag. $c$ ist der Übertrag zur nächst höheren binären Stelle. Um diese Funktion in CMOS zu realisieren, entwerfen wir für $c$ und $s$ die pull-up und -down Zweige.

**1. Schritt:** Beginnen wir mit dem Übertrag $c$. Wir benötigen für $c = xy + xz + yz$ eine Darstellung mit negativen Literalen für den pull-up Zweig: $f_{1,c}(\overline{x}, \overline{y}, \overline{z})$ und müssten die Eingangswerte invertieren. Ähnliches gilt für den pull-down Zweig.

Einfacher wird es, wenn wir nicht die Schaltung für $c$, sondern für $\overline{c}$ aufbauen:

$$\begin{aligned} \overline{c} &= \overline{xy + xz + yz} \\ &= \overline{xy} \cdot \overline{xz} \cdot \overline{yz} = (\overline{x} + \overline{y}) \cdot (\overline{x} + \overline{z}) \cdot (\overline{y} + \overline{z}) \\ &= \overline{x}\overline{y} + \overline{x}\,\overline{z} + \overline{y}\overline{z} \end{aligned}$$

Für den pull-up Zweig $f_{1,\overline{c}}$ sind jetzt bereits alle Eingangswerte in der passenden Form vorhanden, da alle Literale negativ sind und wir somit pMOS-Transistoren einsetzen können.

Für den pull-down Zweig suchen wir $f_{0,\overline{c}} = \neg\overline{c} = c$ und erhalten $f_{0,\overline{c}} = xy + xz + yz$ ebenfalls in der passenden Form, da alle Literale positiv sind und wir den Term mit nMOS-Transistoren realisieren können. Um abschließend den eigentlichen Wert von $c$ zu erhalten,

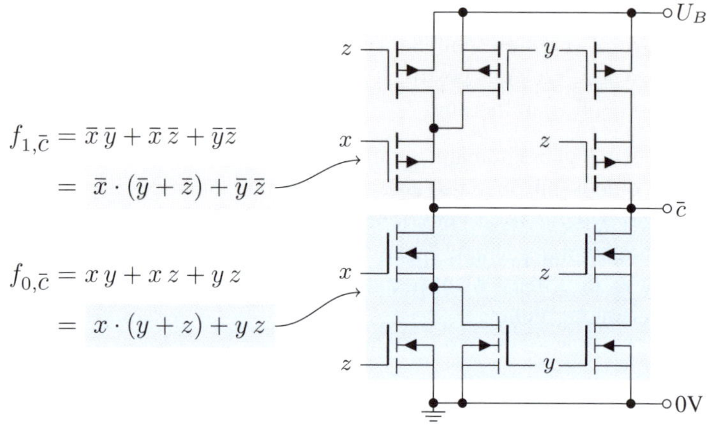


**Abb. 7.37.:** CMOS-Fulladder: Carry-Berechnung für 1 Bit

müssen wir noch einen Inverter nachschalten. Das ist einfacher zu realisieren, als drei Inverter für die Eingangssignale.

Die CMOS-Schaltungen für $f_{1,\bar{c}}$ und $f_{0,\bar{c}}$ würden aus sechs Transistoren in jedem Zweig bestehen. Wir können die Schaltung noch etwas minimieren und daraus die Schaltung aus Abb. 7.37 bauen, die mit jeweils fünf Transistoren in jedem Zweig auskommt.

In der Abb. 7.37 scheint die Faustregel verletzt zu sein, denn die Reihenschaltungen im pull-up Zweig wurden nicht durch Parallelschaltungen im pull-down Zweig ersetzt. Es funktioniert aber trotzdem, denn wir können $f_{0,\bar{c}}$ auch als $(y + z) \cdot (x + (y \cdot z))$ schreiben. Man kann also $f_0$ und $f_1$ getrennt ermitteln und zusammen schalten, solange $f_0 = \neg f_1$ gilt. Wir können somit die passende Form für die jeweilige Schaltung wählen, die uns eine möglichst einfache Integration bzw. eine möglichst kompakte Darstellung bietet.

**2. Schritt:** In der kompakten Schreibweise $s = x \oplus y \oplus z$ benötigt die Summe $s$ für die Implementierung viele Transistoren, da in CMOS ein XOR-Gatter allein bereits 12 Transistoren erfordert. Da wir aber bereits $c$ und $\bar{c}$ realisiert haben, können wir diese Variablen in die Berechnung von $s$ einfließen lassen.

Ein Blick in die Funktionstabelle verrät uns, dass bei $c = 0$ der Ausgang $s$ genau dann 1 ist, wenn mindestens einer der Eingänge den Wert 1 hat. Es verbleibt dann nur der Fall, bei dem alle drei Eingänge den Wert 1 haben. Somit gilt:

$$s = \bar{c} \cdot (x + y + z) + x\,y\,z \tag{7.5}$$

Da, abgesehen von $\bar{c}$, nur positive Literale auftreten, invertieren wir die Gleichung für den pull-up Zweig $f_{1,\bar{s}}$ und erhalten

$$\begin{aligned}\overline{s} &= \overline{\overline{c}\cdot(x+y+z)+xyz} = \overline{\overline{c}x+\overline{c}y+\overline{c}z+xyz} = \overline{\overline{c}x}\cdot\overline{\overline{c}y}\cdot\overline{\overline{c}z}\cdot\overline{xyz} \\ &= (c+\overline{x})\cdot(c+\overline{y})\cdot(c+\overline{z})\cdot(\overline{x}+\overline{y}+\overline{z}) = c\cdot(\overline{x}+\overline{y}+\overline{z})+(\overline{x}\cdot\overline{y}\cdot\overline{z})\end{aligned}$$

Wir haben alle Literale bis auf $c$ in negativer Form. Für $c$ können wir aber einfach den invertierten Wert aus der vorhergehenden Carry-Berechnung nutzen.

Für den pull-down Zweig suchen wir für $f_{0,\overline{s}}$ eine passende Darstellung für $\overline{\overline{s}}$, also für $s$, und erhalten sofort die Gleichung 7.5. Alle Werte liegen bereits vor. Wir können daraus die komplette Schaltung mit den Eingangswerten $x$, $y$ und $z$ und den Ausgangswerten $\overline{s}$ und $\overline{c}$ aufbauen (siehe Abb. 7.38).

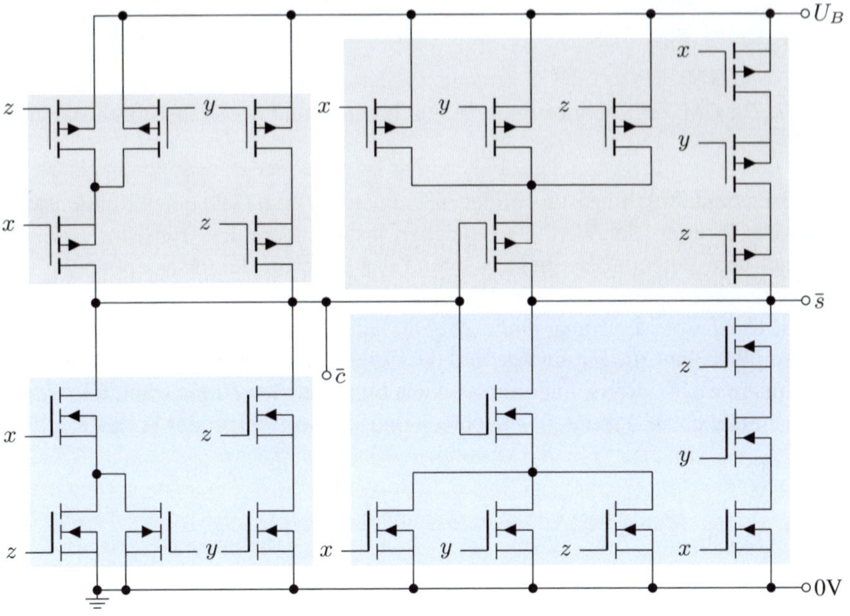


**Abb. 7.38.:** CMOS-Fulladder

Für CMOS-Schaltungen bedeuten viele in Reihe geschaltete pMOS-Transistoren im pull-up Zweig ein Problem. Da pMOS-Transistoren langsamer schalten als nMOS-Transistoren, kann dies zu Glitches und zu längeren Schaltzeiten mit erhöhter Energieaufnahme führen. In unserem Beispiel sind bereits drei Transistoren in der Summenberechnung in Reihe geschaltet. Bei der Entwicklung einer Schaltung muss dieser Umstand berücksichtigt und ggf. die Schaltung in mehrere Teile aufgespaltet werden.

Bei der Herstellung eines integrierten CMOS-Gatters wird ein Gatter nicht mehr aus einzelnen Transistoren aufgebaut. Zusammen geschaltete Transistoren werden bereits auf der Halbleiterebene erzeugt. Dies führt zu sehr kompakten Strukturen innerhalb der ICs.

**Eigenschaften von CMOS-Gattern** Im statischen Zustand nehmen die CMOS-Gatter so gut wie keine Energie auf. Lediglich während der Umschaltvorgänge fließt ein Lade- oder Entladestrom, bedingt durch die in den Kapazitäten der Feldeffekttransistoren gespeicherte Ladung. In Abb. 7.39 ist der Stromfluss beim Umladevorgang am Beispiel eines Inverters dargestellt.

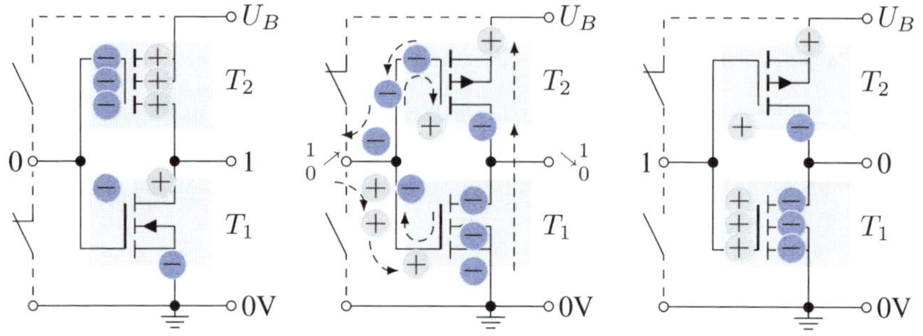


**Abb. 7.39.:** CMOS: Energieaufnahme durch Umladung der Transistorkapazitäten

Der Kanal eines Feldeffekttransistors bildet zusammen mit dem Gate einen Kondensator. Liegt am Eingang des Inverters der Wert 0, so speichert insbesondere der Transistor $T_2$ Energie, da sein Kanal auf dem Potential $U_B$ liegt, während das Gate auf dem Massepotential liegt. Bei einem Wechsel des Eingangs von 0 auf 1 wird dieser Kondensator entladen. Gleichzeitig wird die Kapazität von $T_1$, dessen Kanal in diesem Fall leitend wird, geladen. Dieser Vorgang führt zu einem Stromfluss. Je häufiger ein Wechsel der Eingangsbelegung erfolgt, desto höher ist die Leistungsaufnahme des Gatters. Für eine getaktete Schaltung kann man somit folgern, dass die Energieaufnahme von der Taktfrequenz abhängt und sich mit steigender Frequenz erhöht.

| | |
|---|---|
| $U_B$ | 2...6 V |
| Schaltzeit | 3 V: <23 ns |
| Schaltzeit | 6 V: ≈10 ns |
| bei $U_B$ = 4,5 V und 25°C | |
| Pegel In $P_L$ / $P_H$ | <1,3 / >3,15 V |
| Pegel Out $P_L$ / $P_H$ | <0,2 / >4,4 V |
| Fan-Out (zu 74HC) | >50 |
| Leistung (statisch) | <0,3 mW |

**(a)** CMOS Serie 74HC

| | |
|---|---|
| $U_B$ | 5 V ± 0,5 V |
| Schaltzeit | ≈10 ns |
| | |
| Pegel In $P_L$ / $P_H$ | <1,2 / >1,6 V |
| Pegel Out $P_L$ / $P_H$ | <0,2 / >4,0 V |
| Fan-Out | >50 |
| Leistung (statisch) | <0,3 mW |

**(b)** CMOS Serie 74HCT

**Tabelle 7.2.:** CMOS-Modul Serie 74 HC

Die geringe Stromaufnahme (ca. 60 µA im statischen Zustand für ein CMOS-Modul Serie 74HCxx) spiegelt sich in einer gegenüber TTL viel geringeren Leistungsaufnahme wider. Allerdings sind auch die Schaltzeiten etwas höher und damit die maximale Schaltfrequenz geringer. Die in der Tabelle 7.2 angegebenen Daten beziehen sich auf Module der Serie 74HC(T).

Diese erhält man im Handel als ICs für einfache Logikgatter, aber auch für darüber hinaus gehende Funktionen, z.B. für Zähler, Decoder uvm.

Ähnlich wie für TTL gibt es auch für die CMOS-Serie 74 verschiedene Ausführungen:

- Standard-CMOS (Serie 74C00): Schaltzeit von bis zu 100 ns (bei $U_B$=5 V),
- High-Speed-CMOS (Serie 74HC00): Reduzierung der Schaltzeit auf 1/10 bei etwas höherer Leistungsaufnahme,
- High-Speed-CMOS (Serie 74HCT): High-Speed-CMOS mit zur TTL-Serie 74LS kompatiblen Pegeln,
- Advanced-CMOS (Serie 74AC[T]): weitere Reduzierung der Schaltzeit gegenüber High-Speed-CMOS,
- Low-Voltage-CMOS (Serie 74LVC): arbeitet bei 3,3 V.

Die Schaltkreisfamilien vom Typ 74 haben sich als Industriestandard für Schaltungen auf Basis von TTL, CMOS und auch in Emitter-gekoppelter Logic (ECL) etabliert. Darüber hinaus existieren weitere IC-Serien. Zudem besteht die Möglichkeit, anwendungsspezifische Schaltkreise mit verschiedenen Technologien auf einem Halbleiter vereint zu koppeln und dabei die für die jeweilige Anwendung günstige Variante zu wählen. So lassen sich bipolare und unipolare Strukturen zwischen verschiedenen Gattern wechseln oder innerhalb eines Gatters vermischen[1].

### 7.3.4. Pass-Transistor Logik und differentielle Logik

Bei CMOS arbeiten die Transistoren als Schalter, welche den Ausgang mit dem jeweiligen Potential, also entweder mit $U_B$ oder mit Masse verbinden. Gehen wir davon aus, dass an den Eingängen „qualitativ gute" H- und L-Pegel für 1 und 0 anliegen, dann können auch die Eingänge als Bezugspotential verwendet werden. Die Transistoren schalten diese Pegel entsprechend der realisierten Funktion auf den Ausgang. Diesen Ansatz bezeichnet man als **Pass-Transistor Logik**. Abb. 7.40 zeigt beispielhaft eine in dieser Technologie realisierte OR-Schaltung. Bei den Transistor-Symbolen handelt es sich um eine vereinfachte Darstellung von nMOS-Transistoren.

Die Schaltung ist so aufgebaut, dass am Ausgang immer ein definierter Pegel anliegt. Dazu stellt entweder der obere Transistor $T_1$ oder der untere Transistor $T_2$ eine Verbindung zu einem Eingang her. Ist z.B. $y$=1, so leitet $T_1$, während $T_2$ wegen $\overline{y}$=0 gesperrt ist. Gilt $y$=0, so leitet der untere Transistor und stellt den Wert von $x$ zum Ausgang durch. Somit gilt $f = y+\overline{y}\cdot x = x+y$.

Ziel der Pass-Transistor Logik ist die Reduzierung der Anzahl von Transistoren. Während die Pass-Transistor Logik nur zwei Transistoren benötigt, benötigt das CMOS-OR 6 Transistoren (vgl. Abb. 7.36b zzgl. nachgeschaltetem Inverter).

[1] Die Verbindung von bipolaren Transistoren mit unipolarer CMOS-Technologie wird als BiCMOS bezeichnet.

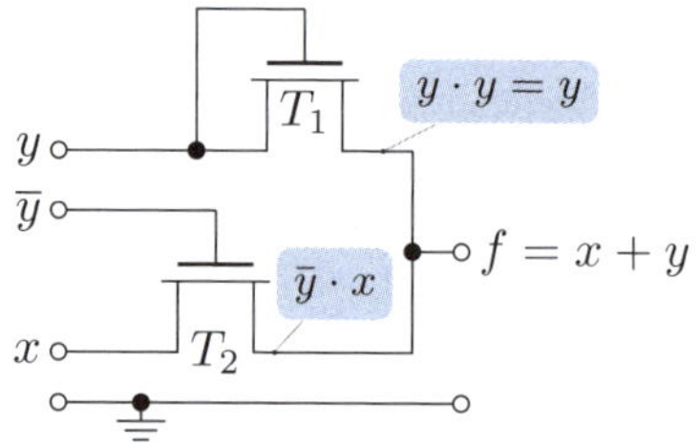


**Abb. 7.40.:** Pass-Transistor Logik, Beispiel OR

Auf Basis von Pass-Transistor Schaltungen kann auch eine differentielle Logik aufgebaut werden.

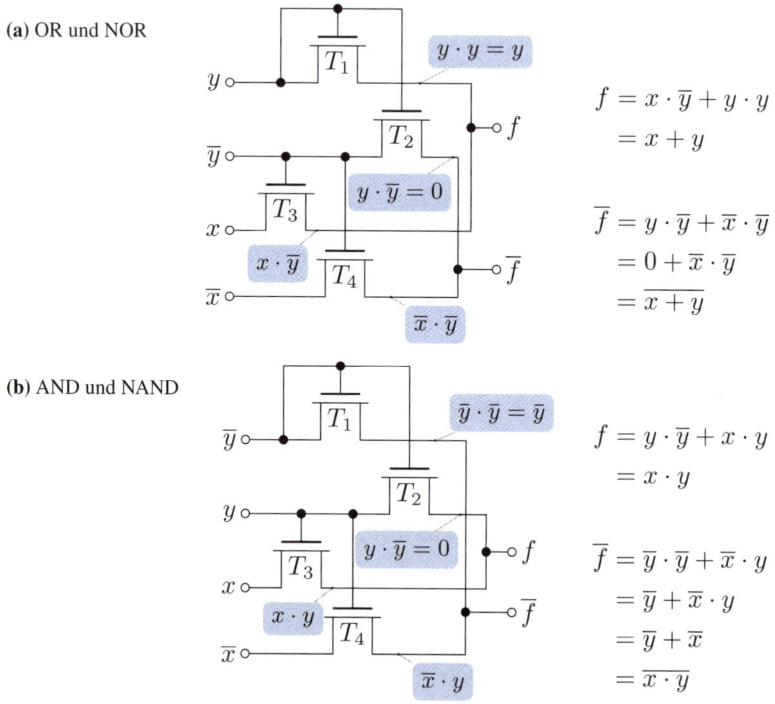


**Abb. 7.41.:** Differentielle Pass-Transistor Logik

**Definition 7.8 (Differentielle Logik)**

Unter differentieller oder komplementärer Logik versteht man eine Logikfamilie, bei der jedes Gatter neben dem Ausgangswert $f$ auch dessen inversen Wert $\overline{f}$ zur Verfügung stellt. Die Schaltungen benötigen hierzu meist zu jedem Eingang auch den inversen Eingangswert.

Ein Vorteil differentieller Logikschaltungen ist die einfache Realisierung der Negation. Dazu müssen nur die Ausgangswerte vertauscht werden. Abb. 7.41 zeigt den Aufbau differentieller AND- und OR-Gatter und gleichzeitig NAND- und NOR-Gatter in Pass-Transistor Logik.

Im statischen Zustand wird kein Strom vom Schaltelement selbst benötigt. Neben der Reduktion der Anzahl aktiver Bauelemente ist dies ein weiterer Vorteil der Pass-Transistor Logik. Ein Nachteil besteht darin, dass Signalpegel nicht wieder aufgefrischt werden (*nonrestoring gate*). Schaltet man mehrere Stufen hintereinander, so verschlechtert sich die Qualität zunehmend. Ab einer bestimmten Anzahl in Reihe geschalteter Transistoren wird ein zusätzliches Restoring-Gate benötigt.

## 7.4. Busse und Digitale Ausgangsschaltungen

Die bisher dargestellten Schaltungen waren für die Ansteuerung von Gattern der gleichen Technologie ausgelegt, oder genauer gesagt, für die Ansteuerung von Gattern mit gleichen Logikpegeln. Sie können auch andere digitale Abnehmer ansteuern, insofern die Verbraucher nicht die Ausgangsleistung der Gatter überschreiten. In der Digitaltechnik tritt jedoch häufig der Fall auf, dass nicht nur ein einzelnes Gatter, sondern mehrere Gatter im Verbund eine Signalleitung antreiben.

Mit den bisher dargestellten Gatterschaltungen ist es nicht möglich, Ausgänge direkt miteinander zu verbinden und damit gemeinsam ein Signal bereitzustellen. Das Zusammenschalten der Ausgänge von CMOS-Gattern würde bei unterschiedlichen Ausgangswerten zweier Gatter dazu führen, dass über die gegensätzlich geöffneten Endstufentransistoren eine niederohmige Verbindung zwischen der Betriebsspannung und Masse besteht, was ohne Schutzschaltung zur Zerstörung der Gatter führen kann. Wir benötigen also Schaltungstechniken, welche diesen Zustand verhindern und somit das Zusammenschalten von Ausgängen auf einer gemeinsamen Signalleitung, welche wir dann als Busleitung bezeichnen, erlauben.

Im folgenden Abschnitt wird zuerst der Begriff *Bus* erklärt, bevor im Anschluss Schaltungen zur Busansteuerung gezeigt werden.

### 7.4.1. Busse

In Rechnersystemen werden Signalleitungen zur Verbindung einzelner Komponenten oder zur Anbindung peripherer Geräte zu einem **Bus** zusammen gefasst. Der Begriff Bus steht für *Binary Unit System*. Ein **Rechnerbus** beschreibt einen Übertragungsweg (eine „Sammelleitung") für den Austausch binärer Informationen zwischen mehreren Teilnehmern.

Wenn sich mehrere Teilnehmer eine Leitung „teilen", so muss ein geregelter Datenaustausch stattfinden. Bei einem Rechnerbus darf deshalb zu einem Zeitpunkt nur ein Teilnehmer (der

*Master*) Daten senden, während die anderen Teilnehmer (die *Slaves*) die Daten lesen. Das Senden wird auch als Schreiben auf den Bus bezeichnet. Dabei kann die Masterrolle zu verschiedenen Zeitpunkten von unterschiedlichen Teilnehmern ausgeübt werden (*Multimaster-Bus*) bzw. von einem Master an einen anderen Teilnehmer abgegeben werden.

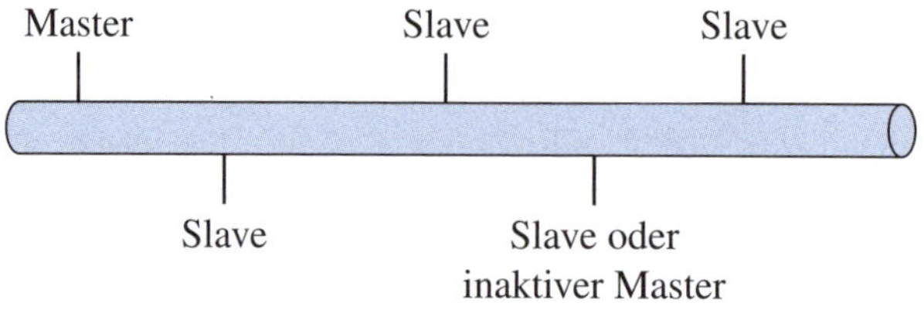


**Abb. 7.42.:** Bussystem

Wie die Informationen auf dem Bus übertragen werden, hängt von der Art des Busses ab. Man unterscheidet zwischen parallelen und seriellen Bussystemen. Bei einem **parallelen Bus** werden Daten zu einem Zeitpunkt parallel auf mehreren Leitungen übertragen. Bei einem **seriellen Bus** erfolgt die Übertragung in einer festgelegten zeitlichen Abfolge nacheinander, also mittels eines zeitlichen Multiplexverfahrens.

Man kann Busse auch nach der Art der übertragenen Information unterteilen. In einem Rechner werden Adressen, Daten und Steuerinformationen übertragen. Folglich gibt es Adress-, Daten- und Steuerbusse. Man kann auch die Art der angebundenen Baugruppen zur Busbezeichnung nutzen, z.B. den Speicherbus für die Verbindung zwischen Prozessor und Speicher des Rechners. Zur Anbindung peripherer Geräte an einen Computer werden Peripheriebusse eingesetzt, zu denen der USB- und der eSATA-Bus gehören.

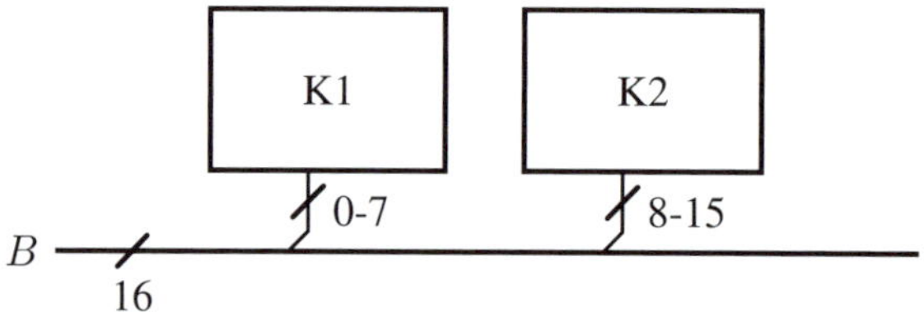


**Abb. 7.43.:** Bus $B$ mit einer Busbreite von 16 Bit und zwei angeschlossenen Teilnehmern K1 und K2, die auf unterschiedliche Signalleitungen des Busses zugreifen

Werden mehrere Signalleitungen zu einem Bus zusammengefasst, so drückt man dies im Schaltplan meist durch eine kräftigere Linie aus. Außerdem werden Busmarkierungen verwendet, welche mit der Anzahl paralleler Leitungen oder mit einem Index der Signalleitung beschriftet werden. Man bezeichnet die Anzahl paralleler Datenleitungen als die **Busbreite**. Abb. 7.43 zeigt einen Datenbus der Breite 16 Bit mit zwei Teilnehmern, die auf die unteren und oberen 8 Bit des Busses zugreifen.

Auf einem Bussystem darf kein „Kurzschluss“ auftreten. Das kann man einerseits durch Ausgangsschaltungen mit einem gemeinsamen Arbeitswiderstand erreichen. Oder man nutzt Ausgangsschaltungen, die zum Schreiben gezielt aktiviert werden müssen. Durch die Bussteuerung muss dann sicher gestellt sein, dass es zu jedem Zeitpunkt nur einen schreibenden Master gibt und alle anderen Busteilnehmer ihre Ausgänge deaktivieren.

### 7.4.2. Open-Collector, Open-Drain Schaltungen und Wired Logic

Die Verwendung eines gemeinsamen Kollektor- bzw. Drain-Widerstandes (Schaltungsprinzip aus Abb. 7.22a oder Abb. 7.27) erlaubt es, die Gatter gegen einem gemeinsamen Pull-Up-Widerstand zu betreiben. Man bezeichnet dieses in Abb. 7.44 dargestellte Prinzip als Open-Collector bzw. Open-Drain Schaltung.

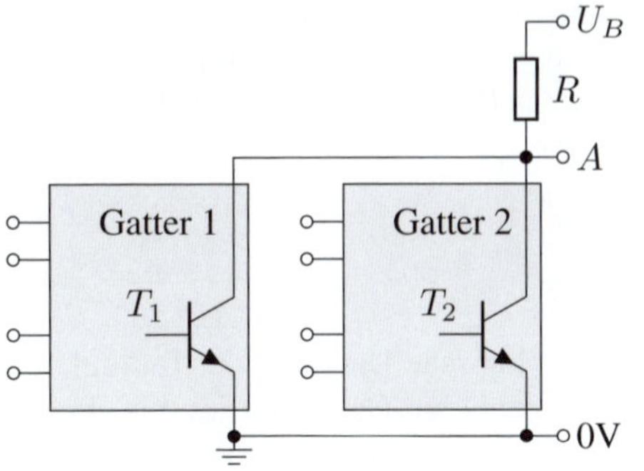


(a) Open-Collector

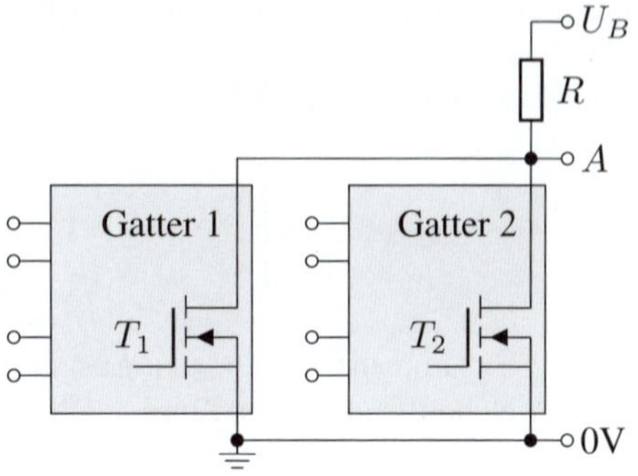


(b) nMOS Open-Drain

**Abb. 7.44.:** Zusammenschaltung von Ausgangsstufen gegen gemeinsamen Pull-Up Arbeitswiderstand

Der Ausgang wird von beiden Gattern angesteuert. Sind die Transistoren $T_1$ und $T_2$ gesperrt, dann liegt der Wert von $A$ auf dem Potential $U_B$ und somit auf 1. Öffnet mindestens einer der Transistoren, so geht der Wert auf 0. Ein Kurzschluss kann nicht auftreten, auch wenn die Gatter unterschiedliche Ausgangswerte liefern.

**Wired-AND und Wired-OR** Durch die Zusammenschaltung von Ausgängen über einen gemeinsamen Arbeitswiderstand wird letztendlich eine boolesche Funktion realisiert, also eine boolesche Verknüpfung der einzelnen Gatterfunktionen durchgeführt.

Betrachten wir dazu die Abb. 7.45. Die Schaltung im linken Teilbild realisiert die Funktion $f_{Gx}$. Dazu muss der Schalter im Open-Drain-Gatter Gx geschlossen sein, wenn an den Eingängen Werte anliegen, so dass $\overline{f_{Gx}} = 1$ gilt. Zusammen mit dem Pull-Up-Widerstand wird also die Funktion $f_{Gx}$ realisiert.

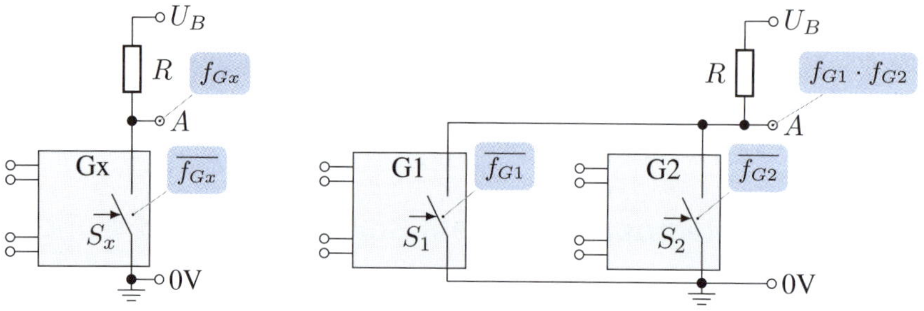


(a) Funktion $f_{Gx}$ (b) Wired AND $f_{G1} \cdot f_{G2}$

**Abb. 7.45.:** Wired-AND

In der rechten Abbildung sind zwei derartige Gatter G1 und G2 auf einen gemeinsamen Pull-Up-Widerstand geschaltet. Die Gatter berechnen, analog zur linken Abbildung, $\overline{f_{G1}}$ und $\overline{f_{G2}}$. Der gemeinsame Ausgang $A$ liegt genau dann auf 1, wenn keiner der beiden Schalter geschlossen ist. Das bedeutet $A = 0 \Leftrightarrow \overline{f_{G1}} = 1 \vee \overline{f_{G2}} = 1$,also

$$\overline{A} = \overline{f_{G1}} \vee \overline{f_{G2}}$$
$$A = f_{G1} \wedge f_{G2}$$

Durch die Zusammenschaltung der Ausgänge wird das logische Und über die Teilfunktionen erzeugt, welche die einzelnen Open-Collector- bzw. OpenDrain-Gatter mit jeweils einem eigenen Widerstand realisieren würden. Man bezeichnet diese Schaltung als **Wired-AND**. Das Schaltungsprinzip nennt sich **Wired Logic**.

Mittels der soeben angewendeten De Morganschen Regel lässt sich eine Wired-AND-Schaltung in eine **Wired-OR**-Schaltung überführen: $A = f_{G1} \wedge f_{G2} \Leftrightarrow \overline{A} = \overline{f_{G1}} \vee \overline{f_{G2}}$. Durch Invertierung der Ausgangssignale der einzelnen Gatter und des Ausgangs $A$ berechnet die Schaltung in Abb. 7.45 das logische Oder.

Wired-AND und Wired-OR lassen sich auch ohne Gatter mit offenen Ausgängen realisieren. Mit einer passiven Schaltung benötigt man hierzu Dioden und einen Pull-Up- bzw. einen Pull-Down-Widerstand (siehe Abb. 7.46). Ein Inverter, also ein NOT-Gatter, lässt sich mit diesem Ansatz aber nicht realisieren.

Über eine solche Schaltung können Gatterausgänge der gleichen Technologie, z.B. CMOS oder TTL, miteinander verknüpft werden und ein entsprechendes Signal am Ausgang bereitgestellt werden. Allerdings gibt es hier eine Einschränkung. Die Spannungspegel bleiben aufgrund der Schwellspannung der Dioden nicht erhalten. Die simulierte Ausgabe in Abb. 7.46c zeigt, dass beim Wired-OR das H-Ausgangspotential abgesenkt und beim Wired-AND das L-Potential angehoben wird. Es handelt sich um eine nonrestoring Logik.

Unabhängig von der Realisierung lässt sich das Prinzip wie folgt zusammenfassen: Für ein Wired-AND benötigt man eine Schaltung, deren Ausgang hochohmig mit H-Pegel und nieder-

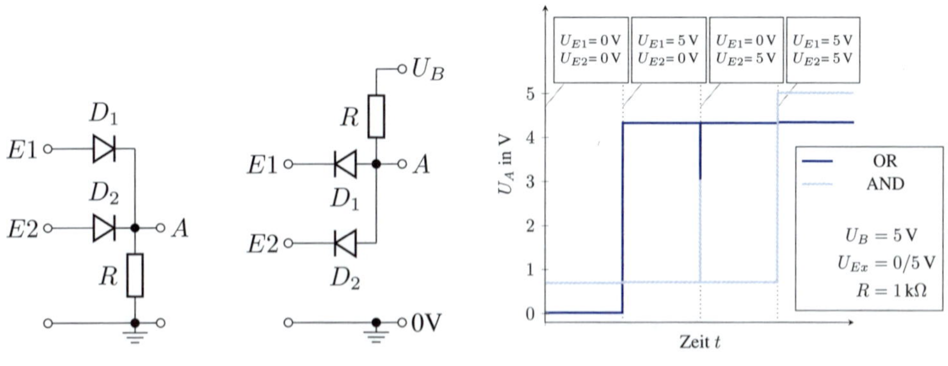


(**a**) Wired OR (**b**) Wired AND (**c**) Signalverlauf: $U_A = f(U_{E1}, U_{E2})$

**Abb. 7.46.:** Wired Logic: schaltalgebraische Verknüpfungen durch Verdrahtung

ohmig mit L-Pegel verbunden ist, und für ein Wired-OR die komplementäre Schaltung. Für H- und L-Pegel setzt man, je nach Technologie, z.B. $U_B$ und Masse ein.

Für den Einsatz eines Gatters in einer Schaltung ist es deshalb wichtig zu wissen, welche Art von Ausgängen das Gatter besitzt. Das kann im Schaltplan beispielsweise durch Symbole gekennzeichnet werden (siehe Abb. 7.47).

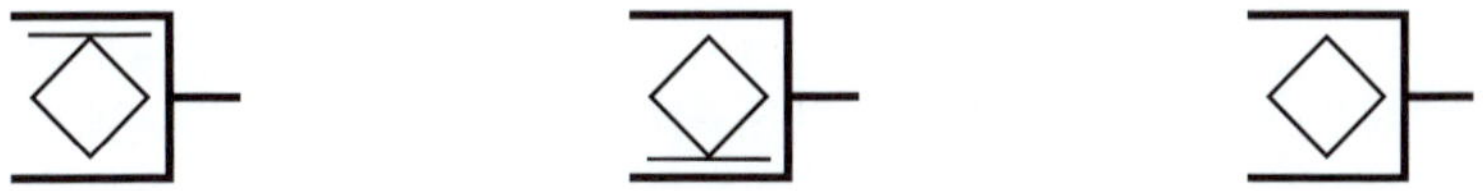

- hochohmig gegen L
- niederohmig gegen H
- geeignet für Wired-OR

- hochohmig gegen H
- niederohmig gegen L
- geeignet für Wired-AND

allgemeines Symbol für offene Ausgänge

**Abb. 7.47.:** IEC-Norm: Symbole für „Offene Ausgänge“

Ein Vorteil der Schaltung 7.46 besteht darin, dass man den Anschluss des Ausgangs $A$ auch als Eingang für eine Schaltung verwenden kann. Wird z.B. in Abb. 7.46a an $E1$ und $E2$ der Wert 0 ausgegeben, so kann die Schaltung hinter den Dioden ein Signal abgreifen, welches über den Ausgang $A$, der damit gleichzeitig Eingang ist, angesteuert wird. Man bezeichnet $A$ dann als bidirektionalen Anschluss. Mit bidirektionalen Ausgangsschaltungen können Ein- und Ausgabeanschlüsse in Mikrocontrollern realisiert werden (siehe die Ausführungen zu Ports in Kapitel 11.4.4).

### 7.4.3. Tri-State

Durch Wired Logic Verschaltung von Ausgängen benötigt man keine zusätzliche Hardware zur Verbindung mehrerer Ausgänge. Allerdings fällt bei allen Wired Logic Schaltungen über den gemeinsamen Arbeitswiderstand eine Spannung und somit eine gewisse Verlustleistung ab.

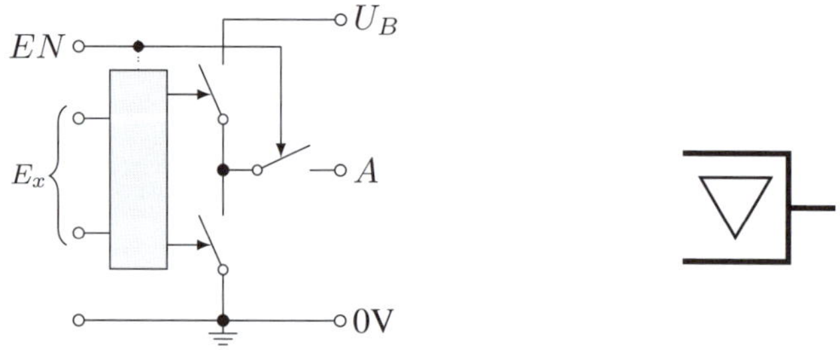


**Abb. 7.48.:** Tri-State: Funktionsweise und Symbol

Um diese Verlustleistung über den Arbeitswiderstand zu vermeiden und trotzdem Ausgänge zusammen schalten zu können, muss jeder Ausgang neben der Ausgabe von 0 und 1 einen dritten, einen hochohmigen Zustand annehmen können. Eine solche Beschaltung bezeichnet man als **Tri-State** und den hochohmigen Zustand mit 'Z'. Eine Tri-State Stufe erlaubt neben der Ausgabe von 0 und 1 auch die „Abtrennung" des Gatters von der Leitung.

Man kann mehrere solcher Tri-State Ausgänge miteinander verbinden, sofern über eine Steuerlogik sicher gestellt wird, dass nur einer der Ausgänge einen von 'Z' verschiedenen Zustand annimmt. Dazu muss an genau einem Gatter die jeweilige Ausgangsschaltung aktiviert werden. Hierfür nutzt man ein Steuersignal, welches meist mit $EN$[1] bezeichnet wird. Abb. 7.48 zeigt den prinzipiellen Aufbau eines Tri-State Ausgangs. Entweder wird bei $EN$=0 die Verbindung zwischen $A$ und der CMOS-Ausgangsstufe unterbrochen oder die Steuerschaltung für die pull-up und pull-down Zweige unterbricht die Verbindung gleichzeitig auf beiden Zweigen.

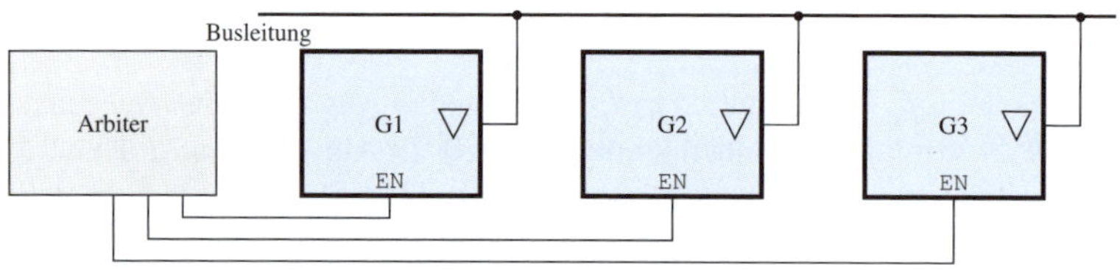


**Abb. 7.49.:** Bus mit Tri-State Gattern und Zugriffssteuerung

Die Abb. 7.49 zeigt die typische Anwendung für einen Tri-State Ausgang. Ein Bus, der von mehreren Teilnehmern genutzt wird, benötigt eine Steuerlogik, die den „schreibenden" Zugriff auf den Bus regelt. Zu einem Zeitpunkt darf nur ein Teilnehmer den Bus ansteuern, während die anderen Teilnehmer vom Bus lesen dürfen. Der *Arbiter* regelt in diesem Beispiel den Zugriff,

[1] $EN$ steht abgekürzt für *enable*, engl. für aktiviert

indem er zu einem Zeitpunkt nur einem Teilnehmer über das EN-Signal den Schreibzugriff gewährt.

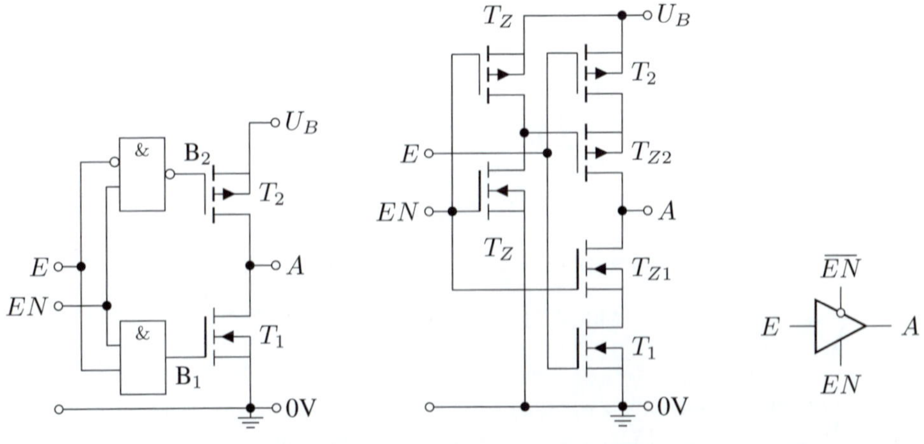


**(a)** TS-CMOS-Inverter mit AND-Gattern **(b)** TS-CMOS-Inverter **(c)** Tri-State-Buffer

**Abb. 7.50.:** Tri-State CMOS-Ausgänge und Tri-State-Buffer

Ein Tri-State Ausgang kann direkt in die Ausgangsstufe eines CMOS-Gatters eingebettet werden (siehe Abb. 7.50a). Die Eingangssignale werden mit dem $EN$-Signal verknüpft. Der Ausgang nimmt nur dann den 0- oder 1-Zustand an, wenn die Schaltung aktiv ist, also wenn $EN$=1 gilt. Andernfalls ist der Ausgang „offen“, also hochohmig und entspricht damit dem Zustand 'Z'. Für einen Inverter mit Eingabe $E$ und $EN$ und einem Tri-State Ausgang muss gelten:

| $EN$ | $E$ | $B_1$ | $B_2$ | $A$ |
|---|---|---|---|---|
| 0 | 0 | 0 | 1 | Z |
| 0 | 1 | 0 | 1 | Z |
| 1 | 0 | 0 | 0 | 1 |
| 1 | 1 | 1 | 1 | 0 |

$$B_1 = EN \cdot E$$
$$B_2 = \overline{EN} + E = \overline{EN \cdot \overline{E}}$$

Ohne die Logikgatter kann das Tri-State-Verhalten durch den Einbau von vier Transistoren direkt in der CMOS-Schaltung integriert werden, wie es in Abb. 7.50b dargestellt wird. Die $T_Z$-Transistoren am Eingang dienen zur Invertierung des $EN$-Signals. Bei aktiviertem $EN$ werden dadurch gleichzeitig im pull-down Zweig der Transistor $T_{Z1}$ und im pull-up Zweig der Transistor $T_{Z2}$ aktiviert und stellen das Signal von $T_1$ oder $T_2$ zum Ausgang durch.

Besitzt ein Gatter keinen Tri-State Ausgang, so kann ein Tri-State-Buffer[1] nachgeschaltet werden. Das Symbol ist in Abb. 7.50c dargestellt. Für den Puffer kann die CMOS-Schaltung aus Abb. 7.50b genutzt werden. Dazu ist lediglich das Eingangssignal zu invertieren. Ein positiver Effekt eines Tri-State-Buffers ist das Wiederherstellen der Logikpegel (*restoring gate*). Man

[1] *Buffer*, engl. für Puffer

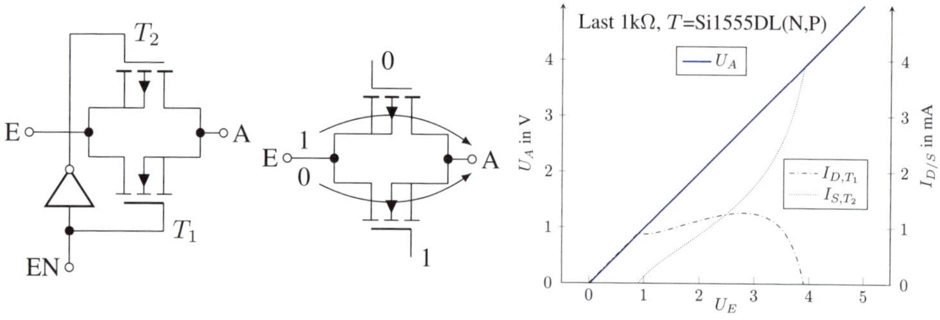


(a) Aufbau (b) Funktionsweise, $EN$=1 (c) $U_A, I_{S/D} = f(U_E)$ bei $EN$=1

**Abb. 7.51.:** Transmission Gate

benötigt hierzu einen höheren Aufwand an Hardware in Form von mehreren Transistoren. Ein einfaches Durchschalten der Eingangswerte auf den Ausgang, abhängig vom $EN$-Signal, kann mit geringerem Hardwareaufwand durch ein Transmission Gate erzielt werden.

## 7.4.4. Transmission Gate

Ein MOS-Transistor arbeitet in einem bestimmten Arbeitsbereich als Schalter. Gesteuert über die Gate-Source Spannung ist der Transistor leitend oder sperrend und kann somit über die Source-Drain-Strecke ein anliegendes Signal weiter leiten. In der Digitaltechnik haben wir zwei Signale: 1, dargestellt durch ein Potential $U_B$, und 0, dargestellt durch das Massepotential. Das Problem bei einem MOS-Transistor als Schalter ist, dass nMOS-Transistoren die 0 gut weiter leiten, die 1 allerdings schlecht. Bei einem pMOS-Transistor ist es umgekehrt.

Die Lösung besteht in der Parallelschaltung eines pMOS- und eines nMOS-Transistors (siehe Abb. 7.51). Vom Aufbau entspricht es dem Analogschalter in Abb. 6.39 auf Seite 197. In der Digitaltechnik bezeichnen wir diese Schaltung als **Transmission Gate** (Abk.: TMG).

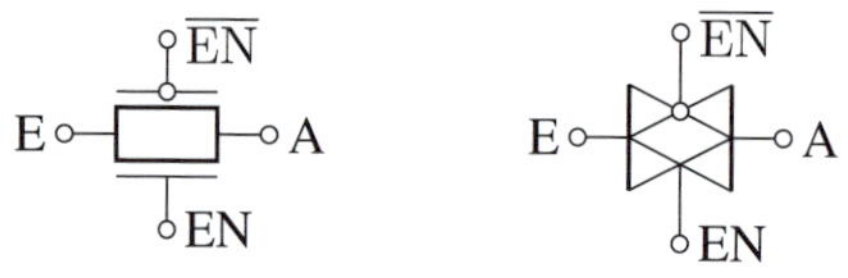


**Abb. 7.52.:** Transmission Gate Symbole

Mit Transmission Gates können Tri-State Ausgänge realisiert werden. Bei den in der Digitaltechnik vorkommenden Potentialen ist ein TMG ein nahezu idealer Schalter, der das Eingangssignal jedoch nicht aufbereitet (*nonrestoring gate*). Für ein Tri-State-Buffer eignet sich ein TMG somit nicht. Aufgrund der Schalterfunktion kann man aber schon allein mit TMGs Logikfunktionen aufbauen.

**Transmission Gate Logik** Liegen die Eingangssignale einer Schaltung gleichzeitig in der invertierten Form vor, so kann mit TMGs der Hardwareaufwand zum Aufbau vieler Logikfunktionen reduziert werden. Dies ist insbesondere in den Schaltungen von Vorteil, in denen das invertierte Signal bereits vorhanden ist (z.B. Flip-Flops, siehe Kapitel 8.3.1, und Differentielle Logik, siehe Kapitel 7.3.4). Das Beispiel in Abb. 7.53 zeigt ein XNOR-Gatter mit Transmission Gates. Das Schaltungsprinzip ähnelt der Pass-Transistor-Logik.

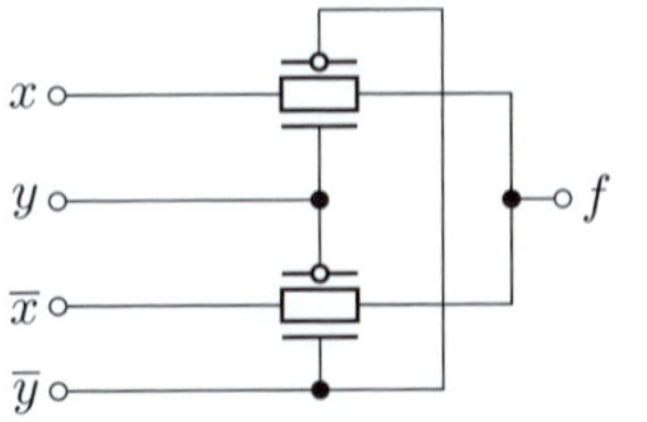


$$f = x \cdot y + \overline{x} \cdot \overline{y} \\ = \overline{x \oplus y}$$

**Abb. 7.53.:** Transmission Gate Logik, Beispiel XNOR

# 7.5. Zielarchitekturen

Die Umsetzung oder Abbildung einer Schaltung in reale Hardware ist Aufgabe der **Synthese von Schaltungen**. Die hier gezeigten Digitalschaltungen können natürlich aus einzelnen diskreten Bauelementen aufgebaut werden. Ebenso können Gatter in Form diskreter Bauelemente erworben und miteinander verschaltet werden. Das ist allerdings nur bis zu bestimmten Größen und Schaltgeschwindigkeiten möglich. Für umfangreichere Schaltungen und bei höheren Verarbeitungsgeschwindigkeiten ist die Einbettung in einen integrierten Schaltkreis erforderlich.

In einem IC müssen die Bauelemente auf dem Träger platziert und miteinander verbunden werden. Hierbei sind viele Punkte zu beachten. Als Beispiel seien der Platzbedarf und die Positionierung der Gatter, die maximale Länge der Verbindungswege und das Abführen der Wärme genannt. Für synchrone sequentielle Schaltungen ist auch die Leitungsführung des Taktsignals wichtig, da es nicht zu Taktverzögerungen kommen darf, die zu Synchronisationsproblemen führt. Wir werden diese Punkte hier nicht betrachten und verweisen auf die Literatur [BM08].

## 7.5.1. ASIC

Im Idealfall kann man natürlich alle möglichen Gatter in beliebigen Technologien auf einem Chip integrieren und nach Belieben untereinander verdrahten. Man erhält einen vollständig anwenderspezifischen Entwurf, ein **ASIC** (*application-specific integrated circuit*).

In der Realität muss man Einschränkungen in Kauf nehmen. So lohnt sich die Herstellung eines ASIC erst ab einer sehr hohen Stückzahl. Für geringere Stückzahlen ist der Aufwand meist zu teuer, sodass man auf andere Technologien, wie beispielsweise PLDs, ausweicht oder man setzt Prozessor-gesteuerte Schaltungen ein. In einer Zeit der massiv ansteigenden Verbreitung von *Mikrorechnern* und *Eingebetteten Systemen* ist abzuwägen, ob die zu realisierende Funktionalität durch eine aus einzelnen Gattern und ICs aufgebaute Schaltung oder durch einen Prozessor in Verbindung mit einer Software realisiert werden soll.

Natürlich besteht ein Prozessor selber aus Millionen Transistoren bzw. Gattern. Dieser ist jedoch als eine Baugruppe, also als ein vorgefertigter IC verfügbar. Da man heutzutage Prozessoren oder Mikrocontroller mit moderatem Platzbedarf, ähnlich wie Grundgatter, fast überall einbetten kann, ist die Frage nicht leicht zu beantworten und es müssen verschiedene Kriterien gegeneinander abgewogen werden. Die Tendenz geht aber zunehmend in Richtung einer universellen, programmierbaren Hardware, die erst durch die Software ihre Funktion erhält (siehe Kapitel 11).

### 7.5.2. PLD

Neben dem nach Kundenwunsch entwickelten ASICs gibt es vorgefertigte digitale ICs, die bei Auslieferung noch keine konkrete Funktion besitzen, sondern erst durch eine entsprechende Konfiguration ihre Funktion erhalten. Diese Systeme werden als **programmierbare logische Schaltungen** (*Programmable Logic Device*, PLD) bezeichnet.

Bezüglich der Konfigurierbarkeit kann man zwischen ein- oder mehrmalig beschreibbaren PLDs unterscheiden und bei letzterem auch noch zwischen einer flüchtigen und nicht-flüchtigen Speicherung der Konfiguration bzgl. einer Unterbrechung der Energieversorgung.

Eine andere Unterscheidung besteht in der Art des Aufbaus eines PLDs. Zwei dieser PLD-Architekturen stellen wir hier kurz vor.

#### PLA

Der Begriff PLA steht für *Programmable Logic Array*. Dabei handelt es sich um programmierbare Logikschaltungen, die sich aus einem AND- und einem OR-Feld zusammen setzen. Die Abb. 7.54 skizziert den Aufbau.

Ein PLA realisiert eine Abbildung $\{0,1\}^n \to \{0,1\}^m$. An den Knoten der Verbindungsleitungen dieser Felder werden über die Konfiguration Verbindungen zwischen den horizontalen und vertikalen Leitungen erzeugt. Zur Trennung der Potentiale der Eingangsleitung werden dazu z.B. Dioden als Verbindungselemente geschaltet. Es handelt sich somit um eine (konfigurierbare) Wired Logic nach Abb. 7.46 auf Seite 261. Da es sich um eine nonrestoring Schaltung handelt, wird an den Ausgängen ein Puffergatter nachgeschaltet. Es sind auch andere PLA-Varianten möglich, z.B. mit Transistoren statt Dioden und Verzicht auf die Ausgangspuffer.

Das linke Feld übernimmt die Funktion einer AND-Verknüpfung, das rechte Feld die einer OR-Verknüpfung. Die zwischen den Feldern verlaufenden Verbindungen stellen *Produktterme* (konjunktive Verknüpfung von Eingangsvariablen) dar, aus denen die jeweilige Funktion $f_i$ im OR-Feld ausgewählt werden kann. Somit lassen sich in disjunktiver Form dargestellte

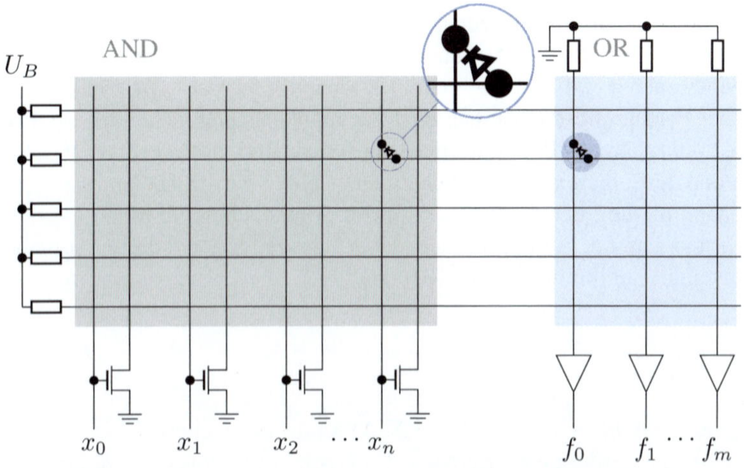


**Abb. 7.54.:** Aufbau eines *Programmable Logic Arrays* (PLA)

boolesche Funktionen sofort auf ein PLA umsetzen, das AND-Feld führt die konjunktiven Verknüpfungen der Eingangsvariablen durch und das OR-Feld deren anschließende Disjunktion zum Ergebniswert.

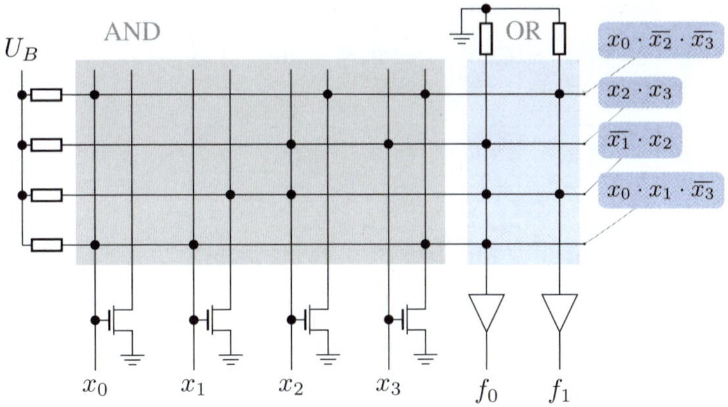


**Abb. 7.55.:** Beispiel einer PLA-Schaltung

In dem in Abb. 7.55 dargestellten Beispiel wurden die programmierbaren Verbindungsdioden als Verbindungspunkte eingezeichnet. Die Funktion $f : \{0,1\}^4 \rightarrow \{0,1\}^2$ lautet:

$$f_0 = x_2 \cdot x_3 + \overline{x_1} \cdot x_2 + x_0 \cdot x_1 \cdot \overline{x_3}$$
$$f_1 = x_0 \cdot \overline{x_2} \cdot \overline{x_3} + \overline{x_1} \cdot x_2$$

An dem Beispiel können wir außerdem folgendes erkennen: Je nach Anzahl $n$ der verfügbaren Eingangsleitungen und $m$ Ausgangsleitungen können mit einem PLA (fast) beliebige boolesche Funktionen $f : \{0,1\}^n \rightarrow \{0,1\}^m$ realisiert werden. Die Einschränkung liegt in der „Höhe" der Felder. Diese Höhe begrenzt die zur Verfügung stehenden Produktterme oder anders ausgedrückt: je mehr Produktterme erforderlich sind, desto größer ist die erforderliche PLA-Fläche und desto teurer wird die Schaltung. Ziel bei der Implementierung in ein PLA ist deshalb die Minimierung der disjunktiven Form, primär durch Minimierung der Anzahl der Produktterme und damit der erforderlichen „Höhe" des Feldes. Mit dieser Aufgabe beschäftigt sich die zweistufige Logikminimierung [BM08].

## FPGA

Die *Field Programmable Gate Arrays* (FPGA) sind eine weitere PLD-Variante. In einem FPGA gibt es keine verdrahteten Bereiche für bestimmte boolesche Verknüpfungen. Dafür werden programmierbare Logikblöcke verwendet. Diese werden als **CLB** (*configurable logic blocks*) oder **LAB** (*Logic Array Block*) bezeichnet[1]. Die Blöcke sind über ein programmierbares Netzwerk miteinander und mit den Ein- und Ausgängen verbunden. Der Aufbau entspricht meist einer matrixförmigen Struktur, andere Varianten (zeilenbasiert oder hierachische PLDs) sind aber auch vorzufinden.

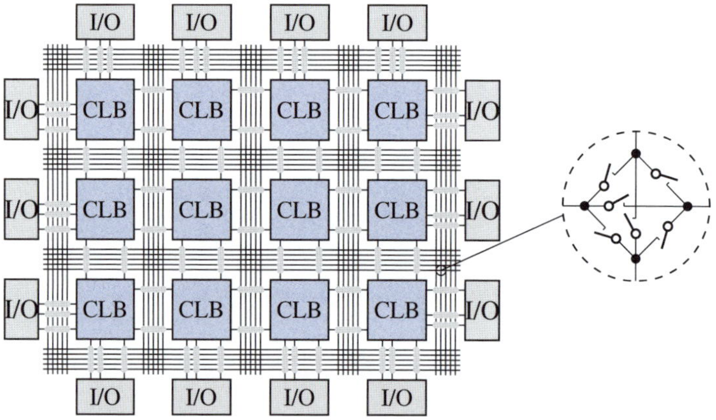


**Abb. 7.56.:** Aufbau eines *Field Programmable Gate Arrays* (FPGA)

Die Logikblöcke realisieren Funktionen, deren Komplexität vom Aufbau der Blöcke abhängt. Ein Beispiel für einen Logikblock zeigt die Abb. 7.57.

Es gibt verschiedene Arten von Logikblöcken. Manche basieren auf Multiplexern (siehe Kapitel 8.2.1). Häufiger anzutreffen sind die in Abb. 7.57 dargestellten, auf LUTs basierenden Logikblöcke. *LUT* steht für Lookup-Table. Über die am Eingang der LUT angelegte Adresse wird eine Zeile der Tabelle ausgewählt und der enthaltene Wert ausgegeben. In einem FPGA

[1] Die Bezeichnung CLB oder LAB wird herstellerabhängig verwendet.

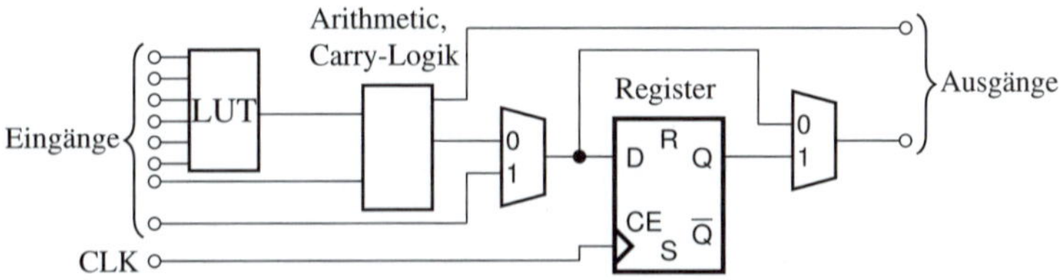


**Abb. 7.57.:** Beispiel für einen FPGA-Logikblock

werden LUTs mit 4 bis 6 Eingängen und ein oder mehreren Ausgängen verwendet. Somit können durch einen Logikblock boolesche Funktionen mit bis zu 6 Eingängen realisiert werden. Außerdem sind in den Logikblöcken taktgesteuerte Register (siehe Kapitel 8.3.1) zur Speicherung von Werten enthalten. Das erlaubt den Aufbau sequentieller Schaltungen in einem FPGA.

In dem dargestellten Beispiel-Logikblock ist außerdem eine Einheit für die Verarbeitung arithmetischer Operationen mit Überlauf dargestellt. Dies muss jedoch nicht bei jedem FPGA in den Logikblöcken enthalten sein.

Alle FPGAs besitzen ein programmierbares Verbindungsnetzwerk (siehe Abb. 7.56). Darüber werden die Ein- und Ausgänge der Logikblöcke verknüpft. Die I/O-Blöcke ermöglichen die Kopplung der Signale von der Außenschaltung mit denen des FPGAs.

## 7.6. Fragen und Aufgaben

7.1 Gegeben sei der folgende BDD. Geben Sie einen booleschen Ausdruck in disjunktiver und konjunktiver Form für die durch den BDD dargestellte Funktion an.

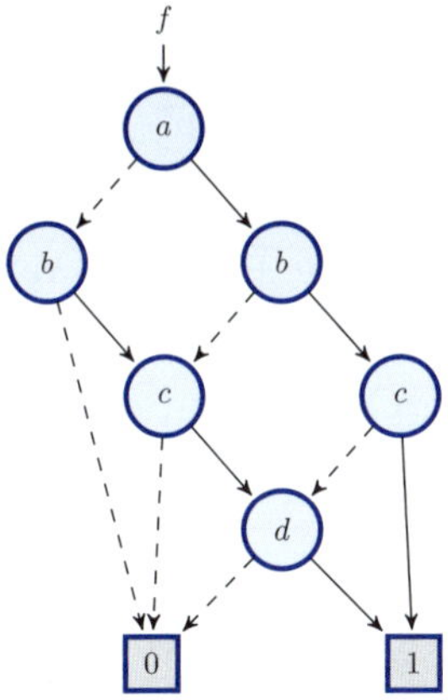


7.2 Leiten Sie die Gesetze der booleschen Algebra aus den Axiomen her.

7.3 Beweisen Sie: Jede Digitalschaltung lässt sich allein mit NAND-Gattern realisieren. Zeigen Sie dies auch für NOR-Gatter.

7.4 Geben Sie einen Ausdruck in „kanonischer“ und einer „reduzierten“[1] disjunktive Normalform (DNF) für folgende Funktionen: $f(a, b, c, d) \rightarrow \{0, 1\}$ an:

$$f_1 := ((a + b) \cdot (a + \overline{c})) + (b \cdot \overline{a})$$

$$f_2 := ((b + \overline{d}) \cdot (\overline{b} + d)) \cdot (a + c)$$

7.5 Die Abb. 7.22c zeigt einen Transistor, der als Schalter im TTL-5 V-Technik arbeiten soll. Für die Pegel gelten die in Abb. 7.1 angegebenen Spannungswerte, also für den Eingang die Bereiche $U_{Lin} \leq 0{,}8\,\text{V}$, $U_{Hin} \geq 2{,}2\,\text{V}$ und für den Ausgang die Bereiche $U_{Lout} \leq 0{,}4\,\text{V}$, $U_{Hout} \geq 2{,}6\,\text{V}$.

Der Transistor arbeitet im Sättigungsbereich mit fünffacher Übersteuerung. Dabei beträgt die Kollektorrestspannung $U_{CE_{sat}} = 200\,\text{mV}$, der Kollektorstrom $I_{C_{sat}} = 1\,\text{mA}$, die Gleichstromstromverstärkung $B = 100$ und die Betriebsspannung der Schaltung 5 V.

Um die Übersteuerung[2] zu berücksichtigen, wählen Sie den Basisstrom $I_B$ fünf mal so groß, wie er sich aus $I_{C_{sat}}$ und $B$ ergibt.

- Dimensionieren Sie die Widerstände $R_C$ und $R_B$!
- Wie klein darf ein angeschlossener Lastwiderstand $R_L$ werden, damit die geforderten Pegelbereiche nicht verlassen werden?
- Welchen Ausgangslastfaktor (fan-out) hat die Schaltung?
- Prüfen Sie, ob Ihre Schaltung mit den berechneten Werten alle geforderten Pegel einhält.

7.6 Entwerfen Sie die Schaltung für ein XOR-Gatter in CMOS-Technologie.

7.7 Geben Sie die CMOS-Schaltung für folgende Funktion an: $f = \overline{a} \cdot b + a \cdot \overline{c} + b \cdot \overline{c}$. Versuchen Sie, den Ausdruck zu vereinfachen.

7.8 Beantworten Sie folgende Fragen:

- Was passiert bei Überschreiten des Fan-Outs? Welche negativen Auswirkungen kann dies in einer Schaltung haben?
- Wozu hilft ein überdimensionierter Fan-Out?

[1] Die „reduzierte“ disjunktive Normalform soll für dieses Beispiel ein Ausdruck sein, mit 1.) einer möglichst geringen Anzahl an Disjunktionen und 2.) einer möglichst geringen Anzahl an Literalen.

[2] Der Übersteuerungsfaktor $\ddot{u}$ gibt an, um wie viel größer der Basisstrom gegenüber der Sättigungsgrenze $\ddot{u} = \frac{I_B}{I_{B0}}$ ist. $I_{B0}$ ist der Basisstrom, bei dem die Sättigung eintritt.

7.9 Bestimmen Sie für das NAND-Gatter aus Abb. 7.26a, z.B. mittels eines geeigneten Simulators[1] die Ausgangsspannung für den Fall, dass am Eingang mit Grenzpegeln der CMOS-Serie 74HC gearbeitet wird (1,3 V und 3,15 V, siehe Tabelle 7.2). Setzen Sie für $R_1$–$R_6$ Widerstände der Größe 10 kΩ und für die Transistoren und die Diode gängige Si-Typen aus der Bauteilbibliothek des Simulators ein. Bestimmen Sie außerdem die zeitliche Verzögerung am Ausgang beim Umschalten beider Eingangsspannungen von 0 V auf 5 V.

7.10 Berechnen Sie die Stromaufnahme der in Abb. 7.26a gezeigten Schaltung für die verschiedenen Eingangsbelegungen von $E_1$ und $E_2$ bei einer ohmschen Ausgangslast von 1 kΩ gegen Masse.

7.11 Erklären Sie das Verhalten der Schaltung in Abb. 7.30. Warum wird das gewünschte H-Potential am Ausgang nicht erreicht?

7.12 Erklären Sie außerdem das Verhalten einer Schaltung nach Abb. 7.28, bei der jedoch ein pMOS-Transistor eingesetzt wird, dessen Drain-Anschluss mit der Masse (0 V) verbunden ist. Warum wird mit dieser Schaltung am Ausgang das Massepotential nicht erreicht?

7.13 Entwickeln Sie eine nMOS- und eine pMOS-Schaltung mit drei Eingängen, die einen Schwellwertschalter realisiert. Die Schaltung soll den Ausgang genau dann auf H legen, wenn an mindestens zwei Eingängen H anliegt.

7.14 Entwickeln Sie eine differentielle Pass-Transistor-Schaltung für die Logikfunktionen XOR und XNOR.

7.15 Entwerfen Sie eine PLA-Konfiguration für einen Volladdierer, dessen Funktion in Abb. 7.6 dargestellt ist.

7.16 Entwickeln Sie eine PLA-Schaltung, die auf Basis von nMOS-Transistoren statt Dioden arbeitet. Unter Umständen müssen Sie dafür Signale (auch an den Ausgängen) invertieren.

7.17 Realisieren Sie mit der LUT des Funktionsblocks aus Abb. 7.57 die Funktion eines Schwellwertschalters mit 6 Eingängen. Dieser Schwellwertschalter gibt 1 aus, wenn mindestens 4 Eingänge den Wert 1 annehmen. Geben Sie dazu die Einträge der LUT an.

7.18 Diese Aufgabe bezieht sich auf die vorhergehende Aufgabe. Angenommen, die Arithmetic-/Carry-Logik aus Abb. 7.57 ist ein Halbaddierer, dessen Summenausgang an den nachgeschalteten Multiplexer anliegt und dessen Übertragsausgang zum oberen Ausgang des FPGA-Logikblocks geschaltet wird. Wie müssen die Multiplexer konfiguriert und die restlichen Eingangsleitungen angesteuert werden, damit die invertierte Funktion des Schwellwertschalters asynchron zum Takt am oberen Ausgang des Logikblocks zur Verfügung steht und der nicht invertierte Funktionswert taktsynchron am unteren Ausgang?

[1] Verweise auf gängige Simulationsprogramme finden Sie auf der Internetseite zum Buch.

# 8. Kombinatorische und sequentielle Digitalschaltungen

## 8.1. Übersicht

**Kombinatorische Schaltungen** oder **Schaltnetze** entsprechen einer Abbildung der Eingangswerte auf die Ausgangswerte. Die Ausgangswerte hängen hierbei nur von den aktuell anliegenden Eingangswerten, aber nicht vom inneren Zustand der Schaltung ab. Die Schaltung hat kein Gedächtnis. Es gibt keine Rückkopplung der Signale aus der Schaltung auf die Eingänge, so wie es bei sequentiellen Schaltungen der Fall ist. Kombinatorische Schaltungen spielen aber auch in der sequentiellen Technik eine grundlegende Rolle (siehe Abb. 8.1).

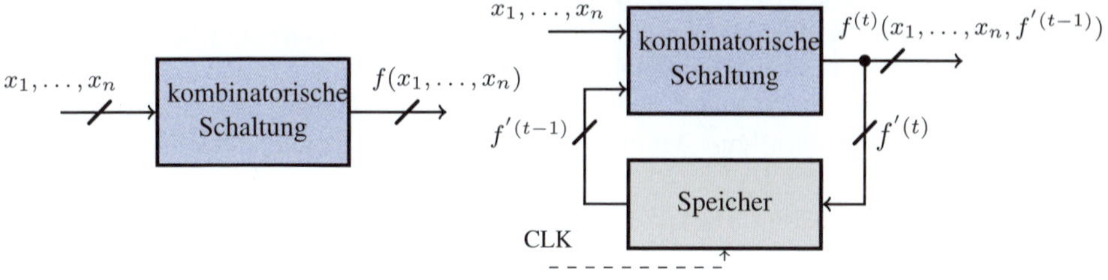


**Abb. 8.1.:** Kombinatorische Schaltungen als Bestandteil sequentieller Systeme

In **sequentiellen Schaltungen**, auch als **Schaltwerke** bezeichnet, werden Signale auf die Eingänge einer kombinatorischen Schaltung zurück geführt. Diese Rückführung kann durch die Schaltung (asynchron) oder durch einen Takt (synchron) gesteuert erfolgen. Auf sequentielle Schaltungen gehen wir in Kapitel 8.3 ein. Zuerst werden wir uns einige kombinatorische Grundschaltungen anschauen. Die Technologie zur Realisierung spielt dabei nur eine untergeordnete Rolle und soll hier nicht weiter betrachtet werden. Wir abstrahieren davon in Form von Gattern, die (fast) beliebig untereinander verbunden werden können.

## 8.2. Kombinatorische Grundschaltungen

Die logischen Grundfunktionen ermöglichen den Aufbau kombinatorischer Grundschaltungen (siehe Anhang A.6). Neben den einfachen Verknüpfungen, die bereits durch ein binäres Gatter erfolgen können, wollen wir hier einige der häufiger eingesetzten, komplexeren Schaltungen vorstellen, die in jedem Rechner zu finden sind. Anhand des Addierers werden wir zudem beispielhaft erklären, wie man von einer einfachen, kompakten und langsamen Schaltung zu einer schnelleren, dafür aber auch aufwendigeren Schaltung gelangt. Hieran ist gut ein Problem der Praxis zu erkennen: die Beschleunigung einer Schaltung bedingt häufig eine höhere Komplexität, was sich im Platzbedarf und damit in den Kosten widerspiegelt.

## 8.2.1. Multiplexer und Demultiplexer

Zu den einfachen Grundschaltungen zählen die Multiplexer und Demultiplexer. Sie werden auch als auswählendes und verteilendes Schaltnetz bezeichnet.

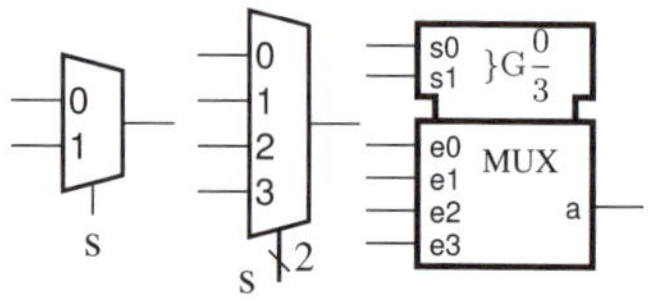


**Abb. 8.2.:** Symbole für Multiplexer

Ein **Multiplexer** erlaubt die Auswahl des Datenflusses durch ein Steuersignal $s$ (*select*). In Abhängigkeit der Belegung des Steuersignals, wird einer der $n$ Eingänge auf den Ausgang gelegt, d.h. der Multiplexer realisiert eine $n$-zu-1 Selektion. Das Steuersignal gibt dabei die Nummer des Eingangs, der auf den Ausgang gelegt wird, an. Bei binärer Kodierung des Steuersignals $s$ werden für $n$ Eingänge $\lceil \log_2 n \rceil$ Leitungen benötigt, mit anderen Worten, ein Bus der Breite $\lceil \log_2 n \rceil$. Für die Auswahl zwischen 2 Eingängen reicht eine Steuerleitung aus. In Abb. 8.2 sind die gebräuchlichen Symbole für Multiplexer dargestellt. Nach der Anzahl der Eingänge bezeichnet man eine solche Schaltung als $n$-Multiplexer oder $n$-zu-1 Multiplexer. Abb. 8.3 zeigt mögliche Realisierungen eines Multiplexers.

| $s_0$ | $e_0$ | $e_1$ | a |
|---|---|---|---|
| 0 | 0 | 0 | 0 |
| 0 | 0 | 1 | 0 |
| 0 | 1 | 0 | 1 |
| 0 | 1 | 1 | 1 |
| 1 | 0 | 0 | 0 |
| 1 | 0 | 1 | 1 |
| 1 | 1 | 0 | 0 |
| 1 | 1 | 1 | 1 |

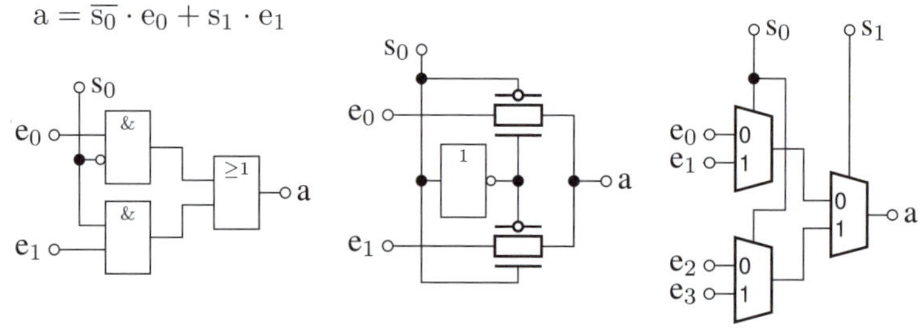


**(a)** mit Logikgattern **(b)** mit Transmission Gates **(c)** kaskadierter Aufbau

**Abb. 8.3.:** Aufbau eines Multiplexers

Diese Schaltung kann, so wie in Abb. 8.3c gezeigt, kaskadiert aufgebaut werden und erlaubt somit, zwischen mehr als zwei Eingängen umzuschalten.

Der **Demultiplexer** arbeitet als Umkehrung zum Multiplexer, hat also neben dem Select-Eingang nur noch einen weiteren Eingang. Dessen Wert wird auf einen der $n$ Ausgänge abgebildet. Die Auswahl des Ausgangs erfolgt über das Select-Signal. Das Symbol entspricht dem des Multiplexers. Über die Beschriftung der Ein- und Ausgänge wird die Funktion des Demultiplexers erkennbar.

Wie die Abb. 8.4 zeigt, kann mittels eines Multiplexers und Demultiplexers ein Übertragungskanal für mehrere Verbindungen genutzt werden. Allerdings kann zu einem bestimmten Zeitpunkt nur eine der Verbindungen aktiv sein. Den aktiven Kanal bestimmt das Select-Signal.

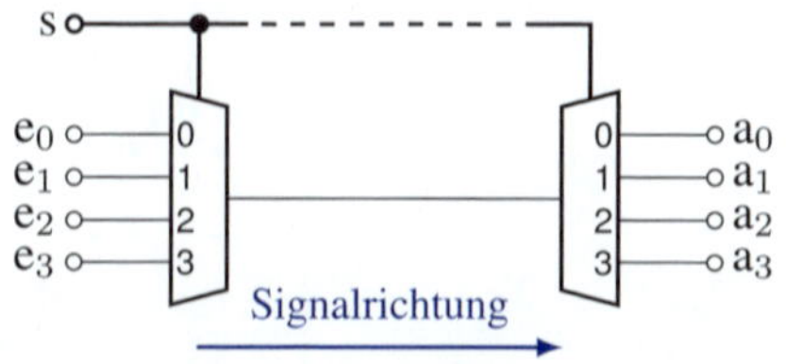


**Abb. 8.4.:** Mehrfachbelegung eines Übertragungskanals

## 8.2.2. Kodierer, Dekodierer und Codeumsetzer

**Kodierer** und **Dekodierer** (häufig werden auch die englischen Begriffe **Decoder** und **Encoder** verwendet) dienen der Umsetzung einer Eingangskodierung auf eine Ausgangskodierung.

Als Kodierer bezeichnet man eine Schaltung, bei der jedem Eingang ein binär kodierter Ausgangswert zugeordnet wird, wobei immer nur eine Eingangsleitung gleichzeitig aktiv sein darf. Es handelt sich um eine Umwandlung eines 1-aus-$n$ Codes in einen binären Code.

Als Gegenstück wandelt der Dekodierer einen binären Eingangscode derart um, dass immer nur ein Ausgang aktiv ist. Es ist die Umwandlung in einen 1-aus-$n$ Code.

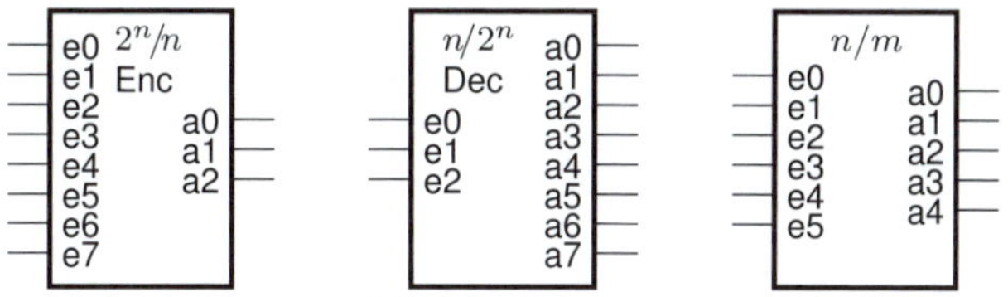


(**a**) 3-Bit Kodierer (**b**) 3-Bit Dekodierer (**c**) 6/5-Codeumsetzer

**Abb. 8.5.:** Kodierer und Dekodierer

Kodierer und Dekodierer gehören zu den **Codeumsetzern**. Ein $m$-zu-$n$ Codeumsetzer, auch als $m$-zu-$n$ Kodierer bezeichnet, ist eine Schaltung, welche die Form der kodierten Information ändert. Das kann im einfachsten Fall die Abbildung eines parallel an den Eingängen anliegenden Codes auf einen taktgesteuerten seriellen Ausgabestrom sein[1] (siehe Schieberegister auf

[1] Bei der Umwandlung parallel/seriell handelt es sich nicht mehr um eine kombinatorische Schaltung.

Seite 306) sowie der umgekehrte Fall oder eine beliebige $m$-zu-$n$ Abbildung, wie z.B. zur Ansteuerung einer 7-Segment-Anzeige:

**Beispiel 8.1 (Ansteuerung einer 7-Segment-Anzeige für Hexziffern)**

Eine 7-Segment-Anzeige kann eine hexadezimale Ziffer, also Werte zwischen 0-15, dargestellt durch die Ziffern 0-9 und die Buchstaben A-F, ausgeben.

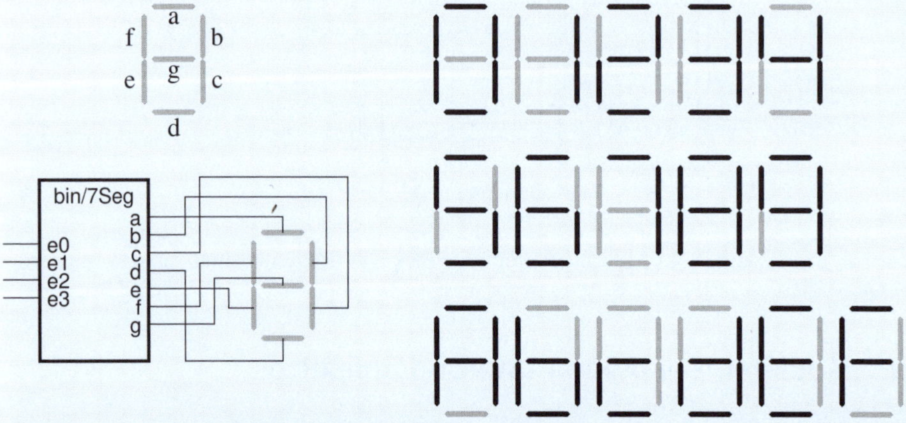


Die 7 Eingänge der Anzeige werden vom Codeumsetzer angesteuert, der seinerseits 4 Eingänge besitzt, an denen die binär kodierte Hexziffer anliegt.

Eine triviale Variante zum Aufbau dieses Codeumsetzers ist die Zusammenschaltung eines Dekodierers mit einem Kodierer. In unserem Beispiel hat der Dekodierer 16 Ausgänge, bei denen für jede hexadezimale Ziffer von 0 bis F genau ein Ausgang aktiv ist. Für die Kodierung der 7-Bit-Anzeige wird ein 7-Bit Kodierer mit 128 Eingängen benötigt. Davon werden aber nur die 16 Eingänge genutzt, bei denen eine hexadezimale Ziffer ausgegeben wird, die anderen Eingänge führen zu Darstellungen, die für hexadezimale Ausgabe nicht benötigt werden. Die genutzten Eingänge des Kodierers werden mit den Ausgängen des Dekodierers über ein Verbindungsnetzwerk verschaltet. Betrachten wir dazu die Ziffer 0 (aktive Segmente: a,b,c,d,e und f). Der zugehörige 7-Bit-Wert (a,b,c,d,e,f,g) = (1,1,1,1,1,1,0) ist dezimal 126. Demzufolge wäre der Ausgang `a0` des Dekodierers mit dem Eingang `e126` des Kodierers zu verbinden, wie die folgende Abbildung zeigt. Analog sind die anderen 15 Werte zu verschalten:

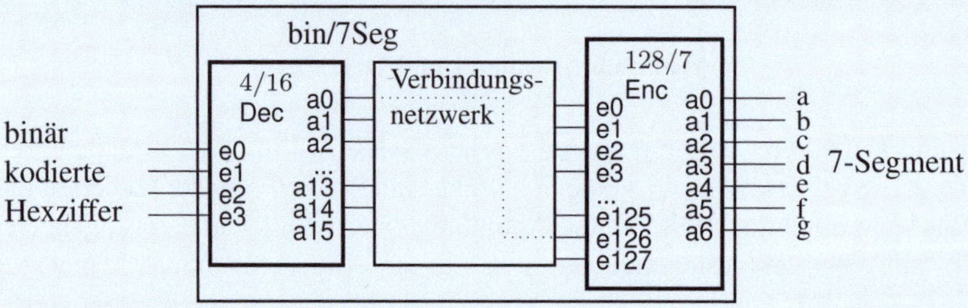

Dieser Aufbau des Codeumsetzers ist aufgrund des hohen Hardware-Bedarfs nicht optimal. Man kann den 7-Bit Kodierer durch eine einfache Schaltung ersetzen, welche das Steuersignal für jedes der Segmente durch eine disjunktive Verknüpfung der Ausgangssignale des Dekodierers erzeugt:

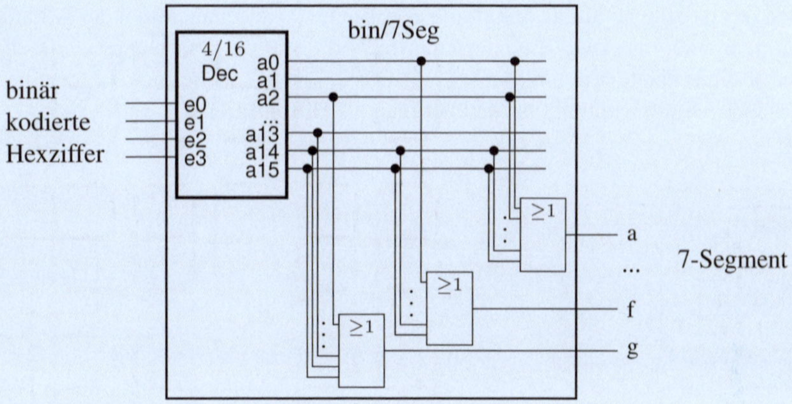


Andere Beispiele für Codeumsetzer finden wir im Prozessor eines Rechners. Dort benötigt man sie z.B. bei der Dekodierung der Befehlsstruktur (siehe Kapitel 11.7.2). Die Befehlsworte eines Prozessors enthalten die Steueranweisungen für die einzelnen Teile des Prozessors. Ein Prozessorbestandteil ist die Arithmetisch Logische Einheit (ALU). Dieser Baustein führt verschiedene Operationen, wie z.B. Additionen oder logische Verknüpfungen mit den Daten innerhalb des Prozessors aus (siehe Kapitel 8.2.5). Für die jeweils auszuführende Operation benötigt die ALU eine als ALU-Opcode bezeichnete Steueranweisung, die sie aus dem aktuell vom Prozessor abzuarbeitenden Befehl erhält. Dazu muss der Befehl dekodiert werden, die Anweisung für die ALU entnommen und in den Opcode für die ALU umgewandelt werden:

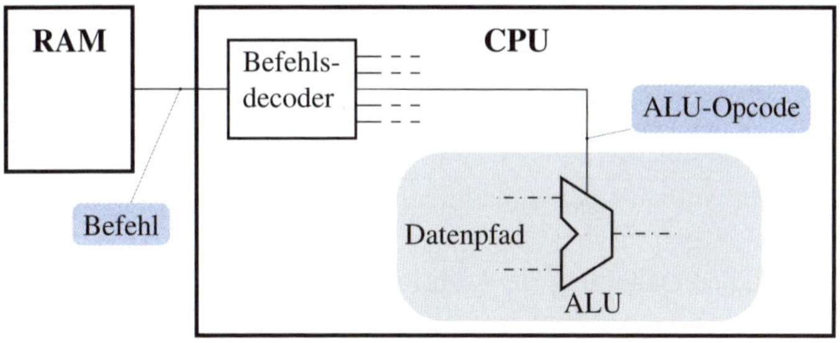


**Abb. 8.6.:** Codeumsetzer im Prozessor

### 8.2.3. Halb- und Volladdierer, Addiererschaltungen

Zu den grundlegenden, an vielen Stellen benötigten kombinatorischen Schaltungen zählt die Addition oder Subtraktion zweier Bits. Wie die Addition positiver binärer Zahlen funktioniert, haben wir bereits im Kapitel 7.2.1 kennen gelernt.

Wir wollen uns hier die benötigte Schaltung etwas genauer anschauen. Bei der Addition zweier Bits $x$ und $y$ erhalten wir zwei Bits, das Übertragsbit $c$ und das Summenbit $s$, die die Summe von $x$ und $y$ binär darstellen, d.h. $2c +_{int} s = x +_{int} y$ ($+_{int}$ bezeichnet hier die Addition ganzer Zahlen). Diese Schaltung bezeichnet man als **Halbaddierer**:

| $x$ | $y$ | $s$ | $c$ |
|---|---|---|---|
| 0 | 0 | 0 | 0 |
| 0 | 1 | 1 | 0 |
| 1 | 0 | 1 | 0 |
| 1 | 1 | 0 | 1 |

$$s = \overline{x} \cdot y + x \cdot \overline{y}$$
$$= x \oplus y$$
$$c = x \cdot y$$

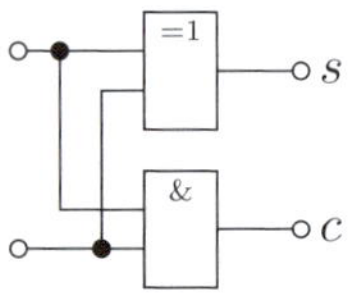


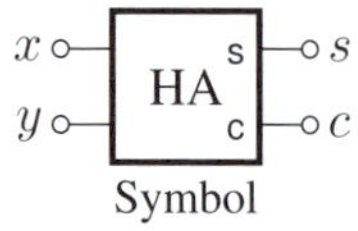


**Abb. 8.7.:** Aufbau eines Halbaddierers

Sollen mehr als zwei Bits addiert werden, so benötigt man dafür eine Teilschaltung, welche neben der Addition zweier Bits auch den Übertrag der vorhergehenden Schaltung aufaddieren kann. Diese Schaltung besitzt neben den beiden Eingängen $x$ und $y$ einen weiteren Eingang $c_{in}$. Wir haben auch diese Schaltung bereits im Kapitel 7.1.1 unter dem Namen **Volladdierer** kennen gelernt und im Kapitel 7.3.3 deren Realisierung in Form einer CMOS-Schaltung.

Zur Vervollständigung sei hier noch der Aufbau eines Volladdierers aus zwei Halbaddierern gezeigt.

$$s = x \oplus y \oplus c_{in}$$
$$c_{out} = x \cdot y + c_{in} \cdot (x \oplus y)$$

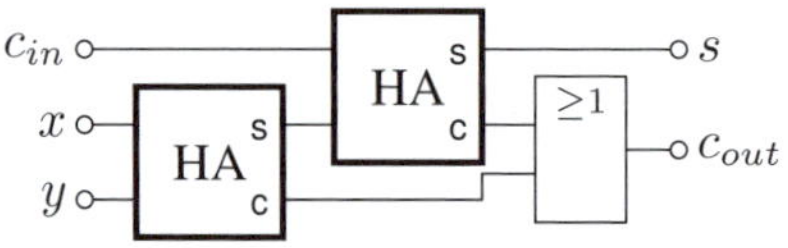


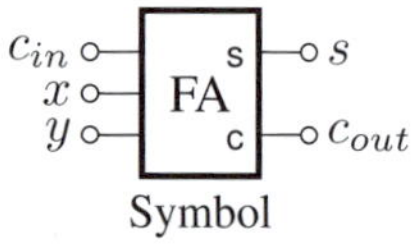


**Abb. 8.8.:** Aufbau eines Volladdierers (*Full-Adder*) aus Halbaddierern

Für die komplette Addiererschaltung zur Addition (und Subtraktion) zweier $n$-Bit-Zahl können mehrere Volladdierer zu einem $n$-Bit Carry-Ripple-Addierer[1] (*CR-Adder*) zusammen geschaltet werden. Den Aufbau eines CR-Adders für zwei Zahlen $X$ und $Y$ mit $X = x_{n-1}, \ldots, x_0$ und $Y = y_{n-1}, \ldots, y_0$ zeigt die Abb. 8.9.

[1] Der Name Carry-Ripple kommt vom englischen Wort *ripple* für *rieseln* und beschreibt eine Eigenschaft dieses Addierers: ein entstehender Übertrag wird zum jeweils nächsten Volladdierer weiter gereicht.

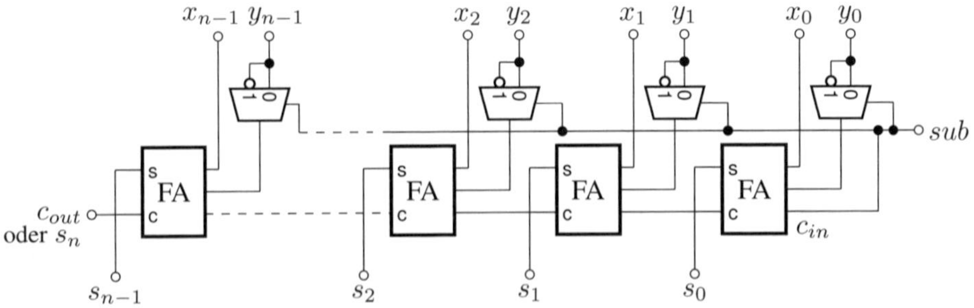


**Abb. 8.9.:** Carry-Ripple-Addierer und Subtrahierer

Diese Schaltung entspricht im Wesentlichen der schaltalgebraischen Gleichung 7.1 auf Seite 207, mit dem Unterschied, dass sie nicht nur natürliche, sondern auch ganzzahlige Werte addieren kann. Hierzu müssen wir uns auf eine Darstellung der negativen Zahlen festlegen. Hier bietet sich die im Anhang A.5.2 aufgezeigte Zweierkomplementdarstellung an. Mit der Zweierkomplementdarstellung kann mit der Schaltung sowohl addiert, als auch subtrahiert werden. Für die Subtraktion $X - Y$ muss man zuvor die Bits des Minuenden invertieren (Eingang 1 der Multiplexer in Abb. 8.9) und den eingehenden Übertrag der Schaltung ($c_{in}$ des Volladdierers für $x_0$ und $y_0$) auf 1 setzen. Die Schaltung addiert $X$, $\overline{Y}$ und 1. Diese bitweise Invertierung und die Addition der eingehenden 1 liefert den negativen Wert von $Y$. Seien

$$Y = (y_{n-1}, \ldots, y_0) = \sum_{i=0}^{n-2} \left(y_i \cdot 2^i\right) - y_{n-1} \cdot 2^{n-1}$$

$$\overline{Y} = (\overline{y_{n-1}}, \ldots, \overline{y_0}) = \sum_{i=0}^{n-2} \left(\overline{y_i} \cdot 2^i\right) - \overline{y_{n-1}} \cdot 2^{n-1}$$

dann gilt für $\overline{Y} + 1$

$$\begin{aligned}
\overline{Y} + 1 &= \sum_{i=0}^{n-2} \left(\overline{y_i} \cdot 2^i\right) - \overline{y_{n-1}} \cdot 2^{n-1} && +1 \\
&= \sum_{i=0}^{n-2} \left((1 - y_i) \cdot 2^i\right) - (1 - y_{n-1}) \cdot 2^{n-1} && +1 \\
&= \underbrace{\sum_{i=0}^{n-2} \left(2^i\right) - 2^{n-1}}_{2^{n-1}-1} - \underbrace{\sum_{i=0}^{n-2} \left(y_i \cdot 2^i\right) - y_{n-1} \cdot 2^{n-1}}_{Y} + 1 \\
&= -Y
\end{aligned}$$

Somit wird bei Anlegen von $sub = 1$ der negative Wert von $Y$ aufaddiert, also $Y$ von $X$ subtrahiert. Die in Abb. 8.9 gezeigte Schaltung ist demnach ein Addierer und Subtrahierer für Binärzahlen in der Zweierkomplementdarstellung.

Der Nachteil des sehr kompakten Carry-Ripple-Addierers ist seine eher langsame Schaltgeschwindigkeit. Wir werden später noch sehen, dass die Geschwindigkeit einer kombinatorischen Schaltung wichtig ist, insbesondere dann, wenn sie zum Bestandteil einer getakteten sequentiellen Schaltung wird. Betrachten wir den längsten Pfad der CR-Schaltung, so müssen wir im worst-case Fall den Übertrag vom hinteren bis zum vorderen Volladdierer propagieren. Der Übertrag wird in jeder Schaltung über zwei Gatter (siehe den Aufbau eines Volladdierers) weiter gereicht und würde somit insgesamt $2 \cdot n$ Gatter durchlaufen. Die asymptotische obere Schranke für einen $n$-Bit Carry-Ripple-Addierer ist $\mathcal{O}(n)$ Gatter.

**$\mathcal{O}$-Notation**

Die $\mathcal{O}$-Notation dient der Beschreibung des asymptotischen Verhaltens einer Funktion. Sie wird in der Informatik insbesondere zur Abschätzung und zum Vergleich der Laufzeit und des Platzbedarfes von Algorithmen genutzt. Sie eignet sich damit auch zum Vergleich der worst-case-Laufzeit von Schaltungen [CLRS10].

Seien $f$ und $g$ Funktionen $\mathbb{N} \to \mathbb{R}^+$. Mit $f \in \mathcal{O}(g)$ wird eine obere Schranke der Funktion $f$ beschrieben, was bedeutet, dass die Funktion $f$ asymptotisch durch die Funktion $g$ nach oben beschränkt ist:

$$f(n) = \mathcal{O}(g(n)) \Leftrightarrow \{\exists c \in \mathbb{R}, c > 0,\ \exists n_0 \in \mathbb{N} : \forall n \geq n_0 \quad f(n) \leq c \cdot g(n)\}$$

Für $g(n) = n$ schreibt man vereinfacht $f \in \mathcal{O}(n)$. Das bedeutet, $f$ wächst linear mit $n$.

Schnellere Addierer haben eine Schranke von $\mathcal{O}(\log n)$, sie wachsen logarithmisch bezüglich der Wortbreite $n$, was mit zunehmendem $n$ einen wesentlichen Geschwindigkeitsvorteil gegenüber dem CR-Adder bedeutet. Als Beispiel betrachten wir den Conditional-Sum-Adder (CSA) [KP95]. Die Idee zur Beschleunigung besteht darin, die einzelnen Bits getrennt zu addieren. Dies wird jeweils für den Fall, dass der eingehende Übertrag den Wert 0 hat, und für den Fall, dass der eingehende Übertrag den Wert 1 hat, parallel ausgeführt. Anschließend werden die betreffenden Ergebnisse in Abhängigkeit vom vorliegenden Übertrag der niederwertigeren Stufe mit Hilfe von Multiplexern ausgewählt. Mit diesem hierarchischen Aufbau erhält man die rekursive Schaltung aus Abb. 8.10.

Eine $n$-Bit-Addition[1] wird beim CSA in zwei Additionen der Größe $n/2$ zerlegt, die von insgesamt drei Addierern dieser Größe durchgeführt werden. Dies setzt man rekursiv bis auf die Ebene eines 1-Bit Addierers fort. Als 1-Bit-CSA werden Volladdierer eingesetzt. Gegenüber dem Carry-Ripple-Addierer benötigt der CSA somit mehr Gatter.

[1] Es soll sich um gerade $n$ handeln. Rekursiv lässt sich das gut fortsetzen, insofern $n$ eine Zweierpotenz ist.

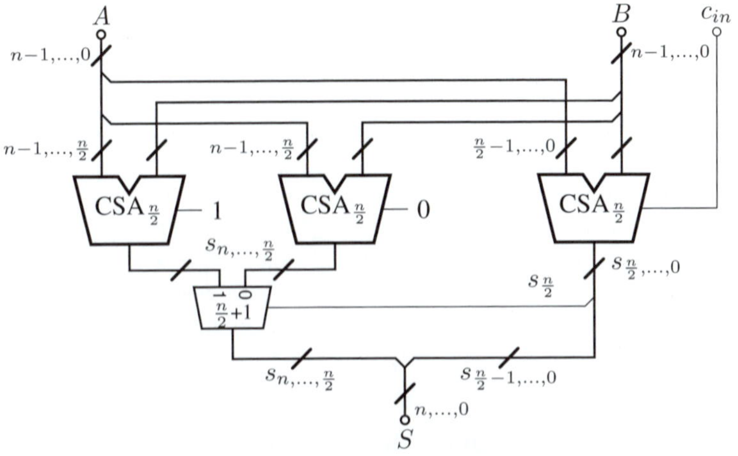


**Abb. 8.10.:** Rekursiver Aufbau eines Conditional-Sum-Addierers (CSA)

Der längste Pfad entspricht asymptotisch der Tiefe dieser baumartigen Struktur, die in $\mathcal{O}(\log n)$ liegt. Bezüglich der Schaltzeit muss beim CSA jedoch beachtet werden, dass der enthaltene Multiplexer insgesamt $\frac{n}{2}+1$ Signale schaltet, es sich also um $\frac{n}{2}+1$ Multiplexer handelt, die alle vom Ausgang $s_{\frac{n}{2}}$ eines CSAs geschaltet werden. Es handelt sich um einen relativ hohen Fan-Out (siehe Definition 7.7 auf Seite 238). Je höher die zu treibende Last ist, desto größer ist auch die Schaltverzögerung. Insgesamt ist der CSA aber immer noch wesentlich schneller als der CR-Adder.

Eine andere Variante einer schnellen Addiererschaltung ist der Carry-Look-Ahead-Addierer (CLA-Adder), auf den wir hier nicht genauer eingehen wollen. Eine detaillierte Beschreibung dieses Addierers und des CSA finden Sie in [BM08]. Auch der CLA-Adder kommt, wie der CSA, mit logarithmischer Pfadlänge aus, hat aber keine Fan-Out-Probleme. Darüberhinaus benötigt er weniger Fläche als der CSA.

Wir können somit festhalten, dass bei den schnellen Addierern der Geschwindigkeitszuwachs zu Lasten der Fläche geht und, damit verbunden, eine höhere Leistungsaufnahme verursacht.

### 8.2.4. Komparator

In der Digitaltechnik bezeichnet ein Komparator eine Schaltung, die zwei digitale Werte auf Gleichheit prüft. Im einfachsten Fall werden nur zwei Bits verglichen. Die Schaltung liefert den Wert 1, wenn die beiden Eingangswerte übereinstimmen. Das entspricht der XNOR-Funktion $f = \overline{x \oplus y}$ und es reicht ein XNOR-Gatter.

Möchte man mehr als zwei Bits vergleichen, z.B. zwei $n$-Bit Binärzahlen, so muss der Vergleich für jedes einzelne Bit durchgeführt und die Teilergebnisse konjunktiv verknüpft werden. Dazu benötigt man ein $n$-Bit AND-Gatter[1] oder man nutzt mehrere AND-Gatter.

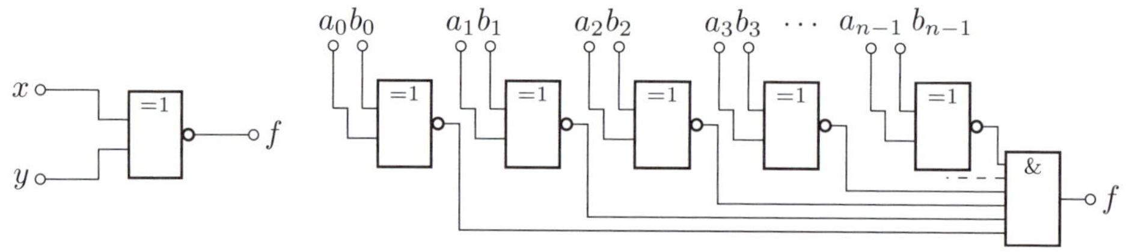


**(a)** 1-Bit-Komparator

**(b)** $n$-Bit-Komparator

**Abb. 8.11.:** Komparator

Neben dem Test auf Gleichheit interessiert bei Binärzahlen auch deren Relation bezüglich der Ordnung ganzer Zahlen, also der Test $A > B$ für $n$-Bit Binärzahlen $A$ und $B$. Wir gehen wieder von einer Zweierkomplement-Darstellung aus und vergleichen in einem Compare-Baustein die Zahlen unter Beachtung der Wertigkeit der einzelnen Binärstellen. Die folgende Schaltung zeigt den Aufbau für $n$-Bit.

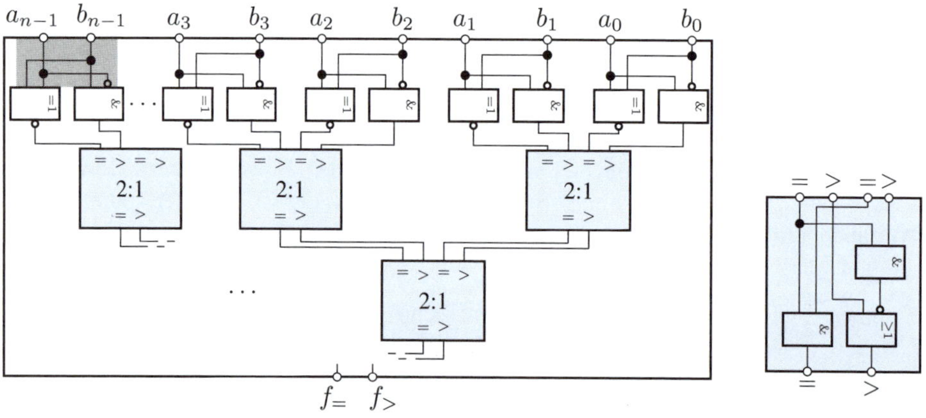


**(a)** n-Bit-Compare

**(b)** 2:1-Reduktion

**Abb. 8.12.:** Compare-Baustein

Dieser Baustein führt gleichzeitig den Test auf Gleichheit $A = B$ und den Test $A > B$ durch und ermöglicht somit eine Aussage über die Relation der Zahlen zueinander. Dazu werden $A$ und $B$ bitweise verglichen. Für jede Position $i = 0, \ldots n-2$ werden zwei Gatter benötigt:

[1] Die Schaltgeschwindigkeit bei CMOS-Gattern hängt u.a. von der Anzahl der Eingänge ab. Je größer diese Zahl ist, desto „langsamer" ist das Gatter.

$f_{i,=} = \overline{a_i \oplus b_i}$ und $f_{i,>} = a_i \cdot \overline{b_i}$. Die Ergebnisse werden anschließend in einem 2:1 Reduktionsbaustein zusammengefasst, der die Eingänge entsprechend ihrer Wertigkeit berücksichtigt. Eine Ausnahme spielt das Vorzeichenbit an der Postion $n-1$. Bei Zahlen mit unterschiedlichen Vorzeichen gilt im Zweierkomplement $A > B \Leftrightarrow a_{n-1} < b_{n-1}$ (siehe Gleichung A.22 auf Seite 491). Das ist „invers" zu den anderen Bits in $A$ und $B$, für die gilt: Stimmen die Bits an allen Positionen größer $i$ überein, so ist $A > B \Leftrightarrow a_i > b_i$. Durch die vertauschte Verdrahtung an Position $n-1$ (grau hinterlegter Bereich in Abb. 8.12) wird das Vorzeichen korrekt berücksichtigt.

Die 2:1 Reduktionsbausteine fassen jeweils zwei Teilergebnisse zusammen. Dadurch erreicht man eine logarithmische Tiefe $\lceil log_2 n \rceil$ der Schaltung zwischen den Ein- und Ausgängen. Der längste Pfad hat eine Länge von $2 \cdot \lceil log_2 n \rceil + 1$ Gattern, liegt also in $\mathcal{O}(\log n)$.

### 8.2.5. Arithmetisch-Logische Einheit – ALU

Die ALU (*arithmetic logic unit*) ist ein Kernbestandteil eines jeden Prozessors. In ihr werden in Abhängigkeit vom auszuführenden Befehl Daten miteinander verknüpft. Es handelt sich hierbei um logische oder arithmetische Verknüpfungen, woraus sich auch der Name des Bausteins ergibt. Einige ALUs können auch komplexe Funktionen besitzen, die sich dann aber wiederum in mehrere elementare Funktionen zerlegen lassen.

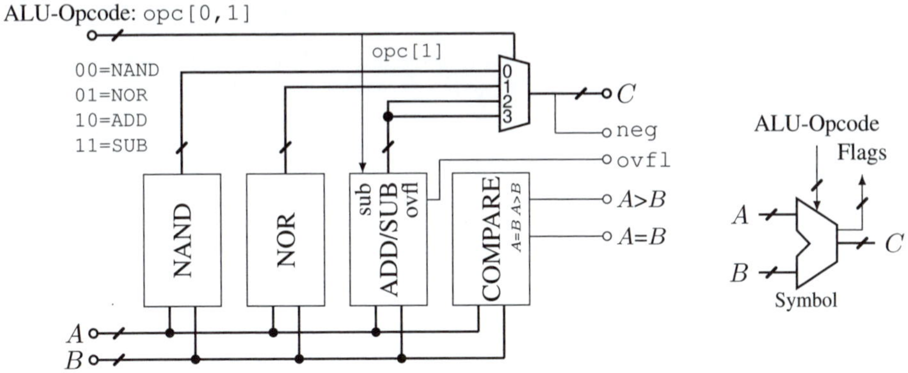


**Abb. 8.13.:** Arithmetisch-Logische Einheit (ALU)

Die Abb. 8.13 zeigt das Symbol und eine mögliche interne Verschaltung. Verknüpft werden zwei binäre Werte $A$ und $B$ zu einem Wert $C$. Hierbei handelt es sich meist um Werte in der Wortbreite des Prozessors, heute im Bereich 8, 16, 32 oder 64 Bit. Neben diesen Ein- und Ausgängen gibt es noch Steuerleitungen, mit denen die Operation der ALU ausgewählt wird. Neben dem Ergebnis signalisiert die ALU bestimmte Zustände, wie z.B. einen arithmetischen Überlauf. Man bezeichnet diese Signalleitungen als *Flags*. Die hier dargestellte einfache ALU unterstützt nur die logischen Operationen NAND und NOR sowie die arithmetischen Operationen Addition und Subtraktion. Über den 2-Bit Eingang opc wird die auszuführende Operation ausgewählt. Ein arithmetischer Über- oder Unterlauf wird über das Flag `ovfl` signalisiert. Das Flag `neg` zeigt einen negativen Ausgangswert an, was bei den heute benutzten Zahlendarstellungen dem höchstwertigsten Bit von $C$ entspricht. Der Baustein COMPARE liefert parallel dazu bei jeder Operation eine Aussage über das Verhältnis der Eingangswerte. Man kann die Funktion dieses Bausteins auch durch eine arithmetische Operation mit anschließendem Vergleich auf Null nachbilden.

## 8.3. Sequentielle Schaltungen

Sequentielle Schaltungen (Schaltwerke) bestehen nach Abb. 7.9 und Abb. 8.1 aus freien Eingängen und einer Rückkopplung von Ausgangssignalen auf die dadurch gebundenen Eingänge. In Abhängigkeit von vorhandenen Steuersignalen (z.B. dem Takt) arbeiten sequentielle Schaltungen synchron oder asynchron (vgl. Kapitel 7.2.2). Den prinzipiellen Aufbau synchroner oder asynchroner Schaltungen zeigen Abb. 7.10 und Abb. 7.11 ab Seite 224.

Die Register in sequentiellen Schaltungen erlauben den Zugriff der kombinatorischen Teilschaltungen auf Werte, die zu einem vorherigen Zeitpunkt berechnet wurden. Sie müssen die Werte und somit die zeitlich zurück liegenden Zustände speichern. Dafür benötigt man passende Speicherelemente. Für die synchrone Schaltung benötigen wir einen Speicher, der auf einen Zeitpunkt, genauer gesagt, auf eine Taktflanke reagiert. Derartige Speicherschaltungen werden durch Flip-Flops realisiert, denen wir uns in den folgenden Kapiteln widmen werden.

Im Anschluss werden wir uns einige Registerschaltungen anschauen, die in sequentiellen Schaltungen häufig eingesetzt werden und uns dabei insbesondere den Zähler- und Teilerschaltungen als Beispiele für Schaltwerke zuwenden.

Abschließend erklären wir den Begriff der Kippschaltungen, zu denen die Flip-Flops gehören und betrachten eine Kippschaltung, die häufig an den Eingängen digitaler Baugruppen zu finden ist, die Schmitt-Trigger-Schaltung.

### 8.3.1. Flip-Flop

Im Kapitel 7 haben wir bereits Flip-Flops verwendet, ohne auf deren wesentliche Eigenschaft – die Fähigkeit zur Speicherung von Werten – genauer einzugehen. Wir wollen das in diesem Kapitel nachholen.

Es gibt verschiedene Arten von Flip-Flops, wie die (nicht vollständige) Einteilung in Abb. 8.14 zeigt. Bei allen Flip-Flops handelt es sich um Schaltungen, die zwei stabile Zustände annehmen können. Diese Eigenschaft gab ihnen auch ihren Namen. Andere Bezeichnungen für Flip-Flops sind **bistabile Kippstufe** oder **Latches**, wobei letztere im deutschsprachigen Raum für eine bestimmte Art von Flip-Flops verwendet wird. Wir werden darauf im Kapitel 8.3.3 genauer eingehen.

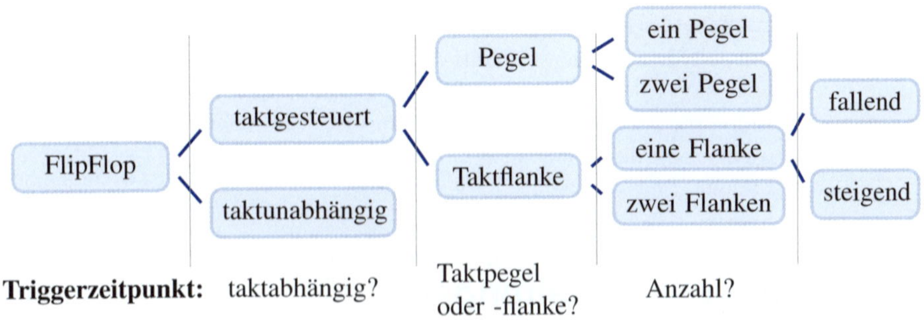


**Abb. 8.14.:** Einteilung der Flip-Flops

Flip-Flops (im Folgenden mit **FF** abgekürzt) können zwei verschiedene Zustände einnehmen, die sich durch Ausgabe eines H- oder L-Wertes unterscheiden lassen. Zwischen diesen Zuständen kann durch Anlegen bestimmter Eingangswerte umgeschaltet werden. Solange die Eingangswerte die notwendige Bedingung zum Umschalten nicht erfüllen, bleibt der bestehende Zustand erhalten, der Wert wird gespeichert.

Die Bedingung zum Umschalten hängt von der logischen Funktion der Eingänge und der Art der Reaktion des FF auf eine Zustandsänderung an diesen Eingängen ab. Anhand dieser Bedingungen unterteilt man FFs in mehrere Klassen.

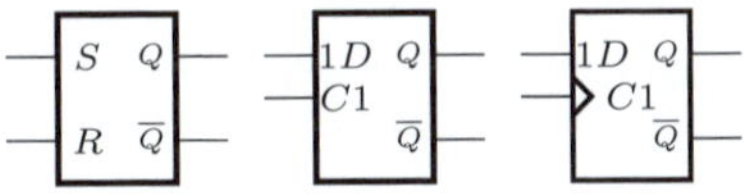


**Abb. 8.15.:** Symbole für Flip-Flops ohne und mit Takt

In der Abb. 8.15 sind die Symbole für drei ausgewählte FFs aus verschiedenen Klassen dargestellt. Die meisten FFs besitzen zwei Ausgänge $Q$ und $\overline{Q}$. Die Bezeichnung $\overline{Q}$ deutet darauf hin, dass der Wert dieses Ausgangs invers zum Ausgang $Q$ ist.

Für die Beschriftung der Eingänge greift man meist auf die in IEC 60617-12 Norm spezifizierte Abhängigkeitsnotation zurück. Dabei bezeichnet ein Buchstabe die Abhängigkeit des Eingangs, gefolgt von einer 1, falls dieser Eingang dominierend ist – in diesem Fall dominiert er alle Eingänge, die vor der eigentlichen Bezeichnung eine 1 stehen haben. Die Symbole für Abhängigkeiten, die wir hier verwenden werden, sind:

| | | | |
|---|---|---|---|
| $S$ | Setzen | $R$ | Rücksetzen |
| $C$ | Control (Takt) | $T$ | Toggle (umschalten) |

Außerdem wird der Buchstabe $D$ für eine Datenabhängigkeit genutzt. Beim ersten FF in Abb. 8.15 wechseln die Ausgänge in Abhängigkeit vom Eingang T. Beim zweiten und dritten FF gibt es einen dominierenden Takt-Eingang, der die Wertübernahme vom Dateneingang $D$ steuert.

Betrachten wir die Einteilung der Flip-Flops etwas genauer. Das Vorhandensein eines Control-Eingangs lässt zwischen zwei Klassen unterscheiden, taktunabhängige und taktabhängige Flip-Flops.

**Taktunabhängige** FFs setzen den Zustand direkt in Abhängigkeit vom Eingangswert. Dazu haben sie meist einen Setz- und einen Rücksetz-Eingang, und somit die beiden Zustände „Set“ und „Reset“.

**Taktgesteuerte** FFs reagieren in Abhängigkeit von einem Taktsignal, d.h. der Eingangswert wird nur zu bestimmten, vom Takt abhängigen Zeiten übernommen. Der Zeitpunkt führt zu einer weiteren Unterteilung:

- Bei den **taktzustandsgesteuerten** FFs hängt die Übernahme der Eingangswerte vom Pegel des Taktes ab. Man bezeichnet sie deshalb auch als **pegelgesteuerte** FFs. Bei einem High-aktiven taktzustandsgesteuerten FF können Zustandsänderungen zu jedem Zeitpunkt eintreten, in denen das Taktsignal auf H liegt.
- Bei einem **taktflankengesteuerten** FF kann der nächste Zustand nur bei einem Taktübergang stattfinden, vorausgesetzt die Eingangswerte würden zu einem Zustandswechsel führen. Um im Symbol die Reaktion auf eine Flanke zu kennzeichnen, wird am betreffenden Eingang ein Dreieck eingezeichnet (siehe Abb. 8.15 rechts).
  Flankengesteuerte FFs gliedert man anhand der Taktflanke für den Zustandswechsel:
  - Reaktion auf die **ansteigende Flanke** (*rising edge*), die auch als **Vorderflanke** oder **positive Flanke** bezeichnet wird und einem Wechsel des Taktsignals von Low auf High entspricht
  - Reaktion auf die **fallende Flanke** (*falling edge*), auch als **Rückflanke** oder **negative Flanke** bezeichnet
  - Reaktion sowohl auf die Vorderflanke, als auch auf die Rückflanke – wir sprechen von einem **zweiflankengesteuertem** FF

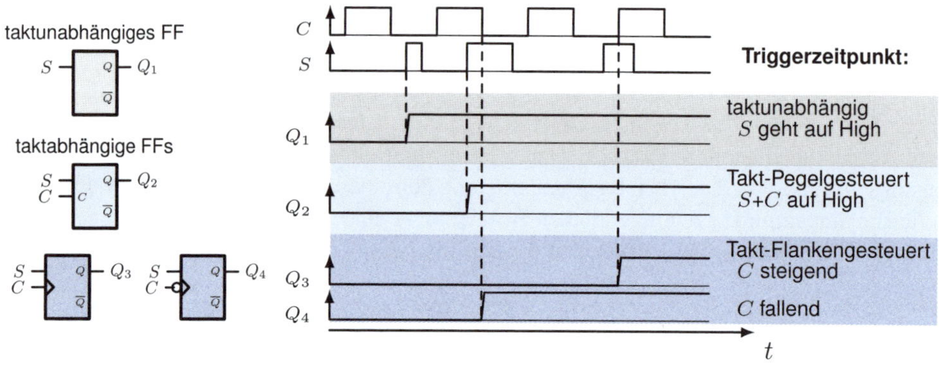


**Abb. 8.16.:** Zeitverhalten verschiedener Flip-Flops

Vergleiche dazu die Abb. 8.16. In der Grafik ist das Verhalten von vier verschiedenen FFs dargestellt, die einen High-Wert vom SET-Eingang $S$ zu verschiedenen Zeitpunkten übernehmen.

In allen FFs sei zu Beginn der Wert L gespeichert. Das taktunabhängige FF übernimmt den H-Wert nach $Q_1$, sobald $S$ auf H geht. Bei den taktabhängigen FF übernimmt das pegelgesteuerte den Wert in $Q_2$, sobald $S$ und der Takt $C$ auf H liegen. Bei den flankengesteurten FFs wird der Set-Wert in $Q_3$ bei einer steigenden Flanke von $C$ übernommen, in $Q_4$ bei einer fallenden Flanke.

Auf einen L-Wert am $S$-Eingang sollen die in Abb. 8.16 dargestellten FFs nicht reagieren, müssen diesen aber trotzdem einnehmen können. Dazu werden die FFs entweder über einen weiteren Eingang zurückgesetzt, der hier jedoch nicht dargestellt wurde. Oder die taktgesteuerten FFs übernehmen am Eingang H- und L-Werte zu bestimmten Taktzeitpunkten. Man kann die FFs somit auch nach Anzahl der Eingänge und der Art der Werte, die sie davon übernehmen, unterteilen.

Der Vollständigkeit halber sei gesagt, dass sich auch taktunabhängige FFs in Klassen aufteilen lassen: asynchrone pegelgesteuerte und asynchrone flankengesteuerte FFs, die auf ein oder zwei Flanken reagieren. Wir werden dies aber nicht weiter aufgreifen, da sie für Schaltungen im Computerumfeld eher unüblich sind.

Flip-Flops sind sequentielle Schaltungen und sie lassen sich, wie in Kapitel 7.2.2 aufgezeigt, durch Automaten, Zeitdiagramme oder Funktionstabellen beschreiben. Häufig verwendet man auch eine charakteristische Funktion, die den Ausgangswert als booleschen Ausdruck über den Eingängen und den gespeicherten Zustand angibt.

## 8.3.2. Taktunabhängige Flip-Flops

Flip-Flops ohne Triggerung durch einen Takt übernehmen Eingangswerte direkt von den Setz- und Rücksetz-Eingängen. Sie eignen sich als Speicher für asynchrone Schaltungen.

### Basis-Flip-Flop

Zur Speicherung eines digitalen Wertes muss der Zustand in einer Schaltung festgehalten werden. Es bedarf einer Schaltung, die nach Anlegen eines Signals, welches zu einem Wechsel in einen „stabilen" Zustand geführt hat, diesen Zustand beibehält, selbst wenn das Signal nicht mehr anliegt. Dazu kann der Zustand, der sich durch den Ausgangswert ausdrückt, auf einen Eingang geschaltet werden, was dazu führt, dass der Ausgangswert gehalten wird. Betrachten wir folgende Abbildung:

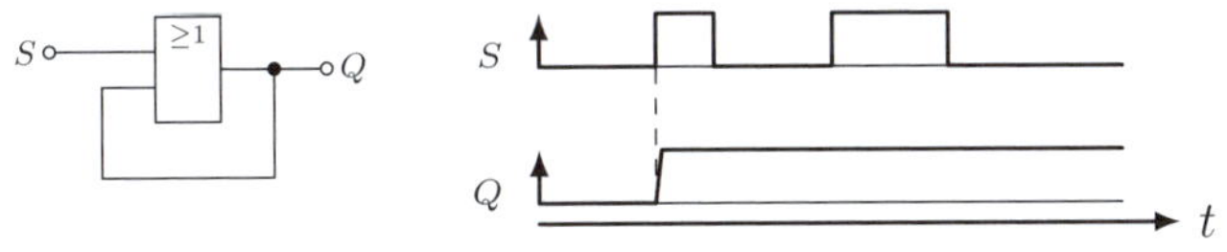


**Abb. 8.17.:** OR-Gatter mit Zustandshaltung des H-Pegels

Sobald das Eingangssignal $S$ den Wert H annimmt, wird dieser Wert dauerhaft gespeichert und ausgegeben. Das erfüllt bereits die Forderung zum Speichern von Werten, allerdings muss dieses Gatter wieder zurück gesetzt werden können (*Reset*). Wir brauchen einen zusätzlichen Eingang für ein Rücksetzsignal $R$ zur Unterbrechung der Rückkopplung. Dazu kann man z.B. in die Rückkopplung ein AND-Gatter einbauen, welches dazu führt, dass die Rückkoplung bei $R$=0 unterbrochen wird (Rücksetzsignal $\overline{R}$):

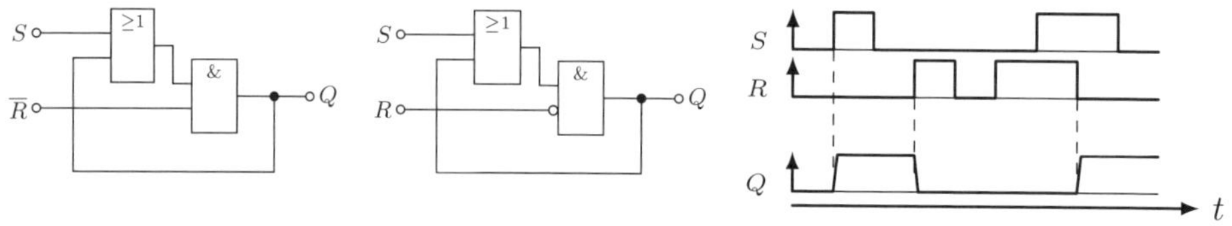


**Abb. 8.18.:** Flip-Flop: Zustandshaltung und Rücksetzen

Um das $R$-Signal H-aktiv zu machen, invertieren wir die Eingangsleitung am AND-Gatter und erhalten die Schaltung aus Abb. 8.18 (Mitte). Die charakteristische Funktion, die den Zustand $Q$ zum Zeitpunkt $t$ als Ausdruck über den Eingangswerten $S$, $R$ und den vorherigen Zustand $Q^{(t-1)}$ beschreibt, lautet:

$$Q^{(t)} = \overline{R} \cdot \left(S + Q^{(t-1)}\right) \tag{8.1}$$

Für die Schaltung benötigen wir ein OR-Gatter und ein AND-Gatter mit einem invertierten Eingang. Durch Umformen des booleschen Ausdrucks erhält man folgende Funktion:

$$Q^{(t)} = \overline{R} \cdot \left(S + Q^{(t-1)}\right) \overset{\text{De Morgan}}{\Longrightarrow} Q^{(t)} = \overline{R + \overline{\left(S + Q^{(t-1)}\right)}}$$

Der Ausdruck auf der rechten Seite entspricht zwei NOR-Gattern. Für den invertierten Wert $\overline{Q}$ gilt:

$$\overline{Q}^{(t)} = \overline{S} \cdot \left(R + \overline{Q}^{(t-1)}\right) \overset{\text{De Morgan}}{\Longrightarrow} \overline{Q}^{(t)} = \overline{S + \overline{\left(R + \overline{Q}^{(t-1)}\right)}}$$

Wir erhalten folgende Flip-Flop-Schaltung, die gleichzeitig beide Werte zur Verfügung stellt:

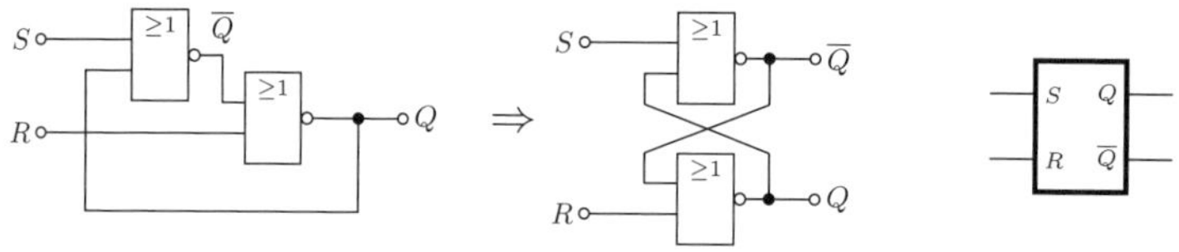


**Abb. 8.19.:** Rücksetz-/Setz-Flip-Flop (RS-FF) mit NOR-Gattern, Symbol

Dieses Flip-Flop bezeichnet man als Rücksetz-/Setz-FF (Reset-/Set-FF), kurz **RS-FF**. Betrachten wir die zugehörige Funktionstabelle:

| IN / Zustand | | | Folge | | Anmerkung |
|---|---|---|---|---|---|
| $S$ | $R$ | $Q^{(t-1)}=\overline{Q}^{(t-1)}$ | $Q^{(t)}$ | $\overline{Q}^{(t)}$ | |
| 0 | 0 | 1 | $(0\rightleftarrows 1)$ | $(0\rightleftarrows 1)$ | irregulär ! |
| 0 | 0 | 0 | $Q^{(t-1)}$ | $\overline{Q}^{(t-1)}$ | Speichern |
| 0 | 1 | – | 0 | 1 | Löschen |
| 1 | 0 | – | 1 | 0 | Setzen |
| 1 | 1 | – | 0 | 0 | mgl. Race Condition |

$Q^{(t)}$ bezeichnet den Zustand zum Zeitpunkt $t$ und $Q^{(t-1)}$ den Vorgängerzustand. Man kann die drei Funktionen Speichern, Setzen und Löschen des FFs durch Setzen von $S$ oder $R$ wählen. Bei $S$=$R$=0 wird der letzte Zustand gespeichert, außer für den Fall, bei dem beide Ausgänge mit dem gleichen Wert initialisiert wurden. Dazu ist in der dritten Spalte verzeichnet, ob für den Vorgängerzustand $\overline{Q}^{(t-1)}$=$Q^{(t-1)}$ gilt. Dieser Zustand wäre das Ergebnis von $S$=$R$=1. Entsprechend der Funktion der NOR-Gatter (siehe Anhang, Kapitel A.6) liegt in diesem Fall an beiden Ausgängen 0 an. Soll im Anschluss dieser Zustand gespeichert werden, müssten $S$ und $R$ beide mit 0 belegt werden. Dies führt zu einer Race-Condition und die Werte der Ausgänge sind unbestimmt. Für alle anderen Eingangsbelegungen ist das Verhältnis von $\overline{Q}^{(t-1)}$ und $Q^{(t-1)}$ egal und in der Tabelle deshalb mit „–" markiert. $S$=$R$=1 lässt sich nicht speichern.

Das RS-FF kann auch elegant mit NAND-Gattern aufgebaut werden. Nehmen wir dazu die beiden Eingänge $S$ und $R$ und formulieren die Funktion wie folgt: Hat der Ausgang $Q$ zum vorhergehenden Zeitpunkt $t-1$ den Zustand H, so soll er diesen auch zum Zeitpunkt $t$ behalten, falls der Reset-Eingang $R$ nicht auf H gesetzt wird. Außerdem soll gelten: Wenn $S$ auf H liegt, soll der Ausgang $Q$ in den Zustand H wechseln, egal wie der vorhergehende Zustand war. Fasst man diese Bedingungen in einem Ausdruck zusammen, so gilt:

$$Q^{(t)} = S + \left(\overline{R} \cdot Q^{(t-1)}\right) \quad = \quad \overline{\overline{S} \cdot \overline{\left(\overline{R} \cdot Q^{(t-1)}\right)}} \tag{8.2}$$

Die rechte Seite entspricht zwei NAND-Verknüpfungen über den Eingängen $\overline{R}$ und $\overline{S}$ und dem gespeicherten vorhergehenden Zustand.

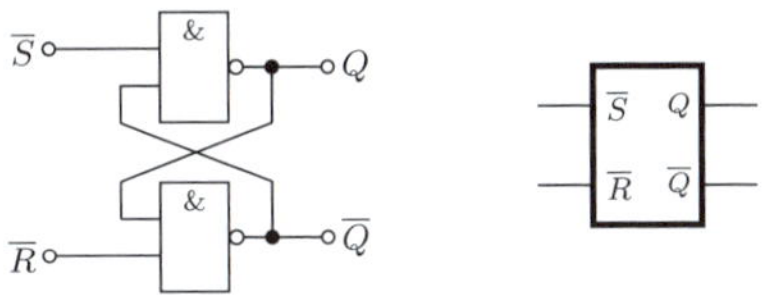


**Abb. 8.20.:** RS-Flip-Flop mit NAND-Gattern

Die Schaltung ähnelt dem RS-FF auf NOR-Basis mit invertierten Eingangswerten. Die zugehörige Funktionstabelle lautet:

| IN / Zustand | | | | | Folge | | Anmerkung |
|---|---|---|---|---|---|---|---|
| $\overline{S}$ | $\overline{R}$ | $S$ | $R$ | $Q^{(t-1)}$=$\overline{Q}^{(t-1)}$ | $Q^{(t)}$ | $\overline{Q}^{(t)}$ | |
| 1 | 1 | 0 | 0 | 1 | (0) | (0) | irregulär |
| 1 | 1 | 0 | 0 | 0 | $Q^{(t-1)}$ | $\overline{Q}^{(t-1)}$ | Speichern |
| 1 | 0 | 0 | 1 | – | 0 | 1 | Löschen |
| 0 | 1 | 1 | 0 | – | 1 | 0 | Setzen |
| 0 | 0 | 1 | 1 | – | 1 | 1 | mgl. Race Condition |

Im Gegensatz zum RS-FF auf NOR-Basis führt beim NAND-FF die Eingabe von $\overline{S}$=$\overline{R}$=0 zu einer möglichen Race-Condition, wenn im Anschluss $\overline{S}$=$\overline{R}$=1 folgt.

Vergleicht man die Schaltungen in Abb. 8.19 und Abb. 8.20 mit den Eingängen $R$ und $S$ (beim NAND-FF müssen dazu die Eingangswerte invertiert werden), dann sind beide Schaltungen identisch, außer dass bei $R$=$S$=1 das NOR-FF den Zustand $Q$=0 und das NAND-FF den Zustand $Q$=1 annimmt. Beim NOR-FF wäre das Reset-Signal dominant, beim NAND-FF das Set-Signal.

Von der Bezeichnung her werden sowohl **RS-FF**, als auch **SR-FF** verwendet. Die Grundfunktion ist die gleiche. Durch die Reihenfolge wird lediglich die Dominanz der Eingänge für den Fall spezifiziert, bei dem beide Eingänge aktiv sind. Steht zuerst das R, so ist bei dem FF der Reset-Eingang dominant, andernfalls der Set-Eingang. Man kann dies durch Wahl eines NOR- oder NAND-RS-FFs vorgeben, muss aber zugleich bedenken, dass auf $R$=$S$=1 keinesfalls $R$=$S$=0 folgen darf, da dies zu einer Race-Condition führt. Besser ist es, die Dominanz durch eine entsprechende Zusatzschaltung zu gewährleisten und dabei gleichzeitig die Race-Condition zu vermeiden:

| Eingabe | | Resetvorrang | | FF-Eingabe | |
|---|---|---|---|---|---|
| $S$ | $R$ | $S_m$ | $R_m$ | $\overline{S_m}$ | $\overline{R_m}$ |
| 0 | 0 | 0 | 0 | 1 | 1 |
| 0 | 1 | 0 | 1 | 1 | 0 |
| 1 | 0 | 1 | 0 | 0 | 1 |
| 1 | 1 | 0 | 1 | 1 | 0 |

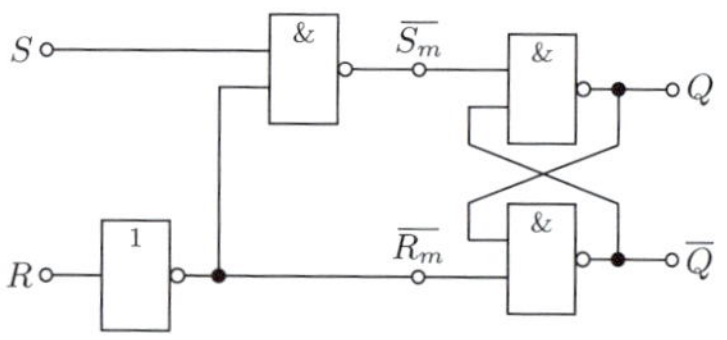


**Abb. 8.21.:** NAND-RS-Flip-Flop mit Vorrang des Reset-Signals

Die Schaltung in Abb. 8.21 zeigt eine Modifikation des NAND-RS-FF zu einem RS-FF mit dominanten Reset-Signal. Dazu wird die Eingabe $R, S$ auf $R_m$ und $S_m$ abgebildet, mit Ausnahme von $R$=$S$=1, bei dem $S_m$=0 gesetzt wird. Durch diese Modifikation wird gleichzeitig die mögliche Race-Condition verhindert. Für die Eingänge des NAND-FF müssen $R_m$ und $S_m$ noch invertiert werden. Wie wir aus der Tabelle ablesen können, gilt $\overline{R_m} = \overline{R}$. Für $\overline{S_m}$ gilt

$$\overline{S_m} = \overline{S} + S \cdot R = \overline{S \cdot \overline{S \cdot R}} = \overline{S \cdot (\overline{S} + \overline{R})} = \overline{S \cdot \overline{R}}$$

Daraus folgt die Schaltung in Abb. 8.21 (rechts). Bei dieser FF-Schaltung muss beachtet werden, dass durch die Gatterverzögerung des zusätzlichen Gatters ein Glitch entstehen kann.

Zur Angabe der **charakteristischen Funktion** des RS-FF auf NAND-Basis müssen wir für den Fall $S$=$R$=1 den Folgezustand definieren. Betrachten wir die Gleichung 8.1, welche man als charakteristische Funktion für das RS-FF auf NOR-Basis angibt, dann gilt:

$$Q^{(t)} = \overline{R} \cdot \left(S + Q^{(t-1)}\right) = \overline{R} \cdot S + \overline{R} \cdot Q^{(t-1)}$$

Vermeiden wir den Zustand $S$=$R$=1, dann können wir uns dafür einen passenden Ausgabewert aussuchen. Sagen wir $Q(S{=}1, R{=}1)$ sei 1, dann folgt

$$Q^{(t)} = \overline{R} \cdot S + \overline{R} \cdot Q^{(t-1)} + R \cdot S = S \cdot \left(R + \overline{R}\right) + \overline{R} \cdot Q^{(t-1)}$$
$$Q^{(t)} = S + \overline{R} \cdot Q^{(t-1)}$$

und das entspricht der Funktion des RS-FF auf NAND-Basis nach Gleichung 8.2 und wird allgemein als charakteristische Funktion für ein NAND RS-FF angegeben.

Das RS-Flip-Flop[1] wird als **Basis-Flip-Flop** bezeichnet, da es die Grundlage für viele andere Flip-Flop-Schaltungen bildet. Es kann durch zusätzliche Beschaltungen um einen Takteingang ergänzt werden, der sowohl pegel- als auch flankengesteuert sein kann. Somit kann es auch in synchronen FF-Schaltungen eingesetzt werden. Man kann die asynchronen S/R-Leitungen in einer synchronen Erweiterung trotzdem nach außen führen und erhält auf diese Weise ein synchrones FF mit asynchronem Set und Reset, wie wir in Abb. 8.24 sehen werden.

An dieser Stelle sei auch erwähnt, dass man FFs ineinander umwandeln kann. Das heißt, man bildet ein FF auf ein anderes FF ab, indem man ein kombinatorisches Netzwerk ($N$) wie folgt hinzuschaltet:

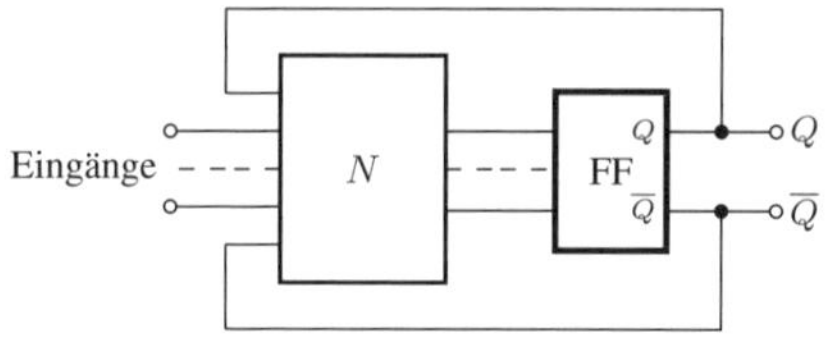


**Abb. 8.22.:** Abbildung eines Flip-Flops auf einen anderen Typ

Nach diesem Prinzip kann man FFs fast beliebig ineinander überführen. Hierbei ist auf Folgendes zu achten. Sollte das FF auf der rechten Seite einen Takteingang besitzen, so darf das Taktsignal vom Vorschaltnetzwerk $N$ nicht verzögert werden, muss also direkt durchgereicht werden. Andernfalls können Probleme bei der Synchronisation entstehen.

[1] Welche Art des RS-FFs (NAND oder NOR) verwendet wird, ist für die meisten Einsatzfälle nicht von Bedeutung. In der Literatur werden beide Varianten als Basis-FF genutzt.

Als Motivation für die Einführung weiterer FFs sei ein Nachteil des Basis-FFs genannt. Ein RS-FF reagiert sofort auf jede Änderung der Eingangssignale und kann bei kurzzeitigen Störungen (z.B. dem Prellen einer Taste) in einen ungewünschten Zustand wechseln. Um dies zu verhindern, benötigen wir ein Steuersignal (*Control-Signal*), welches die Übernahme eines neuen Eingangswertes regelt.

## 8.3.3. Taktpegelgesteuerte Flip-Flops und Latches

Als taktgesteuerte FFs bezeichnet man alle FFs, die einen Control-Eingang $C$ besitzen, der die Übernahme des Eingangswertes regelt. Ob an diesem Eingang nun wirklich ein Taktsignal oder ein anderes steuerndes Signal anliegt, spielt dabei keine Rolle. Wir werden im Folgenden zur Vereinfachung diesen Eingang als Takt-Eingang bezeichnen.

Das Berücksichtigen der Eingangswerte, gesteuert durch einen Takt, ermöglicht die Synchronisierung verschiedener Baugruppen innerhalb einer Schaltung. Somit bilden taktgesteuerte FFs auch die Grundlage für synchrone Schaltungen (siehe Kapitel 7.2.2).

### Latches

Pegel- bzw. zustandsgesteuerte Flip-Flops werden durch den Taktzustand, also durch Anlegen von L (oder H) auf der Taktleitung kontrolliert. Sie sind für den gesamten Zeitraum einer L-Phase (oder H-Phase) des Taktes aktiv.

Wirkt sich bei einem aktiven pegelgesteuerten FF das Eingangssignal direkt auf den Ausgangswert aus, so spricht man von einem **transparenten** FF. Transparente pegelgesteuerte FFs werden auch **Latches** genannt. Der Name kommt von der Bezeichnung des Steuereingangs *Latch* (engl. für Sperre), der die Übernahme des Datenwertes kontrolliert. In der englischen Literatur unterscheidet man deshalb auch zwischen Latches (pegelgesteuerte Speicherbausteine) und Flip-Flops (flankengesteuerte Speicherbausteine).

Bei einem Latch ist eine direkte Rückkopplung ohne weitere Zusatzschaltung nicht sinnvoll, da bei Aktivierung des Latch-Eingangs eine Race Condition auftreten kann.

### RS-Latch

Die Zustandstabelle eines Latches mit $S, R$ und $C$ Eingang ist rechts dargestellt.

Ist $C$=0, so wird der letzte Zustand gehalten. Bei gesetztem $C$ verhält sich das FF wie die bereits bekannten RS-FFs auf NAND- or NOR-Basis, wobei das Verhalten bei $R$=$S$=1 nicht definiert ist („–“ steht wieder für einen beliebigen Wert).

| Eingabe | | | Folge |
|---|---|---|---|
| $C$ | $S$ | $R$ | $Q^{(t)}$ |
| 0 | – | – | $Q^{(t-1)}$ |
| 1 | 0 | 0 | $Q^{(t-1)}$ |
| 1 | 0 | 1 | 0 |
| 1 | 1 | 0 | 1 |
| 1 | 1 | 1 | – |

Das RS-FF übernimmt den Wert 1, wenn $S$=$C$=1 gilt und wird zurück gesetzt, wenn $R$=$C$=1 gilt. Es gilt also $S_{RS} = S \cdot C$ und $R_{RS} = R \cdot C$.

Realisieren wir diese Zustandstabelle mit einem NAND-RS-FF, so müssen wir beachten, dass die Eingänge $\overline{S_m}$ und $\overline{R_m}$ auf die invertierten Set- und Reset-Signale reagieren, d.h. $\overline{S_m} = \overline{S \cdot C}$ und $\overline{R_m} = \overline{R \cdot C}$. Wir erhalten so eine Schaltung mit 4 NAND-Gattern:

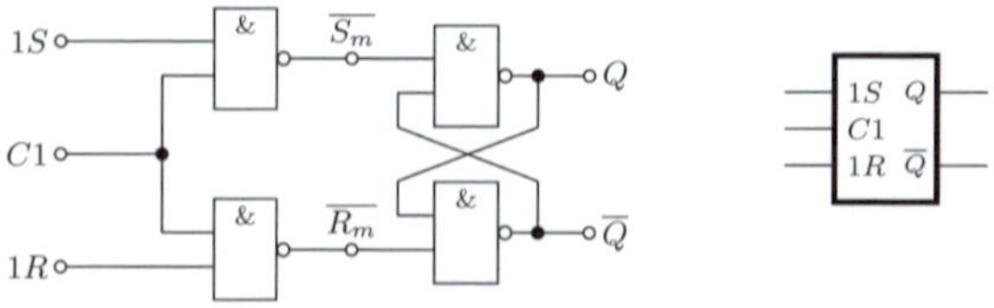


**Abb. 8.23.:** RS-Latch auf Basis des NAND-RS-FF

Die Schaltung folgt auch aus Gleichung 8.2, denn es gilt:

$$Q^{(t)} = \overline{\overline{S_m} \cdot \left(\overline{\overline{R_m} \cdot Q^{(t-1)}}\right)} \quad = \quad \overline{\overline{S \cdot C} \cdot \left(\overline{\overline{R \cdot C} \cdot Q^{(t-1)}}\right)}$$

Die vorgeschalteten NAND-Gatter erlauben die Taktzustandssteuerung der Eingänge $S$ und $R$. Möchte man daneben die asynchrone Steuerung behalten, so kann man das NAND-Latch um zusätzliche asynchrone Eingänge $S_a$ und $R_a$ erweitern, die den Ausgang $Q$ direkt beeinflussen. Dabei soll das taktgesteuerte Set ($S$) nur dann aktiv sein, wenn nicht gleichzeitig das asynchrone $R_a$ aktiv ist, und Reset ($R$) nur, wenn nicht gleichzeitig $S_a$ aktiv ist. Dies entspricht der in Abb. 8.24 gezeigten Funktionstabelle und resultiert in der angegebenen Schaltung mit 4 NAND-Gattern.

| Eingabe | | | | | Folge |
|---|---|---|---|---|---|
| $S_a$ | $R_a$ | $C$ | $S$ | $R$ | $Q^{(t)}$ |
| 0 | 0 | 0 | – | – | $Q^{(t-1)}$ |
| 0 | 0 | 1 | 0 | 0 | $Q^{(t-1)}$ |
| 0 | 0 | 1 | 0 | 1 | 0 |
| 0 | 0 | 1 | 1 | 0 | 1 |
| 0 | 0 | 1 | 1 | 1 | - |
| 1 | 0 | – | – | – | 1 |
| 0 | 1 | – | – | – | 0 |
| 1 | 1 | – | – | – | – |

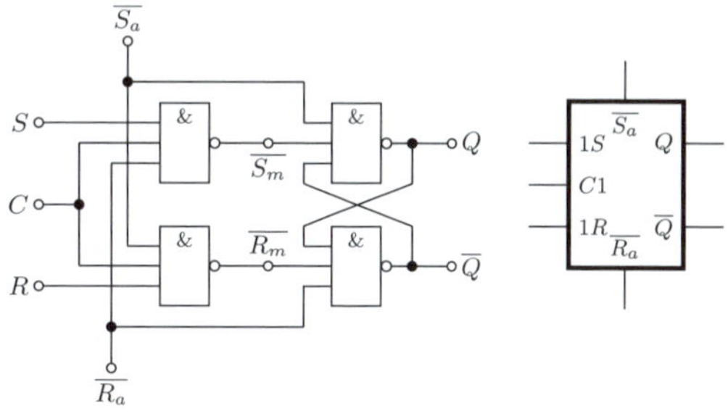


**Abb. 8.24.:** RS-Latch mit asynchronem Set und Reset

Man kann die Schaltung ebenfalls aus der Gleichung 8.2 entwickeln:

$$Q^{(t)} = S_a + S \cdot C \cdot \overline{R_a} + \overline{R_a} \cdot \overline{R \cdot C \cdot \overline{S_a}} \cdot Q^{(t-1)} = \overline{\overline{S_a} \cdot \overline{S \cdot C \cdot \overline{R_a}} \cdot \overline{\overline{R_a} \cdot \overline{R \cdot C \cdot \overline{S_a}} \cdot Q^{(t-1)}}}$$

## D-Latch

Eine interessante Variante eines Latches ist das D-Latch. In vielen taktgesteuerten Einsatzbereichen ist es nämlich gar nicht notwendig, zwischen dem Setz- und dem Rücksetzsignal zu unterscheiden. Der Ausgang eines FFs kann nur die zwei Zustände H und L annehmen. Zur Vorgabe dieser zwei Werte benötigt man nur eine Eingangsleitung. Die Eingänge können auf einen Dateneingang $D$ und einen Steuereingang $C$ reduziert werden. Diese FFs bezeichnet man als **D-Latch** oder **zustandsgesteuerte D-FFs**.

Ist bei einem D-Latch der kontrollierende Latch-Eingang aktiv (engl. *unlatched* für entsperrt), so wird der Wert vom Dateneingang übernommen. Wird der Latch-Eingang deaktiviert (*latched*) bleibt der letzte Zustand gespeichert und der Wert steht am Ausgang weiter zur Verfügung. Man kann die Funktion leicht auf ein RS-Latch abbilden, woraus die in Abb. 8.25 gezeigte Schaltung folgt.

| Eingabe | | Folge | ⇒RS-Latch | | |
|---|---|---|---|---|---|
| $C$ | $D$ | $Q^{(t)}$ | $C$ | $S$ | $R$ |
| 0 | – | $Q^{(t-1)}$ | 0 | – | – |
| 1 | 0 | 0 | 1 | 0 | 1 |
| 1 | 1 | 1 | 1 | 1 | 0 |

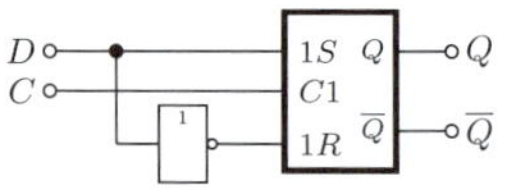


Schaltung mit RS-Latch

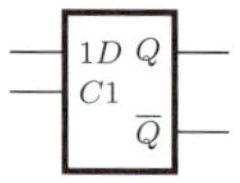


Symbol

**Abb. 8.25.:** D-Latch bzw. pegelgesteuertes D-Flip-Flop

Die charakteristische Funktion lautet

$$Q^{(t)} = D^{(t-1)}$$

Ein D-Latch gehört zu den taktpegel- bzw. (takt)zustandsgesteuerten FFs. Die Bezeichnung $D$ steht hierbei nicht nur für den Dateneingang, sondern auch für *Delay*-FF (engl. für Verzögerung). Damit ist die Speicherung des Datenwertes gemeint, der für eine Taktperiode „verzögert" zur Verfügung steht.

## JK-Flip-Flop

Die ungewollte Reaktion eines RS-FF auf kurze Störungen (z.B. Glitches) kann mit dem Steuersignal begrenzt werden, wenn man den aktiven Zeitraum möglichst klein hält (kurze aktive Phase). Verhindern kann man solche Störungen jedoch nicht ganz. Ebenso stellt das Verhalten bei $R$=$S$=1 ein Problem dar. Um diese Nachteile eines RS-FF zu umgehen, wird eine FF-Variante genutzt, die bei Änderung der Ausgänge die unabhängigen Eingänge „verriegelt" und erst bei einer erneuten Änderung des Steuereingangs wieder frei gibt. Dazu benötigt man eine Rückkopplung der Ausgänge zur Verriegelung der Eingänge.

Definiert man die Ausgabe $Q$ des FFs bei aktivem Steuereingang $C$ und Anlegen von $R$=$S$=1 zu $Q^{(t)}$=$\overline{Q}^{(t-1)}$, so erhält man den Ausdruck

$$Q^{(t)} = S \cdot \overline{R} \; + \; \overline{S} \cdot \overline{R} \cdot Q^{(t-1)} \; + \; S \cdot R \cdot \overline{Q}^{(t-1)}$$

den man weiter vereinfachen kann zu

$$\begin{aligned} Q^{(t)} &= S \cdot \left(\overline{R} + R \cdot \overline{Q}^{(t-1)}\right) \; + \; \overline{R} \cdot \left(S + \overline{S} \cdot Q^{(t-1)}\right) \\ &= S \cdot \left(\overline{R} + R \cdot \overline{Q}^{(t-1)} + \overline{Q}^{(t-1)}\right) \; + \; \overline{R} \cdot \left(S + \overline{S} \cdot Q^{(t-1)} + Q^{(t-1)}\right) \\ &= S \cdot \overline{R} \; + \; S \cdot \overline{Q}^{(t-1)} \; + \; \overline{R} \cdot Q^{(t-1)} \\ &= S \cdot \overline{Q}^{(t-1)} \; + \; \overline{R} \cdot Q^{(t-1)} \end{aligned}$$

Das FF zur Realisierung dieser Funktion nennt man **JK-FF**[1]. Die Bezeichnung wird meist als Abkürzung für die Eingänge angesehen, die man mit *Jump* ($J$) für Setzen und *Kill* ($K$) für Rücksetzen bezeichnet. Die charakteristische Funktion für ein JK-FF ist folglich

$$Q^{(t)} = J \cdot \overline{Q}^{(t-1)} \; + \; \overline{K} \cdot Q^{(t-1)}$$

Das JK-FF unterscheidet sich zum RS-FF nur bei Eingabe $R$=$S$=1, wie man beim Vergleich der Funktionstabellen erkennt (siehe Abb. 8.26).

| Eingabe | | | Folge |
|---|---|---|---|
| $C$ | $J$ | $K$ | $Q^{(t)}$ |
| 0 | – | – | $Q^{(t-1)}$ |
| 1 | 0 | 0 | $Q^{(t-1)}$ |
| 1 | 0 | 1 | 0 |
| 1 | 1 | 0 | 1 |
| 1 | 1 | 1 | $\overline{Q}^{(t-1)}$ |

JK-FF

| Eingabe | | | Folge |
|---|---|---|---|
| $C$ | $S$ | $R$ | $Q^{(t)}$ |
| 0 | – | – | $Q^{(t-1)}$ |
| 1 | 0 | 0 | $Q^{(t-1)}$ |
| 1 | 0 | 1 | 0 |
| 1 | 1 | 0 | 1 |
| 1 | 1 | 1 | – |

RS-Latch

**Abb. 8.26.:** Funktionstabelle JK-Flip-Flop und Vergleich zum RS-Latch

Die Schaltung des JK-FFs kann man nach dem Prinzip aus Abb. 8.22 mit einem RS-Latch und einem Vorschaltnetzwerk $N$ aufbauen. Dazu müssen wir die Eingänge des JK-FF auf die Ein- und Ausgänge des RS-Latches passend abbilden. Anhand der Funktionstabellen (siehe Abb. 8.26) erkennen wir, dass bei $J$=$S$ und $R$=$K$ die gleichen Folgezustände auftreten, abgesehen von der letzten Zeile. Wir müssen die Belegung von $S$ und $R$ leicht anpassen.

[1] Das JK-Flip-Flop wurde zu Ehren nach Jack Kilby (1923–2005) benannt, der als Ingenieur bei Texas Instruments 1958 den ersten funktionierenden IC entwickelte.

Wir formulieren die Funktion für das JK-FF wie folgt: Für $J$=$K$=1 ist $Q^{(t)}$=1, wenn $Q^{(t-1)}$=0 war und $Q^{(t)}$=0, wenn $Q^{(t-1)}$=1 war. Um diese Werte am Ausgang eines RS-Latches zu erhalten, muss am Eingang $S$=1, $R$=0 für $Q^{(t)}$=1 und $S$=0, $R$=1 für $Q^{(t)}$=0 anliegen. Fassen wir dies unter Berücksichtigung der anderen Belegungen zusammen, so folgt, dass $R$ genau dann 1 ist, wenn $K$=1 und $Q^{(t-1)}$=1 ist. $S$ ist genau dann 1, wenn $J$=1 und $Q^{(t-1)}$=0 bzw. $\overline{Q}^{(t-1)}$=1 ist. Daraus folgt die Schaltung in Abb. 8.27.

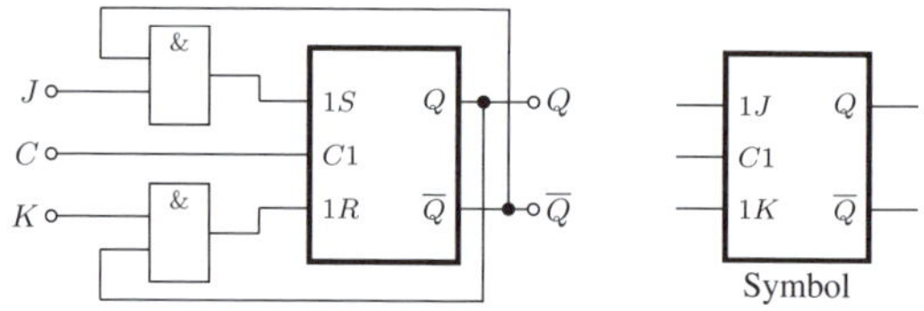


**Abb. 8.27.:** JK-FF auf Basis eines RS-Latches

JK-FFs sind zwar etwas aufwendiger als RS-FFs, werden aber trotzdem häufig eingesetzt und bilden die Grundlage für weitere FF-Schaltungen nach dem Prinzip aus Abb. 8.22. So findet man auch die Bezeichnung JK-Basis-FF. Ein Beispiel für eine einfache FF-Variante auf Basis des JK-FFs ist das im folgenden Kapitel vorgestellte Toggle-FF.

## 8.3.4. Einflankengesteuerte Flip-Flops

Wie bereits beim JK-FF erläutert, kann man die ungewollte Reaktion auf kurze Störungen (z.B. Glitches) durch eine sehr kurze aktive Phase des Steuersignals einschränken. Hat man als Steuersignal z.B. einen Computer-Takt, bei dem L- und H-Phase nahezu die gleiche Dauer haben, so muss man daraus ein Steuersignal mit möglichst kurzer Aktivphase generieren. Günstig ist ein kurzer Impuls, so dass die aktive Phase auf die Zeitdauer eines Phasenwechsels, also nahezu auf die Dauer der Taktflanke begrenzt werden kann. Diese FFs bezeichnet man als taktflankengesteuert.

Durch Zusatzschaltungen können taktzustandsgesteuerte FFs zu taktflankengesteuerten FFs erweitert werden. Dazu muss die Schaltung aus dem Steuersignal einen kurzen Impuls generieren. Eine einfache Variante nutzt, wie in Abb. 8.28 gezeigt, die Schaltverzögerung eines Gatters.

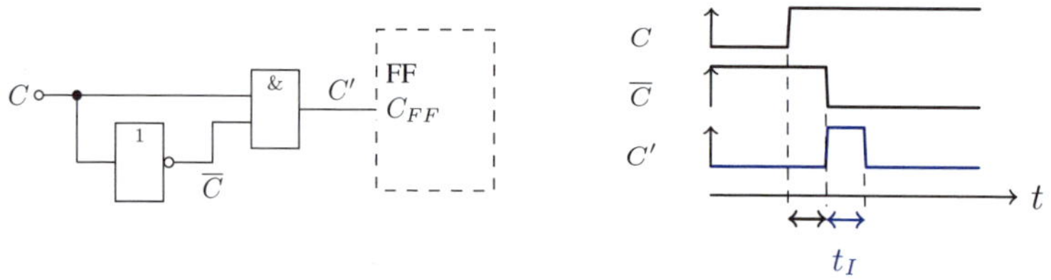


**Abb. 8.28.:** Erzeugung eines Taktimpulses aus der Verzögerung eines NOT-Gatters

Beim Wechsel des Signals $C$ von 0 auf 1 liegen für einen kurzen Zeitraum am AND-Gatter beide Eingänge auf 1 und das AND-Gatter wird auf 1 umschalten. Die Dauer ist allerdings beschränkt durch die Verzögerungszeit des NOT-Gatters ($t_I$), da nach dieser Zeit der zweite Eingang des AND-Gatters (Signal $\overline{C}$) auf 0 schaltet. Angenommen, die Verzögerungszeit des AND-Gatters selber ist ebenfalls $t_I$, so erhalten wir den abgebildeten Signalverlauf. Beim Signalwechsel von 0 auf 1 wird mit einer Verzögerung von $t_I$ für eine Dauer von $t_I$ der Wert $C'$ auf 1 liegen und dann wieder auf 0 wechseln.

Durch diese Schaltung wird die aktive Phase auf die Laufzeit eines Gatters reduziert. Ein Nachteil besteht darin, dass die Umschaltung von 0 auf 1 durch die Laufzeit des AND-Gatters selber verzögert wird, also am dahinter liegenden FF der Signalwechsel erst nach einer gewissen Verzögerung am Takteingang erfolgt, was Probleme in Bezug auf die Synchronisation verursachen kann.

Um dies zu vermeiden und noch kürzere Aktivphasen zu erreichen, kann man, wie in Abb. 8.29 dargestellt, innerhalb von ICs Differenzierglieder einsetzen, z.B. einen RC-Hochpass (siehe Kapitel 6.1.3).

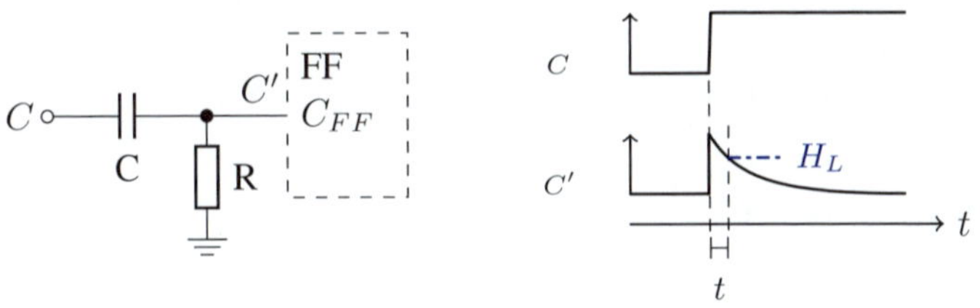


**Abb. 8.29.:** Erzeugung eines Taktimpulses über ein Differenzierglied (RC-Hochpass)

Bis zum Unterschreiten der unteren Schwellspannung für den H-Pegel ($H_L$) liegt am Takteingang des nachgeschalteten FFs ein H-Wert an. Der Zeitraum $t$ lässt sich über R und C einstellen.

Eine weitere Variante der Taktflankensteuerung bieten Master-Slave-Schaltungen, die wir im nächsten Kapitel behandeln werden.

## Flankengesteuerte RS-, JK- und D-FFs

Durch die Vorschaltung der Taktimpulserzeugung kann man aus den zustandsgesteuerten Varianten der FFs jeweils eine flankengesteuerte Variante erzeugen. Von der Funktion unterscheiden sie sich nur durch den Zeitraum oder Zeitpunkt, in dem die Eingänge aktiv sind (siehe Abb. 8.30). Somit haben flankengesteuerte FFs auch die gleiche charakteristische Funktion.

Zustands- und flankengesteurte FFs unterscheiden sich bei den Symbolen am Takteingang. Das Dreieck symbolisiert die Flankensteuerung. Die dargestellten FFs reagieren auf die steigende Taktflanke. Soll das FF auf die fallende Flanke reagieren, wird dies durch ein „°“ am Takteingang angezeigt.

$$Q^{(t)} = S + \overline{R} \cdot Q^{(t-1)}$$

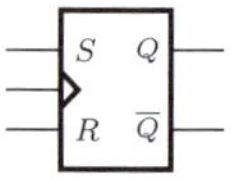

| Eingabe | | | Folge |
|---|---|---|---|
| $C$ | $S$ | $R$ | $Q^{(t)}$ |
| – | 0 | 0 | $Q^{(t-1)}$ |
| $\uparrow$ | 0 | 1 | 0 |
| $\uparrow$ | 1 | 0 | 1 |
| $\uparrow$ | 1 | 1 | – |

**(a)** RS-FF

$$Q^{(t)} = J \cdot \overline{Q}^{(t-1)} + \overline{K} \cdot Q^{(t-1)}$$

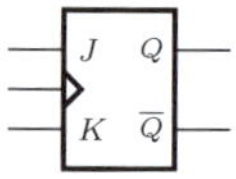

| Eingabe | | | Folge |
|---|---|---|---|
| $C$ | $J$ | $K$ | $Q^{(t)}$ |
| – | 0 | 0 | $Q^{(t-1)}$ |
| $\uparrow$ | 0 | 1 | 0 |
| $\uparrow$ | 1 | 0 | 1 |
| $\uparrow$ | 1 | 1 | $\overline{Q}^{(t-1)}$ |

**(b)** JK-FF

**Abb. 8.30.:** Flankengesteuerte Flip-Flops

Auch ein D-Latch lässt sich mit einer Flankensteuerung erweitern und man erhält das D-FF:

$$Q^{(t)} = D^{(t-1)}$$

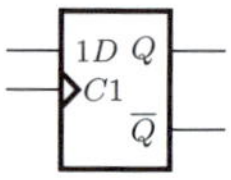

| Eingabe | | Folge |
|---|---|---|
| $C$ | $D$ | $Q^{(t)}$ |
| $\uparrow$ | 0 | 0 |
| $\uparrow$ | 1 | 1 |
| – | – | $Q^{(t-1)}$ |

**Abb. 8.31.:** Flankengesteuertes D-Flip-Flop

## Toggle-Flip-Flop

Ein weiteres flankengesteuertes Flip-Flop ist das Toggle-Flip-Flop (T-FF). Seine Funktion besteht darin, bei aktiviertem Toggle-Eingang $T$=1 mit jeder Taktflanke den Zustand zu wechseln und für $T$=0 den Zustand zu halten. Ein auf steigende Flanken reagierendes T-FF mit aktivem Eingang schaltet bei jeder positiven Taktflanke den Ausgangswert um.

| Eingabe | | Folge |
|---|---|---|
| $C$ | $T$ | $Q^{(t)}$ |
| – | 0 | $Q^{(t-1)}$ |
| $\uparrow$ | 1 | $\overline{Q}^{(t-1)}$ |
| – | 1 | $Q^{(t-1)}$ |

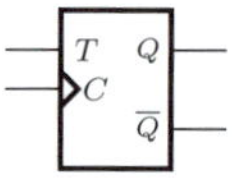

**Abb. 8.32.:** Toggle-Flip-Flop

Die charakteristische Funktion des T-FF lautet

$$Q^{(t)} = T \cdot \overline{Q}^{(t-1)} + \overline{T} \cdot Q^{(t-1)} = T \oplus Q^{(t-1)}$$

Diese Funktion erinnert uns an das Verhalten des JK-FFs bei $J$=$K$=0 und $J$=$K$=1, das man somit schnell zu einem Toggle-FF erweitern kann. Man kann das T-FF aber auch durch Rückkopplung des Ausgangs eines flankengesteuerten D-FF aufbauen. Abb. 8.33 zeigt den Aufbau.

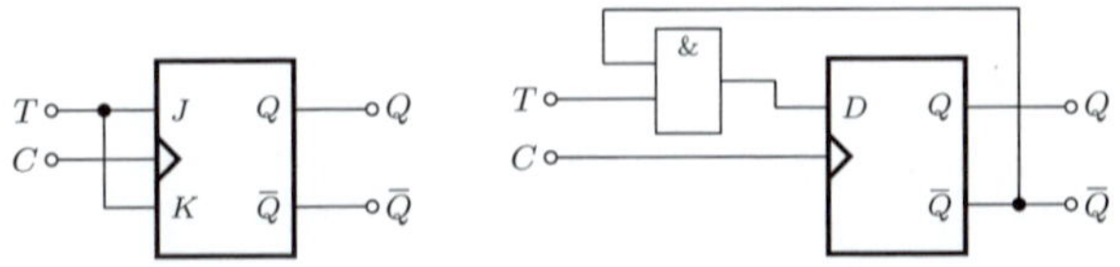


**Abb. 8.33.:** Aufbau eines Toggle-FF aus einem JK-FF und einem D-FF

Da ein T-FF immer nur bei einer Flanke (entweder steigend oder fallend) den Zustand wechselt, ist es immer ein taktflankengesteuertes FF.

Das T-FF und andere FFs kann man auch zweiflankengesteuert bauen, womit sich der folgende Abschnitt beschäftigt.

## 8.3.5. Master-Slave Flip-Flops

Die bisher vorgestellten Flip-Flops sind in der Lage, einen Eingangswert am Ausgang für einen bestimmten Zeitraum „verzögert“ zur Verfügung zu stellen. Sie speichern Informationen oder Zustände und werden zu diesem Zweck in sequentiellen Schaltungen eingesetzt.

Ein FF reagiert für einen bestimmten Zeitraum auf Zustandsänderungen am Eingang, z.B. für die Dauer eines Taktpegels bei zustandsgesteuerten FFs oder für die durch das Verzögerungsglied vorgegebene Zeitdauer bei der Einflankensteuerung. Für diesen Zeitraum sind die Eingänge aktiv. Betrachten wir jetzt nochmal die Abb. 8.1. Wir sehen, dass der Speicher im Rückkopplungspfad der kombinatorischen Schaltung liegt. Gleichzeitig ist aber auch über die kombinatorische Schaltung eine Rückkopplung vom Ausgang des Speichers auf dessen Eingang gegeben. Kommt es durch diese Rückkopplung während des aktiven Zeitraumes des FFs zu einer Veränderung der Eingangswerte, so kann dies zu einer Race-Condition und einer Instabilität des Systems führen. Abhilfe schafft die zeitliche Trennung zwischen Übernahme der Eingangswerte in den Speicher und der Ausgabe am Ausgang.

Betrachten wir zur Erklärung das Zeitverhalten der Flip-Flops am Beispiel des taktflankengesteuerten RS-FFs in Abb. 8.34 etwas genauer. In dem Zeitdiagramm ist das Verhalten des links dargestellten FFs bei einer Änderung des Eingangs $S$ von 0 auf 1. Im FF soll der Wert 0 am Ausgang $Q$ gespeichert sein. Demzufolge liegt der Ausgang $\overline{Q}$ auf 1. Mit der Taktflanke zum Zeitpunkt $t_1$ schaltet das NAND-Gatter G2 kurzzeitig von 1 auf 0, bis nach der Gatterverzögerung am Ausgang von G1 der Wert 0 anliegt. Dieser kurze Impuls am Ausgang von G2 sorgt

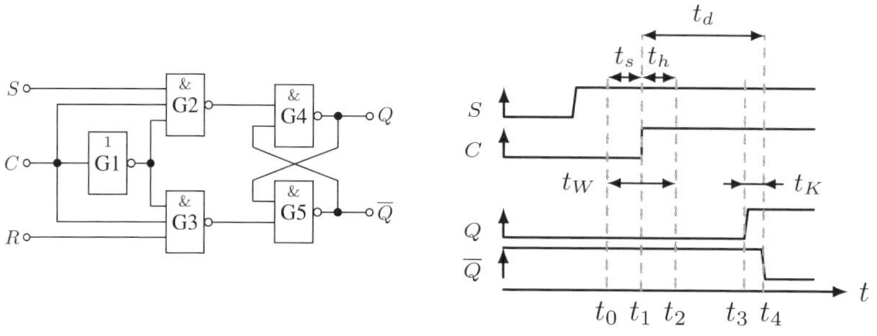


**Abb. 8.34.:** Zeitverhalten eines FFs am Beispiel eines taktflankengesteuerten RS-FFs

für das Umschalten von G4, der Ausgang $Q$ kippt zum angegebenen Zeitpunkt $t_3$ auf 1. Zum Zeitpunkt $t_4$ kippt $\overline{Q}$ dann auf 0. Dieser Zustand wird bis zur nächsten steigenden Taktflanke beibehalten.

Betrachten wir den Eingang der Schaltung zum Zeitpunkt der Taktänderung $t_1$. Das Gatter G2 kann schalten, wenn am Eingang $S$ bereits der Wert 1 anliegt. Die als **Setup-Zeit** $t_{(s)etup}$ bezeichnete Spanne stellt sicher, dass der neue Wert in G2 übernommen wird. Der Eingang muss nach $t_1$ noch für einen gewissen Zeitraum stabil gehalten werden, solange bis G1 umschaltet und damit G2 wieder sperrt. Diesen Zeitraum bezeichnet man als **Halte-Zeit** $t_{(h)old}$. In unserem Beispiel sind $t_s = t_1 - t_0$ und $t_h = t_2 - t_1$.

Im gesamten Zeitraum $[t_0, t_2]$ kann sich eine Eingangsänderung auf den Ausgangswert auswirken. Man bezeichnet diesen Bereich als **Wirkintervall** $t_W$ und es gilt $t_W = t_s + t_h$. Für ein vorhersagbares Verhalten der FF-Schaltung muss sicher gestellt sein, dass im gesamten Wirkintervall die Eingangswerte stabil bleiben.

Die Zeitspanne zwischen der Taktänderung und dem Annehmen eines stabilen Zustands der Ausgänge bezeichnet man als **Laufzeitverzögerung** $t_{(d)elay}$. Im Beispiel wäre das die Zeitspanne $t_d = t_4 - t_1$. Bereits zuvor, zum Zeitpunkt $t_3$ kippt der Ausgang $Q$ von 0 auf 1. Diese Zeitspanne von der Taktänderung bis zur ersten Änderung der Ausgänge bezeichnet man als **Kontaminationsverzögerung**, in unserem Beispiel $t_3 - t_1$.

Das **Kippintervall** $t_K$ ist der Zeitbereich, in dem die Ausgänge in Folge einer Eingangssignaländerung umschalten. Danach bleibt der Zustand bis zu einer erneuten Änderung der Eingänge erhalten. In Abb. 8.34 ist das Kippintervall der Zeitraum $[t_3, t_4]$. Der Bereich kann bei einem Wechsel von L nach H ($t_{K_{LH}}$) oder H nach L ($t_{K_{HL}}$) unterschiedlich sein. In diesem Falle gibt man den Bereich $t_K$ als Vereinigung beider Intervalle an.

Wir können nun die Wirk- und Kipp-Intervalle für die zustands- und flankengesteuerten FFs skizzieren (siehe Abb. 8.35). Dabei fällt auf, dass sie sich bei einem pegelgesteuerten FF Wirk- und Kippintervall überlagern. Das kann auch bei einem flankengesteuerten FF der Fall sein,

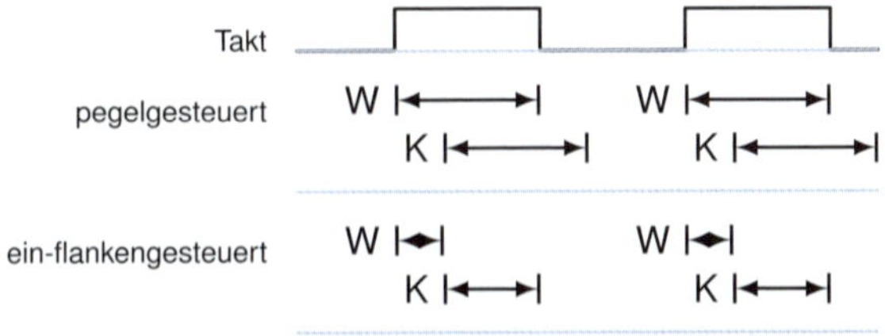


**Abb. 8.35.:** Wirk- und Kippintervalle von pegel- und flankengesteuerten Flip-Flops

wenn das Wirkintervall nicht eng genug bemessen ist. Um sicherzustellen, dass die oben genannte Rückkopplung bei FFs nicht zu einer instabilen Schaltung führt, müssen Wirk- und Kipp-Intervalle getrennt werden.

Dieses Verhalten erreicht man durch den Einsatz von Zweispeicher-Flip-Flops. Bei einem Zweispeicher-FF gibt es einen Eingangsspeicher, der die Werte übernimmt und diese an den Ausgangsspeicher weiter gibt. Den Eingangsspeicher bezeichnet man als *Master*, den Ausgangsspeicher als *Slave* und das ganze FF als **Master-Slave-FF** (Abk. MS-FF).

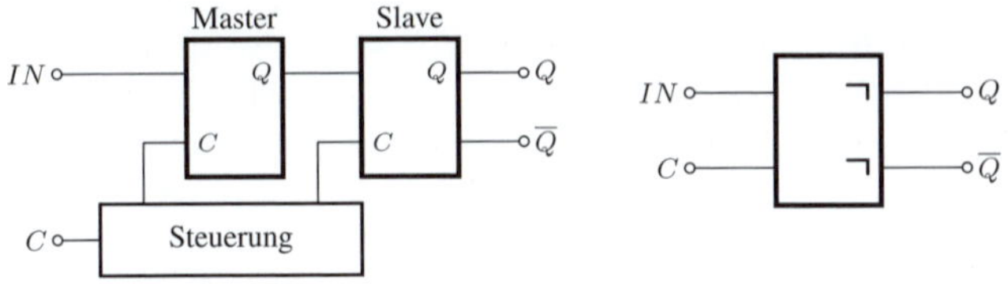


**Abb. 8.36.:** Realisierung eines Master-Slave-FFs und Symbol

Master-Slave-FFs werden durch Zusammenschaltung zweier FFs aufgebaut. Die Steuerung ist für die Trennung von Wirk- und Kippintervall zuständig, muss also sicher stellen, dass bei Ausgabe der Werte der Eingang verriegelt wird. Der am Eingang anliegende Wert wird nicht sofort durchgestellt, die Ausgabe wird zwangsläufig verzögert. Man bezeichnet die Ausgänge deshalb als **retardiert** (verzögert vom engl. *retard*). Im Symbol wird dies durch einen Haken an den Ausgängen angezeigt.

Bei den Master-Slave-FFs kann man wieder zwischen pegel- und flankengesteuerten FFs unterscheiden, von denen wir uns jeweils ein Beispiel anschauen wollen.

## Zweipegelgesteuerte Flip-Flops

Bei einem zweipegelgesteuerten FF erreicht man die Trennung von Wirk- und Kippintervall z.B. durch die Verwendung von pegelgesteuerten FFs, bei denen die Steuerung den Kontrolleingang von jeweils nur einem FF für die Pegeldauer frei gibt. Dazu reicht es aus, den

Steuereingang der beiden FFs mit unterschiedlichen Pegel anzusteuern, also das Steuersignal am zweiten Eingang durch ein NOT-Gatter zu invertieren, wie in Abb. 8.37 dargestellt.

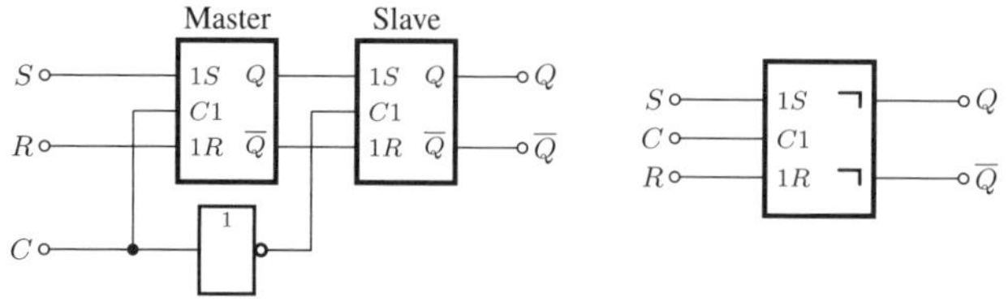


**Abb. 8.37.:** RS-Master-Slave-FF und Symbol

Die skizzierte Schaltung ist ein RS-Master-Slave-FF (RS-MS-FF), bestehend aus zwei einzelnen RS-FFs. Im Gegensatz zu den oben gezeigten transparenten pegelgesteuerten RS-FF (Basis-FF) ist das RS-MS-FF nicht transparent und somit rückkopplungsfähig. Der vom Master während der H-Phase des Steuersignals eingelesene Wert wird erst bei einem Taktwechsel über den Slave propagiert. Deshalb werden MS-FFs meist automatisch als flankengesteuert angesehen, obwohl der Master in Abb. 8.37 während der gesamten H-Phase aktiv ist.

Wir wollen das Taktverhalten noch etwas genauer am Beispiel von JK-Master-Slave-FFs erläutern. Ein JK-MS-Slave-FF kann analog zum RS-MS-FF aus zwei JK-FFs aufgebaut werden. Für die Funktion eines JK-FF genügt allerdings auch ein JK-FF als Master mit nachgeschaltetem RS-Slave, da $Q$ und $\overline{Q}$ bei einem JK-FF nicht den gleichen Wert annehmen können.

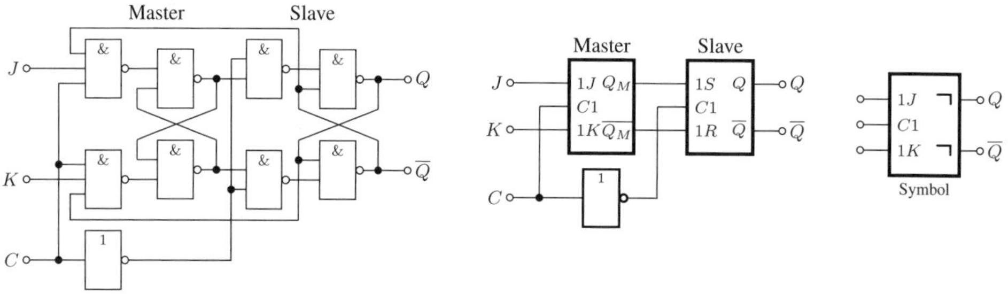


**Abb. 8.38.:** JK-Master-Slave-FF: diskreter Aufbau oder Zusammenschaltung von FFs

Betrachten wir das Zeitverhalten des JK-MS-FFs aus Abb. 8.38 (Mitte) und tragen die Reaktion des Ausgangs $Q$ zum Zeitpunkt $t$ und zusätzlich die Werte am Ausgang $Q_M$ des Masters ein, so erhalten wir das in Abb. 8.39 dargestellte Zeitdiagramm.

Zu erkennen ist, dass nur mit der fallenden Flanke von $C$ die Werte vom Master zum Slave und somit zum Ausgang propagiert werden. Der Master selber ist während der gesamten H-Phase aktiv.

Bei genauer Betrachtung ist noch ein Unterschied im Zeitverhalten der beiden Varianten des JK-MS-FFs in Abb. 8.38 erkennbar. Bei jedem JK-FF werden die Ausgänge rückgekoppelt und

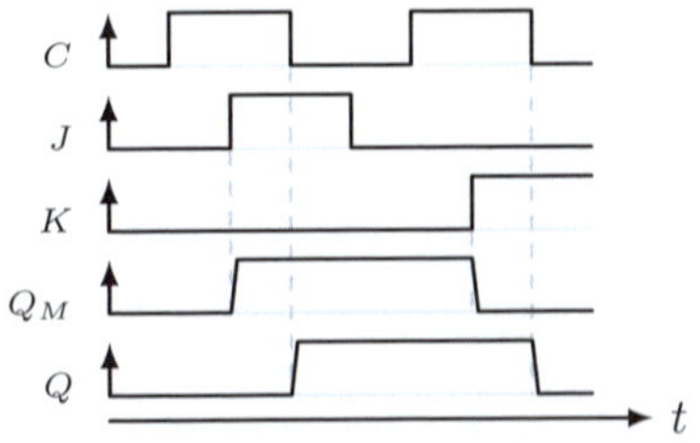


| Eingabe | | | Master | Ausgang |
|---|---|---|---|---|
| $C$ | $J$ | $K$ | $Q_M^{(t)}$ | $Q^{(t)}$ |
| – | 0 | 0 | $Q_M^{(t-1)}$ | $Q^{(t-1)}$ |
| 1 | 0 | 1 | 0 | $Q^{(t-1)}$ |
| 1 | 1 | 0 | 1 | $Q^{(t-1)}$ |
| ↑ | 1 | 1 | $\overline{Q}_M^{(t-1)}$ | $Q^{(t-1)}$ |
| ↓ | – | – | $Q_M^{(t-1)}$ | $Q_M^{(t)}$ |

**Abb. 8.39.:** Verhalten des JK-MS-FFs aus Abb. 8.38 (Mitte)

mit den Eingangswerten verknüpft. Beim Aufbau aus einzelnen FFs (Mitte) erfolgt dies bereits im Master-JK-FF, während beim diskreten Aufbau (links) erst die Ausgänge des Slave-FFs auf den Master rückgekoppelt werden. Das führt dazu, dass beim diskreten Aufbau der Master erst den Zustand wechseln kann, nachdem der Slave bereits geschaltet hat, also während der fallenden Taktflanke. Bis dahin sind die Eingänge verriegelt. Somit ist der Master in Abb. 8.38 (links) erst nach der L-Phase wieder aktiv. Beim Aufbau aus zwei FFs (Mitte) kann der Master hingegen während der gesamten H-Phase seinen Zustand mehrmals wechseln, wie dies auch in Abb. 8.39 gezeigten Funktionstabelle zu erkennen ist.

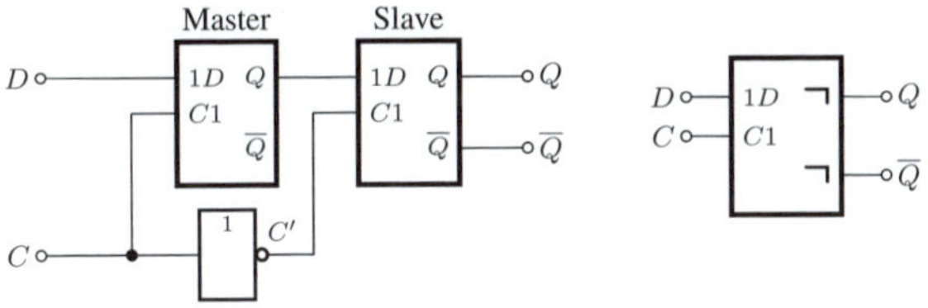


**Abb. 8.40.:** D-Master-Slave-FF und Symbol

Zum Abschluss stellen wir noch eine Master-Slave-Variante des D-FF vor. In den Schaltungen in Abb. 8.38 und Abb. 8.40 übernimmt der Master während der H-Phase von $C$ Werte vom Eingang, während gleichzeitig der Slave verriegelt ist. Mit dem Wechsel von H nach L wird der Master gesperrt. Sofort im Anschluss übernimmt der Slave die Werte vom Master und stellt diese zum Ausgang durch. Das Verhalten lässt sich durch folgende Skizze zusammenfassen:

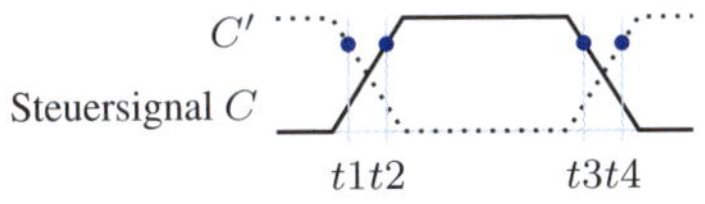


$t1$: Verriegelung des Slaves
$t2$: Aktivierung des Masters, Übernahme der Werte von $J$ und $K$
$t3$: Verriegelung des Masters
$t4$: Aktivierung des Slaves, Übernahme der Werte vom Master

Der Ablauf der Wertübernahme gilt für alle Master-Slave-FFs, woraus sich die gewünschte Eigenschaft ableiten lässt. Durch die Trennung von Master und Slave über das Steuersignal sind die FFs nicht mehr transparent. Während bei transparenten FFs (z.B. pegelgesteuerte D-FFs bzw. D-Latches) eine Rückkopplung nicht erlaubt ist, können die nicht transparenten MS-FFs in rückgekoppelten Schaltungen eingesetzt werden. Master-Slave-FFs eignen sich somit als Speicherelemente in Schaltungen nach Abb. 8.1.

## Zweiflankengesteuerte Flip-Flops

Bei einem pegelgesteuerten MS-FF werden die Werte am Eingang während *einer* Phase des Takts übernommen. Das FF reagiert während der gesamten Phase auf jede Änderung. So hat aber auch eine kurze „Störung" während der aktiven Phase Auswirkungen. Zwar wird die Störung nicht sofort an die Ausgänge propagiert, bliebe aber im Master gespeichert. Möchte man dies vermeiden, so kann man wieder das Wirkintervall auf den Zeitraum einer Flanke verkürzen.

Dazu reicht der Einsatz eines flankengesteuerten FFs als Master. Abb. 8.41 zeigt ein JK-MS-FF. Ebenso lassen sich die anderen FF-Typen nachbilden.

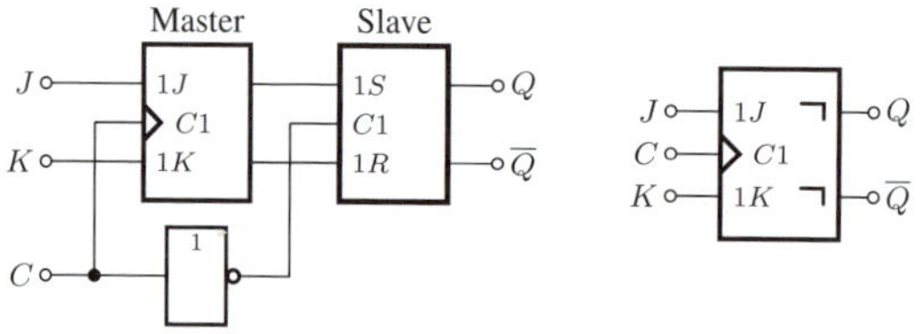


**Abb. 8.41.:** Flankengesteuertes JK-Master-Slave-FF und dessen Symbol

Durch die Verwendung der Master-Slave-Technik erhalten wir die in Abb. 8.42 dargestellten Wirk- und Kippintervalle. Diese Intervalle sind abhängig von der konkreten Schaltung und können gegenüber der Skizze abweichen.

Eine Übersicht der bisher dargestellten FFs und eine Zusammenfassung der Funktion befindet sich im Anhang.

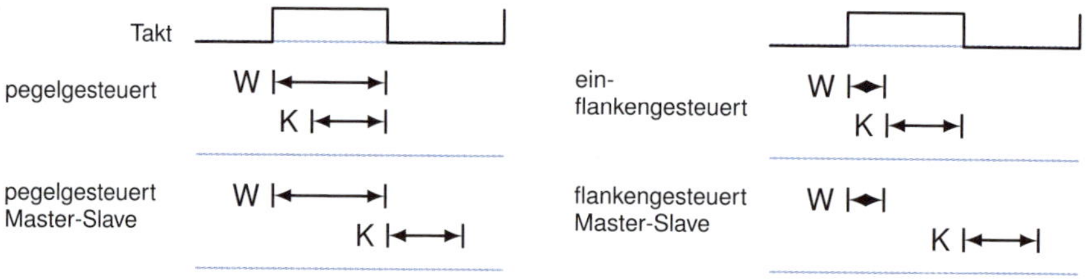


**Abb. 8.42.:** Wirk- und Kippintervalle von Flip-Flops, Vergleich mit Master-Slave-Variante

### 8.3.6. Register

Eine Schaltung mit mehreren parallel oder in Reihe geschalteten Flip-Flops, die durch ein gemeinsames Signal[1] gesteuert werden, bezeichnet man als ein **Register**. In einem Register werden mehrere Werte parallel gespeichert oder verarbeitet. Das ermöglicht z.B. die Anwendung als $n$-Bit-(Speicher)-Register in einem $n$-Bit-Rechner. Andere Varianten dienen der Umwandlungen serieller Bitströme in parallele Bitströme oder umgekehrt. Somit bestimmt die Beschaltung der FFs die Funktion und damit den Typ des Registers.

Man kann folgende Typen unterscheiden:

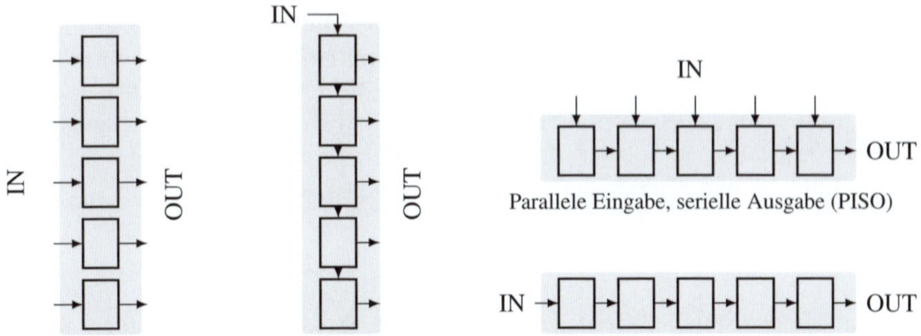


**Abb. 8.43.:** Übersicht der Registertypen

Wir werden in diesem Abschnitt einige in Computern eingesetzte Registerschaltungen genauer betrachten.

#### Registerschaltungen

**Register** Wird in der Rechnerarchitektur der Begriff Register ohne zusätzliche Anmerkung verwendet, so ist ein Register mit paralleler Ein- und Ausgabe gemeint (**PIPO**). Diese Register dienen zur Speicherung zusammen gehörender Werte, z.B. ein 64-Bit-Register für einen 64-Bit-Wert. PIPO-Register werden innerhalb eines Prozessors und der Peripherie eines Computer häufig benötigt, wie wir in Kapitel 11 sehen werden.

Neben der Speicherung von Werten dienen Register auch zur zeitlichen Steuerung der Abläufe in einem Prozessor. Durch Verwendung mehrerer Register können Abläufe synchronisiert werden, man erhält eine synchrone sequentielle Schaltung. Als Beispiel sie hier eine **Pipeline**-Schaltung genannt, wie sie in jedem modernen Prozessor zur beschleunigten Datenverarbeitung enthalten ist.

[1] Das bei den Flip-Flops mit $C$ (für *control*) beschriftete Steuersignal, werden wir für die Verwendung mit einem Taktsignal in Registerschaltungen mit $CLK$ (für *clock*) bezeichnen.

**Beispiel 8.2 (Pipeline)**

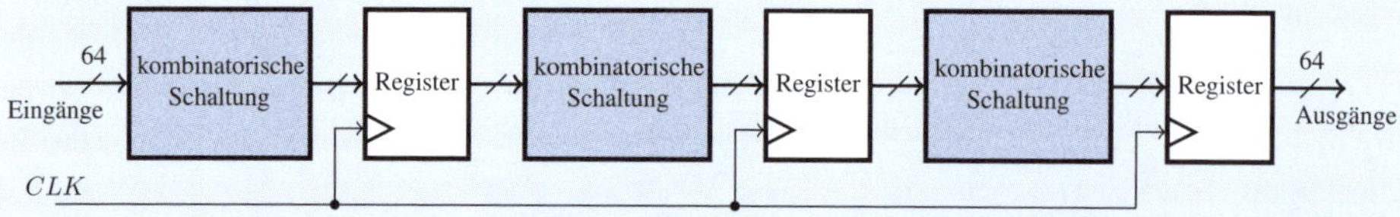


**Abb. 8.44.:** Register in einer synchronen 64-Bit Pipeline-Schaltung

Diese Schaltung arbeitet nach dem Prinzip eines Fließbandes, bei der die einzelnen Stationen über einen gemeinsamen Takt synchronisiert werden. Die kombinatorischen Schaltungen verarbeiteten die jeweiligen 64-Bit Werte und die Ergebnisse werden mit der nächsten positiven Taktflanke im angeschlossenen Register (aufgebaut aus MS-FFs) gespeichert und stehen im Anschluss der nachfolgenden Station als Eingangswerte zur Verfügung. Voraussetzung für den verlässlichen Betrieb einer solchen Pipeline ist, dass jede kombinatorischen Schaltung eine worst-case Laufzeit hat, die kürzer als die Taktperiode ist.

**Schieberegister** Im Beispiel 8.2 ist ersichtlich, dass mit jedem Takt Bits durch die Register der Pipeline „geschoben" werden. Noch deutlicher ist dies bei den anderen Registern mit seriller Ein- oder Ausgabe zu erkennen. Mit jedem Taktdurchlauf werden die Bits innerhalb der „Registerkette" um eine Position weiter geschoben. Diese Registerformen bezeichnet man als Schieberegister (*shift register*).

In einem **SISO**-Schieberegister (SISO *Serial In, Serial Out*) wird der älteste gespeicherte Wert am Ausgang aus dem Register heraus geschoben, während gleichzeitig ein neuer Wert am Eingang eingelesen wird. Das Register speichert die Abfolge der eingegebenen Bits und diese stehen mit einer zeitlichen Verzögerung (Anzahl der FFs) am Ausgang zur Verfügung.

**SIPO**-Schieberegister (SIPO *Serial In, Parallel Out*) werden im Rechner zur Umwandlung seriell übertragener Daten in eine parallele Form verwendet. Als Beispiel sei die Übertragung auf einem seriellen peripheren Bus, z.B. dem USB-Bus genannt. Die zu übertragenden Bytes werden bitweise nacheinander auf den USB-Busleitungen übertragen und müssen bei Ankunft im Rechner wieder zu Bytes zusammen gesetzt werden, um vom Prozessor verarbeitet werden zu können.

Die zugehörige Schaltung zur Umwandlung eines 8-Bit-Wertes ist in Abb. 8.45 dargestellt. Die Daten werden seriell vom Eingang eingelesen. Dabei wird jeweils mit der ansteigenden Flanke von $CLK$ ein neuer Wert in das Register geschoben. Nach insgesamt 8 Taktzyklen stehen die 8 Bit als ein Byte parallel am Ausgang zur Verfügung und können von dort jeweils mit dem Takt $CLK/8$ abgerufen werden. Greift man die Daten nur an einem Ausgang ab, so arbeitet die Schaltung als SISO-Register.

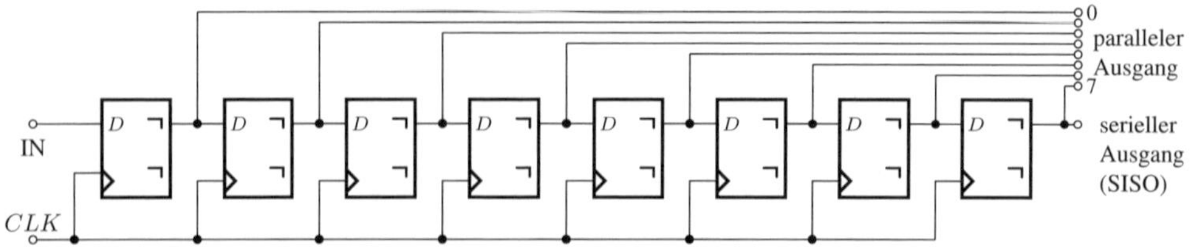


**Abb. 8.45.:** SIPO-Register: Umwandlung seriell/parallel

Die Umkehrung, also die Umwandlung parallel vorliegender Daten in eine serielle Form, um sie z.B. per USB zu übertragen, erfordert ein **PISO**-Register (PISO *Parallel In, Serial Out*). Ein PISO-Register arbeitet in zwei Schritten: zuerst werden die Daten parallel in die FFs eingelesen und anschließend seriell durch die Kette der FFs zum Ausgang durchgestellt. Um dies zu realisieren, gibt es mehrere Möglichkeiten. Eine Variante besteht in der Verwendung von 2:1-Multiplexern an jedem FF-Eingang. Die Multiplexer werden dann jeweils zwischen dem Laden und dem Schieben umgeschaltet.

Eine andere Variante ist die Verwendung von FFs mit asynchronem Reset- und Set-Leitungen:

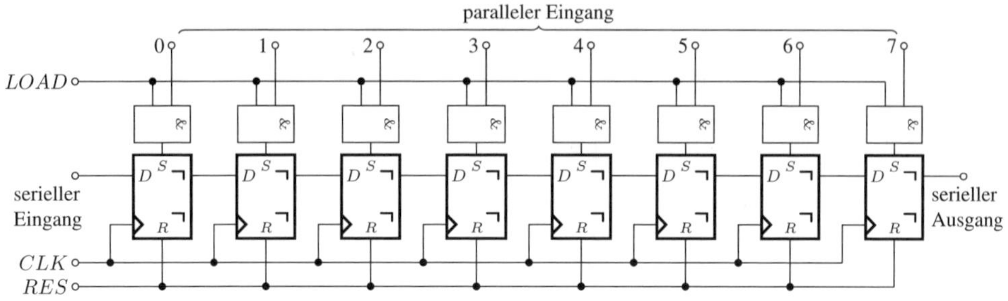


**Abb. 8.46.:** PISO-Register: Umwandlung parallel/seriell

Durch die Reset-Leitung werden die FFs in den Ausgangszustand versetzt ($RES$=1). Im nächsten Schritt werden über den Set-Eingang Werte parallel in die FFs eingelesen und gespeichert ($RES$=0, $LOAD$=1). Im dritten Schritt ($RES$=0, $LOAD$=0) werden die Werte, gesteuert durch den Takt mit jeder ansteigenden Taktflanke ($CLK$=_⌈‾) durch das Register zum Ausgang geschoben.

Die Schaltung in Abb. 8.46 kann auch als SISO betrieben werden (Laden über den seriellen Eingang bei $LOAD$=0). Fügt man zusätzlich noch von jedem FF-Ausgang eine weitere Ausgangsleitung in der Schaltung ein, so erhält man ein universelles Register mit paralleler und serieller Ein- und Ausgabe.

**LFSR: Linear-Feedback-Shift-Register** Eine spezielle Form von Registern sind linear rückgekoppelte Schieberegister (LFSR). Dabei handelt es sich um Schieberegister, bei denen eine Rückkopplung von einem oder mehreren FF-Ausgängen auf einen oder mehrere FF-Eingänge in der Registerkette eingebaut wurde. LFSR werden z.B. für die Erzeugung von pseudozufälligen Folgen oder für die Kodierung und Dekodierung zyklischer Folgen (z.B. CRC-Check) im Rechner eingesetzt.

Man kann LFSR mit verschiedenen Speicherelementen bauen, z.B. mit Bausteinen, die mehr als zwei Zustände fassen können. Wir wollen uns hier aber auf binäre LFSR beschränken, bei denen nur zwei Zustände (0 oder 1) je Element gespeichert werden können, so dass wir zu ihrer Realisierung Flip-Flops benutzen können. Alle Operationen, die wir zur Verknüpfung mit den rückgekoppelten Werten ausführen, erfolgen in einem abgeschlossenen algebraischen Bereich mit zwei Werten. In der Algebra bezeichnet man diese Algebra als einen endlichen Körper oder Galoiskörper der Ordnung zwei $GF(2)$. Für Details verweisen wir auf die Literatur [Kur08, Wer08]. Die nachfolgenden Ausführungen geben im Wesentlichen nur das Prinzip der Schaltungen an, ohne die mathematischen Zusammenhänge wirklich zu erklären. Dies würde den Rahmen des Buches zum Teil sprengen.

In $GF(2)$ entspricht die Addition eines Wertes einer einfachen XOR-Operation. Wir können somit mehrere Werte innerhalb des Schieberegisters durch XOR-Operationen „aufaddieren" und auf den Eingang rückkoppeln (siehe Abb. 8.47).

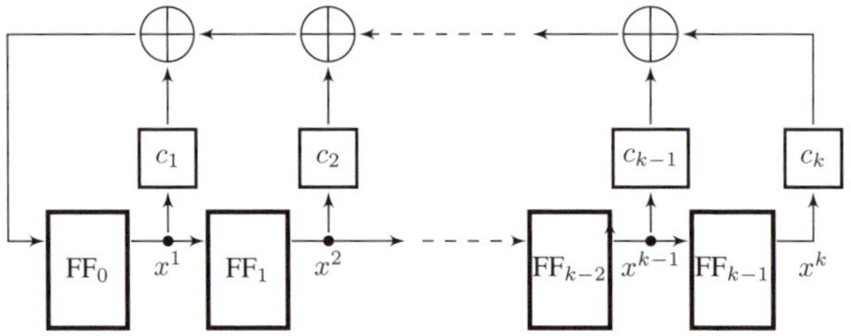


**Abb. 8.47.:** LFSR: Linear Feedback Shift Register

Bei jedem Schritt werden analog zum SISO die Werte um ein Bit nach rechts geschoben. Für den neuen Wert in $FF_0$ gilt $FF_0^{(t)} = c_1 \cdot FF_0^{(t-1)} \oplus c_2 \cdot FF_1^{(t-1)} \oplus \ldots \oplus c_k \cdot FF_{k-1}^{(t-1)}$. Die Koeffizienten $c_1$ bis $c_k$, die jeweils entweder 0 oder 1 sind, bestimmen über die Verwendung des FF-Ausgangs im Rückkopplungszweig.

Bezeichnen wir die Ausgänge der Flip-Flops mit Potenzen von $x$, dann können wir die Schaltung der Rückkopplung durch ein Polynom

$$p = c_k \cdot x^k + c_{k-1} \cdot x^{k-1} + \ldots + c_1 \cdot x^1 + x^0$$

vom Grad $k$ beschreiben. $p$ wird Generator-, Connection- (engl. für Verbindung) oder Feedback-Polynom (engl. für Rückkopplung) genannt. In der Literatur findet man auch abweichende Bezeichnungen für die Koeffizienten und FFs.

Bei LFSR unterscheiden wir in Abhängigkeit der Realisierung der Rückkopplung zwischen zwei Varianten, die sogenannten Fibonacci-LFSR und Galois-LFSR (siehe auch Abb. 8.48).

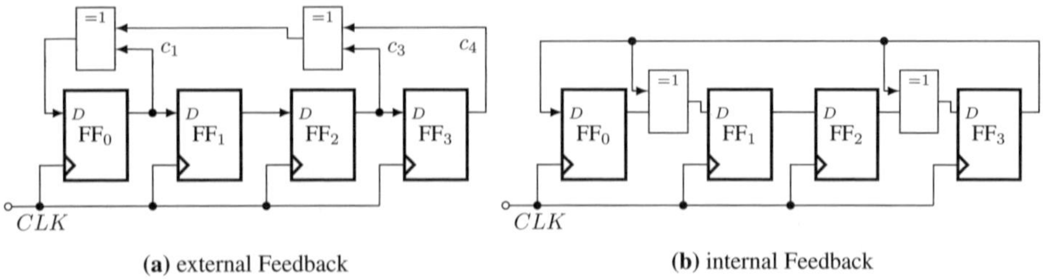


**Abb. 8.48.:** LFSR-Varianten

(a) LFSR mit externer Rückkopplung, die nach dem italienischen Mathematiker Fibonacci[1] auch als **Fibonacci-LFSR** oder **many-to-one LFSR** bezeichnet werden.

(b) LFSR mit interner Rückkopplung, die nach dem französischen Mathematiker Galois[2] auch als **Galois-LFSR** oder **one-to-many LFSR** bezeichnet werden.

Die beiden in Abb. 8.48 dargestellten LFSR werden durch das gleiche Polynom

$$p_e = p_i = x^4 + x^3 + x + 1$$

beschrieben.

Vergleicht man den Aufbau der Varianten, so sind ohne zusätzliche Optimierungen LFSR mit interner Rückkopplung schneller. Sie können schneller getaktet werden, denn der längste kombinatorische Pfad zwischen FF-Ausgang und FF-Eingang beinhaltet höchstens ein Gatter. Man kann aber auch bei externer Rückkopplung die XOR-Verknüpfung über eine Lookup-Tabelle und somit vergleichbar schnell realisieren (siehe Kapitel 7.5.2).

Zur Benutzung beider LFSR-Arten muss das Register initialisiert werden. Mindestens ein FF muss einen Wert ungleich 0 speichern. Das Laden können wir über Set-Eingänge der FFs realisieren[3]. Anschließend legen wir den Takt $CLK$ an. Wir können nun die Abfolge der Änderung der Koeffizienten betrachten und erhalten eine bestimmte Folge. Diese hängt vom Generatorpolynom ab. Handelt es sich um ein **primitives Polynom**[4], so erhalten wir eine Folge aller Kombinationen von $k$-Bit-Werten mit Ausnahme der Null. Diese Folge ist periodisch mit einer Periodenlänge von $2^k - 1$. Der Wert Null, also $0, \ldots, 0$ tritt dabei ohne Zusatzhardware nicht auf.

[1] Leonardo da Pisa, genannt Fibonacci, lebte ca. 1170–1250 in Pisa.

[2] Évariste Galois: 1811–1832 war ein französischer Mathematiker und Entdecker der nach ihm benannten Galoistheorie.

[3] Für verbesserte Übersichtlichkeit wurde die Initialisierungsschaltung in der Abb. 8.48 nicht eingezeichnet.

[4] Ein primitives Polynom ist ein Polynom, welches sich nicht in Polynome kleinerer Ordnung zerlegen lässt (irreduzibel) und außerdem die hier gewünschten Maximalfolgen erzeugt. Für jeden Grad $k$ existiert mindestens ein primitives Polynom.

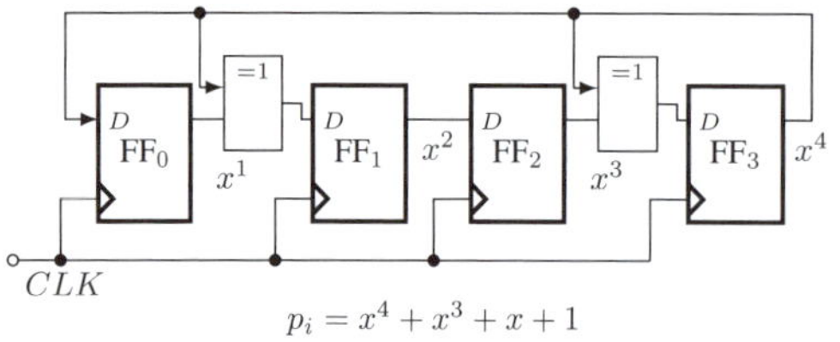


| Schritt | Eingabe | | | | Hex |
|---|---|---|---|---|---|
| | $x$ | $x^2$ | $x^3$ | $x^4$ | |
| 0 | 1 | 0 | 0 | 0 | 8 |
| 1 | 0 | 1 | 0 | 0 | 4 |
| 2 | 0 | 0 | 1 | 0 | 2 |
| 3 | 0 | 0 | 0 | 1 | 1 |
| 4 | 1 | 1 | 0 | 1 | d |
| 5 | 1 | 0 | 1 | 1 | b |
| (0) | 1 | 0 | 0 | 0 | 8 |

**Abb. 8.49.:** LFSR aus Abb. 8.47, Polynom vom Grad 4, aber nicht primitiv

Betrachten wir die Schaltung in Abb. 8.49. Bei der Initialisierung mit $(x^1, \dots, x^4)$=(1,0,0,0) erhalten wir die rechts dargestellte Folge. In der Schaltung sehen wir, dass mit jedem Schritt der Wert von $x^i$ zur nächst höherwertigen Stelle transportiert wird und, abhängig vom Polynom $p$, mit dem Wert $x^4$ verknüpft wird. Wir können die aktuellen Zustände der FFs durch ein Polynom $q$ darstellen. Die Bitverschiebung entspricht einer Multiplikation von $q$ mit $x$, z.B. im Schritt 1 von $q = x$ zu $q = x^2$. Ist $x^4$ in $q$ enthalten, so wird $q$ mit dem Polynom $p$ verknüpft. Zur Berechnung ermitteln wir in $GF(2)$ den Divisionsrest von $q/p$ und multiplizieren diesen Rest anschließend mit $x$. So gilt z.B. von Schritt 3 zu 4 (in Schritt 3 ist $q = x^4$)

$$x^4 \mod x^4 + x^3 + x + 1 = x^3 + x + 1$$

Mit der anschließenden Multiplikation mit $x$ erhalten wir die neue Belegung $q = x^4 + x^2 + x$ für Schritt 4.

Offensichtlich ist $p_i = x^4 + x^3 + x + 1$ kein primitives Generatorpolynom, denn die Folge wiederholt sich schon nach 6 Schritten. Für den Grad 4 soll die Periode aber 15 Schritte betragen. Dies erreicht man z.B. mit $p = x^4 + x^3 + 1$, wozu die in Abb. 8.50 gezeigten Schaltungen mit interner und externer Rückkopplung gehören.

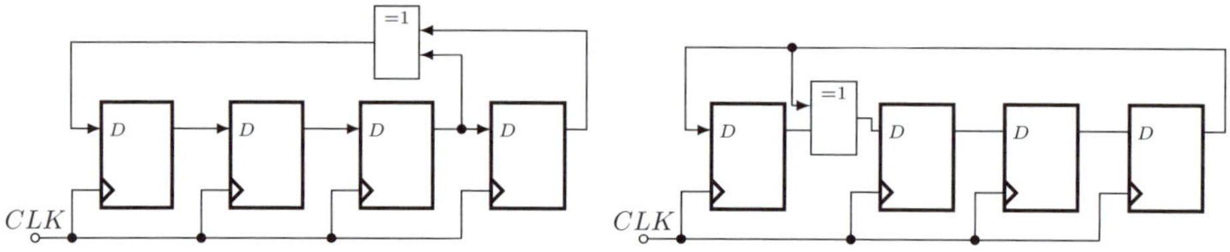


(a) external Feedback (b) internal Feedback

**Abb. 8.50.:** LFSR vom Grad 4 mit primitivem Generatorpolynom $p = x^4 + x^3 + 1$

Mit dem Polynom $p$ ergibt sich für das LFSR mit interner Rückkopplung die in Abb. 8.51 dargestellte Folge.

| Schritt | Eingabe | | | | Hex |
|---|---|---|---|---|---|
| | $x$ | $x^2$ | $x^3$ | $x^4$ | |
| 0 | 1 | 1 | 0 | 0 | c |
| 1 | 0 | 1 | 1 | 0 | 6 |
| 2 | 0 | 0 | 1 | 1 | 3 |
| 3 | 1 | 1 | 0 | 1 | d |
| 4 | 1 | 0 | 1 | 0 | a |
| 5 | 0 | 1 | 0 | 1 | 5 |
| 6 | 1 | 1 | 1 | 0 | e |
| 7 | 0 | 1 | 1 | 1 | 7 |

| Schritt | Eingabe | | | | Hex |
|---|---|---|---|---|---|
| | $x$ | $x^2$ | $x^3$ | $x^4$ | |
| 8 | 1 | 1 | 1 | 1 | f |
| 9 | 1 | 0 | 1 | 1 | b |
| 10 | 1 | 0 | 0 | 1 | 9 |
| 11 | 1 | 0 | 0 | 0 | 8 |
| 12 | 0 | 1 | 0 | 0 | 4 |
| 13 | 0 | 0 | 1 | 0 | 2 |
| 14 | 0 | 0 | 0 | 1 | 1 |
| (0) | 1 | 1 | 0 | 0 | c |

**Abb. 8.51.:** Folge für das LFSR aus Abb. 8.50b

Neben $p = x^4 + x^3 + 1$ gibt es ein weiteres Generatorpolynom mit maximaler Periodenlänge, nämlich $p_1 = x^4 + x + 1$. Insbesondere bei einem höheren Grad listet man oftmals nur „minimale“ Polynome auf, d.h. Polynome mit möglichst wenig gesetzten Koeffizienten, welche zu einem geringeren Hardwareaufwand führen, da weniger XOR-Gatter benötigt werden. Für die relativ schwer zu bestimmenden primitiven Polynome finden sich in der Literatur vorberechnete Listen [Ziv94], aus denen sich die passenden Polynome entnehmen lassen.

Man kann LFSR auch mit XNOR- anstatt XOR-Gattern aufbauen. Die maximale Periodenlänge würde man bei Grad 4 dann auch mit dem Polynom $p = x^4 + x^3 + 1$ erreichen, die Folge weicht aber von der in Abb. 8.51 aufgezeigten ab. Bei Verwendung von XNOR muss sicher gestellt sein, dass nicht alle FFs des Registers mit dem Wert 1 geladen werden. Mindestens ein FF muss den Wert 0 enthalten.

### 8.3.7. Zähler- und Teilerschaltungen

Zu den in Rechnern häufig erforderlichen Schaltungen gehören Hardwarezähler und Taktteiler. Als Beispiel sei die Bestimmung der Uhrzeit in einem Rechner genannt. Beim Einschalten des Rechners wird ein Zähler mit der Startzeit geladen, die z.B. aus einer akkugepufferten Uhr auf dem Mainboard ausgelesen wird. Anschließend wird der Wert im Mikro- oder Millisekunden-Takt erhöht, also die Anzahl der Takte „gezählt“. Aus diesem Zähler kann jederzeit die aktuelle Uhrzeit ausgelesen werden. Vorausgesetzt man hat einen stabilen Taktgenerator, ermöglicht der Zähler eine sehr genaue Bestimmung der Zeit. Da der Rechnertakt wesentlich höher als der Zähltakt ist, muss der Zähltakt mittels eines Teilers aus dem Rechnertakt abgeleitet werden.

#### Zähler

Unter einem Zähler verstehen wir ein Schaltwerk, das bei einem Taktdurchlauf seinen Zustand wechselt und bei dem die Abfolge der Zustände genau festgelegt ist.

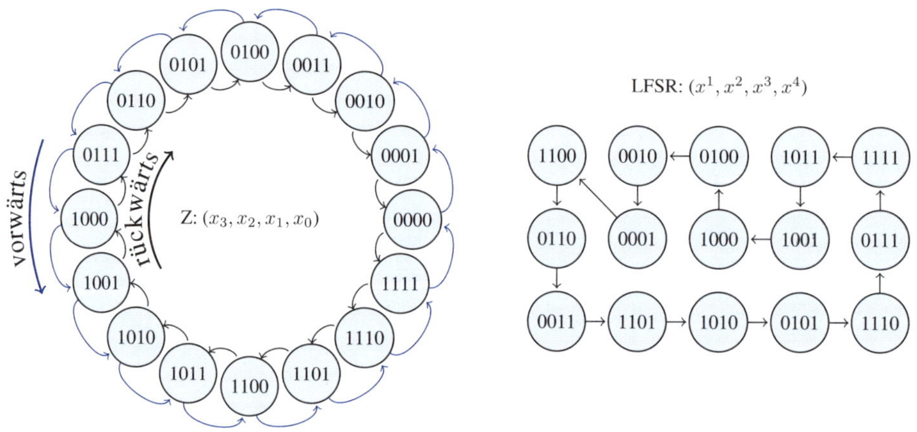


**Abb. 8.52.:** Moore-Automat eines Binär- und eines LFSR-Zählers

Der in Abb. 8.52 links dargestellte Automat beschreibt einen 4-Bit Binärzähler, dessen Wert schrittweise um eins erhöht wird. Der rechte Automat beschreibt das LFSR aus Abb. 8.50b. Ein LFSR kann somit auch als Zähler angesehen werden, ebenso wie andere Ringzähler, auf die wir später noch eingehen werden. Doch beginnen wollen wir mit einfachen binären Zählschaltungen. Die Automaten wechseln, beginnend von einem Startzustand, in jedem Takt ihren Zustand. Der Startzustand ist nicht festgelegt und muss somit in der Schaltung gesetzt werden.

**Asynchrone Zähler** Zähler- und Teilerschaltungen lassen sich wie Register durch Zusammenschaltung von FFs realisieren. Für einen einfachen Binärzähler, der einen binären $n$-Bit-Wert mit jedem Takt um 1 erhöht, genügen $n$ Toggle-FFs (siehe Abb. 8.53).

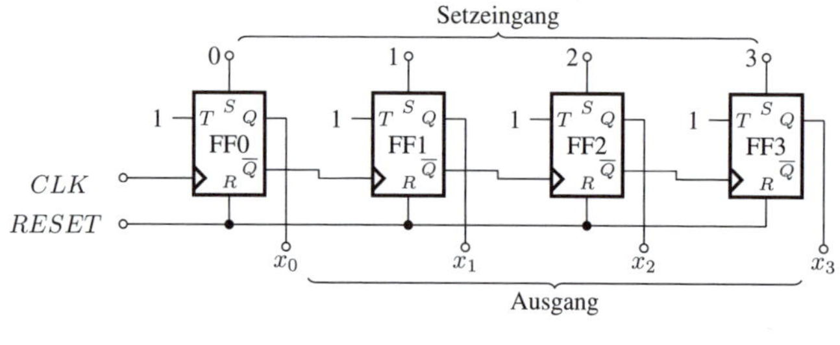


**Abb. 8.53.:** Asynchroner binärer 4-Bit Vorwärtszähler

Der Ausgang $\overline{Q}$ ist mit dem Takteingang des nachfolgenden FFs verbunden. Somit wechselt bei jeder ansteigenden Flanke das FF0 seinen Wert, bei jeder zweiten Flanke das FF1 bei jeder vierten das FF2 und bei jeder achten das FF3. Über die Reset-Schaltung kann der Zähler auf den Wert 0000 gesetzt und anschließend über die Setzeingänge ein bestimmter Anfangswert eingestellt werden.

Durch Veränderung der Verbindung zwischen den einzelnen FFs kann aus dem Vorwärtszähler ein Rückwärtszähler gebaut werden. Dazu muss der Takteingang lediglich mit dem Ausgang $Q$ des vorhergehenden FFs verbunden werden (siehe Abb. 8.54).

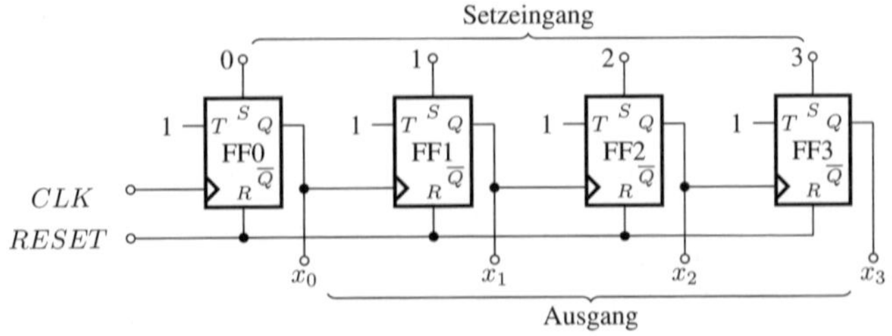


**Abb. 8.54.:** Asynchroner binärer 4-Bit Rückwärtszähler

Durch Erweiterung der Reset-Schaltung kann der Zähler bei einem bestimmten Wert „genullt" werden. Dazu greift man den gewünschten Ausgangswert von $x_0$ bis $x_3$ ab und löst darüber das Reset aus. In der in Abb. 8.55 gezeigten Schaltung ist dies am Beispiel eines BCD[1]-Zählers dargestellt. Dieser zählt bis zum Wert 9 und beginnt im Anschluss wieder bei 0:

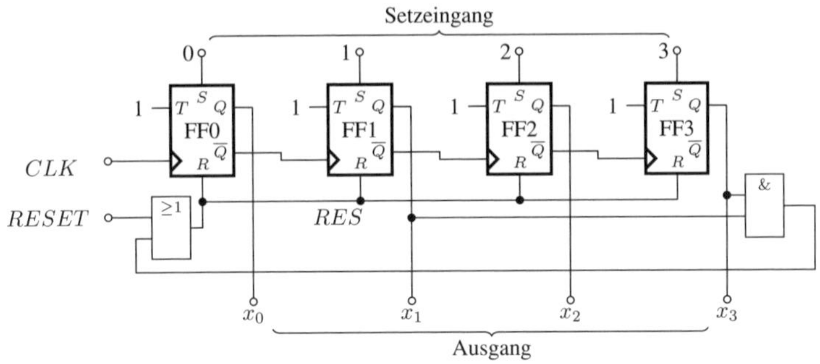


**Abb. 8.55.:** Asynchroner BCD-Zähler

Die verschiedenen Ausgangswerte sind die Zustände des Zählers[2]. Mit jedem Takt wird der Zustand um eins erhöht. Mit Erreichen des Zustands 10, bei dem $x_3$=$x_1$=1 gilt, wird sofort ein Reset ausgelöst und der Zähler wechselt ohne Takt sofort in den Zustand 0. Damit wird zwar von 0 bis 10 gezählt, d.h. nur die Werte von 0 bis 9 bleiben als stabiler Zustand bis zum nächsten Takt erhalten. Der BCD-Zähler ist demnach ein modulo-10-Zähler.

[1] BCD: *Binary Coded Decimal* ist die Darstellung dezimaler Ziffern als 4-Bit Dualcode.

[2] Der Zustand entspricht dem Wert des Ausgangs: $x_3 \cdot 2^3 + x_2 \cdot 2^2 + x_1 \cdot 2^1 + x_0$.

Nach dem Prinzip des BCD-Zählers lassen sich weitere **modulo-$n$-Zähler** bauen, die bei Erreichen des Wertes $n$ wieder in den Startzustand (üblicherweise 0) wechseln. Initialisiert man die FFs beim Reset mit einem Wert $m$, für den $0 < m < n$ gilt, so erhält man einen **$m$-zu-$n$-1-Zähler**.

Bei den in den Abbildungen 8.53 bis 8.55 dargestellten Zählern handelt es sich um **asynchrone Zähler**. Der Zähltakt liegt nicht parallel am Takteingang aller FFs an. Der Vorteil asynchroner Zähler ist der geringe Hardwareaufwand. Allerdings schalten bei einem Taktwechsel die FFs in der Kette zeitversetzt, bedingt durch die Laufzeit der einzelnen FFs. Dies kann zu Taktversatzproblemen (Glitches) führen. So liegt für den Zeitraum vom Anlegen des Taktes bis zum Schalten des letzten FFs kein gültiger Wert am Ausgang des Zählers an. Das in Abb. 8.56 gezeigte Zeitdiagramm der Schaltung aus Abb. 8.55 verdeutlicht das Problem.

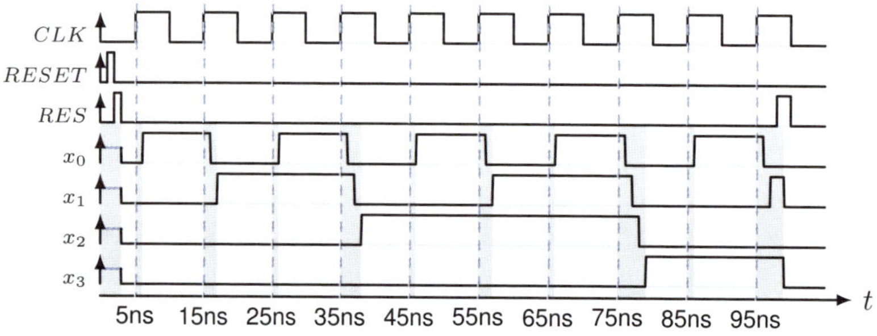


**Abb. 8.56.:** Zeitverhalten des asynchronen BCD-Zählers

Angenommen wurde eine Schaltzeit von 1 ns pro Gatter mit einem Taktwechsel aller 5 ns. In den grau hinterlegten Zeiträumen haben noch nicht alle Gatter geschaltet. Das Propagieren des Signals kostet z.B. zum Zeitpunkt $t$=75 ns, bei dem alle Gatter betroffen sind, schon 4 ns. In dieser Zeitspanne liegen keine gültigen Werte an. Es tritt ein Zeitversatz auf.

**Synchrone Zähler** Das Problem des Zeitversatzes zwischen dem Takt und der Sprungantwort können wir mit synchronen Zählerschaltungen lösen. Bei einer synchronen Schaltung wird der Takt parallel an alle Speicherelemente angelegt. Das führt allerdings zu einer etwas aufwendigeren kombinatorischen Schaltung zwischen den FFs.

Für einen $n$-Bit-Zähler benötigt man wieder $n$ FFs. Wir können die Zähler mit verschiedenen FF-Arten realisieren. Beginnen wir mit D-FFs. Gesucht sind jetzt kombinatorische Schaltungen, welche die Eingangswerte der FFs aus den vorhergehenden Werten berechnen. Lassen Sie uns dazu am Beispiel eines 4-Bit-Zählers eine Zustandsfolgetabelle aufstellen:

| Eingabe $x^{(t-1)}$ | | | | Folge $x^{(t)}$ | | | | Eingabe $x^{(t-1)}$ | | | | Folge $x^{(t)}$ | | | |
|---|---|---|---|---|---|---|---|---|---|---|---|---|---|---|---|
| $x_3$ | $x_2$ | $x_1$ | $x_0$ | $x_3$ | $x_2$ | $x_1$ | $x_0$ | $x_3$ | $x_2$ | $x_1$ | $x_0$ | $x_3$ | $x_2$ | $x_1$ | $x_0$ |
| 0 | 0 | 0 | 0 | 0 | 0 | 0 | 1 | 1 | 0 | 0 | 0 | 1 | 0 | 0 | 1 |
| 0 | 0 | 0 | 1 | 0 | 0 | 1 | 0 | 1 | 0 | 0 | 1 | 1 | 0 | 1 | 0 |
| 0 | 0 | 1 | 0 | 0 | 0 | 1 | 1 | 1 | 0 | 1 | 0 | 1 | 0 | 1 | 1 |
| 0 | 0 | 1 | 1 | 0 | 1 | 0 | 0 | 1 | 0 | 1 | 1 | 1 | 1 | 0 | 0 |
| 0 | 1 | 0 | 0 | 0 | 1 | 0 | 1 | 1 | 1 | 0 | 0 | 1 | 1 | 0 | 1 |
| 0 | 1 | 0 | 1 | 0 | 1 | 1 | 0 | 1 | 1 | 0 | 1 | 1 | 1 | 1 | 0 |
| 0 | 1 | 1 | 0 | 0 | 1 | 1 | 1 | 1 | 1 | 1 | 0 | 1 | 1 | 1 | 1 |
| 0 | 1 | 1 | 1 | 1 | 0 | 0 | 0 | 1 | 1 | 1 | 1 | 0 | 0 | 0 | 0 |

Der Eingangswert $d_i$ des $i$-ten D-FFs wird mit der Taktflanke zum Ausgangswert $x_i$. Wir können den Eingangswert $d_i$ aus der Tabelle ablesen: $d_i = x_i^{(t)} = f(x_3^{(t-1)}, \ldots, x_0^{(t-1)})$.

$$
\begin{aligned}
d_0 &= \overline{x_0} \\
d_1 &= \overline{x_1}\,x_0 + x_1\,\overline{x_0} \\
&= x_0 \oplus x_1
\end{aligned}
\qquad
\begin{aligned}
d_2 &= \overline{x_2}\,x_1\,x_0 + x_2\,\overline{x_1}\,\overline{x_0} + x_2\,\overline{x_1}\,x_0 + x_2\,x_1\,\overline{x_0} \\
&= x_2 \oplus (x_1\,x_0) \\
d_3 &= \overline{x_3}\,x_2\,x_1\,x_0 + x_3\,\overline{x_2\,x_1\,x_0} = x_3 \oplus x_2\,x_1\,x_0
\end{aligned}
$$

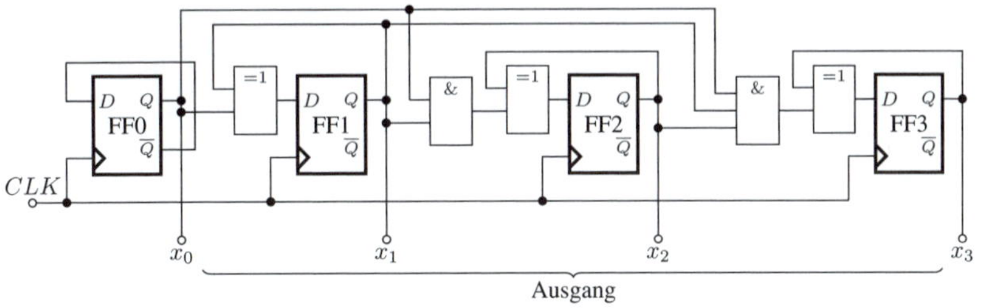


**Abb. 8.57.:** Synchroner binärer 4-Bit Vorwärtszähler mit D-FFs

Daraus resultiert die Schaltung in Abb. 8.57. Setz- und Rücksetzeingänge wurden hier nicht eingezeichnet, können aber analog zur Abb. 8.53 und Abb. 8.54 eingebaut werden.

Die Zählerschaltungen können wir auch mit T-FFs aufbauen. Dazu müssen wir uns, von der obigen Zustandsfolgetabelle ausgehend, überlegen, unter welchen Bedingungen jedes FF schaltet. FF0 schaltet mit jedem Takt. FF1 schaltet um, wenn an $x_0$ der Wert 1 anliegt. FF2 schaltet bei $x_1 \cdot x_0$ und FF3 bei $x_2 \cdot (x_1 \cdot x_0)$. Abb. 8.58 zeigt die Schaltung mit T-FFs.

Bei der Schaltung wurde zusätzlich noch ein Steuereingang $EN$ (für *enable*) eingefügt. Gezählt wird bei $EN$=1. Dieses Signal kann somit konjunktiv zu den Eingangswerten der FFs hinzugefügt werden. Das Steuersignal benötigen wir für andere Schaltungen, wie wir später noch sehen werden.

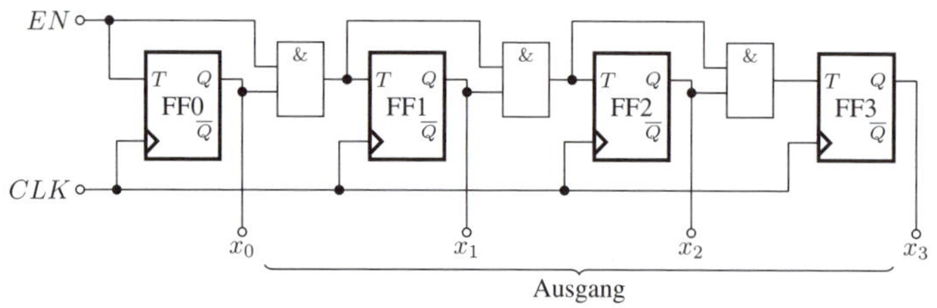


**Abb. 8.58.:** Synchroner binärer Vorwärtszähler mit T-FFs

Schauen wir uns das Zeitdiagramm der Schaltung an, so erkennen wir, dass gültige Ausgangswerte mit der konstanten Verzögerung der Laufzeit *eines* FFs zur Verfügung stehen. Dies ist das typische Verhalten synchroner Zählerschaltungen.

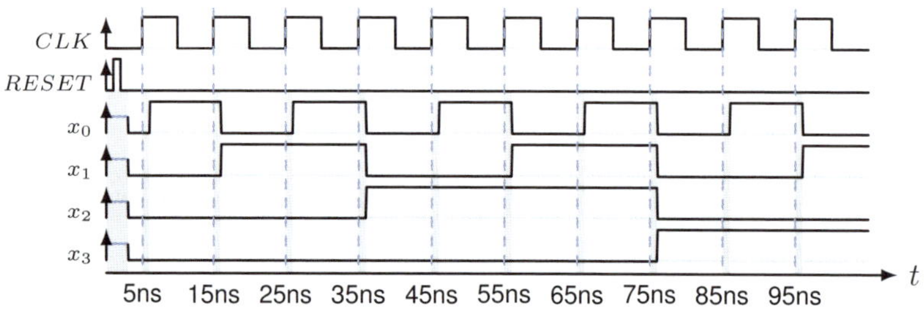


**Abb. 8.59.:** Zeitverhalten der synchronen Zähler

## Spezielle Zählerschaltungen

Neben Binärzählern werden auch andere Schaltungen als Zähler bezeichnet, deren Zustandsabfolge aber keiner In- oder Dekrementierung von Binärwerten oder anderen gängigen Zahlendarstellungen entspricht.

**Ringzähler** Unter einem Ringzähler versteht man ein Schieberegister mit einer Rückkopplung des letzten auf das erste FF. Sie entsprechen den LFSR mit einem Rückkopplungspolynom $p = x^k + 1$, wobei $k$ die Anzahl der FFs darstellt. Im Betrieb dürfen sich nicht alle FFs im Zustand 1 oder alle im Zustand 0 befinden. Dafür benötigen wir eine Initialisierungs- bzw. eine Eingangsschaltung, wie in Abb. 8.60 dargestellt.

Mit nur einem gesetzten Bit ergibt sich die Zustandsabfolge aus Abb. 8.61. Die Periodendauer, mit der sich die Zustände wiederholen, entspricht der Anzahl der FFs. Es können aber auch mehr Bits gesetzt werden, wodurch sich andere Abfolgen ergeben. Ringzähler finden insbesondere Anwendung bei Frequenzteilern.

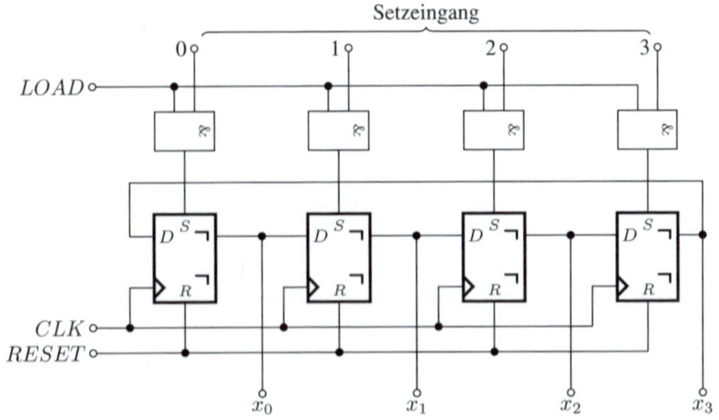


**Abb. 8.60.:** Ringzähler mit Setzeingang

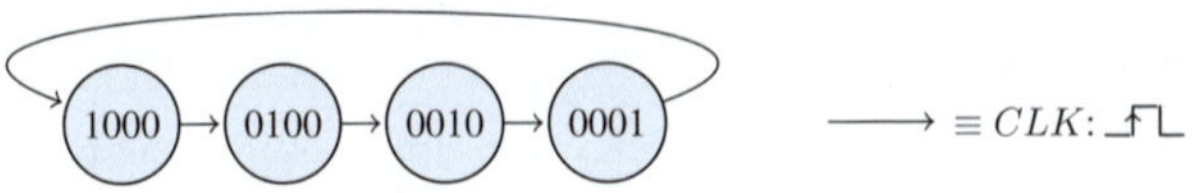


**Abb. 8.61.:** Abfolge des Zählers aus Abb. 8.60 bei einem gesetzten Bit

**Johnson-Zähler** Der Johnson-Zähler entspricht dem Ringzähler mit einer invertierten Rückkopplung:

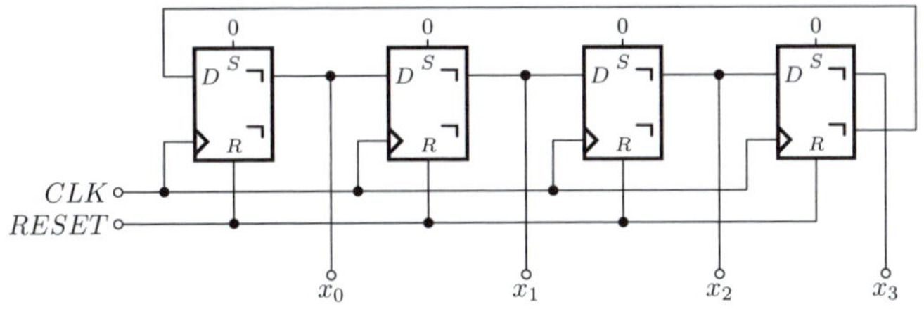


**Abb. 8.62.:** Johnson-Zähler

Die zugehörige Zustandsfolge bei der Initialisierung mit 0000[1] ist in Abb. 8.63 dargestellt.

Bei der Folge des Zählers wächst die Anzahl der Einsen an den Ausgängen von 0 bis $n$ und fällt anschließend wieder auf 0 ab. Vom Aufbau her ist der Johnson-Zähler ein Synchronzähler und eignet sich gut als Grundlage für den Aufbau von Teilern.

[1] Über eine Initialisierungsschaltung ließen sich auch andere Muster laden. Mit der Eingabe 0101 würde sich als Zustandsabfolge lediglich 0101⇋1010 ergeben.

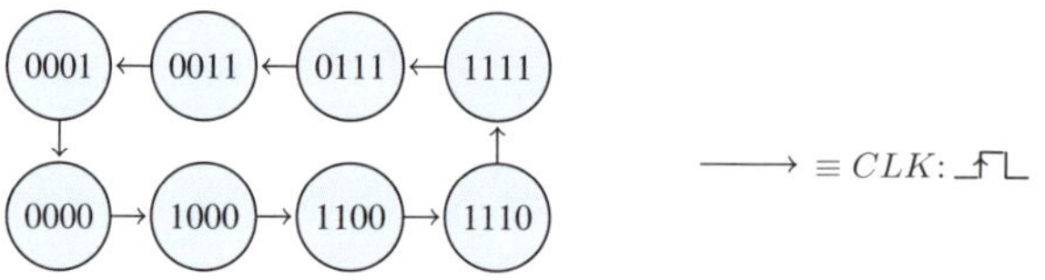


**Abb. 8.63.:** Abfolge des Johnson-Zählers

## Teilerschaltungen

Die Aufgabe einer Teilerschaltung besteht darin, eine Eingangsfrequenz in einem bestimmten Verhältnis zu teilen und am Ausgang zur Verfügung zu stellen. Als **Teilungsverhältnis** zwischen Ein- und Ausgangssignal werden oftmals ganzzahlige Werte verwendet ($m : 1$). Es können aber auch rationale Teilungsverhältnisse ($m : n$) gewünscht sein. Die dafür notwendigen Schaltungen sind aber aufwendiger und in der Digitaltechnik unüblich. So erzeugen nicht ganzzahlige Teilungsverhältnisse nicht synchrone Taktimpulse. Wir beschränken uns hier auf ganzzahlige Teilungsverhältnisse $m : 1$.

Neben dem Teilungsverhältnis interessiert bei einem Teiler auch der **Tastgrad**, häufig auch als **Tastverhältnis**[1] bezeichnet. Der dimensionslose Tastgrad (*duty cycle*) gibt das Verhältnis der Dauer eines Impulses zur Periodendauer an. Bei den für die Digitaltechnik interessanten High/Low-Rechtecksignalen wird Folgendes angegeben (*f* steht hier für eine Frequenz):

$$\text{Teilungsverhältnis} = \frac{f_{in}}{f_{out}} \qquad \text{Tastgrad} = \frac{t_{high}}{t_{periode}} = \frac{t_{high}}{t_{high} + t_{low}}$$

Betrachten wird dazu folgende Grafik:

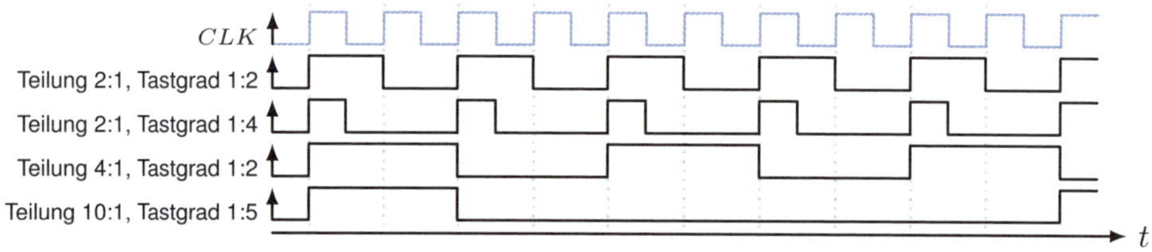


**Abb. 8.64.:** Teilungsverhältnisse und Tastgrad

Jeweils bei einem Tastgrad von 1/2 (50%) erhält man ein symmetrisches Rechtecksignal. Die folgenden Betrachtungen werden wir für ein periodisches Rechteck-Eingangssignal fester Frequenz $f_{in}$ mit einem festen Tastverhältnis (meist 1:2) durchführen.

[1] Der Begriff Tastverhältnis wird manchmal auch als Angabe für das Verhältnis zwischen 1- und 0-Bereich einer Periode genutzt. Nach DIN IEC 60469-1 ist dafür der Begriff **Ein-Aus-Verhältnis** vorgesehen. Das Ein-Aus-Verhältnis von 1:1 entspricht einem Tastgrad von 1/2.

Zum Aufbau von Teilern nutzt man Zählerschaltungen. Dazu reichen Binär- oder Johnson-Zähler, bei denen das geteilte Taktsignal am passenden Ausgang abgegriffen wird. Je nach Bauart erhält man so synchrone oder asynchrone Teilerschaltungen. Es gilt deshalb auch hier, dass für die synchrone Schaltung ein höherer Hardwareaufwand erforderlich ist.

**Teilungsverhältnis $2^x : 1$** Relativ einfach lassen sich Teiler im Verhältnis $2^x : 1$ für jede natürliche Zahl $x$ aufbauen. Wir nehmen dazu einen Binärzähler aus den Abbildungen 8.53 bis 8.58 und greifen das geteilte Taktsignal am passenden Ausgang ab:

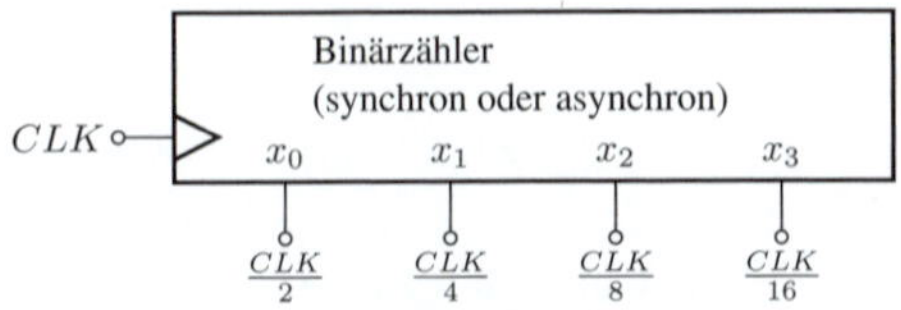


**Abb. 8.65.:** Teilerschaltung für $2^x : 1$

Am Ausgang $x_i$ liegt ein Teilungsverhältnis von $2^{i+1} : 1$ vor. Man erhält den Takt geteilt durch beliebige Zweierpotenzen bei einem Tastgrad von 1:2. Die Laufzeit der FFs begrenzt das maximale Teilungsverhältnis, insbesondere bei asynchronen Zählern.

**Teilungsverhältnis $2x : 1$** Teilungsverhältnisse mit geradem Zähler können ebenfalls durch einfache Schaltungen realisiert werden. Wir können dafür z.B. den Johnson-Zähler verwenden. Betrachten wir einen 3-Bit-Johnson Zähler:

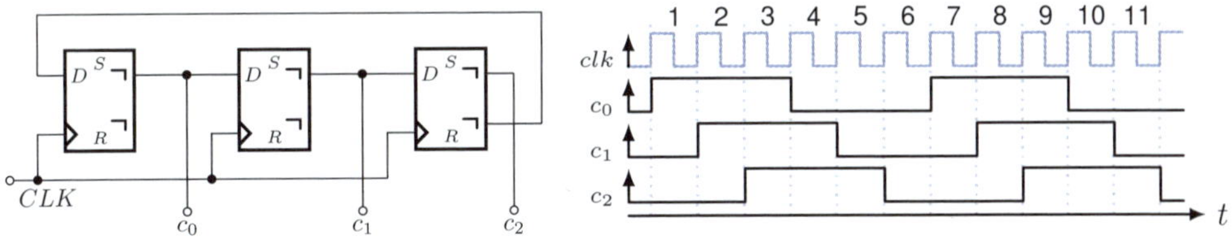


**Abb. 8.66.:** Symmetrischer Teiler 6:1 auf Basis eines synchronen Zählers (Johnson-Zähler)

Bei der Initialisierung des Zählers mit 000 steht ein Teilungsverhältnis von 6:1 mit unterschiedlichem Offset an den Ausgängen $c_0$ bis $c_2$ zur Verfügung. Durch Hinzufügen weiterer FFs erhält man größere Teilungsverhältnisse. Platzeffizienter ist es jedoch oftmals, mehrere Teiler zusammen zu schalten, wie dies in Abb. 8.67 gezeigt wird.

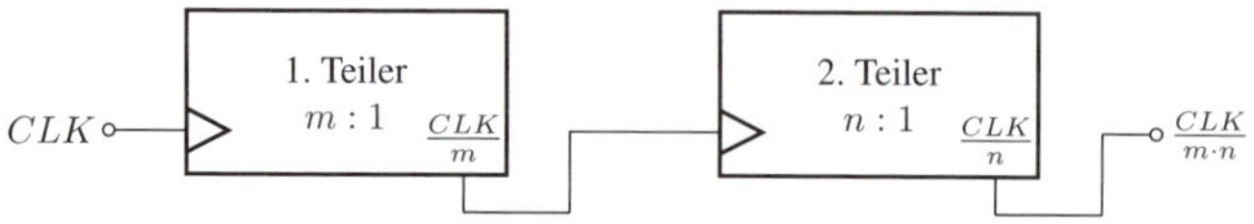


**Abb. 8.67.:** Zusammenschaltung zweier Teilerschaltungen (asynchroner Teiler)

Allerdings arbeitet ein aus mehreren Teilern zusammen gesetzter Teiler unabhängig von der Wahl der Zähler asynchron, da der Takt der hinteren Teiler jeweils aus dem Ausgangswert des davor stehenden Teilers gewonnen wird.

Möchten wir Zähler zu einem synchronen Teiler zusammenschalten, so benötigen wir synchrone Zähler mit Enable-Eingang (siehe Abb. 8.58). Außerdem benötigen wir eine Zusatzschaltung, welche (im Falle von zwei Zählern) dem zweiten Zähler nur dann die Zählerlaubnis erteilt, wenn der erste Zähler den gewünschten Endwert erreicht hat, also alle Ausgänge z.B. auf 1 liegen. In diesem Falle geben wir ein Signal an den nächsten Zähler. Dieses Signal bezeichnet man analog zu Addiererschaltungen auch als Carry, denn es gibt einen Übertrag von den niederwertigen zu den höherwertigen Stellen weiter. Zum Setzen des Carry-Bits beim Erreichen des Endwertes benötigen wir nur ein zusätzliches AND-Gatter (siehe Abb. 8.68).

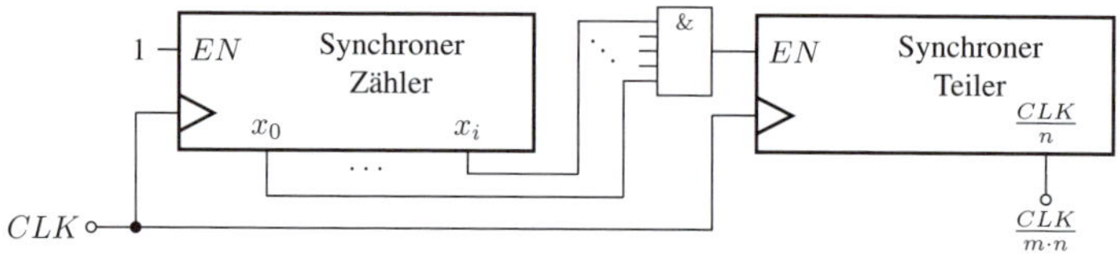


**Abb. 8.68.:** Synchroner Teiler $(m \cdot n) : 1$ durch Zusammenschaltung synchroner Zähler

Der binäre Zähler arbeitet auch als Teiler, das Carry am $EN$-Eingang des zweiten Teilers wird jedoch nur bei Erreichen des Endwertes gesetzt. Das erfolgt nach $2^{i+1}$ Schritten. Demzufolge gilt $i = \log_2 m - 1$. Der zweite Zähler zählt zu jeden $m$-ten Schritt und teilt den Wert erneut, diesmal im Verhältnis $n : 1$ . Somit steht am Ausgang ein Teilungsverhältnis von $(m \cdot n) : 1$ zur Verfügung.

Nach diesem Prinzip lassen sich Teiler für beliebige Verhältnisse zusammensetzen. Nehmen wir als Beispiel das Teilungsverhältnis 100:1. Dieses erreicht man durch Kombination der Teiler 2:1 mit 50:1 oder zwei Teiler mit 10:1 oder der Teiler 4:1 mit 25:1. Man kann auch drei Teiler nutzen, z.B. zwei mal 5:1 mit abschließendem 4:1.

Da man natürliche Zahlen durch Primfaktorzerlegung auf die Multiplikation von Primzahlen abbilden kann, genügen uns somit Primzahlenteiler: 2:1, 3:1, 5:1, usw. Abgesehen von 2:1 haben all diese $x : 1$ Teiler ein ungerades $x$.

**Teilungsverhältnisse $x : 1$ mit ungeradem $x$** Für Teilungsverhältnisse mit ungeradem $x$ können wir eine Zählerschaltung nutzen, die bis zu dem gewünschten Wert $x$ zählt und anschließend über eine Reset-Schaltung wieder auf Null zurück gesetzt wird. Eine Reset-Schaltung wurde bereits beim BCD-Zähler (siehe Abb. 8.55) genutzt. Nach diesem Prinzip eines modulo-$n$-Zählers können wir beliebige Zählendpunkte und damit auch Teilungsverhältnisse erreichen.

Als Beispiel nutzen wir einen synchronen 3-Bit-Zähler, den wir bereits nach 5 Schritten wieder auf den Startwert zurücksetzen:

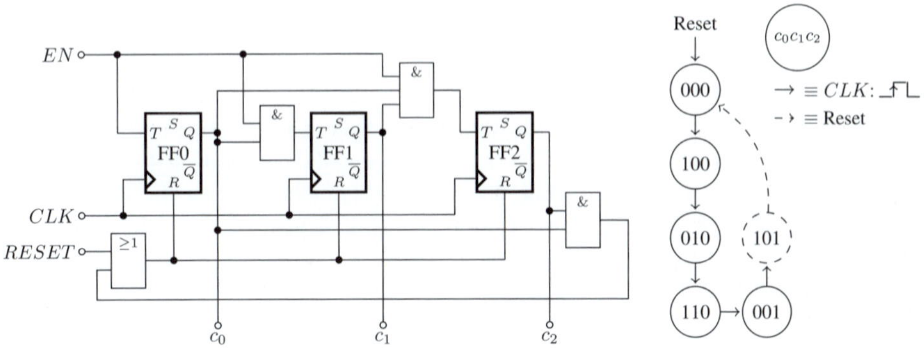


**Abb. 8.69.:** Synchroner Teiler 5:1

Bei der Zustandsfolge wird beginnend von 000 bis zu 101 gezählt. Dieser Zustand löst jedoch sofort ein Reset aus und der Teiler geht ohne Takt wieder in den Zustand 000 über. Vom Zustand 0 bis 4 sind es 5 Takte und am Ausgang $c_2$ liegt nur zu jedem 5. Takt der High-Wert für einen Takt an. Somit entspricht der Ausgang $c_2$ dem Takt, geteilt im Verhältnis 5:1.

Bisher hatten wir nur Teiler mit Tastgrad 1:2 vorgestellt. Bei dem Teiler in Abb. 8.69 gibt es 5 stabile Zustände. Aber nur während eines Zustands liegt am Ausgang $c_2$ der High-Wert an, der Tastgrad ist somit 1:5 (sieheAbb. 8.70[1]).

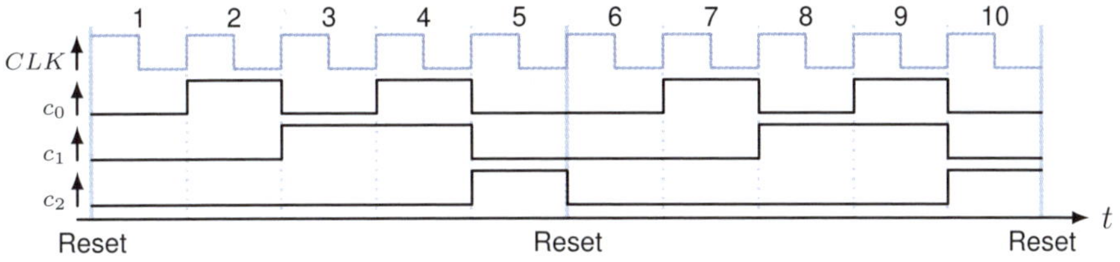


**Abb. 8.70.:** Zeitdiagramm des 5:1 Teilers

Außerdem spielt die Verzögerungszeit der FFs eine Rolle, denn das Reset-Signal wird um die Laufzeit der Gatter verzögert, der Ausgang $c_2$ schaltet also etwas später zurück auf 0.

[1] Es handelt sich um eine idealisierte Darstellung, da die Gatterverzögerungen nicht berücksichtigt wurden.

Eine andere Variante für ungerade Teiler erhält man durch angepasste Ring- oder Johnson-Zähler. Bei einem Johnson-Zähler wird der Wert am letzten Ausgang invertiert auf den Eingang zurück geführt. Nach einem Reset (Ausgang $Q$ aller FFs auf 0) wird der Zähler mit 1 gefüllt, bis die erste 1 wieder am Ausgang des letzten FFs anliegt. Wenn wir nicht bis zur doppelten Anzahl der FFs zählen wollen, können wir diese Zeitdauer abkürzen und ungerade Teilungsverhältnisse erreichen:

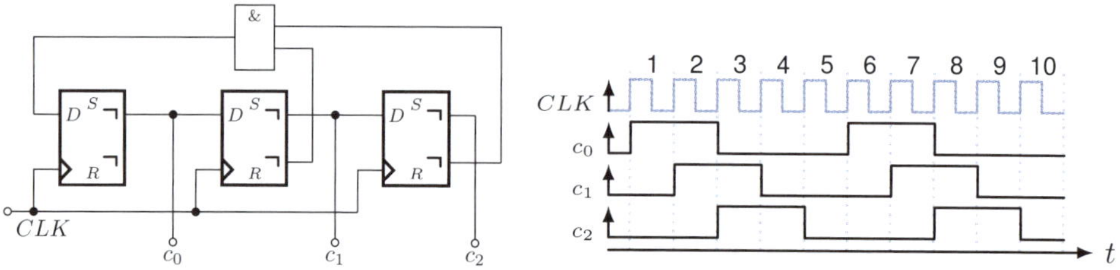


**Abb. 8.71.:** Teiler 5:1 mit Johnson-Zähler

In Abb. 8.71 handelt es sich wieder um einen 5:1 Teiler, allerdings mit Tastgrad 2:5. Andere Teilungsverhältnisse können wir ebenfalls mit dem Johnson-Zähler aufbauen, z.B. als 3:1-Teiler, verknüpft mit anderen Teilern. So erhalten wir mit einem Teilers 8:1 zusammen mit dem modifizierten Johnson-Zähler in Abb. 8.72 ein Teilungsverhältnis von 11:1.

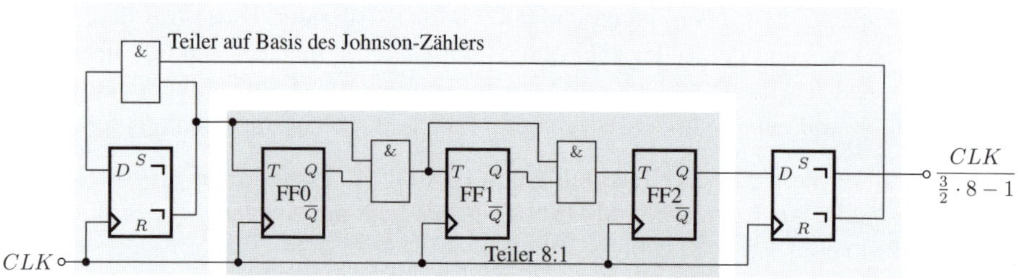


**Abb. 8.72.:** Teiler 11:1, basierend auf Teiler 8:1

Dieses Prinzip mit eingebetteten $m : 1$ Teiler ermöglicht Teilungsverhältnisse $(\frac{3}{2}m - 1) : 1$. Ist $m$ ein durch 4 teilbarer Wert, so erreichen wir mit dem geradem $m$ ungerade Teilungsverhältnisse.

### 8.3.8. Digitale Kippschaltung

Binäre sequentielle Schaltungen gehören zur Klasse der Kippschaltung oder Kippstufen. Der Name stammt von der Eigenschaft, dass jeder Ausgang in einen von zwei Zuständen wechseln (kippen) kann. Bleiben Ausgangszustände ohne Eingangsänderung erhalten, dann spricht man von einem stabilen Zustand. Anhand der stabilen Zustände lassen sich die Kippschaltungen unterteilen.

Die ab Kapitel 8.3.1 vorgestellten Flip-Flops haben zwei stabile Zustände und zählen deshalb zu der Unterklasse der **bistabilen Kippstufen**.

Eine andere Unterklasse sind die **monostabilen Kippstufen**, welche nur einen stabilen Zustand besitzen. Das Eingangssignal kann zu einer Änderung des Ausgangswertes und damit zum Verlassen des stabilen Zustands führen. Nach einer gewissen Zeit kehrt die Schaltung jedoch selbständig in den stabilen Zustand zurück.

Die zugehörigen Schaltungen werden als **Monoflops** bezeichnet und lassen sich, ähnlich den Flip-Flops, entsprechend der Triggerung auf Pegel und Flanke unterteilen. Sie können durch ein RC-Zeitglied in Verbindung mit einem Schwellwertschalter (z.B. der Komparator aus Kapitel 6.4.4) aufgebaut werden.

Die dritte Unterklasse sind die **astabilen Kippstufen**, welche keinen stabilen Zustand besitzen. Die Schaltungen ändern ihre Ausgangswerte in einer bestimmten zeitlichen Abfolge, weshalb man sie auch als **Multivibrator** bezeichnet. Ihr Verhalten entspricht dem eines Oszillators (siehe Kapitel 6.5).

Aus einem analogen Oszillator lässt sich ein digitales, d.h. ein rechteckförmiges Ausgangssignal über einen nachgeschalteten Schwellwertschalter, z.B. einen Schmitt-Trigger, realisieren.

## Schmitt-Trigger-Gatter

Eine Schmitt-Trigger-Schaltung[1] wurde bereits im Kapitel 6.4.4 vorgestellt. Es handelt sich um eine Komparatorschaltung mit zwei Schwellwerten, wodurch sich eine Schalthysterese ergibt. In der Digitaltechnik werden Schmitt-Trigger dort eingesetzt, wo ein (analoger) Eingangswert auf einen stabilen digitalen binären Ausgangswert abzubilden ist.

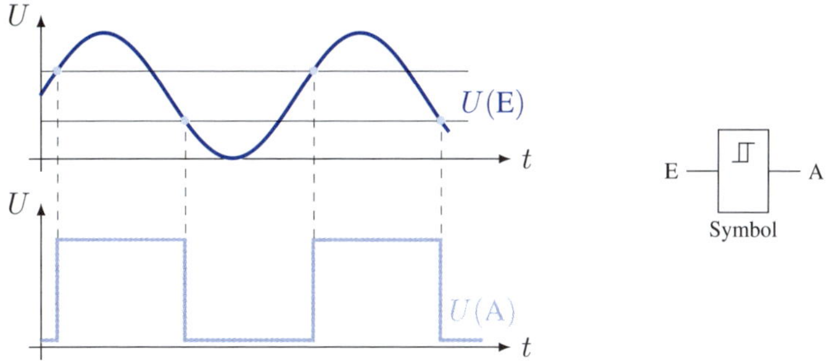


**Abb. 8.73.:** Schmitt-Trigger-Gatter

[1] Benannt nach dem ein US-amerikanischen Physiker Otto Herbert Schmitt.

Ohne die Schalthysterese kann bereits eine kleine Schwankung im Bereich der Umschaltspannung, z.B. bei einer nicht entprellten Taste, zu einem mehrfachen Umschalten führen. An den Eingängen digitaler Baugruppen sind deshalb häufig Schmitt-Trigger-Gatter zu finden, z.B. beim Mikrocontroller MSP430 (siehe Kapitel 11.7.1).

## 8.4. Halbleiter-Speicherschaltungen

Im Zusammenhang mit der Digitaltechnik und Rechnern hat der Begriff Speicher im Sprachgebrauch mehrere Bedeutungen. Zum einen wird damit ein Teil eines Rechners beschrieben, in dem Daten dauerhaft abgelegt werden können, also ein Teil der Rechnerarchitektur. Das ist die abstrakte Sicht des Programmierers, der seine Daten im Speicher ablegt. Die andere Bedeutung des Begriffs beschreibt das physikalische Grundkonzept zur Speicherung binärer Daten und damit das Bauteil oder die Baugruppe, welche in den Rechner eingesteckt wird. Wir wollen uns den Aufbau dieser Baugruppe, genauer gesagt, den Aufbau des Halbleiterspeichers für die Verwendung in einem Rechner genauer anschauen.

Die Speicherung von Informationen gehört in jedem Rechner zu den elementaren Anforderungen an die Hardware. Sie dient dabei unterschiedlichen Zwecken, zu denen die Verarbeitung, die Aufbewahrung und der Transport der Daten gehören.

Die Speicherung von binären Informationen eines Rechners kann auf verschiedene Arten erfolgen. In einem Rechner unterscheidet man zwischen dem Daten- und dem Arbeitsspeicher.

Der **Datenspeicher** dient hauptsächlich zur Vorhaltung der Daten vor und nach der Verarbeitung im Rechner oder zum Transport von Daten zwischen Rechnern. Hier kommt es hauptsächlich auf *Größe* und *dauerhafte* Speicherung an.

Zur Verarbeitung werden die Programme und die benötigten Daten vom Datenspeicher in den **Arbeitsspeicher** geladen und anschließend durch den Prozessor verarbeitet. Der Arbeitsspeicher ist demzufolge ein Speicher, auf den der Prozessor *schnell* zugreifen muss. Meist ist dieser Speicher so gebaut, dass er ohne Versorgungsspannung seinen Speicherinhalt verliert.

Der Datenspeicher ist langsamer (zumindest beim schreibenden Zugriff), bietet aber gegenüber dem Arbeitsspeicher ein höheres Speichervolumen bei geringerem Preis und benötigt außerdem keine Betriebsspannung für die Konservierung der Daten.

In den folgenden Kapiteln werden wir uns mit Speicherschaltungen beschäftigen und beginnen mit einer Übersicht und Einteilung der Speicher.

### 8.4.1. Übersicht der Speichertechnologien

Die Speicherung der Daten kann auf verschiedenen physikalischen Vorgängen beruhen. Für Rechner werden hauptsächlich Halbleiterspeicherverfahren (USB-Stick, SD-Karte), magnetische Verfahren (Festplatte, Magnetbänder) und optisch-mechanische Verfahren (z.B. CD, DVD oder Blu-ray-Disc) eingesetzt.

Für den *Datenspeicher* spielen Speicherkapazität, Transportabilität, Geschwindigkeit beim Lesen und Schreiben, Lebensdauer, Preis, Kompatibilität, erforderliche Lesegeräte und viele andere Punkte eine Rolle. Für den jeweiligen Einsatzzweck muss man zwischen diesen Faktoren abwägen.

Neben der Art des Speicherverfahrens kann man zwischen stationärem, mit dem Rechner verbundenem Speicher oder transportablem Speicher unterscheiden. Stationärer Speicher wird meist als Festplatte bezeichnet und kommt heute in Form von HDDs[1] oder SSDs[2] vor. Für den Transport werden hauptsächlich unempfindliche Medien genutzt, heute vorwiegend Flash-Speicher für den schnellen Transport (USB-Sticks, aber auch SSDs) oder optisch/mechanische Speicher (DVD) für kostengünstige Verteilung. Außerdem spielt der Netzwerkspeicher (NAS, Cloud-Space) eine zunehmende Rolle. Die dahinter liegende Speichertechnik basiert aber auf den genannten Technologien.

Für den *Arbeitsspeicher* spielen die oben genannten Punkte ebenfalls eine Rolle. Von zentraler Bedeutung ist aber die Geschwindigkeit beim Zugriff, beim Lesen und insbesondere beim Schreiben von Daten. Für den Arbeitsspeicher werden heute ausschließlich Halbleiterspeicher eingesetzt.

Das führt uns zu einer Einteilung des Speichers nach Abb. 8.74.

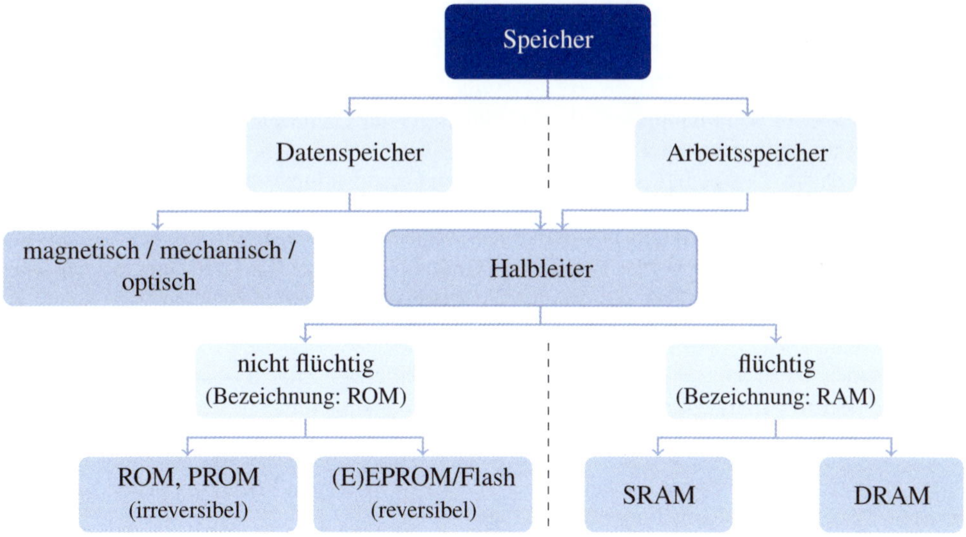


**Abb. 8.74.:** Einteilung Speicher

1 HDD: *Hard Disk Drive* engl. für einen Permanentspeicher, bei dem die Daten auf magnetischen Speicherscheiben aufgezeichnet werden.

2 SSD: *Solid-State-Drive* ist ein meist in HDD-Festplatten-Form gebautes Speichermedium auf Basis eines Halbleiter-Flash-Speichers.

Halbleiterspeicher werden also sowohl für den Daten-, als auch für den Arbeitsspeicher verwendet. Wir werden hier nur Halbleiterspeicher behandeln, für andere Speicherverfahren verweisen wir auf die Literatur [HPAD07, BDM05, BM08].

Den Halbleiterspeicher kann man untergliedern in flüchtige oder nicht flüchtige (permanente) Speichertechnologien. Ein permanenter Speicher behält seine Daten auch ohne anliegende Versorgungsspannung. Für Datenspeicher sind natürlich nur permanente, also nicht flüchtige Halbleiterspeicherfahren von Interesse, zu denen (P)ROM-, (E)EPROM- und Flash-Technologien gehören. Für den Arbeitsspeicher zählt vorrangig die Geschwindigkeit und wiederholte Beschreibbarkeit. Hier kommt die RAM- und z.T. auch wieder die Flash-Technologie zum Einsatz.

Bei der Betrachtung des Halbleiterspeichers kann man zwischen der Speicherorganisation und dem Aufbau der einzelnen Speicherzelle unterscheiden. Die Speicherorganisation betrifft Aufteilung und Einbindung des Halbleiterspeichers in einem Rechner. Die Speicherzelle selber ist der physikalisch-elektronische Aspekt der Speicherung einer binären Information, betrifft also den Aufbau einer Speicherzelle. Für die Gestaltung einer Speicherzelle ist die Frage nach deren Einbindung in ein Speichermodul, also nach der Organisation des Speichers wichtig, so dass wir diese zuerst behandeln.

## 8.4.2. Speicherorganisation

Für den Einsatz im Rechner ist die Ansteuerung einer einzelnen Speicherzelle nicht ausreichend. Bei aktuellen Rechnern wird der Speicher byteweise adressiert, also 8 Zellen werden gleichzeitig angesprochen. Außerdem werden aus Geschwindigkeitsgründen mehrere Bytes parallel abgerufen. Das bedarf einer entsprechenden Organisation.

Für die Einbindung des Speichers in einem Rechner muss dieser so organisiert werden, dass der gewünschte Speicherinhalt bei Bedarf auch gefunden wird. Dazu wird der Halbleiterspeicher in Bereiche eingeteilt. Das Ziel wird durch eine **Adresse** ausgewählt. Man sagt, die Speicherzellen oder der Speicherbereich wird **adressiert**. Das Prinzip gilt für alle Speichertypen.

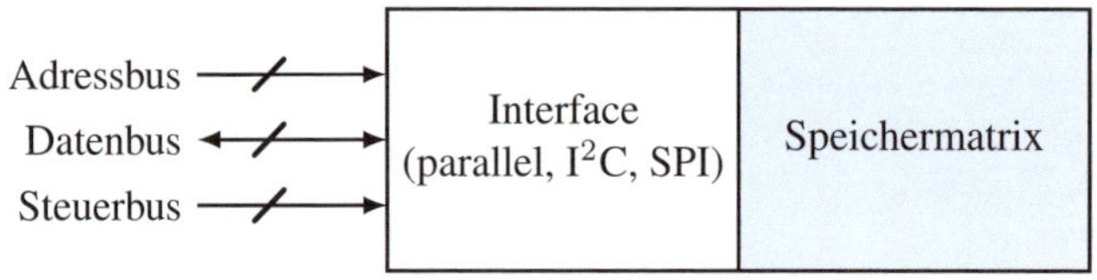


**Abb. 8.75.:** Prinzipieller Aufbau und Anschlüsse eines Speicherbausteins

Wir beginnen mit dem Aufbau eines Halbleiterspeicherschaltkreises, im Folgenden als Speicherbaustein bezeichnet. Dabei handelt es sich um einen IC mit Außenanschlüssen für die Übertragung der Daten, für das Anlegen der Adresse und für die Steuerung. Diese Anschlüsse sind in Abb. 8.75 vereinfacht dargestellt. Hinzu kommt natürlich noch die Versorgungsspannung. Die Größe des adressierbaren Speichers bestimmt die Anzahl der parallelen Adressleitungen.

Zu den Steuersignalen gehört das Taktsignal, über das die einzelnen Vorgänge zeitlich synchronisiert werden. Über die Steuerleitungen wird auch festgelegt, ob die Daten vom Datenbus gelesen oder auf den Datenbus geschrieben werden sollen oder ob der Anschluss hochohmig ist (Tri-State).

Der Datenbus ist für beschreibbaren Speicher bidirektional ausgelegt, für Nur-Lese-Speicher ist er unidirektional. Die Daten können seriell übertragen werden (z.B. $I^2C$ oder SPI Anschluss) oder parallel. Beim Hauptspeicher des Rechners werden die Daten parallel auf den Bus gelegt oder vom Bus gelesen. Die Busbreite für diesen Bus kann von einigen Bits bis zu mehreren Bytes reichen.

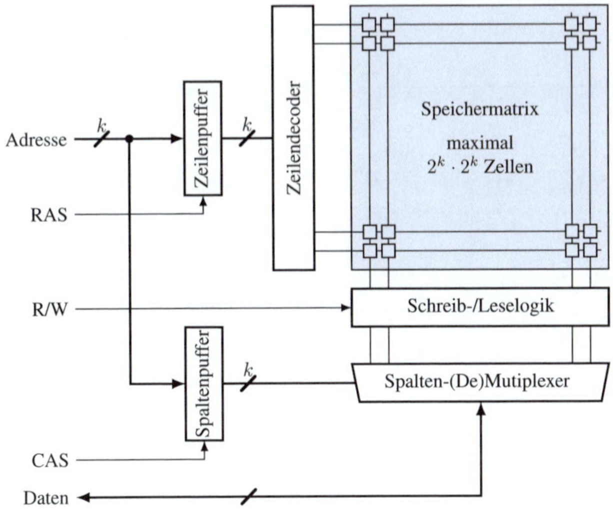


**Abb. 8.76.:** Innere Struktur eines Speicherbausteins

Die Struktur eines Speicherbausteins ist in Abb. 8.76 schematisch dargestellt. Die Speicherzellen sind in einer Matrix angeordnet und werden durch Angabe einer Zeile (*row*) und einer Spalte (*column*) ausgewählt.

Durch die doppelte Verwendung der Adressleitung für die Auswahl von Zeile und Spalte werden Außenanschlüsse gespart. Allerdings muss dazu die Adresse in zwei Schritten angelegt werden. Zuerst wird die Zeilenadresse bei gleichzeitig aktivierter RAS-Steuerleitung (*row address select*) angelegt und im zweiten Schritt die Spalte bei aktiviertem CAS-Signal (*column address select*). Im Anschluss enthalten Zeilen- und Spaltenpuffer die zerlegte Adresse, aufgeteilt in den höherwertigen Zeilenanteil und den niederwertigen Spaltenanteil.

Über den Zeilen-Decoder (einem 1-aus-$2^k$ Dekodierer) wird die zur Zeilenadresse gehörende Zeilenleitung in der Matrix aktiviert. Durch Auswahl der passenden Spaltenleitung wird die

Zelle am Schnittpunkt zwischen Zeile und Spalte aktiviert, also entweder beschrieben oder gelesen. Dabei überträgt die Spaltenleitung bereits die Daten.

Über den Spalten-Multiplexer bzw. Demultiplexer werden die Daten aus der Matrix gelesen oder in die Matrix geschrieben. Beim Schreiben arbeitet er als Demultiplexer und legt die Daten vom Datenbus auf die jeweils adressierten Spalten. Beim Lesen arbeitet er als Multiplexer und legt die Daten von den adressierten Spalten auf den Datenbus. Die zwischen dem (De)Multiplexer und der Speichermatrix geschaltete Steuerlogik sorgt dafür, dass beim Schreiben die entsprechenden Steuerleitungen in der Matrix gesetzt werden bzw. beim Lesen die Daten aufbereitet werden. Hier gibt es einige Unterschiede bei den verschiedenen Speichertypen, z.B. zwischen SRAM und DRAM, wie wir im folgenden Abschnitt noch sehen werden.

Durch den Aufbau des Speichers als Matrix können mit $k$ Adressleitungen bis zu $2^k \cdot 2^k = 2^{2k}$ Speicherzellen angesteuert werden. In Abhängigkeit von der Datenbusbreite werden bei Anlegen einer Adresse mehrere Speicherzellen gleichzeitig aktiviert.

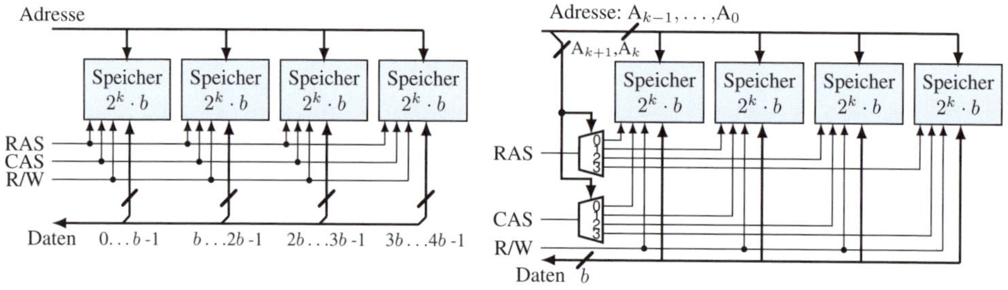


**(a)** Vergrößerung der Datenbusbreite **(b)** Vergrößerung des Adressraumes

**Abb. 8.77.:** Zusammenschaltung von Speicherbausteinen

Bei der Herstellung des Bausteins wird die Anzahl der Speicherzellen (die Kapazität) festgelegt und damit auch die Anzahl der erforderlichen Adressleitungen. Über das Interface des ICs ist auch die Datenbusbreite vorgegeben. Ein Schaltungsentwickler kann nun mehrere Speicherbausteine einsetzen und dadurch die Gesamtkapazität erhöhen. Durch Parallelschaltung kann er z.B. die Datenbusbreite bei der gleichen Anzahl von Adressen erhöhen (siehe Abb. 8.77a) oder er vergrößert den Adressraum bei gleich bleibender Datenbusbreite (siehe Abb. 8.77b).

Nachdem nun die prinzipielle Organisation des Speichers bzw. eines Speichermoduls aufgezeigt wurde, wenden wir uns den Speicherzellen zu.

## 8.4.3. RAM-Speicherzellen

Der Begriff RAM steht für *Random-Access-Memory*, was man mit „Speicher mit wahlfreiem Zugriff" übersetzen kann. RAM ist ein Oberbegriff für eine Menge von Speichertypen, die sich durch diesen wahlfreiem Zugriff, d.h. durch eine gezielte Adressierung der gewünschten

Speicherzelle innerhalb des Speichers auszeichnen. Der Begriff RAM beschreibt somit auch die Organisation des Speichers in Form adressierbarer Bereiche.

Die Bezeichnung RAM wird heute nur für beschreibbare Speicher verwendet. RAM-Bausteine speichern Daten unter einer Adresse (Schreibzugriff), so dass diese im Anschluss unter der gleichen Adresse wieder abgerufen (Lesezugriff) werden können, es sind **Schreib-/Lesespeicher**. Die Hauptanwendung der RAMs ist der Arbeitsspeicher in Rechnern, Mikrocontrollern, Smartphones usw.

RAM-Bausteine verlieren ihre gespeicherten Informationen bei Verlust der Betriebsspannung nach einer gewissen Zeit, es sind **flüchtige** (*volatile*) Speicher.

Nach der Art der Speicherzelle können wir die RAMs in zwei Klassen unterteilen

- statischer RAM,
- dynamischer RAM.

### Statischer RAM

Als statischen RAM (SRAM) bezeichnet man RAM-Speicherbausteine, welche die eingespeicherten Werte so lange behalten, bis sie entweder überschrieben werden oder die Versorgungsspannung abgeschaltet wird.

Eine statische Speicherzelle für ein Bit können wir über die früher vorgestellten bistabilen Kippstufen aufbauen, also den Flip-Flops, aus Kapitel 8.3.1. Pro Flip-Flop wird ein Bit gespeichert. Die Zusammenschaltung mehrerer Flip-Flops zu einem Register erlaubt die Speicherung von „breiteren" Daten (siehe Kapitel 8.3.6).

Neben dem eigentlichen RAM-Baustein benötigen wir noch die Möglichkeit zur Adressierung von einzelnen Speicherzellen bzw. von Gruppen von Speicherzellen, um diese gezielt ansprechen zu können. Die Adressierung sollte so realisiert sein, dass der Gesamtbaustein möglichst kompakt gebaut werden kann, um eine hohe Speicherdichte zu erreichen.

Die Speicherzelle für den RAM-Baustein muss zu der Matrix aus Abb. 8.76 passen. Benötigt wird also eine platzsparende Implementierung einer bistabilen Kippstufe, die über eine Adressleitung (horizontal) aktiviert werden kann und bei der über eine Datenleitung (vertikal) die Daten gelesen und geschrieben werden können.

Dafür verwendet man 4T- oder 6T-Zellen, wie sie in Abb. 8.78 dargestellt sind. Das „T" steht für Transistor und gibt die Anzahl der Transistoren an, aus denen eine Zelle aufgebaut ist. Bei der 4T-Zelle sind es zwar nur vier Transistoren, jedoch werden heute in 4T-Zellen aus energetischen Gründen die Lastwiderstände durch pMOS-Transistoren ersetzt (vgl. dazu Abbildung 7.33b).

Betrachten wir die Zellen etwas genauer. Sie bestehen aus zwei miteinander verschalteten Invertern, die einen Zustand speichern. Der Ausgang des ersten Inverters ist auf den Eingang des

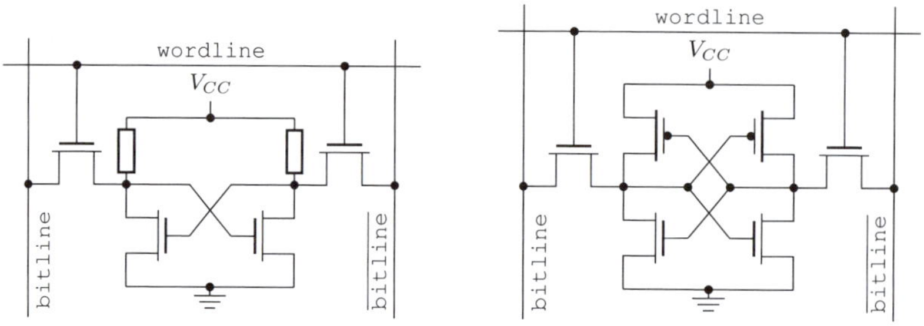


**(a)** 4T-Zelle **(b)** 6T-CMOS-Zelle

**Abb. 8.78.:** SRAM Speicherzellen

zweiten Inverters geschaltet und umgekehrt. Man kann diese Schaltung deshalb auch wie in Abb. 8.79 (blau hinterlegt) mit der vereinfacht dargestellten Ansteuerung aufbauen.

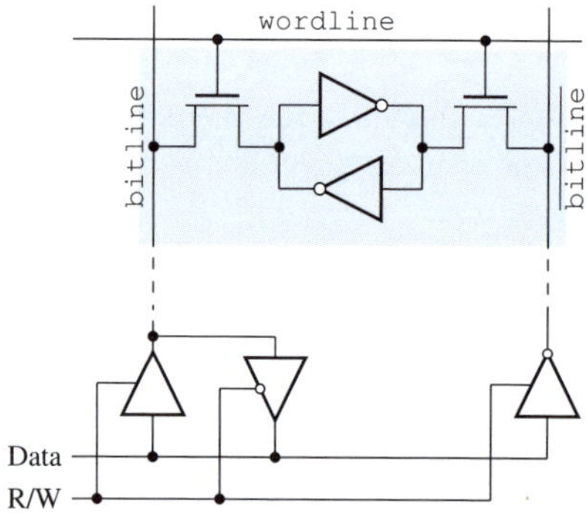


**Abb. 8.79.:** SRAM Speicherzelle und Ansteuerung (vereinfacht)

Durch die Auswahl von `bitline` und `wordline`[1] wird genau eine konkrete Zelle aktiviert. Über die zwei Transistoren wird die Verbindung zwischen den Invertern in den `bitlines` hergestellt. Ist die `wordline` aktiv, so wird entweder ein Wert in die Zelle geschrieben oder der Wert aus der Zelle gelesen. Zum Lesen müssen die `bitlines` hochohmig sein (R/W=0). Der gespeicherte Wert wird dann über den Tri-State-Treiber auf der Datenleitung ausgegeben. Bei der Speicherung (R/W=1) legen die beiden anderem Tri-State-Treiber den zu speichernden Wert von der Datenleitung niederohmig auf die `bitlines`, der in den Invertern gespeicherte Wert wird überschrieben.

[1] Bei der Bezeichnung `bitline` und `wordline` halten wir uns an die in Datenblättern gängige Bezeichnung.

## Dynamischer RAM

Trotz der kompakten Bauweise einer statischen RAM-Zelle ist der Platzbedarf immer noch relativ hoch. Eine noch höhere Speicherdichte wird durch die Verwendung von dynamischen Speicherzellen erreicht. Hier besteht eine Zelle nur aus einem Transistor und einem kleinen Kondensator zur Speicherung einer Information, also eines Bits.

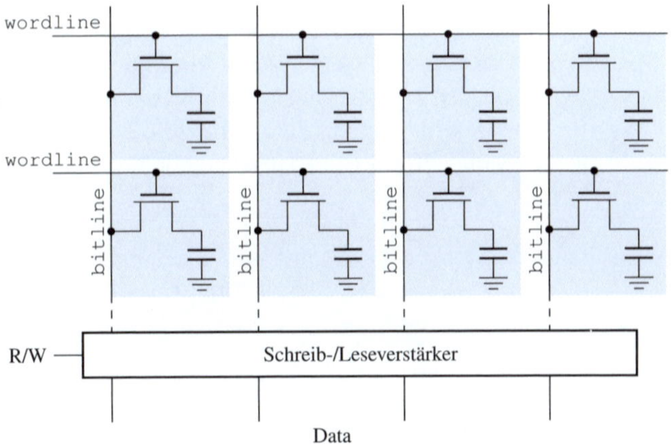


**Abb. 8.80.:** DRAM-Speicherzellen

Der Transistor dient zur Aktivierung der Zelle. Liegt an der `wordline` ein H-Pegel an, so kann über die hochohmige Abfrage der `bitline` das Potential des Kondensators, also die gespeicherte Information ausgelesen werden. Ist das Potential bezogen auf Masse High, so wurde eine 1 gespeichert, bei Low eine 0. Der Leseverstärker dient der Aufbereitung des Signals, also der Erzeugung eines stabilen und belastbaren binären Ausgangswertes.

Zum Beschreiben einer Zelle muss der Transistor ebenfalls aktiviert sein. Das Schreiben unterscheidet sich vom Lesen durch das Anlegen eines niederohmigen Potentials auf der `bitline`, welches den Kondensator entweder auflädt oder entlädt und damit einen definierten Wert speichert. Dabei müssen entsprechende Zeitvorgaben eingehalten werden, um den Kondensator genügend Zeit zum (Um)Laden zu geben. Der Schreibverstärker sorgt für das Anlegen des entsprechenden Potentials auf der `bitline`.

Die Umladung der Kapazitäten benötigt entsprechende Energie, der RAM erwärmt sich im laufenden Betrieb. Je größer die Gesamtkapazität (Speichergröße) ist und je häufiger das Umladen erfolgt (taktabhängig), desto wärmer wird der Speicher.

Eine DRAM-Zelle ist im Vergleich zu einer SRAM-Zelle wesentlich kleiner (der Faktor liegt heute etwa bei 10). Der Nachteil gegenüber einer SRAM-Zelle ist die erforderliche Auffrischung der Speicherinhalte (*refresh*). So muss eine Speicherzelle nach jedem Lesevorgang aufgefrischt werden. Dies erfolgt automatisch durch Zurückschreiben des gelesenen Wertes über den Schreib-/Leseverstärker. Aber auch ohne Lesevorgänge entlädt sich der Kondensator durch Leckströme. Der Inhalt des DRAMs muss deshalb nach einer gewissen Zeit (Millisekundenbereich) selbständig aufgefrischt werden.

Das erforderliche Zurückschreiben der Werte, die Refresh-Zyklen und das relativ langwierige Laden der Kondensatoren führen dazu, dass DRAM im Vergleich zum SRAM relativ langsam ist.

**Speicherhierarchie** In einem Rechner werden beide RAM-Typen eingesetzt. Durch die Verwendung einer Speicherhierarchie versucht man, deren Vorteile zu nutzen und die Nachteile aufzuheben. Man verwendet für den Hauptspeicher den relativ großen, aber etwas langsameren DRAM und sorgt für eine Beschleunigung durch Hinzufügen des schnelleren, dafür aber kleineren SRAMs in einer pyramidenförmigen Hierarchie.

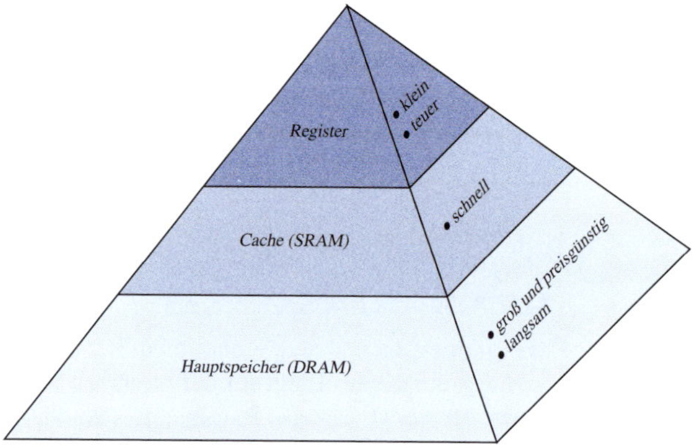


**Abb. 8.81.:** Speicherhierarchie

Der kleinste und schnellste Speicher sind die Register im Prozessor. Diese tauschen ihre Inhalte mit dem Cache-Speicher aus, der durch SRAM-Zellen gebildet wird und sich innerhalb des Prozessors oder zumindest nahe am Prozessor befindet. Der Cache enthält nur einen Teil des DRAM-Hauptspeichers[1] ist also kleiner als der Hauptspeicher. Wenn der Prozessor auf eine Hauptspeicherzelle lesend zugreift und sich keine Kopie dieser Hauptspeicherzelle im Cache befindet, wird aus dem Hauptspeicher ein größerer Speicherbereich (als Block bezeichnet), in dem die gesuchte Speicherzelle liegt, in den Cache kopiert. Die Idee dahinter ist, dass sich folgende Lesevorgänge auf die benachbarten Adressen beziehen und diese sich dann somit auch schon im schnelleren Cache befinden.

Das Schreiben in den Cache und die Synchronisation mit dem Hauptspeicher erfordert entsprechende Organisation, um keine Inkonsistenzen zu verursachen und insbesondere bei Mehrprozessorsystemen die gewünschte Cache-Kohärenz zu erreichen. Details hierzu findet man in der Literatur zur Rechnerarchitektur [BDM05, BM08].

[1] Der Hauptspeicher wird oftmals auch vereinfacht nur als „der RAM“ bezeichnet.

**Abb. 8.82.:** DRAM-Modul: SODIMM (*Small Outline Dual Inline Memory Module*)

**RAM-Bausteine und RAM-Module** Der dynamische Arbeitsspeicher wird üblicherweise in Form von RAM-Modulen (auch als RAM-Riegel bezeichnet) in einem PC oder Laptop eingesetzt. Bei kompakten Geräten (Smartphones) kann er auch direkt verlötet sein und bei den im Kapitel 11 vorgestellten SoCs und Mikrocontrollern ist er direkt im Prozessor-IC integriert. Auf einem RAM-Modul sind mehrere RAM-Bausteine aufgelötet und zusammen geschaltet, so dass sie insgesamt die angegebene Speichergröße des Moduls mit der entsprechenden Busbreite liefern.

### 8.4.4. Festwertspeicher

Als **Festwertspeicher** oder **Permanentspeicher** bezeichnet man Speicherbausteine, deren gespeicherter Inhalt auch ohne Stromversorgung erhalten bleibt und die im Einsatz nicht überschrieben werden können. Deshalb werden diese Speicher auch als ROM (*Read-Only-Memory*) bezeichnet.

Man kann den Festwertspeicher unterteilen in

- Speicher, dessen Inhalt zum Produktionszeitpunkt festgelegt wird, wie beispielsweise Masken-programmierbarer ROM, und
- Speicher, der vom Anwender programmiert wird, wie beispielsweise programmierbare ROM (PROM) oder (E)EPROM.

Die ROMs sind ebenfalls Speicher mit wahlfreiem Zugriff, also bezüglich der Adressierung vergleichbar zum RAM. Im Normalbetrieb werden sie jedoch nicht für das Schreiben von Daten verwendet, sie sind **Nurlesespeicher**.

ROMs kommen heute z.B. für die Firmware eines Rechners (BIOS) zum Einsatz und sind dort mit der Hauptplatine des Rechners verbunden. Eine andere Anwendung für den ROM-Speicher ist z.B. die Ablage der Betriebssysteme von Smartphones oder von Programmen, welche von Mikrocontrollern in eingebetteten Systemen ausgeführt werden. Bei einem Update-fähigen Smartphone muss der ROM lösch- und anschließend reprogrammierbar sein.

Man kann die ROMs auch nach der Häufigkeit möglicher Schreibvorgänge unterteilen. Bei höchstens einmalig programmierbaren Bausteinen (Masken-programmierbarer ROM, PROM) spricht man von **irreversiblen**, bei mehrfach beschreibbaren ((E)EPROM) von **reversiblen** ROMs.

Der Begriff EPROM (*Erasable PROMs*) wird für Bausteine verwendet, die mit Hilfe von UV-Licht gelöscht werden. Dieser Vorgang verlangt spezielle Löschgeräte. Einfacher funktioniert die Löschung bei den als EEPROMs (*Electrically Erasable PROMs*) bezeichneten Speicherbausteinen, zu denen auch die Flash-Speicher gehören. Wie der Name schon sagt, werden diese elektrisch, also durch Vorgabe eines Lösch-Signals oder einer Lösch-Spannung gelöscht.

Ein irreversibler Masken-programmierbarer ROM ist wie ein RAM in adressierbare Bereiche aufgeteilt. Die in ihm gespeicherte Information wird schon bei der Herstellung fest eingebaut, ist also im Herstellungsprozess festgelegt. Dieses Prinzip lohnt sich nur für sehr hohe Stückzahlen.

Die einmalig programmierbaren PROMs werden nicht beim Halbleiterhersteller, sondern beim Gerätehersteller programmiert und sind damit auch bei kleiner Stückzahl meist sehr günstig. Eine Variante zum Aufbau von PROM-Zellen ist die **Antifuse**-Technologie. Dazu sind auf dem IC die einzelnen Speicherzellen so an den Kreuzungen von Zeilen- und Spaltenleitung angeordnet, dass bei Anlegen einer Programmierspannung zwischen Zeile und Spalte die Halbleiter-Isolierschicht „geschmolzen" wird und dadurch eine niederohmige Verbindung an dieser Kreuzung entsteht. Auf diese Art können Werte in der Matrix abgelegt werden und stehen anschließend zum Auslesen zur Verfügung.

(P)ROMs sind sehr schnelle und billige Speicher, können aber nur genau einmal programmiert werden und sind somit nicht Update-fähig. Für Smartphones und viele andere Geräte werden deshalb Flash-Speicher eingesetzt.

## 8.4.5. EEPROM-/Flash-Speicher

**Speicherzelle** Der Aufbau einer Speicherzelle ist bei EEPROM- und Flash-Modulen gleich. Sie ähneln einem MOSFET-Transistor, wie in Abb. 4.27 in Kapitel 4.5.4 dargestellt. In der Isolierschicht zwischen dem Steuergate $G$ und dem sich darunter zwischen Source und Drain ausbreitenden Kanal ist eine weitere leitende Schicht, das so genannte **Floating Gate** eingebettet (siehe Abb. 8.83). Das Floating Gate ist ohne Außenkontakt von isolierendem Material ($SiO_2$) umgeben, sein Potential ist somit zunächst nicht definiert. Man kann sagen, das Potential schwimmt, was dem Gate seinen Namen gibt.

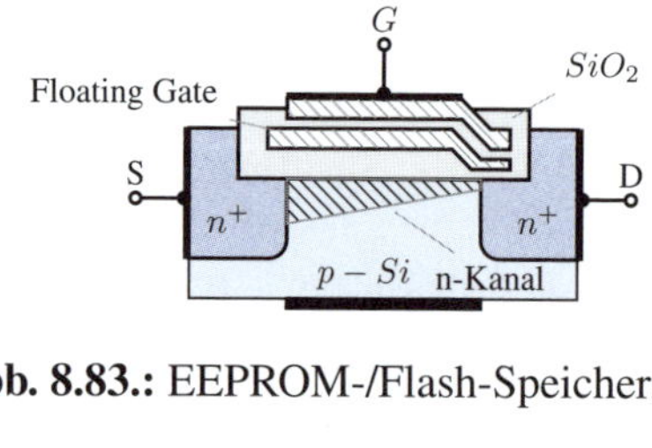


**Abb. 8.83.:** EEPROM-/Flash-Speicherzelle

In einem bestimmten Spannungsbereich zwischen Gate und den Anschlüssen Source und Drain, unterhalb der Programmierspannung, verhält sich die Speicherzelle wie ein MOSFET-Transistor, bei dem durch Anlegen einer positiven Spannung vom Gate gegenüber Source durch Inversion Ladungsträger aus der $n^+$ Schicht unter dem Gate in das p-leitende Material gezogen werden. Dadurch entsteht der n-leitende Inversionskanal zwischen Source und Drain, der mit Wegfall der Gate-Source-Spannung wieder verschwindet.

Für die Funktion als Speicherzelle spielt das Floating Gate eine entscheidende Rolle. Durch Anlegen einer höheren Programmierspannung am Gate gegenüber dem Kanal (>10 V) entsteht eine so hohe Feldstärke, dass Elektronen auf das Floating Gate tunneln können (siehe Abb. 8.84a). Das geschieht durch quantenmechanische Phänomene (z.B. durch so genannte „heiße Elektronen“ oder durch Fowler-Nordheim-Injektion [Uhl11]). Anschließend verbleiben die Elektronen auf dem Floating Gate und beeinflussen durch ihr elektrisches Feld das Verhalten des Kanals.

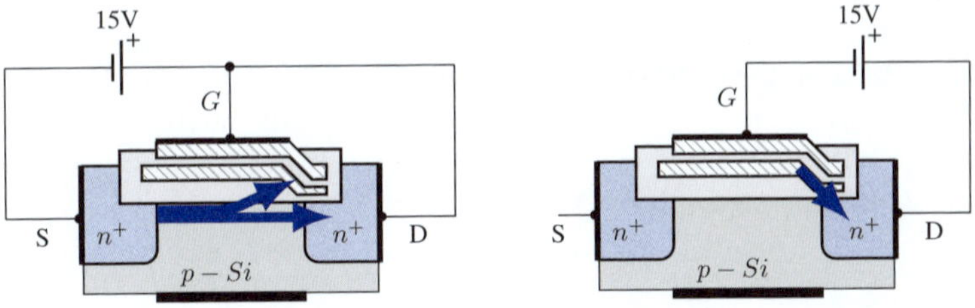

**(a)** Aufbringen der Ladung

**(b)** Entfernen der Ladung

**Abb. 8.84.:** Laden und Entladen (Löschen) des Floating Gates

Ladungsträger auf dem Floating Gate sorgen dafür, dass zum Aufbau des n-Kanals eine wesentlich höhere Gate-Source-Spannung $U_{GS}$ erforderlich ist, um einen n-leitenden Inversionskanal zwischen Source und Drain entstehen zu lassen. Dieses Verhalten ist in Abb. 8.85b dargestellt (vgl. auch Abb. 4.28). Ohne Ladung des Floating Gates erhält man die linke Kurve und mit einer ausreichend hohen Ladung die rechte Kurve. Die Spannungsdifferenz der Kurven hängt von der Anzahl der Ladungsträger und damit letztendlich von der „Programmierspannung“ ab. Die gespeicherte Ladung interpretiert man als Wert, links den Wert 1, rechts den Wert 0 und erhält somit eine 1-Bit-Speicherzelle. Man kann diese Abstufung noch verfeinern und statt 2 auch 4 oder mehr Zustände speichern, und damit mehrere Bits pro Zelle.

Das Löschen einer gespeicherten Null ist das Entfernen der Ladungsträger aus dem Floating Gate. Dieser Vorgang erfolgt gemäß Abb. 8.84b durch Anlegen einer hinreichend hohen Spannung zwischen Drain und Gate. Die Elektronen tunneln zurück in das Substrat, die Zelle speichert wieder den Wert Eins.

Zum Auslesen der Zelle (siehe Abb. 8.85a) legen wir eine Spannung $U_{GS}$ an und werten den Drain-Strom $I_D$ aus. Mit einer gespeicherten Null verbleibt er mit der angelegten Spannung unter einem Schwellwert und mit einer gespeicherten Eins liegt er darüber.

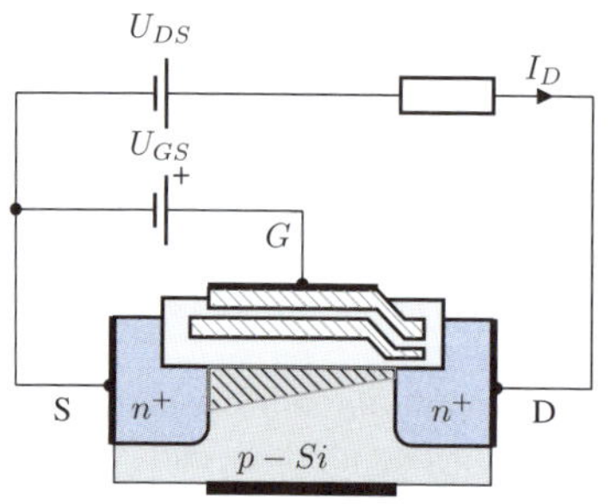


(**a**) Abfrage des gespeicherten Wertes

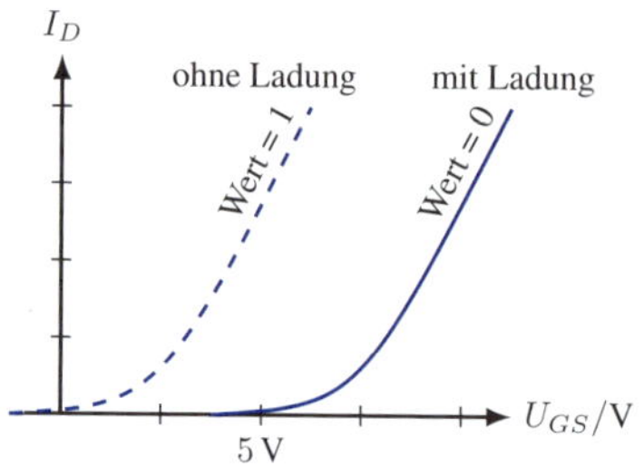


(**b**) Drainstrom in Abhängigkeit von Ladung und $U_{GS}$

**Abb. 8.85.:** Abfrage gespeicherter Werte

**NOR- und NAND-Technologie** In einem Speicherbaustein werden mehrere Speicherzellen, wie beschrieben, zu einer matrixförmigen Struktur zusammen geschaltet. Hierbei unterscheidet man zwei Architekturen, die NOR- und die NAND-Architektur (siehe Abb. 8.86).

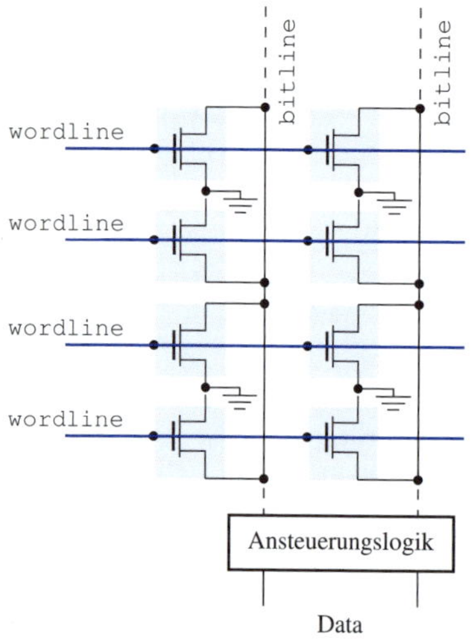


(**a**) NOR-Architektur

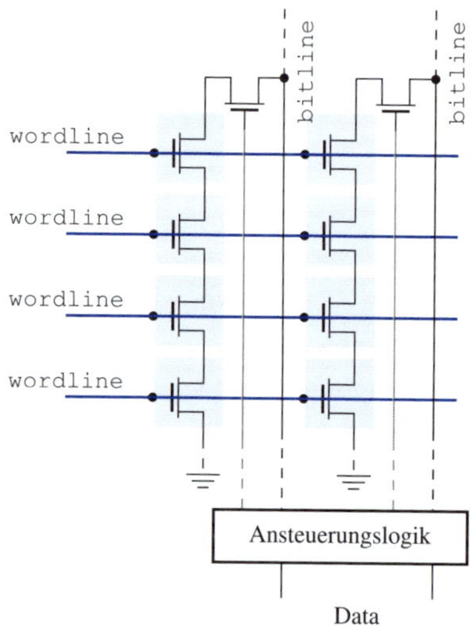


(**b**) NAND-Architektur

**Abb. 8.86.:** Einbau von EEPROM-/Flash-Zellen in einen Speicherbaustein

Bei beiden Architekturen dient die `wordline` zur Ansteuerung der jeweiligen Speicherzelle. Man unterscheidet zwischen dem lesenden und schreibenden Zugriff, was sich in der Spannung der jeweiligen `wordline` widerspiegelt. Bei der Verarbeitung einzelner Bits unterscheiden sich die beiden Architekturen.

In der NOR-Architektur steuert die `wordline` eine Zeile und damit einen Transistor an. Ist auf dem Floating Gate des betreffenden Transistors keine Ladung enthalten, so wird die Source-Drain-Strecke niederohmig, die `bitline` wird auf Masse gezogen. Werden mehrere Zeilen gleichzeitig aktiviert, so ist das Ergebnis auf der `bitline` eine logische Verknüpfung, der in den Transistoren gespeicherten Zustände. Diese entspricht dem unteren Zweig einer CMOS NOR-Schaltung (siehe Abb. 7.36), was der Architektur ihren Namen gibt.

Bei der NAND-Architektur sind mehrere benachbarte Zellen in einer Spalte miteinander verbunden, sie benötigen also keine Masseleitung zwischen den Zeilen. Die Verschaltung der Transistoren entspricht dem unteren Zweig einer NAND-CMOS-Schaltung (siehe Abb. 7.35). Die Ansteuerung einer einzelnen Zelle unabhängig von den benachbarten Zellen ist nicht möglich.

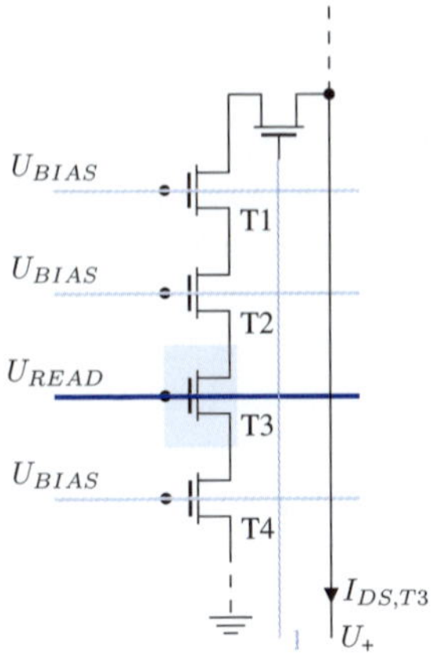


**Abb. 8.87.:** NAND-Flash: Lesen einer Zelle

Für die Bestimmung des gespeicherten Wertes werden die nicht abgefragten, in Reihe geschalteten Zelltransistoren mit einer Offset-Spannung am Gate versorgt. Diese schaltet die Transistoren unabhängig vom gespeicherten Wert durch (siehe Abb. 8.87). Die Spannung darf natürlich nicht zu einer Umprogrammierung, also zum Laden der Floating Gates führen. Über die `bitline` wird der gespeicherte Wert der selektierten Zelle ausgelesen.

Das Löschen oder Überschreiben einzelner Zellen ist in dieser Schaltung nicht möglich. Es wird immer der ganze Block bzw. die ganze Kette gelöscht. Auch das Schreiben des Wertes 1, also das Entladen des Floating Gates einer einzelnen Zelle geht nur nach vorheriger Löschung des gesamten Blocks. Die NAND-Architektur arbeitet blockweise.

**Unterscheidung EEPROM und Flash-Modul** Der Begriff EEPROM, auch $E^2$PROM genannt, umfasst alle elektronisch löschbaren und wiederbeschreibbaren Halbleiterspeicher. Zur Abgrenzung verwendet man den Begriff EEPROM nur für Module, welche eine byteweise Ansteuerung der Zellen erlauben, also das Löschen und Schreiben einzelner Bytes ermöglichen, wie es bei der NOR-Technologie der Fall ist.

Man setzt EEPROMs hauptsächlich für Speicher in Schaltungen ein, die bei der Entwicklung mehrmals programmiert werden müssen, wo aber anschließend nur noch lesend darauf zugegriffen wird. Man nutzt EEPROMs auch zur Ablage von Schaltungsparametern, die nach der Herstellung gemessen und dann dauerhaft in der Schaltung gespeichert werden müssen. Ein Beispiel dafür sind RAM-Module, bei denen die Timing-Parameter nach der Herstellung einmalig in den darauf enthaltenem EEPROMs gespeichert werden. Da EEPROMs im Regelbetrieb nicht überschrieben werden, kann auch die Bereitstellung der Löschspannung entfallen.

Der Einbau der Logik und Verdrahtung zur byteweisen Ansteuerung erfordert nicht unerheblichen Platz, was sich in der heute vergleichsweise geringen Speichergrößen von wenigen Kibibytes bis zu einigen Mebibytes widerspiegelt ($1024$–$x \cdot 1024^2$ Bytes). EEPROMs können relativ schnell gelesen, aber meist nur sehr langsam beschrieben werden.

Für Flash-Speicher setzt man die NAND-Technologie ein. Im Flash-Speicher werden somit Blöcke verarbeitet [Okl08].

Die NAND-Verschaltung der Speicherzellen erlaubt im Vergleich zur NOR-Verschaltung einen platzsparenden Aufbau. Flash-Module sind heute bereits bis zu mehreren hundert Gibibyte erhältlich. Im Gegensatz zum EEPROM werden Flash-Module auch im Betrieb mehrfach überschrieben. Häufiges Löschen und Programmieren der Zellen führt zu einer allmählichen Zerstörung der Isolationsschicht am Floating Gate, bis die Zelle nicht mehr in der Lage ist, den gewünschten Wert zu erhalten, also genügend Ladungsträger zu binden. In diesem Fall ist die Zelle defekt. Die Ansteuerungslogik eines Flash-Speichers ist derart aufgebaut, dass sie defekte Zellen erkennt. Die Module besitzen für den Fall defekter Zellen eine begrenzte Anzahl von Reserveblöcken (*spare blocks*) und routen die Information dann zu diesen Blöcken. Sind die Reserveblöcke aufgebraucht, ist das Speichermodul als Ganzes defekt.

Auf einem Flash-Modul sind bereits die Schaltungen zur Erzeugung der erforderlichen Spannungen zum Löschen der Blöcke bzw. zum Schreiben enthalten. Außerdem ist die Logik zur Adressierung der Daten innerhalb eines Blocks auf dem Modul integriert. Dies erlaubt den Aufbau einer relativ einfachen Schnittstelle, wie sie z.B. die heute häufig verwendeten SD-Karten[1] besitzen.

## 8.5. Fragen und Aufgaben

8.1 Beweisen Sie, dass die in Abb. 8.9 gezeigte Schaltung zwei n-Bit Zahlen im Zweierkomplement korrekt subtrahiert, sofern $sub$ mit 1 belegt ist und das Ergebnis der Subtraktion mit $n$ Bits darstellbar ist.

8.2 Ein Überlauf oder Unterlauf (Bereichsüberschreitung) kann bei der Addition im Zweierkomplement nur bei gleichem Vorzeichen auftreten bzw. bei der Subtraktion nur, wenn

[1] SD MC (*secure digital memory card*), meist nur SD-Karte genannt, ist die Bezeichnung für eine Bauform von Halbleiterspeicherkarten. Zusätzlich existieren noch kleinere Varianten mit der Bezeichnung Mini- und Mikro-SD. Alle Varianten verwenden die im SD-Herstellerstandard spezifizierten Anschlüsse und Protokolle.

der Minuend ein anderes Vorzeichen als der Subtrahend hat. Beweisen Sie, dass andernfalls keine Bereichsüberschreitung möglich ist.

8.3 Zur Erkennung des Überlaufs reicht der Vergleich des Vorzeichens mit dem Übertragsbit, also das Ergebnis von $s_n$ mit $s_{n-1}$. Zeigen Sie, dass genau dann kein Überlauf bzw. Unterlauf vorliegt, wenn $s_n = s_{n-1}$ gilt. Erweitern Sie die Schaltung aus Abb. 8.9 und Abb. 8.10 um eine möglichst kleine Zusatzschaltung, so dass an einem zusätzlichen Ausgang $f_{ovfl}$ bei einem Über- oder Unterlauf der Wert 1 ausgegeben wird.

8.4 Wie ist der Platzbedarf eines $n$-Bit Conditional-Sum Addierers im Verhältnis zu einem $n$-Bit Carry-Ripple Addierer? Gehen Sie davon aus, dass beide Schaltungen aus Gattern mit maximal zwei Eingängen aufgebaut sind und vergleichen Sie die Anzahl der Gatter.

8.5 Geben Sie die Länge des kritischen Pfades in einem $n$-Bit Conditional-Sum Addierer als Anzahl von Logikgattern mit zwei Eingängen an.

8.6 Ersetzen Sie die Funktion des Bausteins *Compare* der ALU durch eine arithmetische Operation. Wie erfolgt dann die Auswertung $A > B$ und $A = B$ ?

8.7 Wie sieht eine „schnelle“ Schaltung zum Test auf den Ausgangswert 0 aus? Erweitern Sie mit dieser Schaltung die ALU um ein zusätzliches Flag $NULL$, welches gesetzt ist, wenn der Wert $C$ gleich 0 ist.

8.8 Entwickeln Sie eine Schaltung für ein Zahlenschloss mit den Ziffern 0–9. Jeder Ziffer ist eine Taste zugeordnet. Von diesen Tasten sollen 6 in der richtigen Reihenfolge gedrückt werden, um am Ausgang der Schaltung H-Pegel dauerhaft auszugeben, andernfalls soll der Ausgang auf dem L-Pegel verharren. Jeder Fehlversuch (Taste falsch bzw. Taste richtig, aber in der falschen Reihenfolge) soll das System in den Anfangszustand versetzen. Verwenden Sie ausschließlich RS-FFs und einfache Grundgatter.

8.9 Ihnen steht ein pegelgesteuertes JK-FF zur Verfügung. Erweitern Sie nach dem Prinzip aus Abb. 8.22 dieses FF zu einem flankengesteuerten D-FF.

8.10 Bauen Sie ein JK-MS-FF mit zwei FFs Ihrer Wahl und ggf. zusätzlichen Gattern auf. Ihr JK-MS-FF soll das gleiche Taktverhalten wie der diskrete Aufbau in Abb. 8.38 (links) haben. Beachten Sie dabei, dass nach dem Schalten des Masters die Eingänge des Masters bis zum Umschalten des Slaves verriegelt bleiben müssen.

8.11 Erklären Sie den Zusammenhang zwischen der Verzögerung des Taktes $C$ in der Steuereinheit von Master und Slave (siehe Abb. 8.36) und der Schaltzeit des Masters. Spielt dabei die Schaltzeit des Slaves eine Rolle?

8.12 Durch welche booleschen Funktionen werden in $GF(2)$ die Operationen Subtraktion, Division und die Multiplikation zweier Elemente realisiert.

8.13 Bestimmen Sie für ein 4-Bit-LFSR mit externer und interner Rückkopplung, aufgebaut aus FFs und XOR-Gattern, die Folge für $p = x^4 + x^2 + 1$.

8.14 Bestimmen Sie für das gleiche $p$ die Folge, wenn die XOR-Gatter durch XNOR-Gatter ersetzt werden.

8.15 Entwickeln Sie ein LFSR, welches beginnend mit der Anfangsbelegung 1000, die Folge: 1100, 1110, 0111, 1011, 1101, 0110, 0011, 1001, ... generiert.

8.16 Erweitern Sie die Schaltungen in Abb. 8.53 und Abb. 8.55 zu einer gemeinsamen Schaltung, bei der Sie über ein Steuersignal $d$ (*direction*) die Zählrichtung einstellen können.

8.17 Bauen Sie einen asynchronen modulo-$n$-Zähler für $n$=7 und $n$=5.

8.18 Erweitern Sie die Schaltung in Abb. 8.57 derart, dass sie einen Enable-Eingang und 5 Ausgänge besitzt.

8.19 Bauen Sie einen *asynchronen* Zähler, der nur die Werte von 3 bis 7 zählt, also bei Erreichen des Wertes 8 auf den Startwert 3 zurückgestellt wird.

8.20 Bauen Sie einen *synchronen* Zähler, der die Werte von 3 bis 7 zählt.

8.21 Ändern Sie die Schaltung in Abb. 8.60 derart, das die FFs bei einem Reset mit einer Folge 1000 initialisiert werden. Sie können dazu bei einem Reset bis zur nächsten steigenden Taktflanke den Setz-Eingang des ersten FFs auf 1 und den Rücksetz-Eingang auf 0 setzen und bei allen anderen FFs entsprechend umgekehrt.

8.22 Warum begrenzt die Laufzeit des FFs das maximale Teilungsverhältnis bei Verwendung eines asynchronen Zählers?

8.23 Welches Bitmuster muss in einer Schaltung nach Abb. 8.60, bestehend aus 8 FFs eingeladen werden, um einen 4:1-Teiler mit Tastgrad 1:4 zu erhalten?

8.24 Welches Teilungsverhältnis erhalten wir bei der Initialisierung des Johnson-Zählers in Abb. 8.66 mit 101?

8.25 Welches Teilungsverhältnis liefert ein Johnson-Zähler aus 8 FFs mit der Initialisierung 11001100? Wie verhält sich der Tastgrad?

8.26 Bauen Sie nach Abb. 8.69 einen Teiler 11:1. Bestimmen Sie den Tastgrad.

8.27 Betrachten Sie die Abb. 8.77. Geben Sie zwei Schaltungen zum Bau eines RAM-Moduls der Größe 2 Gibibyte (2·1024·1024·1024 Byte) mit einer Datenbusbreite von 64 Bit an. Das Modul soll aus 8 einzelnen Bausteinen bestehen und (a) nach Abb. 8.77a bzw. (b) nach Abb. 8.77b arbeiten. Welche Größe und Anschlüsse müssen die einzelnen RAM-Bausteine haben und welche Anschlüsse das RAM-Modul?

8.28 Begründen Sie, warum RAM (noch) nicht durch Flash-Module ersetzt werden kann.

8.29 Das Verhältnis der Größe von statischen RAM-, dynamischen RAM-, NOR-Flash- und NAND-Flash-Speicherzellen beträgt z.Z. ca. $100\,F^2 : 8\,F^2 : 10\,F^2 : 4\,F^2$. F ist der Faktor für elementare Strukturen auf dem Halbleiter und ist mit der Lithographie-Strukturgröße zu multiplizieren. Gegeben sei ein RAM-Baustein, dessen Halbleiterfläche aus einem Quadrat von 1 cm Kantenlänge bei einer Strukturgröße von 18 nm besteht. Auf diesem Quadrat werden Speicherzellen in 10 Lagen übereinander aufgebracht. Welche Kapazität haben die Bausteine, wenn dort SRAM-, DRAM-, EEPROM- oder Flash-Speicherzellen integriert werden?

# 9. Sensorik

Die Sensorik[1] ist ein wichtiges, seit Jahren in Bedeutung und Anwendungsbreite stetig wachsendes Teilgebiet der modernen Messtechnik. Gegenstand der Sensorik ist das **elektrische Messen nichtelektrischer Größen**.

Die Notwendigkeit, nichtelektrische Größen, wie Temperatur, Druck, Geschwindigkeit oder Konzentration, elektrisch zu messen, finden wir heute in praktisch allen Bereichen der Technik, in der Industrie, im Gesundheitswesen und natürlich auch in unserem häuslichen Alltag vor. Aus eigener Erfahrung sind wohl jedem Sensoren in Kraftfahrzeugen, in der Heimelektronik und in Haushaltgeräten oder in medizinelektronischen Geräten zur Selbstanwendung bekannt. In Kraftfahrzeugen sorgen Sensoren in Zusammenarbeit mit anderen Komponenten in vielfältiger Weise für die optimale Motorfunktion (Lambda-Sonde, Klopfsensor), verbesserte Fahrsicherheit (Airbag, ABS, EPS) oder höheren Fahrkomfort (Einparkhilfe, Regensensor). Elektronische Fieberthermometer, Blutzucker- und Blutdruckmessgeräte sind Beispiele sensorgestützter medizinelektronischer Geräte zur Selbstanwendung.

Wir wollen in diesem Kapitel der Frage nachgehen, wie nichtelektrische Signale, also z.B. Druck- oder Temperaturverläufe, in elektrische Signale überführt werden können.

Betrachtet man die Prinzipien der Informationsaufnahme und -abgabe von Lebewesen, so findet man gewisse Parallelen zu denen bei technischen Systemen. Wir wollen diesen Aspekt zuerst beleuchten.

## 9.1. Lebewesen und technische Systeme

Höhere Lebewesen verfügen über hochentwickelte Sinnesorgane und nehmen damit vielfältige Informationen aus der Umwelt auf. Diese Informationen können z.B. mechanischer (akustischer oder haptischer), optischer, thermischer oder chemischer Art sein. Andere Organe befähigen dieselben Lebewesen, Informationen an die Umgebung abzugeben, um mit anderen Lebewesen zu kommunizieren. Abgegebene Informationen können z.B. mechanischer (akustischer) oder chemischer Art sein. Außerdem verändern alle Lebewesen durch Nahrungsaufnahme und durch ihre Ausscheidungen, also durch den Stoffwechsel, ihre Umwelt. Auch Stoffwechselprodukte beinhalten Informationen.

[1] Das Begriffssystem der Messtechnik wird in der DIN-Norm DIN 1319 definiert. Laut DIN 1319-1 ist der Aufnehmer oder Sensor der Teil eines Messgerätes oder einer Messeinrichtung, der auf die Messgröße unmittelbar anspricht. Er ist das erste Glied in der Messkette.

Im Rahmen der Messtechnik besteht häufig die Aufgabe, die Momentanwerte physikalischer oder chemischer Größen aus der Umwelt elektronisch zu erfassen und die gewonnenen Informationen weiter zu verarbeiten, zu übertragen bzw. zu speichern oder sofort in einem Prozess zu nutzen, indem mit geeigneten Manipulatoren bzw. Stellgliedern Stoff-, Material- oder Energieströme beeinflußt werden. Entsprechende Messwerte können dabei als Einzelwerte oder als Zeitreihe einer beliebigen physikalischen oder chemischen Größe, also z.B. der Temperatur, des Druckes, der Beschleunigung oder einer Konzentration gefordert sein. Die Abbildung bzw. Wandlung physikalischer oder chemischer Messgrößen auf elektrische Werte ist die Domäne der Sensorik.

### 9.1.1. Unsere Sinne und Sinnesorgane – Sensoren, eine Gegenüberstellung

Der gesunde Mensch verfügt bewusst über folgende Sinneswahrnehmungen und Sinne:

- den Gesichtssinn (optisch),
- das Gehör (mechanisch),
- den Tastsinn (mechanisch),
- den Gleichgewichtssinn (mechanisch),
- den Temperatursinn (thermisch),
- den Geruchssinn (chemisch) und
- den Geschmackssinn (chemisch).

Daneben ist noch die subjektive Schmerzempfindung zu nennen, die zum Beispiel mechanische, chemische, elektrische oder thermische Ursachen haben kann.

Alle unsere Sinneswahrnehmungen werden durch physikalische oder chemische Reizung spezialisierter Sinneszellen, der sog. **Rezeptoren**, ausgelöst. Diese Rezeptoren sind entweder in Sinnesorganen konzentriert (Auge, Ohr) oder über die Körperoberfläche verteilt (Haut). Unsere Sinneswahrnehmungen sind subjektiv, d.h., wir können die Intensität unserer Empfindung nicht quantitativ mit Zahlen sondern nur qualitativ beschreiben. Aber wir können unsere Sinneseindrücke der Intensität nach ordnen. Beispielsweise können wir Gegenstände in einem engen Intervall und im direkten Vergleich nach ihrer Temperatur als kalt, warm oder heiß ordnen.

Im Bereich der Naturwissenschaft und Technik werden dagegen objektive Werte, die Messwerte, benötigt. Zu jedem Messwert gehören die Angabe des Zahlenwertes mit Maßeinheit sowie die Angabe eines Messfehlers und einer Messvorschrift. Zur Gewinnung von Messwerten nichtelektrischer Größen, als Einzelwert oder Zeitreihe, können wir unsere Umwelt mit geeigneten Instrumenten, den **Sensoren**, abtasten. Sensoren stehen heute für viele Messaufgaben in unterschiedlichen Einsatzfeldern und mit angepassten Eigenschaften zur Verfügung.

Dabei kann mit geeigneten Sensoren auch in (Werte-) Bereichen gemessen werden, die unseren Sinnen nicht mehr zugänglich sind und es können physikalische oder chemische Größen erfasst werden, für die wir überhaupt keine Sinne haben. So können beispielsweise mit Thermoelementen Temperaturen weit über $1000\,^{\circ}\mathrm{C}$ gemessen werden und mit Infrarot-Matrixsensoren können Bilder im für uns unsichtbaren infrarotem Spektralbereich erfasst werden. Für magnetische Größen, wie die Stärke eines Magnetfeldes, und für Kennwerte eines Kernstrahlungsfeldes, wie die Dosisleistung, haben wir keine Sinne, wohl aber entsprechende Sensoren.

Andererseits empfinden wir zuweilen Schmerz und können diesen nach Art, Lokalisation und Intensität leicht subjektiv beschreiben, jedoch nicht mit einem Sensor objektiv messen.

In der folgenden Tabelle sind die beschriebenen Sachverhalte zusammengestellt. Ausgewählten Umweltreizen sind entsprechende Rezeptoren unserer Sinne und vergleichbare Sensoren, die auf solche Reize ansprechen, gegenüber gestellt.

**Tabelle 9.1.:** Rezeptoren beim Menschen und Sensoren – eine Gegenüberstellung

| Umweltreiz | Sinneszellen (Rezeptoren) | Sensoren |
|---|---|---|
| optisch | Opto-Rezeptoren | optische Sensoren |
| mechanisch | Mechano-Rezeptoren | mechanische Sensoren |
| thermisch | Thermo-Rezeptoren | thermische Sensoren |
| chemisch | Chemo-Rezeptoren | chemische Sensoren |
| Schmerz | Nozizeptoren | **keine** Sensoren verfügbar |
| magnetisch | **keine** Rezeptoren | magnetische Sensoren |

## 9.1.2. Effektoren und Aktoren – eine Gegenüberstellung

Unsere Sinne liefern uns wichtige Informationen über unsere Umwelt. Nach Weiterleitung der Sinnesreize ins Zentralnervensystem und nach deren Verarbeitung dort erfolgen bewusst oder unbewusst bestimmte Reaktionen. Haben wir beispielsweise ein Hindernis gesehen oder ertastet, so können wir diesem ausweichen oder es beiseite schieben. Oder uns „läuft das Wasser im Munde zusammen“, wenn wir ein bevorzugtes Gericht riechen. Diese teils willkürlichen, teils unwillkürlichen Reaktionen bewirken **Effektoren**. Zu den Effektoren zählt man Muskeln und Drüsen. Es sind gewissermaßen die Erfolgsorgane, mit denen wir auf unsere Umwelt zurück wirken können.

Eine technische Entsprechung zu den Effektoren der belebten Natur sind die **Aktoren** (*actuator*). Viele Aktoren haben einen elektrischen Eingang und einen nichtelektrischen Ausgang, d.h. sie sind elektrisch steuerbar und bilden so eine Schnittstelle zwischen Elektronik und nichtelektrischer Umgebung. Zur Gruppe der Aktoren zählen Elektromotoren, Zugmagnete, piezoelektrische Stellglieder u.a. Mit Aktoren kann man Stell- und Transportvorgänge auslösen bzw. durchführen und z.B. Ventile betätigen, Blenden oder Klappen öffnen bzw. schließen, Flüssigkeiten pumpen usw. In einem handelsüblichen PC und in seiner Peripherie finden wir verschiedene Aktoren, die z.B. als elektrische Antriebe dienen und

- in Festplattenspeichern oder CD/DVD-Laufwerken das Speichermedium bewegen und die Schreib-/Leseköpfe positionieren,
- in Druckern den Papiertransport bewerkstelligen, Druckköpfe bewegen und den eigentlichen Druckvorgang punktuell auslösen,
- in Plottern Zeichenstifte bewegen,
- in Scannern für den Vorschub des Abtastsystems sorgen.

### 9.1.3. Sensoren und Aktoren im Prozess

Die Abb. 9.1 zeigt schematisch die Einbindung von Sensoren und Aktoren in einen Prozess. Die Pfeile symbolisieren dabei sowohl einen Energie- oder Materialfluss wie auch den Informationsfluss.

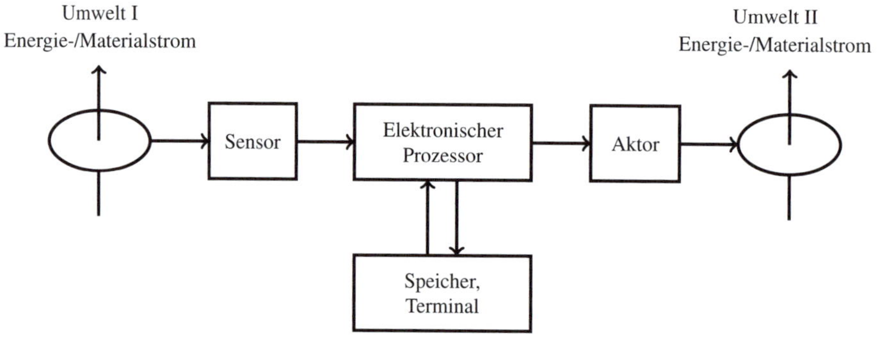


**Abb. 9.1.:** Stellung von Sensoren und Aktoren im Prozess

Aus Sicht des elektronischen Prozessors (analoger Regler, Rechner, Mikrocontroller) realisiert jeder Sensor eine Schnittstelle zur Umwelt am Eingang. Dabei tastet der Sensor einen Energie- oder Materialstrom I ab und generiert aus dem so gewonnenen nichtelektrischen Eingangssignal ein elektrisches Eingangssignal für den Prozessor. Je nach Aufgabe sind in der Regel mehrere Sensoren an einen elektronischen Prozessor angeschlossen; ihre Anzahl ist durch die Aufgabe bestimmt und durch die Anzahl der Eingänge des Prozessors begrenzt. Man kann sich das an einer PC-Tastatur deutlich machen: jede einzelne Taste realisiert genau einen separaten nichtelektrischen Eingang und generiert bei Betätigung ein wohldefiniertes Signal mit einer eindeutigen Information.

Demgegenüber bildet jeder Aktor eine ausgangsseitige Schnittstelle zur Umwelt. Er generiert aus seinem elektrischen Eingangssignal eine nichtelektrische Ausgabe und erlaubt so, einen Energie- oder Materialfluss II zu beeinflussen. Dies kann mit einem erheblichem Leistungsumsatz verbunden sein, indem z.B. Elektromagnete oder Motoren betätigt werden.

Die in der Abb. 9.1 symbolisch dargestellten Material- bzw. Energieströme I und II können identisch sein. Dann ergibt sich ein geschlossener Kreis, eine Situation, die wir bei jedem Regelkreis vorfinden.

Das Zusammenwirken von Sensoren und Aktoren ist bei autonomen Robotern besonders augenfällig, z.B. wenn ein solches Gerät mittels seiner Sensoren Hindernisse erkennt und ihnen, von Aktoren bewirkt, ausweicht.

## 9.2. Effekte und Prinzipien zur Realisierung von Sensoren

Wir wollen uns jetzt die Frage stellen, wie man eine nichtelektrische Messgröße, also z.B. einen Druck $p$, eine Temperatur $T$ oder eine Konzentration $c_i$ in den elektrischen Kreis einkoppeln kann. Voraussetzung für eine solche Einkopplung ist, dass mindestens eine nichtelektrische Größe mindestens eine elektrische Größe in definierter und reproduzierbarer Weise beeinflusst.

Nichtelektrische Eingangsgrößen $X_{nl}$ kann man prinzipiell auf eine der folgenden elektrischen Ausgangsgrößen $Y_{el}$ abbilden:

- ohmscher Widerstand $R$,
- Kapazität $C$,
- Induktivität $L$,
- Spannung $U$,
- Strom $I$ sowie
- Ladung $Q$.

Der Eingang des Sensors wird mit der nichtelektrischen Messgröße $X_{nl}$ beaufschlagt, und am Ausgang des Sensors steht ein Wert oder eine Wertänderung der entsprechenden elektrischen Größe $Y_{el}$ als Abbild des Messwertes bereit. Meist gibt es mehrere Einflussgrößen, die die Abbildung beeinflussen können und zu sog. Querempfindlichkeiten führen. Die Abb. 9.2 verdeutlicht dies.

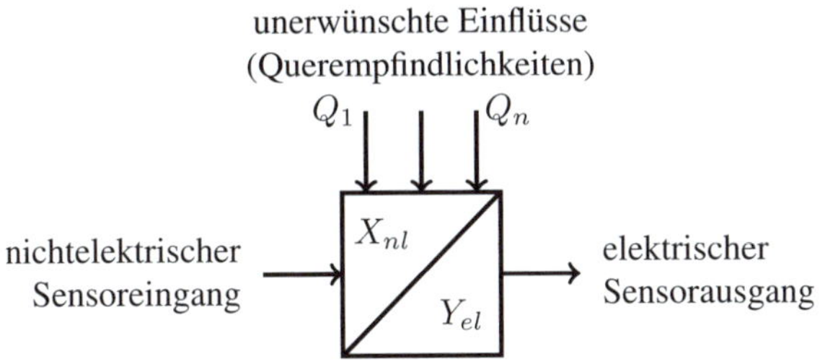


**Abb. 9.2.:** Sensor: Wandler-Symbol mit Querempfindlichkeiten

Querempfindlichkeiten sind prinzipiell unerwünscht, sie führen zu Verfälschungen des Messsignals. Ihre Einkopplung muss deshalb unterbunden, mindestens jedoch minimiert werden. Wenn dies nicht gelingt, kann man die Störgrößen auch separat erfassen und zur Korrektur des Messwertes nutzen.

### 9.2.1. Abbildung nichtelektrischer Größen auf elektrische Größen

Es gibt eine große Zahl physikalischer und chemischer Effekte und Abhängigkeiten, die sich zur Abbildung nichtelektrischer Eingangs- bzw. Messgrößen auf elektrische Ausgangsgrößen eignen. Leicht zu verstehen ist die Einkopplung der Messgröße über geometrische Veränderungen an passiven Bauelementen (siehe Kapitel 9.3). In breitem Umfang werden Volumen- und Grenzflächeneffekte an Festkörpern, speziell an Halbeitern, genutzt. Eine kleine Auswahl von Festkörpereffekten enthält die Tabelle 9.2; umfassende Darstellungen findet man in der Literatur (vgl. [Ard05], [GHZ+89]).

**Tabelle 9.2.:** Festkörpereffekte in der Sensorik (Auswahl)

| Effekt | sensortechnische Nutzung |
|---|---|
| photoelektrischer Effekt | Fotodiode, Fotowiderstand, CCD-Zeilen- und Bildsensoren |
| piezoelektrischer Effekt | akustische-Oberflächenwellen-Sensoren, Ultraschall-Sensoren, gravimetrische Sensoren (Masseänderung) |
| thermoelektrischer (SEEBECK-) Effekt | Thermoelemente |
| Temperaturabhängigkeit der Leitfähigkeit | Widerstandsthermometer, Heißleiter |
| piezoresistiver Effekt | Widerstandsänderung unter Zug bzw. Druck, Dehnmessstreifen, Drucksensor |
| magnetoelastischer Effekt | Veränderung der magnetischen Eigenschaften unter Zug bzw. Druck (Verformung der Hystereseschleife), Kraft- und Drucksensoren |
| Hall-Effekt | Hall-Sonde zur Magnetfeldmessung |

Ebenso vielfältig sind die Materialien und Technologien, die man nutzt, um Sensoren bzw. Sensorsysteme herzustellen. Die Materialien reichen vom Metall und Halbleiter bis zu biologischen Materialien, wie Enzymen, und die Technologien von klassischen mechanischen Fertigungsverfahren bis zu den komplexen Verfahren der Mikro- und Halbleitertechnologie.

### 9.2.2. Sensorelement – Sensor – Sensorsystem

Beim praktischen Einsatz eines Sensors muss die nichtelektrische Messgröße an das Sensorelement angekoppelt werden. Dazu wird häufig dem Sensorelement, welches die Trennstelle zwischen dem nichtelektrischen Raum und dem elektrischen Raum bildet, ein geeignetes Wandler- oder Koppelelement, welches wir Primärwandler nennen wollen, vorgeschaltet (siehe Abb. 9.3).

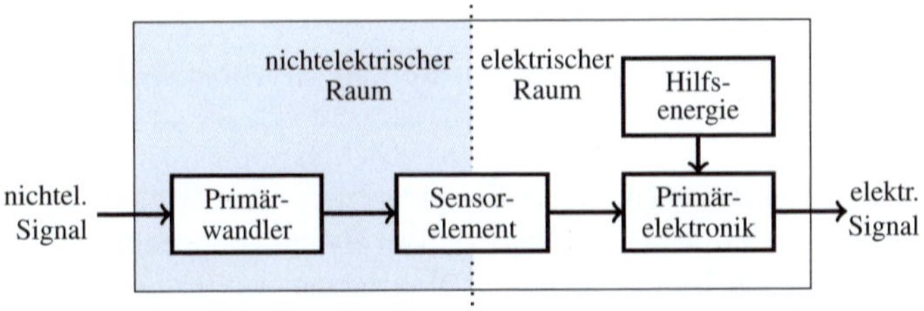


**Abb. 9.3.:** Der Sensor als Schnittstelle zwischen nichtelektrischem und elektrischem Raum

Je nach Messgröße und Sensor findet man verschiedenartige Primärwandler vor. Wir geben dazu einige Beispiele:

- ein Seilzug oder Zahnriemen kann genutzt werden, um einen Weg auf eine Drehbewegung abzubilden und die Drehbewegung auf ein Potentiometer zu übertragen;
- man kann mittels einer Membran einen Druck und mittels eines Biegebalkens eine Kraft in eine Deformation umsetzen, und diese Deformation anschließend z.B. kapazitiv oder mittels Dehnmessstreifen auswerten;
- optische Elemente (Blenden, Linsen, Spiegel, Filter) können genutzt werden, um einen optischen Sensor definiert zu beleuchten oder Objekte auf den Sensor scharf abzubilden.

Die in der Regel kleine Änderung der elektrischen Größe am Ausgang des Sensors ist als nächstes in ein gut verarbeitbares elektrisches Signal umzusetzen. Dieses Signal ist häufig eine Spannung, die man gut verstärken kann. Es kann aber auch ein Strom, eine Frequenz oder eine Zeit sein, die sich ebenfalls elektronisch gut messen lassen. Diese Umsetzung leistet eine Primärelektronik, deren Aufbau und Funktion vom Sensortyp abhängt.

Sensoren, die das nichtelektrische Messsignal auf eine Spannung $U$, einen Strom $I$ oder eine Ladung $Q$ abbilden (**aktive Sensoren**) erfordern nur zur Weiterverarbeitung des Signals Hilfsenergie. Man erkennt daran, dass beim Abgreifen des Messsignals und bei der Signalwandlung dem vermessenen Prozess unweigerlich ein wenig Energie entzogen wird. Sensoren, die das nichtelektrische Messsignal auf eine Änderung des Widerstandes $R$, der Kapazität $C$ oder der Induktivität $L$ abbilden (**passive Sensoren**), erfordern zwingend elektrische Hilfsenergie, um aus der Änderung der passiven Größen ein elektrisch verarbeitbares Signal, also eine Spannung oder einen Strom, zu generieren.

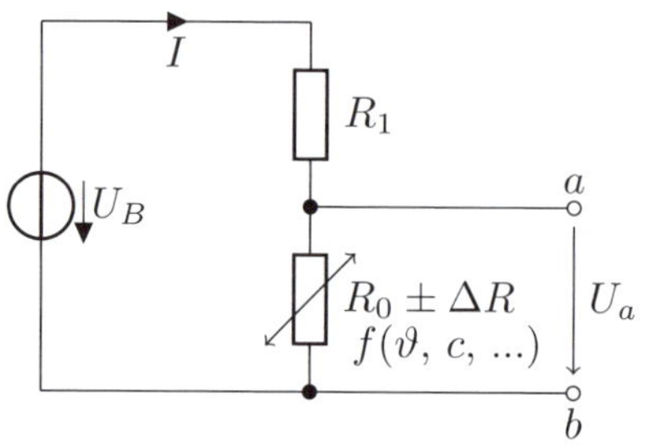


**Abb. 9.4.:** Schaltung zur Auswertung resistiver Sensoren

Wir betrachten dazu an einem einfachen Beispiel, einem **resistiven Sensor**, wie man dessen Ausgangsgröße, eine Widerstandsänderung, direkt auf eine Spannungsänderung abbilden kann. Der Sensor habe im Ruhezustand den Widerstandswert $R_0$ und der nichtelektrische Messwert verursache eine Widerstandsänderung von $\pm\Delta R$. Entsprechend Abb. 9.4 wird der resistive Sensor in einen Spannungsteiler geschaltet. Für die Ausgangsspannung $U_a$, die der Messgröße entspricht, erhält man

$$U_a = U_B \cdot \frac{R_0 \pm \Delta R}{R_1 + R_0 \pm \Delta R}. \tag{9.1}$$

Ein Nachteil dieser Lösung besteht darin, dass der Ruhewert $R_0$ am Ausgang des Spannungsteilers eine Ruhespannung verursacht, die in der Regel groß gegenüber der Messspannung ist. Deshalb ist es häufig vorteilhaft, den resistiven Sensor in einer Brückenschaltung zu verwenden, die so ausgelegt ist, dass die Brückenspannung $U_{Br}$ für den Ruhewert $R_0$ Null wird. Ein weiterer Nachteil ist, dass auch Änderungen der Betriebsspannung $U_B$ direkt am Ausgang wirksam werden. Hier kann die sog. ratiometrische Messung[1] Abhilfe schaffen.

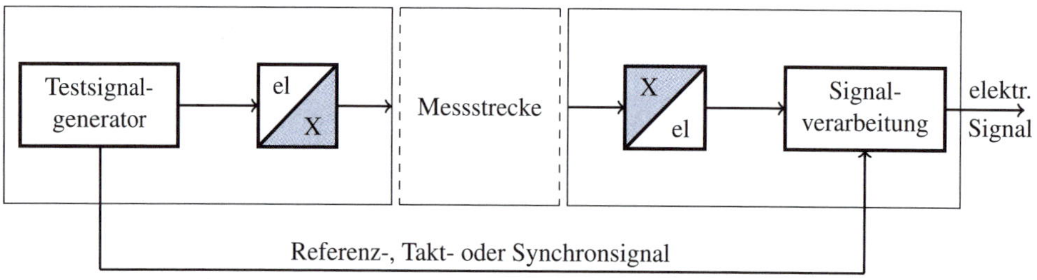


**Abb. 9.5.:** Sensorsystem mit elektrischem Referenzsignal

Viele Messverfahren mit Sensoren erfordern ein definiertes Testsignal. Mit dem Testsignal wird eine wohldefinierte Messstrecke beaufschlagt und nach Durchlaufen der Messstrecke wandelt

[1] Bei der ratiometrischen Messung betrachtet man nicht die Ausgangsspannung absolut sondern den Quotienten von Eingangs- und Ausgangsspannung. Störungen treten dann zugleich bei beiden Größen auf und beeinflussen die Messung nicht, d.h. die Messung wird unabhängig von Schwankungen der Versorgungsspannung. Man nutzt dieses Verfahren in Verbindung mit A/D-Wandlern (siehe Kapitel 10.5.1).

ein Sensor das veränderte Testsignal wieder in ein elektrisches Signal um, wie dies in Abb. 9.5 dargestellt ist. Veränderungen, die das Testsignal während des Durchlaufs der Messstrecke erfährt, werden als Messeffekt genutzt und von der Signalverarbeitung ausgewertet.

Solche Veränderungen des Testsignals können z.B. die Schwächung der Amplitude (Dämpfung), die Signallaufzeit, eine Veränderung des Signalspektrums oder der Phasenlage sein. Beispiele für solche Systeme sind Lichtschranken und die Ultraschall-Abstandsmessung. Auch Warensicherungssysteme, wie man sie heute in vielen Geschäften und Märkten antrifft, nutzen oft dieses Prinzip.

Zum Vergleich kann auch eine physikalische Referenzstrecke dienen. Die Abb. 9.6 zeigt eine solche Anordnung.

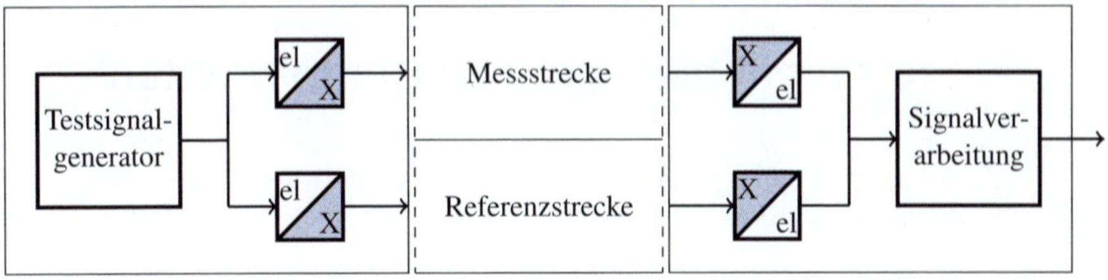


**Abb. 9.6.:** Sensorsystem mit Testsignalquelle und Referenzstrecke

Hier unterliegen Messstrecke und Referenzstrecke weitgehend gleichen Umwelteinflüssen, so dass der Einfluss bestimmter Parameter, beispielsweise der Temperatur oder der Trübung, bereits bei der Messwertgewinnung eliminiert werden. Solche Anordnungen werden oft für optische Messungen, wie z.B. in der Colorimetrie oder der Densitometrie, genutzt.

### 9.2.3. Die weitere Gliederung

Je nach Zielstellung und Herangehensweise bieten sich für die Sensorik verschiedene Möglichkeiten der Gliederung an, die sich teilweise überlappen. Beispielsweise kann man gliedern nach

- Sensoren, die bestimmte physikalische oder chemische Effekte nutzen;
- Sensoren, die auf eine bestimmte elektrische Ausgangsgröße, z.B. eine Spannung, abbilden;
- Sensoren, für bestimmte Messgrößen, z.B. die Temperatur;
- Sensoren, die bestimmte Werkstoffe (z.B. Halbleiter) oder Technologien nutzen;
- Sensoren für bestimmte Einsatzfelder wie Medizintechnik oder KFZ-Technik.

Nach dieser Aufzählung kann man sich leicht vorstellen, dass in dem Maße, wie sich die Sensorik neue Bereiche erschließt und neue Anwendungen entstehen, das Gebiet zunehmend unübersichtlich wird, weil für die einzelnen Anwendungsfälle zum Teil sehr unterschiedliche Anforderungen hinsichtlich Einsatzumfeld, Sicherheit, Genauigkeit, Preisgrenzen des Sensors usw. gelten.

Wir werden in der weiteren Betrachtung aus der großen Vielfalt der Sensoren nur einige wenige auswählen und beschränken uns dabei auf solche Sensoren und Systeme, die mit dem bisher in dem vorliegenden Buch dargestellten Stoff weitgehend verstanden werden können.

Den Sensoren oder Sensorsystemen wird meist eine Schnittstelle zur digitalen Elektronik bzw. zu einem Mikrocontroller nachgeschaltet, die wir hier nicht im Detail diskutieren wollen.

## 9.3. Sensoren mit beweglichen Komponenten

Wir betrachten hier „klassische“ Sensoren oder Aufnehmer mit makroskopischen beweglichen Komponenten. Zu diesen Sensoren zählen Potentiometer, induktive Sensoren und kapazitive Sensoren. Der Messeffekt entsteht bei diesen Sensoren dadurch, dass die nichtelektrische Messgröße am Sensor eine solche geometrische Veränderung hervorruft, dass sich der Widerstand, die Kapazität oder Induktivität des Aufnehmers ändert. Konkret heißt das, der Schleifer eines Potentiometers oder der Kern in einer Spule wird verschoben. Man verwendet solche Sensoren seit vielen Jahren zur Weg-, Winkel- oder Füllstandsmessung.

**Mechanische Tasten** lassen sich in diese Gruppe als einfachste Aufnehmer mit nur zwei Zuständen (ein/aus) einordnen. Beim Betätigen drückt der Bediener die Taste um 1–2 mm nieder; er bringt dabei eine geringe Kraft auf und leistet Arbeit. Zugleich wird die mechanische Eingangsgröße „Weg“ in eine sehr große Widerstandsänderung umgesetzt: der Widerstand zwischen den Kontakten der Taste beträgt im geschlossenen Zustand nahezu $0\,\Omega$ und geht im geöffneten Zustand gegen unendlich. Das entspricht elektrisch zwei Zuständen, die wir, wie in der Digitaltechnik üblich, mit 0 und 1 bewerten. Damit sind die Merkmale eines Sensors gegeben, trotzdem spricht man bei einer einfachen mechanischen Taste in der Regel nicht von einem Sensor.

Damit ein elektrisch leicht zu verarbeitendes Spannungssignal entsteht, wird die Taste anstelle eines Widerstandes in einen Spannungsteiler geschaltet und der Spannungsteiler wird mit einer Hilfsspannung $U_B$ versorgt. Am Ausgang kann man nun eine Spannung abnehmen, die $U_B$ oder 0 V beträgt.

Wir zeigen in Kapitel 11.7.4, wie man Tasten mittels Mikrocontroller abfragen kann.

### 9.3.1. Potentiometrische (resistive) Sensoren

Die Messgrößen Weg oder Winkel kann man direkt oder durch Vorschalten geeigneter mechanischer Mittel (Primärwandler) auf ein Potentiometer übertragen, um den Schleifer des

Potentiometers proportional zur Messgröße zu bewegen. Der Schleifer gleitet dabei über die Widerstandsbahn des Potentiometers und greift einen Teil des Widerstandswertes, der zwischen $0\,\Omega$ und $R_{max}$ liegen kann, ab.

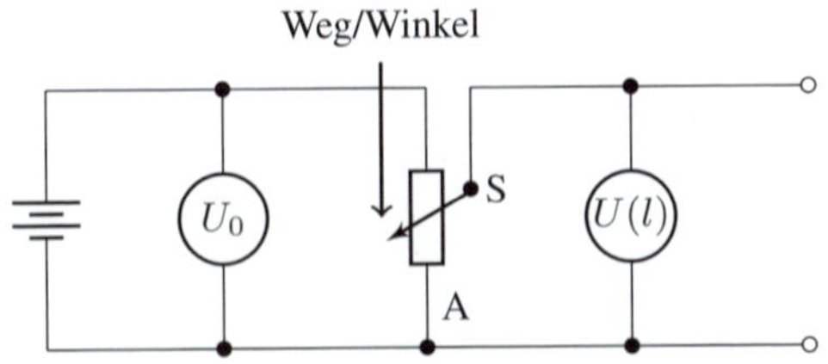


**Abb. 9.7.:** Potentiometer als Sensor für Weg oder Winkel

Um die Schleiferstellung elektrisch auszulesen, wird entsprechend Abb. 9.7 das Potentiometer mit einer konstanten Spannung $U_0$ versorgt und die Spannung zwischen Schleifer $S$ und Potentiometeranfang $A$ gemessen. Nach einer Kalibrierung kann direkt auf die Messgröße zurück geschlossen werden, wobei die Gleichung 2.34 (Seite 32) genutzt wird.

Zur Weg- und Winkelmessung kommen sowohl Draht- als auch Leitplastik-Potentiometer zum Einsatz. Für große Wege bis zu mehreren Metern stehen sog. **Seilzugsensoren** zur Verfügung. Bei Seilzugsensoren wird das Ende eines dünnen Messseils am sich bewegenden Messobjekt befestigt und die Umsetzung einer Linearbewegung in eine Drehbewegung erfolgt dadurch, dass das Messseil auf einer Seiltrommel auf- bzw. abgewickelt wird. Die Achse der Seiltrommel ist mit der Potentiometerachse verbunden, so dass eine, dem Drehwinkel proportionale, Widerstandsänderung ausgewertet werden kann.

Potentiometrische Sensoren werden auch zur Füllstandsmessung in Tanks benutzt. Dabei wird der Füllstand mechanisch mit einem Schwimmer abgetastet und die Lage des Schwimmers mechanisch auf das Potentiometer übertragen.

**Resistive Touchscreens** Die funktionell wesentlichen Komponenten resistiver Touchscreens sind zwei flächenhafte Widerstandsschichten, die sich im Ruhezustand in dichtem Abstand, aber ohne Kontakt miteinander zu haben, gegenüber stehen (siehe Abb. 9.8). Die obere Schicht ist auf einem deformierbarem Träger (Folie) aufgebracht. Wird mit einem geeigneten Stift (Stylus) die Deckfolie nieder gedrückt, so entsteht zwischen den Schichten am Druckpunkt lokal ein Kontakt. Elektrisch gesehen bilden die Widerstandsschichten nun zwei zueinander orthogonal liegende Spannungsteiler, wobei der Kontaktpunkt die Funktion des Schleifers an einem Potentiometer übernimmt. Zur Ermittlung der Position in x-Richtung wird zwischen den Kontaktleisten $A$ und $B$ eine Spannung angelegt. Über einen der spannungsfreien Anschlüsse $C$ oder $D$ wird diese Spannung gemessen; daraus ergibt sich die x-Position. Im zweiten Schritt wird zur Ermittlung der y-Position zwischen den Kontaktleisten $C$ und $D$ eine Spannung angelegt und über einen der spannungsfreien Anschlüsse $A$ oder $B$ gemessen.

Aus zwei unabhängigen Spannungsmessungen kann so nach einer Kalibrierung die Position oder Bewegung des Kontaktpunktes ermittelt werden.

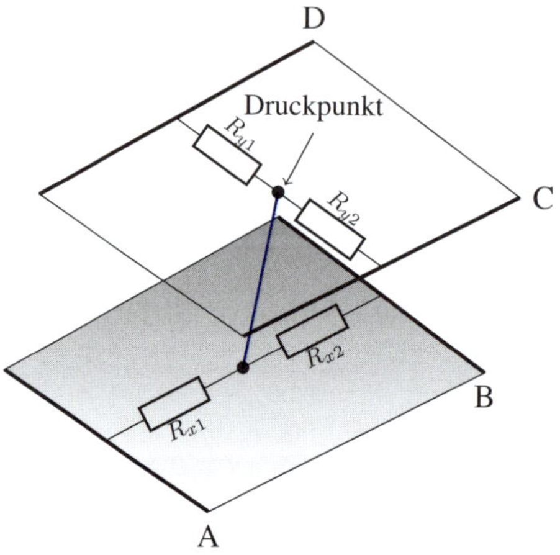


**Abb. 9.8.:** Resistiver Touchscreen, schematisch (Erklärung im Text)

### 9.3.2. Kapazitive Sensoren

Zum besseren Verständnis der Funktion kapazitiver Sensoren erinnern wir uns zunächst an die Kapazitätsbemessungsgleichung für Plattenkondensatoren (Gleichung 2.41, Kapitel 2.3.5):

$$C = \epsilon_0 \cdot \epsilon_r \cdot \frac{A}{d}.$$

Aus dieser Gleichung liest man ab, dass sich bei einem Plattenkondensator die Kapazität über die Größen Plattenfläche $A = l \cdot b$, den Plattenabstand $d$ oder das Dielektrikum, charakterisiert durch die relative Dielektrizitätszahl $\varepsilon_r$, bestimmen bzw. verändern lässt. Dies eröffnet verschiedene Wege, um kapazitive Sensoren zu gestalten, die wir nachfolgend anhand von Abb. 9.9 diskutieren.

Entsprechend Abb. 9.9a kann man eine Platte des Kondensators beweglich lagern und in Richtung der Plattenausdehnung verschieben, ohne den Abstand $d$ zu ändern. Damit ändert sich die Überdeckung der Platten und als Folge auch die Kapazität[1]. Man könnte eine lineare Abhängigkeit erwarten, da ja $l$ linear in die Gleichung eingeht. Jedoch sind in der Gleichung die Einflüsse des ebenfalls veränderlichen Streufeldes (siehe Abb. 2.21) an den Plattenrändern nicht berücksichtigt.

[1] Dieses Konzept entspricht den Drehkondensatoren, die früher zur Abstimmung von Rundfunkempfängern benutzt wurden.

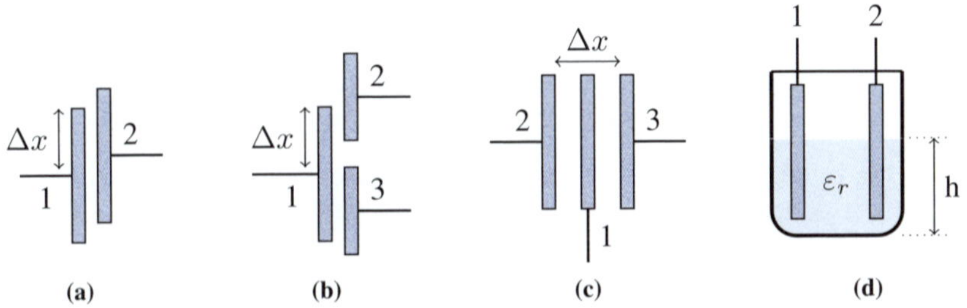


**Abb. 9.9.:** Kapazitive Sensor-Konzepte, Erklärung im Text

Mit einer sog. Differentialanordnung nach Abb. 9.9b lässt sich das Verhalten deutlich verbessern. Der Differentialkondensator hat drei Platten, eine bewegliche (1) sowie zwei feststehende Platten (2) und (3). Ohne Auslenkung seien die beiden Kapazitäten $C_{1-2}$ und $C_{1-3}$ gleich. Beim Verschieben der beweglichen Platte (1) verändern sich die Kapazitäten $C_{1-2}$ und $C_{1-3}$ gegensinnig.

In Abb. 9.9c wird der Plattenabstand $d$ geändert. Auch für dieses Konzept hat sich die Differentialkondensatoranordnung etabliert. Wie oben beschrieben, ändern sich die beiden Kapazitäten $C_{1-2}$ und $C_{1-3}$ gegensinnig. Die Differentialanordnung erleichtert die Auswertung und trägt zur Linearisierung des Sensors bei. Dieses Sensorkonzept wird z.B. in Verbindung mit mikromechanischen Beschleunigungssensoren benutzt ([Heu91]).

Die Änderung des Plattenabstandes wird in der Praxis auch ohne Differentialanordnung zur Abstandsmessung genutzt. Dabei wird z.B. die bewegliche Platte als Sensormesskopf ausgeführt, während als feststehende Platte ein metallisches, geerdetes Maschinenteil dient. Das Problem störender Streufelder kann man bei dieser Anordnung minimieren, indem man die bewegliche Platte mit einem Schutzring ausstattet. Der Schutzring ist mechanisch fest mit der beweglichen Platte verbunden und wird auf das gleiche elektrische Potential gelegt, aber nicht in den Messkreis eingebunden. Bei richtiger Dimensionierung konzentrieren sich Streufelder auf den Schutzring und beeinflussen den Messprozess nicht. Das elektrische Feld vor der beweglichen Platte ist homogener. Solche Sensoren eignen sich für genaue Messungen im Bereich von 0,2–10 mm.

Die Abb. 9.9d zeigt, wie eine kapazitive Füllstandsmessung für nichtleitende Flüssigkeiten realisiert werden kann. Ein Kondensator $C_{1-2}$ mit feststehenden, senkrechten Elektroden taucht in einen Behälter ein und die nichtleitende Flüssigkeit bildet das verschiebliche Dielektrikum. Die Kapazität verändert sich entsprechend der Füllhöhe, weil ein variabler Teil des Kondensators mit dem Dielektrikum mit der Dielektrizitätszahl $\epsilon_r$ erfüllt ist. Technisch kann der Kondensator verschieden ausgeführt sein; beispielsweise kann ein metallischer Behälter eine Elektrode und eine Tauchsonde die zweite Elektrode bilden oder es wird ein koaxialer Kondensator aus zwei konzentrischen Rohren verwendet.

Die Messung der meist kleinen Kapazitätsänderungen kann erfolgen,

- indem man auf die bekannte Lade- und Entladekurve zurückgreift und beim Laden bzw. Entladen der Kapazität das Durchlaufen bestimmter Spannungswerte mit einem analogen Komparator detektiert und die Zeiten misst oder
- indem die zu messende Kapazität als ein frequenzbestimmendes Element in einem Oszillator verwendet und entweder die Änderung der Frequenz oder der Periodendauer gemessen wird.

## 9.3.3. Induktive Sensoren

In Kapitel 2.2.3 hatten wir Induktivität und Gegeninduktivität kennen gelernt. Die Induktivität einer langen Spule mit Kern berechnet sich zu

$$L = -\mu_0 \cdot \mu_r \cdot \frac{A}{l}.$$

Dabei charakterisiert $\mu_r$ einen Kern, der die ganze Spule erfüllt. Wird nun der weichmagnetische Kern verschoben, so dass die Spule den Kern nur noch partiell umschließt, so verkleinert sich die Induktivität $L$. Dieses sog. Tauchkernprinzip lässt sich prinzipiell zur Wegmessung nutzen, ist aber leider nicht linear.

Induktive Wegsensoren werden bevorzugt als Differentialtransformator[1] ausgeführt (siehe Abb. 9.10). Ein Differentialtransformator besteht aus drei Spulen, einer Primär- und zwei Sekundärspulen, sowie einem verschiebbaren weichmagnetischem Kern, der bei Verschiebung die magnetische Kopplung zwischen diesen drei Spulen ändert.

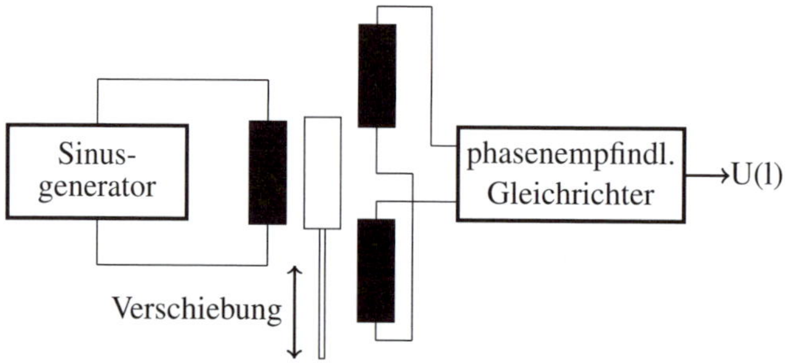


**Abb. 9.10.:** Differentialtransformator mit verschiebbarem Kern als induktiver Wegsensor

Differentialtransformator und Elektronik bilden zusammen ein System entsprechend Abb. 9.5. Die Primärspule wird von einem Sinusgenerator mit fester Frequenz zwischen 1 und 5 kHz mit einer Spannung zwischen 150 und 400 mV$_{\text{eff}}$ gespeist. In beiden Sekundärspulen wird je ein Sinussignal induziert. Die Amplitude dieser sekundären Signale ist in beiden Spulen gleich,

[1] Diese Sensoren werden auch als LVDT-Sensoren (*Linear Variable Differential Transformer*) bezeichnet.

wenn der Kern genau in der Mitte steht. Beim Verschieben des Kerns ändern sich die Amplituden gegensinnig. Die Sekundärspulen sind gegeneinander geschaltet, so dass sich die induzierten Spannungen subtrahieren. Die Auswerteelektronik liefert dann eine der Verschiebung proportionale Spannung, die in Mittelstellung Null ist.

Induktive Wegsensoren in Form eines Differentialtransformators weisen eine sehr gute Linearität auf und werden als Aufnehmer für Bewegungen oder Positionen innerhalb von Maschinen und Anlagen eingesetzt; sie stehen für Wege bis etwa 65 cm zur Verfügung. Es sind integrierte Schaltungen entwickelt worden, die auf einem Chip alle Komponenten zur Ansteuerung und Auswertung von LVDT-Sensoren vereinigen.

## 9.4. Temperatursensoren

Die Temperatur ist die am häufigsten gemessene Größe. Zur Temperaturmessung steht eine Vielzahl verschiedener Temperatursensoren zur Verfügung. Die einzelnen Gruppen von Temperatursensoren haben jeweils bevorzugte Einsatzbereiche, die z.B. durch die absolute Höhe der Einsatztemperatur, durch Messgenauigkeit, Reproduzierbarkeit oder durch den Preis bestimmt sein können.

Zur Temperaturmessung wird die unbekannte Temperatur auf eine der folgenden Größen abgebildet

- den Widerstand (Widerstandsthermometer),
- eine Thermospannung (Thermoelemente),
- eine Frequenz (Quarzthermometer),
- die Infrarotstrahlung (IR- oder Strahlungsthermometer),
- die Rauschspannung (Rauschthermometer).

Wir betrachten nachfolgend Widerstandsthermometer und Thermoelemente.

### 9.4.1. Widerstandsthermometer

Der Widerstandswert des Bauelementes Widerstand zeigt eine Temperaturabhängigkeit, die analytisch mit einer Taylorreihe beschrieben werden kann (siehe Gleichung 2.26) oder, wenn man sich auf den linearen Teil beschränkt, auch mit Gleichung 2.27.

In der Schaltungstechnik stört diese Temperaturabhängigkeit, weil sich ungewollt Spannungsverhältnisse und Arbeitspunkte mit der Temperatur verändern können. In der Sensorik hingegen nutzt man nun genau diesen „Störeffekt“, um Temperaturen zu messen. Dazu kehrt man die Schlussrichtung um: man bestimmt den Widerstand $R_\vartheta$ und schließt aus diesem Widerstand auf die Temperatur.

Der temperaturempfindliche Teil eines Widerstandsthermometers kann aus einem Metall oder aus Halbleitermaterial bestehen. Je nach Material treten positive und negative Temperaturkoeffizienten sowie stark nichtlineare Kennlinien auf.

### Platin-Widerstandsthermometer

Platin-Widerstandsthermometer sind hoch genaue Messwiderstände mit wohldefiniertem Temperaturverhalten aus Platindraht oder Platinschichten auf einem geeigneten Träger. Der Widerstandswert der Platin-Widerstandsthermometer wird während des Herstellungsprozesses bei $0\,°\mathrm{C}$ auf einen Wert von $100\,\Omega$, $1000\,\Omega$ oder andere genormte Werte abgeglichen. Dementsprechend nennt man die Widerstandsthermometer Pt100, Pt500, Pt1000 usw. Diese weit verbreiteten Platin-Widerstandsthermometer sind in der DIN EN 60751 Norm genormt.

Die Temperaturabhängigkeit des Widerstandes eines Platin-Widerstandsthermometers wird analytisch in zwei Temperaturbereichen wie folgt beschrieben

- Bereich $-200\,°\mathrm{C}$ bis $0\,°\mathrm{C}$, hier gilt

$$R(\vartheta) = R_0 \cdot (1 + a \cdot \vartheta + b \cdot \vartheta^2 + c \cdot (\vartheta - 100\,°\mathrm{C})\vartheta^3). \tag{9.2}$$

- Bereich $0\,°\mathrm{C}$ bis $850\,°\mathrm{C}$, hier gilt

$$R(\vartheta) = R_0 \cdot (1 + a \cdot \vartheta + b \cdot \vartheta^2). \tag{9.3}$$

Für beide Bereiche gilt
$a = 3{,}908\,02 \cdot 10^{-3}\,\mathrm{K}^{-1}$, $b = -5{,}802 \cdot 10^{-7}\,\mathrm{K}^{-2}$ und $c =-4{,}2735 \cdot 10^{-12}\,\mathrm{K}^{-4}$.

Als weiteres Material für metallische Widerstandsthermometer wurde früher auch Nickel verwendet. Es ist preisgünstiger und hat beinahe die doppelte Empfindlichkeit wie Pt-Thermometer. Jedoch reicht der Einsatzbereich nur von $-60\,°\mathrm{C}$ bis $+250\,°\mathrm{C}$ und der Zusammenhang zwischen der Temperatur $\vartheta$ und dem Widerstand $R(\vartheta)$ wird über ein Polynom 6. Grades hergestellt. Die entsprechende Norm DIN43760 wurde zurückgezogen.

Die Widerstandsänderung des Widerstandsthermometers wird in ein weiter zu verarbeitendes Spannungssignal umgesetzt, indem man über eine Stromquelle einen Konstantstrom, dieser entspricht der oben erwähnten Hilfsenergie, einspeist. Wegen des Widerstandes $R_0$ entsteht bereits bei $0\,°\mathrm{C}$ ein erheblicher Ruhespannungsabfall, der größer sein kann, als die Spannungsänderung infolge Temperaturänderung und der die nachfolgende Elektronik in unerwünschter Weise aussteuert. Diese Ruhespannung kann man durch eine Brückenschaltung unterdrücken, die so abgeglichen ist, dass bei $0\,°\mathrm{C}$ die Brückenausgangsspannung verschwindet.

Die Verbindungsleitung zwischen Widerstandsthermometer und Auswerteelektronik kann lang sein. Mit zunehmender Länge der Zuleitung fällt der Leitungswiderstand mehr und mehr ins Gewicht und verfälscht den Messwert. Es ist deshalb üblich, Widerstandsthermometer über 3 oder 4 Leitungen zu betreiben. Dabei wird über zwei Leitungen das Widerstandsthermometer mit Strom versorgt und die beiden anderen Leitungen dienen zum Abgreifen des Spannungsabfalls über dem Widerstandsthermometer. Auf diese Weise ist der Spannungsabfall über die Versorgungsleitungen eliminiert.

Es ist zu beachten, dass der durch das Widerstandsthermometer fließende Strom selbst elektrische Leistung in Wärme umsetzt. Diese Leistung muss so klein gehalten werden, dass keine störende Eigenerwärmung des Messfühlers auftritt. Dabei sind Eigenschaften und Wärmekapazität der Einsatzumgebung zu berücksichtigen, wie z.B. ruhendes oder strömendes Medium, Gas oder Flüssigkeit, Kopplung an Festkörper usw.

### Thermistoren – NTC-Widerstände

NTC[1]-Widerstände sind Temperatursensoren auf Halbleiterbasis. Es sind vergleichsweise preisgünstige Massenprodukte mit einem Einsatzbereich zwischen etwa $-40\,°C$ und etwa $150\,°C$. Sie bilden die Temperaturänderung ebenfalls auf eine Widerstandsänderung ab, haben aber einen negativen Temperaturkoeffizienten. Das heißt, sie leiten mit zunehmender Temperatur immer besser, weshalb man sie auch **Heißleiter** nennt.

**Tabelle 9.3.:** Kennlinie des Thermistors WM103C (Hersteller: Sensor Scientific [Sci13])

| R in Ω | Temperatur °C | R in Ω | Temperatur °C |
|---|---|---|---|
| 97006 | -20 | 5325 | 40 |
| 72911 | -15 | 4367 | 45 |
| 55304 | -10 | 3601 | 50 |
| 42317 | -5 | 2985 | 55 |
| 32651 | -0 | 2487 | 60 |
| 25395 | 5 | 2082 | 65 |
| 19903 | 10 | 1752 | 70 |
| 15714 | 15 | 1480 | 75 |
| 12493 | 20 | 1256 | 80 |
| **10000** | **25** | 1070 | 85 |
| 8056 | 30 | 916 | 90 |
| 6530 | 35 | 787 | 95 |

NTC-Widerstände bestehen aus Verbindungshalbleitern, meist aus polykristallinen Oxiden oder Mischoxiden der Metalle Mn, Fe, Co, Ni, Cu, Zn ([Hey84]). Sie haben viel größere Temperaturkoeffizienten als ohmsche Widerstandsthermometer; zugleich ist der Zusammenhang zwischen Widerstandswert und Temperatur stark nichtlinear. Er lässt sich analytisch darstellen durch

$$R(T) = A^{\frac{B}{T}} \tag{9.4}$$

[1] NTC steht für **N**egative **T**emperature **C**oefficient

mit der absoluten Temperatur $T$ und den Materialkonstanten $A$ und $B$. Für die praktische Anwendung wird der Zusammenhang $R(\vartheta)$ oft auch tabellarisch dargestellt und die Auswertung erfolgt durch Interpolation zwischen benachbarten Stützstellen.

Thermistoren kann man wie andere resistive Sensoren im einfachsten Fall als Teil eines Spannungsteilers verwenden und mit Gleichung 9.1 auswerten.

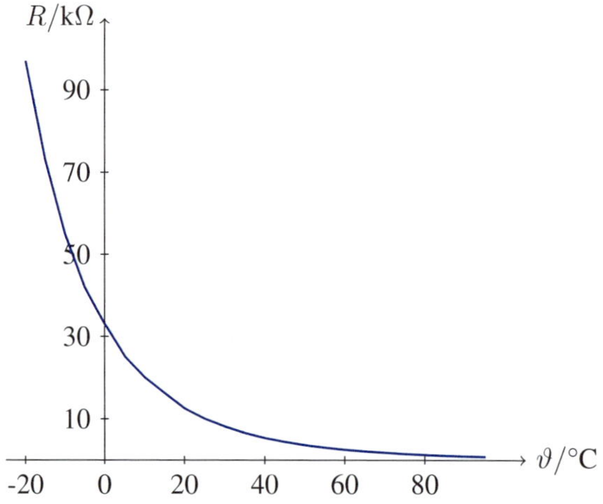


**Abb. 9.11.:** Kennlinie des Thermistors

## 9.4.2. Thermoelektrischer Effekt und Thermoelemente

Wenn man zwei Drähte aus zwei verschiedenen Metallen an einer Seite verbindet und auf eine Temperatur $T_1$ bringt und die beiden anderen, offenen Enden auf einer von der ersten Temperatur verschiedenen Referenztemperatur $T_2$ hält, dann kann man zwischen den offenen Enden eine Spannung messen, die **Thermospannung** $U_{th}$. Man nennt diesen Effekt nach seinem Entdecker **Seebeck[1]-Effekt** oder **thermoelektrischer Effekt**.

Die Thermospannung hat ihre physikalische Ursache in der Thermodiffusion von Ladungsträgern auf Grund verschiedener Austrittsarbeiten. Sie ist der Temperaturdifferenz $T_1 - T_2$ und der Differenz der Seebeck-Koeffizienten $S_{M_A} - S_{M_B} = \alpha$ proportional

$$U(T) = \alpha \cdot (T_1 - T_2). \tag{9.5}$$

Die Seebeck-Koeffizienten $S_{M_i}$ sind Materialkonstanten; sie sind von der Reinheit des Materials abhängig.

[1] Thomas Johann Seebeck, deutscher Physiker (1770–1831)

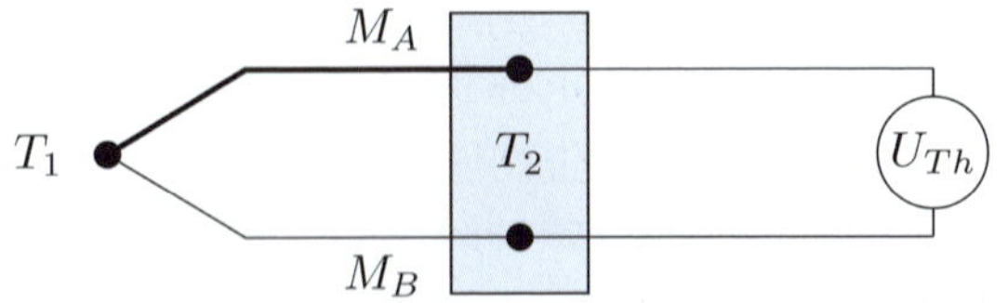


**Abb. 9.12.:** Thermoelement, $T_1$: Temperatur der Messstelle, $T_2$: Referenztemperatur

**Thermoelemente** bestehen aus zwei Drähten verschiedener, aber wohl definierter Zusammensetzung, die an einem Ende fest verschweißt sind. Die Schweißperle liegt auf der zu messenden Temperatur $T_1$. Die beiden offenen Enden liegen auf der Referenztemperatur $T_2$; zwischen ihnen wird die Thermospannung gemessen. Die Referenztemperatur muss genau bekannt sein oder separat gemessen werden. Die Abb. 9.12 zeigt schematisch eine Messanordnung mit einem Thermoelement, bestehend aus den Materialien $M_A$ und $M_B$.

**Tabelle 9.4.:** Ausgewählte Thermopaare nach [OM13], Referenztemperatur: 0 °C

| Materialpaarung (Typ) | Einsatztemperaturbereich | Thermospannung $U_{th}$ |
|---|---|---|
| Nickel-Chrom/Nickel (Typ J) | −210 °C | −8,095 mV |
| | 1200 °C | 69,553 mV |
| Eisen-Kupfer/Nickel (Typ K) | −270 °C | −6,458 mV |
| | 1372 °C | 54,886 mV |
| Platin-Rhodium/Platin (Typ S) | −50 °C | −0,236 mV |
| | 1768 °C | 18,693 mV |

Thermoelemente, auch Thermopaare genannt, bilden eine Temperaturdifferenz auf eine Spannung ab. Sie eignen sich zur Messung hoher Temperaturen bis 1600 °C. Für technisch wichtige Thermopaare sind die Daten in dem Normblatt IEC 60584 Teil 1 angegeben. Thermoelemente werden nach der verwendeten Materialpaarung benannt; wir geben in Tabelle 9.4 einige Beispiele. Die Thermospannungen sind mit einer Schrittweite von 1 $K$ tabelliert; insofern gibt die Tabelle nur einen Einblick in die mit Thermoelementen erfassbaren Temperaturbereiche und die Größenordnung der dabei auftretenden Messspannungen.

## 9.5. Optische Sensoren

Mit Fotowiderstand und Fotodiode haben wir einfache optische Sensoren bereits besprochen. Beide Sensoren detektieren Licht und nutzen dafür den inneren lichtelektrischen Effekt (siehe

Kapitel 4.3.3). Für optische Sensorsysteme werden in der Regel Fotodioden genutzt, denn sie haben eine deutlich geringere Reaktionszeit als Fotowiderstände.

Optische Sensorsysteme arbeiten mit Systemstrukturen, wie sie in Abb. 9.5 bzw. Abb. 9.6 dargestellt sind. Für ein funktionstüchtiges optisches Sensorsystem benötigt man deshalb neben dem Sensor (Empfänger) auch eine Lichtquelle (Sender). Als Sender benutzt man künstliche Lichtquellen, in der Regel Leuchtdioden oder Dioden-Laser, deren technische Parameter der Messaufgabe angepasst werden können. Nur in Spezialfällen, wie z.B. beim Dämmerungsschalter oder beim Pyranometer[1], wird das natürliche Licht der Umgebung mit Fotosensoren ausgewertet.

## Wechselwirkungen im Übertragungskanal

Im optischen Sensorsystem entsprechend Abb. 9.5 ist bzw. beinhaltet Licht das Test- und Referenzsignal; es erfährt im Übertragungskanal bestimmte Veränderungen, aus denen der Messeffekt abgeleitet wird. Dabei kommen prinzipiell alle denkbaren Wechselwirkungen, denen das Licht unterliegen kann, in Frage.

Als **Messeffekt in optischen Sensorsystemen** können folgende Prozesse genutzt werden:

- die Änderung der Intensität durch Absorption oder Streuung,
- die Auswertung optischer Abbildungen (Nutzung von Brechung und Reflexion),
- die Auswertung von Schattenrissen (Licht-Schnitt-Verfahren),
- die Änderung der Polarisation,
- die Änderung der spektralen Zusammensetzung.

## Lichtschranken

Einfach zu überschauen ist die Systemfunktion und die Wechselwirkung des Lichtes am Beispiel einer einfachen Lichtschranke (siehe Abb. 9.13a). Senderseitig generiert eine Anregungsschaltung ein elektrisches Signal zur Ansteuerung einer Leuchtdiode (oder eines Diodenlasers). Die LED erzeugt ein Lichtsignal und strahlt dieses in die Messstrecke ab. Nach Passieren der Messstrecke gelangt das Licht zum Empfänger und wird von der Fotodiode wieder in ein elektrisches Signal umgesetzt und ausgewertet. Auf dem Weg durch die Messstrecke wird das Licht vom Messobjekt beeinflusst. Im einfachsten Fall eines nichttransparenten Objektes wird der Lichtdurchgang komplett gesperrt oder freigegeben. Die Lichtschranke hat damit eine Schalterfunktion und kann zur Kontrolle der An- oder Abwesenheit bestimmter Komponenten, zum Zählen von Teilen in einem Prozess oder für sicherheitstechnische Zwecke verwendet werden.

Solche Lichtschranken werden häufig als sog. Gabelkoppler bzw. Gabellichtschranken ausgeführt. Dabei sind in einem U-förmigen Träger Sender und Empfänger untergebracht und werksseitig zueinander korrekt justiert.

[1] Sensor zum Messen der Globalstrahlung

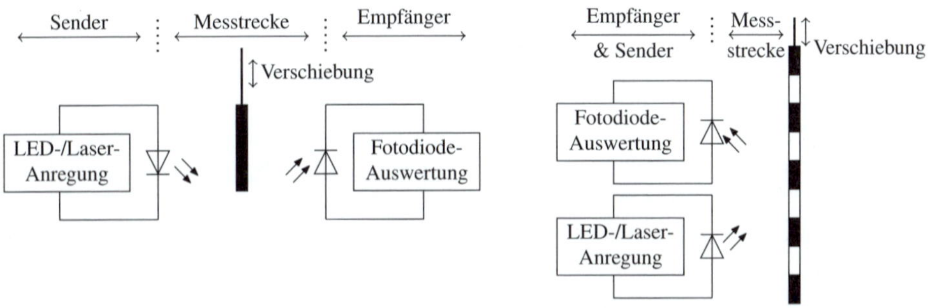


**(a)** Transmissionsanordnung **(b)** Reflexionsanordnung als Inkrementalgeber

**Abb. 9.13.:** Prinzip von Lichtschranken

In der Abbildung 9.13b ist die Abtastung eines Rasterlineals mittels Reflex-Lichtschranke, auch Reflexkoppler genannt, dargestellt. Beim Bewegen des Rasterlineals im Strahlengang der Lichtschranke entstehen durch den Wechsel verspiegelter und nichtreflektierender Bereiche Impulse, die gezählt werden können. Nach diesem Prinzip arbeiten Inkrementalgeber. Solche Sensoren ermitteln aus den Daten eines sehr genauen Rasterlineals und der Anzahl der Impulse bei Verschiebung einen Weg oder bei Drehbewegungen einen Winkel. Dabei muss sichergestellt werden, dass über einen zweiten (Referenz-) Kanal mit einem versetzten Raster die Bewegungs- bzw. Drehrichtung erkannt werden kann. **Inkrementalgeber** erfordern, dass nach jedem Neustart der mechanische Startpunkt der Zählung angefahren wird, um den korrekten Nullpunkt zu reproduzieren und für den Geber neu bereitzustellen.

Bei allen Lichtschranken können auf Seiten des Senders, des Empfängers und in der Messstrecke abbildende optische Mittel wie Linsen, Spiegel oder Blenden zur Formung, Fokussierung oder Begrenzung des Lichtbündels vorhanden sein.

## Ortsauflösende optische Sensoren, Zeilen- und Bild-Sensoren

Optische Sensorsysteme werden oft benutzt, um ein- oder zweidimensional ortsaufgelöste Signale, zum Beispiel Spektren oder Bilder, zu generieren. Solche Anwendungen kommen mit nur einer Fotodiode natürlich nicht aus. Zur Bestimmung von Ortskoordinaten werden Fotodiodenanordnungen[1] in folgender Form verwendet:

- Differenz- und Quadranten-Fotodioden,
- positionsempfindlichen Fotodioden (Ortskomponenten analog),
- Fotodiodenzeilen und Fotodiodenarrays (Ortskomponenten diskret).

[1] Von Fotodiodenanordnungen zu unterscheiden sind CCD-Zeilen- und CCD-Matrix-Sensoren. Diese fotoempfindlichen Bauelemente nutzen auch den Fotoeffekt. Der Struktur nach sind diese Bauelemente aber MOS-Kondensatoren. CCD steht für *charge coupled device*.

Wir erläutern an Hand der Abbildung 9.14, wie eine Weg- oder Abstandsmessung mit einem linienhaften Sensor, also einer Diodenzeile oder einer positionsempfindlichen Fotodiode, nach dem sog. Triangulationsverfahren realisiert werden kann.

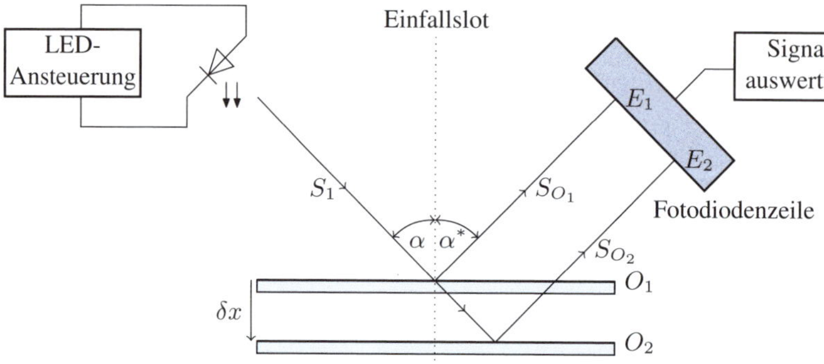


**Abb. 9.14.:** Abstands- oder Wegmessung mittels Triangulation

Ein paralleler Lichtstrahl $S_1$ mit geringer Divergenz trifft unter einem Winkel $\alpha$ auf eine gut reflektierende Oberfläche an der Lage $O_1$. Entsprechend dem Reflexionsgesetz wird der Lichtstrahl $S_{O1}$ unter dem gleich großem Winkel $\alpha^*$ reflektiert und trifft den ortsauflösenden Fotoempfänger am Ort $E_1$. Wird nun die reflektierende Oberfläche parallel zu sich nach $O_2$ verschoben, so verschieben sich der Aufpunkt des Lichtstrahls auf der Oberfläche und es wird ein Strahl $S_{O2}$ reflektiert, der auf dem Fotoempfänger nun am Punkt $E_2$ endet. Aus dem so entstehenden ortsabhängigem elektrischen Signal und der bekannten Geometrie der Anordnung kann nun die Verschiebung $\delta x$ der reflektierenden Oberfläche leicht errechnet werden.

## Beleuchtungssystem und Fremdlichteinfluss

Bei optischen Sensorsystemen kommt der Art der Beleuchtung eine entscheidende Bedeutung zu. Optische Sensoren können von sich aus nicht unterscheiden, ob empfangenes Licht von der Lichtquelle des Sensorsystems stammt, also ein Nutzsignal ist, oder ob es sich um Fremdlicht, also ein Störsignal, handelt.

Starkes Fremdlicht, wie direkte Sonneneinstrahlung, kann den optischen Empfänger einfach übersteuern und so die Funktion des Systems unmöglich machen. Man muss starkes Fremdlicht durch geeignete Anordnung des Empfängers oder durch optische Abschirmungen unbedingt ausschalten. Am 50 Hz-Wechselstromnetz betriebene Glühlampen und Leuchtstoffröhren erzeugen ein Flackern mit 100 Hz und können als Streulicht die Funktion eines optischen Sensorsystems ebenfalls stören.

Was die systeminterne Lichtquelle leisten muss, hängt ganz von der konkreten Anwendung ab. Es können für verschiedene Anwendungen sogar konträre Forderungen bestehen, z.B.

- Beleuchtung mit Licht einer bestimmten Wellenlänge, damit der Lichtstrahl im System sichtbar bzw. unsichtbar ist oder damit Transmissionseigenschaften von Proben gezielt genutzt werden können,
- Beleuchtung mit Wechsellicht (Intensitätsmodulation des Lichtes mit definierter Frequenz von 1–5 kHz), um das Sensorsignal gut von Fremdlicht trennen zu können,
- Beleuchtung von Körpern mit zur Oberfläche geneigtem linienförmigem Lichtbündel zur Konturerkennung oder Vermessung mittels Lichtschnittverfahren (Verformung bzw. Knicken der Lichtlinie an Kanten),
- homogene Beleuchtung einer vorgegebenen Fläche mit Gleichlicht konstanter Intensität für Bildaufnahmen mittels Zeilen- oder Flächenkamera, um eine Helligkeitsmodulation des Bildes zu vermeiden.

Beispiele optischer Sensorsysteme sind

- optische Stückgutkontrolle und Zählung mittels Lichtschranken,
- Weg- und Winkelmessung, absolut oder inkrementell (z.B. in Computermäusen),
- optische Konzentrationsmessung als Teil der chemischen Sensorik,
- Barcode-Reader,
- Farbdetektion mittels Farbsensor (z.B. Dreifachdiode mit Filtern),
- Lichtwellenleiter zur Beleuchtung, Weiterleitung oder Einkopplung des Messsignals und
- natürlich als Bildaufnahme-Chip in elektronischen Kameras und in Handys.

Bei den aufgelisteten Beispielen und bei allen anderen Anwendungen optoelektronischer Bauelemente in der Sensorik werden die Gesetze der Optik und optische Eigenschaften der Objekte, wie Farbe, Transparenz, Oberflächenbeschaffenheit u.a. genutzt. Diese Thematik zu besprechen, würde unseren Rahmen sprengen. Im Anhang A.2.4 haben wir einige wesentliche Gesetze der Optik kurz zusammengefasst und verweisen ansonsten auf die einschlägige Literatur [Haf03], [LM12].

## 9.6. Chemische Sensoren und Biosensoren

Chemische Sensoren und Biosensoren erlauben es, die Konzentration $c$ bestimmter Fremdkomponenten in einem Gas oder in einer Flüssigkeit zu messen und entsprechende chemisch-analytische Aussagen zu machen. Chemische Sensoren haben eine weite Verbreitung in der Verfahrenstechnik, der Umweltmesstechnik, der medizinischen Diagnostik, der Sicherheitstechnik und anderen Bereichen gefunden. Wir nennen ein paar bekannte Beispiele

- mit Konzentrationsmessungen in Gasen bestimmt man
  - die Luftfeuchte (Wasserdampfgehalt der Luft),
  - die Luftqualität (Vorhandensein von Rauch, brennbaren Gasen usw.),
  - die Qualität der Verbrennung im Otto-Motor (Lambda-Sonde),
  - den Alkoholgehalt in der Atemluft;

- Konzentrationsmessungen in Flüssigkeiten nutzt man zur Bestimmung
  - von Reinheit bzw. chemischen Verunreinigungen im Wasser bzw. Abwasser,
  - des pH-Wertes,
  - des Blutzuckerspiegels (sog. Blutzucker-Teststreifen).

Die Angabe der gemessenen Konzentrationswerte erfolgt mit einem der üblichen chemischen Konzentrationsmaße. Solche Konzentrationsmaße sind

- mol/l (Stoffmengenkonzentration),
- g/l (Massenkonzentration),
- ml/l (Volumenkonzentration) oder
- Pa (Partialdruck einer Gaskomponente)

oder in bestimmten Fällen auch relativ in Volumen- oder Masseprozent.

Der pH-Wert ist eine besondere Einheit; er entspricht dem negativen dekadischen Logarithmus der Wasserstoffionenkonzentration.

Für bestimmte Anwendungszwecke werden Konzentrationen nicht für jede einzelne Komponente sondern als summarischer Parameter erfasst und angegeben; Beispiele hierfür sind die Konzentration brennbarer Gase oder die Leitfähigkeit von Wasser.

Je nach genutztem Effekt und Sensorkonzept erfolgt die Abbildung der chemischen Messgröße direkt auf eine der folgenden elektrischen Größen

- ein Potential (potentiometrische Sensoren),
- einen Strom (amperometrische Sensoren) oder
- die Leitfähigkeit (Leitfähigkeitssensoren).

Bei anderen Sensorkonzepten werden Zwischenabbildungen auf

- eine Transmisions- oder Farbänderung (optische Sensoren),
- eine Wärmetönung (thermometrische Sensoren) oder
- eine Massebelegung (gravimetrische Sensoren)

benutzt und diese elektronisch ausgewertet.

Diese Aufzählungen lassen die Breite und Vielfalt dieses Gebietes erahnen; wir werden nachfolgend nur zwei vergleichsweise einfache Beispiele kurz betrachten.

### 9.6.1. Metalloxid-Gassensoren

Schon 1954 wurde gefunden, dass bestimmte oxidische Halbleiter bei Einwirkung oxidierender bzw. reduzierender Gase ihre elektrische Leitfähigkeit ändern; 1966 wurde vorgeschlagen, dies als Sensoreffekt zu nutzen.

Die sensitive Komponente von Metalloxid-Gassensoren sind oxidische Halbleitermaterialien, insbesondere Zinndioxid ($SnO_2$) oder Zinkoxid ($ZnO$). Je nach Bauform des Sensors besteht der sensitive Bereich aus feinkörnig-gesintertem Halbleitermaterial, aus einer ebensolchen Siebdruckschicht oder aus einer dünnen Schicht. Das sensitive Material ist zusammen mit einer Heizung auf einem Keramiksubstrat aufgebracht. Der Sensor umfasst ferner zwei Elektroden, die das Metalloxid kontaktieren. Die Heizung erlaubt es, das Halbleitermaterial auf eine Arbeitstemperatur von 200–500 °C zu bringen, und die beiden Elektroden ermöglichen es, den Widerstand des Halbleitermaterials jederzeit in einer festen Geometrie zu bestimmen.

Der Wirkungsmechanismus bzw. Nachweiseffekt ist folgender: Bei der Arbeitstemperatur stellt sich im Metalloxid und an dessen Oberfläche ein Gleichgewicht zwischen dem gebundenen Sauerstoff und dem Luftsauerstoff derart ein, dass permanent ein Sauerstoffdefizit besteht. Die Sauerstoff-Leerstellen wirken als Donator, so dass sich bei höherer Temperatur eine Grundleitfähigkeit vom n-Leitungstyp einstellt. Treffen reduzierende oder oxidierende Gase auf das heiße n-leitende Halbleitermaterial, so wird das Sauerstoff-Gleichgewicht im Oberflächenbereich gestört. Damit ändert sich die Konzentration der Sauerstoff-Leerstellen und man beobachtet eine Änderung der Leitfähigkeit. Diese Änderung der Leitfähigkeit erfolgt bevorzugt an den Korngrenzen, indem sich der Übergangswiderstand $R_{KG}$ (siehe Abb. 9.15a), der zwischen den Körnern besteht, verändert. Als summarischen Wert über viele Korngrenzen gemittelt, beobachtet man eine Änderung des Widerstandes, der zwischen den Elektroden gemessen wird und von der Konzentration der chemisch aktiven Gaskomponenten abhängt.

Metalloxid-Gassensoren können durch Dotierung mit Fremdatomen für verschiedene Gase sensibilisiert werden. Zum Beispiel werden für folgende Gase Sensoren angeboten:

- reduzierbare Gase (NO, $NO_x$, $O_3$),
- oxidierbare Gase (CO, $NH_3$),
- organische Verbindungen (Alkohole, organische Säuren).

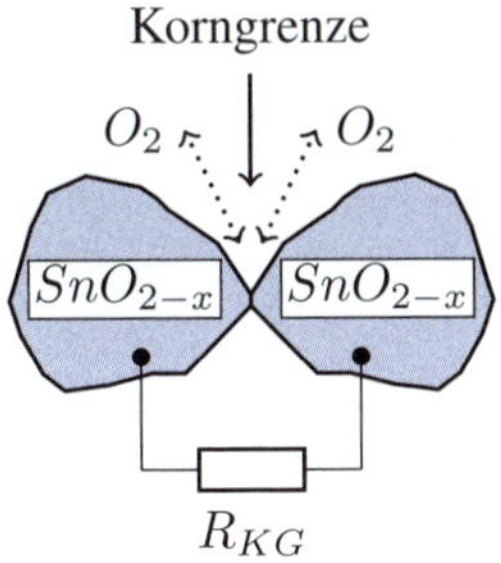


**(a)** Prozess an Korngrenzen, schematisch

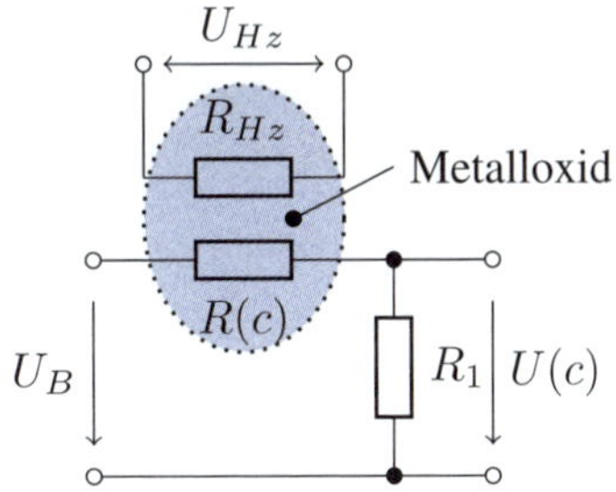


**(b)** Beschaltung

**Abb. 9.15.:** Halbleiter-Gassensor

Dabei ist nach Angaben der Hersteller ein Nachweis bis in den ppm-Bereich möglich [Fig13].

Die Gassensoren reagieren leider auch auf andere Gaskomponenten allerdings mit unterschiedlicher Sensitivität, das heißt, die Selektivität ist gering und die Querempfindlichkeit groß.

Es wird daran gearbeitet, mit geeigneten Beimischungen die Sensoren selektiver zu machen [Fig13].

Die Abb. 9.15b zeigt die prinzipielle Beschaltung eines Metalloxid-Gassensors. Der sensitive Teil entspricht einem variablen Widerstand $R(c)$. Dieser variable Widerstand $R(c)$ bildet zusammen mit einem externen Widerstand einen Spannungsteiler und aus dem Spannungsabfall über $R_1$ kann nach einer Kalibrierung auf die Gaskonzentration geschlossen werden. Für den Betrieb des Sensors sind eine Betriebsspannung $U_B$ und eine Heizspannung $U_{Hz}$ notwendig.

Wenn man mehrere unterschiedliche Sensoren für verschiedene Gase mit verschiedenen, sich überlappenden Empfindlichkeiten zu einem Sensorarray zusammenschaltet und gemeinsam auswertet, ergeben sich qualitativ neue Möglichkeiten, die mit dem Schlagwort **elektronische Nase** beschrieben werden können. Mit einer elektronischen Nase verfolgt man das Ziel, Gasgemische quantitativ zu analysieren und Geruchsmuster zu klassifizieren. Damit solche Analysen möglich werden, muss das System über künstliche Intelligenz, zum Beispiel über ein künstliches neuronales Netz, und einen großen Trainings- und Kalibrierdatenpool verfügen. Die Bereitstellung der Trainingsdaten, die immer mit einem Referenzsystem verglichen werden müssen, und das Trainieren des neuronalen Netzes sind aufwendig. Zudem ist das System nur im Bereich der trainierten Konzentrationen anwendbar.

### 9.6.2. Leitfähigkeitssensoren

Die Leitfähigkeit wässriger Elektrolytlösungen beruht auf dem Vorhandensein von Ionen als frei bewegliche Ladungsträger in der Lösung. Die Ionen entstehen beim Lösen von Salzen im Wasser durch Dissoziation der Ionenbindungen. Die Ionenbindungen sind elektrisch neutral. Deshalb entstehen immer positive Ionen (**Kationen**) und negative Ionen (**Anionen**) in solcher Menge, dass die Summe der Ladung der Kationen gleich der Summe der Ladung der Anionen ist; auch die wässrige Lösung des Elektrolyten ist deshalb elektrisch neutral.

Die Leitfähigkeit einer elektrolytischen Lösung können wir unter Nutzung der Überlegungen von Kapitel 2.1.6 analog zu Gleichung 2.14 berechnen. Dabei müssen alle Kationen und Anionen, also Ladungsträger beiderlei Vorzeichens, berücksichtigt werden. Zu beachten ist auch, dass manche Ionensorten mehrere Elementarladungen tragen. Zusammenfassend erhält man die folgende Gleichung

$$\sigma_{Elektrolyt} = e^{-} \cdot \left( \sum_i n_i^{Kat} z_i^{Kat} \cdot \mu_i^{Kat} + \sum_j n_j^{An} \cdot z_j^{An} \cdot \mu_j^{An} \right). \tag{9.6}$$

mit

- $n_i^{Kat}$, $n_j^{An}$: Dichte der Kationensorte $i$ bzw. Anionensorte $j$ ;
- $\mu_i^{Kat}$, $\mu_j^{An}$: Beweglichkeit der Kationensorte $i$ bzw. Anionensorte $j$ und
- $z_i^{Kat}$ und $z_i^{An}$: Ladungszahl der Kationensorte $i$ bzw. Anionensorte $j$.

Die Leitfähigkeit einer Elektrolytlösung ist auch von der Temperatur abhängig, sie steigt mit wachsender Temperatur, weil die Beweglichkeit der Ionen wächst (vergleiche hierzu die Temperaturabhängigkeit der Leitfähigkeit im Festkörper, Kapitel 4.3.2 und 4.3.3). Diese Temperaturabhängigkeit ist in Gleichung 9.6 nicht berücksichtigt.

Bei der Messung der Leitfähigkeit in wässrigen elektrolytischen Lösungen sind zwei wesentliche Nebenbedingungen zu beachten:

- Die Messung muss mit Wechselstrom erfolgen, damit sich nicht durch Elektrolyse Elektrolyt und Elektroden verändern. Gleichstrom würde zur Elektrolyse führen, während bei Wechselstrom die Ionen um eine Ruhelage schwingen.
- Der Spitzenwert der Messspannung muss kleiner sein als die Zersetzungsspannung.

Die Leitfähigkeit von Wasser bzw. wässrigen Lösungen ist viel geringer als die von Metallen und sie kann sich über viele Größenordnungen ändern, wie die Tabelle 9.5 eindrucksvoll zeigt.

**Tabelle 9.5.:** Leitfähigkeit verschiedener Wasserarten [Sci] [Mat94]

| Art des Wassers | Leitfähigkeit in µS/cm |
|---|---|
| Reinstwasser | 0,055 |
| destilliertes Wasser | 0,5 ... 5 |
| Regenwasser | 5 ... 30 |
| Grundwasser | 30 ... 2000 |
| Meerwasser | 45000 ... 55000 |
| Laugen / Säuren | > 100000 |

Der Summenparameter „Leitfähigkeit“ wird deshalb als ein Indikator für die Qualität des Wassers bzw. die Menge der darin enthaltenen dissoziierten Verbindungen genutzt. Die Messung der Leitfähigkeit von Wasser ist ein etabliertes Verfahren; es wird zur Qualitätssicherung häufig prozessbegleitend oder auch kontinuierlich durchgeführt.

Leitfähigkeitssensoren, deren Aufbau einem Plattenkondensator ähnelt, wobei sich zwischen den Platten das Messmedium befindet, nennt man **Leitfähigkeitsmesszellen** (siehe Abb. 9.16a). Um definierte Messbedingungen, insbesondere ein definiertes Messvolumen, zu garantieren und Streufeldeinflüsse zu eliminieren, sind die Rückseiten der Platten verkapselt.

In Abb. 9.16a sind die elektronischen Komponenten der Messanordnung schematisch dargestellt. Die Messwechselspannung $U_\sim$ mit konstanter Amplitude und Frequenz wird von einem Generator elektronisch erzeugt und der Probenstrom $I_{Probe}$ wird ebenfalls elektronisch gemessen.

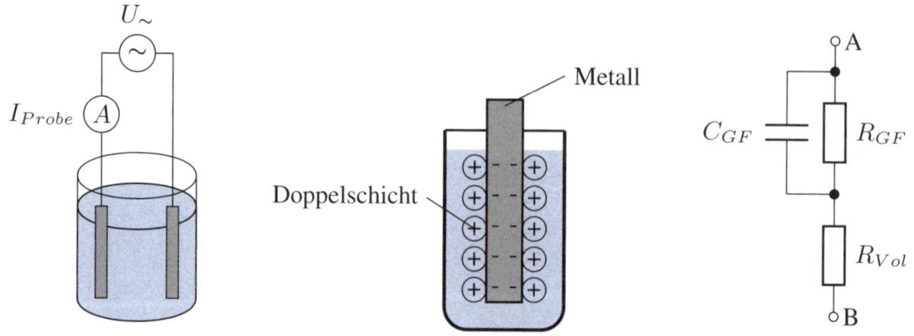


(**a**) Messanordnung (**b**) Metall in der Lösung (**c**) Ersatzschaltung

**Abb. 9.16.:** Zur Leitfähigkeitsmessung in Flüssigkeiten, Erklärung im Text

Die Grenzfläche Elektrode-Elektrolyt ist von entscheidender Bedeutung für das Gesamtverhalten des Sensors. Wir wollen die Vorgänge an der Phasengrenze grob skizzieren (siehe Abb. 9.16b).

Ein Metall, welches in eine Salzlösung eintaucht, hat das Bestreben, Kationen in die Lösung abzugeben (**Lösungsdruck**), wobei die Elektronen im Metall verbleiben. Umgekehrt hat die Lösung das Bestreben, sich zu verdünnen, also Ionen an den Festkörper abzugeben (**osmotischer Druck**) und zu reduzieren. Es stellt sich ein Gleichgewicht so ein, dass Lösungsdruck und osmotischer Druck gleich sind. Für Kupfer z.B. gilt folgende Gleichung für Hin- und Rückreaktion im Gleichgewicht

$$\mathrm{Cu}^{++} + 2\mathrm{e}^- \rightleftharpoons \mathrm{Cu}.$$

Die freien Elektronen laden das Metall negativ gegenüber der Lösung auf und in geringem Abstand vor der Metalloberfläche bildet sich eine Schicht positiver Ionen. Die getrennten Ladungen in geringem Abstand entsprechen einer Kapazität, deren Wert vergleichsweise groß ist, weil die Abstände der Ladungen extrem klein sind. Als Folge dieser Kapazität stellt sich zwischen der anliegenden Spannung $U_\sim$ und dem Probenstrom $I_{Probe}$ eine von den Messbedingungen abhängige Phasenverschiebung ein. Das zugehörige Ersatzschaltbild zeigt die Abb. 9.16c. Die Kapazität $C_{GF}$ verkörpert die Kapazität der elektrolytischen Doppelschicht, der Widerstand $R_{GF}$ den ohmschen Widerstand der Grenzschicht und der Widerstand $R_{Vol}$ den Widerstand des Elektrolytvolumens. Den Einfluss des Widerstandes $R_{GF}$ auf das Messergebnis kann man mit einer 4-Leiter-Messanordnung, die mit stromlosen Potentialsonden arbeitet, eliminieren.

## 9.6.3. Biosensoren

Biosensoren sind spezielle chemische Sensoren, die zur selektiven Detektion bestimmter Analyte biochemisch aktive Komponenten, wie Enzyme, Antikörper oder sogar Mikroorganismen nutzen. Die biochemisch aktive Komponente wird auf einem physikalischen Signalwandler, dem **Transducer**, verankert, man nennt das **immobilisiert**, und reagiert dann sehr selektiv mit dem Analyten. Selektivität und Empfindlichkeit des Biosensors resultieren aus dem verwendeten biochemischen System, welches nach einem Schlüssel-Schloss-Prinzip eine sehr hohe Selektivität erreicht. Je nach Sensorkonzept sind die Auswerteverfahren recht verschieden; prinzipiell kann man wieder auf eine Spannung, einen Strom, eine Masse- oder eine Temperaturänderung abbilden [HH95].

Weithin bekannt sind Biosensoren, die von Diabetikern zur Kontrolle des Blutzuckers verwendet werden (Blutzucker-Teststreifen) sowie Sensoren, die nach einem ähnlichen Prinzip arbeiten und Lactate im Vollblut quantitativ zu bestimmen erlauben.

## 9.7. Sensoren aus der Sicht des Anwenders

Bei der Erfassung von Messdaten aus der Umwelt, in technischen Prozessen, in Fahrzeugen usw. ist der Sensor jeweils das erste Glied in der Messkette. Die Messkette bildet den Pfad vom Sensor bis zur Nutzung des Messsignals und umfasst alle elektronischen Komponenten zur Generierung, Aufbereitung und Auswertung des Messsignals. Das schließt die analoge Vorverarbeitung (Verstärker, Filter, Gleichrichter u.a.), die Analog-Digital-Wandlung (A/D-Converter, siehe Kapitel 10.1), die Weiterverarbeitung in einem Mikrocontroller (siehe Kapitel 11) oder PC und die Verwertung bzw. Ausgabe der Daten ein.

Für die Ankopplung von Sensoren an Mikrocontroller oder PC ist eine geeignete, problemangepasste Schnittstelle erforderlich, die gleich wichtige, aber recht verschiedene Teilbereiche umfasst, nämlich

- die Bereitstellung bzw. Entwicklung der Schnittstellen-Hardware,
- die Bereitstellung bzw. Entwicklung der Schnittstellen-Software und schließlich
- die Aufbereitung der Messdaten für bzw. in einem Anwenderprogramm.

Aus Sicht des Anwenders bzw. Bearbeiters sind deshalb unabhängig von der Messgröße folgende Fragen von praktischen Interesse:

- Welche analogen oder digitalen Schnittstellen hat der Sensor bzw. das Sensorsystem?
- Welche Versorgungsspannungen und -ströme benötigt der Sensor bzw. das Sensorsystem?
- Welche analogen Ein- und Ausgänge hat der Sensor?
- Welche Auflösung (Datenwortbreite) wird benötigt, um den Sensor problemgerecht auszulesen?
- Mit welcher Geschwindigkeit und wie oft muss der Sensor ausgelesen werden?
- Wie wird aus den Digitalwerten auf den Messwert zurück geschlossen? (Ist die Abbildung der Messwerte auf elektrische Werte analytisch als Gleichung oder tabellarisch mit Stützwerten vorgegeben?).

- Ist eine Kennlinienkorrektur (Offset und Anstieg) notwendig und wie wird sie realisiert?
- Sind Querempfindlichkeiten zu berücksichtigen und welche?

Einige Fragestellungen aus dieser Liste werden wir im Kapitel 11.7.4 an Hand von Beispielen weiter erläutern.

## 9.8. Fragen und Aufgaben

9.1 Erläutern Sie Begriff und Aufgabe von Sensoren. Beschreiben Sie die Einordnung von Sensoren in eine Messkette.

9.2 Sensoren begegnen wir heute allerorts.

9.2.1 Für welche Messgrößen finden Sensoren im PKW Anwendung?

9.2.2 Welche Messgrößen werden mit Sensoren im Smartphone erfasst?

9.2.3 Kennen Sie Messgrößen im medizinischen Umfeld, die mit Sensoren erfasst werden? Welche?

9.3 Aktive Sensoren bilden die nichtelektrische Eingangsgröße auf eine Spannung, einen Strom oder eine Ladung ab. Welche Schaltungen (Primärelektronik) eignen sich zur Verarbeitung solcher Sensorausgangssignale?

9.4 Auf welche elektrischen Größen bilden passive Sensoren den nichtelektrischen Messwert ab? Welche Schaltungskonzepte eignen sich zur Auswertung dieser Größen?

9.5 Was versteht man unter einer Querempfindlichkeit? Nennen Sie einige Beispiele.

9.6 Ein potentiometrischer (z.B. Weg- oder Winkel-) Aufnehmer habe bei einer Umgebungstemperatur von $\vartheta = 20\,°\text{C}$ einen Widerstandsendwert von $1\,\text{k}\Omega$. Der Aufnehmer soll im Außenbereich, z.B. an einem Kran, betrieben werden. Deshalb muss mit Umgebungstemperaturen zwischen $\vartheta = -40\,°\text{C}$ und $\vartheta = 60\,°\text{C}$ gerechnet werden. Berechnen Sie den maximalen temperaturbedingten relativen Messfehler. Der Widerstand bestehe aus CrNi-Widerstandsdraht und hat den $TK_R = 0{,}2 \cdot 10^{-3}$/K.

9.7 Ein resistiver Sensor, z.B. ein Thermistor, soll in einer einfachen Schaltung nach Abb. 9.4 betrieben werden. Wie beeinflussen Schwankungen der Versorgungsspannung $U_B$ um $\pm\Delta U$ das Ausgangssignal der Schaltung? Wie kann man den Einfluss der Versorgungsspannung auf das Messergebnis eliminieren?

9.8 Zur Temperaturmessung im Bereich zwischen $\vartheta = 0\,°\text{C}$ und $\vartheta = 300\,°\text{C}$ soll ein PT100-Widerstandsthermometer in einer Brückenschaltung eingesetzt werden. Für die Abhängigkeit des PT100-Messwiderstandes von der Temperatur gelten die auf Seite 356 angegebenen Beziehungen und Parameter. Die Brückenspeisespannung beträgt $U_1 = 1\,\text{V}$.

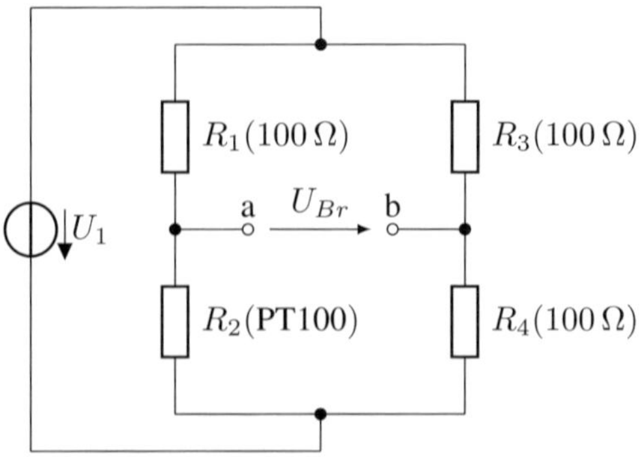


**Abb. 9.17.:** Brückenschaltung mit PT100

9.8.1 Berechnen Sie $R(\vartheta)$ für $\vartheta = 300\,°\mathrm{C}$ !

9.8.2 Berechnen Sie allgemein und mit den angegebenen Werten die Brückenspannung $U_{Br}$ für $\vartheta = 0\,°\mathrm{C}$ und für $\vartheta = 300\,°\mathrm{C}$ mit $R1 = R2 = R3 = 100\,\Omega$.

9.8.3 Zur einfachen Anzeige und weiteren Signalverarbeitung soll die Brückenspannung so verstärkt werden, dass die Ausgangsspannung bei $\vartheta = 0\,°\mathrm{C}$ genau $0\,\mathrm{V}$ beträgt und bei $\vartheta = 300\,°\mathrm{C}$ genau $5\,\mathrm{V}$. Schlagen Sie eine geeignete Verstärkerschaltung vor und dimensionieren Sie diese.

9.8.4 Geben Sie die Ausgangsspannung Ihrer Schaltung als Funktion der Temperatur $U_a = f(\vartheta)$ an.

9.8.5 Wie beeinflusst eine Änderung der Speisespannung $U_1$ die Brückenspannung?

9.9 Ein Blutzuckermessgerät nutzt zur Erfassung der Glucosekonzentration im Blut amperometrische Biosensoren. Ein solcher amperometrischer Sensor liefere einen Messstrom im Bereich $0$ bis $-10\,\mu\mathrm{A}$. Dieser Messstrom soll mittels eines Strom-Spannungs-Wandlers auf eine Spannung zwischen $0$–$2{,}5\,\mathrm{V}$ abgebildet werden, die mit einem nachfolgenden Analog-Digital-Wandler digitalisiert wird. Entwerfen Sie eine Schaltung für den I/U-Wandler und bemessen Sie die notwendigen Bauelemente.

# 10. Analog-Digital- und Digital-Analog-Wandler

## 10.1. Einleitung

Analog-Digital-Wandler (ADC) und Digital-Analog-Wandler (DAC) sind die Schnittstellen zwischen analoger und digitaler Elektronik. An der Reihenfolge der Buchstaben kann man die Wandlungsrichtung erkennen: ein ADC bildet analoge Signale auf digitale Signale ab, während ein DAC digitale Signale in den analogen Bereich umsetzt.

Analog-Digital- und Digital-Analog-Wandler sind in der modernen Elektronik unverzichtbare Bauelemente, die sehr häufig zum Einsatz kommen und von deren Eigenschaften (Linearität, Auflösung, Geschwindigkeit) die Qualität und Leistungsfähigkeit ganzer Systeme abhängt. Beide Wandlerarten beinhalten jeweils analoge und digitale Schaltungskomponenten; sie sind deshalb selbst als ein System zu betrachten.

Die Abb. 10.1 zeigt die gebräuchlichen Schaltsymbole dieser Wandlerbausteine, wie wir sie nachfolgend verwenden werden .

**Abb. 10.1.:** Schaltzeichen für Analog-Digital-Wandler (links) und Digital-Analog-Wandler (rechts), die Pfeile geben die Flussrichtung des Signals an

Analog-Digital-Wandler sind stets am Eingang von solchen Systemen lokalisiert, die analoge Signale aufnehmen, um sie für die digitale Weiterverarbeitung aufzubereiten. Umgekehrt sind Digital-Analog-Wandler stets am Ausgang von solchen digitalen Systemen positioniert, die ein analoges Signal erzeugen oder ein analoges Gerät ansteuern.

Die Unterschiede zwischen analogen und digitalen Signalen haben wir schon in Kapitel 5.3 vorgestellt. Für die weiteren Betrachtungen fassen wir nochmal kurz zusammen:

- Analoge Signale sind Zeit-kontinuierlich und Wert-kontinuierlich, d.h. eine analoge Größe, z.B. eine Spannung, wird durch eine Zeitfunktion $U(t)$ dargestellt.

- Digitale Signale sind über die Zeit gesehen durch eine Folge $Z_1,\ Z_2,\ Z_3\ \ldots$ von diskreten Werten, die zu diskreten Zeiten $t_1,\ t_2,\ t_3\ \ldots$ anliegen, gegeben. , d.h. Spannungen werden in der Digitaltechnik durch Zahlenfolgen $[Z_m]_{m\geq 1}$ dargestellt.

Dieser Sachverhalt ist in Abb. 10.2 an den Wandlersymbolen zusätzlich mit dargestellt.

- Am Eingang des ADC liegt die analoge Spannung $U(t)$ an und am Ausgang wird die zugehörige Folge von Binärzahlen $[Z_m]_{m\geq 1}$ ausgegeben.
- Am Eingang des DAC liegt eine Folge von Binärzahlen $[Z_m]_{m\geq 1}$ an und es wird die zugehörige Folge von Spannungen $[U_m]_{m\geq 1}$ ausgegeben.

**Abb. 10.2.:** Wandlersymbole mit Eingangs-, Ausgangs- und Hilfsgrößen

Zur Analog-Digital- und ebenso zur Digital-Analog-Wandlung werden zwei Hilfsgrößen benötigt, nämlich

- ein Taktsignal $clk$, welches zur Realisierung diskreter Abläufe in der Zeit dient und
- eine Referenzspannung $U_{Ref}$, die zur Bereitstellung eines Spannungsquantums $U_{LSB}$ dient, welches beim ADC zur Abbildung der Eingangsspannung auf binäre Zahlen bzw. beim DAC zur Abbildung von Binärzahlen auf die entsprechende Spannung benutzt wird.

Bevor wir uns mit Einzelheiten der Wandlung bzw. dem internen Aufbau ausgewählter Wandlertypen beschäftigen, werden wir an einigen Beispielen zeigen, wie ADC bzw. DAC in einer Signalverarbeitungskette eingebunden sein können.

Als erstes Beispiel betrachten wir die in Abb. 10.3 gezeigte Blockschaltung eines Digitalvoltmeters.

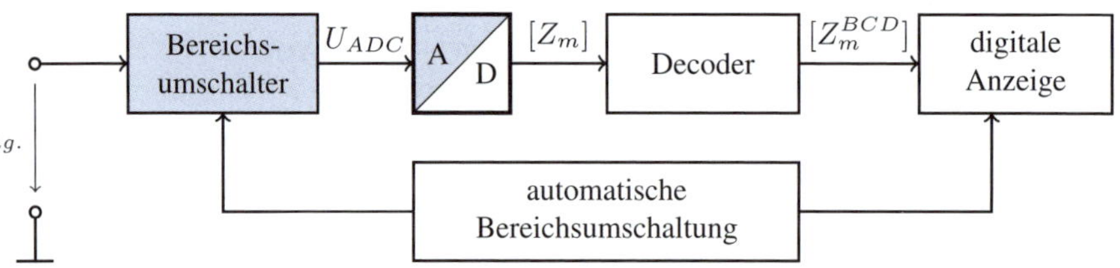


**Abb. 10.3.:** Struktur eines digital anzeigenden Messgerätes (Digitalmultimeter)

In diesem Beispiel wird eine analoge Eingangsspannung $U_{Eing.}$ mit Hilfe eines Bereichsumschalters an den Eingangsspannungsbereich des ADC angepasst. Dem Wandler wird diese

Spannung $U_{ADC}$ eingangsseitig zugeführt und er liefert am Ausgang die entsprechenden Binärzahlen $Z_m$. Damit digitalisierte Werte $Z_m$ angezeigt werden können, werden sie in einen für die Anzeige darstellbaren Code umgesetzt, z.B. über einen BCD-Code und schließlich in einen 7-Segment-Code. Die automatische Bereichsumschaltung bedient einmal den Bereichsumschalter am Eingang, um den passenden Messbereich (also z.B. $1\,V$, $10\,V$, usw.) auszuwählen, und aktiviert den Dezimalpunkt in der Anzeige an der richtigen Stelle.

Als zweites Beispiel betrachten wir den in Abb. 10.4 gezeigten Funktionsgenerator. In einem ROM sind $n$ Funktionswerte einer zu erzeugenden Funktion digital gespeichert. Beim Anlegen einer Adresse $Addr$ an das ROM wird der unter der Adresse digital gespeicherte Funktionswert $Z(Addr)$ auf den Eingang des DAC gelegt und schließlich als Spannungswert $U_a([Z_{Addr}, clk])$ ausgegeben. Die Adressen des ROM werden von einem Zähler geliefert, der je nach Zählrichtung mit dem Takt $clk$ vor- bzw. rückwärts zählt. Durch Erhöhen oder Verringern der Taktfrequenz kann die Frequenz der Ausgangsspannung verändert werden.

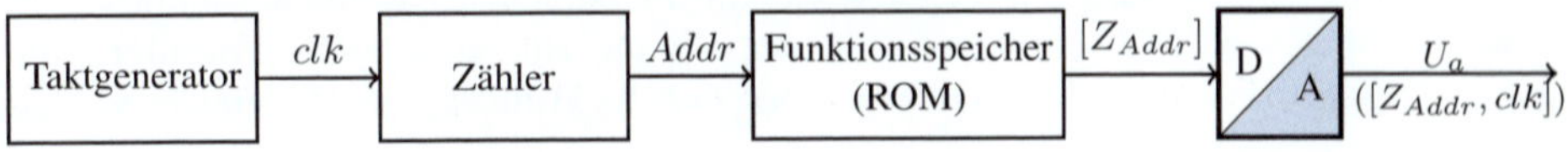


**Abb. 10.4.:** Prinzip eines digitalen Funktionsgenerators (synthetische Schwingungserzeugung)

Natürlich können die auszugebenden Funktionswerte auch fortlaufend errechnet werden; dazu müssen Taktgenerator, Zähler und ROM durch einen Rechner oder Mikrocontoller mit einem entsprechenden Programm ersetzt werden.

Als drittes und letztes einführendes Beispiel betrachten wir einen digitalen Regler, wie er z.B. als Temperaturregler an Heiz- oder Kühlsystemen oder als Druckregler an einem hydraulischen System anzutreffen ist (siehe Abb. 10.5). Der Regler soll eine physikalische Größe, also z.B. eine Temperatur oder einen Druck konstant halten. Dazu wird die analoge Eingangsgröße $X$ mit einem geeigneten Sensor erfasst und auf eine Spannung abgebildet. Diese analoge Spannung wird aufbereitet (verstärkt, gefiltert usw.) und dann als $U_{ADC}$ dem ADC zugeführt. Der ADC bildet die Spannung in den digitalen Bereich auf die Werte $[Z_1]$ ab. Dieses Digitalsignal wird dann von einem digitalen Prozessor, z.B. einem Mikrocontroller (MC), ausgewertet und entsprechend dem Regelalgorithmus wird ein digitales Ausgangssignal $[Z_2]$ generiert. Der DAC am Ausgang wandelt schließlich das Digitalsignal $[Z_2]$ in eine Spannung $U_{DAC}$, mit der ein analoges Steuerglied (Aktor) bedient wird.

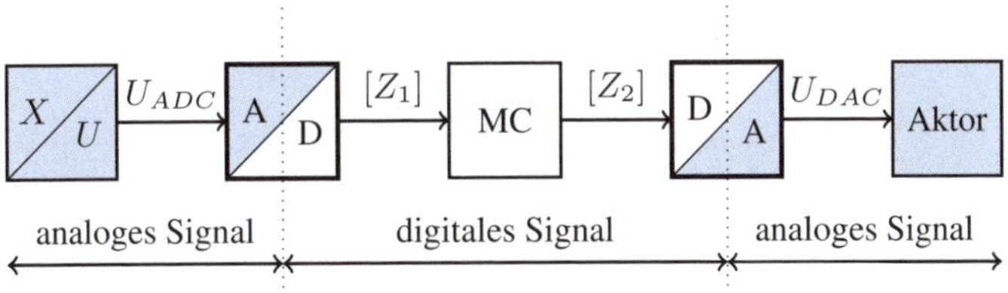


**Abb. 10.5.:** Prinzip eines Digitalreglers (MC: Mikrocontroller)

Schließlich sei noch auf die Anwendung von ADC und DAC in unserem PC hingewiesen. Im PC werden ADC und DAC auf der Soundkarte zur Umsetzung von Audiosignalen genutzt. Für Anwendung des PC in der Messtechnik gibt es spezielle Messwerterfassungskarten, auf denen solche Wandler zur Generierung von Testsignalen und zur Erfassung von Messsignalen eingesetzt werden. Natürlich finden wir ADC und DAC auch im Handy für unterschiedliche Aufgaben. In allen diesen Fällen sind die Wandler jeweils in komplexe Hardwareumgebungen eingebettet und erfordern spezielle Treibersoftware.

## 10.2. Wandlerkennlinien

Bei Analog-Digital-Wandlern sollen die ausgegebenen Datenworte möglichst genau das Eingangssignal, also dessen Momentanwert und Zeitverlauf, abbilden. Bei Digital-Analog-Wandlern wiederum soll die Ausgangsspannung exakt dem momentan am Eingang anliegenden Datenwort entsprechen. Beide Forderungen lassen sich nur erfüllen, wenn die **Wandlerkennlinie** linear ist sowie die **Auflösung** hinreichend hoch und die **Wandlungszeit** hinreichend klein ist.

**Tabelle 10.1.:** Auflösung, Anzahl der Zustände, LSB-Gewicht und Spannungsquantum $U_{LSB}$

| Auflösung | Zustände | LSB-Gewicht | $U_{LSB}$ für $U_{FS} = 10\,\text{V}$ |
|---|---|---|---|
| 4 | 16 | 0,0625 | 625 mV |
| 8 | 256 | 0,039 062 5 | 39,0625 mV |
| 10 | 1024 | 0,000 976 562 5 | 9,765 625 mV |
| 12 | 4096 | 0,000 244 140 625 | 2,441 406 25 mV |
| 14 | 16384 | 0,000 061 035 156 25 | 0,610 351 562 5 mV |
| 16 | 65536 | 0,000 015 258 789 062 5 | 152,587 890 625 µV |
| 18 | 262144 | 0,000 003 814 697 265 625 | 38,146 972 656 25 µV |
| 20 | 1 048 576 | 0,000 000 953 674 316 406 25 | 9,536 743 164 062 5 µV |

Die **Wandlerkennlinien** von ADC und DAC sind natürlich verschieden; wir betrachten sie etwas ausführlicher und jeweils getrennt in den folgenden Teilkapiteln.

Die **Auflösung** eines Wandlers wird als Datenwortbreite in Bit angegeben. Ein Wandler mit einer Auflösung bzw. Datenwortbreite von 8 Bit kann $Z_{max} = 2^8 = 256$ verschiedene Werte digital darstellen und verarbeiten. In Verbindung mit der größten, vom Wandler verarbeitbaren

Spannung $U_{FS}$ (FS: *full scale*), kann man die Quantisierungsgröße $U_{LSB}$[1] berechnen. Man erhält:

$$U_{LSB} = \frac{U_{FS}}{Z_{max}}. \tag{10.1}$$

Wenn beispielsweise die maximal verarbeitbare Spannung mit $U_{FS} = 10\,\mathrm{V}$ und die Auflösung von 8 Bit gegeben sind, ergibt sich für $U_{LSB}$

$$U_{LSB} = \frac{U_{FS}}{2^8} = \frac{10\,\mathrm{V}}{256} = 0{,}039\,\mathrm{V}.$$

Durch Vergrößern der Auflösung kann man sich der abzubildenden Spannung $U_{analog}$ beliebig nähern; es bleibt jedoch immer ein Restfehler.

Der Tabelle 10.1 sind für einige Datenwortbreiten, die Anzahl der Zustände, die Werte des Gewichtes $LSB$ sowie $U_{LSB}$ für $U_{FS} = 10\,\mathrm{V}$ zu entnehmen.

Die Wandlung eines Signals bzw. Wertes benötigt jeweils eine gewisse, endliche Zeit, die **Wandlungszeit** $t_W$. Diese Zeit ergibt sich einmal aus dem Funktionsprinzip des jeweiligen Wandlers und zum anderen aus Signallaufzeiten und Einschwingzeiten.

Wir behandeln nachfolgend zuerst Digital-Analog-Wandler, einmal weil Digital-Analog-Wandler einfacher sind und zum anderen, weil sie als Teilsystem in Analog-Digital-Wandlern enthalten sein können.

### 10.2.1. Digital-Analog-Wandler-Kennlinien

Damit ein Digital-Analog-Wandler am Ausgang eine Spannung $U_a$ abgibt, die proportional zu dem am Eingang anliegenden Datenwort, der Binärzahl $Z$, ist, muss gelten:

$$U_a(Z) = U_{LSB} \cdot Z. \tag{10.2}$$

Da die Binärzahl nur diskrete Werte annehmen kann, sind auch die Werte der ausgegebenen Spannungen diskret. Ein DAC mit einer Auflösung von $n$ Bit kann nur $2^n$ verschiedene Binärzahlen verarbeiten und deshalb auch nur $2^n$ verschiedene Spannungen ausgeben.

Wir wollen uns dies an der Kennlinie eines Digital-Analog-Wandlers klarmachen, wobei wir aus Gründen der Übersichtlichkeit die Darstellung auf 3 Bit beschränken. Das linke Teilbild der Abb. 10.6 zeigt diese Beispiel-Kennlinie.

Bei einer Auflösung oder Datenwortbreite von 3 Bit können Binärzahlen $Z$ von 000 bis 111 (Definitionsbereich von $Z$) verarbeitet werden; diesen Binärzahlen sind diskrete Spannungswerte (Wertebereich) $U_a$ zwischen $0V$ und $\frac{7}{8} \cdot U_{FS}$ zugeordnet. Im linken Teilbild sind die Ausgangsspannungswerte exakt dargestellt; sie liegen genau auf der punktierten Diagonale.

[1] LSB: ***L**east **S**ignificant **B**it*, niederwertigstes Bit

Ein Zustand wird benötigt, um als Ausgangsspannung die Spannung $U_a = 0\,\text{V}$ darzustellen. Dieser Ausgangsspannung wird die Binärzahl $Z_{min} = 000$ zugeordnet. Bei der Bestimmung von $U_{LSB}$ nach Gleichung 10.1 wird dieser Zustand nicht erfasst. Es fehlt deshalb ein Zustand am anderen Ende der Kennlinie zur Darstellung von $U_{FS}$. Anders ausgedrückt, ein DAC mit einer Auflösung von $n$ Bit kann $2^n$ Zustände realisieren, weil aber ein Zustand $U_a = 0\,\text{V}$ ist, beträgt die maximal ausgebbare Spannung $U_a = U_{LSB} \cdot (2^n - 1)$.

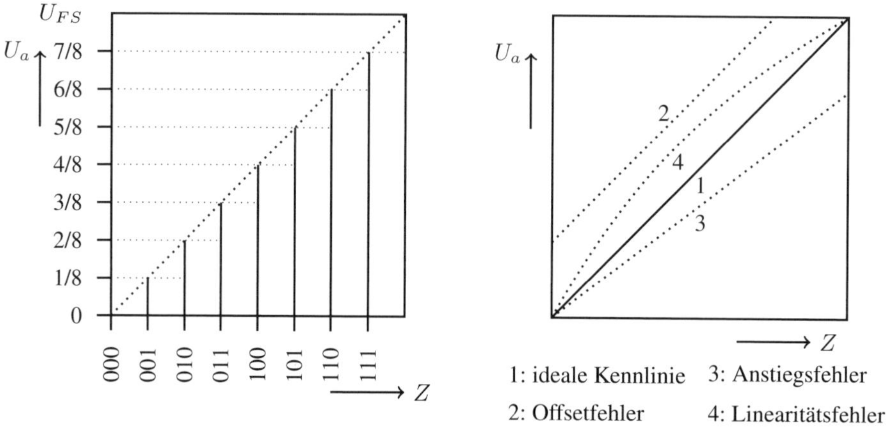


**Abb. 10.6.:** Kennlinie eines 3-Bit-DAC (links) und Wandlungsfehler(rechts)

Nun kann eine Digital-Analog-Wandlung prinzipiell mit Fehlern behaftet sein. Im rechten Teilbild der Abb. 10.6 sind neben der idealen Soll-Kennlinie (1) drei fehlerbehaftete Kennlinien[1] eingetragen. Die einzelnen Fehler sind

- **Offsetfehler** (Kennlinie 2): Dieser Fehler ist durch einen parallelen Versatz der idealen Kennlinie gekennzeichnet; $U_a$ ist für $Z = 000$ ungleich 0 V. Dieser Fehler ist extern korrigierbar.
- **Anstiegsfehler (Verstärkungsfehler)** (Kennlinie 3): Dieser Fehler ist durch einen veränderten Anstieg gegenüber der idealen Kennlinie gekennzeichnet; $U_a$ wird nur für $Z = 000$ richtig ausgegeben, für alle anderen Binärwerte ist $U_a$ entweder etwas zu groß oder etwas zu klein. Auch dieser Fehler ist extern korrigierbar.
- **Linearitätsfehler** (Kennlinie 4): Hier treten nichtlineare Abweichungen vom idealen Verhalten auf. Dieser Fehler ist praktisch nicht korrigierbar.

Die Genauigkeit der Abbildung digitaler Werte auf Spannungswerte wächst mit der Auflösung des DAC. Je nach Anwendungszweck werden Digital-Analog-Wandler mit verschiedenen Auflösungen genutzt. Es sind Digital-Analog-Wandler mit Auflösungen von 4 Bit bis 20 Bit kommerziell verfügbar. Mit der Auflösung wachsen der Aufwand für die Ansteuerung des Wandlers, die Wandlungszeit und die Kosten.

[1] Aus Gründen der Anschaulichkeit sind die Linien durchgezogen; es existieren real nur diskrete Z-Werte.

### 10.2.2. Analog-Digital-Wandler-Kennlinien

Ein Analog-Digital-Wandler soll eine Binärzahl $Z$ generieren, die proportional zu der am Eingang anliegenden analogen Eingangsspannung $U_e$ ist. Dazu muss der Quotient

$$Z = \frac{U_e}{U_{LSB}} \tag{10.3}$$

gebildet und auf die nächstliegende Binärzahl abgebildet werden.

Obwohl am Eingang des Analog-Digital-Wandlers eine analoge Spannung $U_e$ anliegt, werden nur endlich viele Datenworte, also diskrete Werte, als Ausgangssignal erzeugt. Die Anzahl der möglichen Datenworte ist wieder von der Auflösung abhängig. Ein $n$-Bit Wandler kann nur $2^n$ verschiedene Datenworte darstellen, d.h. aus der ursprünglich unendlich großen Zahl möglicher Spannungswerte im Eingangsspannungsintervall generiert der ADC $2^n$ verschiedene Binärzahlen, die $2^n$ diskreten Spannungen entsprechen. Alle Werte zwischen den diskreten Spannungen müssen im Wandler einer der möglichen diskreten Spannungen zugeordnet werden. Auch beim ADC wird der Eingangsspannung $U_e = 0V$ eine Binärzahl zugewiesen; am oberen Bereichsende beträgt die größte, exakt abbildbare Spannung deshalb $U_{e_{max}} = (Z^n - 1) \cdot U_{LSB}$.

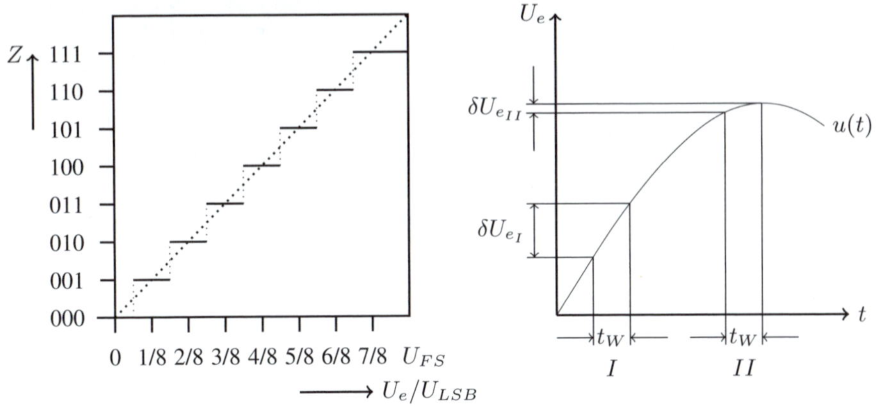


**Abb. 10.7.:** Kennlinie eines 3-Bit-ADC (links) und dynamische Fehler(rechts)

Die Abb. 10.7 zeigt die Kennlinie eines 3-Bit AD-Wandlers. Der 3-Bit ADC kann die Datenworte 000 bis 111 erzeugen, die den Eingangsspannungen 0 V bis $\frac{7}{8} \cdot U_{FS}$ entsprechen.

Um den prinzipbedingten Digitalisierungsfehler gering zu halten, erfolgt die Zuweisung der nächst höheren oder niederen Binärzahl jeweils bei halben $U_{LSB}$-Werten. Aus der Kennlinie kann man ablesen, dass der Eingangsspannungsbereich

- $0\,\text{V} \ldots \frac{1}{2}\,U_{LSB}$ dem Datenwort 000,
- $\frac{1}{2}\,U_{LSB} \ldots \frac{3}{2}\,U_{LSB}$ dem Datenwort 001,

- $\frac{3}{2}U_{LSB} \ldots \frac{5}{2}U_{LSB}$ dem Datenwort 010
- usw.

zugewiesen wird. Damit beträgt der prinzipbedingte Digitalisierungsfehler eines idealen Wandlers bis auf den Endbereich maximal $\pm\frac{1}{2}U_{LSB}$. Für den Endbereich ist aus der Kennlinie ablesbar, dass jeder Spannung, die größer als $\frac{7}{8} \cdot U_{FS}$ ist, das Datenwort 111 zugewiesen wird. Bei $U_{FS}$ beträgt der Fehler $\frac{3}{2}U_{LSB}$ und schließlich wird der Wandler übersteuert.

Die Digitalisierung der analogen Eingangsspannung benötigt eine Zeit, die **Wandlungszeit** $t_W$. Während der Wandlungszeit kann sich die Eingangsspannung je nach ihrem zeitlichen Verlauf mehr oder weniger ändern. Im rechten Teil der Abb. 10.7 ist diese Situation am Abschnitt einer sinusförmigen Spannungskurve dargestellt; nahe dem Nulldurchgang ist die Spannungsänderung $\delta U_e$ während $t_W$ am größten, nahe dem Maximum am geringsten. Damit solche Spannungsänderungen den Wandlungsprozess nicht beeinflussen, wird die Eingangsspannung abgetastet und der Abtastwert für die Zeit der Wandlung konstant gehalten. Das leisten so genannte **Abtast-** und **Halte-Schaltungen** (*sample and hold circuit*).

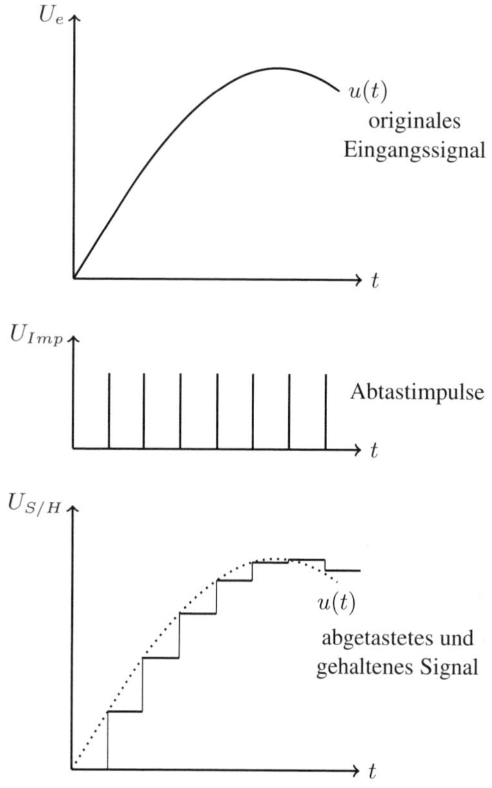


**Abb. 10.8.:** Abgetastetes und gehaltenes Signal

In der Abb. 10.8 ist die Wirkung eines Abtast- und Haltegliedes dargestellt. Das obere Teilbild zeigt das Originalsignal, welches für die AD-Wandlung vorbereitet werden soll. Im mittleren Teilbild sind äquidistante Abtastimpulse dargestellt, die das Abtast- und Halteglied ansteuern, damit jeweils eine neue Abtastung einleiten und das Halten des alten Wertes beenden.

Das untere Teilbild zeigt schließlich das abgetastete Signal. Man erkennt, dass nur zum Abtastzeitpunkt der Abtastwert korrekt dem Wert des Signals entspricht. Bei ansteigender Eingangsspannung ist der gehaltene Wert kleiner und bei fallender Eingangsspannung größer als die momentane Eingangsspannung. Die Abtastung des Signals macht aus der analogen Spannung eine wertdiskrete Spannung und führt damit zu einer Verfälschung. Die Verfälschung kann man klein halten, indem hinreichend schnell abgetastet wird.

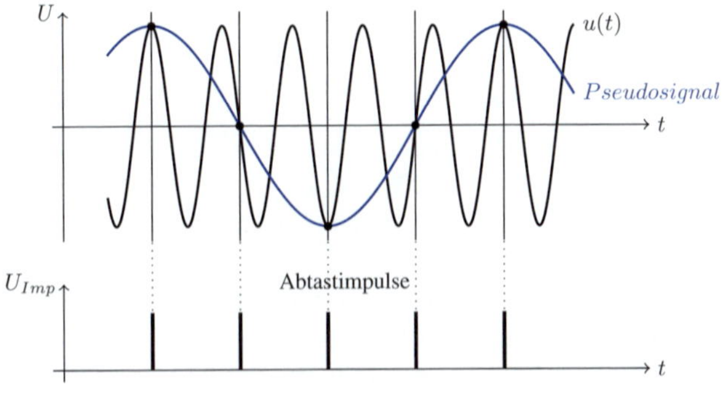


**Abb. 10.9.:** Unterabtastung und Entstehung von Scheinfrequenzen

Mit Abb. 10.9 wollen wir uns nun klar machen, dass eine zu langsame Abtastung von Wechselspannungen noch weitere Probleme nach sich zieht. Die Abbildung zeigt ein Eingangssignal $u(t)$ (schwarz), welches mit äquidistanten Impulsen zu geringer Frequenz abgetastet wird. Aus den so erhaltenen Abtastwerten kann die Originalfunktion nicht mehr rekonstruiert werden. Statt dessen entsteht ein Pseudosignal (blau) mit niedrigerer Frequenz. Wir sprechen von einer Unterabtastung.

Um ein Signal aus Abtastwerten korrekt rekonstruieren zu können, darf eine minimale Abtastfrequenz nicht unterschritten werden. Nach dem **Abtasttheorem** muss für das Verhältnis zwischen der Abtastfrequenz $f_a$ und der höchsten im Spektrum des Eingangssignals vorkommenden Frequenz $f_{max}$ (siehe z.B. [Mey11])

$$f_a > 2 \cdot f_{max} \tag{10.4}$$

gelten.

Einem analogen Nutzsignal können Störsignalanteile mit höherer Frequenz überlagert sein, z.B. ein Rauschanteil. Um eine Verletzung des Abtasttheorems bei der Analog-Digital-Wandlung zu vermeiden, wird ein solches Signal mit einem Tiefpass gefiltert.

# 10.3. DAC-Wandlerprinzipien

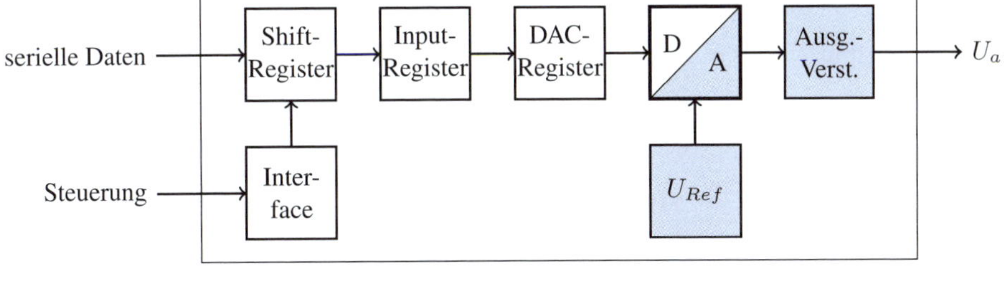


**Abb. 10.10.:** Blockschaltbild eines Digital-Analog-Wandlers

Moderne integrierte Digital-Analog-Wandler umfassen mehrere verschiedene Funktionsgruppen. Neben der eigentlichen Digital-Analog-Wandlerstufe, welche in Abb. 10.10 blau markiert ist, können folgende Funktionsgruppen enthalten sein

- ein *Interface*, welches alle ankommenden Steuersignale auswertet;
- ein *Shiftregister*, welches seriell eingehende Daten in ein paralleles Datenwort umsetzt;
- ein *Input-Register*, in welches Daten parallel übergeben und zwischengespeichert werden;
- ein *DAC-Register*, welches die Daten enthält, die der DAC aktuell ausgibt;
- ein Ausgangsverstärker (*Ausg.-Verst.*) und
- eine Referenzspannungsquelle $U_{Ref}$.

Alle diese Funktionsgruppen können auf einem Chip integriert sein, aber nicht alle DAC verfügen über alle die genannten Komponenten. Zum Beispiel kann die Referenzspannungsquelle eine externe Baugruppe sein.

Für die Umsetzung einer Binärzahl in eine Spannung gibt es drei prinzipiell verschiedene Konzepte; man unterscheidet

- Parallelverfahren,
- Wägeverfahren und
- Zählverfahren.

Die einzelnen Verfahren können jeweils mit verschiedenen Schaltungstechniken realisiert werden.

## 10.3.1. DAC nach dem Parallelverfahren

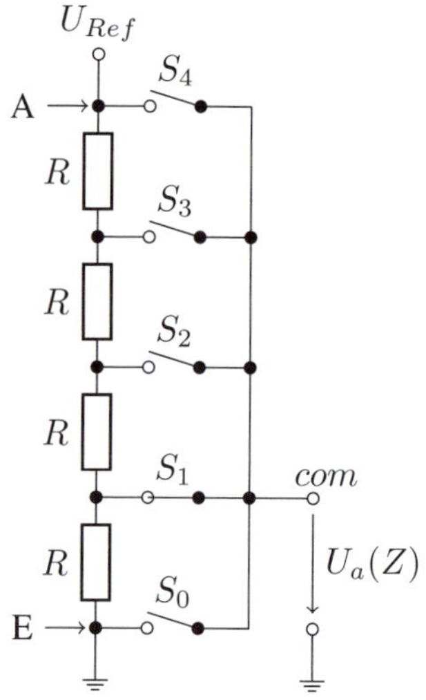


**Abb. 10.11.:** Parallelverfahren

Beim Parallelverfahren (siehe Abb. 10.11) werden über einen Spannungsteiler alle möglichen Ausgangsspannungen mit einer Schrittweite von $U_{LSB}$ bereitgestellt. Mittels eines 1-aus-n-Decoders wird der zur Binärzahl $Z$ gehörige Schalter geschlossen, der die entsprechende Spannung abgreift und auf den Ausgang überträgt. Man erkennt, dass für einen n-Bit-Wandler $2^n$ Werte und ebenso viele Schalter benötigt werden. Das Verfahren ist aufwendig und wenig gebräuchlich.

Man kann sich leicht überlegen, wie die oben besprochenen Wandlungsfehler hier entstehen können. Nichtlinearitäten entstehen dann, wenn der wahre Wert einzelner Widerstände um $\pm\Delta R$ vom Sollwert $R$ abweicht. Eine zu große oder eine zu kleine Referenzspannung $U_{Ref}$ bewirkt einen Anstiegsfehler und ein Offsetfehler entsteht, wenn die mit $S_0$ abgegriffene Spannung nicht exakt $0V$ beträgt.

**Digitalpotentiometer** Ähnlich der Abb. 10.11 sind sog. **Digitalpotentiometer** aufgebaut. Bei diesen Bauelementen sind Anfang und Ende der Widerstandskette sowie der gemeinsame Anschluss der Schalter ($com$) separat zugänglich und über eine digitale Steuerung, die in Abb. 10.11 nicht dargestellt ist, kann bestimmt werden, welchen Abgriff der $com$-Anschluss nach außen führt. Digitalpotentiometer haben zwischen den Anschlüssen $A$ und $E$ feste Widerstandswerte von z.B. $10\,k\Omega$ oder $50\,k\Omega$. Sie werden anstelle von mechanischen Einstellreglern bzw. Potentiometern eingesetzt.

### 10.3.2. DAC nach dem Wägeverfahren

Beim Wägeverfahren wird für jede Stelle der Binärzahl $Z$ ein Wert bereitgestellt, wobei der kleinste Wert, das kleinste Gewicht, $U_{LSB}$ ist. Die einzelnen Gewichte ergeben sich als Produkt von Potenzen von 2 und $U_{LSB}$. Bei einem 8-Bit-Wandler gibt es 8 Referenzen mit den Werten

$$\left.{}^{1}_{0}\right\} \cdot 2^7 \cdot U_{LSB}, \quad \left.{}^{1}_{0}\right\} \cdot 2^6 \cdot U_{LSB} \quad \cdots \quad \left.{}^{1}_{0}\right\} \cdot 2^1 \cdot U_{LSB} \quad \text{und} \quad \left.{}^{1}_{0}\right\} \cdot 2^0 \cdot U_{LSB}.$$

Der Term $\left.{}^{1}_{0}\right\}$ steht in der obigen Darstellung für ein gesetztes bzw. nicht gesetztes Bit. Die Ausgangsspannung $U_a$ zu einer Binärzahl $Z$ wird gebildet, indem alle die Werte gesetzt, additiv verknüpft und auf den Ausgang geschaltet werden, für die im Datenwort eine 1 steht.

Das Wägeverfahren kann man schaltungstechnisch mit gewichteten Strömen realisieren. Wir erläutern diesen Ansatz an zwei Beispielen. Die Abb. 10.12 zeigt eine Realisierung dieses Verfahren mit einzelnen Widerständen, deren Werte binär abgestuft sind.

Diese Schaltung arbeitet als analoger Umkehraddierer (vgl. dazu Abb. 6.27 Seite 185). Das Gewicht der Ströme wird über die Widerstandswerte $2R,\ 4R,\ 8R\ \cdots$ und deren Verhältnis dargestellt. Die Ausgangsspannung $U_a(Z)$ ergibt sich unter Nutzung der Gleichung 6.25 vom Umkehraddierer, wobei für die $Z_i$ je nach Binärzahl 0 oder 1 zu setzen ist

$$U_a(Z) = -U_{Ref} \cdot R \cdot \left( \frac{Z_3}{2R} + \frac{Z_2}{4R} + \frac{Z_1}{8R} + \frac{Z_0}{16R} \right) = -U_{Ref} \cdot \left( \frac{Z_3}{2} + \frac{Z_2}{4} + \frac{Z_1}{8} + \frac{Z_0}{16} \right).$$

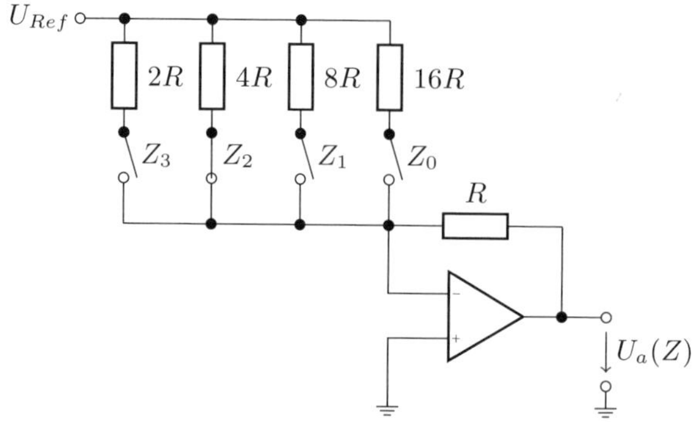


**Abb. 10.12.:** DAC-Wägeverfahren mit gewichteten Strömen

In Abb. 10.12 ist nur $S_2$ geschlossen; die dargestellte Schalterstellung entspricht der Binärzahl 0100 und für die Ausgangsspannung erhält man

$$U_a(0100) = \frac{U_{Ref}}{4}.$$

Ein anderer Weg zur Realisierung eines DAC nach dem Wägeverfahren besteht darin, die gewichteten Ströme über ein sog. R-2R-Widerstandsnetzwerk bereit zu stellen. Die Abb. 10.13 zeigt einen solchen DAC mit R-2R-Netzwerk, wieder mit einer Auflösung von 4 Bit.

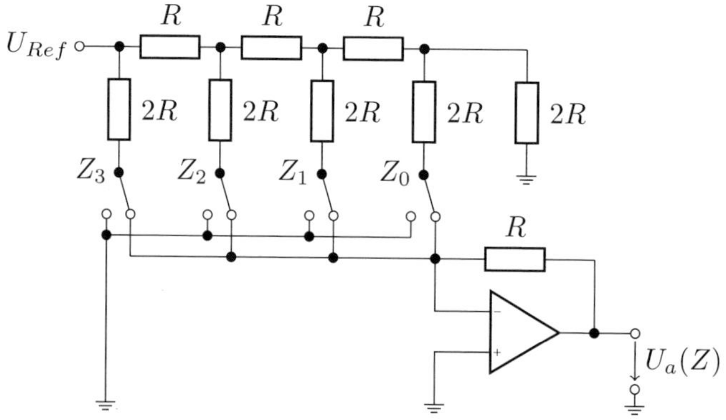


**Abb. 10.13.:** DAC-Wägeverfahren mit R-2R-Netzwerk

Das R-2R-Netzwerk war Gegenstand einer Aufgabe in Kapitel 2.5. Wir hatten dort gesehen, dass die Ströme jeweils um den Faktor 2 geteilt werden. Deshalb gilt auch hier für die Ausgangsspannung wieder die Beziehung

$$U_a(Z) = -U_{Ref} \cdot \left( \frac{Z_3}{2} + \frac{Z_2}{4} + \frac{Z_1}{8} + \frac{Z_0}{16} \right).$$

In Abb. 10.13 sind alle Schalter auf den invertierenden Eingang des Operationsverstärkers geschaltet. Diese Schalterstellung entspricht der Binärzahl 1111. Damit ergibt sich für die Ausgangsspannung $U_a$ der Wert

$$U_a = \frac{15}{16} \cdot U_{Ref}.$$

Das ist der höchste Wert, der mit der betrachteten Schaltung ausgegeben werden kann.

Ein wesentlicher Unterschied der beiden Schaltungen besteht in folgendem

- In der Schaltung nach Abb. 10.12 kommen ganz unterschiedliche Widerstandswerte zum Einsatz, die alle exakt den jeweils vorgesehenen Wert haben müssen, damit der DAC fehlerfrei arbeitet. Diese Widerstandswerte genau einzuhalten stellt ein technologisches Problem dar, insbesondere bei Wandlern mit höherer Auflösung.
- In der Schaltung nach Abb. 10.13 mit R-2R-Netzwerk ergeben sich die Stromverhältnisse aus dem Verhältnis der Widerstände. Der Absolutwert ist nicht entscheidend. Technologisch ist die Herstellung von Widerständen mit einem bestimmten Verhältnis leichter als die Herstellung von Widerständen mit verschiedenen genauen Absolutwerten.

Ein weiterer Vorteil des DAC mit R-2R-Netzwerk ist, dass die Referenzspannungsquelle unabhängig von der Schalterstellung immer gleich belastet wird.

### 10.3.3. DAC nach dem Zählverfahren

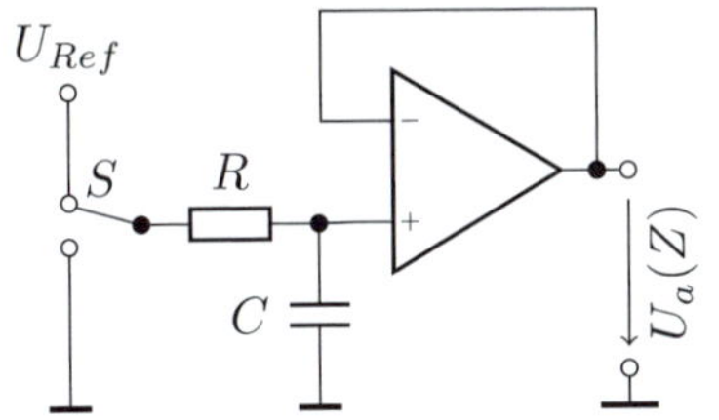


**Abb. 10.14.:** DAC-Zählverfahren

Zählverfahren arbeiten mit nur einer Referenz und einem Schalter nach dem Prinzip der Pulsweitenmodulation (siehe Abb.10.14). Dazu wird ein vorgegebenes Zeitintervall $T$ entsprechend der Auflösung $n$ in $2^n$ gleiche Zeitschritte geteilt. Für einen Anteil von $x$ Zeitschritten schaltet der Schalter $S$ die Referenzspannung $U_{ref}$ auf das RC-Glied und lädt den Kondensator auf. Für den Rest des Intervalls, also $2^n - x$ Zeitschritte, verbindet der Schalter $S$ das RC-Glied mit Masse ($0V$), so dass sich der Kondensator wieder partiell entlädt.

Für das Verhältnis von Zeitintervall $T$ und Zeitkonstante $\tau = R \cdot C$ des RC-Gliedes soll gelten: $\tau \gg T$. Unter diesen Bedingungen arbeitet das RC-Glied als Integrierglied und am Integrierglied entsteht entsprechend dem Tastverhältnis eine mittlere Spannung[1]. Der nachgeschaltete Verstärker arbeitet als Impedanzwandler; er hat einen hochohmigen Eingang und entkoppelt den Kondensator von der angeschlossenen Last. Dieses einfache Verfahren kann mit Timern, einem geeignet dimensionierten Tiefpass und einem Operationsverstärker realisiert werden.

[1] Zur Erklärung greifen wir auf die vorn entwickelten Gleichungen 2.45 und 2.46 (Seite 42) zurück.

## 10.4. ADC-Wandlerprinzipien

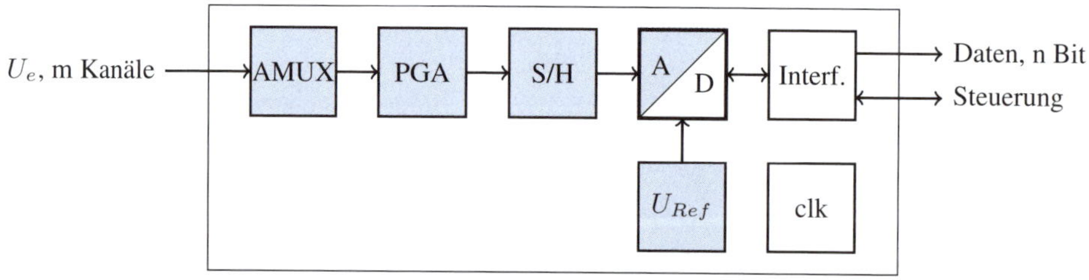


**Abb. 10.15.:** Blockschaltbild eines Analog-Digital-Wandlers

Moderne Analog-Digital-Wandler umfassen ebenfalls mehrere verschiedene Funktionsgruppen auf dem Chip. Neben der eigentlichen Analog-Digital-Wandlungsstufe können, wie im Blockschaltbild Abb. 10.15 dargestellt, folgende Funktionsgruppen integriert sein

- ein Analogmultiplexer (*AMUX*), der es erlaubt, die gleiche Analog-Digital-Wandlungsstufe für mehrere verschiedene Analog-Kanäle zu nutzen;
- ein programmierbarer Verstärker (*PGA*), mit dem für jeden Kanal eine passende Vorverstärkung gewählt werden kann;
- ein Abtast- und Halteglied (*S/H*);
- ein Interface (*Interf.*), welches das Wandlungsergebnis ausgibt und ankommende Steuersignale auswertet bzw. vom Wandler generierte Steuersignale ausgibt;
- eine Referenzspannungsquelle ($U_{Ref}$) und
- ein Taktgenerator (*clk*), der alle notwendigen internen Taktsignale bereitstellt.

Wenn ein Analog-Digital-Wandler bestimmte Funktionsgruppen nicht auf dem Chip enthält, können diese mit externen Bauelementen realisiert sein.

In diesem Kapitel betrachten wir nur den eigentlichen ADC (im Bild blau hinterlegt); auf einige der anderen Funktionsgruppen gehen wir im nächsten Kapitel ein.

Für den eigentlichen Wandlungsprozess von analogen Signalen in eine Folge digitaler Werte gibt es verschiedene Verfahren, die sich hinsichtlich Geschwindigkeit, Auflösung und Kosten unterscheiden. Man teilt die Analog-Digital-Wandlungsverfahren in folgende Hauptgruppen ein:

- **Parallelverfahren**, bei denen das Datenwort $Z$ der Breite $n$ in einem Takt erzeugt wird. Dies sind die schnellsten, aber auch die aufwendigsten Verfahren.
- **Wägeverfahren**, bei denen pro Takt eine Stelle im Datenwort, also 1 Bit, erzeugt wird.
- **Zählverfahren**, bei denen in einzelnen Zählschritten ermittelt wird, wie viele Male $U_{LSB}$ in die zu wandelnde Eingangsspannung $U_e$ hinein passt. Dies sind die langsamsten Verfahren.
- **Interpolative Verfahren oder Sigma-Delta-Verfahren**, bei denen das analoge Signal mit hoher Rate aber niedriger Auflösung abgetastet und anschließend durch eine Tiefpassfilterung die Rate wieder verringert und die Auflösung erheblich erhöht wird.

### 10.4.1. ADC nach dem Parallelverfahren

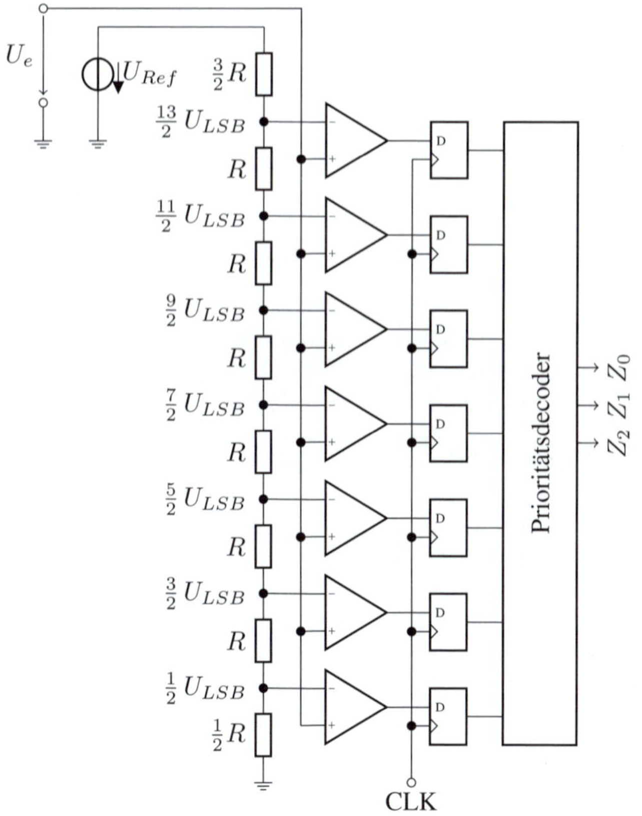


**Abb. 10.16.:** Prinzip des Parallelverfahrens

Analog-Digital-Wandler, die nach dem Parallelverfahren arbeiten, sind die schnellsten und aufwendigsten Wandler. Bei ihnen wird in einem Schritt das ganze Datenwort generiert. In solchen Wandlern werden entsprechend Abb. 10.16 über einen genauen Spannungsteiler alle die Spannungswerte bereitgestellt, an denen sich das Digitalwort ändert. Entsprechend der Kennlinie (vgl. Abb. 10.7 Seite 379) sind das die Werte $\frac{1}{2}U_{LSB}$, $\frac{3}{2}U_{LSB}$, $\frac{5}{2}U_{LSB}$, usw. Bei einem n-Bit-Wandler werden $2^n$ solcher Umschaltwerte benötigt. Die Eingangsspannung $U_e$ wird laufend von $2^n$ schnellen Analogkomparatoren mit den jeweiligen Umschaltwerten $U_i$ verglichen. Ist die Eingangsspannung $U_e$ größer als der an einem Komparator anliegende Umschaltwert, dann liefert dieser Komparator eine 1 an seinem Ausgang. Der Ausgang jedes Komparators ist mit einem flankengetriggerten D-Flip-Flop verbunden. Mit jeder steigenden Taktflanke werden die an den D-Flip-Flops anliegenden Ausgangssignale der Analogkomparatoren eingelesen und an einen Prioritätsdecoder [1] übergeben, der diese $2^n$ Signale in ein n-Bit breites Datenwort $Z$ umsetzt. Die Abtastung des Eingangssignals erfolgt hier beim Einlesen der Komparatorausgangswerte in die D-Flip-Flops mit der Taktflanke.

## 10.4.2. ADC nach dem Wägeverfahren

In der Abb. 10.17 ist das Konzept des Wägeverfahrens dargestellt. Wandler, die nach dem Wägeverfahren arbeiten, beinhalten einen Analogkomparator, einen D/A-Wandler, ein Approximationsregister, eine Steuerlogik und einige Analogschalter. Nach dem Approximationsregister wird das Wägeverfahren auch als **SAR**-Verfahren bezeichnet (*successive approximation register*).

Der Wandlungsprozess läuft folgendermaßen ab: Zu Beginn eines neuen Wandlungsprozesses wird das Approximationsregister (Approx.-Register) von der Steuerlogik zurückgesetzt, also auf das Datenwort 000 bei einem 3-Bit-Wandler. Zugleich wird die Eingangsspannung $U_e$ vom Abtast- und Halteglied (S/H) abgetastet, für die Dauer der Wandlung konstant gehalten und einem Eingang des Analogkomparators (Komp.) zugeführt. Am anderen Eingang des Analogkomparators liegt der Ausgang eines Digital-Analog-Wandlers (D/A), der von der Steuerlogik seine Eingangswerte erhält. Die Steuerlogik setzt zuerst das höchstwertige Bit, gibt also das Test-Datenwort $Z^{Test} = 100$ aus. Der Komparator entscheidet nun, ob im Ergebnis-Datenwort $Z$ dieses Bit zu setzen ist oder nicht. Ist die Eingangsspannung zu klein, so wird das Bit zurückgesetzt, ist sie größer, bleibt das Bit gesetzt. Danach wird das nächst niederwertige Bit ausgegeben, das Test-Datenwort also je nach der vorausgegangenen Komparatorentscheidung auf den Wert 010 oder den Wert 110 gesetzt. Der Komparator entscheidet erneut, ob dieses Bit gesetzt bleibt oder nicht. Bei einem n-Bit-Wandler steht so nach $n$ Schritten das Ergebnis im Approximationsregister und der Vorgang beginnt von neuem mit einem Reset (res) des Approximationsregisters und einem Abtastvorgang.

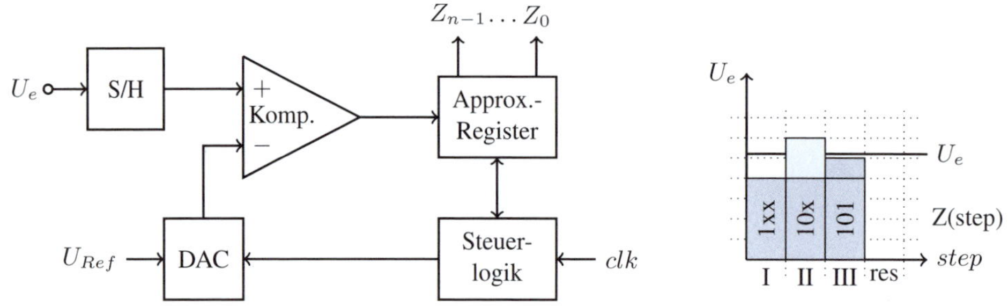


**Abb. 10.17.:** Prinzip und Funktion eines ADC nach dem Wägeverfahren

[1] Der Prioritätsdecoder erzeugt aus dem vom ADC gelieferten Code einen Dualcode; er stellt am Ausgang die Dualzahl bereit, die der höchstwertigen 1 an seinem Eingang entspricht.

### 10.4.3. ADC nach dem Zählverfahren

Für Zählverfahren gibt es eine mehrere verschiedener Realisierungen; wir besprechen das Einflanken-Verfahren und das Zweiflanken-Verfahren.

**Einflanken-Verfahren** Die Abb. 10.18 zeigt das Prinzip eines einfachen Wandlers nach dem Einflanken-Verfahren (*single slope*).

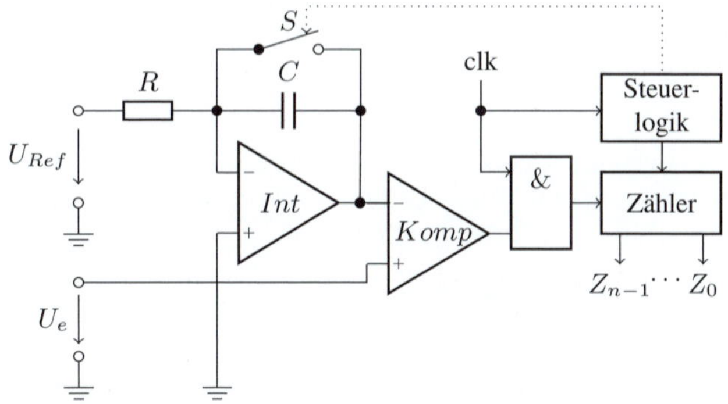


**Abb. 10.18.:** Prinzip eines ADC nach dem Zählverfahrens

Die zu messende Eingangsspannung $U_e$ liegt am Eingang des Komparators $Komp$ an, der zugleich den Eingang des Wandlers bildet. Wir nehmen an, $U_e$ sei eine Gleichspannung, so dass wir auf ein Abtast- und Halte-Glied verzichten können.

Der Wandlungsprozess läuft folgendermaßen ab: Zu Beginn eines Wandlungsschrittes ist der Schalter $S$ geschlossen, so dass der Kondensator $C$ entladen und damit die Ausgangsspannung des Integrators $Int$ Null ist. Außerdem hat die Steuerlogik den Zähler auf Null gestellt. Im nächsten Schritt öffnet die Steuerlogik den Schalter $S$ und die Referenzspannung $U_{Ref}$ wird mit dem Integrator $Int$ integriert. Gleichzeitig wird die Torschaltung (UND-Gatter) geöffnet und einlaufende Taktimpulse werden vom Zähler hochgezählt. Die zeitlinear ansteigende Integratorausgangsspannung $U_{Int}$ erreicht nach einer Zeit $t_W$ den Triggerpunkt des Komparators $Komp$, der durch die Eingangsspannung $U_e$ vorgegeben ist; das Tor schließt und stoppt den Zählvorgang. Zu diesem Zeitpunkt ist die Eingangsspannung gleich der Spannung am Komparatorausgang $U_e = U_{Int}$. Der erreichte Zählerstand entspricht der gesuchten Binärzahl $Z$ und der Wandlungsprozess ist beendet.

Der Zusammenhang zwischen der Wandlungszeit $t_W$ und der Ausgangsspannung des Integrators ergibt sich unter Nutzung der Gleichung 6.27 auf Seite 187 zum Integrator zu

$$U_{Int} = U_e = -\frac{U_{Ref}}{R \cdot C} \cdot t_W.$$

Aus der Taktfrequenz $f_{clk}$ und der Zeit $t_W$ kann der Zählerstand $Z$ ermittelt werden. Man erhält

$$Z = t_W \cdot f_{clk}.$$

Schließlich findet man nach Umstellen der ersten Gleichung nach $t_W$ und Einsetzen in obige Gleichung den gesuchten Digitalwert $Z$

$$Z = R \cdot C \cdot f_{clk} \cdot \frac{U_e}{U_{Ref}}.$$

Neben der Referenzspannung gehen die Werte von $R$, $C$ und $f_{clk}$ multiplikativ in das Endergebnis ein. Damit verfälschen Fehler und Temperaturabhängigkeiten dieser Größen das Ergebnis.

**Zweiflanken-Verfahren** Die Prinzipschaltung des Zweiflanken-Verfahrens (*dual slope*) ist in Abb. 10.19 dargestellt.

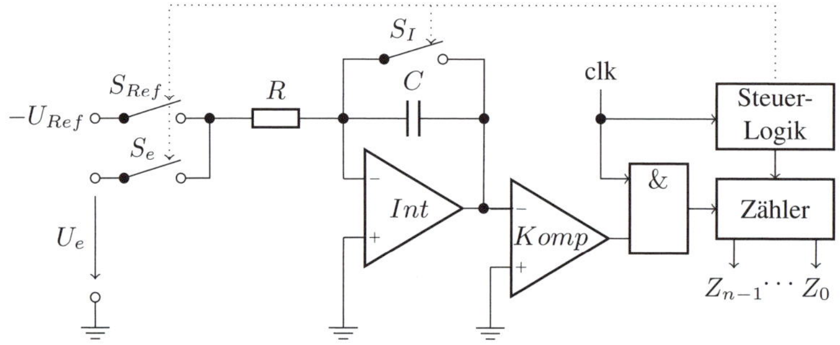


**Abb. 10.19.:** Prinzip eines ADC nach dem Zweiflanken-Verfahren

Bei diesem Verfahren wird in einem ersten Schritt die unbekannte Eingangsspannung $U_e$ über eine feste Zeit $t_1$ integriert. Danach trennt die Steuerlogik die Eingangsspannung vom Integrator und schaltet dafür im zweiten Schritt die Referenzspannung $U_{Ref}$ mit umgekehrter Polarität auf den Integratoreingang. Damit wird solange integriert, bis die Integratorausgangsspannung wieder die Nulllinie erreicht (siehe Abb. 10.20).

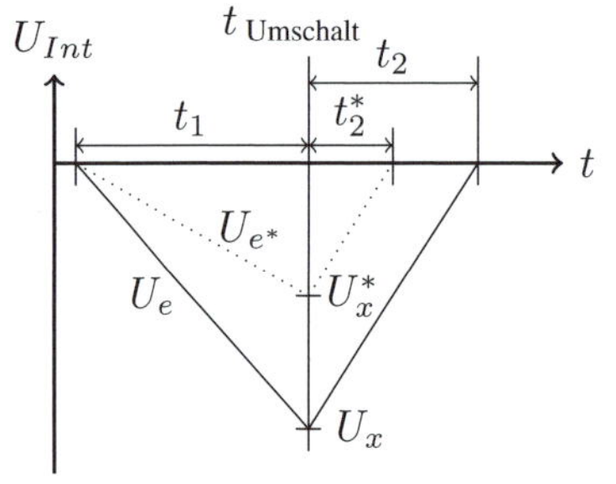


**Abb. 10.20.:** Zeitverlauf der Ausgangsspannung des Integrators

Wir betrachten zunächst die erste Stufe des Wandlungsprozesses: Zu Beginn sei der Schalter $S_I$ geschlossen, der Kondensator entladen und der Zähler zurück gesetzt. Die Eingangsspannung sei positiv und über die Wandlungszeit konstant. Sie werde nun auf den Integratoreingang gelegt, indem der Schalter $S_e$ geschlossen wird. Mit dem Öffnen des Schalters $S_I$ startet die Integration und die Ausgangsspannung des Integrators wird negativ. Dadurch öffnet das vom UND-Gatter gebildete Tor und gibt die Zählimpulse $clk$ für den Zähler frei. Wenn der Zähler den Wert $Z_{max}$ erreicht hat, führt der nächste einlaufende

Impuls $Z_{max} + 1$ zum Überlauf, wodurch sich der Zähler wieder auf Null stellt. Gleichzeitig wird der Integratoreingang von der Eingangsspannung getrennt. Während dieses ersten Integrationsprozesses vergeht für alle Eingangsspannungen die gleiche Zeit $t_1$, für die man schreiben kann

$$t_1 = \frac{Z_{max} + 1}{f_{clk}} = (Z_{max} + 1) \cdot T.$$

Der Integrator erreicht dabei die Ausgangsspannung $U_x$ und, weil $U_e$ während der Wandlungszeit als konstant vorausgesetzt wurde, folgt

$$U_x = -\frac{U_e}{R \cdot C} \cdot t_1 = -\frac{U_e}{R \cdot C} \cdot \frac{Z_{max+1}}{f_{clk}}.$$

Für verschiedene Eingangsspannungen $U_e$ ergeben sich bei dieser Integration verschiedene Spannungsanstiege und verschiedene Endwerte $U_x$.

Nun beginnt die zweite Stufe des Wandlungsprozesses: Der Integratoreingang wird mit der Referenzspannung verbunden und es wird solange mit $U_{Ref}$ zurück integriert, bis die Ausgangsspannung des Integrators wieder den Wert Null erreicht.

Für die Rückintegration ist der Betrag des Spannungshubes am Integratorausgang wieder $U_x$ und bis zum Erreichen des Nulldurchganges verstreicht die Zeit

$$t_2 = \frac{Z}{f_{clk}} = Z \cdot T.$$

Die Zeit $t_2$ hängt nun von der Größe von $U_x$ ab und wir erhalten für die Rückintegration

$$U_x = -\frac{-U_{Ref}}{R \cdot C} \cdot t_2 = -\frac{-U_{Ref}}{R \cdot C} \cdot \frac{Z}{f_{clk}}.$$

Da wir den Prozess bei der Integratorausgangsspannung Null starten und beenden, gilt:

$$0 = -\frac{U_e}{R \cdot C} \cdot \frac{Z_{max+1}}{f_{clk}} + \left(-\frac{-U_{Ref}}{R \cdot C} \cdot \frac{Z}{f_{clk}}\right)$$

bzw.

$$-\frac{U_e}{R \cdot C} \cdot \frac{Z_{max+1}}{f_{clk}} = \left(\frac{-U_{Ref}}{R \cdot C} \cdot \frac{Z}{f_{clk}}\right)$$

und wir erhalten schließlich das gesuchte Wandlungsergebnis $Z$

$$Z = \frac{U_e}{U_{Ref}}(Z_{max} + 1).$$

Da die passiven Bauelemente $R$, $C$ und Takt $f_{clk}$ für beide Integrationsrichtungen benutzt werden, kommen ihre realen Werte im Endergebnis nicht mehr vor. Wandler, die nach dem Zweiflanken-Verfahren arbeiten, sind deshalb frei von Fehlern des Einflanken-Verfahrens.

### 10.4.4. ADC nach dem interpolativen Sigma-Delta-Verfahren ($\Sigma\Delta$)

Das Sigma-Delta-Verfahren[1] beruht auf der Sigma-Delta-Modulation ($\Sigma\Delta$M). Ausgangspunkt ist die $\Delta$-Modulation, welche z.B. die Signalamplitude auf eine Pulsfrequenz (PFM) bzw. Pulsdichte (PDM) abbildet ($\Delta$). Zur AD-Wandlung werden diese Pulse gezählt ($\Sigma$). Der Ablauf ist in der Abb. 10.21 dargestellt. Das $\Sigma\Delta$-Verfahren ermöglicht verschiedene Umsetzer, wobei je nach Typ die einzelnen Bestandteile, wie z.B. Filter oder DAC, digital oder analog ausgeführt sein können. Wir stellen einen Sigma-Delta-ADC mit Spannungsgegenkopplung und analogem Integrator und Differenzbildung vor. Kern des Wandlers ist der $\Sigma\Delta$-Modulator [ASS96].

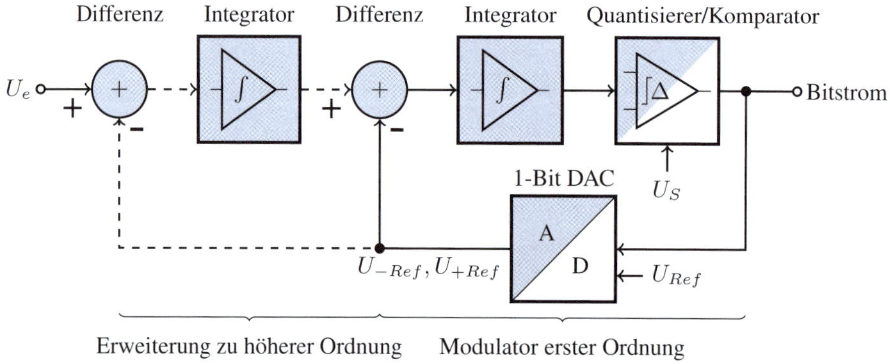


**Abb. 10.21.:** Prinzip der Sigma-Delta-Modulation

Der Modulator ist ein rückgekoppeltes System (siehe Kapitel 6.3.2), bestehend aus einem Integrator (Integration über die Zeit) und einem Quantisierer, dessen Ausgangswert nach einer Wandlung wieder auf das Eingangssignal rückgekoppelt wird. Die Rückkopplung ist als Gegenkopplung ausgeführt. Der Quantisierer dient der groben Messung des Eingangswertes und liefert am Ausgang im einfachsten Fall nur den Wert 0 oder 1. Die Differenz zwischen dem Eingangswert und dem rückgekoppelten Vergleichswert $U_{Ref}$ entspricht dem Quantisierungsfehler und wird über den Integrator in mehreren Schritten kompensiert. Am Ausgang des Quantisierers steht also eine Folge binärer Werte, ein so genannter **Bitstrom** (*bitstream*) zur Verfügung, dessen Mittelwert dem Wert des Eingangssignals $U_e$ entspricht.

Mit einem Integrator bildet das System einen $\Sigma\Delta$-Modulator erster Ordnung. Durch zusätzliche Rückkoplungsschleifen und Integratoren erhält man Modulatoren höherer Ordnung, welche sich zur Wandlung von Signalen höherer Frequenz eignen.

Für den Aufbau eines ADC zur Messung einer Eingangsspannung wird der Quantisierer durch einen analogen Komparator und die Differenzbildung durch einen analogen Subtrahierer realisiert (siehe Kapitel 6.4.3 und 6.4.4). Den Aufbau zeigt Abb. 10.22. Der Wandler verarbeitet

[1] Das Sigma-Delta Verfahren ($\Sigma\Delta$) wird auch als Delta-Sigma-Verfahren ($\Delta\Sigma$) bezeichnet. Wir nutzen hier die Schreibweise Sigma-Delta, da diese Bezeichnung auch beim später vorgestellten Mikrocontroller MSP430 verwendet wird.

Spannungen im Bereich $U_{-Ref} \leq U_e \leq U_{+Ref}$. Im einfachsten Falle sind die Bereiche symmetrisch ($\pm U_{Ref}$), so dass der Schwellwert des Komparators $U_S$ durch die Masse gebildet werden kann. Gesteuert wird die Wandlung über den Takt des D-Flip-Flops, welches auch die Bits des Komparators speichert. So steht der Bitstrom taktsynchron am Ausgang des Flip-Flops zur Verfügung.

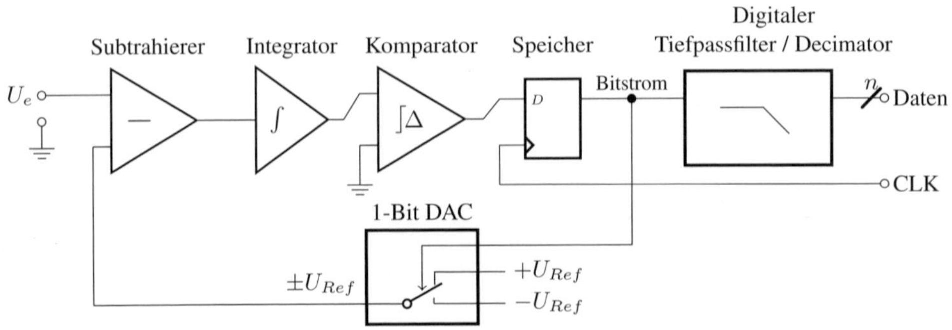


**Abb. 10.22.:** Sigma-Delta-Wandler erster Ordnung

Der 1-Bit DAC kennt nur zwei verschiedene Ausgangsspannungen, bei „0", liefert er $-U_{Ref}$, bei „1" $+U_{Ref}$. Betrachtet man den Wandler ohne Integrator, so ergibt sich etwa folgender Ablauf, wenn am Eingang eine negative Spannung $-U_{Ref} < U_e < 0\ V$ anliegt:

1. Da $U_e < 0\ V$ ist, liefert der Komparator den Wert 0 und der DAC beim nächsten Takt die Spannung $-U_{Ref}$. Durch den Subtrahierer wird $-U_{Ref}$ vom negativen Eingangswert $U_e$ abgezogen, also $U_{Ref}$ aufaddiert. Die Differenz ist gleich $U_{Ref} - |U_e|$, also positiv.

2. Der Komparator liefert den Wert 1 und der DAC gibt beim nächsten Takt die Spannung $U_{Ref}$ aus. Die Differenz beträgt jetzt $U_e - U_{Ref}$ und ist damit wieder eine negative Spannung. Somit beginnt die Abfolge erneut.

Bei der Quantisierung tritt ein Fehler auf. Im Schritt 1, bei der Ausgabe der 0, beträgt der Fehler $-U_{Ref} - U_e$, im Schritt 2, bei Ausgabe der 1 beträgt er $U_{Ref} - U_e$. Bei falschem Vorzeichen in Bezug auf den Eingangswert ist der Betrag des Fehlers größer. Durch das Hinzufügen des Integratorbausteins erfolgt nun die Integration des Fehlers über die Zeit. Am Ausgang des Komparators ergibt sich so ein Bitstrom, bei dem das Verhältnis zwischen der Anzahl der Einsen und der Nullen dem Eingangswert entspricht.

Der Ablauf und die damit verbundene Abtastrate werden durch den Takt des $\Sigma\Delta$-Modulators bestimmt. Dieser beträgt ein Vielfaches der maximal abzutastenden Rate des Eingangssignals. Wir sprechen von **Überabtastung** (*oversampling*).

Abschließend wird der Bitstrom gefiltert. Da der Bitstrom bereits digital vorliegt, wird dieses Filter auch digital ausgeführt, z.B. als digitaler FIR-Tiefpassfilter[1]. Nachgeschaltet wird noch ein **Decimator**. Dieser verarbeitet eine feste Anzahl der zuletzt gelieferten Bits (Fenster über

[1] FIR: *finite impulse response filter*, Filter mit endlicher Impulsantwort [She06].

dem Bitstrom). Der Decimator „zählt" die Anzahl der Einsen in diesem Fenster, woraus sich der digitale Wert ergibt.

Der Wandler enthält einen 1-Bit Quantisierer und einen 1-Bit DAC. Deshalb wird der $\Sigma\Delta$-ADC auch als 1-Bit Wandler bezeichnet. Am Ausgang steht natürlich eine höhere Auflösung zur Verfügung, abhängig von der Ordnung, der Abtastfrequenz, dem Filter und dem Decimator. Typische $\Sigma\Delta$-ADCs haben eine Auflösung von 16–24 Bit.

Der Wandler tastet das Signal kontinuierlich ab, so dass zu jedem Taktzeitpunkt der Mittelwert über einen bestimmten Zeitbereich gebildet wird. Nachteilig ist die dadurch entstehende Verzögerung (Latenz). Durch die Überabtastung benötigt man eine entsprechend hohe Taktrate, so dass die maximale Abtastfrequenz nur ein Bruchteil der Taktfrequenz ist. Üblich ist eine 4 bis 256-fache Überabtastung [Con05].

## 10.5. Hilfsschaltungen

Den Abb. 10.10 und 10.15 (siehe Seite 381 und Seite 386) ist zu entnehmen, dass neben dem eigentlichen Wandler (dort jeweils blau hinterlegt) weitere analoge und digitale Funktionsgruppen vorhanden sein müssen, um den gesamten, jeweils notwendigen Funktionsumfang zu realisieren. Auf einige solcher Funktionsgruppen gehen wir nachfolgend ein. Auf Grund der Vielfalt der Möglichkeiten und der realisierten technischen Lösungen kann hier nur ein kleiner Einblick in dieses komplexe Gebiet gegeben werden. Wenn man einen ADC bzw. DAC praktisch einsetzen möchte, ist es unerlässlich, für die notwendigen Detailinformationen immer das jeweilige Schaltkreis-spezifische Datenblatt zu Rate zu ziehen.

### 10.5.1. Analoge Hilfsschaltungen

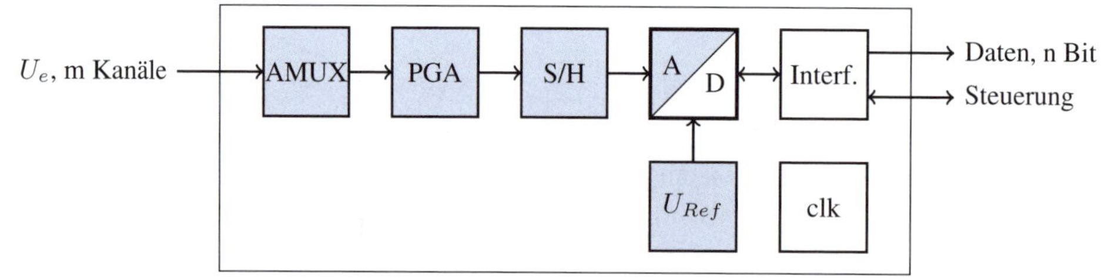


**Abb. 10.23.:** Analoge Funktionsgruppen eines ADC

In Abb. 10.23 ist nochmals das Blockschaltbild eines ADC gezeigt, wobei jetzt die analogen Funktionsgruppen blau hinterlegt sind. Von diesen Funktionsgruppen sind nicht alle zwingend notwendig; unbedingt benötigt wird für ADC und für DAC eine Referenzspannung.

## Bereitstellung der Referenzspannung

Wir haben gesehen, dass sich die Quantisierungseinheit $U_{LSB}$ direkt aus der Referenzspannung $U_{Ref}$ und der Auflösung des Wandlers ergibt. Die Genauigkeit jedes ADC oder DAC hängt damit unmittelbar von der Genauigkeit der Referenzspannung sowie deren Temperatur- und Zeitkonstanz ab. Die Genauigkeitsanforderungen sind um so höher, je höher die Auflösung des Wandlers ist. Eine einfache Z-Diode erfüllt diese Genauigkeitsanforderungen nicht.

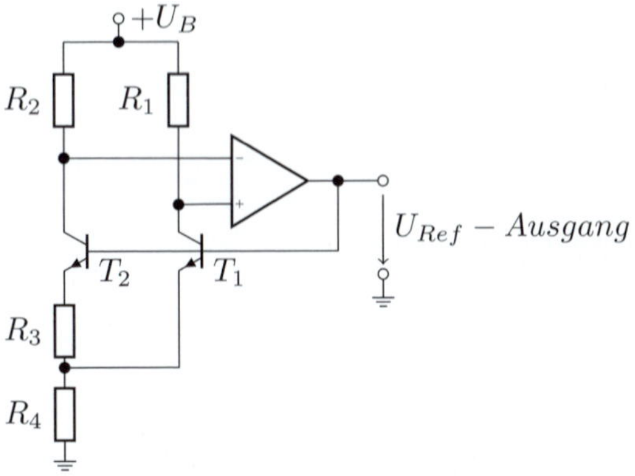


**Abb. 10.24.:** Bandgap-Reference

Vielmehr benutzt man sog. **Bandabstandsreferenzen** (*bandgap-reference*). In der Bandgap-Referenzspannungsquelle (siehe Abb. 10.24) werden zwei pn-Übergänge mit unterschiedlicher Stromdichte betrieben. Mit solch einer Anordnung kann man eine zur absoluten Temperatur proportionale Stromdifferenz und daraus eine Spannung mit positivem Temperaturkoeffizienten erzeugen. Diese Spannung wird Referenzspannungsquellen-intern zum Spannungsabfall über eine Diode, deren Temperaturkoeffizient negativ ist und ca. $2\,\frac{\mathrm{mV}}{\mathrm{K}}$ beträgt, addiert. Damit erhält man hoch genaue Referenzquellen mit sehr geringem Temperaturkoeffizienten, die je nach Dimensionierung unterschiedliche Referenzspannungen liefern.

Anstelle zweier pn-Übergänge mit unterschiedlicher Stromdichte können auch zwei pn-Übergänge mit unterschiedlicher Fläche, die aber dann mit der gleichen Stromdichte betrieben werden, für die Realisierung einer Bandgap-Referenzspannungsquelle genutzt werden. In beiden Fällen wird die Bandgap-Referenzspannungsquelle als ein Bauelement direkt vom Halbleiterhersteller angeboten bzw. auch in Wandler integriert. Für weitere Einzelheiten verweisen wir auf die Literatur [TSG10].

Häufig wird die Spannung einer ADC- bzw. DAC-internen Referenzspannungsquelle nach außen geführt und zur externen Nutzung bereit gestellt. Die Referenzspannungsquelle darf dann nicht belastet werden und sollte, um Störeinkopplungen und Rauschen auf dem Referenzsignal zu vermeiden, mit Kondensatoren abgeblockt werden.

Bei der **ratiometrischen Messung** mit einem ADC in Verbindung mit einem resistiven Sensor, der in einem Spannungsteiler liegt, werden die Referenzspannung und der Spannungsteiler aus der gleichen Spannungsquelle gespeist (siehe Kapitel 9.2.2). Da beide Zweige den gleichen Spannungsschwankungen unterliegen, entsteht kein Messfehler (Verhältnismessung).

## Analogmultiplexer und PGA

Oft besteht die Notwendigkeit, in einem System mehrere Größen zu messen. Um Kosten zu sparen, wird, wenn möglich, nicht für jede Größe ein eigener Analog-Digital-Wandler verwendet. Häufig werden hier ADC mit vorgeschalteten Analogmultiplexern eingesetzt. Diese Multiplexer erlauben es, mehrere Messkanäle nach einem vorgegebenen Ablaufplan mit dem ADC zu verbinden. Der analoge Multiplexer verbindet den Wandler mit einem von $m$ Eingängen, wobei $m$ meist eine Potenz von 2, also 4, 8 oder mehr ist. Am ADC selbst benötigt man $m$ analoge Eingangsleitungen. Die dafür notwendigen $ld(m)$ Adressinformationen werden entweder über ein serielles Interface übermittelt oder über $ld(m)$ Adressleitungen bereitgestellt. Das Konzept solcher Analogmultiplexer wurde bereits in Kapitel 6.6.1 besprochen.

Um für jeden Kanal das Signal separat aufbereiten zu können, kann ein programmierbarer Verstärker (*PGA, programable gain amplifier*) zwischen Analogmultiplexer und ADC geschaltet sein. Diese Anordnung erlaubt es, auch den PGA für alle $m$ Kanäle zu nutzen. Der Verstärkungsfaktor des PGA kann, je nach Bauelement binär oder dezimal abgestuft, verändert werden. Damit ist es mit geringem Hardwareaufwand möglich, für jeden Messkanal separat die Verstärkung einzustellen und individuell an den Signalpegel des jeweiligen Messkanals anzupassen. Hierzu benötigt auch der PGA eigene Steuerinformationen bzw. eigene Steuerleitungen. Den prinzipielle Aufbau digital programmierbarer Verstärker haben wir in Kapitel 6.6.2 kennen gelernt.

## Abtast- und Halte-Schaltung

Eine Abtast- und Halte-Schaltung ermöglicht, den Momentanwert einer analogen Spannung zu einem bestimmten Zeitpunkt festzustellen und für die Weiterverarbeitung zu konservieren. Dazu wird zu einem wohl definierten Zeitpunkt der Spannungswert abgetastet, d.h. der momentane Spannungswert wird auf einen Analogwertspeicher übertragen. Dort wird der Analogwert für eine gewisse Zeit exakt konserviert.

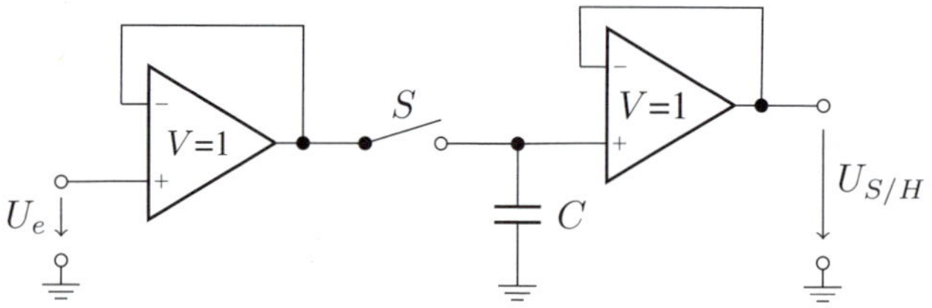


**Abb. 10.25.:** Abtast- und Halte-Schaltung

Als Analogwertspeicher wird ein Kondensator genutzt, der entsprechend Abb. 10.25 zwischen zwei Verstärkern und einem Schalter liegt. Zum Abtasten wird der Analogschalter $S$ kurzzeitig geschlossen, so dass der Kondensator sich auf den Momentanwert der Eingangsspannung lädt. Damit bei diesem Vorgang die abgetastete Eingangsspannung nicht belastet wird, ist ein Impedanzwandler mit der Verstärkung 1 vorgeschaltet. Um den Kondensator vom Ausgang her nicht zu entladen und den Spannungswert zu verfälschen, wird auch ausgangsseitig ein Impedanzwandler zwischen Kondensator und den ADC geschaltet. Die Steuerung des Analogschalters ist mit dem Wandlungszyklus des ADC synchonisiert, d.h. die Steuerung des Schalters $S$ muss so erfolgen, dass unmittelbar vor Beginn der Wandlung die Abtastung erfolgt und die Spannung über die Wandlungszeit konstant bereitgestellt wird.

## 10.5.2. Digitale Hilfsschaltungen und Schnittstellen

Die Abb. 10.26 zeigt noch einmal die Blockschaltung eines ADC, wobei jetzt allerdings die digitalen Funktionseinheiten blau hinterlegt sind.

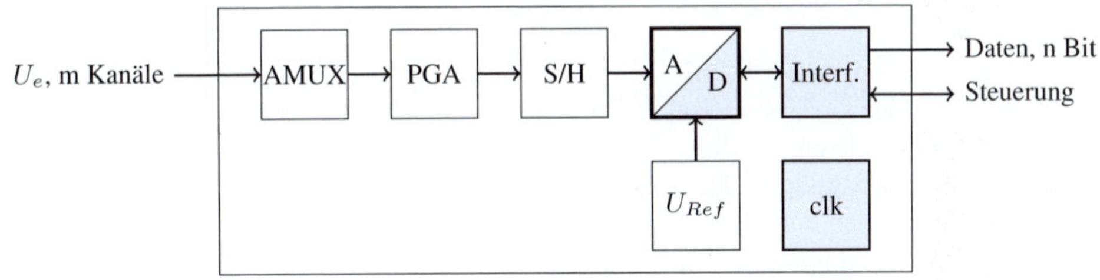


**Abb. 10.26.:** Digitale Funktionsgruppen eines ADC

Wir hatten an den Beispielen in der Einleitung dieses Kapitels (siehe S. 373) gesehen, dass Datenwandler immer in ein Gesamtsystem eingebettet sind. Deshalb ist es erforderlich, die Funktion der Datenwandler mit den anderen Komponenten des Systems zu synchronisieren. Die Steuerung des gesamten Ablaufs, den Datentransfer und die Triggerung möge die in der Abb. 10.26 dargestellte Schnittstelle *Interf.* übernehmen, welche je nach Wandler unterschiedlich komplex sein wird.

Eine umfassende Darstellung der Schnittstellen an ADC bzw. DAC würde den Rahmen des Buches sprengen. Wir beschränken uns daher auf wenige wesentliche Gesichtspunkte und handeln diese wieder an einem fiktiven ADC ab. Natürlich muss immer ein Takt bereit gestellt werden; diesen Gesichtspunkt betrachten wir zuerst.

### Bereitstellung eines Taktes

ADC und DAC benötigen ein Taktsignal, um diskrete Zeitabschnitte realisieren zu können. Das Taktsignal kann Wandler-intern erzeugt oder extern bereitgestellt werden. Falls der Wandler eine serielle Schnittstelle besitzt, wird zu deren Bedienung ein weiteres (serielles) Taktsignal benötigt, welches von einer steuernden Schaltung, z.B. einem Mikrocontroller, geliefert oder aus dessen Takt abgeleitet wird.

Zur Erzeugung des Taktes werden Oszillatorschaltungen benutzt, wie wir sie in Kapitel 6.5 besprochen haben. Wegen ihrer Frequenzkonstanz werden Quarzoszillatoren bevorzugt eingesetzt.

### Codierung des Wandlungsergebnisses

Bei der Besprechung der ADC-Verfahren wurde gezeigt, dass der zu ermittelnde digitale Wert entweder in einem Schritt, wie beim Parallelverfahren, oder in mehreren Schritten, wie beim Wägeverfahren oder bei den Zählverfahren, entstehen kann. Beim Parallelverfahren liegt das Wandlungsergebnis zunächst nicht in einem üblichen digitalen Code vor, sondern mittels Prioritätsdecoder muss erst ein solcher Code erzeugt werden.

In Verbindung mit Analog-Digital- und Digital-Analog-Wandlern finden verschiedene Codes Verwendung. Verbreitet sind der Binärcode, der Zweierkomplement-Code und der BCD-Code. Bei Wandlern mit seriellen Schnittstellen (siehe unten), kann mitunter gewählt werden, in welcher Reihenfolge der Code vom Wandler abgerufen werden soll.

### ADC und DAC in eingebetteten Systemen

Datenwandler, die für den Einsatz in Verbindung mit Mikrocontrollern gedacht sind, können eine Vielzahl von Funktionen auf dem Chip umfassen. Zudem können sie programmierbar sein und verfügen dann neben Registern auch über nichtflüchtige Speicher auf dem Chip.

Um die Arbeitsweise eines solchen Wandlers zu illustrieren, gehen wir von einem fiktiven Wandler aus, der über mehrere Eingangskanäle mit gemeinsamer S/H-Schaltung sowie einen power-down-Modus verfügt und in ein Mikrocontroller-gesteuertes System eingebettet ist.

Eine erste Aufgabe der internen Steuerung des Wandlers ist die Initialisierung. Der Wandler nimmt nach jedem Einschalten einen definierten Anfangszustand ein (Power-On-Reset-Routine).

Je nach Betriebsart können des weiteren folgende Prozeduren notwendig sein:

- „Aufwecken“ des ADC aus dem power-down-Modus;
- Auswählen des zu messenden Einganges mittels entsprechender Adressinformationen;
- Starten des Abtastprozesses zu einem intern oder extern vorgegebenen Zeitpunkt (Triggerung);
- Starten des Wandlungsprozesses unmittelbar nach erfolgter Abtastung;
- Auswertung der Fertigmeldung des ADC (EOC-Signal, *end of conversion*);
- Auslesen der Daten;
- Auswahl eines weiteren Kanals.

Diese Abläufe erfordern eine entsprechende Steuerung. Außerdem gibt es bestimmte Abfolgen, die Hardware-mäßig gekoppelt sein sollten (A/D-Wandlung unmittelbar nach Abtastung). Für die folgenden Überlegungen nehmen wir an, dass alle notwendigen Steuersignale von einem Mikrocontroller bereitgestellt bzw. ausgewertet werden. Auf Mikrocontroller gehen wir im Kapitel 11 ein.

**Parallele oder serielle Schnittstelle** Ein ADC mit hoher Datenwortbreite, z.B. von 24 Bit, und den notwendigen Eingangs- und Steuerleitungen benötigt zahlreiche Pins am Schaltkreisgehäuse und damit viel Platz auf der Leiterplatte, sofern der Wandler ein paralleles Interface hat, was zu hohen Kosten führt.

Die Anzahl der Pins und damit den Platzbedarf des Schaltkreises kann man deutlich reduzieren, wenn man anstelle eines parallelen Interface eine serielle Schnittstelle, möglichst mit Buseigenschaften, verwendet. Deshalb werden für ADC und DAC häufig serielle Busse, oft mit drei Busleitungen, und einige zusätzlichen Steuerleitungen verwendet. Für serielle Busse mit 3 Busleitungen existieren verschiedene Industriestandards. Ein bevorzugter Standard ist der SPI-Bus[1]. Die Aufgaben der Busleitungen eines SPI-Busses bestehen in

- der Bereitstellung eines seriellen Taktes (**SCLK**-Leitung),
- dem Schreiben von Daten und Befehlen in den Wandler (**SDI**-Leitung[2], *serial data in*),
- dem Lesen von Daten aus dem Wandler (**SDO**-Leitung[3], *serial data out*).

Für bestimmte Steuerinformationen wäre die Übertragung über serielle Busleitungen zu langsam. Für solche Steuerinformationen gibt es eigene Steuerleitungen. Es sind dies

- Chipselekt- oder Chipenable-Eingang (adressiert bzw. aktiviert den Wandler),
- Datenwandlung-Start-Eingang (Triggersignal, welches das S/H-Glied und anschließend den ADC startet,
- Datenwandlung-Ende-Ausgang (Triggersignal, welches anzeigt, dass das Datenwort abgeholt werden kann.

Die Auswahl eines Messkanals mittels Eingangsmultiplexer oder die Verstärkungseinstellung an einem internen PGA werden als Befehlswort über die Busleitungen übertragen und in entsprechenden Registern gespeichert.

### ADC für digital anzeigende Messgeräte

Die Schnittstellen von Analog-Digital-Wandlern, die für die Nutzung in digital anzeigenden Messgeräten nach Abb. 10.3 ausgelegt sind, sind im Vergleich zu den oben diskutierten einfach. Solche ADC beinhalten alle notwendigen Komponenten mit Ausnahme der Eingangsschaltung, die Messgrößen-spezifisch ist, auf dem Chip. Sie müssen nicht schnell sein, denn das manuelle Ablesen der Messwertes ist ohnehin der langsamste Schritt im Messprozess. Deshalb

[1] *Serial **P**eripheral **I**nterface*, eine Entwicklung von Motorola
[2] alternative Bezeichnungen: MOSI oder SIMO für engl. *Master out, Slave in*
[3] alternative Bezeichnungen: MISO oder SOMI für engl. *Master in, Slave out*

werden integrierende ADC benutzt, die für diesen Anwendungsfall auch ohne S/H-Schaltung arbeiten können. ADC für die Anwendung in Digitalmultimetern verfügen auf dem Chip über Taktgenerator und Referenz sowie ausgangsseitig über einen Decoder, der die Ansteuerung einer mehrstelligen 7-Segment-Anzeige direkt ermöglicht. Dies vereinfacht den Aufbau von Digitalmultimetern erheblich, denn die Schaltung reduziert sich auf wenige Komponenten.

## 10.6. Fragen und Aufgaben

10.1 Für welche technischen Aufgaben benötigt man Digital-Analog-Wandler (DAC)?

10.1.1 Skizzieren und diskutieren Sie die Übertragungskennlinie eines DAC für unipolare Ausgangsspannungen.

10.1.2 Welche Wandlungsfehler können auftreten, wie stellen sich diese Fehler in der Übertragungskennlinie des DAC dar und wie sind sie eventuell zu korrigieren?

10.1.3 Welche Kenngrößen werden zur Charakterisierung eines DAC benutzt?

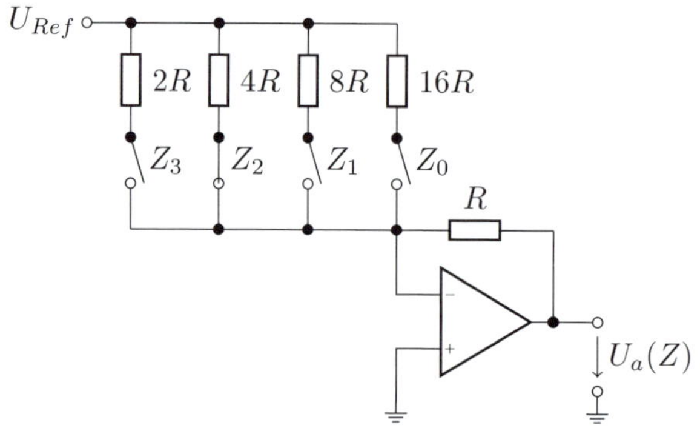


**Abb. 10.27.:** Umkehraddierer mit gewichteten Widerständen

10.2 Die DAC-Schaltung nach Abbildung 10.27 arbeitet mit einem Operationsverstärker als Umkehraddierer. Die Widerstände im Eingangskreis haben die Werte $2R \dots 16R$ und können mittels der Schalter $Z_3 \dots Z_0$ auf den invertierenden Eingang geschaltet werden. Wenn der $i$-te Schalter geöffnet ist, sei das entsprechende Bit $Z_i = 0$; bei geschlossenem Schalter sei $Z_i = 1$. So kann die Schalterstellung mit der Binärzahl

$$Z = 2^3 * Z_3 + 2^2 * Z_2 + 2^1 * Z_1 + 2^0 * Z_0$$

beschrieben werden.

Berechnen Sie allgemein die Ausgangsspannung $U_a$ als Funktion der Binärzahl $Z$ und stellen Sie die Ausgangsspannung als Funktion von $Z$ grafisch dar.

Welchen minimalen bzw. welchen maximalen Wert kann die Ausgangsspannung annehmen, wenn $U_{Ref} = -1$ V ist?

10.3 Für welche technischen Aufgaben nutzt man Analog-Digital-Wandler (ADC)?

10.3.1 Skizzieren und diskutieren Sie die Übertragungskennlinie eines ADC für unipolare Eingangsspannungen.

10.3.2 Welche Wandlungsfehler können auftreten, wie stellen sich diese Fehler in der Übertragungskennlinie des ADC dar und wie sind sie eventuell zu korrigieren?

10.3.3 Welche Kenngrößen werden zur Charakterisierung von ADC benutzt?

10.4 Welche Aufgabe übernimmt ein Abtast- und Halte-Glied bei der A/D-Wandlung? Erklären Sie die Arbeitsweise eines Abtast- und Halte-Gliedes.

10.5 Sie haben verschiedene Konzepte und Verfahren zur Analog-Digital-Wandlung kennen gelernt.

10.5.1 Erklären Sie zwei Verfahren! Wie läuft die A/D-Wandlung bei diesen Verfahren im Einzelnen ab?

10.5.2 Welche Wandlerkonzepte erlauben a) eine besonders hohe Abtastrate und b) eine besonders hohe Auflösung?

10.5.3 Ist die Wandlungszeit a) beim Einflanken-Verfahren und b) beim Wägeverfahren von der Eingangsspannung abhängig? Begründen Sie Ihre Aussage!

10.6 Mit einem Aufbau entsprechend Abb. 10.4 auf Seite 375 soll eine sinusförmige Ausgangsspannung mit einer Frequenz von 1 kHz erzeugt werden. Der verwendete Digital-Analog-Wandler habe eine Auflösung von 8 Bit. Zu berechnen sind die Binärzahlen, die im ROM abgelegt werden müssen. Die erste Stützstelle liege bei $0°$ und die Stützstellen sollen einen Abstand von jeweils $15°$ haben. Wie viele verschiedene Binärzahlen benötigen Sie? Welche Werte haben diese Binärzahlen? Welche Frequenz muss der Taktgenerator liefern, damit die erzeugte Frequenz 1 kHz beträgt?

10.7 Ein ADC arbeite mit einer Spannung $U_{FS} = 10$ V. Welche Auflösung muss dieser ADC mindestens haben, um eine Spannung $U_e = 3$ V auf $\pm 1$ mV genau messen zu können?

# 11. Mikrocontroller

Mikrocontroller lösen heute viele Überwachungs-, Mess- und Steuerungsaufgaben in einer fast unüberschaubaren Menge elektronischer Geräte und Systemkomponenten. In modernen Mikrocontrollern können wir fast alle elektronischen Schaltungen und Komponenten, die wir ab Kapitel 6 besprochen haben, als Teil eines Systems on Chip (SoC) wieder finden. Die vielen Möglichkeiten der Zusammenstellung und Integration der einzelnen Komponenten auf einem Chip und die speziellen Lösungen der verschiedenen Hersteller erschweren die Übersicht über dieses interessante Gebiet. Wir versuchen deshalb, zunächst eine allgemeine Übersicht zu geben und später in Kapitel 11.7 am Beispiel einer bekannten und erfolgreichen Mikrocontrollerfamilie weiter ins Detail zu gehen. Der Einsatz eines Mikrocontrollers zur Lösung eines Problems erfordert neben der Hardware, d.h. dem Mikrocontroller und dessen notwendiger Beschaltung, auch passende Software, nämlich das eigentliche Mikrocontrollerprogramm, sowie entsprechende Entwicklungs- und Testumgebungen.

## 11.1. Begriff und Wurzeln

Mit den in Kapitel 8 besprochenen Digitalschaltungen kann man fest verdrahtete, komplexe Logikschaltungen rein als Hardware entwerfen, aufbauen und für unterschiedliche technische Aufgaben, z.B. für die Steuerung oder die Überwachung von Prozessen, verwenden. Für solche fest verdrahtete Logik entsteht dann ein Problem, wenn sich Änderungen im zeitlichen Ablauf ergeben bzw. wenn die Logik um einige Verknüpfungen erweitert werden muss. Wenn eine fest verdrahtete Steuerung an eine neue Aufgabe angepasst werden soll, dann muss in die Schaltung, also in die Hardware, eingegriffen werden. Das ist in aller Regel kompliziert und wird vor allem dann teuer, wenn eine solche Schaltung sehr oft und an vielen Orten im Einsatz ist und die entsprechende Änderung an allen Einsatzorten durchzuführen ist.

Der Ausweg bzw. die Alternative zur fest verdrahteten Logik sind programmierbare Schaltungen, deren Kernstück heute Mikroprozessoren und Mikrocontroller sind. Mikrocontroller finden dabei insbesondere bei nicht „zu umfangreichen“ Steuer-, Mess- und Regelaufgaben Anwendung und haben fest verdrahtete Schaltungen abgelöst.

Der Mikroprozessor hat seine Wurzeln in der Rechentechnik. Die Forderung, die ehemals großen Rechenanlagen deutlich zu verkleinern, unanfälliger gegen Störungen zu machen, deren Energiebedarf zu senken und trotzdem die Leistung zu steigern, führte zur Entwicklung des Mikroprozessors. Eine wesentliche Voraussetzung war, dass die Halbleitertechnologie diese Entwicklungen prinzipiell ermöglichte.

Die Geschichte der Mikroprozessoren beginnt 1969 mit dem Intel 4004, der als erster in Serie gebauter 4-Bit-Mikroprozessor 1971 auf den freien Markt kam (siehe hierzu Anhang A.7.3). Getrieben durch Fortschritte und neue Möglichkeiten in der Halbleitertechnologie und durch neue Forderungen seitens der Anwender haben sich hochintegrierte Schaltungen, wie Mikroprozessoren und Mikrocontroller rasant entwickelt und entsprechende Produktlinien hervor gebracht.

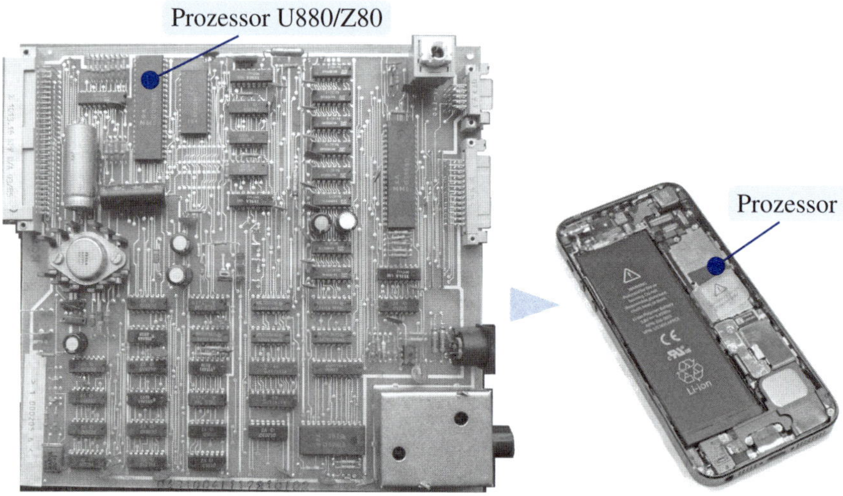


**Abb. 11.1.:** Mikroprozesorsystem Z1013 (1984) und SOC-System iPhone 5 (2012)

Mikroprozessor, Mikrocontroller, digitaler Signalprozessor oder Mixed Signal Controller sind häufig benutzte und manchmal von der Werbung missbrauchte Begriffe. Was sind die Unterschiede, was die Gemeinsamkeiten dieser hochintegrierten Schaltkreise? Wir wollen zunächst eine Abgrenzung vornehmen.

**Mikroprozessoren** (**MPU**, *micro processor unit*) bilden heute das Herzstück unserer modernen und flexiblen, weil programmierbaren Rechner. Der Prozessor kann aus ein oder mehreren Kernen bestehen. Jeder Kern (Core) umfasst Steuerschaltungen und einen oder mehrere Datenpfade zur Verarbeitung der Daten. Zur Verarbeitung werden entsprechende Schaltungen (z.B. ALU) in den Datenpfad gelegt und vom Steuerwerk angesteuert. Für den Kontakt zur Außenwelt sorgen Schnittstellen zum Speicher und zu I/O-Schaltungen. Diese Struktur erlaubt es, Schreib- und Leseoperationen, arithmetische und logische Operationen auf Bit- bis Wortebene (z.B. 64 Bit-Worte bei einem 64-Bit Prozessor) programmgesteuert durchzuführen.

Zur Verarbeitung speichern die Mikroprozessoren die Daten intern in Registern. Speicherbausteine und andere Baugruppen werden extern über das sog. Bussystem angeschlossen. Zur Beschleunigung des Speicherzugriffs besitzen Mikroprozessoren einen transparent arbeitenden Cache (siehe Kapitel 8.4.3).

Wenn in der Literatur nur von einem Prozessor oder einer Rechner-CPU gesprochen wird, ist meist ein Mikroprozessor gemeint. Spricht man von einem Rechner, so ist meist ein Mikroprozessorsystem gemeint, auf das wir weiter unten noch genauer eingehen werden.

**Mikrocontroller** ($\mu$**C** oder **MCU**, *micro controller unit*) vereinigen neben einem Prozessorkern (CPU) alle wesentlichen Funktionsgruppen für die Ausführung von Programmen auf einem Chip. Dazu gehören Programm- und Datenspeicher sowie Funktionsgruppen für die Ein- und Ausgabe. Sie benötigen vergleichsweise wenige externe Bauelemente, um einen Betrieb zu ermöglichen. MCUs werden einmalig für eine bestimmte, vorgegebene Aufgabe programmiert. Das heißt, für jede Anwendung muss ein entsprechendes Programm bereitgestellt und im Programmspeicher des Controllers dauerhaft gespeichert werden. Wenn sich die ursprünglich gestellte Aufgabe oder ursprünglich angenommene Parametergrenzen ändern, kann in vielen Fällen allein durch Austausch der Software, also durch Reprogrammierung des Mikrocontrollers, das System an die geänderten Bedingungen angepasst werden. Ein Austausch der Hardware ist dann nicht notwendig und damit ist das System insgesamt viel flexibler und preisgünstiger.

Mikrocontroller ersetzen frühere Hardwarelösungen; sie sind hardwarenah. Für jede neue Aufgabe muss der Entwickler einen an die Anforderungen angepassten Mikrocontroller auswählen und anschließend die Schaltung und die passende Software entwickeln.

Einen oder mehrere Mikrocontroller finden wir heute in den meisten modernen elektronischen Geräten vor, die wir im Alltag nutzen, ohne dass der Anwender etwas von der Existenz eines solchen Systems spürt; der Mikrocontroller ist aus Anwendersicht transparent. So steuern Mikrocontroller Waschmaschinen, Küchengeräte oder Geräte der Unterhaltungselektronik. Sie sorgen für Sicherheit im Auto (Airbag, ABS, ESP) und sind in praktisch allen Computer-Peripheriegeräten enthalten (Tastatur, Maus, Drucker usw.). Man spricht bei diesen Anwendungen auch von **eingebetteten Systemen** (*embedded systems*).

Natürlich werden für die verschiedenen Applikationen Mikrocontroller unterschiedlicher Leistung und Ausstattung verwendet. Die große Zahl der Anwendungen hat es möglich gemacht, dass einfache Mikrocontroller, wenn eine größere Stückzahl einkauft wird, schon für wenige Cent angeschafft werden können.

Wir werden uns in diesem Buch mit der Funktionsweise eines Mikrocontrollers, stellvertretend für die Gruppe aller MCUs beschäftigen.

**Anwendungsspezifische Controller** (**ASSP**, *application specific standard products*) werden eingesetzt, wenn die gleichen Aufgaben an sehr vielen Orten zu erledigen sind. Beispiele für solche Aufgaben sind die Abfrage einer Tastatur oder die Ansteuerung einer Festplatte, die von den entsprechenden Tastatur- und Festplattencontrollern übernommen werden. Sie sind explizit auf die konkrete Aufgabe zugeschnitten, darüber hinaus wenig flexibel, dafür aber bei hohen Stückzahlen entsprechend kostengünstig.

**Signalprozessoren** (**DSP**, *digital signal processor*) werden eingesetzt, wenn die Aufgabe die Bearbeitung großer Datenmengen oder aufwendige Berechnungen in großem Umfang und in Echtzeit erfordert. Als Beispiele seien die digitale Signalbearbeitung, wie die Filterung oder die Kompression, oder Signaltransformationen, wie die Fouriertransformation, genannt.

**Mixed Signal Prozessoren** beinhalten neben den digitalen Funktionsgruppen auch analoge Funktionsgruppen, wie Analogkomparatoren, Analog-Digital-Wandler, Digital-Analog-Wandler, Analogmultiplexer und Operationsverstärker. Solche Mixed Signal Prozessoren erlauben es, alle Funktionen von Messgeräten mit nicht zu hoher Komplexität auf einem Chip zu integrieren und finden beispielsweise in Geräten der Medizinelektronik (z.B. Blutdruck- oder Blutzuckermessgeräte) Anwendung.

**System-On-a-Chip** (**SoC**) bezeichnet eine Klasse von ICs, die auf einem Chip alle für einen bestimmten Einsatzzweck benötigten Komponenten vereinigen. Ein moderner SoC integriert wie ein Mikrocontroller ein oder mehrere Prozessorkerne, den Speicher, zusätzlich den Grafikchip und weitere Bausteine. Im Gegensatz zum Mikrocontroller wird ein SoC vom Hersteller für eine bestimmte Anwendung entworfen. Typische Einsatzgebiete sind Smartphones, Navigationssysteme oder Komponenten der Unterhaltungselektronik.

Auch wenn ein SoC für einen Anwendungsbereich bestimmt ist, sind dessen Möglichkeiten meist sehr vielfältig. Als Beispiel seien die Smartphones genannt. Ein Smartphone-SoC enthält meist einen leistungsfähigen Prozessorkern und lässt sich durch seine Software (Apps) für viele Aufgaben verwenden. Im Prinzip arbeiten die SoCs wie Mikrocontroller mit bestimmten, auf den Einsatzbereich zugeschnittenen Funktionsgruppen. Aufgrund seines spezialisierten Entwurfs ist ein SoC im Gegensatz zu einem Mikrocontroller nicht universell einsetzbar und lohnt sich von den Entwurfskosten her erst bei großen Stückzahlen.

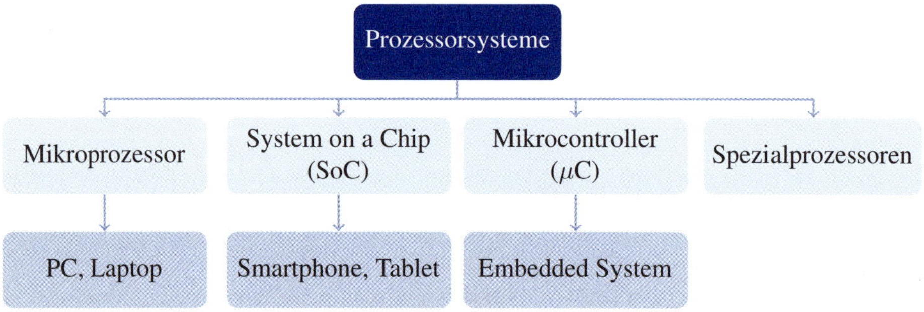


**Abb. 11.2.:** Einteilung der Prozessoresysteme und Anwendungsbeispiele

Wir können die Prozessor-gestützten Systeme nach der Abb. 11.2 einteilen. Auf der einen Seite sind die Mikroprozessorsysteme, deren bekanntester Vertreter der PC ist. In der Mitte befinden sich die SoC-Systeme, also Systeme mit einem meist sehr leistungsfähigen Kern, der für einen speziellen Anwendungszweck entwickelt wurde. Daneben gibt es die Mikrocontrollersysteme, deren Kern ein universeller IC ist, der für verschiedene Aufgaben eingesetzt werden kann. Rechts dargestellt sind die Spezialprozessoren, zu denen z.B. DSPs gehören.

## 11.2. Mikroprozessor, SoC und Mikrocontroller

In Abb. 11.3 sind die Strukturen eines Systems mit Mikroprozessor und eines Mikrocontrollers oder SoC gegenübergestellt.

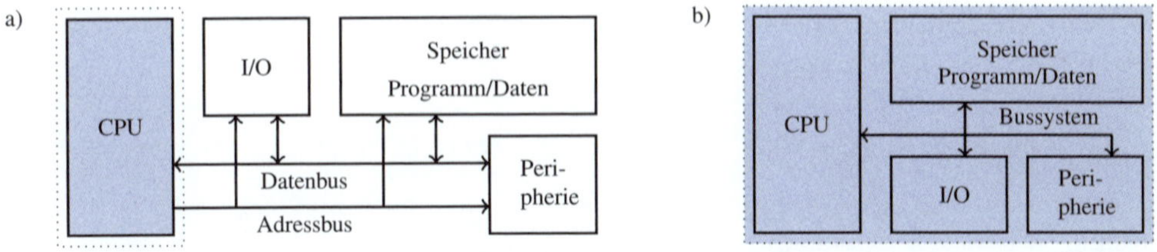


**Abb. 11.3.:** a) Mikroprozessorsystem mit CPU (blau) und erforderlicher Peripherie
b) Mikrocontroller oder System on Chip (blau hinterlegt)

Ein Mikroprozessor (CPU, *central processing unit*) benötigt zur Realisierung eines arbeitsfähigen Systems stets mehrere externe Schaltungen, nämlich Speicher, I/O-Schaltungen und andere periphere Komponenten. Diese Komponenten werden von der CPU über ein Bussystem auf der Leiterplatte, bestehend aus Adressbus und Datenbus, verbunden und gesteuert.

In einem Mikrocontroller ($\mu$C) sind Speicher und I/O-Schaltungen, die beim Mikroprozessor extern bereitgestellt werden müssen, bereits auf dem Chip integriert. Damit entfällt eine Aufrüstung durch Verwendung externer Komponenten weitgehend. Statt dessen wählt man beim Entwurf eines Systems einen Mikrocontroller geeigneter Größe und Ausstattung für die jeweilige Aufgabe aus.

**Mikroprozessorsystem** Bevor wir uns den Mikrocontrollern widmen, wollen wir die Struktur eines heute üblichen PCs als Beispiel für ein Mikroprozessorsystem anschauen.

Ein Mikroprozessorsystem besitzt zur Kommunikation zwischen dem Mikroprozessor und der angeschlossen Hardware Bussysteme. Zum Betrieb sind an den Bussen mindestens der Speicher und entsprechende I/O-Einheiten (z.B. Grafikkarte mit Monitor) angeschlossen.

Über die Busse kann zusätzliche Hardware angeschlossen werden. Das Mikroprozessorsystem ist also durch Verwendung diverser Komponenten aufrüstbar. Die Mikroprozessoren selber zeichnen sich meist durch eine hohe Rechenleistung aus.

PC-Systeme (PC, *Personal Computer*) sind Mikroprozessorsysteme mit einer komplexeren Struktur. Eine Variante, die so genannte Bridge-Architektur zeigt Abb. 11.4.

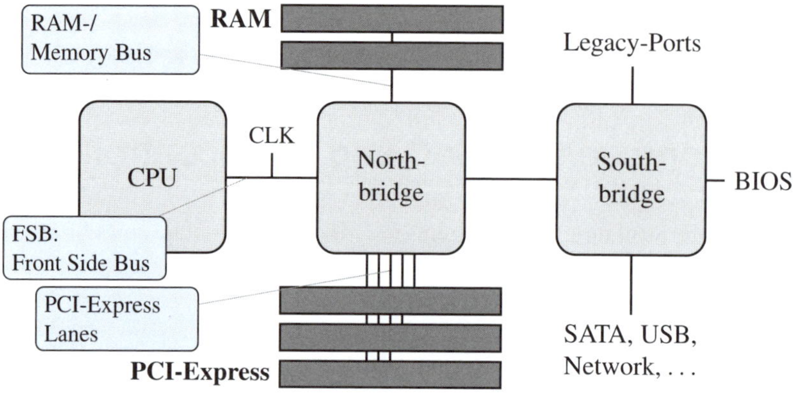


**Abb. 11.4.:** Struktur eines Mikroprozessorsystems: PC mit Bridge-Architektur

Die CPU ist mit der **Northbridge** und darüber mit dem Speicher verbunden. Die Northbridge enthält den zur Ansteuerung des Speichers erforderlichen Controller. Ebenfalls gesteuert von der Northbridge schließen sich weitere Hochgeschwindigkeitsbusse an, zu denen der PCI-Express Bus gehört. Über genormte Steckplätze lässt sich an diesem Bus Zusatzhardware anschließen. Mikroprozessorsysteme und insbesondere PC-Systeme lassen sich somit nachträglich auf- oder umrüsten. Die **Southbridge** stellt I/O-Schnittstellen zur Verfügung, zu denen neben Festplatten- bzw. Flash-Speicher-Anschlüssen auch die PC-externen Busschnittstellen, wie z.B. USB, gehören. North- und Southbridge (insofern sie überhaupt noch physisch getrennt sind) werden zusammen mit dem Sockel für die CPU, den Steckplätzen für die Zusatzhardware und den externen Schnittstellen auf einem Board zusammengefasst. Dieses Board bezeichnet man als **Hauptplatine**, **Main**- oder **Motherboard** und die aufgebrachten Bridge-ICs als **Chipsatz**.

Diese Architektur ist auch in aktuellen PC-Systemen erkennbar, jedoch wurde die Bridge-Architektur durch eine HUB-Architektur ersetzt (*Hub*: engl. für Knotenpunkt). Die Aufgabe der Northbridge übernimmt der MCH (*Memory Controller Hub*), den es auch als GMCH mit integriertem Grafikinterface gibt. Daran angeschlossen sind die ICHs (*I/O Controller Hubs*), welche die Schnittstellen der Southbridge zur Verfügung stellen.

Da die Anbindung des Speichers den Flaschenhals darstellt, ist man bei den heutigen Systemen dazu übergangen, den Speichercontroller in die CPU zu verlagern und den RAM direkt an die CPU zu binden. Ähnliches gilt für die Verbindung zur Grafikausgabe.

Mikroprozessorsysteme unterscheiden sich hauptsächlich durch die Wahl der CPUs und die angeschlossenen Komponenten. Beschränkt man sich auf die PC-Architektur, so sind die Unterschiede bei verschiedenen CPUs weniger stark ausgeprägt, da diese CPUs die gleichen Maschinenbefehle verarbeiten und somit die gleichen Programme abarbeiten können.

Natürlich unterscheiden sich die verschiedenen CPUs der PCs untereinander, z.B. durch unterschiedliche Verarbeitungsgeschwindigkeiten einzelner Befehle oder auch Spezialbefehle, die nur von einer bestimmten CPU-Familie oder ab einer bestimmten Version angeboten werden (sie werden als Befehlssatzerweiterung bezeichnet). Programme erfordern somit mindestens eine bestimmte Version aus der PC-Prozessorfamilie. Die unterschiedliche Hardware von PC-Systemen (CPUs und Mainboards) ist deshalb meist nicht augenfällig. Die ausgeführten Programme sind aber nicht unabhängig von der erforderlichen Peripherie (z.B. Grafik- oder Soundkarten) und dem genutzten Betriebssystem. Deshalb unterscheidet man die PC-Systeme meist nach Betriebssystem und Hardwareausstattung, aber nicht nach konkreten CPU-Modellen.

**Mikrocontrollersystem** Im Gegensatz zu einem Mikroprozessorsystem sind bei einem Mikrocontroller ($\mu$C) die meisten elektronischen Komponenten bereits integriert. Im Vergleich zu einem PC kann man ein $\mu$C-System schlecht mit externen Hardware-Komponenten erweitern. Für $\mu$C-Systeme werden für konkrete Anwendungen spezielle Platinen entworfen, die meist keine standardisierten Steckplätze besitzen, wie z.B. die PCI-Express-Anschlüsse des PCs.

Mikrocontroller unterscheiden sich durch die enthaltenen Komponenten. Ein typischer moderner Mikrocontroller umfasst auf einem Chip:

- CPU
- Halbleiterspeicher für den Programm- und den Arbeitsspeicher
- Eingabe- und Ausgabe-Schaltungen (I/O-Leitungen, Busse, Netzanschlüsse)
- Taktgenerator
- Zeitgeber
- Interrupt controller.

Bei weiter ausgebauten Mikrocontrollerfamilien findet man zudem

- LCD-Controller
- Analogkomparatoren
- Konverter ADC und DAC
- Analogmultiplexer
- Operationsverstärker und
- eine Referenzspannungsquelle

auf dem Chip, so dass eine komplette Signalverarbeitungskette realisiert werden kann. Die Chips kommunizieren mit der Außenwelt durch Senden oder Empfangen von Daten über die parallelen und seriellen Schnittstellen. Dabei gehören Netzwerk-, USB- oder andere am PC verfügbare periphere Schnittstellen auch zum Umfang moderner $\mu$C. Diese benötigen noch einige zusätzliche passive Bauelemente, z.B. einen Quarz.

Um den Stromverbrauch kontrollieren zu können, sind die einzelnen Funktionsgruppen per Software abschaltbar und es sind ebenfalls per Software verschiedene Energiesparmodi (z.B. Power-Down-Modi) wählbar. Die Komponenten sind wieder über das Bussystem innerhalb des Schaltkreises mit der CPU verbunden und von dieser steuerbar.

Neben der bisher skizzierten Hardware eines Mikrocontrollers ist die Projekt- und Mikrocontroller-spezifische Software ein unverzichtbarer Bestandteil eines arbeitsfähigen Systems. Die

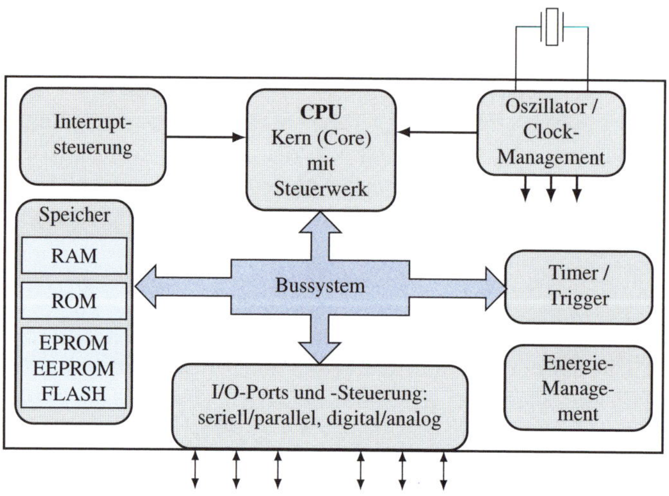


**Abb. 11.5.:** Struktur eines Mikrocontrollers

Software muss alle Informationen über logische Verknüpfungen, zeitliche Abläufe (Zeitplansteuerung), spezielle Codes (z.B. zur Visualisierung von Daten) und numerische Werte (z.B. Adressen, Kalibrierdaten oder Grenzwerte usw.) enthalten und verarbeiten.

Bei neuen Entwicklungen in Bezug auf Mikrocontroller werden verschiedene, zum Teil nicht zueinander kompatible Richtungen, eingeschlagen. Solche Entwicklungen sind z.B.

- Erhöhung der Rechenleistung durch Erhöhung der Taktrate,
- Verringerung der Versorgungsspannung und der Leistungsaufnahme.

Diese Entwicklungen werden durch unterschiedliche Forderungen der Anwender und durch neue technologische Möglichkeiten getrieben. Man denke beispielsweise an die unterschiedlichen Aufgaben von $\mu$C in der Automobilindustrie und in der Medizinelektronik.

## 11.3. Informationsverarbeitung im Mikrocontroller

In jedem Mikrocontroller müssen, genau wie auch in Mikroprozessoren, Informationen dargestellt und verarbeitet werden[1]. Die zu verarbeitenden Informationen umfassen Daten-, Codeworte und Adressen. Die interne Darstellung aller Informationen, also von Daten (Zahlen oder Zeichen), Adressen und Programmcode erfolgt durch Bitmuster mit wohldefinierter Bedeutung (siehe Anhang A.5).

[1] Diese Thematik führt in das Gebiet der Rechnerarchitektur. Wir verweisen hier auf spezielle Literatur, z.B. auf [PH11].

**Zeitverhalten** Der Zeitablauf im Mikrocontroller wird durch das Taktsignal diskretisiert. Gesteuert durch den Takt verarbeitet der Mikrocontroller Befehle, welche in Form von Bitmustern vorliegen, die im Befehlsspeicher des Mikrocontrollers abgelegt sind. Im Hauptspeicher sind die zu verarbeitenden Daten abgelegt, welche ebenfalls in Form von Bitmustern dargestellt sind. Ein Bitmuster kann somit, der inneren Logik des jeweiligen Systems folgend, als Datum, Befehl, Adresse oder Steuerwort interpretiert werden.

**Verarbeitungsbreite** Für Datenworte hat ein solches Bitmuster eine Breite von 4, 8, 16, 32 oder 64 Bit (64 Bit sind bei Mikroprozessoren heute üblich, bei $\mu$C aber noch die Ausnahme). Die so genannte Verarbeitungsbreite nutzt man zur Charakterisierung von Mikrocontrollern und spricht von 4-Bit-, 8-Bit-, 16-Bit- und 32-Bit-Systemen. Diese Breite bezieht sich auf den Kern und das Bussystem innerhalb des $\mu$C. Für die Bezeichnung der Verarbeitungsbreite siehe Anhang A.5.1.

**Programme** Der Programmcode ist spezifisch für die jeweilige Prozessorarchitektur, also abhängig vom Typ des $\mu$C-Kerns. Die Befehlsworte des Programmcodes enthalten immer den eigentlich abzuarbeitenden Befehl. Man bezeichnet sie als die **Maschinenbefehle** und die zugehörige Sprache als die **Maschinensprache**. Die Befehle können außerdem Adressinformationen oder Konstanten beinhalten. Ein Maschinenbefehl ist eine Bitfolge, die nach einer definierten Vorschrift interpretiert wird.

Auf dieser unteren Ebene programmiert man einen Prozessor nur selten. Man verwendet, wenn überhaupt, in der Regel eine etwas abstraktere, als **Assembler** bezeichnete Sprache, die an die jeweiligen Maschinenbefehle angelehnt ist. Von der Maschinensprache abstrahieren die Hochsprachen, wie C, C++, C#, Java. In Assembler werden in der Regel nur die zeitkritischen Teile oder besonders platzsparende Programme geschrieben. Für die restlichen Programmteile verwendet man Hochsprachen.

Ein **Assemblerbefehl** wird auf einen oder mehrere Maschinenbefehle abgebildet (assembliert). Ein Maschinenbefehl wird in einem Maschinenzyklus abgearbeitet, der aus einem oder mehreren Systemtakten besteht. Hieraus ergibt sich die in Abb. 11.6 dargestellte Hierarchie.

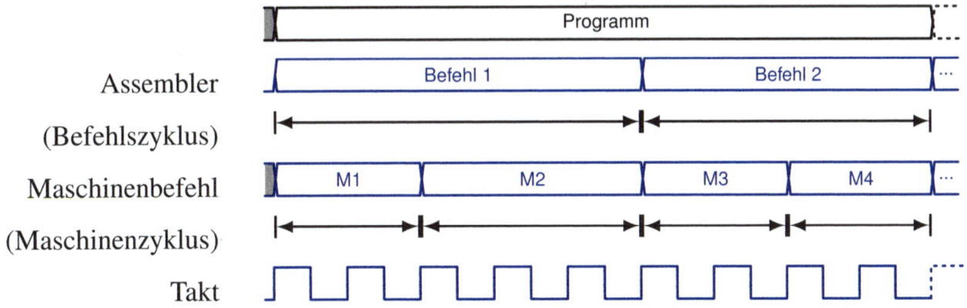


**Abb. 11.6.:** Abbildung eines Programms auf Assembler- bzw. Maschinenbefehle

**Architekturen** Hinsichtlich der Befehlsworte und deren Interpretation (Abarbeitung) kann man Prozessoren oder die Kerne von $\mu$Cs einer von zwei Designphilosophien zuordnen, der **CISC-Architektur** (*Complex Instruction Set Computer*) oder der moderneren **RISC-Architektur** (*Reduced Instruction Set Computer*). Bei einer CISC-Architektur können die Maschinenbefehle (die Befehlsworte) verschiedene Größen haben, die komplexe und weniger komplexe Befehle kodieren. Dagegen haben in einer RISC-Architektur alle Befehlsworte die gleiche Breite; die Wortbreite des Prozessors. Die Befehle sind weniger komplex und meist schneller abzuarbeiten. Wenn nicht auf die Peripherie des Kerns (z.B. den Speicher) zugegriffen wird, haben bei einem RISC-Prozessor die Maschinenbefehle zudem alle die gleiche Ausführungszeit, die Maschinenzyklen sind gleich lang. Die Befehlsabarbeitung lässt sich bei RISC durch zusätzliche Maßnahmen, durch Pipelining, beschleunigen.

**Speicher** Die Breite einer Adresse bestimmt die Größe des im Mikrocontroller maximal ansprechbaren Speicherbereiches. Mit einer Adresswortbreite von $n$ Bit können maximal $2^n$ Speicherzellen adressiert werden. In einem Byte-organisierten Speicher adressiert ein Adresswort ein Byte. Man kann mit 10 Bit-Adressbreite somit $2^{10}$=1024 Byte adressieren, was einem Kibibyte (KiB)[1] entspricht. Mit 12 Bit können 4 KiB (4046 Byte) angesprochen werden, usw.

**Busse und Steuersignale** Die Befehls- und Adressdaten werden innerhalb des Mikroprozessors über Busleitungen übertragen; die Busbreiten müssen deshalb den Wortbreiten entsprechen (siehe S. 415).

Neben Adress- und Datenbus werden in einem Mikrocontroller Steuer- und Taktleitungen benötigt. Auf den Steuerleitungen werden prozessorspezifische Steuerungsinformationen bzw. Steuerworte übertragen. Diese werden genutzt, um einzelne Komponenten aktiv oder passiv (*enabled/disabled*) zu schalten, zwischen Lesen und Schreiben (*read/write*) umzuschalten oder eine Datenrichtung (*in/out*) auszuwählen. Die Belegung von Steuerleitungen der Komponenten erfolgt durch Bitmanipulation in speziellen Registern des Mikrocontrollers, die den Komponenten zugeordnet sind.

**Interrupts** Interrupts (**IRQ**) ermöglichen durch eine kurzzeitige Unterbrechung der Programmabarbeitung eine spezielle Art der Steuerung. Alle Interrupts werden durch CPU-externe Ereignisse ausgelöst und erlauben es, auf externe, meist zeitkritische Probleme unmittelbar zu reagieren. Über Interrupts kommunizieren die peripheren Komponenten mit dem Kern. Zu diesem Zweck wird bei einem Interrupt eine sog. **Interrupt-Service-Routine** (**ISR**) aufgerufen. Diese Routine ist eine Art Unterprogramm. Dieses verarbeitet das dem jeweiligen Interrupt zugeordnete Ereignis. Nach Abarbeitung der ISR wird der normale Programmablauf an der Stelle fortgesetzt, wo das Programm zuvor unterbrochen wurde.

---

[1] Die Angabe von Speichergrößen in der Literatur erfolgt oftmals ohne den Zusatz Kibi- oder Mebi-, der auf die binäre Bedeutung hinweist. Wenn z.B. ausgesagt wird, dass ein 16-Bit Mikrocontroller mit seinen 16 Adressleitungen insgesamt 64 Kilobyte bzw. 64 kB adressieren kann, sind damit in Wirklichkeit $2^{16} = 2^6 \cdot 2^{10}$ Byte gemeint, also 64 KiB.

Ausgelöst werden Interrupts durch Pegelwechsel an einem Interrupt-fähigen digitalen Eingang, z.B. bei Betätigung einer Taste oder bei Erreichen einer vorgegebenen Schwellspannung an einem der analogen Komparatoreingänge. Weitere Interruptquellen sind das Erreichen einer vorgegebenen Zeit (Timer-Interrupt, Watchdog) oder wenn das Wandlungsresultat an einem ADC bereit steht. Auch das UART-Modul[1] kann einen Interrupt auslösen, z.B. nach Empfang eines Bytes bei serieller Übertragung.

Interrupts erlauben es, asynchrone Ereignisse aus der Umgebung in den Programmablauf einzukoppeln und zu behandeln. Man spricht in diesem Zusammenhang auch von **Ereignissteuerung** oder **Triggerung**. Interrupts stellen ein wesentliches Konzept bei der Anwendung von Mikrocontrollern dar.

**Darstellung von Zahlen und Zeichen** Die von einem Mikrocontroller zu verarbeitenden Informationen sind genau wie in Mikroprozessorsystemen „kodiert" (siehe Anhang A.5). Vorzeichenbehaftete Zahlen besipielsweise werden in der Zweierkomplementdarstellung abgelegt und verarbeitet. Die Verwendung von Floating-Point-Darstellungen tritt bei Mikrocontrollern seltener auf.

## 11.4. Mikrocontroller – einige Hardware-Aspekte

Die in Mikrocontrollern verwirklichten Schaltungskonzepte sind sehr vielfältig. Wir können hier nur wenige, ausgewählte Konzepte und Hardware-Komponenten besprechen. Da die Schaltungsstrukturen jeweils komplex sind, gehen wir bei den Erklärungen natürlich nicht hinab bis zur physikalischen oder zur Bauelemente-Ebene, sondern wir werden stets auf früher dargestellte Schaltungen zurückgreifen. Für weitergehende Fragen verweisen wir auf die Literatur zur Computerarchitektur und zur technischen Informatik [PH11, BM08].

### 11.4.1. Prozessorkern (CPU)

Jeder Mikrocontroller enthält eine zentrale Verarbeitungseinheit (*central processing unit*, CPU). Man bezeichnet die CPU auch als „den Prozessor" oder den Kern (*core*) des Mikrocontrollers. Die Funktion der CPU entspricht der Funktion des Mikroprozessors innerhalb eines PC-Systems (siehe Abb. 11.3 und Abb. 11.4). Ein Mikroprozessor wird ebenfalls als CPU bezeichnet. Im Vergleich zu den CPUs von Mikrocontrollern besitzen Mikroprozessoren aktueller PC-Systeme eine merklich höhere Verarbeitungsgeschwindigkeit, d.h. einen höheren Durchsatz. Allerdings besitzen sie eine merklich höhere Verlustleistung, die durch passende Maßnahmen (CPU-Lüfter oder Flüssigkeitskühlung) abgeführt werden muss, um eine Überhitzung zu vermeiden.

---

[1] UART: *Universal Asynchronous Receiver Transmitter*; diese Funktionsgruppe ermöglicht bidirektionale serielle Datenübertragungen. Dafür enthält es PISO- und SIPO-Register (siehe Kapitel 8.3.6).

Die Aufgabe der CPU ist es, Daten anhand eines Programmes zu verarbeiten. Das Programm liegt als Folge von Maschinenbefehlen vor. Die CPU verarbeitet Daten, indem sie diese Befehle sequentiell abarbeitet. Die Abarbeitung beinhaltet Daten aus dem Speicher zu lesen, diese in der ALU zu verarbeiten und die Ergebnisse auszugeben oder zu speichern. Sie beinhaltet auch, auf externe Ereignisse zu warten (Interrupt), um externe Interaktionen wie Tastatureingaben im Programm zu verarbeiten.

Dabei werden in bzw. durch die CPU folgende Teilaufgaben sequentiell bearbeitet:

- Holen von Befehlsworten aus dem Programmspeicher (**Fetch**),
- Decodieren der Befehle und Bereitstellen benötigter Daten (**Decode**),
- Ausführen der Befehle (**Execute**),
- Rückspeichern der Ergebnisse (**Write Back**).

Für die folgenden Erläuterungen halten wir uns an das Konzept der RISC-Architektur, auf dem die meisten heute aktuellen Mikrocontroller basieren.

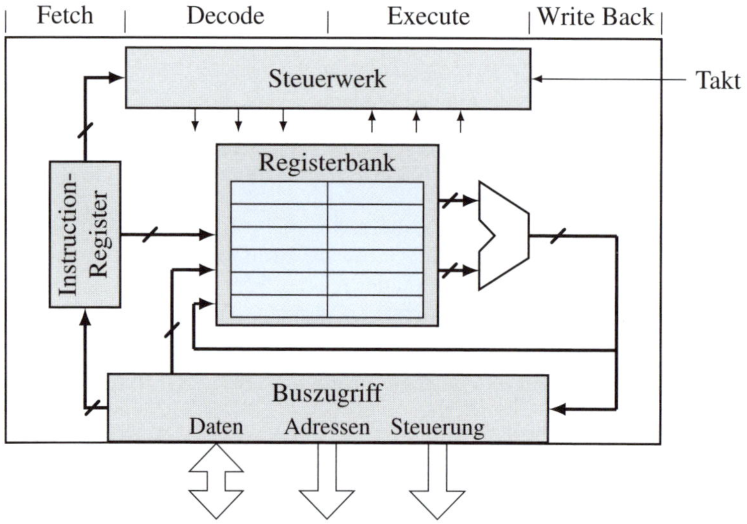


**Abb. 11.7.:** Komponenten einer CPU (RISC-, LOAD/STORE-Architektur)

Für alle Teilaufgaben stehen innerhalb der CPU bestimmte Hardwarekomponenten zur Verfügung (vergl. Abb. 11.7):

- eine **arithmetisch-logische Einheit** (siehe ALU in Kapitel 8.2.5); sie dient der eigentlichen Berechnung.

- ein **Steuerwerk**; dieses organisiert, vom Systemtakt gesteuert, den ganzen Ablauf der Ausführungen; dazu setzt des Steuerwerk nach Dekodierung des Befehls die entsprechenden Steuerleitungen der einzelnen Komponenten.

- die **Register** innerhalb einer Registerbank; diese PIPO-Register (siehe Kapitel 8.3.6) dienen zur Zwischenspeicherung von Werten, die innerhalb der CPU durch die ALU verarbeitet werden; sie enthalten z.B. Variablen, die von einem Programm verarbeitet werden.
- ein **Bussystem** auf Chip-Ebene (*chip level bus*); dieses bildet das notwendige Leitungssystem für den Transport von Daten, Befehlen und Steuerinformationen zwischen den Komponenten der CPU und zu den externen Schnittstellen.

Die dargestellte CPU besitzt außer den Registern keinen eigenen Speicher. Die auszuführende Programme liegen im extern angebunden Hauptspeicher. Die CPU muss somit zuerst den auszuführenden Befehl über den Bus aus dem Speicher in das Befehlsregister (*instruction register*) laden. Anschließend wird der Befehl dekodiert und ausgeführt. Wird bei der Ausführung auf Daten zugegriffen, die nicht in den Registern liegen, so müssen diese vorher über einen eigenen Ladebefehl über den Bus aus dem Speicher in die Registerbank geladen werden. Sollen Daten im Speicher abgelegt oder über die I/O-Schnittstelle des Mikrocontrollers ausgegeben werden, so müssen die Daten über einen Speicherbefehl ebenfalls über den Bus ausgegeben werden. Mikrocontroller-Architekturen, bei denen Zugriffe auf den Hauptspeicher nur über spezielle Lade- und Speicherbefehle erfolgen können, bezeichnet man als **LOAD/STORE**-Architektur.

Andere Controller ermöglichen die Verarbeitung von Werten aus RAM und ROM (z.B. der später gezeigte MSP430), ohne diese vorher in ein Register zu laden. Allerdings sind diese Befehle langsamer als Befehle, bei denen die Daten in den Registern verfügbar sind. Der RAM-Zugriff über den Bus dauert länger als der Zugriff auf ein Register, insbesondere wenn die CPU mit einer hohen Frequenz getaktet wird.

### 11.4.2. Das Bussystem

Alle Informationen innerhalb des Mikrocontrollers werden über Busleitungen (siehe Kapitel 7.4.1) zu den einzelnen Komponenten übertragen bzw. von diesen abgerufen (gelesen). Alle Busleitungen zusammen bilden das Bussystem. Den verschiedenen Datenarten entsprechend gliedert man das Bussystem in den Datenbus, den Adressbus und den Steuerbus. Der Zugriff wird durch die CPU gesteuert. Daneben können in Mikrocontrollern weitere Spezialbusse enthalten sein, wie z.B. Peripheriebusse, auf die wir hier nicht weiter eingehen wollen.

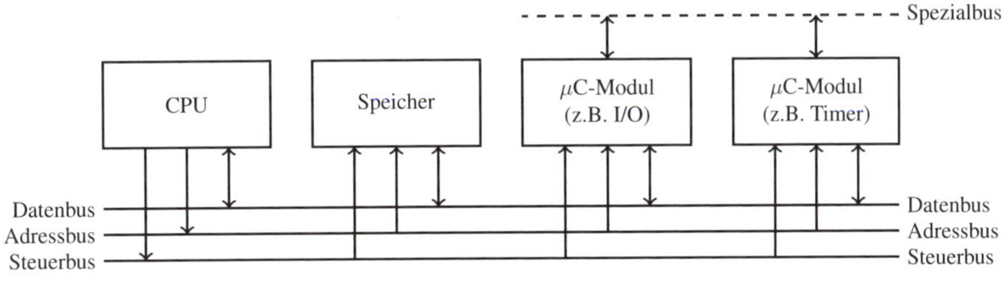


**Abb. 11.8.:** Mikrocontroller-Bussystem

Die Busse müssen über entsprechend viele Leitungen verfügen, um alle Informationen übertragen zu können. Die Breite des **Datenbusses** entspricht in der Regel der Datenwortbreite, die der Verarbeitungsbreite der CPU entspricht, also 4, 8, 16 oder 32 Bit. Auf den Datenbus greifen die CPU, Speicher und externe Systeme zu; der Bus ist bidirektional, denn er überträgt Daten in beide Richtungen, zur CPU und zu peripheren Komponenten. Alle ICs (in der Abb. 11.8 zum Teil als Module bezeichnet), die direkt mit dem Datenbus verbunden sind, benötigen für die Anschlüsse geeignete Ausgangsstufen, um keine Hardwarekonflikte über die Busleitungen auszulösen. Je nach Busausführung sind dies Tri-State- oder Open-Drain-Ausgänge (siehe Kapitel 7.4, Seite 257).

Die Breite des **Adressbusses** hängt von der Größe des zu adressierenden Speichers ab. Der Speicher wird meist byteweise adressiert, man benötigt also $n$ Leitungen zur Adressierung von $2^n$ Byte. Die Adressierung von 16 kiB erfordert z.B. 14 Leitungen. Die maximale Größe des Speichers ist begrenzt durch die Adressverarbeitungsbreite der CPU und durch den vorhandenen Speicher. Meist ist die von der CPU zu verarbeitende Adressbreite größer als der in Wirklichkeit real verfügbare Speicher. So kann eine 32-Bit-CPU über 4 Milliarden ($2^{32}$) Adressen ansteuern, diese Speichergröße ist aber für einen $\mu$C nicht üblich. Gängige Typen haben Speicher im Bereich von wenigen Kibibytes bis einigen Mebibytes. Die nicht durch Speicher abgedeckten Adressen können im $\mu$C für die Ansteuerung von Registern in den I/O-Modulen oder anderen Komponenten genutzt werden.

Adressen werden im Mikrocontroller nur von der CPU ausgegeben (geschrieben), der Adressbus ist unidirektional. Adressausgänge benötigen daher keine Tri-State- oder Open-Drain-Ansteuerung.

Der **Steuerbus** dient der Übertragung von Steuersignalen an die einzelnen Komponenten. Sein Umfang hängt vom speziellen Mikrocontroller ab. Er umfasst Leitungen, die ausgehend von der CPU andere Systemkomponenten steuern, also z.B. eine Umschaltung zwischen aktiv und passiv oder zwischen Lesen und Schreiben vornehmen oder die einen A/D-Wandlungszyklus starten.

Der Bus umfasst auch die Interrupt-Leitungen, die der CPU Unterbrechungsanforderungen aus der Peripherie überbringen, die z.B. das Ende eines A/D-Wandlungszyklus, einer I/O-Operation oder den Ablauf eines Timers signalisieren.

### 11.4.3. Havard- vs. von Neumann-Architektur

Hinsichtlich der Speicherkopplung an die CPU unterscheidet man zwei grundsätzlich verschiedene Architekturkonzepte, die Havard-Architektur (siehe Abb. 11.9) und die von Neumann-Architektur (siehe Abb. 11.10).

Die **Havard-Architektur** verwendet für Programmcode und Daten verschiedene Speicher und verschiedene Adressräume. Eine solche Trennung von Programmcode und Daten hat Einfluss auf die Auslegung des Bussystems; so kann z.B. die Busbreite für Befehle und für Daten unterschiedlich sein. Beispiele für die Anwendung dieser Architektur bei Mikrocontrollern sind die PIC-Serie von Microchip und die AVR-Serie von Atmel.

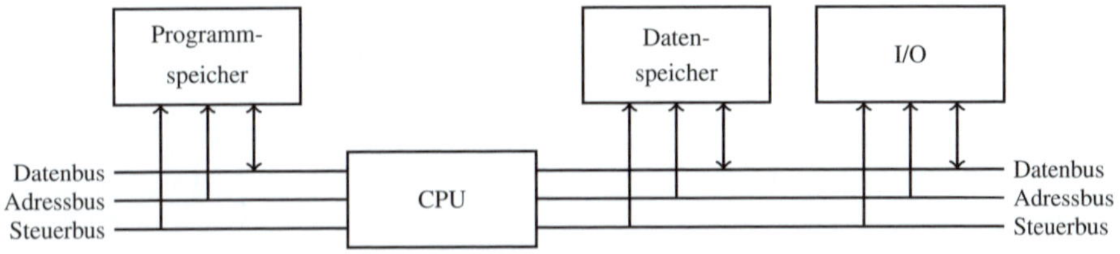


**Abb. 11.9.:** Harvard-Architektur

Bei der **von Neumann-Architektur**[1] wird für Programmspeicher und Datenspeicher der gleiche Adressraum verwendet. Ein Beispiel für die Anwendung dieser Architektur bei Mikrocontrollern ist die später vorgestellte MSP430-Serie von Texas Instruments. Die meisten Mikroprozessorsysteme sind ebenfalls nach diesem Prinzip aufgebaut.

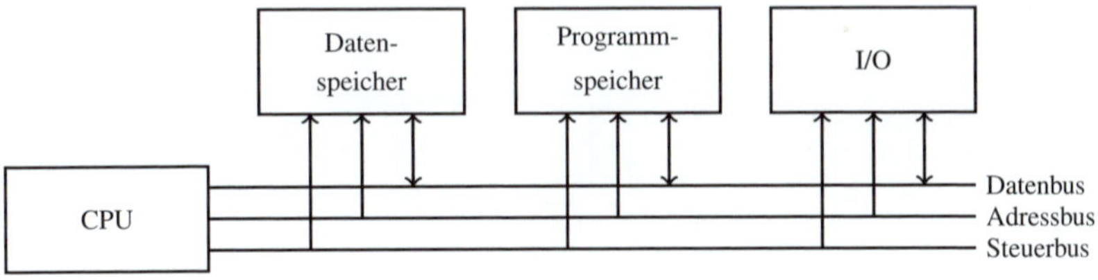


**Abb. 11.10.:** Architektur nach von Neumann

### 11.4.4. Input-Output-Module

Zur Erläuterung greifen wir im Folgenden auf zwei unterschiedliche Controllerfamilien zurück, eine ältere Serie (Intel MCS51) und eine modernere Serie (Texas Instruments MSP430).

Für Mikrocontroller ist die Kommunikation mit der Umwelt wichtig. Diese erfolgt über digitale und analoge Ein-/Ausgabe-Module (*I/O-Module*). Die I/O-Module sind zu sog. Ports zusammengefasst. Digitale I/O-Ports haben meist eine Breite von 8 Bit, also einem Byte.

Im einfachsten Fall besteht ein digitaler Ausgabeport aus 8 D-Flip-Flops. Ein auszugebendes Byte wird von der CPU in ein PIPO-Ausgaberegister geschrieben und wenn die Ausgabe erfolgen soll, wird das Byte taktgesteuert auf die Ausgänge der D-Flip-Flops übertragen. Die Daten bleiben dort stabil, bis ein neues Byte ausgegeben wird.

Auch die umgekehrte Richtung, also die digitale Eingabe eines Bytes kann auf diese Art erfolgen. Es werden wiederum 8 D-Flip-Flops verwendet, an deren Eingängen nun digitale Signale

[1] John von Neumann (1903–1957), österreichisch-ungarischer Mathematiker

im prozessorspezifischen Pegelbereich von außerhalb des Mikrocontrollers angelegt und zeitgesteuert über das Taktsignal eingelesen werden.

Bei der eben skizzierten Verfahrensweise würden 16 Anschlusspins am Mikrocontroller allein für das Einlesen und Ausgeben je eines Bytes benötigt. Mikrocontroller werden zum Teil in kleinen Gehäusen mit nur 12–14 Pins angeboten, obgleich es auch größere Gehäuse gibt, mit z.B. 100 und mehr Pins. Trotzdem leiden Mikrocontroller unter dem Problem, dass eigentlich weniger I/O-Pins zur Verfügung stehen, als intern I/O-Funktionen realisiert sind. Deshalb wird die Verbindung zwischen einem I/O-Pin und der gewünschten internen Funktion über ein internes Schalterfeld geroutet. So kann die Funktion jedes Pins an den aktuellen Anwendungsfall angepasst werden und von Fall zu Fall verschieden sein. Die jeweilige Funktion eines Pins wird in einem Port-Konfigurationsregister per Software festgelegt.

Als Beispiel ist in Abb. 11.11 die Ansteuerung der Pins von Port 1 der Mikrocontrollerserie MCS51 dargestellt, einer von Intel seit 1980 produzierten 8-Bit Serie, dessen bekanntester Vertreter der Intel-8051 ist [int94].

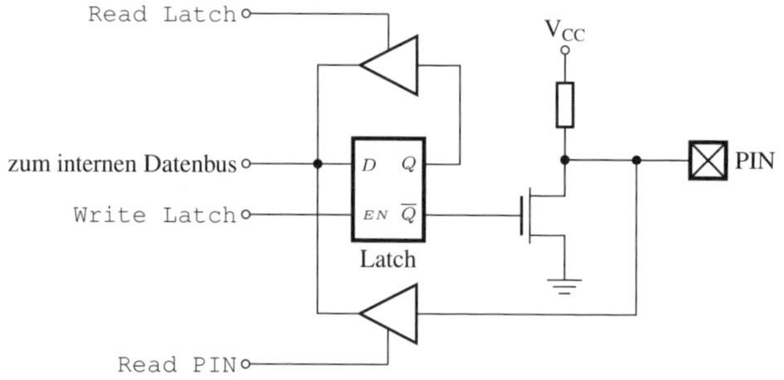


**Abb. 11.11.:** Mikrocontroller Serie MCS51: Pin von Port 1

Intel lizenzierte diese Serie auch für andere Hersteller. So beeinflusste deren Entwurf viele Mikrocontroller. Inzwischen wurde die Serie MCS51 durch neuere Entwicklungen abgelöst, das Prinzip der Portschaltungen ist aber auch heute noch erkennbar. Wir werden ähnliche Schaltungen im Kapitel 11.7.1 bei den wesentlich komplexeren Ports der neueren Serie MSP430 zeigen.

Die Schaltung ist ein Open-Drain-Ausgang mit Pull-Up Widerstand (siehe Kapitel 11.7.1). Über den Datenbus wird ein Wert in den Latch geschrieben, der anschließend als Potential ($V_{CC}$ oder Masse) am Pin anliegt.

Der Pin kann auch als Eingang, also bidirektional, genutzt werden. Dazu schreibt man den Wert 1 in den Latch, woraufhin der Transistor zwischen Pin und Masse sperrt. Durch Aktivierung der Leitung `Read PIN` wird dieser Wert auf den Bus gelegt und kann gleichzeitig im Latch gespeichert werden, falls `Write Latch` ebenfalls aktiv ist. Der Wert kann zu einem späteren Zeitpunkt durch Aktivierung von `Read Latch` über den Bus ausgelesen werden. Ohne externe Verbindung zur Masse liegt der Eingang über den Pull-Up Widerstand auf dem Wert 1.

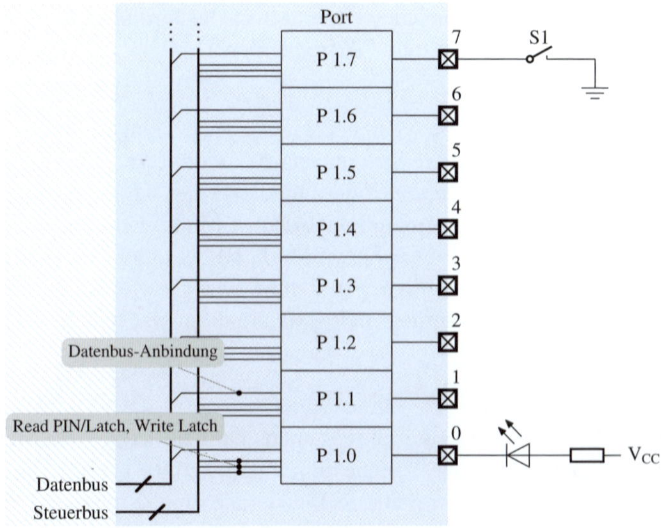


**Abb. 11.12.:** Mikrocontroller Port der MCS51, vereinfachte Darstellung

Mehrere Pins werden zu einem Port zusammengeschaltet, wie in Abb. 11.12 dargestellt. Als Beispiel wird Pin 7 als Eingang zum Einlesen einer Taste und Pin 0 als Ausgang zur Ansteuerung einer LED genutzt. Beim Eingang ist wichtig, dass an Pin 7 ein Pull-Up-Widerstand innerhalb des Ports (siehe Abb. 11.11) angeschlossen ist. Wäre dies nicht Fall, muss der Widerstand extern hinzufügt werden.

Für das im Mikrocontroller ablaufende Programm sind die Ports meist über eine Adresse innerhalb des Adressraumes der CPU erreichbar. Das bedeutet, dass bei Anlegen dieser Adresse auf dem Adressbus die Steuerschaltung der I/O-Ports den entsprechenden Port aktiviert. In Abb. 11.12 sind die Latches der 8 Pins somit als Register über eine Adresse ansprechbar. Beim Intel 8051 ist das für Port 1 die Adresse 0x90. Schreibt man den Wert 0 in das Bit 0 dieser Adresse, leuchtet die LED. Beim Schreiben einer 1 erlischt die LED. Die `Write Latch` Leitung wird dabei intern taktsynchron beim Schreiben auf diese Adresse aktiviert.

Zum Auslesen des Schalters muss in Bit 7 der Wert 1 geschrieben werden. Im nächsten Schritt kann der Port ausgelesen werden. Durch den lesenden Zugriff auf diese Adresse wird `Read PIN` angesteuert. Ist der ausgelesene Wert 1, so ist die Taste nicht gedrückt, bei 0 ist sie gedrückt. Das Prellen der Taste muss berücksichtigt werden und kann z.B. durch einen Kondensator zwischen Pin und Masse oder durch Software abgefangen werden.

### 11.4.5. Hilfsschaltungen

**Stromversorgung** Der Betrieb eines Mikrocontrollers erfordert natürlich eine externe Stromversorgung durch Batterien oder ein geeignetes Netzgerät. Je nach Mikrocontroller liegt die erforderliche Versorgungsspannung zwischen 0,9 und 5 V. Der Strombedarf ist gering und kann je nach Anwendung, Mikrocontroller und Taktfrequenz bei einigen µA bis zu einigen mA liegen.

Bei vielen Einsatzfällen, insbesondere wenn bei Batteriebetrieb lange Batterielebensdauern erreicht werden müssen, kann der mittlere Strombedarf des Mikrocontrollers dramatisch dadurch reduziert werden, dass man den Mikrocontroller nur kurzzeitig (z.B. einige µs bis ms) aktiv arbeiten lässt und ihn die meiste Zeit in einem *Power-Down*-Modus betreibt. Viele Mikrocontroller verfügen über unterschiedliche Power-Down-Modi, wobei unterschiedliche Komponenten von der Stromversorgung getrennt werden. Ein tiefer Power-Down-Modus kann sich dadurch auszeichnen, dass z.B. nur der Datenerhalt im RAM garantiert wird und die CPU auf Interrupts reagieren kann.

**Taktversorgung** Mikrocontroller sind taktgesteuert. Deshalb ist zum Betrieb jedes Mikrocontrollers ein Taktsignal notwendig, welches ein Taktgenerator erzeugt. Hierfür dient eine Oszillator-Schaltung, von der ein oder mehrere Taktsignale für alle internen Funktionsgruppen über den Steuerbus bereitgestellt werden.

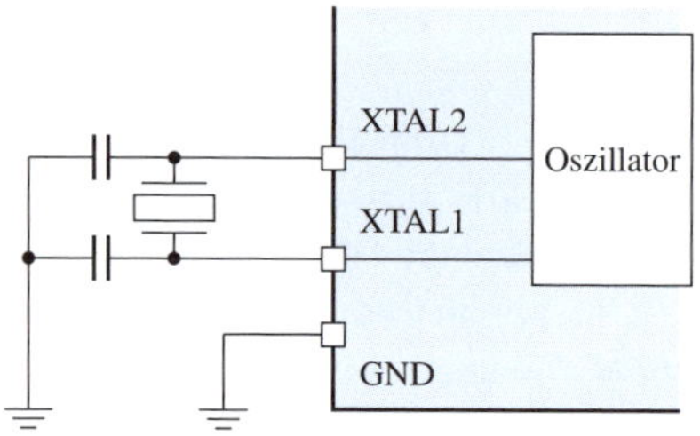


**Abb. 11.13.:** Quarzstabilisierter Taktgenerator

Aus Gründen der Frequenzstabilität ist der Oszillator zumeist Quarz-stabilisiert. Die Frequenz des Taktgenerators kann zwischen 32 768 kHz (sog. Uhrenquarz) und einigen MHz liegen. Aus der Quarz-stabilisierten Frequenz wird die Taktfrequenz durch Frequenzvervielfachung oder -teilung abgeleitet. Bei aktuellen Mikrocontrollern liegt die Taktfrequenz im Bereich von 1 MHz bis zu einigen hundert MHz, bei SoCs auch im GHz-Bereich. Dabei ist die jeweils höhere Frequenz mit einer höheren Stromaufnahme verbunden.

Aus der Taktfrequenz werden durch Teilung weitere Frequenzen abgeleitet, die für bestimmte Baugruppen benötigt werden, z.B. für serielle Schnittstellen, USB- und Netzwerk-Interfaces.

**Einschaltreset (Power-On-Reset, POR)** Jedes Mal, wenn an einem Mikrocontroller wieder die Betriebsspannung angelegt wird, sind interne Zustände, wie Register- und RAM-Inhalte nicht definiert. Mit Hilfe eines sog. Power-On-Reset wird ein definierter Anfangszustand hergestellt. Während des Power-On-Reset muss die Betriebsspannung ihren vollen Wert erreicht haben, der interne Oszillator muss eingeschwungen sein und im Programmzähler muss die Startadresse des Programms eingetragen sein.

Der interne Rücksetzvorgang wird dadurch ausgelöst, dass ein bestimmter Eingangspin, der Reset-Eingang (RST-Signal), kurzzeitig auf einem bestimmten Pegel gehalten wird. Beim Intel 8051 ist es der $V_{CC}$-Pegel, der Eingang ist also High-aktiv. Häufig ist der Reset-Eingang als Schmitt-Trigger ausgelegt. Im einfachsten Fall kann mittels einer externen RC-Kombination ein automatischer Einschaltreset generiert werden (siehe Abb. 11.14). In der Abbildung hat die Spannung am Reset-Pin beim Einschalten kurzzeitig den $V_{CC}$-Pegel und fällt dann entsprechend der Zeitkonstanten des RC-Gliedes auf Null ab. Das RC-Glied muss so bemessen sein, dass bevor die Spannung bis zum Triggerpunkt abgefallen ist und das Programm startet, alle internen Spannungen ihren Sollwert erreicht haben.

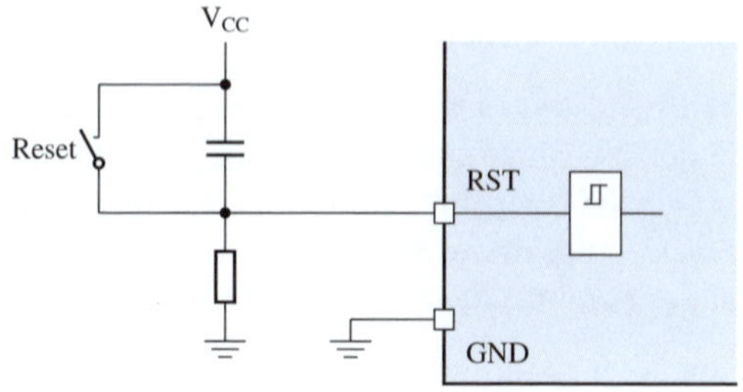


**Abb. 11.14.:** Reset-Taste und Erzeugung eines Einschalt-Reset am Intel 8051

Ein Reset kann auch durch Drücken der Taste ausgelöst werden. Der Kondensator entlädt sich beim Drücken und wird nach dem Loslassen über den Widerstand langsam geladen, so dass sich eine Verzögerung wie beim Einschaltreset ergibt.

Bei anderen Mikrocontrollern, wie dem später vorgestellten MSP430 ist der Reset-Eingang Low-aktiv, wird also durch Setzen auf 0 ausgelöst. In der Abb. 11.14 könnte man dafür z.B. Kondensator und Widerstand tauschen und den Schalter in den Massezweig verlagern. Als Alternative zu den RC-Gliedern kann auch ein *Reset-IC* verwendet werden. Dabei handelt es sich um einen Schaltkreis mit Spannungsüberwachung, der beim Einschalten das Reset-Signal für den Mikrocontroller generiert und erst bei Erreichen eines Sollwertes den Reset-Eingang zeitverzögert frei gibt.

**Bereitstellung einer Referenzspannung** Eine Referenzspannung benötigt der Mikrocontroller immer dann, wenn er Analog-Digital-Wandler oder Digital-Analog-Wandler besitzt. Für die Bereitstellung der Referenzspannung gilt das in Kapitel 10.5.1 (Seite 394) Dargestellte entsprechend. Wie dort beschrieben, muss die Referenzspannung zeit- und temperaturstabil sein. Sie kann direkt im Mikrocontroller oder extern erzeugt werden.

## 11.5. Programmiermodell und -Software

Jeder Mikrocontroller wird durch ein spezifisches Programmiermodell charakterisiert. Dieses Modell ist abhängig vom Aufbau der CPU und definiert die Funktionen und Möglichkeiten der Mikrocontroller-Programmierung. Das Modell umfasst:

- den Registersatz,
- den Befehlssatz sowie
- die möglichen Adressierungsarten.

Der Registersatz beinhaltet alle vom Entwickler ansprechbaren Register. Er ist im Mikrocontroller in Form einer Gruppe von Speicherzellen physisch vorhanden.

Befehle, als Elemente des Befehlssatzes, sind Bitmuster. Sie werden logisch durch Folgen von 0 und 1 dargestellt. Auf der physikalischen Ebene, also im Mikrocontroller selbst, werden sie durch eine Folge von L- und H-Pegeln repräsentiert. Entsprechend verhält es sich mit den Adressen, die für alle Adressierungsarten verwendet werden. Für die Hardware-nahe Programmierung in Assembler ist die Kenntnis des Programmiermodells unerlässlich.

Die Entwicklung von Software für Mikrocontroller erfolgt heute zumeist in einer Hochsprache wie C oder C++; für zeitkritische Probleme wird aber weiterhin Assembler verwendet. Als Hilfsmittel stehen dabei Entwicklungsumgebungen zur Verfügung.

Es gibt Besonderheiten, die bei der Programmentwicklung für eine Mikrocontrolleranwendung zu beachten sind. Wenn man ein Programm für ein Derivat einer bestimmten Mikrocontrollerfamilie entwickeln möchte, dann kennen zunächst das Programm und später der Compiler das konkrete Mikrocontroller-Derivat natürlich nicht. Jedes Derivat zeichnet sich durch bestimmte Eigenschaften aus, zu denen Speichergrößen (ROM, RAM) und die An- oder Abwesenheit verschiedener peripherer Module (Anzahl der I/O-Ports, ADC, DAC, usw.) gehören. Diese Informationen müssen deshalb zunächst der Entwicklungsumgebung bekannt gemacht werden (z.B. über **Definitionsdateien**), damit später der Compiler bzw. der Linker bei der Übersetzung des Programms die entsprechenden Hardwarekomponenten und Adressräume des konkreten Derivats berücksichtigen kann. Da die Komponenten des Mikrocontrollers über konkrete Adressen angesteuert werden (vgl. I/O-Register des Ports in Abb. 11.12), müssen diese ebenfalls über passende Definitionsdateien dem Compiler mitgeteilt werden, z.B. über entsprechende `#define`-Anweisungen in einer C-Header-Datei.

Eine weitere Besonderheit ist die Begrenztheit von Programm- und Datenspeicher auf einige KiB bis zu wenigen MiB. Bei einem neuen Projekt muss der Entwickler also zu Beginn schon abschätzen, wie viel Speicherplatz für sein Projekt etwa erforderlich sein wird. Alternativ kann man in der Entwicklungsphase ein Mikrocontrollerderivat mit möglichst viel Speicher verwenden und nach Abschluss der Entwicklung ein billigeres Derivat mit weniger Speicher für ein Serienprodukt verwenden.

Für die korrekte Ansteuerung bzw. Abfrage aller peripheren Module des Mikrocontrollers ist wichtig, dass die zuständigen Register, sog. **Spezialfunktionsregister**, initialisiert werden. So muss für digitale I/O-Module die Datenrichtung pro Pin, also Eingabe oder Ausgabe, mit einem Bit codiert werden. Sofern ein Pin als Eingang konfiguriert und der entsprechende Port interruptfähig ist, wird ein weiteres Bit benötigt, um pro Pin einen Interrupt zu erlauben oder zu verbieten. Mit einem dritten Bit kann dann noch angegeben werden, ob der Interrupt bei einer steigenden oder einer fallenden Flanke des Signals am Eingang ausgelöst werden soll. Man muss also externe Abläufe, die später von außerhalb Einfluss auf den Programmablauf nehmen können oder sollen, bereits in einer frühen Phase der Programmentwicklung bedenken. Im späteren Programmablauf kann es zudem notwendig sein, solche Register bitweise neu zu konfigurieren, d.h. neu zu beschreiben.

Jede Mikrocontrollerfamilie hat eigene Spezialfunktionsregister, wobei die Bezeichnungen unterschiedlich sein können. Wir werden die Spezialfunktionsregister für die MSP430-Familie im Kapitel 11.7 etwas genauer erläutern.

## 11.6. Entwicklungswerkzeuge für Mikrocontroller

Um eine Mikrocontrolleranwendung realisieren zu können, sind verschiedene Hilfsmittel erforderlich, die den Kategorien Mikrocontroller-Hardware, Mikrocontroller-Software und universelle Laborgeräte zugeordnet werden können.

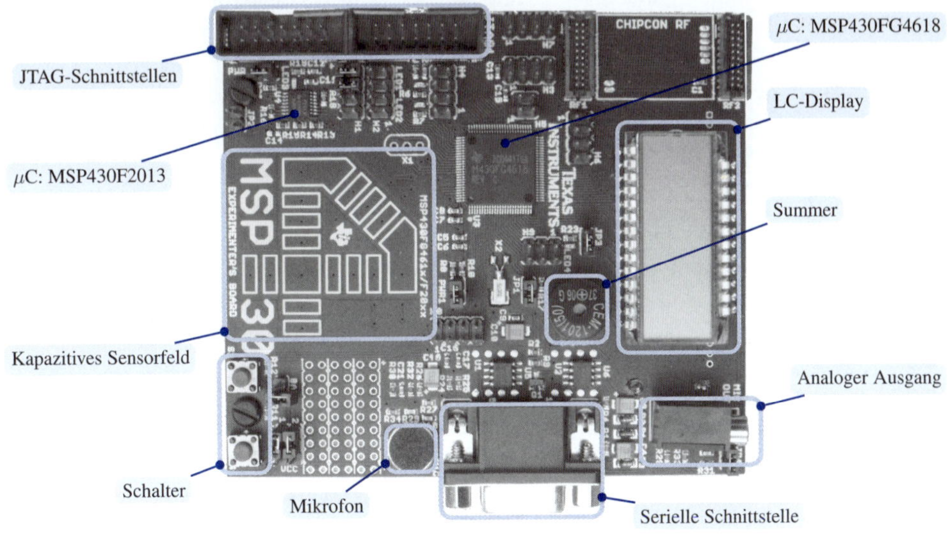


**Abb. 11.15.:** Experimentierboard aus MSP430 Starterkit mit MSP430FG461x und F20xx

Von Mikrocontroller-Herstellern werden die Anwender mit sog. Starterkits unterstützt. Solche Starterkits erleichtern den Einstieg in die komplexe Materie. Starterkits umfassen als Hardware ein getestetes Evaluierungsboard mit unterschiedlichen externen Komponenten (z.B. Display,

Tasten, Sensoren u.a.), einen Programmieradapter und als Software eine Entwicklungsumgebung (diese wird meist *integrated development environment*, **IDE** bezeichnet) mit Texteditor, Compiler, Linker und Debugger.

Mit einem gut ausgestatteten Starterkit kann eine Entwicklung einer Embedded-Software für den betreffenden Mikrocontroller in Angriff genommen werden, denn Test und Evaluierung der entwickelten Software sind mit den Hilfsmitteln eines Starterkits ebenfalls möglich.

Für eine konkrete Anwendung wird man in der Regel ein spezielles Testboard benötigen, was der konkreten Aufgabe angepasst sein muss und alle im Projekt erforderlichen externen Hardware-Komponenten umfasst. Ein solches Testboard muss der Entwickler in der Regel selbst (mit-)entwickeln und in Betrieb nehmen. Für die erste Inbetriebnahme und die Arbeit mit einem angepassten Testboard benötigt man die üblichen Hilfsmittel eines Elektroniklabors, also z.B.

- ein Stromversorgungsgerät;
- Multimeter zur Strom-, Spannungs- und Widerstandsmessung;
- einen Oszillograf und bei Bedarf einen Logikanalysator;
- einen Frequenzzähler;
- aufgabengemäße Signalquellen (z.B. Funktionsgenerator, Sensoren o.ä.).

Früher erfolgte die Programmierung eines Mikrocontrollers außerhalb der Einsatzschaltung mit speziellen Programmiergeräten. Heute nutzt man sog. In-System-Programmier- und Debugging-Systeme, wobei der Mikrocontroller für den Programmierprozess eine geeignete Schnittstelle besitzen muss. Als Hilfsmittel zur Programmierung wird nur ein entsprechender Programmieradapter benötigt. Der Programmieradapter stellt alle zur Programmierung notwendigen Signale und Spannungen bereit und erlaubt es, das Programm in den Programmspeicher des Mikrocontrollers zu schreiben.

Bei der In-System-Programmierung kann der Mikrocontroller bereits in der fertigen Schaltung eingebaut sein. Die Verbindung zwischen dem Board und dem Programmieradapter erfolgt dann entweder mit einem Steckverbinder oder in der Serienfertigung mit einem Nadelbettadapter. Häufig verwendet man dazu sog. **JTAG-Adapter**[1] Um der zunehmenden Komplexität von eingebetteten Systemen gewachsen zu sein, hat man Anfang der 1990er Jahre für deren Programmierung und Testung den IEEE-Standard 1149.1 geschaffen, welcher mehrfach ergänzt wurde und aktuell in der Version 1149.1-2001 vorliegt [IIII01]. JTAG-Adapter verwenden diesen IEEE-Standard bzw. lehnen sich an diesen Standard an. Der Adapter realisiert eine Programmier- und Testschnittstelle für den jeweiligen Mikrocontroller; er stellt alle notwendigen Signale bereit und erlaubt es, die Programme im Mikrocontroller zu speichern.

Für den Anschluss des Adapters gibt es verschiedene Varianten. Häufig verwendet man 10-, 14- oder 20-polige Pfostenleisten. Als Beispiel zeigt die Abb. 11.16 die Anschlüsse eines 14-poligen Adapters, wie er für das MSP430-Starterkit (siehe Abb. 11.15) verwendet wird.

Je nach Adapter verbindet man diese Anschlüsse mit einer Standardschnittstelle des Entwicklungsrechners. Für den Anschluss an die parallele Schnittstelle reichen oftmals schon passive

[1] JTAG steht für „Joint Test Action Group".

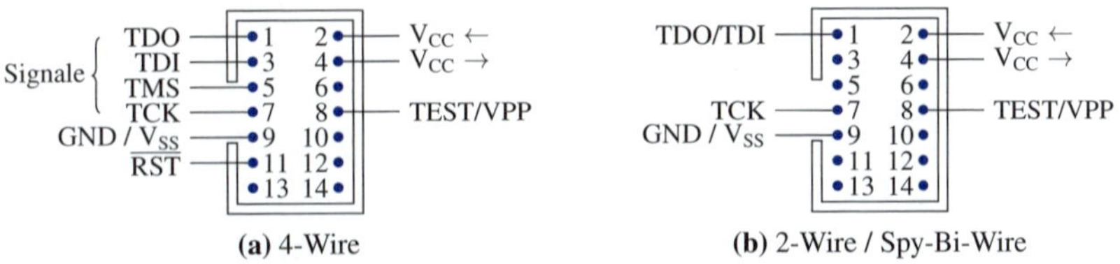


**Abb. 11.16.:** Beispiel: Belegung des MSP430 JTAG-Adapters für das Board in Abb. 11.15

Verbindungen mit einigen Widerständen. Heute wird jedoch meist die USB-Schnittstelle verwendet. Die Adapter enthalten die passenden Puffer- und Treiber-ICs oder eigene Mikrocontroller zur Anpassung des JTAG-Übertragungsprotokolls an die jeweilige Schnittstelle.

Nach dem IEEE-Standard 1149.1 stellt der Adapter folgende Signale bereit:

- TMS, *test mode select*, Steuerungseingang
- TCK, *test clock*, Eingang
- TDI, *test data in*, Eingang
- TDO, *test data out*, Ausgang.

Außerdem werden ein Reset-Signal und die Spannungsversorgung benötigt:

- RST, Systemreset (beim MSP430 Low-Aktiv)
- $V_{CC}$, Versorgungsspannung (3,3 V)
- $V_{SS}$, Masse (0 V).

Bei Controllern der MSP430-Serie gibt es zudem noch das Signal TEST/VPP, welches den Controller die Anschluss-Funktion mitteilt (Pin/JTAG/VPP).

Das JTAG-Verfahren benötigt eine Vielzahl von Leitungen, die wiederum Platz auf dem Board bzw. Pins am Mikrocontroller belegen. Deshalb wurden Lösungen geschaffen, die mit weniger Leitungen auskommen. Bei dem Verfahren Spy-Bi-Wire reichen zwei Datenleitungen aus (siehe Abb. 11.16b). Allerdings reduziert sich dabei auch die Übertragungs- bzw. Programmiergeschwindigkeit.

## 11.7. MSP430 – Einblicke in eine Mikrocontrollerfamilie

Eine spezielle Entwicklungsrichtung der Mikrocontroller geht hin zu extrem geringem Leistungsverbrauch bei geringer Versorgungsspannung. Solche Mikrocontroller ermöglichen bei Massenanwendungen mit Batteriebetrieb eine lange Lebensdauer von bis zu 10 Jahren.

Zu den Anwendungen, die eine extrem geringe Leistungsaufnahme erfordern, zählen beispielsweise

- medizinelektronische Produkte, wie Messgeräte für Herzfrequenz oder Blutzucker,
- implantierbare Produkte, wie Herzschrittmacher,
- Zähler für Wasser-, Heizungs- oder Energieverbrauch,
- elektronische Waagen und viele andere.

**(a)** Gehäuse: QFP100, z.B. FG4618

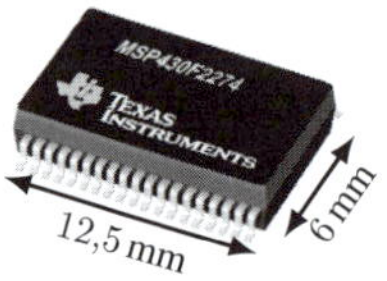


**(b)** Gehäuse (TS)SOP38, z.B. F2274

**(c)** Gehäuse (TS)SOP14, z.B. F2013 oder G2001

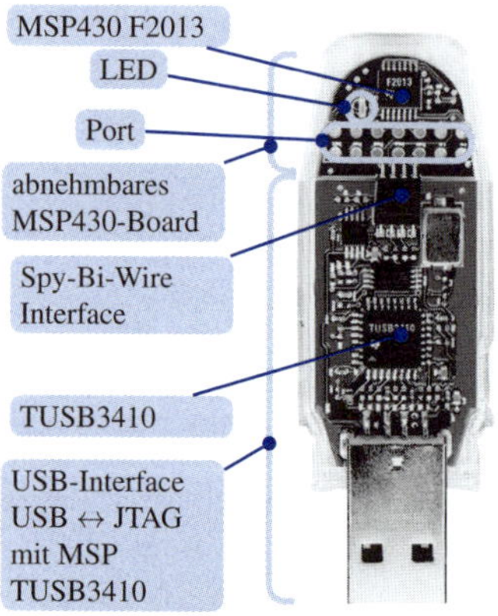


**(d)** USB Entwicklungssystem eZ430-F2013 mit MSP430 F2013 und USB-JTAG (Spy-Bi-Wire) Programmer Interface (TUSB3410)

**Abb. 11.17.:** MSP430 Gehäusebeispiele und USB-Experimentierboard (Bildquelle: TI)

Die bereits in den vorhergehenden Kapiteln genannte Serie MSP430 ist die Bezeichnung, mit der Texas Instruments im Jahre 1993 die ersten Exemplare einer Familie von 16-Bit ultra-low-power Mikrocontrollern auf den Markt brachte [Bie04]. Die MSP430-Familie wird seit ihrem Erscheinen ständig weiter entwickelt und um neue Derivate erweitert. Zur Zeit (2013) umfasst die MSP430-Familie über 400 verschiedene Controller unterschiedlicher Komplexität und Leistungsfähigkeit mit verschiedenem Speicherausbau.

Mit dem Begriff Mikrocontrollerfamilie fasst man alle die Mikrocontroller (**Derivate**) zusammen, die die gleiche CPU verwenden. Eine Mikrocontrollerfamilie zeichnet sich durch gleiche Architektur, kompatible Befehlssätze, gleiche Datenwortbreite, gleichen Versorgungsspannungsbereich usw. aus. Damit kann eine Mikrocontrollerfamilie softwaretechnisch in gleicher Weise behandelt werden. Insbesondere können die gleichen Entwicklungswerkzeuge verwendet werden.

Die MSP430-Serie eignet sich mit ihrem geringen Verbrauch für Schaltungen, die Batterie-gestützt laufen. Sie können auch am USB-Port eines Laptops angeschlossen werden, ohne im Akkubetrieb die Laufzeit des Laptops wesentlich zu verkürzen. Die Controllerkosten sind relativ gering. So bietet die MSP430-Serie einen guten Einstieg in das Feld der Mikrocontroller-Schaltungsentwicklung und -Programmierung. Wir versuchen, in diesem Kapitel einen Einblick in die MSP430-Mikrocontrollerfamilie zu geben und wenden uns am Schluss einigen einfachen Beispielapplikationen zu.

## 11.7.1. MSP430 – Hardware, Komponenten und Ausbaustufen

Die Abb.11.18 zeigt den prinzipiellen Aufbau aller MSP430-Mikrocontroller. Im linken Teil der Abbildung erkennt man an Hand der Beschriftung leicht:

- die 16 Bit-RISC-CPU,
- das Clock-System zur Erzeugung mehrerer Systemtakte (z.B. ACLK und SMCLK),
- Flash/ROM und RAM als Programm- und Datenspeicher,
- die JTAG-Schnittstelle für die in-circuit-Programmierung und Testung;
- zwei 16 Bit breite Busse für Adressen (MAB) und Daten (MDB);
- sowie Watchdog und periphere Module an den 16 Bit-Bussen.

Der rechte Teil der Abbildung zeigt zusätzliche periphere Module, die allerdings über einen nur 8 Bit breiten Datenbus mit der CPU kommunizieren können, was aber in der Regel den Anforderungen genügt und Platz auf dem Chip spart.

Unter den peripheren Modulen (im Folgenden kurz als Peripherals bezeichnet) muss man sich parallele I/O-Ports, serielle Ports, LCD-Treiber-Schaltungen, ADC, DAC usw. vorstellen.

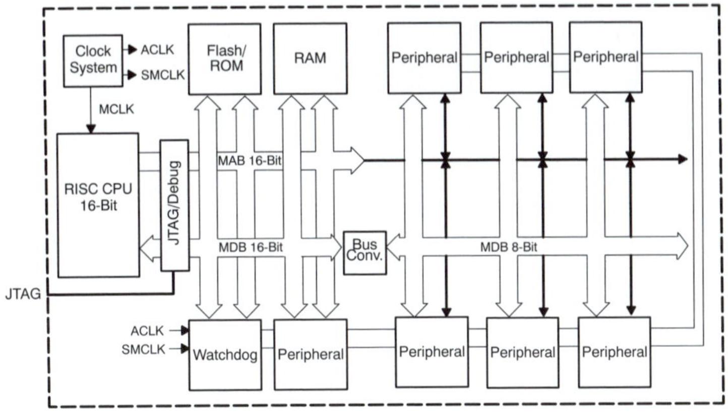


**Abb. 11.18.:** Architektur der MSP430-Family von Texas Instruments (Bildquelle: TI, MSP430 Family User's Guide)

Wie viele solcher Peripherals sich auf dem Mikrocontrollerchip befinden bzw. wie viel Speicher vorhanden ist hängt vom jeweiligen Derivat ab. Lassen Sie uns zur Verdeutlichung zwei unterschiedliche Derivate anschauen.

Das erste Beispiel in Abb.11.19 zeigt den MSP430G2x01, einen der einfachsten der aktuellen Mikrocontroller, der u.a in einem 14-poligen TSSOP-Gehäuse (siehe Abb. 11.17c) untergebracht ist. Als Derivat der MSP430-Familie enthält dieser Schaltkreis die 16 Bit RISC-CPU, den Taktgenerator und die JTAG-Schnittstelle. Der interne Speicher beschränkt sich auf maximal 2 KiB ROM und 128 Byte RAM; ferner sind der Watchdog, ein Timer mit zwei Registern

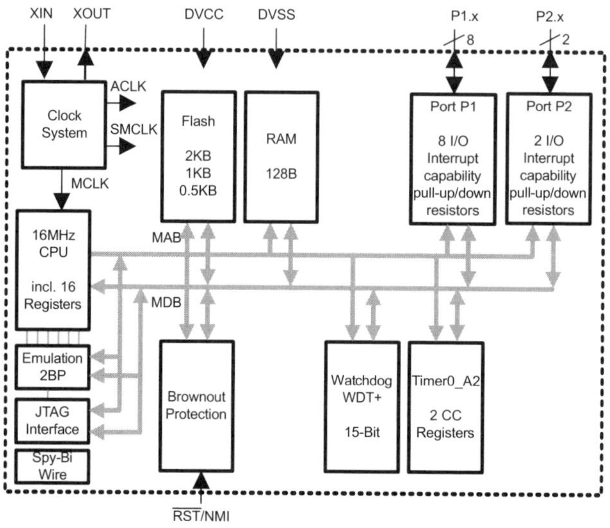


**Abb. 11.19.:** Blockschaltbild des MSP430G2001 von Texas Instruments (Bildquelle: TI, Datasheet des MSP430G2x01)

und zwei I/O-Ports mit 10 Interrupt-fähigen Anschlüssen vorhanden. Die Ausstattung mit Peripherals ist vergleichsweise gering.

Zum Vergleich zeigt das zweite Beispiel in Abb. 11.20 den MSP430FG461x, einen recht komplexen Baustein, der in einem 100-poligen Gehäuse (siehe Abb. 11.17a) untergebracht ist. Der MSP430FG461$x$ wird mit verschiedenen Speicherausstattungen geliefert; $x$ charakterisiert die jeweilige Speicherkonfiguration. Der Flash-Speicher (oder ROM) kann zwischen 92 KiB + 256 Byte und 120 KiB + 256 Byte groß sein, während der RAM 4 oder 8 KiB groß ist. Die analogen Peripherals dieses Mikrocontrollers umfassen drei konfigurierbare Operationsverstärker, einen ADC mit 12 Kanälen, einen DAC mit zwei unabhängigen Kanälen (man kann die zwei Kanäle als zwei unabhängige DACs verstehen, d.h., zwei unabhängig voneinander einstellbare Ausgangsspannungen), einen Analogkomparator und eine Referenzspannungsquelle. Diese Komponenten erlauben die Realisierung einer nicht zu komplexen analogen Signalverarbeitungskette. Digitale Peripherals, wie mehrere I/O-Ports, verschiedene Timer, serielle Schnittstellen, ein LCD-Treiber u.a. vervollständigen die Möglichkeiten, die der Schaltkreis bietet. Darüber hinaus besitzt die Serie xG461x eine Multipliziererhardware (*hardware multiplier*), deren Funktion in Kapitel 11.7.2 erläutert wird.

Die vielen Komponenten auf dem Chip führen zu einem Problem: Es fehlen trotz des 100-poligen Gehäuses Pins, um alle Komponenten der Innenschaltung zugleich nach außen zu führen. Die meisten Pins sind deshalb mehrfach belegt und bei der Planung eines Projektes muss sich der Entwickler entscheiden, auf welche Pins er welche interne Funktion routet.

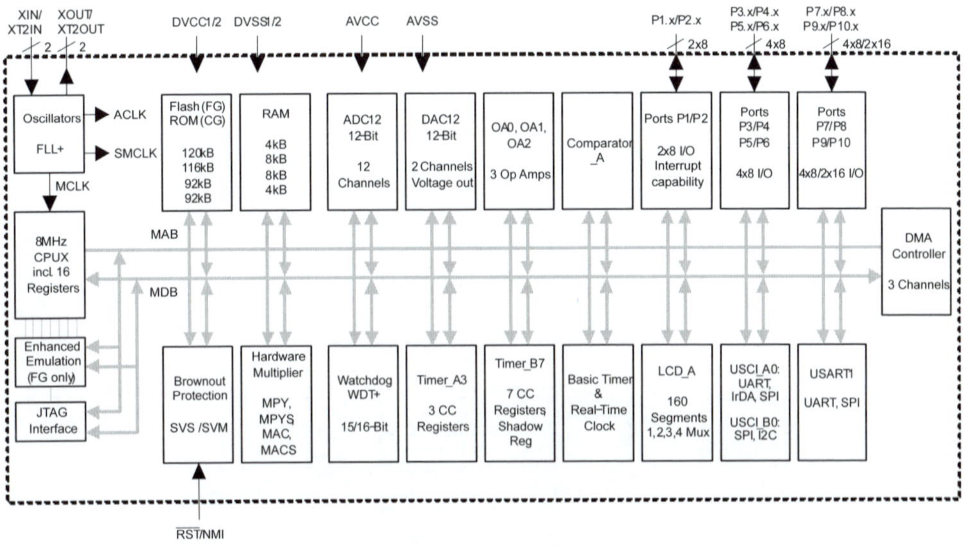


**Abb. 11.20.:** Blockschaltbild des MSP430FG461x von Texas Instruments (Bildquelle: TI, Datasheet MSP430xG461x)

## MSP430 CPU

Die MSP430 CPU ist eine 16-Bit RISC-CPU mit 27 Befehlen, welche in einem Taktzyklus eine komplette Operation ausführen kann, insofern sich die Operanden in CPU-Registern befinden. Zur Adressierung der Befehls-Operanden werden sieben verschiedene Modi unterstützt. Die CPU beinhaltet mehrere Register, welche über einen 16-Bit Adress- (MAB) und Datenbus (MDB) mit Speicher und Peripherals kommunizieren.

Den **CPU-Datenpfad** zeigt die Abb. 11.21. Die CPU enthält eine Registerbank mit 16 Registern à 16 Bit, von denen vier jeweils eine fest verdrahtete Funktion besitzen:

- R0/PC – der Befehlszähler (*program counter*) zeigt auf die Adresse des nächsten auszuführenden Befehls im Programmspeicher.
- R1/SP – der Stackpointer zeigt auf eine Adresse in einem Bereich des Hauptspeichers, der als Stack verwendet und auf dem z.B. Rücksprungadressen abgelegt werden. Der Stack kann auch vom Nutzerprogramm verwendet werden (PUSH- POP-Befehle).
- R2/SR/CG1 – das Statusregister kann lesend und schreibend verwendet werden und enthält u.a. die Flags der CPU. Dort befinden sich die Flags der letzten ALU-Operation, z.B. das Flag N, das bei negativem Ergebnis gesetzt ist. Ein weiteres Flag (GIE) aktiviert oder deaktiviert die Behandlung von Interrupts.
- R3/CG2 – CG2 und CG1 liefern je nach Adressierungsmode einen der Werte 0,1,2,4,8 und -1, welche als Konstanten im Maschinenprogramm verwendet werden können.

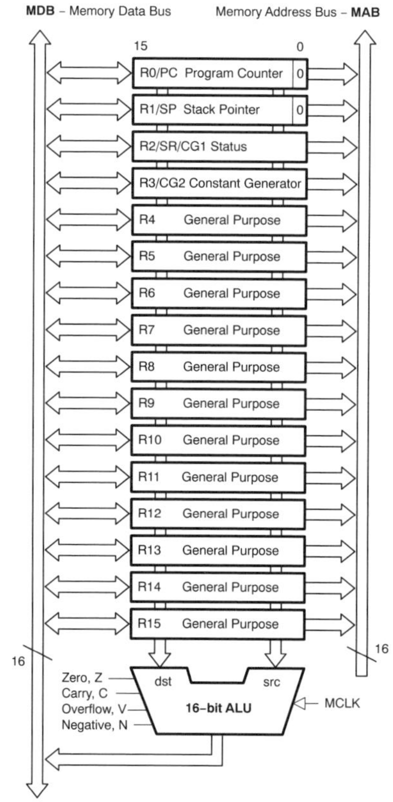


**Abb. 11.21.:** Registersatz und Datenpfad der MSP430-Familie (Bildquelle: TI, MSP430 Family User's Guide)

Für eine ausführliche Beschreibung aller Flags und deren Funktion verweisen wir auf die MSP430 Benutzeranleitung [MSP12a, MSP12b].

Die restlichen 12 Register können für verschiedene Zwecke genutzt werden. Dort legen die Programme ihre Variablen oder Referenzen (Zeiger) auf Hauptspeicheradressen ab, die während der Programmabarbeitung benötigt werden.

Die CPU unterstützt sieben verschiedene **Adressierungsarten**. Die Argumente der CPU-Operationen können entweder in Registern stehen (*register mode*) oder über absolute, indirekte oder indexierte Adressierung unter Zuhilfenahme eines Registers auf eine Adresse verweisen, wobei auch der Befehlszähler als Register für indirekte oder indexierte Adressierung verwendet werden kann. Außerdem wird eine Autoinkrement-Funktion unterstützt, welche den Index-Registerwert nach der Operation automatisch erhöht. Durch die Verwendung des Befehlszählers[1] bei der indexierten Adressierung erhält man die Möglichkeit der symbolischen

[1] Abweichend zu anderen RISC-Architekturen liegt der Befehlszähler in der Registerbank.

Adressierung, also der Angabe von Adressen mit einem bestimmten Offset zum aktuellen Befehl. Der Assembler kann diesen Offset berechnen. Dadurch können Befehle direkt zwei Speicherinhalte verknüpfen, ohne vorher deren Adressen oder Werte in Register laden zu müssen.

Eine weitere Besonderheit der MSP430-CPU ist, dass jeder Befehl jeden Adressierungsmode verwenden kann, also sowohl auf Speicher als auch auf Register zugreifen kann (orthogonale Architektur). Somit müssen Daten zur Verarbeitung nicht erst in Register geladen werden. Die MSP430-CPU hat also keine LOAD-/STORE-Architektur.

Der **Befehlssatz** der CPU unterstützt aktuell 27 Hardware-Operationen (Maschinenbefehle) und 24 Pseudo-Instruktionen, die vom MSP430 Assembler auf die Maschinenbefehle abgebildet werden. Wir werden in Kapitel 11.7.2 etwas genauer darauf eingehen.

### Taktbereitstellung und Low Power Modi

Die MSP430 $\mu$Cs enthalten **Takt-Generatoren** mit unterschiedlichen Ausprägungen (Clock-System in Abb. 11.18). Bei den einfachen Varianten (z.B. MSP430x2xx) ist es das *Basic Clock Module+* und bei den größeren Varianten (z.B. MSP430x4xx) die *Frequency-Locked Loop clock* (FLL+). Diese Generatoren stellen mehrere unterschiedliche Frequenzen für die einzelnen Module bereit. Über einstellbare Frequenzteiler, in der Folge nur als Teiler bezeichnet, kann die Frequenz beeinflusst werden.

Die Takt-Generatoren können durch die Software zur Laufzeit beeinflusst werden. Dadurch werden verschiedene Betriebsmodi mit unterschiedlicher Stromaufnahme umgesetzt. Im *Low Power Mode* 4 (LPM4) sind alle Teile des Controllers deaktiviert und können nur durch einen externen Interrupt aktiviert werden. LPM4 ist der sparsamste Betriebsmodus, auch Lagermodus genannt. Im aktiven Modus hingegen arbeiten alle Teile des Controllers. Dazwischen gibt es noch die Modi LPM3 bis LPM0, bei denen verschiedene Bereiche aktiv sind. So kann z.B. ein Zähler in einem Peripheral durch einen separaten Takt (ACLK) weiter laufen, während der CPU-Takt (MCLK) angehalten und somit die CPU „schlafen gelegt“ wird. Die CPU kann durch bestimmte Ereignisse wieder „geweckt“ werden, z.B. wenn der Zähler abgelaufen ist.

### Peripherie-Module

Wie bereits erwähnt, ist die MSP430-Palette sehr umfangreich[1]. Die ICs unterscheiden sich im Wesentlichen durch die Bauform (Verpackung), durch die enthaltenen Peripherals und durch den Speicher. Dieser Abschnitt gibt einen Überblick über ausgesuchte Peripherals und deren Funktion, ist also keine vollständige Aufzählung. Für eine vollständige Aufzählung verweisen wir wieder auf die im Internet verfügbare Anleitung der MSP430-Serien [MSP12a, MSP12b].

Wir beginnen mit den digitalen Peripherals, gefolgt von den Schnittstellen (Ports), den Wandler-Modulen und den analogen Bausteinen.

---

[1] Eine Übersicht der aktuellen Produkte liefert die Webseite von TI: `http://www.ti.com/lsds/ti/microcontroller/16-bit_msp430/product_search.page`

**Watchdog-Timer** Der Watchdog ist ein spezieller Timer. Bei einem Timer handelt es sich um einen Zähler (siehe Kapitel 8.3.7), der zu bestimmten Zeitpunkten eine Aktion auslöst, z.B. wenn der Zähler den Wert 0 erreicht. Man kann zudem den Wert abfragen, um z.B. die verstrichene Zeit zu bestimmen oder eine Uhrzeit zu ermitteln. Dabei ist immer vorausgesetzt, dass der Timer der jeweiligen Aufgabe entsprechend initialisiert wurde.

Der Watchdog-Timer kann als Timer eingesetzt werden oder, so wie es der Name sagt, als Watchdog (engl. für Wachhund). Arbeitet er als Watchdog, so muss das aktive Programm den Timer in bestimmten Zeiten zurück setzen, da er andernfalls ein Reset auslöst. So kann ein Controller, dessen Programm z.B. in einer Endlosschleife gefangen ist, sich selbstständig in den Ausgangszustand zurück setzen.

**Timer-Module** Neben dem Watchdog kann der Controller zwei weitere 16-Bit **Timer** mit mehreren Registern enthalten. Die Timer können in verschiedenen Modi (Continous, Up, Up/-Down) betrieben werden. Der Timer-Takt wird aus dem Clock-System abgeleitet und programmiert, wodurch sowohl sehr kleine, als auch sehr große Intervalle ermöglicht werden. Ein Timer kann für den einmaligen oder kontinuierlichen Lauf eingestellt werden. Im letzteren Fall werden in Intervallen mit einstellbarer Periodendauer Interrupts ausgelöst, die weitere Aktionen starten. Die Timer-Module können bei deaktivierter CPU arbeiten, da sie mit einem separaten Takt versorgt werden können und so die CPU nur in bestimmten Intervallen „aufwecken“.

**LCD-Controller** Für die Ansteuerung von Anzeigen besitzen einige MSP430 Derivate LCD-Controller. An die Ports dieser LCD-Controller kann direkt ein LCD angeschlossen und im Multiplexverfahren (1:2 bis 1:4) betrieben werden.

**Schnittstellen-Module** Für die Kommunikationen mit externen Systemen oder anderen Controllern besitzen die MSP430-Controller verschiedene Schnittstellen-Peripherals. Je nach Typ sind **serielle Schnittstellen** für UART-Protokolle (z.B. RS-232), SPI, $I^2C$ und USB verfügbar. Für parallele Schnittstellen werden die **Ports** genutzt.

**Port-Module** Die Ports gehören wohl zu den wichtigsten Peripherals von Mikrocontrollern, da hierüber die eigentliche Aufgabe, die Ansteuerung und Kommunikation mit der externen Hardware erfolgt. Jeder Port hat höchstens acht Anschlüsse, so dass er direkt über den 8-Bit-Bus MDB angesteuert werden kann. Ein Controller kann mehrere Ports haben. Sie werden von P1 an aufwärts nummeriert. Mit P1.3 bezeichnet man z.B. den vierten Pin am Port 1 (die Pin-Nummerierung beginnt bei 0).

Die Ports des MSP430 stellen meist mehrere Funktionen zur Verfügung. Alle Ports können Werte binär ein- und ausgeben. Den L- und H-Werten sind entsprechende Potentiale zugewiesen (siehe Kapitel 7.1.1). Dieser Betriebsmodus wird als **I/0-Mode** bezeichnet. In den anderen, den nicht I/O-Modi, übernehmen die Ports die Verbindung zwischen den Peripherals und der Außenwelt. Im **Peripheral-Mode** routen die Ports analoge Werte zu den ADC-, Komparator-

oder Operationsverstärker-Peripherals bzw. umgekehrt, vom DAC-Modul zu den Anschlüssen. Welcher Port für welche Peripheral-Module zuständig ist, hängt vom jeweiligen Typ des Controllers ab. Die Auswahl der Funktion „I/O“ oder „Peripheral“ kann bei jedem Port für die einzelnen Pins über ein Konfigurationsregister eingestellt werden.

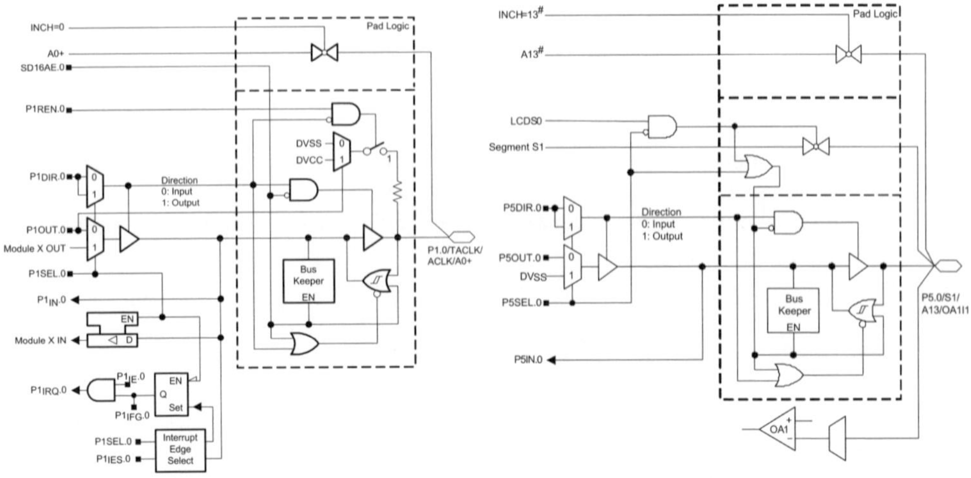


**(a)** MSP430F20x3, Port 1.0 **(b)** MSP430FG461x, Port 5.0

**Abb. 11.22.:** MSP430 Portschaltungen (Bildquelle: TI)

In der Abb. 11.22 ist die Ansteuerung des Pins 0 für zwei spezielle Ports, Port 1 des Controllers MSP430F20x3 und Port 5 des MSP430FG461x dargestellt. Die Bilder sind den Datenblättern des MSP430xG461x und des MSP430F20x3 von Texas Instruments entnommen; die Schaltsymbole entsprechen amerikanischen Normen (ANSI 91).

In Schaltung (a) ist zu erkennen, dass über das Signal `P1OUT.0`[1] und über die nachgeschalteten Puffer mit Enable-Leitung ein Wert am Pin ausgegeben werden kann. Die Ausgabe erfolgt allerdings nur, wenn `P1DIR.0` auf 1 geschaltet ist, andernfalls arbeitet der Port als Eingang. Wird der Pin als Eingang genutzt, so wird der digitale Wert über eine Schmitt-Trigger-Schaltung ermittelt und kann von der CPU über `P1IN.0` abgefragt werden.

An Pin P1.0 ist außerdem ein Widerstand zuschaltbar[2]: `P1REN.0`=1. Über einen Multiplexer wird der Widerstand entweder mit Masse (DVSS) oder mit der Versorgungsspannung (DVCC), gesteuert durch `P1OUT.0`, verbunden, arbeitet also als Pull-Up- oder Pull-Down-Widerstand.

Mit `P1SEL.0`[3] kann die Funktion des Ports als I/O-Port `P1SEL.0`=0 oder als Peripheral-Port `P1SEL.0`=0 festgelegt werden. Als Peripheral steht der Sigma-Delta-Wandler SD16 zur

[1] `P1OUT.0` ist das Bit 0 des Port-1-Registers P1OUT.

[2] `P1REN` bezeichnet das Resistor Enable Register von Port 1.

[3] `P1SEL` bezeichnet das Port-1-Select Register.

Verfügung und mit Auswahl des Kanals 0 (`INCH`=0) wird der Wert vom Pin an den Eingang `A0+` des SD16 geroutet.

Der Port 1 ist Interrupt-fähig. Zur Auslösung eines Interrupts muss `P1IE.0` auf 1 stehen. Mit `P1IES.0` wird die Triggerung auf die steigende oder fallende Flanke am Eingang festgelegt. Die Auslösung wird der CPU über `P1IRQ.0` signalisiert. Ob Pin 0 den IRQ ausgelöst hat, kann über `P1IFG.0` erfragt werden.

Der Port 5 in Abb. 11.22b arbeitet ähnlich wie der in (a) dargestellte, weicht aber in einigen Punkten ab. P5.0 besitzt keinen Pull-Up/Down-Widerstand und ist auch nicht Interrupt-fähig. Für die Verwendung mit dem ADC und DAC kann der Pin auf Kanal `A13` geroutet werden. Außerdem ist dieser Pin verbunden mit OA1, einem OPV-Modul. Dort kann er auf den invertierenden Eingang des OPV geschaltet werden. Alternativ kann der Pin für die Ansteuerung eines Signals (Segment S1) der LCD verwendet werden. Mit `LDCS0` wird die LCD-Funktion des Ports ausgewählt.

Die Ansteuerung der anderen Pins erfolgt nach dem gleichen Prinzip. Die einzelnen Ports unterscheiden sich im Wesentlichen durch die zuschaltbaren Peripherals oder einige Besonderheiten, wie Pull-Up/-Down-Widerstände. Detaillierte Informationen hierzu sind dem Datenblatt des jeweiligen Controllers zu entnehmen.

**Operationsverstärker** Für die interne Verarbeitung analoger Werte enthalten einige Controller Operationsverstärker (OA für *operational amplifier*). Die Konfiguration erfolgt wieder über die Software. Die Operationsverstärker können als Differenz-, als invertierende oder als nichtinvertierende Verstärker, als Puffer oder als Komparator verwendet werden.

**Komparator** Einige MSP430 Derivate (z.B. MSP430F20x1) enthalten einen analogen Komparator zum Vergleich zweier Spannungen. Die zu vergleichenden Werte können extern über Ports oder intern bereit gestellt werden. In Abhängigkeit vom Vergleichsergebnis kann ein Interrupt ausgelöst werden.

**AD-Wandler** Für die digitale Verarbeitung von analogen Signalen werden Analog-Digital-Wandler benötigt. Für MSP430-Controller sind verschiedene Wandlertypen im Einsatz (siehe Kapitel 10.4):

- ADUs nach dem Wägeverfahren (SAR) mit 8-12 Bit Auflösung [im Datenblatt bezeichnet als: ADC8, ADC10 oder ADC12],
- Sigma-Delta-Wandler mit 16-24 Bit Auflösung [SD16, SD20 oder SD24],
- Unter Nutzung von Timer und Komparator können ADUs nach dem Zählverfahren aufgebaut werden [slope].

Die im nächsten Kapitel gezeigten Beispiele werden wir anhand der beiden MSP430 Controller FG4618 und F2013 entwickeln, so dass wir deren Wandler hier etwas genauer erklären wollen.

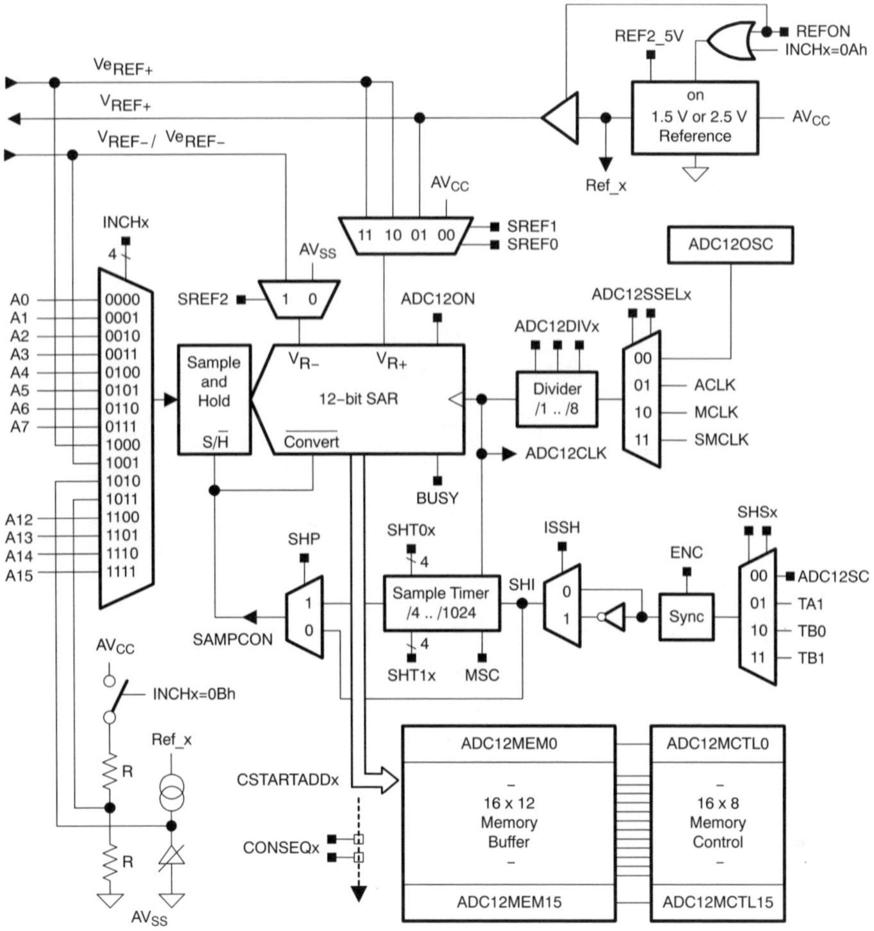


**Abb. 11.23.:** Blockschaltbild des ADC12 im MSP430FG461x, ein 12 Bit SAR (Bildquelle: TI, MSP430x4xx Family User's Guide)

Der FG4618 hat einen 12 Bit SAR-Wandler, das Modul **ADC12** (siehe Abb. 11.23). Der ADC12 besitzt ein Sample- and Hold-Glied mit einstellbaren Samplingzeiten, welche z.B. durch einen Timer oder über einen Takt gesteuert werden. Die Referenzspannung kann aus zwei intern generierten Werten gewählt oder extern angelegt werden.

Die Auswahl der Quelle erfolgt über das Signal `INCHx`, welches den Multiplexer auf der linken Seite steuert. Der Multiplexer leitet entweder das Eingangssignal von den Ports (`A0-A7`, `A12-A15`) weiter oder wird über eine interne Quelle versorgt. So wird über `INCHx=11` eine Verbindung zu einem internen Spannungsteiler hergestellt, welcher sich zwischen Betriebsspannung und Masse befindet. Mit Bezug zur stabilisierten Referenzspannung kann darüber die Betriebsspannung gemessen werden.

Im unteren Bereich des Bildes ist ein Speicher `ADC12MEMx` für die Aufnahme von 16 Worten (à 12 Bit) dargestellt, der CPU-unabhängig bis zu 16 Werte aufnehmen kann. Daneben befindet sich zu jedem Wort ein Kontrollregister `ADC12MCTLx` zur Festlegung der Referenzspannung und des Sample-Eingangs für jeden der 16 Werte.

Der ADC12 ist Interrupt-fähig und kann nach Ablauf der Konvertierung einen Interrupt auslösen. So können ohne Mithilfe der CPU 16 Werte von 16 verschiedenen Quellen digitalisiert und anschließend die CPU darüber informiert werden. In einem anderen Betriebsmodus können bis zu 16 Werte nacheinander von der gleichen Quelle aufgenommen und hintereinander im Speicher abgelegt werden. Der ADC12 ist somit vielseitig einsetzbar.

Der MSP430F2013 besitzt einen 16-Bit Sigma-Delta-Wandler (Modul **SD16**). Den Aufbau des Wandlers mit seiner Peripherie zeigt die Abb. 11.24.

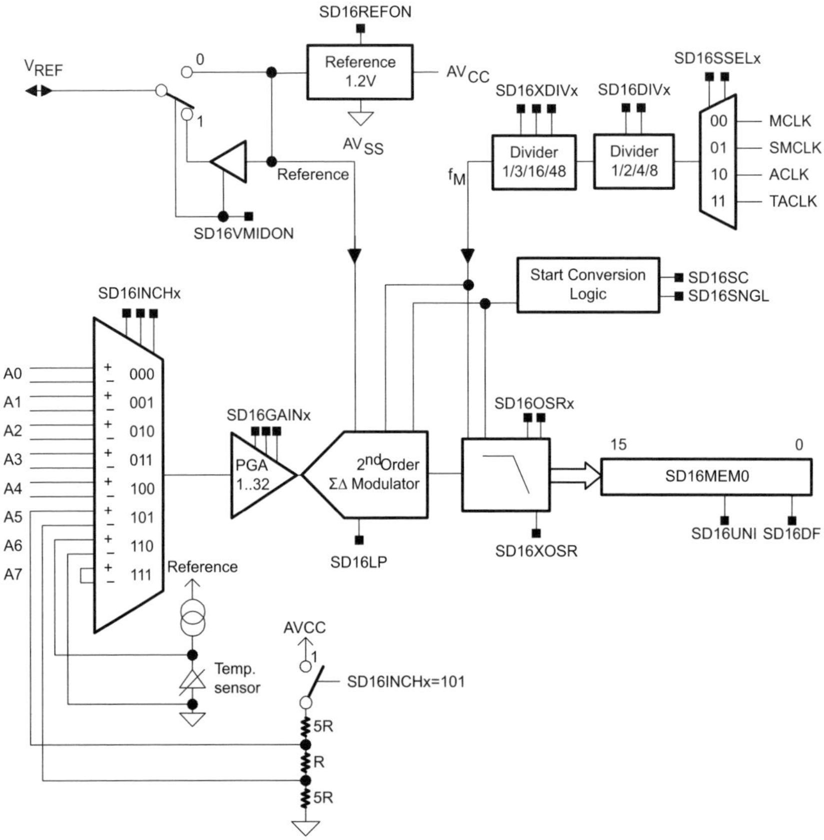


**Abb. 11.24.:** Blockschaltbild des 16 Bit Sigma-Delta-Wandlers des MSP430F2xx3 (Bildquelle: TI, MSP430Fx2xx Family User's Guide)

Im Zentrum zu erkennen ist der Sigma-Delta-Wandler mit einem Oversampling-Modulator ($\Sigma\Delta$-Modulator) zweiter Ordnung und nachgeschaltetem digitalen Filter. Die Modulationsfrequenz $f_M$ wird vom Clock-System über die Teiler (*Divider*) mit einstellbaren Takt versorgt. Die Referenzspannung kann intern oder extern zur Verfügung gestellt werden.

Der zu wandelnde Eingangswert wird als Differenz von zwei Eingängen (jeweils mit + und - bezeichnet) ermittelt. Die Auswahl der Quelle erfolgt wieder über einen Multiplexer mit dem Signal `SD16INCHx`. Das Signal kann von den Ports (`A0-A4`) kommen, z.B. `A0+` von Pin 1.0 und `A0-` von Port 1.1, oder von einer internen Quelle stammen. Durch Auswahl von `A5` wird die Betriebsspannung bestimmt und mit `A6` ein interner Temperatursensor abgefragt (siehe Temperaturmessung auf Seite 452). Bei `A7` sind die Eingänge verbunden, was für Kalibrierungszwecke genutzt werden kann.

Das Eingangssignal wird verstärkt, einstellbar über `SD16GAINx`, und an den Eingang des Wandlers geführt. Die Wandlung kann für einen Wert (`SD16SNGL`=1) oder kontinuierlich erfolgen. Der Wandlungsprozess wird mit `SD16SC`=1 eingeleitet. Das Ergebnis wird im 16 Bit Register `SD16MEM0` abgelegt. Über `SD16UNI` und `SD16DF` lässt sich das Format einstellen, z.B. als vorzeichenbehaftete Differenz (Darstellung im Zweierkomplement) zum Wert 0, wobei der konkrete Wert von der Referenzspannung und Verstärkung abhängt. Bei Ablage neuer Daten setzt der Wandler das Interrupt-Flag `SD16IFG`, welches bei Auslesen des Registers gelöscht wird.

**DA-Wandler** Für die Ausgabe analoger Spannungen kann die Pulsweitenmodulation, welche sich mit einem Timer realisieren lässt, genutzt werden. Soll es eine stabile Ausgangsspannung sein, so sind Digital-Analog-Wandler erforderlich. Hierfür stellen einige Controller DACs mit einer Auflösung von 8 [Bezeichnung: DAC8] bis 12 Bit [DAC12] zur Verfügung (siehe Kapitel 10.3).

## Speicher

In Abb. 11.18 ist die Anbindung eines gemeinsamen Speichers für Daten und Befehle über Daten- und Addressbus zu erkennen. Der MSP430 besitzt also eine Von-Neumann-Architektur. Speicher für Programme und Daten stehen in Form von ROM, EPROM, EEPROM (FLASH) und RAM in einem gemeinsamen Adressraum zur Verfügung. Der Arbeitsspeicher (RAM) sowie die Register der Peripherals, die speziellen Funktionsregister und die Interrupt-Vector-Tabelle sind ebenfalls in diesen Adressraum eingebunden. Die Abb. 11.25 zeigt die Aufteilung.

Der Speicher ist byteweise organisiert und adressierbar. Einige Bereiche sind wortweise organisiert, andere Bereiche sind sowohl byte- als auch wortweise adressierbar.

Die Größe des insgesamt adressierbaren internen Speichers ist aufgrund des 16-Bit Adressraums bei 64 KiB ($2^{16}$, Adresse 0x0000–0xFFFF) begrenzt. Es gibt Familien mit erweiterter CPU unter der Bezeichnung MSP430X. Diese haben ein Speichermodell, bei dem bis zu

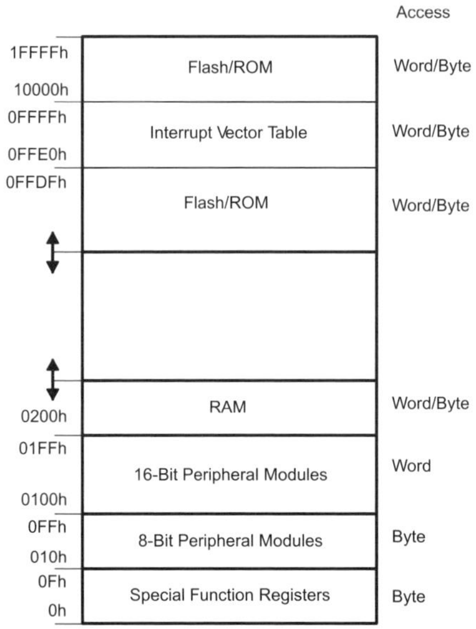


**Abb. 11.25.:** MSP430 Speicheraufteilung (Bildquelle: TI, MSP430x4xx Family User's Guide)

1 MiB adressiert werden kann, was einem 20-Bit Adressraum entspricht. Die Register müssen entsprechend ausgelegt und die internen Befehle angepasst werden. Dies erfolgt softwaretransparent, so dass der Nutzer die gleichen Befehle verwenden kann. In der Abb. 11.25 ist zusätzlicher Speicher bis 128 KiB (Adresse: 0x1FFF) dargestellt.

Die Ausstattung mit RAM und ROM hängt vom jeweiligen Typ ab. Dafür steht der Adressbereich 0x0200–0xFFDF zur Verfügung. Der restliche Adressraum ist wie folgt aufgeteilt. Die unteren 16 Bytes sind für spezielle Register vorgesehen (SFR: *Special Function Register*), zu denen z.B. die *Interrupt Enable* Register gehören. Darüber, im Bereich 0x0010–0x01FF sind die Register der Peripherals eingebunden, getrennt nach 8- und 16-Bit Modulen, was wiederum abhängt vom Bus MDB, an dem das jeweilige Modul angeschlossen ist (siehe Abb. 11.18). Der Adressraum 0xFFE0–0xFFFF enthält die Interrupt-Vektor-Tabelle. In dieser Tabelle stehen für die einzelnen Interrupt-Quellen die 16-Bit Adressen der zugehörigen Interrupt-Service-Routinen. Die möglichen Interrupt-Quellen hängen von den enthaltenen Peripherals ab, so können z.B. Timer, ADCs oder Ports Interrupts auslösen. Ein Interrupt an Port 1 des MSP430F20x3 ruft die Routine auf, deren Startadresse in der Tabelle unter der Adresse 0xFFE4 abgelegt ist[1]. Der Programmierer baut die Serviceroutine in sein eigenes Programm ein und hinterlegt bei Initialisierung die Adresse in der Tabelle.

[1] Die Einträge in der Interrupt Vector Tabellen sind gerätespezifisch und im jeweiligen Datenblatt beschrieben.

### 11.7.2. MSP430 – Software

Die vom Mikrocontroller abgearbeiteten Programme liegen als Maschinenbefehle, also in der Maschinensprache, vor. Mikrocontroller werden heute nur selten in Maschinensprache, also durch Eingabe der binären Opcodes und Daten programmiert. Für eine maschinennahe Programmierung nutzt man einen Assembler, bei dem verständliche Bezeichner für die Befehle verwendet werden, wie z.B. `ADD` für die Addition. Der Assembler übernimmt auch die Aufgabe von Sprungweitenberechnungen und die Verwaltung von Adressen über symbolische Bezeichner. So kann z.B. das Port-1-Ausgaberegister über den Bezeichner `P1OUT`, statt durch Angabe der Adresse 0x0021 angesprochen werden. Das entlastet den Programmierer.

Wie bereits erläutert, erfolgt heute die Programmierung von Mikrocontrollern meist in einer Hochsprache. Ein Compiler übersetzt dann das Programm in Assembler- bzw. Maschinensprache. Die Beherrschung von Assembler ist somit nicht erforderlich. Um den MSP430 Mikrocontroller aber effizient programmieren zu können und die Verarbeitung der Programme zu verstehen, sind grundlegende Kenntnisse von der Funktionsweise der CPU und deren Maschinensprache hilfreich.

#### Verarbeitung der Maschinenbefehle in der CPU des MSP430

Bei der CPU des MSP430 handelt es sich um eine CPU mit einer orthogonalen Architektur, bei der jeder Befehl jede Adressierungsart nutzen kann[1]. Dies bestimmt das Programmiermodell des Controllers. Die Maschinenbefehle können wahlfrei entweder mit den Registern der CPU oder mit Adressen im RAM oder ROM des Controllers arbeiten, wobei letztere natürlich nur gelesen und nicht beschrieben werden können. Abgesehen von den ersten vier Registern in der Registerbank sind alle Register für beliebige Zwecke nutzbar, man unterscheidet nicht zwischen Adress- und Datenregistern. Das gilt auch für den RAM, dessen Speicher beliebig eingebunden werden kann.

Daneben gibt es einige Adressbereiche mit speziellen Funktionen, z.B. die Register in Peripherals oder die Interrupt-Vektor-Tabelle. Auch diese Adressen können von den Befehlen als Quelle bzw. Ziel der Operation genutzt werden, wobei das weitere Auswirkungen hat. So wird z.B. durch Überschreiben des bereits erwähnten Port-1-Registers `P1OUT` (Adresse 0x0021 beim MSP430x2xx) ein Wert auf den Port 1 ausgegeben, vorausgesetzt der Port ist als Ausgang konfiguriert. Auf diese Art kann man eine dort angeschlossene LED (siehe Abb. 11.12) durch einen einzelnen Maschinenbefehl an- oder ausschalten.

Die Architektur der CPU ist durchgängig auf 16 Bit ausgelegt, bei der Variante MSP430X sogar auf 20 Bit. Die Befehle können ihre Operanden (abgesehen von den Sprung-Befehlen) entweder byte- (8-Bit) oder wortweise (16-Bit) adressieren. So gibt es z.B. den Additionsbefehl in der Version `ADD` zur Verarbeitung von 16 Bit-Werten und `ADD(.B)` zur Verarbeitung von Bytes, wobei die Werte aus den Registern oder aus dem Speicher außerhalb der CPU

[1] Die MSP430-CPU besitzt keine reine RISC-Architektur. Sie wird aber vom Hersteller und in der Literatur als RISC-CPU bezeichnet. Grund dafür ist das Registermodell und der reduzierte Befehlssatz. Außerdem ist die Taktrate so gering, dass ein Hauptspeicherzugriff die CPU nicht wesentlich ausbremst. [Dav08]

(RAM, FLASH/ROM, EEPROM) gelesen bzw. dorthin geschrieben werden können. Der Speicherzugriff kann für die Geschwindigkeit der Abarbeitung hinderlich sein, insbesondere wenn mehrere Werte aus dem Speicher verarbeitet und das Ergebnis im Speicher abgelegt werden soll. Zum Engpass wird der Bus MDB. Deshalb haben die Befehle des MSP430 abweichende Ausführungszeiten zwischen 1 und 6 Takten.

## Befehlsformate

Es stehen insgesamt drei Befehlsformate für die Maschinenbefehle zur Verfügung, abhängig davon, ob der Befehl ein oder zwei Operanden (Befehls-Argumente) verwendet oder ob es sich um einen Sprungbefehl handelt.

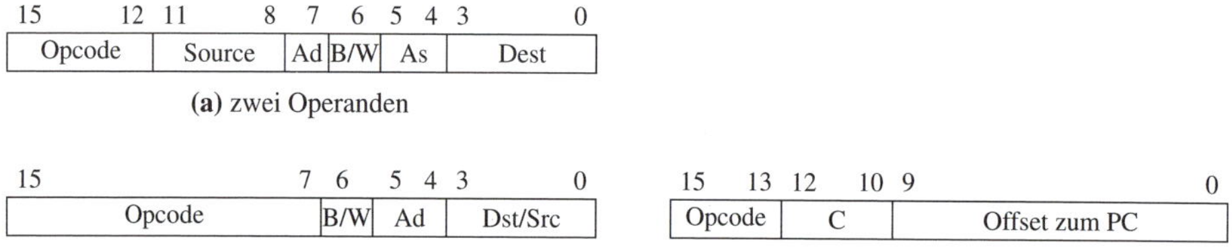


(b) ein Operand (c) Jump-Befehlsformat

**Abb. 11.26.:** MSP430 Befehlsformate

Der Opcode legt den Maschinenbefehl fest. Über das Bit B/W wird zwischen Byte- und Wortoperation unterschieden. Mit Ad und As wird die Adressierungsart festgelegt. Src und Dst geben dabei Quelle und Ziel an. Diese Werte sind 4 Bit groß, reichen also nur für die Angabe eines Registers der Registerbank. Soll eine Speicherzelle über ihre 16-Bit Adresse adressiert werden oder wird ein Offset benötigt, so ist dieser Wert in dem Wort hinter dem Befehl gespeichert. Bei den Sprungbefehlen kodiert C die Flags des Statusregisters, welche als Sprungbedingung auszuwerten sind.

**Befehle mit zwei Operanden** Die Befehle mit zwei Operanden sind Kopieren (`MOV`), Addieren ohne und mit Beachtung des Carry (`ADD`, `ADDC`), Subtrahieren (`SUB`, `SUBC`), dezimale Addition (`DADD`), Bits löschen (`BIC`), logisches Oder bzw. Bits setzen (`BIS`), logisches exklusives Oder (`XOR`), logisches Und (`AND`) und die Testoperationen (`CMP` und `BIT`).

Die Testoperationen `CMP` (Compare) und `BIT` (Bit Test) ändern keine Register oder Speicherzellen, sondern setzen bestimmte Flags innerhalb des Status-Registers, welche dann z.B. von den bedingten Sprung-Befehlen abgefragt werden.

**Befehle mit einem Operand** Zu den Befehlen mit einem Operand gehören die logische Rechts-Rotation (`RRC`) und der arithmetische Rechts-Shift (`RRA`), die Ablage auf dem Stack (`PUSH`), Vertauschen von Bytes (`SWPB`), Aufruf von Unterprogrammen (`CALL`), Rückkehr aus der Interrupt-Service-Routine (`RETI`) und die Vorzeichenerweiterung (`SXT`).

**Sprungbefehle** Die Sprungbefehle umfassen den bedingungslosen Sprung (`JMP`) sowie die bedingten Sprünge (`JEQ/JZ`, `JNE/JNZ`, `JC`, `JNC`, `JN`, `JGE` und `JL`). Wenn durch den Befehl `CMP` zwei Werte $A$ und $B$ verglichen werden, kann im Anschluss abhängig vom Ergebnis des Vergleichs gesprungen werden. Verwendet man `JGE` (*jump if greater or equal*) wird der Sprung ausgeführt, wenn zum Testzeitpunkt $A \geq B$ galt. Die Sprungweite wird als Offset zum aktuellen PC im Befehl kodiert. Der Wert wird wegen der Ausrichtung auf die Wortbreite von 16 Bit (entspricht 2 Byte) mit zwei multipliziert. Dadurch sind Sprungweiten von -511 bis +512 Worten möglich.

**Pseudo-Instruktionen** Neben den bisher genannten Befehlen bietet der Assembler weitere Befehle, die allerdings nicht in der Maschinensprache enthalten sind. Diese Befehle werden auf andere Maschinenbefehle abgebildet und als Pseudo-Instruktionen bezeichnet. Sie können im Assemblerprogramm wie Maschinenbefehle verwendet werden. So existiert z.B. auch ein Links-Shift (`RLA`), der über eine Addition in Maschinensprache realisiert wird.

**Multiplikationsbefehle** Einige Prozessoren der MSP430-Serie besitzen Hardware-Multiplizierer (MPY oder MPY32), der am Bus MDB mit 16 Bit angebunden ist und der CPU als Coprozessor zusätzliche Hardware-Operationen für die Multiplikation von 8-, 16-, 24- oder 32-Bit vorzeichenbehafteten und -losen Binärzahlen zur Verfügung stellt. Diese Controller können Befehle zur vorzeichenlosen und vorzeichenbehafteten Multiplikation (`MPY`, `MPYS`) und zur fortlaufenden Multiplikation mit anschließender Akkumulation der Ergebnisse (`MAC`, `MACS`) ausführen. Das Ergebnis einer $16 \times 16$ Bit Multiplikation umfasst 32 Bit und wird im Multiplizierer in zwei 16-Bit-Registern `RESLO` und `RESHI` abgelegt. Mit dem MPY32 sind auch Operanden mit einer Größe von 24- oder 32-Bit möglich. Das Ergebnis hat die Größe 64 Bit und wird auf vier 16-Bit-Register verteilt.

### Programmstart

Bei einem (Power-On-) **Reset** erfolgt eine Initialisierung des Controllers. So werden u.a. die Ports als Eingänge konfiguriert und das Statusregister initialisiert. Anschließend beginnt die Programmausführung. Dazu wird der Wert von der 0xFFFE aus der Interrupt-Vektor-Tabelle in den Befehlszähler (PC) geladen, vorausgesetzt der Controller ist programmiert. Anschließend wird das Programm an dieser Adresse ausgeführt.

### Programmierung des MSP430 in C

Programme für den MSP430 lassen sich schneller und meist mit weniger Fehlern in einer Sprache wie C oder C++ schreiben. Für den MSP430 existieren verschiedene Compiler, die Programme aus einer Hochsprache in ein MSP430-Programm bzw. in den passenden Maschinencode übersetzen.

**Programm 11.1 (MSP430: LED Blinklicht an P1.0)**

```
volatile unsigned int i;
while(1)
{
  // Umschalten von P1.0
  // P1 = P1 XOR 1
  P1OUT ^= 0x01;

  // die Verzögerung
  i = 50000;
  do {
   i--;


  } while (i != 0);
}
```

Anlegen einer Variablen auf dem Stack

Assembler

```
F818: xor.b #0x1, &P1OUT

F81C: mov.w #0xC350, 0x0(SP)

F822: mov.w @SP, R15
F824: add.w #0xFFFF, R15
F826: mov.w R15, 0x0(SP)
F82A: tst.w 0x0(SP)
F82E: jne   0xF822
F830: jmp   0xF818
```

Ein Beispiel für ein C-Programm zur Ansteuerung einer LED als Blinklicht an P1.0 ist im Programm 11.1 als Ausschnitt dargestellt, rechts daneben das äquivalente Assemblerprogramm. Diese Programm stellt eine erste Implementierung dar, bei dem die Verzögerung über eine Warteschleife (*polling*) realisiert wurde. Eine in Bezug auf den Energieverbrauch bessere Variante unter Nutzung von Timer-Interrupts wird im Kapitel 11.7.4 gezeigt.

### 11.7.3. MSP430 – Entwicklungsumgebung

Zur Entwicklung und zum Test von Programmen für den MSP430 wird ein Entwicklungsrechner mit der entsprechenden Software, ein Programmieradapter und natürlich die passende Schaltung mit MSP430 benötigt. Für den Beginn reicht meist auch ein Experimentierboard (siehe Abb. 11.17d und Abb. 11.15). Für die professionelle Entwicklung wird noch weitere Hardware benötigt, die in Kapitel 11.6 bereits aufgezeigt wurde. Einen Eindruck eines Entwicklungsplatzes vermittelt Abb. 11.27.

Die ersten Microcontroller speicherten die Programme in EPROMs, welche mittels UV-Licht gelöscht werden mussten, bevor ein neues Programm geladen werden konnte. Moderne Systeme, zu denen auch die aktuelle MSP430-Serie zählt, speichern die Daten im Flash-Speicher, so dass keine Lösch-Station und extra Zeitaufwand für das Löschen erforderlich sind. Die Programmierung kann sogar im eingebauten Zustand erfolgen[1]. Dazu sind von den JTAG-Anschlüssen des Mikrocontrollers entweder alle Signale oder zumindest die zwei Spy-Bi-Wire-Leitungen (siehe Abb. 11.16) der fertigen Schaltung zusammen mit der Versorgungsspannung nach außen zu führen. Mit dem JTAG-Interface-Adapter (Texas Instruments bezeichnet diese als FLASH-Emulation-Tool: FET) kann dann der Controller programmiert werden. Die Abb. 11.28 zeigt den Anschluss eines (eingebauten) Controllers zur Programmie-

[1] Die MSP430-Serie unterstützt einen Bootloader-Mechanismus, der über die serielle Schnittstelle das auszuführende Programm beim Starten lädt.

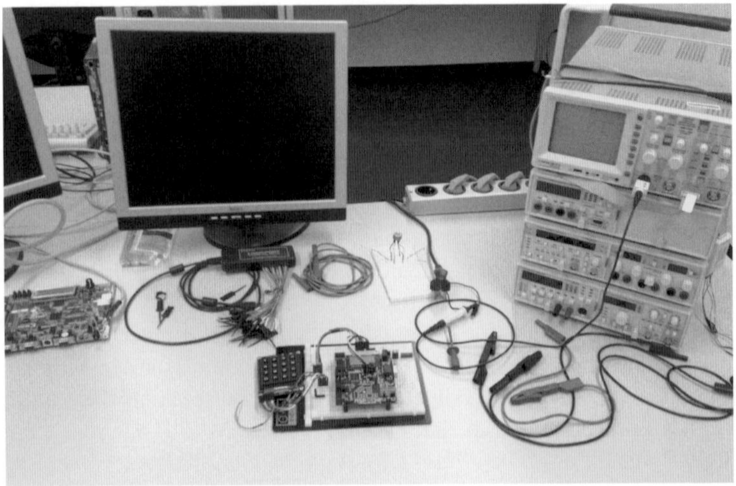

**Abb. 11.27.:** Mikrocontroller-Entwicklungsplatz mit Testboard und diversen elektronischen Laborgeräten

rung an einen PC über ein Spy-Bi-Wire-Interface. Hierfür werden nur vier Leitungen benötigt: (SBW)TDIO, (SBW)TCK, $V_{CC}$ und $V_{SS}$.

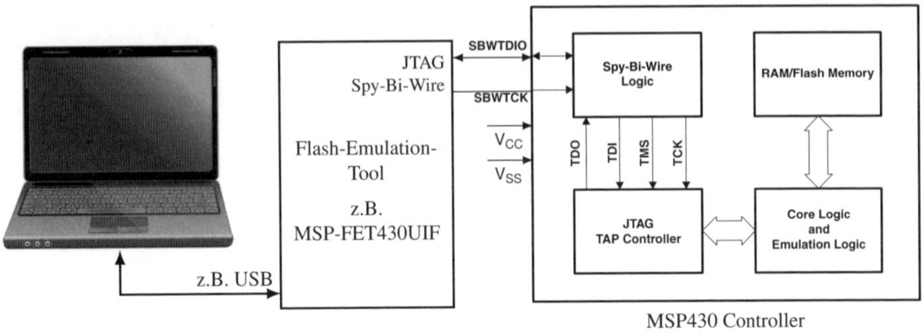


**Abb. 11.28.:** Verbindung des Entwicklungsrechners mit MSP430 über Spy-by-wire-Modul (Bildquelle rechter Teil: TI: MSP430$^{TM}$ Programming Via the JTAG Interface)

Der Einsatz dieser Schaltung erlaubt das Starten eines Programmes im Debugging-Modus. In diesem Modus können Unterbrechungspunkte (*breakpoints*) im Quelltext gesetzt werden, an denen die Ausführung des Programmes angehalten wird. Wurde das Programm gestoppt, können die Inhalte der Variablen (das sind die Register- und Stackbereiche) und andere Speicherinhalte über den FET ausgelesen werden. Außerdem kann das Programm im Einzelschritt-Modus (Assembler-)Befehl für Befehl ausgeführt werden, so dass man dabei auftretende Veränderungen der Variablen beobachten kann.

Bevor das Programm ausgeführt wird, muss es zuerst übersetzt werden. Je nach Art der Quelle wird dafür nur der Assembler oder ein Compiler benötigt. Nach der Übersetzung wird das Programm über den JTAG-Adapter in den Controller übertragen. Anschließend kann das Programm, z.B. durch Auslösen eines Power-On-Resets gestartet werden oder über den FET im Debug-Modus beobachtet werden.

Für die Entwicklung bietet sich die Benutzung einer integrierten Entwicklungsoberfläche (IDE) an. MSP430-IDEs enthalten Projektverwaltung, Quelltexteditoren und meist auch Compiler und Assembler unter einer Oberfläche. Außerdem unterstützen die IDEs den Debug-Modus, so dass von der Programmerstellung bis zur Erprobung und Fehlersuche alles unter einer Oberfläche erfolgt. Einige IDEs enthalten zudem Simulatoren bestimmter MSP430-Derivate, so dass man anfangs auch ohne die MSP430-Hardware Programme für den MSP430-Controller erstellen und testen kann. Für die im Folgenden gezeigten Beispiele reichen die freien Versionen[1], z.B. die IAR Embedded Workbench Kickstart (IAR EW430) oder das Code Composer Studio (CCStudio) von TI aus. Die Abb. 11.29 zeigt die Oberfläche der IAR EW430 bei der Ausführung eines Programmes im Debug-Modus.

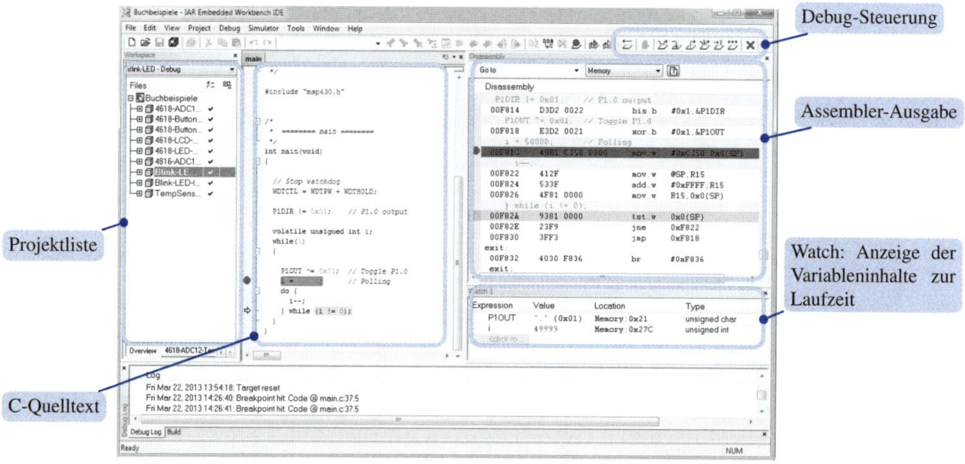


**Abb. 11.29.:** Debugging eines Projekt mit der IAR-Workbenench

## 11.7.4. MSP430 – ein kleines Projekt

In diesem Abschnitt werden wir einfache Beispiele zur Verwendung des MSP430 vorstellen. Diese Beispiele sind mit den Experimentierboards (Abb. 11.17d und Abb. 11.15) und etwas externer Hardware leicht nachzuvollziehen und sollen als Anregung für den Einsatz von Mikrocontrollern in eigenen Projekten dienen.

[1] Die genannten IDEs können von Texas Instruments in einer zeitlich oder in der Größe des erzeugten Codes beschränkten Testversion bezogen werden. Die größenbeschränkte Version ist für die gezeigten Beispiele ausreichend.

## Ansteuerung von I/O-Ports

Einfache Standardaufgaben, die bei fast jeder Mikrocontrolleranwendung vorkommen, sind die Abfrage von Tasten und die Ansteuerung von Leuchtdioden, also die Verwendung der I/O-Ports. Diese beiden Aufgaben lassen sich mit je einem Pin eines Ports ausführen.

**LED-Ansteuerung** Beginnen wollen wir mit der Ausgabe eines 1-Bit-Wertes über eine LED. Um die Steuerung durch den Mikrocontroller erkennen zu können, soll die LED mit einer Frequenz blinken, die für das menschliche Auge wahrnehmbar ist.

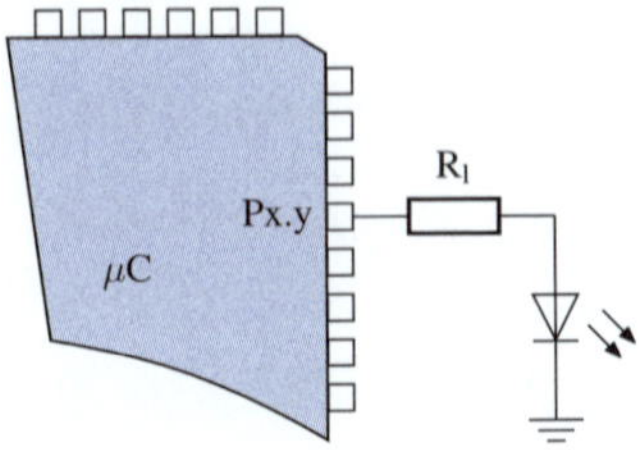


**Abb. 11.30.:** Anschluss einer LED an einen MSP430-I/O-Port

Die Schaltung besteht aus einer Leuchtdiode, die zur Strombegrenzung in Reihe mit einem Widerstand zwischen Port und Masse ($V_{SS}$) angeschlossen wird. In dieser Schaltung muss der Wert 1 an `PxOUT.y` gesendet werden, um die digitale Versorgungsspannung (bei den MSP430-Experimentierboards ist dies $V_{CC}$=3,3 V) auszugeben und die LED zum Leuchten zu bringen. Die Schaltung ist bereits auf den Experimentierboards *ez430* an `P1.0` und auf dem *MSP430FG4618*-Board an `P5.1`, `P2.1` und `P2.2` enthalten.

Das Programm 11.2 zeigt eine Möglichkeit zur Erzeugung der Blinkfrequenz für ein Blinklicht mit Hilfe eines Timer-Interrupts. Die Ansteuerung der LED erfolgt durch Umschalten des jeweiligen Pins. Dazu wird der alte Wert XOR mit 1 verknüpft und wieder ausgegeben (Zeile 27). Die Zeitsteuerung erfolgt hier mittels eines Timer-Interrupts. Dazu wird das Watchdog-Modul als Timer gestartet. Der Timer wird mit einem Takt versorgt, für den mehrere Quellen zur Verfügung stehen. Man kann den aus dem CPU-Takt gewonnenen Takt `SMCLK` nutzen, aber dann müssen wir einen Power Mode LPM 0 oder 1 nutzen. Besser ist die Verwendung der alternativen Taktquelle `ACLK`. Diese versorgt den Timer auch im äußerst sparsamen Modus LPM 3 weiter mit einem Takt, während die CPU bis zur Auslösung des Interrupts schlafen gelegt wird (Zeile 19).

Der Zeitpunkt der Auslösung hängt von der Frequenz $f_{ACLK}$ und den Timereinstellungen ab. Der Timer wird über einen Teiler-Wert im Register `WDTCTL` eingestellt. Für den Watchdog-Timer stehen Teiler 1:64, 1:512, 1:8192 und 1:32768 zur Verfügung. Um an der LED eine Umschaltzeit von ca. einer Sekunde zu erreichen, muss der passende Teiler zum Takt `ACLK` gewählt werden. Zusätzlich ist `ACLK` selbst konfigurierbar. Dabei unterscheiden sich die beiden Experimentierboards.

**Programm 11.2 (MSP430: Interruptgesteuertes LED-Blinklicht an P1.0 und P5.X)**

Board: eZ430 F2013

```
   #include "io430.h"
 2 void main(void)
   {
 4   // LowFrequency Mode. Teiler 1:1
     BCSCTL1 = DIVA_0;
 6   // VLO ist Quelle für ACLK
     BCSCTL3 = LFXT1S_2;
 8   // Intervall = fACLK/8192
     WDTCTL = WDT_ADLY_250;
10
     // Interrupt bei Timerablauf
12   IE1 |= WDTIE;

14   // Setze Port P1.0 als Ausgang
     P1DIR |= 0x01;
16
     // aktiviere LPM3
18   // Aufwecken durch Interrupt
     __bis_SR_register(LPM3_bits + GIE);
20 }

22 // Watchdog Timer ISR
   #pragma vector=WDT_VECTOR
24 __interrupt void watchdog_timer(void)
   {
26   // P1.0 umschalten
     P1OUT ^= 0x01;
28 }
```

Board: MSP430FG4618

```
#include "io430.h"
void main(void)
{
  // Oszillator Lastkapazität
  FLL_CTL0 |= XCAP18PF;

  // ACLK: Quarz mit 32.768kHz
  // Timer-Intervall = fACLK/32768
  WDTCTL = WDT_ADLY_1000;

  // Interrupt bei Timerablauf
  IE1 |= WDTIE;

  // Setze Port P5.1 als Ausgang
  P5DIR |= 0x02;

  // aktiviere LPM3
  // Aufwecken durch Interrupt
  __bis_SR_register(LPM3_bits + GIE);
}

// Watchdog Timer ISR
#pragma vector=WDT_VECTOR
__interrupt void watchdog_timer(void)
{
  // P5.1 umschalten
  P5OUT ^= 0x02;
}
```

Beim *ez430 mit F2013* ist kein Quarz zwischen XIN/XOUT angeschlossen und es wird auch kein externer Takt `ACLK` vorgegeben. Damit bleibt noch der interne LP/LF-Oszillator namens `VLO` als Quelle für `ACLK`. Diesen wählt man über das Register `BSCTL3` durch Eintragen von `LFXT1S2` (links Zeile 7). Der Generator wird von von der Umgebungs- und Chiptemperatur beeinflusst. Bei Zimmertemperatur sollte er eine Frequenz von ca. 12 kHz erzeugen. Wir können den Takt schon im Generator im Verhältnis $f_{VLO}$:1, :2, :4 und :8 teilen. Da wir eine Zeit von einer Sekunde erhalten wollen, nutzen wir $f_{ACLK}=f_{VLO}$:1 (durch Eintragen von `DIVA_0` in `BCSCTL1`, links Zeile 5) und teilen dann im Watchdog-Timer $f_{ACLK}$:8192 (`WDT_ADLY_250` nach `WDTCTL`, links Zeile 9). Dieser Befehl konfiguriert gleichzeitig das Watchdog-Modul als einfaches Timer-Modul.

Anschließend müssen wir nur noch den Interrupt für den Timer erlauben (Zeile 12), den Pin 1.0 als Ausgang für die LED definieren (Zeile 15) und können anschließend in den Modus LPM 3 wechseln, während gleichzeitig global Interrupts erlaubt werden (Zeile 19).

Auf dem Board *MSP430FG4618* steht ein Quarz mit der Frequenz 32,768 kHz an den Anschlüssen XIN/XOUT des Takt-Generators FLL+ zur Verfügung. Damit können wir sehr gut einen Sekunden-Takt erzeugen, denn für diese Frequenz existiert der passende Teiler. Für den Oszillator mit dem angeschlossenen Quarz benötigen wir noch die Lastkapazitäten, die sich im Controller befinden und die wir aktivieren (rechts Zeile 5). Der Oszillator speist den Takt `ACLK`, welchen wir für den Watchdog-Timer nutzen und dabei durch 32768 teilen (rechts Zeile 9). Der Rest arbeitet analog zum F2013-Modul. Bei diesem Board wird die LED an Pin 1 von Port 5 angesteuert.

**Tastenabfrage** Um eine Taste abzufragen, schaltet man entsprechend Abb. 11.31 die Taste mit einem Widerstand zwischen $V_{CC}$ und Masse in Serie. Am Punkt $x$ liegt bei offener Taste $V_{CC}$ (H-Pegel) und bei geschlossener Taste $V_{SS}$ (L-Pegel). Den Punkt $x$ verbindet man mit dem Pin des Mikrocontrollers und kann den Pegel mit der Software auswerten.

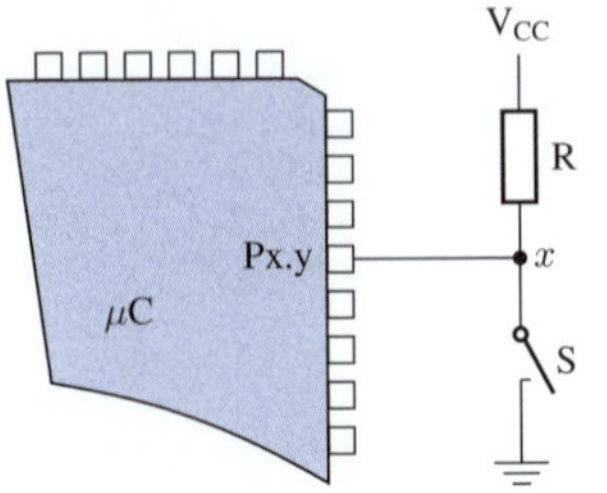


**Abb. 11.31.:** Anschluss einer Taste an einen MSP430-I/O-Port

Zwei Tasten sind auf dem Experimentierboard MSP430FG4618 an den Anschlüssen `P1.0` und `P1.1` vorhanden. Wir zeigen hier ein Programm, welches bei einem Tastendruck an `P1.0` die LEDs an `P2.1` und `P2.2` wechselseitig umschaltet und bei der Taste an `P1.1` die LED an `P5.1` schaltet. Der Port 1 ist Interrupt-fähig, so dass wir die Abfrage nicht über Polling, sondern die Umschaltung in der Interrupt-Service-Routine durchführen können.

Das Programm 11.3 zeigt die tastengesteuerte LED-Umschaltung. Zur Vereinfachung werden für die Tasten zuerst `BUTTON1` und `BUTTON2` mit den passenden Bits für den zugehörigen Portanschluss definiert (Zeilen 2 und 3). Das erlaubt z.B. das vereinfachte Setzen der Konfigurationsregister oder Abfragen der Taster (Zeilen 14, 15, 25 und 34). Dieses Prinzip kann man auch für die LED-Pins anwenden, was aber im dargestellten Quelltext nicht genutzt wurde.

Im Hauptprogramm wird zuerst der Watchdog-Timer deaktiviert (Zeile 6). Das Watchdog-Modul wird diesmal nicht als Timer benutzt und arbeitet deshalb in seiner Funktion als „Wachhund“. Wird es nicht deaktiviert, muss eine Routine implementiert werden, die den Timer rechtzeitig zurücksetzt, da er andernfalls einen Reset auslöst.

Anschließend werden die LED-Pins als Ausgang definiert und die LED an `P2.1` angeschaltet (Zeilen 9–11). Die Eingänge für die Taster müssen nicht extra konfiguriert werden, da die Ports standardmäßig als Eingang arbeiten. Wir wollen allerdings einen Interrupt über diese Pins auslösen lassen. Dafür müssen die passenden Bits im Register `P1IE` (Port 1 Interrupt Enable) gesetzt werden (Zeile 14). Anschließend ist die Tastenabfrage über Interrupts möglich, wenn

**Programm 11.3 (MSP430: Abfrage der Tasten an P1.0 und P1.1 der FG4618)**

```
   #include "io430.h"
 2 #define BUTTON1 BIT0
   #define BUTTON2 BIT1
 4 void main(void)
   {
 6   WDTCTL = WDTPW + WDTHOLD;   //  Watchdog deaktivieren

 8   // LED Ports
     P2DIR = PIN2+PIN1;       // P2.2,P2.1 sind Ausgang (=1)
10   P5DIR = PIN1;            // P5.1 ist Ausgang (=1)
     P2OUT = PIN1;            // P2.1 ist an (=1)
12
     // Interrupt auf P1.0 und P1.1
14   P1IE  |= BUTTON1 + BUTTON2);        // P1.0+P1.1 Interrupt aktiviert
     P1IFG &= ~(BUTTON1 + BUTTON2);      // P1.0+P1.1 IFG löschen
16
      // LPM3 und Interrupt aktivieren
18    __bis_SR_register(LPM3_bits + GIE);
   }
20
   // Port1 ISR
22 #pragma vector=PORT1_VECTOR
   __interrupt void Port_1(void)
24 {
     if(P1IFG & BUTTON1)
26   {
         // falls Interrupt von BUTTON1
28       P2OUT ^= PIN2+PIN1;    // Toggle P2.1, P2.2
     } else {
30       // falls Interrupt von BUTTON2
         P5OUT ^= PIN1;         // Toggle P5.1
32   }
     // Erlaube erneuten Interrupt
34   P1IFG &= ~(BUTTON1 + BUTTON2);          // P1.x IFG cleared

36   // Durch folgenden Befehl kann sowohl auf steigende (LoToHi),
     // als auch auf fallende Flanken (HiToLo) reagiert werden
38   // P1IES ^=  (BUTTON1 + BUTTON2);        // P1IES: P1 Interrupt Edge Select
   }
```

die Bits in `P1IFG` (Port 1 Interrupt Flag) gelöscht sind (Zeile 15). Nach der Initialisierung wird die CPU schlafen gelegt und wartet auf den Interrupt (Zeile 18).

Bei Tastendruck wird die Interrupt-Service-Routine (Zeile 23) aufgerufen. Diese prüft zuerst anhand der Flags, ob die Taste 1 betätigt worden ist (Zeile 25) und schaltet in diesem Fall die LEDs an Port 2 um (Zeile 28). Wurde Taste 2 betätigt, so wird die LED an `P5.1` umgeschaltet (Zeile 31). Vor Verlassen der ISR müssen die betreffenden Flags in `P1IFG` gelöscht werden, bevor ein neuer Tastendruck erkannt werden kann (Zeile 34).

Der Interrupt wird bei Drücken der Taste aktiviert, also wenn der Pegel an $x$ von High auf Low geht, also bei der fallenden Flanke. Wir können den Entwurf auch so abändern, dass der Interrupt auf die andere Flanke reagiert. Dafür dient das Register `P1IES` (Port 1 Interrupt Edge Select). Wir können sogar auf beide Flanken reagieren, wenn wir dieses Register innerhalb der ISR rekonfigurieren (Zeile 38).

Ein Nachteil dieser Schaltung besteht in der Störempfindlichkeit gegenüber dem Prellen der Tasten. Arbeitet die ISR hinreichend schnell, so kann aufgrund des Prellens ein Tastendruck als mehrere einzelne Vorgänge registriert werden. Um dies softwareseitig zu verhindern, bietet sich folgendes Vorgehen an. Nach dem Tastendruck deaktiviert man den Port 1 Interrupt und startet einen Timer mit einer Zeitspanne im Millisekunden-Bereich. Sobald der Timer abgelaufen ist, wird der Interrupt wieder aktiviert.

## Abfrage einer Tastaturmatrix

Für viele Anwendungen benötigt man mehr als zwei Tasten. Würde man alle Tasten über einzelne Pins abfragen, würden die verfügbaren Ports des Mikrocontrollers schnell knapp werden. Ab einer gewissen Anzahl von Tasten lohnt sich deshalb die Verwendung einer Tastaturmatrix.

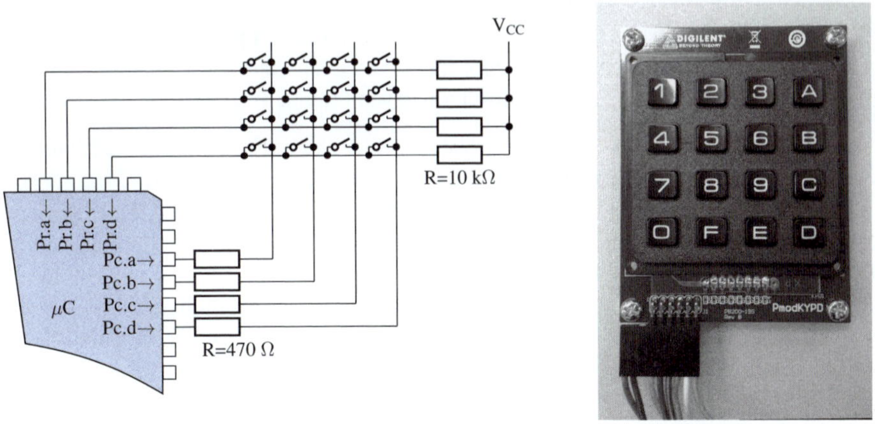


**Abb. 11.32.:** Aufbau und Anschluss einer Tastaturmatrix

Den Aufbau zeigt die Abb. 11.32 am Beispiel einer 4x4-Matrix. Es werden 4 Eingänge Pr.a–Pr.d und 4 Ausgänge Pc.a–Pc.d am Mikrocontroller benötigt. Die Ausgänge steuern die Spalten (*column*) der Matrix an, während gleichzeitig die Eingänge die Zeilen bzw. Reihen (*row*) abfragen. An jedem Schnittpunkt zwischen Zeilen und Spalten befindet sich eine Taste. Ist keine Taste gedrückt, liegt an den Eingängen aufgrund der Pull-Up Widerstände der Wert 1 an. Die Widerstände an den Ausgängen dienen nur der Lastbegrenzung im Falle einer Fehlschaltung, z.B. falls ein Eingang versehentlich als Ausgang konfiguriert wurde. Ihr Widerstandswert muss wesentlich geringer sein, als der Wert der Pull-Up Widerstände.

Für die Abfrage aller Tasten werden die Ausgänge, welche sich alle auf High-Pegel befinden, nacheinander auf Low-Pegel geschaltet. Dabei darf zu einem Zeitpunkt nur genau eine Spalte auf Low liegen, alle anderen behalten den Pegel High. Jetzt werden die Eingänge abgefragt. Alle Eingänge, an denen eine 0 anliegt, zeigen auf Zeilen, bei denen die Taste am Schnittpunkt zu der betreffenden Spalte zu diesem Zeitpunkt gedrückt ist. Alle anderen Eingänge behalten den Wert 1. So wird Spalte für Spalte abgefragt und parallel die Zeilen ausgelesen.

Das folgende Programm zeigt die Abfrage der 4x4-Tastaturmatrix, beschriftet mit den Ziffern 0–9 und den Buchstaben A–F (siehe Abb. 11.32 rechts). Die Matrix wird mit dem FG4618 auf dem Experimentierboard abgefragt, welcher auch die Ausgabe auf dem angeschlossenen LCD ermöglicht (siehe Abb. 11.15). Die LCD-Ansteuerung wollen wir hier nicht genauer erläutern. Wir nutzen das Display nur zur Ausgabe der gedrückten Taste. Dafür steht eine Funktion `dispChar(Position, Index)` zur Verfügung, welche zur Ausgabe eines Zeichens an einer bestimmten Position auf dem Display dient. Das Zeichen wird aus dem Zeichenvorrat für eine 7-Segment-Anzeige (siehe Beispiel 8.1 auf Seite 276) durch Angabe des Index ausgewählt.

Für die Abfrage der vier Zeilen bieten sich auf dem Board Port `P1.0–P1.3` und zur Ansteuerung der vier Spalten Port `P2.0–P2.3` an. Diese Belegung gerät nicht mit den Schaltungen auf dem Board in Konflikt. Die Matrix verbinden wir mit den zugehörigen Pfostensteckern auf dem Board.

Das Programm initialisiert in Zeile 5 ein Feld `Bt_Map`, welches für jedes Zeichen der Tastatur den passenden Index im Zeichenvorrat zuordnet. Die ersten vier Werte entsprechen der ersten Spalte auf der Tastatur, die folgenden vier der nächsten Spalte usw.

Im Hauptprogramm wird wieder der Watchdog-Timer deaktiviert und der Oszillator für die Erzeugung des Taktes `ACLK` aktiviert (Zeilen 19, 20). Anschließend wird eine Funktion zur Initialisierung der LCD aufgerufen, die über die eingebundene Datei „LCD.h" deklariert ist. In Zeile 28 wird der Port 2 für die Ausgabe, also für die Ansteuerung der Spalten konfiguriert. Die Abfrage der Tastatur wird über einen Timer-Interrupt gesteuert. Dafür wird in Zeile 33 der Basic-Timer mit einer Frequenz von 32,768 kHz/512, also 64 Hz initialisiert. Die Tastatur wird somit alle 1/64 Sekunden (ca. 16 ms) einmal komplett abgefragt. Das sollte auch für schnelle Tippgeschwindigkeit ausreichen. Zeile 37 aktiviert den Interrupt für den Timer.

In der Zeile 39 beginnt eine Endlosschleife, deren erster Befehl in den LPM 3 wechselt, also die CPU anhält und gleichzeitig Interrupts erlaubt. Jetzt kann das Programm erst weiter laufen, wenn ein Timer-Interrupt auftritt. In diesem Fall wird in der zugehörigen Interrupt-Service-Routine in Zeile 74 die CPU durch Verlassen des LPM 3 wieder aktiviert. In der Schleife ab Zeile 47 werden Spalte für Spalte alle Zeilen abgefragt und die Tasten ausgewertet. Dazu wird genau eine Spalte mit der Variablen `lsp`, die in Zeile 44 mit 1 initialisiert wurde, aktiviert. Alle Bits mit Ausnahme der Stelle für die betreffende Spalte werden auf 1 gesetzt. Dieser Wert wird auf `P2OUT` ausgegeben, also die Spaltenleitungen aktiviert (Zeile 50). Anschließend werden die Zeilenleitungen abgefragt (Register `P1IN` ab Zeile 53) und Bit für Bit ausgewertet. Ist das Bit der Zeile gleich 0, so ist die Taste an dem betreffenden Schnittpunkt gedrückt und der Wert wird auf dem Display ausgeben. Dazu wird der Wert `moffs` verwendet, der den Spaltenoffset innerhalb von `Bt_Map` enthält und mit jeder abgefragten Spalte um 4 erhöht wird (Zeile 63).

**Programm 11.4 (MSP430: Abfrage einer Tastaturmatrix mit FG4618 Board)**

```
1  #include "Board.h"
2  #include "LCD.h"
3
4  // Zuordnung Taste <-> Zeichen
5  const uint8_t Bt_Map[] = {
6    // 1. Spalte 1, 4, 7, 0
7    1, 4, 7, 0,
8    // 2. Spalte 2, 5, 8, F
9    2, 5, 8, 14,
10   // 3. Spalte 3, 6, 9, E
11   3, 6, 9, 13,
12   // 4. Spalte A, B, C, D
13   10, 6, 11, 12
14 };
15
16 void main(void)
17 {
18   // Stoppe WDT und aktiviere ACLK
19   WDTCTL = WDTPW + WDTHOLD;
20   FLL_CTL0 |= XCAP18PF;
21
22   // Initialisiere und lösche LCD_A
23   initLCD_A();
24
25   // Tastaturmatrix
26   // Eingabe Ports P1.0-1.3
27   // Ausgabe Ports P2.0-2.3
28   P2DIR |= (PIN0+PIN1+PIN2+PIN3);
29
30   // Initialisiere Basic-Timer
31   // Nutze ACKL (32,768 kHz) und
32   // teile durch 512 == 256*2
33   BTCTL = BT_fCLK2_DIV2 |
           BT_fCLK2_ACLK_DIV256;
34
35   // Aktiviere Interrupt für
36   // den Timer
37   IE2 |= BTIE;
38   // Schleife bei IRQ einmal durchlaufen
39   for(;;)
40   {
41     // LPM3, Warten auf IRQ
42     __bis_SR_register(LPM3_bits + GIE);
43
44     uint8_t lsp = 1;   // aktuelle Spalte
45     uint8_t moffs = 0; // Offset in Bt_Map
46
47     while ( lsp < 16 )
48     {
49       // Aktivieren der Spalte
50       P2OUT = ~lsp;
51       // Zeilenweise Abfrage
52       // und Ausgabe des Wertes
53       if ( !(P1IN & PIN0) ) // Zeile 1
54         dispChar(0, Bt_Map[moffs]);
55       if ( !(P1IN & PIN1) ) // Zeile 2
56         dispChar(0, Bt_Map[moffs+1]);
57       if ( !(P1IN & PIN2) ) // Zeile 3
58         dispChar(0, Bt_Map[moffs+2]);
59       if ( !(P1IN & PIN3) ) // Zeile 4
60         dispChar(0, Bt_Map[moffs+3]);
61       // Aktivieren der nächsten Spalte
62       lsp <<= 1;
63       moffs += 4;
64     } // Ende while
65   } // Ende for
66 } // Ende main
67
68 // Timer ISR
69 #pragma vector=BASICTIMER_VECTOR
70 __interrupt void basic_timer_ISR(void)
71 {
72   // Verlassen des LPM3-Modus
73   // Fortsetzen der CPU
74   LPM3_EXIT;
75 }
```

Wird z.B. nur die Taste am Schnittpunkt von Spalte 3 mit Zeile 3 gedrückt, so wird sie erkannt, sobald `moffs` den Wert 8 enthält (ergibt sich aus $0 + 2 \cdot 4$). In diesem Fall ist nur Pin 2 von `P1IN` auf 0 gesetzt. Damit wird nur die Bedingung in Zeile 57 erfüllt und in Folge dessen wird das Zeichen an der Position 8+2=10 aus `Bt_Map`, also der Wert „9“ in Zeile 58 ausgegeben.

Nachdem die komplette Spalte abgefragt wurde, verdoppelt man den Wert von `lsp` durch einen Linksshift (Zeile 62). Das rückt das gesetzte Bit in `lsp` um eins nach links und die nächste Spalte kann abgefragt werden. Da wir vier Spalten haben, endet die innere `while`-Schleife, sobald das Bit vier mal verschoben wurde, also `lsp` den Wert $16=2^4$ enthält. Das

Programm setzt anschließend mit dem nächsten Durchlauf der äußeren `for`-Schleife fort und legt damit die CPU wieder schlafen.

Wir können das Programm leicht auf eine größere Matrix erweitern. Auch die Abfrage der einzelnen Zeilen kann durch ein Schleife innerhalb der `while`-Schleife umgesetzt werden, wodurch sich die Flexibilität weiter erhöht. Grenzen sind durch die Anzahl der freien Ports und durch die Geschwindigkeit der CPU gesetzt.

### Verwendung von AD-Wandlern zur Temperaturmessung

Für die Messung von Temperaturen benötigen wir einen Temperatursensor, wie er z.B. in Form eines Thermistors für einen geringen Preis erhältlich ist. Mit einer kleinen Zusatzschaltung erhält man eine temperaturabhängige Spannung, die wir über einen Analog-Digital-Wandler im MSP430 bestimmen und anschließend verarbeiten können. Ein Temperatursensor ist in manchen MSP430-Controllern bereits im Analog-Digital-Wandler integriert (siehe Kapitel 11.7.1) und kann als Signalquelle gewählt werden. Wir zeigen in diesem Abschnitt deshalb zuerst eine Variante, die diesen integrierten Temperatursensor zur Bestimmung einer Temperaturänderung verwendet. Die anschließend gezeigte Variante nutzt einen extern angeschlossenen Thermistor.

**Temperaturdifferenz mit internem Temperatursensor** Der MSP430F2013 auf dem eZ430-Board besitzt einen 16-Bit Sigma-Delta-Wandler mit integriertem Temperatursensor. Wir nutzen diesen Sensor zur Bestimmung eines Wertes, der anschließend mit dem jeweils vorher gemessenen Wert verglichen wird. Überschreitet die Differenz einen bestimmten Betrag, so aktivieren wir die LED an `P1.0`. Auf diese Weise können wir einen plötzlichen Temperaturanstieg oder, mit einer kleinen Änderung, einen Temperaturabfall signalisieren. Das Programm 11.5 zeigt die Implementierung[1].

Der MSP430F2013 besitzt das Basic Clock Module+, welches die Signale `ACLK`, die Main System Clock MCLK und die Sub System Clock `SMCLK` zur Verfügung stellt. Wir nutzen für den Timer wieder das Watchdog-Modul und als Takt `MCLK`, welcher mit einem Teiler von 8 aus dem internen DC-Taktgenerator gewonnen wird (Zeile 9). Nach Initialisierung und ohne Veränderung von `DCOCTL` und `BCSCTL1` liegt eine Frequenz von 100 kHz, geteilt durch 8, also ca. 10 kHz an `MCLK` an. Für das Watchdog-Modul wird `MCLK` als Taktquelle, geteilt durch 32768 gewählt und das Modul als Timer konfiguriert (Zeile 10) und anschließend der Interrupt für den Timer aktiviert. In Zeile 13 wird `P1.0` als LED-Ausgang konfiguriert. Ab Zeile 15 wird der ADC SD16 initialisiert. Es wird die interne Referenzspannungsquelle gewählt und als Taktquelle `SMCLK`, welches bei der aktuellen Konfiguration gleich `DCOCLK`, also ca. 100 kHz ist. Als Eingang für den Wandler wird in Zeile 16 der Kanal `A6` festgelegt, an dem der interne Temperatursensor angeschlossen ist (vgl. Abb. 11.24). Im Register `SD16CCTL0` wird die Art der Wandlung konfiguriert, der ADC führt eine einfache Wandlung durch, nach deren Abschluss ein Interrupt ausgelöst wird (Zeile 19). Anschließend wird die CPU im LPM0 schlafen gelegt, wo sie durch den Timer-Interrupt aufgeweckt wird.

[1] Dieses Beispiel beruht auf einer Vorlage von M. Buccini und L. Westlund von Texas Instruments Inc.

**Programm 11.5 (eZ430-Board: LED-Anzeige für internen Temperaturanstieg )**

```
   #include "io430.h"
 2
   #define Delta 3                                  // Differenzwert ~0.05 Grad
 4 static unsigned int prevVal;                     // letztes Ergebnis

 6 int main(void)
   {
 8   // Timer
     BCSCTL2 |= DIVS_3;                             // MCLK = DCOCLK/8
10   WDTCTL = WDT_MDLY_32;                          // WDT Timer Takt = MCLK/32768
     IE1 |= WDTIE;                                  // WDT-Interrupt erlauben
12   // Ausgang initialisieren
     P1DIR |= 0x01;                                 // Ausgang P1.0 für LED
14   // Sigma-Delta-Wandler vorbereiten
     SD16CTL = SD16REFON + SD16SSEL_1;              // Referenz 1.2V, SMCLK
16   SD16INCTL0 = SD16INCH_6;                       // Eingang A6: Temp.-Sensor
     SD16CCTL0 = SD16SNGL + SD16IE ;                // Einfache Wandlung
18                                                  // und Interrupt aktivieren
     _BIS_SR(LPM0_bits + GIE);                      // LPM0 mit Interrupt aktivieren
20 }

22 // SD16 ISR: wird nach erfolgter Wandlung über ein Interrupt angestoßen
   #pragma vector=SD16_VECTOR
24 __interrupt void SD16ISR(void)
   {                                                // ist die Differenz vom letzten
26   if (SD16MEM0 <= prevVal + Delta)               // Wert kleiner Delta
       P1OUT &= ~0x01;                              // dann schalte LED aus
28   else
       P1OUT |= 0x01;                               // sonst schalte die LED an
30   prevVal = SD16MEM0;                            // und speichere den Wert
   }
32
   // Watchdog Timer ISR
34 #pragma vector=WDT_VECTOR
   __interrupt void watchdog_timer(void)
36 {
     SD16CCTL0 |= SD16SC;                             // Starte neue Wandlung SD16
38 }
```

Der Timer-Interrupt löst die ISR in Zeile 34 aus, deren Funktion darin besteht, eine neue Temperaturmessung zu starten. Dazu startet sie über das Setzen des Bits `SD16SC` in `SD16CCTL0` eine neue Wandlung des ADC SD16. Mit der Geschwindigkeit des Timer-Interrupts werden somit neue Messungen ausgelöst.

Ist die Messung beendet, wird vom ADC der Interrupt und damit die ISR in Zeile 23 ausgelöst. In dieser Routine wird der aktuelle ADC-Wert aus dem Register `SD16MEM0` ausgelesen und mit dem vorherigen Wert verglichen (Zeile 26). Ist der neue Wert um mehr als der vorgegebene Delta-Wert angewachsen, so wird die LED angeschaltet (Zeile 29), andernfalls ausgeschaltet (Zeile 27). Mit einem Delta-Wert von 3 wird die LED bereits bei einem Temperaturanstieg von ca. 0,05° aufleuchten. Das Aufleuchten kann bei Zimmertemperatur bereits durch Berühren des ICs ausgelöst werden. In Zeile 30 wird der aktuelle Wert zum Vergleich mit der nächsten Messung gespeichert.

**Absolutwert der Temperatur mit externem Sensor** Für die Bestimmung des Wertes der Temperatur benötigen wir einen Temperatursensor mit einer bekannten Kennlinie. Hierfür eignet sich der in Kapitel 9.4.1 vorgestellte Thermistor WM103C von Sensor Scientific. Mit der Schaltung nach Abb. 11.33 bilden wir die Temperatur auf eine Spannung ab und können diese mit dem ADC messen. Bei bekanntem R und $V_{CC}$ wird mit Hilfe der Stützstellen die Temperatur ermittelt.

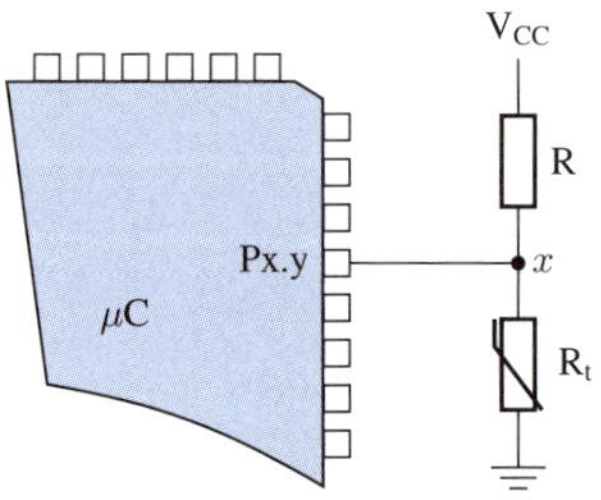


**Abb. 11.33.:** Messung der externen Temperatur mit Thermistor

Für die Bestimmung der Temperatur müssen wir jedem ADC-Wert eine Temperatur zuordnen. Diese können wir zwar berechnen, allerdings müssten wir dazu die Kennlinie des Thermistors durch eine Funktion approximieren, welche wir mit der 16 Bit-CPU dann auswerten können. Das erfordert einen höheren und damit energieintensiven Berechnungsaufwand. Als Alternative bietet sich die Verwendung einer Zuordnungstabelle zwischen ADC-Wert und Temperatur an. Wir verwenden diesmal den 12 Bit-ADC des MSP430FG4618. Für dessen Werteumfang wären zu viele Einträge in der Tabelle zu speichern. Der Kompromiss besteht darin, nur die Stützstellen zu speichern und Zwischenwerte mit einer linearen Interpolation zu bestimmen. Der Berechnungsaufwand hält sich in Grenzen, wie wir im folgenden Programm sehen werden.

Zuerst bestimmen wir die ADC-Werte für den Temperaturbereich, der uns interessiert. Das soll der Bereich zwischen 0–40 °C sein. Für die Spannung am Eingang `Px.y` gilt nach Gleichung 9.1:

$$U_{\text{Px.y}} = \frac{R_t}{R_t + R} \cdot \text{V}_{\text{CC}}$$

Wir können dies jetzt auf die 12 Bit des ADC abbilden. Liegt am Eingang Massepegel an, dann liefert der ADC den Wert 0, bei $V_{CC}$ den Wert 4095. Damit ergibt sich für den ADC-Wert:

$$\text{ADC12} = \frac{R_t}{R_t + R} \cdot 4095$$

Daraus können die ADC-Werte entsprechend der bekannten Stützstellen aus Tabelle 9.3 berechnet werden.

| Temperatur in °C | $R_t$ in $\Omega$ | ADC12 | Index $i$ |
|---|---|---|---|
| 0 | 32651 | 3390 | 0 |
| 5 | 25395 | 3231 | 1 |
| 10 | 19903 | 3053 | 2 |
| 15 | 15710 | 2859 | 3 |
| 20 | 12493 | 2652 | 4 |
| 25 | 10000 | 2438 | 5 |
| 30 | 8056 | 2221 | 6 |
| 35 | 6530 | 2007 | 7 |
| 40 | 5325 | 1799 | 8 |

Die bekannten ADC-Werte an den Stützstellen und die zugehörige Temperatur werden in Feldern des Programmes gespeichert. Der Index $i$ gibt die Position im Feld an. Für jeden gemessenen ADC-Wert werden die benachbarten Stützstellen zur Bestimmung der Temperatur durch lineare Interpolation genutzt. Für einen ADC-Wert $x$ mit $\text{ADC12}_i \geq x > \text{ADC12}_{i+1}$ gilt:

$$\text{Temperatur} = \text{Temp}_i + \frac{\text{Temp}_{i+1} - \text{Temp}_i}{\text{ADC12}_{i+1} - \text{ADC12}_i} \cdot (x - \text{ADC12}_i)$$

Zur Vereinfachung führen wir weitere Vorberechnungen durch. Die Stützstellen $\text{Temp}_i$ und $\text{Temp}_{i+1}$ haben jeweils einen Abstand von 5°C (Wert auf der X-Achse in Abb. 9.11). Wir benötigen noch die Differenzen der ADC12-Werte, also den Abstand zwischen $\text{ADC12}_i$ und $\text{ADC12}_{i+1}$ (entspricht dem Abstand auf der Y-Achse). Diese speichern wir neben ADC12 ebenfalls als Feld im Programm. Dann gilt:

$$\text{Temperatur} = \text{Temp}_i + \frac{5}{\text{Diff}_i} \cdot (x - \text{ADC12}_i)$$

Diese Berechnung können wir mit dem Programm 11.6 relativ einfach umsetzen. Um Schwankungen auszugleichen, wird der arithmetische Mittelwert über 8 Messungen gebildet. Der Wert 8 ($\hat{=}$ 3 Bit) bietet sich an, da das Ergebnis der Akkumulierung von 8 Messungen à 12 Bit mit 15 Bit darstellbar ist, also von der CPU leicht verarbeitet werden kann. Die erforderliche Division durch 8 kann durch einen Rechts-Shift um 3 Bit realisiert werden.

Das Programm definiert drei Felder `Vin_Map`, `Diff_Map` und `Temp_Map` (Zeile 7–21). Das erste Feld enthält die Stützstellen für die Temperaturen 0–40 °C im Abstand von 5 °C. Das

**Programm 11.6 (Temperaturmessung mit MSP430FG4618 Board, Teil 1: Main)**

```
#include "Board.h"
#include "LCD.h"
long vin;
const uint8_t step = 5; //T-Distanz

// Vin je Temperatur
const int Vin_Map[] = {
3390, 3231, 3053, 2859, 2652,
2438, 2221, 2007, 1799 };
const UInt8 VINMAP_MAX_VAL =
(sizeof(Vin_Map)/sizeof(long int));

// Vin-Differenzen
const int Diff_Map[] = {
1, // sollte nicht auftreten
159, 178, 194, 207, 214, 217,
214, 208 };

// Temp., multipliziert mit 100
const int Temp_Map[] = {
0,50,100,150,200,250,300,350,400 };

void main(void)
{
 // Stoppe WDT und aktiviere ACLK
 WDTCTL = WDTPW + WDTHOLD;
 FLL_CTL0 |= XCAP18PF;
 // Initialisiere und lösche LCD
 initLCD_A();

 // P5.2-4 LCD,  P5.0 ADC-Eingang
 P5OUT = 0;      // P5.x reset
 P5SEL = 0x1C; // P5.2-4 = LCD COM
 P5DIR = 0xFE; // P5.0 In, Rest Out

 // Initialize AD-Wandler ADC12
 ADC12CTL0 &= ~ENC; // deaktivieren
 // Samplingtime (16 ADC12CLK)
 ADC12CTL0 = ADC12ON + SHT02;
 // Sample and Hold Pulse-Mode
 // Single-channel, -conversion
 // ACLK Taktgeber mit Teiler 8
 ADC12CTL1 = SHP+ADC12SSEL_1+
       ADC12DIV_7;
 // Interrupt Flag löschen
 ADC12IFG = 0x00;
 // Enable Interrupt für MEM0
 ADC12IE = 0x01;
// Kanal A13 (P5.0 bei FG4618)
// für MEM0 aktivieren
// SREF: V+ =AVCC und V- =AVSS
ADC12MCTL0 = INCH_13 + SREF_0;
ADC12CTL0 |= ENC; // aktivieren

// Dezimalpunkt auf LCD setzen
dispSpecialChar(LCD_DP1);

uint8_t   samplecount = 0;
int       vinsum = 0;
for(;;) {
 ADC12CTL0 |= ADC12SC; // Messung

 // Lege CPU schlafen, bis ADC12-IRQ
 __bis_SR_register(LPM3_bits + GIE);

 vinsum += vin;
 if( samplecount++ == 7 ) {
  int vinm = vinsum / 8;
  samplecount = 0; vinsum = 0;

  // Berechnung der Temperatur
  long int Temp = 0;
  if( vinm < Vin_Map[0] && vinm >
       Vin_Map[VINMAP_MAX_VAL-1] ) {
   uint8_t i;
   for (i=1; vinm <  Vin_Map[i]; i++);
   // i ist Index der höheren Temp
   int diff = vinm-Vin_Map[i];
   // linear interpolieren
   Temp = (diff * step * 10 )/
        Diff_Map[i];
   Temp = Temp_Map[i] - Temp;
  } else { // Bereichsüberschreitung
   Temp = 999;
  }
  // Auf der Anzeige ausgeben
  uint8_t pos = 0;
  while (pos < 3)     {
   int Rttemp = Temp/10;
   uint8_t digit = Temp - 10 * Rttemp;
   Temp = Rttemp;
   dispChar(pos++, digit);
  }
 }
} // Ende for()
} // Ende main
```

zweite Feld enthält die Differenz der Stützstellen. Das dritte Feld gibt die jeweilige Temperatur multipliziert mit 10 an. Wir werden auch bei der Berechnung den Temperaturwert immer verzehnfachen. Dies ermöglicht uns die Ausgabe der Temperatur mit einer Nachkommastelle. Wir müssen dazu nur bei der Ausgabe das Komma an der vorletzten Stelle setzen (Zeile 55).

Das Hauptprogramm stoppt zuerst den Watchdog-Timer und initialisiert `ACLK` und `LCD` (Zeilen 26–29). Anschließend wird der Wandler ADC12 initialisiert. Wir nutzen als Eingang den Port 5.0. Von diesem Port werden auch Anschlüsse für die Anzeige genutzt. Deshalb definieren wir nur `P5.0` als Eingang. Die anderen Anschlüsse bleiben für die Ausgabe (`P5DIR` in Zeile 34) und werden der LCD zugeordnet (`P5SEL` in Zeile 33).

Zur Konfiguration des ADC12 wird zuerst der ADC deaktiviert (Zeile 37), die Samplingzeit auf 16 Takte eingestellt (Zeile 39) und als Modus „einmalige Wandlung von einem Kanal" ausgewählt (Zeile 43). Der verwendete Takt `ACLK` wird durch 8 geteilt. Das Interruptflag wird gelöscht (Zeile 45), was nach Aktivierung des Interrupts (Zeile 47) die Auslösung eines neuen Interrupts ermöglicht. Als Eingang für den ADC12 wird der Kanal `A13` ausgewählt, der dem Eingangsport 5.0 zugeordnet ist (Zeile 51). Gleichzeitig wird der Referenzspannungsbereich auf Masse–$V_{CC}$ festgelegt und das ADC12-Register `MEM0` als Ziel der Wandlung ausgewählt. Zum Abschluss der Konfiguration wird der Wandler aktiviert (Zeile 52).

Die Messung und Ausgabe der Temperatur läuft in einer Schleife ab Zeile 59. Zuerst wird eine Wandlung gestartet (Zeile 60). Das Ergebnis liegt bei Auslösen des Interrupts im Register `MEM0`, von wo aus es durch ISR in die globale Variable `vin` kopiert wird. Die ISR wird separat im Anschluss dargestellt. Die CPU wartet auf das Auslösen des Interrupts (Zeile 63) und addiert dann den Wert `vin` zur Variablen `vinsum`. Das erfolgt insgesamt 8 mal. Erst nach der achten Addition wird der Rest des Hauptprogrammes in den Zeilen 66–92 ausgeführt, andernfalls wird der nächste Wert gemessen.

In Zeile 67 wird der arithmetische Mittelwert durch Division `vinsum`/8 berechnet und in `vinm` abgelegt. Die Variablen `vinsum` und der Schleifenzähler `samplecount` werden gelöscht, wodurch eine neue Mittelwertbildung gestartet wird.

Die Berechnung der Temperatur erfolgt in den Zeilen 71–79. Der Wert wird anschließend auf dem LCD ausgegeben (Zeilen 84–90). Zur Berechnung wird zuerst geprüft, ob die Temperatur im erlaubten Bereich liegt (Zeile 72). Ist sie außerhalb des Bereiches, wird als Temperatur 99.9 festgelegt (Zeile 81) und ausgegeben. Ist die Temperatur innerhalb des Bereiches, wird der Index $i$ für die anfangs definierten Felder bestimmt (Zeile 74). Die ADC-Differenz zur Stützstelle berechnet Zeile 76. Daraus wird die Temperaturdifferenz ermittelt (Zeile 78). Die Werte liegen im Bereich von 5 °C (`step`=5). Dies wird sofort mit 10 multipliziert, also insgesamt mit 50, so dass der Temperaturwert, wie oben beschrieben, verzehnfacht wird. Das erlaubt uns die Genauigkeit einer Nachkommastelle, ohne bei der Berechnung den 16 Bit Bereich zu überschreiten. Die Temperatur wird in Zeile 79 durch Subtraktion der Differenz zur nächst höheren Temperatur ermittelt und anschließend auf dem Display ausgegeben. Die Routine entspricht somit der oben beschriebenen Berechnungsvorschrift mit der Modifikation, dass die Abstände zur darüber und nicht zur darunter liegenden Temperatur bestimmt wurde.

Die Interrupt-Service-Routine (Programm 11.7) bestimmt bei Auslösen eines ADC12-Interrupts die Interruptquelle durch Auswertung des Interruptvektors ADC12IV. Ist es der Wert 6,

**Programm 11.7 (Temperaturmessung mit MSP430FG4618 Board, Teil 2: ISR)**

```
// ADC12 Interrupt Service Routine
#pragma vector=ADC12_VECTOR
__interrupt void ADC12ISR (void)
{
  switch(ADC12IV){
    case 6: //Vector 6: ADC12IFG0
      // Kopiere Ergebnis, lösche IFG
      vin = ADC12MEM0;
      // Exit aktiviert CPU
      LPM3_EXIT;
      break;
    default: break;
  }
}
```

so liegt der gewandelte Wert in `ADC12MEM0` und wird in die Variable `vin` kopiert. Anschließend wird der LPM 3 verlassen, woraufhin die CPU weiter läuft und den Wert verarbeiten kann.

Mit der geringen Wärmekapazität des Thermistorfühlers reagiert dieser Messaufbau schnell auf Temperaturänderungen. Für eine verlässliche und genaue Messung muss der Wert des Widerstands bekannt sein. Es sollte also ein Typ mit hoher Genauigkeit verwendet werden oder der genaue Wert muss vorher bestimmt und die Berechnung entsprechend angepasst werden. Über den Thermistor fließt ein gewisser, wenn auch geringer Strom, der zur Eigenerwärmung und damit zu einem Messfehler führt. Außerdem verwenden wir bisher nur den Bereich von 1799 bis 3390 des ADC, also nicht die volle Auflösung. Wollen wir die kompletten 12 Bit für den Temperaturbereich 0–40 °C verwenden, dann müssen wir die Außenschaltung ändern, so dass bei 0 °C das Massepotential und bei 40 °C die Versorgungsspannung $V_{CC}$ am Eingang anliegt.

## 11.8. Fragen und Aufgaben

11.1 Welche Hauptbestandteile (Funktionsgruppen) muss ein einfacher Rechner beinhalten?

11.2 Wie unterscheiden sich Mikroprozessoren für PC-Anwendungen und Mikrocontroller, die bevorzugt für Steuer- oder Messaufgaben eingesetzt werden?

11.3 Häufig verwendet man sog. Uhrenquarze zur Erzeugung eines Sekundentaktes. Wie gewinnt man aus der Frequenz des Uhrenquarzes den Sekundentakt und warum ist das mittels Hardware einfach zu realisieren?

11.4 Beim Zuschalten der Betriebsspannung an einem Mikrocontroller wird automatisch ein sog. Einschalt-Reset erzeugt. Wofür wird dieser Reset benötigt? Geben Sie eine einfache

Resetschaltung an, die beim Einschalten ein H-Signal für einen begrenzten Zeitraum an den Reseteingang anlegt.

11.5 Geben Sie für den ADC12 des MSP430 anhand des Blockschaltbilds in Abb. 11.23 eine Konfiguration an, die folgende Bedingung umsetzt. Das Sample-and-Hold Register soll mit einem Takt (`ADC12CLK`) angesteuert werden, der aus `ACLK` durch einen 8-fach Teiler gewonnen wird. Gemessen werden soll das Signal an `A2` mit einem Sample Timer, der über eine ansteigende Flanke an `TB0` ohne Teiler angesteuert wird. Als Referenzspannung soll die interne Referenzquelle 1,5 V genutzt werden. Die Daten sollen fortlaufend in den Speicher `ADC12MEM` geschrieben werden. Nutzen Sie ggf. das MSP430x4xx Famaly Users's Guide [MSP12b].

11.6 Beschreiben Sie die Funktionsweise eines Analog-Digital-Wandlers im MSP430, welcher unter Nutzung von Timer- und Komparator-Modul arbeitet und somit *kein* Analog-Digital-Wandler-Modul verwendet (siehe [MSP12b]). Geben Sie die Beschaltung und ein Ablaufschema für die Durchführung einer Wandlung an.

11.7 Das Prellen von Tasten kann durch Hard- oder Software abgefangen werden. Geben Sie eine Hardwarelösung für die Schaltung in Abb. 11.31 und eine Softwarelösung für das Programm 11.3 an.

11.8 Ab wie vielen Tasten ist es aus Sicht der am Mikrocontroller benötigten Anschlüsse günstiger, eine Tastaturmatrix anstelle einzelner Tastenverbindungen zu verwenden? Erörtern Sie die Vor- und Nachteile einer Matrix gegenüber der Einzelverbindung.

11.9 Entwerfen Sie eine Schaltung und einen Programmablauf zur Aufnahme von Kennlinien von Halbleiterdioden bzw. Z-Dioden (siehe Abb. 4.20) mit einem MSP430-Mikrocontroller. Die Kennlinien sind sowohl in Durchgangs-, als auch in Sperrrichtung aufzunehmen und im Speicher abzulegen. Der Mikrocontroller soll über D/A-Wandler und A/D-Wandlerkanäle mit 12 Bit Auflösung verfügen.

11.10 Erweitern Sie das System zur Kennlinienerfassung derart, dass es auch Kennlinien von Bipolartransistoren aufnehmen kann (siehe Abb. 4.25).

# A. Anhang

## A.1. Häufig verwendete Formelzeichen

Für die Formelzeichen nutzen wir weitgehend die Symbolik nach DIN 1313:1998-12 [DIN09], denn eine einheitliche Symbolik verbessert die Wiedererkennung einer Größe. Griechische Buchstaben sind in einer eigenen Tabelle erfasst. Naturkonstanten werden hier dick dargestellt und sind in Tabelle A.2.2 Seite 467 mit ihrem genauen Wert angegeben.

**Tabelle A.1.: Häufig verwendete Formelzeichen**

| Symbol | Bedeutung | Einheit |
|---|---|---|
| $A$ | Fläche | $\mathrm{m}^2$ |
| $a$ | Gitterkonstante | nm |
| $B, \vec{B}$ | magnetische Induktion | $\frac{\mathrm{V\,s}}{\mathrm{m}^2}$ |
| $C$ | Kapazität | F |
| $c_0$, $c$ | **Lichtgeschwindigkeit** | $\frac{\mathrm{m}}{\mathrm{s}}$ |
| $c$ | Konzentration | $\frac{\mathrm{mol}}{\mathrm{l}}$, $\frac{\mathrm{g}}{\mathrm{l}}$, u.a. |
| $E, \vec{E}$ | elektrische Feldstärke | $\frac{\mathrm{V}}{\mathrm{m}}$ |
| $E_i$ | Energieniveau im Bändermodell | eV |
| $E_A$ | Austrittsarbeit | eV |
| $e$, $e^-$, $e^+$ | **Elementarladung** | A s |
| $F$, $\vec{F}$ | Kraft | N |
| $f$ | Frequenz | Hz |
| $G$ | Leitwert | S |
| $H$, $\vec{H}$ | magnetische Feldstärke | $\frac{\mathrm{A}}{\mathrm{m}}$ |
| $h$ | **Plancksches Wirkungsquantum** | J s |
| $I$ | elektrischer Strom | A |
| $\widehat{I}$ | Amplitude bei Wechselstrom | A |

*Fortsetzung auf der nächsten Seite*

**Häufig verwendete Formelzeichen – Fortsetzung**

| Symbol | Bedeutung | Einheit |
|---|---|---|
| $i(t)$ | Momentanwert des elektrischen Stromes | A |
| $k_B$ | **Boltzmann-Konstante** | $\frac{\mathrm{J}}{\mathrm{K}}$ |
| $L$ | Induktivität | H |
| $l$ | Länge | m |
| $M$ | Gegeninduktion | $\frac{\mathrm{V\,s}}{\mathrm{A}}$, H |
| $m$ | Masse | kg |
| $N$ | Windungszahl | – |
| $n$ | Ladungsträgerdichte | $\mathrm{cm}^{-3}$ |
| $n_i$ | Inversionsdichte | $\mathrm{cm}^{-3}$ |
| $n_{1,2}$ | Brechungsindex | – |
| $P$ | Leistung | W |
| $\overline{P}$ | Mittelwert der Leistung | W |
| $Q$ | Ladung | A s |
| $q$ | Probeladung | A s |
| $R$ | ohmscher Widerstand | Ω |
| $r$ | Abstand | m |
| $s$, $\vec{s}$ | Weg | m |
| $T$ | absolute Temperatur | K |
| $T$ | Periodendauer | s |
| $t$ | Zeit | s |
| $U$ | elektrische Spannung | V |
| $\widehat{U}$ | Amplitude bei Wechselspannung | V |
| $u(t)$ | Momentanwert der elektrischen Spannung | V |
| $v$ | Geschwindigkeit | $\frac{\mathrm{m}}{\mathrm{s}}$ |
| $v_D$ | Driftgeschwindigkeit | $\frac{\mathrm{m}}{\mathrm{s}}$ |
| $W$ | Arbeit, Energie | J, W s, N m |
| $\underline{Y}$ | komplexer Leitwert, Admittanz | S |
| $\underline{Z}$ | komplexer Widerstand, Impedanz | Ω |

**Tabelle A.2.: Häufig verwendete Formelzeichen – Griechische Buchstaben**

| **Symbol** | **Bedeutung** | **Einheit** |
|---|---|---|
| $\alpha$ | Drehwinkel | - |
| $\epsilon_0$ | **elektrische Feldkonstante** | $\frac{\mathrm{A\,s}}{\mathrm{V\,m}}$ |
| $\epsilon_r$ | relative Dielektrizitätskonstante | — |
| $\lambda$ | Wellenlänge | m |
| $\mu$ | Beweglichkeit | $\frac{\mathrm{m}^2}{\mathrm{V\,s}}$ |
| $\mu_0$ | **magnetische Feldkonstante** | $\frac{\mathrm{N}}{\mathrm{A}^2}$ |
| $\mu_r$ | relative Permeabilitätskonstante | — |
| $\omega$ | Kreisfrequenz | $\mathrm{s}^{-1}$ |
| $\phi$ | elektrisches Potential | V |
| $\phi$ | magnetischer Fluss | Wb |
| $\rho$ | spezifischer Widerstand | $\Omega\,\mathrm{m}$ |
| $\vartheta$ | Temperatur (Celsius-Skala) | °C |
| $\varphi$ | Winkel, Phasenwinkel | — |
| $\tau$ | Zeitkonstante | s |

# A.2. Physikalische Grundlagen, Ergänzungen

## A.2.1. Physikalische Größen und Einheiten

In der Physik und in der Technik benutzt man zur eindeutigen Beschreibung aller messbaren Sachverhalte, Eigenschaften und Zustände physikalische Größen. Die Angabe einer beliebigen physikalischen Größe erfolgt stets in Form eines Produktes aus einer Zahl, der Maßzahl und einer Einheit, der Maßeinheit:

**Größe = Maßzahl · Maßeinheit**.

Sei A das Symbol einer beliebigen physikalischen Größe (Länge, Masse, Zeit usw.), dann schreibt man mit {A} als Maßzahl und [A] als Maßeinheit für die Größe A:

**A = {A} · [A]**.

Zum Beispiel schreibt man für die Länge $l$ einer Strecke:

$$l = 14{,}5\,\mathrm{m}$$

Dabei charakterisiert die Maßeinheit ausschließlich die Qualität der physikalischen Größe, während die Maßzahl für die Quantität dieser Größe steht. In diesem Sinne gibt die Maßeinheit an, welche Größenart gemessen wurde. So gehört z.B. zu einer Messung des elektrischen Stromes stets die Maßeinheit [A] (Ampere).

**SI – das Internationale Einheitensystem** [BP89] Physikalische Größen, die die Basis eines Größensystems bilden, nennt man **Basisgrößen**. Basisgrößen sind so festgelegt, dass sie sich nicht durch andere Basisgrößen ausdrücken lassen. Die Festlegung der Basisgrößen kann prinzipiell nach verschiedenen Gesichtspunkten erfolgen; sie ist nicht willkürfrei. So war im Jahre 1960 die Einführung des Internationalen Einheitensystems (SI, von franz. *Le Système International d'unités*) für Physik und Technik ein wichtiger Schritt für die internationale Vereinheitlichung.

Das Internationale Einheitensystem benutzt zur Beschreibung aller messbaren physikalischen und technischen Sachverhalte sieben Basisgrößen, nämlich drei für das Gebiet der Mechanik (Länge, Masse, Zeit) und je eine weitere zusätzliche für die Gebiete Wärmelehre (Temperatur), Elektrizitätslehre (elektrische Stromstärke) und Optik (Lichtstärke). Eine weitere Basisgröße betrifft die Beschreibung der Stoffmenge bzw. den Massenumsatz bei chemischen Reaktionen. In Tabelle A.3 sind die Basisgrößen mit Formelzeichen und Maßeinheiten zusammengestellt.

**Tabelle A.3.:** Basisgrößen und Einheiten

| Basisgröße | Symbol | Dimension | Einheit |
|---|---|---|---|
| Länge | $l, r, s, \ldots$ | **L** | m (Meter) |
| Zeit | $t$ | **T** | s (Sekunde) |
| Masse | $m$ | **M** | kg (Kilogramm) |
| elektrische Stromstärke | $I, i$ | **I** | A (Ampere) |
| thermodynamische Temperatur | $T$ | $\Theta$ | K (Kelvin) |
| Stoffmenge | $n$ | **N** | mol (Mol) |
| Lichtstärke | $I_\nu$ | **J** | cd (Kandela) |

Alle weiteren Größen (Fläche, Volumen, elektrische Spannung usw.) werden aus den Basisgrößen abgeleitet, sie heißen **abgeleitete Größen**. Eine abgeleitete Größe errechnet man als Potenzprodukt aus den Basisgrößen. Die Dimension der abgeleiteten Größe ergibt sich ebenfalls als Potenzprodukt der Basisgrößen; sie errechnet sich als

$$\mathbf{L}^{\alpha} \cdot \mathbf{T}^{\beta} \cdot \mathbf{M}^{\gamma} \cdot \mathbf{I}^{\delta} \cdot \Theta^{\epsilon} \cdot \mathbf{N}^{\zeta} \cdot \mathbf{J}^{\eta}.$$

Die Exponenten können positiv, negativ oder 0 sein, wie die folgenden Beispiele zeigen.

Für die rein geometrischen Größen Länge, Fläche und Volumen gelten die Dimensionen:

$$\text{Länge: } \mathbf{L}, \qquad \text{Fläche: } \mathbf{L}^2 \qquad \text{und} \qquad \text{Volumen: } \mathbf{L}^3.$$

Die elektrischen Größen elektrische Ladung, elektrische Stromdichte und elektrische Spannung haben die folgenden Dimensionen:

$$\text{Ladung: } \mathbf{I} \cdot \mathbf{T}, \qquad \text{Stromdichte: } \mathbf{I} \cdot \mathbf{L}^{-2} \qquad \text{und} \qquad \text{Spannung: } \mathbf{M} \cdot \mathbf{L}^{2} \cdot \mathbf{T}^{-3} \cdot \mathbf{I}^{-1}.$$

Die Dimension gilt unabhängig von den gewählten Einheiten.

In der Elektrizitätslehre, der Elektrotechnik und der Elektronik werden neben den Basisgrößen häufig die folgenden abgeleiteten Größen genutzt:

- elektrische Ladung Q,
- elektrische Spannung U,
- elektrischer Widerstand R,
- elektrische Kapazität C,
- Induktivität L.

Der Sachverhalt, dass die elektrische Spannung eine abgeleitete Größe ist, führt zuweilen zu einer gewissen Verwunderung.

**Dimensionslose Größen** In manchen Fällen errechnet sich eine neue Größe aus dem Verhältnis gleichartiger gegebener Größen. Dann kürzen sich die Maßeinheiten der Größen und man erhält anstelle einer neuen Einheit nur die dimensionslose Größe „1“. So ist z.B. das Verhältnis von Ausgangsspannung $U_a$ und Eingangsspannung $U_e$ eines Verstärkers, also dessen Spannungsverstärkung,

$$V_u = \frac{U_a}{U_e}$$

eine dimensionslose Größe.

**Tabelle A.4.:** SI-Vorsätze (verkleinernd)

| Vorsatz | Symbol | Faktor |
|---|---|---|
| Dezi | d | $10^{-1}$ |
| Zenti | c | $10^{-2}$ |
| Milli | m | $10^{-3}$ |
| Mikro | µ | $10^{-6}$ |
| Nano | n | $10^{-9}$ |
| Piko | p | $10^{-12}$ |
| Femto | f | $10^{-15}$ |
| Atto | a | $10^{-18}$ |
| Zepto | z | $10^{-21}$ |
| Yokto | y | $10^{-24}$ |

**Tabelle A.5.:** SI-Vorsätze (vergrößernd)

| Vorsatz | Symbol | Faktor |
|---|---|---|
| Deka | da | $10^{1}$ |
| Hekto | h | $10^{2}$ |
| Kilo | k | $10^{3}$ |
| Mega | M | $10^{6}$ |
| Giga | G | $10^{9}$ |
| Tera | T | $10^{12}$ |
| Peta | P | $10^{15}$ |
| Exa | E | $10^{18}$ |
| Zetta | Z | $10^{21}$ |
| Yotta | Y | $10^{24}$ |

**Skalare und vektorielle Größen** Skalare Größen sind durch **eine** Maßzahl und die Maßeinheit der Größe vollständig bestimmt. Als Beispiele seien die Zeit, die Masse, die Ladung, die Energie und die Temperatur genannt.

Vektorielle Größen[1] sind durch einen Betrag und eine Richtung im Raum gekennzeichnet. Als Beispiele für vektorielle Größen seinen Kräfte, die Beschleunigung und die Geschwindigkeit sowie Feldgrößen, wie die elektrische oder die magnetische Feldstärke, genannt. Vektorielle Größen kann man in ihre Komponenten zerlegen und erhält z.B. mit kartesischen Koordinaten je eine Komponente für die x-, die y- und die z-Richtung, von denen einzelne Komponenten natürlich 0 sein können. Alle Komponenten haben die gleiche Maßeinheit und jede einzelne die ihr entsprechende Maßzahl.

[1] Wir betrachten hier ausschließlich 3-dimensionale Vektoren der klassischen Physik. Zum Rechnen mit Vektoren verweisen wir auf Kapitel A.3.1, Seite 476.

**SI-Vorsätze** Häufig ergeben Rechnungen oder Messungen sehr große oder sehr kleine Maßzahlen. Dann ist es vorteilhaft die SI-Vorsätze zu benutzen (Tabelle A.4 und A.5), das sind verkleinernde oder vergrößernde Vorfaktoren, die Potenzen zur Basis 10 mit der Einheit verknüpfen und das Lesen und Rechnen mit solchen Werten vereinfachen. Aus dem Alltagsgebrauch geläufige SI-Vorsätze sind z.B. 1 **k**m= $10^3$ m oder 1 **c**m= $10^{-2}$ m.

**Zur Dimension und einigen Folgerungen** In jeder physikalischen Gleichung muss sich links und rechts des Gleichheitszeichens die gleiche Dimension ergeben. Daraus folgt, dass man nur gleichartige Größen, d.h. Größen gleicher Dimension, addieren oder subtrahieren darf. Man kann diese notwendige Gleichheit auch nutzen, um bestimmte Fehler in längeren Rechnungen zu erkennen (Dimensionskontrolle).

## A.2.2. Ausgewählte physikalische Naturkonstanten

Physikalische Konstanten oder Naturkonstanten sind experimentell ermittelte Werte; sie können nicht aus Theorien hergeleitet werden. Die exakte Bestimmung der Naturkonstanten setzt höchste Genauigkeit bei der experimentellen Darstellung der im Internationalen Einheitensystem (SI) definierten physikalischen Einheiten voraus. Experimente zur verbesserten Bestimmung einer Naturkonstanten sind extrem aufwendig; sie werden zumeist an nationalen meteorologischen Instituten vorbereitet und ausgeführt, in Deutschland z.B. an der **Physikalisch-Technischen Bundesanstalt** (PTB).

**Tabelle A.6.:** Naturkonstanten (Auswahl)

| Konstante | Formelzeichen und Wert |
|---|---|
| Lichtgeschwindigkeit (Vakuum) | $c_0 = 299\,792{,}458 \cdot 10^3\ \frac{\mathrm{m}}{\mathrm{s}}$ |
| elektrische Feldkonstante | $\epsilon_0 = 8{,}854\,187\,817\,62\ldots \cdot 10^{-12}\frac{\mathrm{F}}{\mathrm{m}}$ |
| magnetische Feldkonstante | $\mu_0 = 1{,}256\,637\,061\,44\ldots \cdot 10^{-6}\frac{\mathrm{H}}{\mathrm{m}}$ |
| Plancksches Wirkungsquantum | $h = 6{,}626\,068\,96 \cdot 10^{-34}\,\mathrm{J\,s}$ |
| elektrische Elementarladung | $e = 1{,}602\,176\,565 \cdot 10^{-19}\,\mathrm{C}$ |
| Avogadro-Konstante | $N_A = 6{,}022\,141\,79 \cdot 10^{23}\ \frac{1}{\mathrm{mol}}$ |
| Boltzmann-Konstante | $k_B = 1{,}380\,650\,4 \cdot 10^{-23}\ \frac{\mathrm{J}}{\mathrm{K}}$ |
| Faraday-Konstante | $F = N_A \cdot e = 96\,485{,}3365\ \frac{\mathrm{C}}{\mathrm{mol}}$ |
| Elektronruhemasse | $m_e = 9{,}109\,382\,15 \cdot 10^{-31}\,\mathrm{kg}$ |
| Masse des Protons | $m_p = 1{,}672\,621\,637 \cdot 10^{-27}\,\mathrm{kg}$ |
| Masse des Neutrons | $m_n = 1{,}674\,927\,211 \cdot 10^{-27}\,\mathrm{kg}$ |

Die Werte der physikalischen Konstanten werden von der **Physikalisch-Technischen Bundesanstalt** (PTB) jeweils auf dem neuesten Stand und in deutscher Sprache bereit gestellt. Sie sind im Internet auf der Webseite der PTB abrufbar [PTB13]. Die Physikalisch-Technische Bundesanstalt wiederum beruft sich auf das **National Institute of Standards and Technology** der USA und dessen englischsprachige Webseite (*CODATA Internationally recommended values of the Fundamental Physical Constants*) [NIS13].

## A.2.3. Zur Definition von Ampere, Volt und Ohm

Wer heute einen Strom, eine Spannung oder einen Widerstand messen will, nutzt ein kommerzielles, kalibriertes Messgerät, beispielsweise ein elektronisches Multimeter, und macht sich in der Regel keine weiteren Gedanken über die gemessene Größe an sich oder über die Kalibrierung seines Instrumentes.

Damit wir uns auf unsere Messgeräte verlassen können, erfolgt eine Kalibrierung der Messgeräte werksseitig beim Hersteller. Bei hochwertigen Geräten wird die Kalibrierung in bestimmten Zeitabständen, z.B. aller 1–3 Jahre, bei einem zugelassenen Kalibrierdienstleister wiederholt (Rekalibrierung) . Beim Kalibrieren wird die jeweilige Messgröße auf international gültige Standards zurückgeführt. Diesem Prozess ist eine Definition der jeweiligen Messgrößen und der Standards durch internationale Gremien vorausgegangen. In Deutschland ist es Aufgabe der Physikalisch Technischen Bundesanstalt, für die „Darstellung, Bewahrung und Weitergabe“ von elektrischen Einheiten zu sorgen und entsprechende Standards bereitzustellen.

Wir skizzieren die Entwicklung der Definition einer Größe exemplarisch an der Grundgröße der elektrischen Stromstärke, dem **Ampere**.

**Definition des Ampere im Wandel der Zeit** Die Definition des Ampere ist in größeren Zeitabständen mehrfach verändert und verbessert worden, teils weil neue Verfahren und Technologien zugänglich bzw. entwickelt wurden, teils, weil neue Anforderungen entstanden.

Erste Definitionen des Ampere nutzten chemische Wirkungen des elektrischen Stromes, speziell die Faradayschen Gesetze. Beispielsweise wurde mittels elektrochemischer Wasserzersetzung der Strom von einem Ampere wie folgt dargestellt: Es fließt dann ein Strom von 1 A, wenn sich bei konstantem Strom in einem Knallgascoulometer bei 20 °C und unter Normdruck (1013 hPa) eine bestimmte Menge Knallgas pro Zeiteinheit bildet ($0{,}19\ \frac{\mathrm{cm}^3}{\mathrm{s}}$). In Deutschland wurde das Ampere als gesetzliche Einheit der Stromstärke unter Nutzung der elektrochemischen Silberabscheidung in einem sog. Silbercoulometer 1898 verbindlich eingeführt. Das entsprechende Gesetz mit dem Titel „Gesetz, betreffend die elektrischen Maßeinheiten“ steht im

Reichs-Gesetzblatt Nr.26, ausgegeben am 1. Juni 1898[1]. Dort lautet der § 3: „Das Ampere ist die Einheit der elektrischen Stromstärke. Es wird dargestellt durch den unveränderlichen elektrischen Strom, welcher bei dem Durchgang durch eine wässerige Lösung von Silbernitrat in einer Sekunde $0,001118$ Gramm Silber niederschlägt." Diese alte Definition wurde schon vor geraumer Zeit abgelöst.

Die heute gültige Definition des Ampere erfolgt über magnetische Kräfte zwischen stromdurchflossenen parallelen Leitern. Sie wurde 1946 vorgeschlagen und 1948 auf der neunten Generalkonferenz für Maß und Gewicht (*Conférence Générale des Poids et Mesures*; Abkürzung: CGPM) offiziell festgelegt und ist seitdem international gültig; sie lautet: „Das Ampere ist die Stärke eines konstanten elektrischen Stroms, der, durch zwei parallele, geradlinige, unendlich lange und im Vakuum im Abstand von 1 Meter voneinander angeordnete Leiter von vernachlässigbar kleinem, kreisförmigen Querschnitt fließend, zwischen diesen Leitern je 1 Meter Leiterlänge die Kraft $2 \cdot 10^7$ Newton hervorrufen würde." (Zitat aus: PTB-Mitteilungen 2.2007, „Themenschwerpunkt: Das internationale Einheitensystem (SI)" [PTB07].

**Rückführung von Stromstärke, Widerstand und Spannung auf Naturkonstanten** Heute ist man bestrebt, die Basisgrößen, also auch das Ampere, und weitere Größen möglichst direkt auf Naturkonstanten zurückzuführen. Für die elektrischen Größen leisten das bzw. sollen das leisten sog. elektrische Quantennormale. Letztere fußen auf makroskopischen Quanteneffekten, wie dem Quanten-Hall-Effekt und dem Josephson-Effekt.

Der Quanten-Hall-Effekt wurde von Klaus von Klitzing[2] gefunden. Dieser Effekt tritt bei sehr tiefen Temperaturen und starken Magnetfeldern an Bauelementen mit einem sog. zweidimensionalem Elektronengas auf und äußert sich darin, dass eine senkrecht zu einem Strom auftretende Spannung sich mit dem äußeren Magnetfeld in wohl definierten Stufen und nicht kontinuierlich ändert. Die von Klitzing-Konstante hat die Dimension eines Widerstandes und berechnet sich zu

$$R_K = \frac{h}{e^2} = 25812.8074434\,\Omega.$$

Der Quanten-Hall-Effekt erlaubt damit die Rückführung des Widerstandes auf die Naturkonstanten Plancksches Wirkungsquantum $h$ und Elementarladung $e$. In der Physikalisch Technischen Bundesanstalt ist es gelungen, Widerstandsnormale auf dieser Basis herzustellen.

Für die Entwicklung eines Stromnormals liegt es nahe, die Elementarladung $e$ als Basis zu verwenden, die als Strom fließenden Elementarladungen pro Zeiteinheit zu zählen und als Grundlage für die Definition des Ampere zu verwenden. Mit diesem Ziel werden sog. „Einzelelektronenpumpen" entwickelt, die bei genügender Robustheit vielfach parallel geschaltet

[1] Im gleichen Gesetz wurden auch das Ohm und das Volt als gesetzliche Einheiten in Deutschland eingeführt. Für das Ohm heißt es in §2: „Das Ohm ist die Einheit des elektrischen Widerstandes. Es wird dargestellt durch den Widerstand einer Quecksilbersäule von der Temperatur des schmelzenden Eises, deren Länge bei durchweg gleichem, einem Quadratmillimeter gleich zu achtendem Querschnitt $106,3$ Centimeter und deren Masse $14,4521$ Gramm beträgt." Und für das Volt steht in §4: „Das Volt ist die Einheit der elektromotorischen Kraft. Es wird dargestellt durch die elektromotorische Kraft, welche in einem Leiter, dessen Widerstand ein Ohm beträgt, einen elektrischen Strom von einem Ampere erzeugt."

[2] Deutscher Physiker, geb. 1943, Nobelpreis für Physik 1985

werden sollen, um hinreichend große Ströme (nA-Bereich) liefern zu können. Damit wird versucht, den Weg für eine neue Definition des Ampere in der Zukunft zu ebnen [Fri].

Die Rückführung der elektrischen Spannung auf Naturkonstanten gelingt seit den neunziger Jahren mittels des sog. „Josephson-Quantennormals“. Solche Normale nutzen den Josephson-Effekt[1]. Der Josephson-Effekt tritt zwischen zwei Supraleitern, also wieder bei extrem niedriger Temperatur auf, wenn zwischen beiden Supraleitern eine sehr dünne nicht supraleitende Barriere liegt. Bestrahlt man ein Josephson-Element mit Mikrowellen der Frequenz $f$, so treten in der Strom-Spannungs-Charakteristik Stromstufen bei konstanter Spannung auf. Für diese Spannungen gilt:

$$U = n \cdot \frac{h}{2 \cdot e} \cdot f.$$

Der Term $\frac{2 \cdot e}{h} = 483\,597{,}890\,893\ \frac{\text{GHz}}{\text{V}}$ heißt Josephson-Konstante $K_J$.

Es wird inzwischen auch an der Entwicklung eines Spannungsnormals gearbeitet, welches auf Einzelelektronenpumpen und Quanten-Hall-Widerstand fußen soll.

## A.2.4. Licht und seine Wechselwirkungen

Das Licht und seine Wechselwirkungen mit Materie sind Gegenstand der **Optik**. Im Zusammenhang mit optoelektronischen Bauelementen, wie Fotowiderstand, Fotodiode oder Leuchtdiode und bei der Darstellung optischer Sensorsysteme berühren wir das Gebiet der Optik. Deshalb werden nachfolgend einige ausgewählte optische Sachverhalte kurz dargestellt.

### Welle-Teilchen-Dualismus des Lichtes

Experimente zur Wechselwirkung von Licht mit Materie führen, je nach Art der Versuchsanordnung, zu zwei sich scheinbar widersprechenden Arten von Ergebnissen, die mit zwei verschiedenen Modellen beschrieben werden:

- Bei einigen physikalischen Experimenten verhält sich Licht wie eine elektromagnetische Welle; es lässt sich beugen und polarisieren und zeigt damit Wellencharakter.
- Bei anderen physikalischen Experimenten, insbesondere beim Fotoeffekt, zeigt das Licht Teilchencharakter. Diese „Licht-Teilchen“ heißen Lichtquanten oder Photonen; sie haben keine Ruhemasse.
- Das Verhalten des Lichtes bei einer Gruppe anderer Versuche, wie der Brechung oder der Reflexion, kann sowohl mit dem Teilchen- wie auch mit dem Wellenmodell beschrieben werden.

[1] 1963 von Brian D. Josephson vorhergesagt, er erhielt dafür 1973 den Nobelpreis für Physik.

Das merkwürdige Verhalten des Lichtes lässt sich nur mit den Mitteln der Quantentheorie erklären. Man spricht vom Welle-Teilchen-Dualismus des Lichtes.

Für viele Fragen der technischen Optik, wie bei optischen Abbildungen, bedient man sich der geometrischen Optik oder Strahlenoptik und beschreibt die Lichtausbreitung mit dem Strahlenmodell des Lichtes auf einfache, rein geometrische Weise. Dabei entspricht der Lichtstrahl der Normalen einer ebenen Wellenfront bzw. der Bahn von Photonen; Wellenphänomene, wie Beugung oder Polarisation, können damit nicht erklärt werden.

## Das elektromagnetische Spektrum

Licht als elektromagnetische Welle ist Teil des **elektromagnetischen Spektrums** (siehe Abb. A.1). Das elektromagnetische Spektrum reicht von den sehr niedrigen Frequenzen (sehr großen Wellenlängen) des technischen Wechselstromes (einige Hertz) bis zu den extrem hohen Frequenzen (extrem kurzen Wellenlängen) der Höhenstrahlung ($10^{23}$ Hertz).

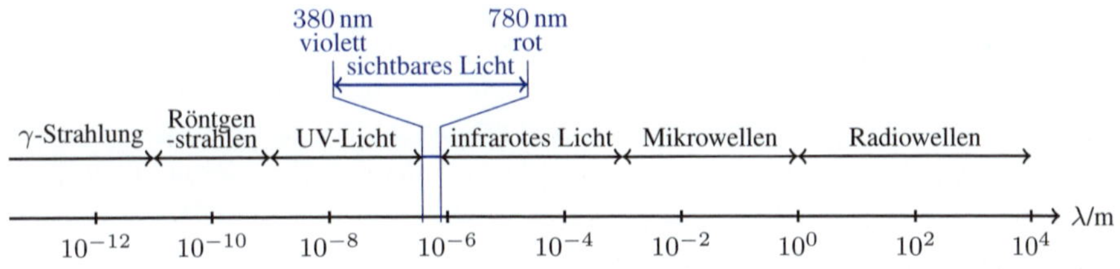


**Abb. A.1.:** Das elektromagnetische Spektrum – Übersicht

Elektromagnetische Strahlung mit Wellenlängen zwischen $\lambda = 380\,\text{nm}$ und $\lambda = 780\,\text{nm}$ nehmen wir als sichtbares Licht wahr. Das kurzwelligere Licht registrieren unsere Sinnesorgane als violett und das langwelligere als rot. Die höchste Empfindlichkeit weist unser Auge etwa bei $\lambda = 555\,\text{nm}$ auf (grün). Technisch kann man mit entsprechenden Sensoren auch ultraviolette (kurzwelligere) und infrarote (langwelligere) Strahlung erfassen.

Zwischen der Wellenlänge $\lambda$ und der Frequenz $\nu$ einer Lichtwelle besteht der folgende Zusammenhang

$$c = \lambda \cdot \nu. \tag{A.1}$$

Elektromagnetische Wellen benötigen zur Ausbreitung kein Medium; sie können sich auch im Vakuum ausbreiten. Bei elektromagnetischen Wellen stehen die Feldstärkevektoren $\vec{E}$ und $\vec{B}$ jeweils senkrecht aufeinander und senkrecht auf der Ausbreitungsrichtung. Die Ausbreitungsgeschwindigkeit im Vakuum, auch Vakuumlichtgeschwindigkeit genannt, beträgt unabhängig von der Wellenlänge

$$c_0 = 299\,792{,}458 \cdot 10^3\,\frac{\text{m}}{\text{s}}.$$

Für den Zusammenhang zwischen der Photonenenergie $E$ und der Frequenz $\nu$ des Lichtes gilt

$$E = h \cdot \nu. \tag{A.2}$$

Dabei ist $h$ das Plancksche Wirkungsquantum.

### Wechselwirkungen von Licht mit seiner Umgebung

Um in optischen Sensoren und optischen Sensorsystemen den Lichtweg und die Lichtintensität zu beeinflussen, bedient man sich optischer Bauelemente. Solche Bauelemente sind Linsen, Spiegel, Prismen, Blenden, (Farb-, Intensitäts- und Polarisations-) Filter, optische Gitter und Lichtleiter. Für das Verständnis dieser optischen Bauelemente benötigt man eine Mehrzahl optischer Gesetze. Wir skizzieren nachfolgend die Reflexion, die Brechung sowie die Absorption des Lichtes. Für grundlegende Darstellungen der Optik verweisen wir auf Lehrbücher der Experimentalphysik, wie zum Beispiel [BENS04] .

**Reflexion und Brechung** Wenn ein Lichtstrahl auf die Oberfläche eines nichttransparenten Körpers fällt, wird ein Teil des Lichtes reflektiert, der andere Teil wird absorbiert und in Wärme umgewandelt. Bei einem transparenten Material wird ein Teil des einfallenden Lichtes gebrochen. Reflexion und Brechung lassen sich mit den Mitteln der geometrischen Optik beschreiben.

Wir betrachten in Abb. A.2a zuerst einen nichttransparenten Körper mit glatter, spiegelnder Oberfläche. Ein Lichtstrahl **I** trifft unter dem Winkel $\varphi_1$ auf diese Oberfläche und wird unter dem Winkel $\varphi_2$ als Lichtstrahl **II** reflektiert. Es gilt das Reflexionsgesetz:

**Reflexionsgesetz**
Einfallswinkel $\varphi_1$ und Reflexionswinkel $\varphi_2$ sind gleich:

$$\varphi_1 = \varphi_2 \tag{A.3}$$

Das Reflexionsgesetz erlaubt die Konstruktion der optischen Abbildung an Spiegeln.

Wenn eine reflektierende Oberfläche nicht glatt sondern rau ist, erfolgt die Reflexion diffus.

Wenn der Körper oder das Medium für das einfallende Licht transparent ist (siehe Abb. A.2b), tritt ein Teil des einfallenden Lichtstrahls **I** in den Körper ein und wird gebrochen, das heißt, im Medium erfährt das Licht eine Richtungsänderung, so dass der gebrochene Lichtstrahl **III** zum Einfallslot einen anderen Winkel $\varphi_3$ als der einfallende Lichtstrahl **I** hat.

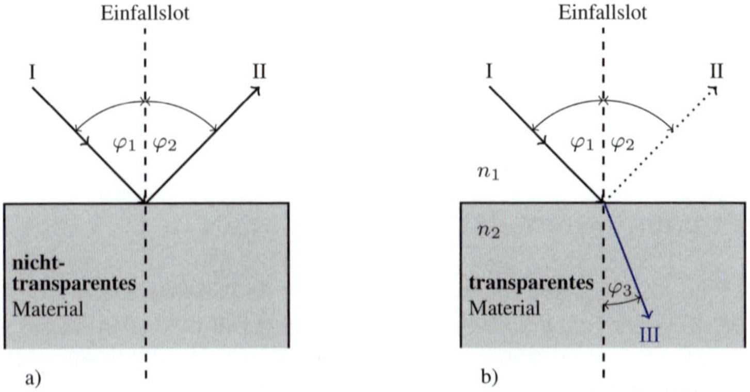


**Abb. A.2.:** Reflexion a) und Brechung b)

Es gilt das Brechungsgesetz:

**Brechungsgesetz**

$$n_1 \cdot \sin\varphi_1 = n_2 \cdot \sin\varphi_3 \tag{A.4}$$

Der Brechungsindex ist das Verhältnis der Vakuumlichtgeschwindigkeit $c_0$ zur Geschwindigkeit des Lichtes im Medium $c_{Medium}$ oder das Verhältnis der Wellenlänge des Lichtes im Vakuum zur Wellenlänge im Medium:

$$n = \frac{c_0}{c_{Medium}} = \frac{\lambda_{Vakuum}}{\lambda_{Medium}}.$$

Auch am transparenten Körper oder Medium tritt Reflexion auf und man beobachtet einen reflektierten Lichtstrahl (**II** in Abb. A.2b) mit geringerer Intensität.

Das Brechungsgesetz ist die Basis zur Konstruktion der optischen Abbildung mit Linsen.

**Absorption** Wenn Licht in ein Medium eindringt bzw. ein Medium durchdringt, verringert sich die Intensität des eingestrahlten Lichtes, indem Energie an Atome oder Moleküle des durchdrungenen Stoffes übertragen wird. Man nennt diesen Prozess Absorption; die Absorption kann mit dem Lambert-Beerschen Gesetz

$$I(x) = I_0 e^{-ax} \tag{A.5}$$

berechnet werden. Dabei haben die Größen folgende Bedeutung:

- $I_0$: Intensität der eintretenden Strahlung,
- $I(x)$: Intensität der Strahlung in der Tiefe $x$,

- $a$: Schwächungskoeffizient,
- $x$: Tiefe im Medium (Messort).

Die Absorption der Lichtenergie führt zur Erwärmung des Materials[1]. Außerdem können Ladungsträger durch den Fotoeffekt freigesetzt werden (siehe Kapitel 4.3.2).

## A.2.5. Periodensystem der Elemente

Das Periodensystem umfasst alle chemischen Elemente. Im Periodensystem sind die Elemente nach steigender Kernladungszahl (Ordnungszahl) sowie in Haupt- und Nebengruppen entsprechend ihren chemischen Eigenschaften geordnet. Die Anordnung der Elemente im Periodensystem ermöglicht es, die elektronische Wirkung bestimmter Dotanten zumindest bei Elementhalbleitern zu bestimmen.

Die Elementhalbleiter Germanium (Ge) und Silizium (Si) haben 4 Valenzelektronen und stehen deshalb in der 4. Hauptgruppe (Spalte 4a). Die Elemente in der 5. Hauptgruppe wie z.B. Arsen (As, Spalte 5a), haben 5 Valenzelektronen und wirken deshalb als Donator. Die Elemente in der 3. Hauptgruppe, wie z.B. Aluminium (Al, Spalte 3a), besitzen nur 3 Valenzelektronen; sie wirken im Elementhalbleiter deshalb als Akzeptor.

Komponenten für Verbindungshalbleiter findet man in verschiedenen Gruppen, z.B. für den III/V-Halbleiter Galliumarsenid (GaAs) das Gallium (Ga) in der 3. und das Arsen (As) in der 5. Hauptgruppe (Spalten 3a und 5a).
Das Periodensystem[2] (siehe folgende Seite) wurde uns freundlicherweise vom Verlag zur Verfügung gestellt.

[1] Die Erwärmung durch Licht ist die Basis der thermischen Materialbearbeitung mittels Laser.

[2] Quelle: [Fox12]

## Periodensystem der Elemente

Legende: Ordnungszahl, Symbol, Name, Atomgewicht, Elektronenkonfiguration (Grundzustand) – Beispiel: 29 **Cu** Kupfer 63,546 $3d^{10}4s$

Metalle | Nicht-Metalle | Halb-Metalle

Gruppen

| 1a | 2a | 3b | 4b | 5b | 6b | 7b | 8 | | | 1b | 2b | 3a | 4a | 5a | 6a | 7a | 8a |
|---|---|---|---|---|---|---|---|---|---|---|---|---|---|---|---|---|---|
| 1 **H**<br>Wasserstoff<br>1,00794<br>1s | | | | | | | | | | | | | | | | | 2 **He**<br>Helium<br>4,002602<br>$1s^2$ |
| 3 **Li**<br>Lithium<br>6,941<br>2s | 4 **Be**<br>Beryllium<br>9,012182<br>$2s^2$ | | | | | | | | | | | 5 **B**<br>Bor<br>10,811<br>$2s^22p$ | 6 **C**<br>Kohlenstoff<br>12,011<br>$2s^22p^2$ | 7 **N**<br>Stickstoff<br>14,00674<br>$2s^22p^3$ | 8 **O**<br>Sauerstoff<br>15,9994<br>$2s^22p^4$ | 9 **F**<br>Fluor<br>18,9984032<br>$2s^22p^5$ | 10 **Ne**<br>Neon<br>20,1797<br>$2s^22p^6$ |
| 11 **Na**<br>Natrium<br>22,89768<br>3s | 12 **Mg**<br>Magnesium<br>24,3050<br>$3s^2$ | | | | | | | | | | | 13 **Al**<br>Aluminium<br>26,981539<br>$3s^23p$ | 14 **Si**<br>Silicium<br>28,0855<br>$3s^23p^2$ | 15 **P**<br>Phosphor<br>30,973762<br>$3s^23p^3$ | 16 **S**<br>Schwefel<br>32,066<br>$3s^23p^4$ | 17 **Cl**<br>Chlor<br>35,4527<br>$3s^23p^5$ | 18 **Ar**<br>Argon<br>39,948<br>$3s^23p^6$ |
| 19 **K**<br>Kalium<br>39,0983<br>4s | 20 **Ca**<br>Calcium<br>40,078<br>$4s^2$ | 21 **Sc**<br>Scandium<br>44,955910<br>$3d4s^2$ | 22 **Ti**<br>Titan<br>47,88<br>$3d^24s^2$ | 23 **V**<br>Vanadium<br>50,9415<br>$3d^34s^2$ | 24 **Cr**<br>Chrom<br>51,9961<br>$3d^54s$ | 25 **Mn**<br>Mangan<br>54,93805<br>$3d^54s^2$ | 26 **Fe**<br>Eisen<br>55,847<br>$3d^64s^2$ | 27 **Co**<br>Cobalt<br>58,93320<br>$3d^74s^2$ | 28 **Ni**<br>Nickel<br>58,6934<br>$3d^84s^2$ | 29 **Cu**<br>Kupfer<br>63,546<br>$3d^{10}4s$ | 30 **Zn**<br>Zink<br>65,39<br>$3d^{10}4s^2$ | 31 **Ga**<br>Gallium<br>69,723<br>$4s^24p$ | 32 **Ge**<br>Germanium<br>72,61<br>$4s^24p^2$ | 33 **As**<br>Arsen<br>74,92159<br>$3d^{10}+$<br>$4s^24p^3$ | 34 **Se**<br>Selen<br>78,96<br>$4s^24p^4$ | 35 **Br**<br>Brom<br>79,904<br>$4s^24p^5$ | 36 **Kr**<br>Krypton<br>83,80<br>$4s^24p^6$ |
| 37 **Rb**<br>Rubidium<br>85,4678<br>5s | 38 **Sr**<br>Strontium<br>87,62<br>$5s^2$ | 39 **Y**<br>Yttrium<br>88,90585<br>$4d5s^2$ | 40 **Zr**<br>Zirconium<br>91,224<br>$4d^25s^2$ | 41 **Nb**<br>Niob<br>92,90638<br>$4d^45s$ | 42 **Mo**<br>Molybdän<br>95,94<br>$4d^55s$ | 43 **Tc***<br>Technetium<br>98,9063<br>$4d^55s^2$ | 44 **Ru**<br>Ruthenium<br>101,07<br>$4d^75s$ | 45 **Rh**<br>Rhodium<br>102,90550<br>$4d^85s$ | 46 **Pd**<br>Palladium<br>106,42<br>$4d^{10}$ | 47 **Ag**<br>Silber<br>107,8682<br>$4d^{10}5s$ | 48 **Cd**<br>Cadmium<br>112,411<br>$4d^{10}5s^2$ | 49 **In**<br>Indium<br>114,818<br>$5s^25p$ | 50 **Sn**<br>Zinn<br>118,710<br>$5s^25p^2$ | 51 **Sb**<br>Antimon<br>121,757<br>$4d^{10}+$<br>$5s^25p^3$ | 52 **Te**<br>Tellur<br>127,60<br>$5s^25p^4$ | 53 **I**<br>Iod<br>126,90447<br>$5s^25p^5$ | 54 **Xe**<br>Xenon<br>131,29<br>$5s^25p^6$ |
| 55 **Cs**<br>Caesium<br>132,90543<br>6s | 56 **Ba**<br>Barium<br>137,327<br>$6s^2$ | 57 **La**<br>Lanthan<br>138,9055<br>$5d6s^2$ | 72 **Hf**<br>Hafnium<br>178,49<br>$5d^26s^2$ | 73 **Ta**<br>Tantal<br>180,9479<br>$5d^36s^2$ | 74 **W**<br>Wolfram<br>183,84<br>$4f^{14}+$<br>$5d^46s^2$ | 75 **Re**<br>Rhenium<br>186,207<br>$5d^56s^2$ | 76 **Os**<br>Osmium<br>190,23<br>$5d^66s^2$ | 77 **Ir**<br>Iridium<br>192,22<br>$5d^76s^2$ | 78 **Pt**<br>Platinum<br>195,08<br>$5d^96s$ | 79 **Au**<br>Gold<br>196,96654<br>6s | 80 **Hg**<br>Quecksilber<br>200,59<br>$6s^2$ | 81 **Tl**<br>Thallium<br>204,3833<br>$6s^26p$ | 82 **Pb**<br>Blei<br>207,2<br>$4f^{14}5d^{10}+$<br>$6s^26p^2$ | 83 **Bi**<br>Bismut<br>208,98037<br>$6s^26p^3$ | 84 **Po***<br>Polonium<br>(209)<br>$6s^26p^4$ | 85 **At***<br>Astat<br>(210)<br>$6s^26p^5$ | 86 **Rn***<br>Radon<br>(222)<br>$6s^26p^6$ |
| 87 **Fr***<br>Francium<br>(223)<br>7s | 88 **Ra***<br>Radium<br>226,0254<br>$7s^2$ | 89 **Ac***<br>Actinium<br>227,0278<br>$6d7s^2$ | 104 **Rf***<br>Rutherfordium<br>(261)<br>$5f^{14}6d^27s^2$ | 105 **Db***<br>Dubnium<br>(262)<br>$5f^{14}6d^37s^2$ | 106 **Sg***<br>Seaborgium<br>(263)<br>$5f^{14}6d^47s^2$ | 107 **Bh***<br>Bohrium<br>(262)<br>$5f^{14}6d^57s^2$ | 108 **Hs***<br>Hassium<br>(265)<br>$5f^{14}6d^67s^2$ | 109 **Mt***<br>Meitnerium<br>(266)<br>$5f^{14}6d^77s^2$ | 110 **Ds***<br>Darm-stadtium (281)<br>$5f^{14}6d^97s^1$ | 111 **Rg***<br>Roent-genium (280)<br>$5f^{14}6d^{10}7s^1$ | 112 **Cn***<br>Coper-nicium (277)<br>$5f^{14}6d^{10}7s^2$ | | | | | | |

| Lanthanoide | | | | | | | | | | | | | | |
|---|---|---|---|---|---|---|---|---|---|---|---|---|---|---|
| 58 **Ce**<br>Cer<br>140,115<br>$4f^26s^2$ | 59 **Pr**<br>Praseodym<br>140,90765<br>$4f^36s^2$ | 60 **Nd**<br>Neodym<br>144,22<br>$4f^46s^2$ | 61 **Pm***<br>Promethium<br>(145)<br>$4f^56s^2$ | 62 **Sm**<br>Samarium<br>150,36<br>$4f^66s^2$ | 63 **Eu**<br>Europium<br>151,965<br>$4f^76s^2$ | 64 **Gd**<br>Gadolinium<br>157,25<br>$4f^75d6s^2$ | 65 **Tb**<br>Terbium<br>158,92534<br>$4f^96s^2$ | 66 **Dy**<br>Dysprosium<br>162,50<br>$4f^{10}6s^2$ | 67 **Ho**<br>Holmium<br>164,93032<br>$4f^{11}6s^2$ | 68 **Er**<br>Erbium<br>167,26<br>$4f^{12}6s^2$ | 69 **Tm**<br>Thulium<br>168,93421<br>$4f^{13}6s^2$ | 70 **Yb**<br>Ytterbium<br>173,04<br>$4f^{14}6s^2$ | 71 **Lu**<br>Lutetium<br>174,967<br>$4f^{14}5d6s^2$ | |

| Actinoide | | | | | | | | | | | | | | |
|---|---|---|---|---|---|---|---|---|---|---|---|---|---|---|
| 90 **Th***<br>Thorium<br>232,0381<br>$6d^27s^2$ | 91 **Pa***<br>Protactinium<br>231,03588<br>$5f^26d7s^2$ | 92 **U***<br>Uran<br>238,0289<br>$5f^36d7s^2$ | 93 **Np***<br>Neptunium<br>237,0482<br>$5f^46d7s^2$ | 94 **Pu***<br>Plutomium<br>(244)<br>$5f^67s^2$ | 95 **Am***<br>Americium<br>(243)<br>$5f^77s^2$ | 96 **Cm***<br>Curium<br>(247)<br>$5f^76d7s^2$ | 97 **Bk***<br>Berkelium<br>(247)<br>$5f^97s^2$ | 98 **Cf***<br>Californium<br>(251)<br>$5f^{10}7s^2$ | 99 **Es***<br>Einsteinium<br>(252)<br>$5f^{11}7s^2$ | 100 **Fm***<br>Fermium<br>(257)<br>$5f^{12}7s^2$ | 101 **Md***<br>Mendelevium<br>(258)<br>$5f^{13}7s^2$ | 102 **No***<br>Nobelium<br>(259)<br>$5f^{14}7s^2$ | 103 **Lr***<br>Lawrencium<br>(262)<br>$5f^{14}6d7s^2$ | |

Die mit * gekennzeichneten Elemente haben nur instabile Isotope; die Elemente Nr. 61 und Nr. 95 bis 112 wurden künstlich erhalten und konnten in der Natur nicht nachgewiesen werden.

# A.3. Mathematische Werkzeuge, Ergänzungen

In diesem Kapitel werden ausgewählte mathematische Werkzeuge wiederholend dargestellt und auch nur in dem Umfang, wie sie im vorliegenden Buch verwendet werden. Auf Beweise wird gänzlich verzichtet. Die folgenden Kapitel ersetzen deshalb keinesfalls das Studium entsprechender mathematischer Literatur, wie [Rie97], [Deg08].

## A.3.1. Vektoren

Für vektorielle physikalische Größen (siehe Seite 466) gelten die Regeln der Vektorrechnung.

Vektoren sind gerichtete Größen in einem $n$-dimensionalen Raum[1]; sie sind durch ihren Betrag und ihre Richtung gekennzeichnet. Zwei Vektoren sind gleich, wenn sie in Betrag und Richtung übereinstimmen.

**Darstellung** Grafisch werden Vektoren als gerichtete Strecke, also als Pfeil, dargestellt. Die Abb. A.3a zeigt zwei Vektoren $\vec{a_1} = \overrightarrow{P_1Q_1}$ und $\vec{a_2} = \overrightarrow{P_2Q_2}$, die jeweils von einem Anfangspunkt $P_1$ bzw. $P_2$ zu einem Endpunkt $Q_1$ bzw. $Q_2$ weisen.

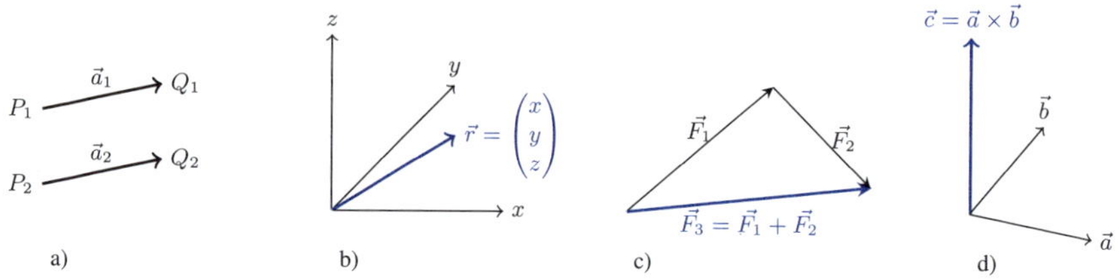


**Abb. A.3.:** a) Vektor als gerichtete Strecke, b) Vektor $\vec{r}$ in kartesischem Koordinatensystem, c) Addition zweier Vektoren, d) Kreuzprodukt $\vec{c} = \vec{a} \times \vec{b}$

Numerisch wird ein dreidimensionaler Vektor durch ein geordnetes Zahlentripel repräsentiert; im kartesischen Koordinatensystem also durch die Komponenten in $x-$, $y-$ und $z-$Richtung.

**Betrag und Richtung** Der **Betrag** des Vektors $\vec{a} = \overrightarrow{PQ}$ ist definiert durch

$$|\vec{a}| = \sqrt{x^2 + y^2 + z^2}$$

und entspricht der Länge des Pfeils $\overrightarrow{PQ}$. Einen Vektor, der den Betrag 1 hat, nennt man **Einheitsvektor**. Die Einheitsvektoren der Achsen im kartesischen Koordinatensystem sind

[1] An unsere Problemstellungen angepasst, betrachten wir nur drei- bzw. zweidimensionale Vektoren.

$$\vec{e_x} = \begin{pmatrix} 1 \\ 0 \\ 0 \end{pmatrix} \qquad \vec{e_y} = \begin{pmatrix} 0 \\ 1 \\ 0 \end{pmatrix} \qquad \vec{e_z} = \begin{pmatrix} 0 \\ 0 \\ 1 \end{pmatrix}.$$

Damit kann man einen Vektor $\vec{r}$, der im Ursprung des Koordinatensystems beginnt (vgl. Abb. A.3b), wie folgt darstellen:

$$\vec{r} = x_r \vec{e_x} + y_r \vec{e_y} + z_r \vec{e_z} = \begin{pmatrix} x_r \\ y_r \\ z_r \end{pmatrix}.$$

Zur allgemeinen Angabe der **Richtung** eines Vektors ist es vorteilhaft, den Einheitsvektor

$$\vec{e}_r = \frac{\vec{r}}{|\vec{r}|}.$$

zu verwenden, der dieselbe Richtung wie der Vektor $\vec{r}$ und den Betrag 1 hat.

**Addition und Subtraktion** Zwei Vektoren werden addiert oder subtrahiert, indem die Komponenten der Vektoren addiert oder subtrahiert werden (vgl. Abb. A.3c) :

$$\vec{F_3} = \vec{F_1} + \vec{F_2} = \begin{pmatrix} F_{1_x} + F_{2_x} \\ F_{1_y} + F_{2_y} \\ F_{1_z} + F_{2_z} \end{pmatrix}.$$

Wenn man einen Vektor von sich selbst subtrahiert, ist das Ergebnis der Nullvektor:

$$\vec{r} - \vec{r} = \vec{0}.$$

Für Addition und Subtraktion gelten das Assoziativ- und das Kommutativgesetz.

**Multiplikation mit einem Faktor** Wenn man ein Mehrfaches eines Vektors angeben möchte, ist jede Komponente mit dem entsprechenden Faktor zu multiplizieren:

$$\alpha \cdot \vec{r} = \begin{pmatrix} \alpha \cdot x \\ \alpha \cdot y \\ \alpha \cdot z \end{pmatrix}.$$

**Skalarprodukt** Das Skalarprodukt zweier Vektoren ist ein Skalar (ungerichtete Größe) und definiert durch

$$\vec{a} \cdot \vec{b} = |\vec{a}| \cdot |\vec{b}| \cdot \cos\varphi,$$

dabei ist $\varphi$ der eingeschlossene Winkel. Für das Skalarprodukt reeller Vektoren gilt das Kommutativgesetz.

Der Betrag eines Vektors kann als Skalarprodukt eines Vektors mit sich selbst dargestellt werden

$$|\ \vec{a}\ | = \sqrt{\vec{a} \cdot \vec{a}}.$$

**Kreuzprodukt oder Vektorprodukt** Das Kreuzprodukt zweier Vektoren $\vec{a} \times \vec{b}$ ist ein neuer Vektor, der senkrecht auf der von $\vec{a}$ und $\vec{b}$ aufgespannten Fläche steht (siehe Abb. A.3d). Es gilt:

$$\vec{c} = \vec{a} \times \vec{b} = \begin{pmatrix} a_1 \\ a_2 \\ a_3 \end{pmatrix} \times \begin{pmatrix} b_1 \\ b_2 \\ b_3 \end{pmatrix} = \begin{pmatrix} a_2 b_3 - a_3 b_2 \\ a_3 b_1 - a_1 b_3 \\ a_1 b_2 - a_2 b_1 \end{pmatrix}.$$

Die drei Vektoren bilden in der Reihenfolge $\vec{a}$, $\vec{b}$, $\vec{c}$ ein Rechtssystem. Assoziativgesetz und Kommutativgesetz gelten für das Kreuzprodukt **nicht**.

Das Kreuzprodukt eines Vektors mit sich selbst oder einem kollinearen Vektor ergibt den Null-Vektor:

$$\vec{r} \times \alpha \cdot \vec{r} = \vec{0}.$$

## A.3.2. Komplexe Zahlen und Funktionen

Komplexe Zahlen werden bei der Behandlung von Wechselstrom und Widerständen im Wechselstromkreis benötigt. Zur Einführung gehen wir von einer quadratischen Gleichung aus. Bei der Lösung quadratischer Gleichungen kann sich ein Zwischenergebnis folgender Art ergeben:

$$a^2 = -9.$$

Da die Quadratwurzel aus negativen Zahlen im Bereich der reellen Zahlen nicht definiert ist, kann diese Gleichung zunächst nicht gelöst werden. Man kann aber $-9$ darstellen als $9 \cdot (-1)$ und dann aus dem Betrag 9 die Quadratwurzel ziehen und $-1$ separat behandeln:

$$\sqrt{-9} = \sqrt{9} \cdot \sqrt{-1} = 3 \cdot \sqrt{-1}.$$

Wir definieren nun

$$\sqrt{-1} = j \tag{A.6}$$

und nennen $j$ die **imaginäre Einheit**[1] .

Nach Gauß[2] erweitert man den Zahlenbereich um imaginäre Zahlen und erhält komplexe Zahlen. Jede komplexe Zahl $Z$ besteht aus einem reellen Teil oder Realteil $a$ und einem imaginären Teil $j \cdot b$ und wird geschrieben als

$$z = a + j \cdot b. \tag{A.7}$$

Zur Darstellung komplexer Zahlen bedient man sich der Gaußschen Zahlenebene. Auf der Abszisse wird der reelle Teil $\mathrm{Re}(z)$ und auf der Ordinate der imaginäre Teil $\mathrm{Im}(z)$ der komplexen Zahl aufgetragen (kartesische Darstellung, siehe Abb. A.4a ).

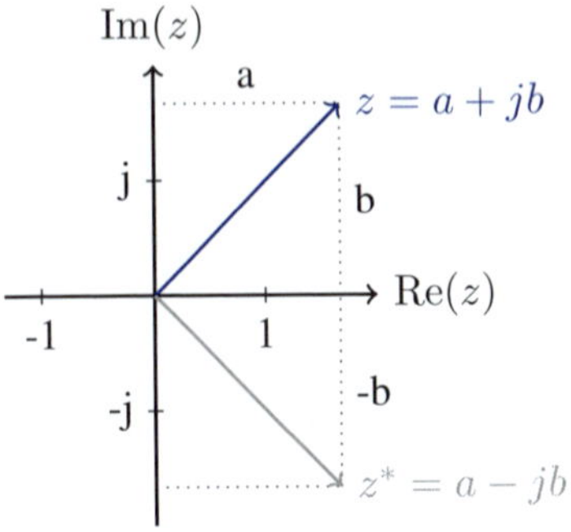


**(a)** Gauß'sche Zahlenebene

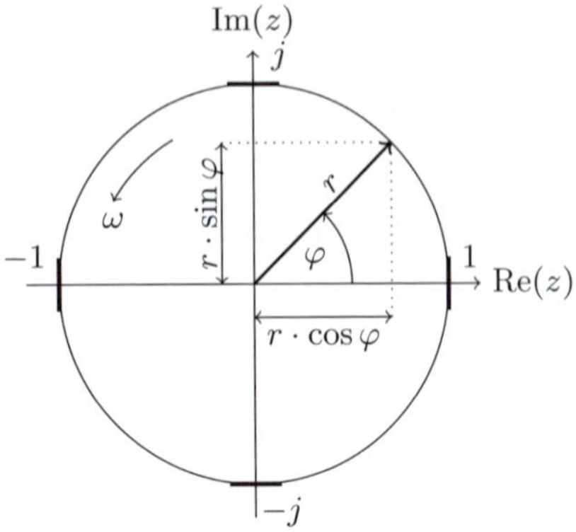


**(b)** Einheitskreis

**Abb. A.4.:** Graphische Darstellung komplexer Zahlen

Die komplexe Zahl $z = a + j \cdot b$ kann man auch durch ihren **Betrag** $|z|$ und ihr **Argument** $arg(z)$ ausdrücken:

$$|z| = r = \sqrt{a^2 + b^2} \qquad \text{und} \qquad arg(z) = \varphi = \arctan \frac{b}{a}. \tag{A.8}$$

Nun lassen sich Realteil und Imaginärteil auch mit Winkelfunktionen darstellen und man erhält mit $a = r \cdot \cos\varphi$ und $b = r \cdot \sin\varphi$ die trigonometrische Form (auch Polarform) der komplexen Zahl:

$$z = r \cdot (\cos\varphi + j \cdot \sin\varphi). \tag{A.9}$$

Mit der Eulerschen Formel $\cos\varphi + j \sin\varphi = e^{j\varphi}$ ergibt sich die **Eulersche Form** der komplexen Zahl

$$Z = re^{j\varphi}. \tag{A.10}$$

[1] In der mathematischen Literatur wird i für die imaginäre Einheit benutzt. In der Physik und Elektrotechnik benutzt man $j$, um Verwechslungen mit dem Symbol für den elektrischen Strom zu vermeiden.

[2] Carl Friedrich Gauß, deutscher Mathematiker (1777–1855)

Die Eulersche Form erweist sich beim Multiplizieren oder Dividieren als besonders vorteilhaft, man multipliziert (dividiert) die Beträge und addiert (subtrahiert) die Argumente:

$$r_1 e^{j\varphi_1} \cdot r_2 e^{j\varphi_2} = r_1 \cdot r_2 \cdot e^{j(\varphi_1+\varphi_2)} \quad \text{und} \quad \frac{r_1 e^{j\varphi_1}}{r_2 e^{j\varphi_2}} = \frac{r_1}{r_2} e^{j(\varphi_1-\varphi_2)}. \tag{A.11}$$

Sie ist ferner geeignet, um Kosinus und Sinus auszudrücken

$$\cos\varphi = \frac{1}{2}\left(e^{j\varphi} + e^{-j\varphi}\right) \quad \text{und} \quad \sin\varphi = \frac{1}{2j}\left(e^{j\varphi} - e^{-j\varphi}\right). \tag{A.12}$$

Manchmal benötigt man die zur komplexen Zahl $z$ konjugiert komplexe Zahl $z^*$. Diese erhält man, in dem das Vorzeichen des Imaginärteils getauscht wird (Multiplikation mit $-1$). Die komplexe Zahl sei

$$z = a + j \cdot b$$

dann ist die konjugiert komplexe Zahl

$$z^* = a - j \cdot b. \tag{A.13}$$

Den Betrag einer komplexen Zahl erhält man nun einfach durch

$$|z| = \sqrt{z \cdot z^*}. \tag{A.14}$$

Schließlich kann man komplexe Zahlen auch differenzieren und integrieren. Wir benutzen dazu die Eulersche Darstellung und bekannte Regeln der Differential- und Integralrechnung.

**Differentiation:**

$$\frac{d}{dt} e^{j\omega t} = j\omega e^{j\omega t}. \tag{A.15}$$

**Integration:**

$$\int e^{j\omega t} dt = \frac{1}{j\omega} e^{j\omega t}. \tag{A.16}$$

## A.3.3. Differentialgleichungen

Die Lösung zahlreicher physikalischer und technischer Probleme führt auf Differentialgleichungen. Die bekannteste Differentialgleichung aus der Physik ist die Newtonsche Bewegungsgleichung.

In unserem Zusammenhang treffen wir bei der Behandlung von Energiespeichern, also bei Kapazitäten und Induktivitäten (Kapitel 2.3.5 und 2.3.6), bei Schwingkreisen (Kapitel 2.4.4) und bei Leitungen (Kapitel 3.4) auf Differentialgleichungen.

Unter einer Differentialgleichung versteht man eine Gleichung, die eine Funktion $y(t)$ mit deren Ableitungen verknüpft, also z.B.

$$\frac{d^2y}{dt^2} = f(t, y, \frac{dy}{dt}).$$

Jede Funktion, die eine gegebene Differentialgleichung erfüllt, ist eine Lösung dieser Differentialgleichung.

Die einfachste Differentialgleichung lautet

$$\frac{dy}{dt} = f(t).$$

Eine solche Gleichung zu lösen heißt, sie zu integrieren:

$$y(t) = \int f(t)dt + K \quad \text{mit} \quad K = y(t_0).$$

Bei der Integration erscheint im Ergebnis eine Konstante $K$, so dass man als Lösung eine ganze Schar von Kurven erhält. Die Konstante $K$ verschwindet beim Differenzieren wieder. Bei einem physikalischen Problem können Anfangsbedingungen (oder Randbedingungen) zur Bestimmung von $K$ herangezogen werden. Anfangswerte können z.B. der Funktionswert und der Wert der Ableitung der Funktion bei $t = 0$ sein (siehe unten). Damit wird aus der Schar der Lösungen genau eine Kurve ausgewählt. Solche Aufgaben nennt man **Anfangswertaufgaben**.

Eine Differentialgleichung

- heißt **gewöhnlich**, wenn die Funktion $y$ nur von einer Variablen, also z.B. von der Zeit $t$ oder vom Ort $x$ abhängt;
- hat die **Ordnung** $n$, wenn $\frac{d^n y}{dt^n}$ als höchste Ableitung vorkommt;
- hat den **Grad** $k$, wenn die Funktion $y(t)$ oder ihre Ableitungen höchstens in der $k-$ten Potenz vorkommen;
- heißt **linear**, wenn ihr Grad 1 ist;
- heißt **homogen**, wenn sie nur die Funktion $y(t)$ und deren Ableitungen enthält;

- heißt **inhomogen**, wenn sie einen Summanden ohne die Funktion $y(t)$ oder deren Ableitungen enthält.

**Partielle Differentialgleichungen** verknüpfen eine Funktion von zwei oder mehr Variablen und deren partielle Ableitungen miteinander. Schließlich ergeben sich bei der Lösung bestimmter Probleme **Systeme gekoppelter partieller Differentialgleichungen**, denen wir beispielsweise im Zusammenhang mit der Beschreibung von Leitungen kurz begegnen (Telegrafengleichung, Kapitel 3.4).

Für Differentialgleichungen kann man keinen allgemeinen Lösungsalgorithmus angeben. Wir betrachten hier zwei Lösungskonzepte für unsere Problemstellungen:

**Trennung der Variablen – begrenztes Wachstum** Aus der täglichen Erfahrung sind uns begrenzte Wachstums- und Abklingfunktionen geläufig. Dazu zwei einfache Beispiele:

- Heißer Kaffee in einer Tasse kühlt sich mit der Zeit ab, aber nur bis auf die Umgebungstemperatur und um so langsamer, je weiter sich seine Temperatur der Umgebungstemperatur schon angenähert hat.
- Ein kaltes Getränk aus dem Kühlschrank erwärmt sich aber maximal bis zur Erreichung der höheren Zimmertemperatur und der Vorgang wird um so langsamer, je geringer die Differenz der Temperaturen ist.

Analoge Vorgänge treffen wir bei der Aufladung bzw. Entladung eines Kondensators oder beim Stromanstieg bzw. Abfall in einer Spule an. Man modelliert dieses Verhalten, indem man das Wachstum proportional zur Differenz zwischen einem konstanten Endwert und dem momentanen Wert ansetzt.

Wir erläutern das Vorgehen konkret am Beispiel der Ladung eines Kondensators und beziehen uns dabei auf Abb. 2.23 auf Seite 41. Hier wird die Batterie- oder Quellenspannung $U_0$ als Endwert und als konstant angenommen. $U_C(t)$ ist der momentane Wert der Spannung am Kondensator zur Zeit $t$. Des Weiteren wird der bekannte Anfangswert zur Bestimmung der Lösung herangezogen. Mit den Kirchhoffschen Regeln, dem ohmschen Gesetz und dem Zusammenhang zwischen Ladung und Spannung am Kondensator gewinnt man die Beziehung

$$\frac{dU_C}{dt} = \frac{U_0 - U_C}{R \cdot C}.$$

Diese Gleichung kann man nach dem **Verfahren der Trennung der Variablen** lösen. Dazu wird die Gleichung so umgeformt, dass alle Spannungsterme auf einer Seite des Gleichheitszeichens und alle Zeitterme auf der anderen Seite stehen

$$\frac{dU_C}{U_0 - U_C} = \frac{1}{R \cdot C} \cdot dt.$$

Nach unserer Voraussetzung ist $U_0$ konstant, so dass die Zeitableitung von $U_0$ verschwindet und $\frac{dU_0}{dt} = 0$ gilt. Differenzieren ist eine lineare Operation; deshalb kann man wegen $\frac{dU_0}{dt} = 0$ den Ausdruck $dU_C$ durch $d(U_C - U_0)$ ersetzen und erhält

$$\frac{d(U_C - U_0)}{U_0 - U_C} = \frac{1}{R \cdot C} \cdot dt.$$

Wir multiplizieren den Nenner mit $(-1)$ und erhalten eine lineare Differentialgleichung 1. Ordnung:

$$\frac{d(U_C - U_0)}{U_C - U_0} = -\frac{1}{R \cdot C} \cdot dt,$$

die man nun integrieren kann

$$\int \frac{d(U_C - U_0)}{U_C - U_0} = \int -\frac{1}{R \cdot C} \cdot dt = -\frac{1}{R \cdot C} \int dt.$$

Nach den bekannten Integrationsregeln erhält man:

$$\ln(U_C - U_0) + K_1 = -\frac{t}{R \cdot C} + K_2.$$

$K_1$ und $K_2$ sind die Integrationskonstanten für jedes Integral, die man zu einer Konstanten $K = K_2 - K_1$ zusammenfasst:

$$\ln(U_C - U_0) = -\frac{t}{R \cdot C} + K.$$

Im nächsten Schritt wird der Logarithmus aufgelöst:

$$e^{\ln(U_C - U_0)} = U_C - U_0 = e^K \cdot e^{-\frac{t}{R \cdot C}}.$$

Der Einfachheit halber setzen wir den konstanten Term $e^K = K$ und bestimmen dann die Konstante $K$ aus der Anfangsbedingung $U_C(t = 0) = 0$..

Damit die Gleichung für $t = 0$ erfüllt wird, muss die Integrationskonstante $K = -U_0$ betragen und als Ergebnis findet man schließlich die Gleichung

$$U_C(t) = U_0 \cdot (1 - e^{-\frac{t}{R \cdot C}}). \qquad \text{(A.17)}$$

Die so ermittelte Ladekurve zeigt die Abb. 2.23 auf Seite 41.

Man erkennt, Differentialgleichung und Anfangsbedingung resultieren aus dem physikalischen Problem, während das Lösen der Gleichung formal in den Bereich der Mathematik fällt.

**Lösung durch Ansatz – harmonischer Oszillator** Harmonischen Oszillatoren begegnet man in vielen Gebieten der Physik, zuerst meist in der Mechanik, z.B. in Gestalt eines mathematischen Pendels oder eines Federschwingers. Wir betrachten hier natürlich ein elektrisches Phänomen, nämlich Schwingungen im Schwingkreis.

Ein harmonischer Oszillator wird durch eine gewöhnliche lineare Differentialgleichung zweiter Ordnung mit konstanten Koeffizienten beschrieben. Für den Schwingkreis haben wir die Gleichung 2.77 (siehe Seite 63)

$$L\frac{d^2Q}{dt^2} + R\frac{dQ}{dt} + \frac{Q}{C} = 0$$

entwickelt. Nach Division durch $L$ und den Substitutionen

$$\frac{R}{L} = \delta \qquad \text{und} \qquad \frac{1}{LC} = \omega_0^2$$

entsteht die Differentialgleichung

$$\frac{d^2Q}{dt^2} + \delta\frac{dQ}{dt} + \omega_0^2 Q = 0,$$

die wir nun lösen wollen.

Bekanntermaßen ergibt die Ableitung einer e-Funktion bis auf einen Faktor wieder die e-Funktion; deshalb machen wir für den Zeitverlauf von $Q$ folgenden Ansatz:

$$Q \sim e^{\underline{\lambda}t} \qquad \text{mit} \qquad \underline{\lambda} = \delta + j\omega_0.$$

Wenn wir den Ansatz in die Differentialgleichung einsetzen, können wir die Differentiationen ausführen und die Differentialquotienten eliminieren

$$\underline{\lambda}^2 Q + \underline{\lambda}\delta Q + \omega_0^2.$$

Nach Division durch $Q$ erhalten wir eine algebraische Gleichung, die sog. **charakteristische Gleichung**:

$$\underline{\lambda}^2 + \delta\underline{\lambda} + \omega_0^2 = 0.$$

Die Lösungen dieser quadratischen Gleichung lauten:

$$\underline{\lambda}_{1,2} = -\frac{1}{2}\delta \pm \sqrt{\left(\frac{1}{2}\delta\right)^2 - \omega_0^2}\,. \tag{A.18}$$

Zur Diskussion der Problematik des Schwingkreises setzen wir wieder die elektrischen Größen ein

$$\underline{\lambda}_{1,2} = -\frac{1}{2}\frac{R}{L} \pm \sqrt{\left(\frac{1}{2}\frac{R}{L}\right)^2 - \frac{1}{LC}} \tag{A.19}$$

und betrachten zuerst den Fall, dass der Widerstand $R = 0$ ist. Für $R = 0$ wird der Wurzelausdruck negativ und die Gleichung hat zwei imaginäre Lösungen

$$\underline{\lambda}_{1,2} = \pm\sqrt{-\frac{1}{LC}}$$

$$\lambda_1 = j\omega_0 \qquad \text{und} \qquad \lambda_2 = -j\omega_0.$$

Damit ergibt sich für unsere Ausgangsgleichung

$$Q(t) = K_1 \cdot e^{j\omega_0 \cdot t} + K_2 \cdot e^{-j\omega_0 \cdot t}.$$

Wir beginnen die Beobachtung zur Zeit $t = 0$, wenn sich die gesamte Ladung auf der Kapazität befindet und kein Strom fließt; deshalb können wir für die Anfangsbedingungen

$$Q(t=0) = Q_0 \qquad \text{und} \qquad \left.\frac{dQ}{dt}\right|_{t=0} = 0$$

setzen. Mit diesen Anfangsbedingungen können wir die Integrationskonstanten bestimmen und erhalten

$$Q(0) = K_1 + K_2, \qquad 0 = j\omega_0 \cdot K_1 - j\omega_0 \cdot K_2 \qquad \text{und schließlich} \qquad K_1 = K_2 = \frac{1}{2}Q_0.$$

Für $R = 0$ ergibt sich nun folgende partikuläre Lösung für die Differentialgleichung:

$$Q(t) = \frac{1}{2}Q_0\left(e^{j\omega_0 \cdot t} + e^{-j\omega_0 \cdot t}\right),$$

die wir unter Verwendung der Beziehung $e^{jx} + e^{-jx} = \cos x$ (Gleichung A.12) einfacher schreiben können

$$Q(t) = Q_0 \cos\omega_0 \cdot t \qquad \text{mit} \qquad \omega_0 = \sqrt{\frac{1}{LC}}. \tag{A.20}$$

Diese Gleichung beschreibt eine **ungedämpfte harmonische Schwingung** mit der Kreisfrequenz $\omega_0$. Ungedämpft heißt, dass die Amplitude $Q_0$ zeitunabhängig und konstant ist (siehe Abb. 2.37 auf Seite 62).

Wir lassen jetzt Widerstände $R > 0$ zu. Der Wert des Wurzelausdrucks in Gleichung A.19 kann nun sowohl negativ, als auch null oder positiv werden.

Wenn der Wurzelausdruck negativ ist, sind wieder harmonische Schwingungen Lösungen der Differentialgleichung, wobei es jetzt **gedämpfte Schwingungen** sind:

$$Q(t) = Q_0 \cdot e^{\delta t} \cos(\omega t) \tag{A.21}$$

$$\text{mit} \quad \delta = -\frac{R}{2L} \quad \text{und} \quad \omega = \sqrt{-\left(\frac{R}{2L}\right)^2 + \frac{1}{LC}} > 0.$$

Die Frequenz der Schwingung ist jetzt geringer als im ungedämpften Fall $\omega < \omega_0$ und sinkt mit wachsender Dämpfung. Der Term

$$\delta = -\frac{R}{2L}$$

beschreibt die Dämpfung; er entspricht der Hüllkurve der gedämpften Schwingung.

Wenn der Wurzelausdruck positiv ist, kommt es zu keiner Schwingung mehr. $Q(t)$ wird nach einer Abklingzeit 0; das ist der sog. **Kriechfall**. Auch wenn der Wurzelausdruck null ist, schwingt das System nicht mehr. In diesem Fall klingt $Q(t)$ am schnellsten zu 0 ab; man nennt diesen Fall den **aperiodischen Grenzfall**.

# A.4. Ergänzungen zu passiven Bauelementen

## A.4.1. E-Reihen

**Motivation:** Bei der Berechnung von Schaltungen können sich beliebige, denkbare Bauelementewerte ergeben. Es ist logistisch nicht realisierbar, Bauelemente mit allen denkbaren Werten bereit zu stellen. Um dieses Problem zu bewältigen, wurden **Normwerte** für passive Bauelemente eingeführt, die sog. **E-Reihen**.

Eine E-Reihe umfasst pro Dekade genau so viele Werte, wie die Zahl nach E angibt. Die Reihe E12 umfasst also 12 Werte in jeder Dekade. In Tabelle A.7 sind die Werte für die Reihen E6, E12 und E24 angegeben.

**Tabelle A.7.:** Internationale E-Reihen (Auszug)

| Reihe E 6 ($\pm 20\%$) | Reihe E 12 ($\pm 10\%$) | Reihe E 24 ($\pm 5\%$) |
|---|---|---|
| 1.0 | 1.0 | 1.0 |
| | | 1.1 |
| | 1.2 | 1.2 |
| | | 1.3 |
| 1.5 | 1.5 | 1.5 |
| | | 1.6 |
| | 1.8 | 1.8 |
| | | 2.0 |
| 2.2 | 2.2 | 2.2 |
| | | 2.4 |
| | 2.7 | 2.7 |
| | | 3.0 |
| 3.3 | 3.3 | 3.3 |
| | | 3.6 |
| | 3.9 | 3.9 |
| | | 4.3 |
| 4.7 | 4.7 | 4.7 |
| | | 5.1 |
| | 5.6 | 5.6 |
| | | 6.2 |
| 6.8 | 6.8 | 6.8 |
| | | 7.5 |
| | 8.2 | 8.2 |
| | | 9.1 |

Die $n$ verschiedenen Werte $X_E$ einer E($n$)-Reihe werden nach folgender Regel berechnet:

$$X_E = \sqrt[n]{10^m}$$

mit $n = 6, 12, 24, 48, 96, 192$ und $m = 0, 1, 2, 3 \cdot (n - 1)$.

In jeder Reihe ist eine bestimmte Toleranz zugelassen. Die Toleranz beträgt für E6 $\pm 20\%$, für E12 $\pm 10\%$, für E24 $\pm 5\%$ usw.

Umfassende Informationen zu den E-Reihen findet man in der entsprechenden Norm [DIN].

## A.4.2. Leiter und Isolatoren – elektrische Eigenschaften

In der Literatur angegebene Materialdaten unterscheiden sich erheblich. Das liegt darin begründet, dass solche Daten von der Struktur und Reinheit bzw. der Zusammensetzung der Stoffe sowie den Messbedingungen (Temperatur, Frequenz u.a.) abhängen. Die nachfolgend angegebenen Daten für eine kleine Auswahl von Materialien sind deshalb als Richtwerte zu betrachten.

**Tabelle A.8.:** Leiter bei Raumtemperatur (Quellen: [Sto05], [Spi01])

| Material | Zusammensetzung | $\rho\,[\frac{\Omega\,\mathrm{mm}^2}{\mathrm{m}}]$ | $TK_R[\frac{1}{\mathrm{K}}]$ |
|---|---|---|---|
| Silber | Ag | $0,016$ | $4,1 \cdot 10^{-3}$ |
| Kupfer (rein) | Cu | $0,01678$ | $3,9 \cdot 10^{-3}$ |
| Wolfram | W | $0,055$ | $4,8 \cdot 10^{-3}$ |
| Konstantan | $Cu_{55\%}\ Ni_{44\%}\ Mn_{1\%}$ | $0,5$ | $3 \cdot 10^{-5}$ |
| Graphit | C-Modifikation | $8$ | $-2 \cdot 10^{-4}$ |

**Tabelle A.9.:** Isolatoren (Quellen: [Bö07], [Spi01], [Ker13] )

| Material | $\rho\,[\frac{\Omega\,\mathrm{mm}^2}{\mathrm{m}}]$ | Durchschlagsfeldstärke $[\frac{\mathrm{V}}{\mathrm{cm}}]$ | $\epsilon_r$ |
|---|---|---|---|
| Quarz ($SiO_2$) | $10^{22}$ | $250 \ldots 400$ | $4,3$ |
| $Si_3N_4$ (Siliziumnitrid) | $10^{17}$ | 200 | $8 \ldots 12$ |
| $Al_2\ O_3$ (Keramik) | $10^{18}$ | 200 | $9$ |
| Glas | $> 10^{17}$ | $> 100$ | $3,8 \ldots > 10$ |
| Bariumtitanat ($BaTiO_3$) | $> 10^{14}$ | $> 15$ | $1400 \ldots > 2500$ |

# A.5. Kodierung von Informationen

## A.5.1. Maßeinheit

**Datenmenge, Byte** Analog zu den physikalischen Größen wird für die Digitaltechnik ein Maß für die Datenmenge benötigt. Hierfür wird die Maßeinheit **Byte** verwendet.

Die Einheit Byte beschreibt eine Datenmenge, die gespeichert (Speicherkapazität), übertragen oder verarbeitet werden kann. Heute umfasst ein Byte die Informationsmenge von 8 **Bit**, umfasst also 8 zusammengehörige Bits und wird deshalb auch als Oktett bezeichnet[1]. Die Anordnung der Bits innerhalb eines Bytes wird durch die Bit-Ordnung (Bit-Order) festgelegt. Sie ist insbesondere für die serielle Übertragung von Informationen wichtig.

In einem Stellenwertsystem wird für die Interpretation der in einem Byte gespeicherten Information die Bitwertigkeit in Bezug auf die Bit-Ordnung benötigt. Bei der schriftlichen Notation der Bits eines Bytes wird üblicherweise das höchstwertige Bit links geschrieben (MSB $\hat{=}$ *most significant bit*) und das niedrigstwertige Bit rechts (LSB $\hat{=}$ *least significant bit*). Das entspricht der intuitiven Anordnung, die wir von der Notation von Dezimalzahlen kennen. Die gebräuchliche Angabe von Bitpositionen ist Position 7 für das MSB und Position 0 für das LSB. Das erlaubt uns das einfache Rechnen mit der Position als Wertigkeit des Bits:

| | | | | | | | | |
|---|---|---|---|---|---|---|---|---|
| Position: | 7 | 6 | 5 | 4 | 3 | 2 | 1 | 0 |
| Wertigkeit: | $2^7$ | $2^6$ | $2^5$ | $2^4$ | $2^3$ | $2^2$ | $2^1$ | $2^0$ |
| | $x_7$ | $x_6$ | $x_5$ | $x_4$ | $x_3$ | $x_2$ | $x_1$ | $x_0$ |
| | MSB | | | | | | | LSB |

z.B. Interpretation als 8 Bit-Binärzahl:

$$\phi(x_7, \ldots, x_0) = \sum_{i=0}^{7} x_i \cdot 2^i$$

Bits kann man zu verschiedenen Gruppen zusammenfassen:

- 4 Bit: ein **Nibble** oder **Halbbyte**
- 8 Bit: ein **Byte**; zugleich ein **Wort** in einem 8-Bit-System
- 16 Bit: ein Wort in einem 16-Bit-System; zugleich ein **Halbwort** bei 32 Bit
- 32 Bit: ein Wort in einem 32-Bit-System

Außer bei einem Nibble sind alle Größen ganzzahlige Vielfache eines Bytes und können somit gut in einem Byte-organisierten Speicher abgelegt werden. Für die Interpretation in einem Stellenwertsystem ist dabei die Ordnung der Bytes im Register der CPU bzw. Speicher wichtig (Byte-Order). Diese ist abhängig vom jeweiligen Computersystem. Abgesehen von den unüblichen Mischformen unterscheidet man zwei Byte-Reihenfolgen:

[1] Historisch bedingt gibt es Abweichungen bei der Größenangabe. In der Computertechnik ist ein Byte ursprünglich die kleinste adressierbare Datenmenge und kann somit eine andere Größe als 8 Bit umfassen. Ohne explizite Anmerkung wird heute 1 Byte $\hat{=}$ 8 Bit festgelegt.

- **Little-Endian**: das Byte mit dem höchstwertigen Bit wird zuerst, also an der kleineren Speicheradresse gespeichert.
- **Big-Endian**: das Byte mit dem niedrigstwertigen Bit wird zuerst gespeichert.

Die Byte-Ordnung muss bei der Übertragung von Daten und bei der Verarbeitung durch unterschiedliche Maschinen beachtet werden. Die heute häufig eingesetzten x86-Systeme und deren 64-Bit Nachfolger sind Little-Endian Systeme.

Fälschlicherweise wird manchmal die Endian-Angabe auch für die Bit-Ordnung verwendet. Die Bit-Ordnung wird aber durch die Position von MSB und LSB in einem Byte vorgegeben und nicht durch die Byte-Ordnung der Maschine.

**SI- und IEC-Vorsätze** Analog zu physikalischen Größen wird auch bei Bytes für größere Maßzahlen ein Präfix vorgesetzt, um das Lesen und Rechnen zu vereinfachen. Dabei unterscheidet man zwei Varianten.

- **SI-Präfixe**[1]: siehe Tabelle A.5. Als Basis dient hierbei der Wert 10. Die Präfixe werden für Vielfache $i$ des Exponenten 3 vergeben: $x \cdot 10^{i \cdot 3}$. Deka und Hekto werden nicht verwendet.
- **IEC-Binärpräfixe**: die Präfixe werden zur Basis 2 für Vielfache $i$ des Exponenten 10 vergeben: $2^{i \cdot 10}$.

Tabelle A.10 und A.11 zeigen die heute verwendeten Vorsätze.

**Tabelle A.10.:** SI-Präfixe, Basis 10

| Vorsatz | Symbol | Faktor (Byte) |
|---|---|---|
| Kilobyte | kB | $10^3$ |
| Megabyte | MB | $10^6$ |
| Gigabyte | GB | $10^9$ |
| Terabyte | TB | $10^{12}$ |
| Petabyte | PB | $10^{15}$ |
| Exabyte | EB | $10^{18}$ |
| Zettabyte | ZB | $10^{21}$ |
| Yottabyte | YB | $10^{24}$ |

**Tabelle A.11.:** IEC-Binärpräfixe, Basis 2

| Vorsatz | Symbol | Faktor (Byte) |
|---|---|---|
| Kibibyte | kiB | $2^{10}$ |
| Mebibyte | MiB | $2^{20}$ |
| Gibibyte | GiB | $2^{30}$ |
| Tebibyte | TiB | $2^{40}$ |
| Pebibyte | PiB | $2^{50}$ |
| Exbibyte | EiB | $2^{60}$ |
| Zebibyte | ZiB | $2^{70}$ |
| Yobibyte | YiB | $2^{80}$ |

[1] Obwohl die SI-Präfixe manchmal auch für Speichergrößen zur Basis 2 verwendet werden, sollte man dies vermeiden und zur Verdeutlichung die IEC-Binärpräfixe verwenden.

Der Speicherplatz auf Festplatten wird in Datenblättern üblicherweise als Vielfaches von $10^{i \cdot 3}$ angegeben. Damit sind die SI-Präfixe zu verwenden. Für Größenangaben des Hauptspeichers wird die Basis 2 verwendet und somit sollten die IEC-Binärpräfixe genutzt werden. Dies wird im Sprachgebrauch häufig nicht korrekt umgesetzt und die Bedeutung muss aus dem Kontext entnommen werden.

**Schreibweise der Einheiten Bits und Bytes**

Die Angabe einer größeren Anzahl von Bits wird meist bei der Übertragung von Daten benötigt, bei der Speicherung fasst man Bits zu Bytes zusammen.

Für die Einheit Byte verwendet man üblicherweise ein großes „B" oder schreibt es aus. Somit wird MB oder MByte für ein Megabyte (=$10^6$ Byte) verwendet.

Die Einheit Bit wird meist ausgeschrieben oder man verwendet ein kleines „b" in Verbindung mit einem Vorsatz, z.B. Mb für Megabit. So ist z.B. bei einem 1 Gigabit-Netzwerk eine Übertragungsrate von 1 Gigabit pro Sekunde gemeint (Gb/s). In der Literatur wird für diese Größenangaben auch die Abkürzung Gbps (*Gigabit per second*) genutzt.
Für Bitangaben werden nur die SI-Präfixe verwendet (Basis 10), andernfalls sind es üblicherweise Vielfache von Bytes und man verwendet dann die Einheit Byte.

## A.5.2. Kodierung von Zahlen

Zahlendarstellungen mit fester Anzahl Vor- und Nachkommastellen werden als Festkommadarstellungen bezeichnet. Die Festkommadarstellung lässt sich um ein Vorzeichen erweitern und somit auf den Bereich negativer Zahlen ausdehnen. Dafür gibt es mehrere Varianten, z.B. die Darstellung mit Vorzeichen und Betrag, oder eine Komplement-Darstellung. In den meisten Computern wird die Zweierkomplement-Darstellung verwendet.

Die Interpretation einer binären Zahl $X$ mit $n$ Stellen vor und $k$ Stellen nach dem Komma $X := (x_{n-1}, x_{n-2}, \ldots, x_0, \ldots, x_{-k})$ ist in der **Zweierkomplement-Darstellung** gegeben durch

$$\phi(X) = \sum_{i=-k}^{n-2} x_i \cdot 2^i - x_{n-1} \cdot 2^{n-1} \qquad \text{(A.22)}$$

Zur Verarbeitung einer Stelle wird jeweils ein Bit benötigt. In Computern werden meist keine Nachkommastellen verwendet ($k$=0). Die „Bitbreite" des Rechners ist der Wert $n$. Demzufolge kann ein 64-Bit-Rechner ganze Zahlen im Bereich von $-2^{63}$ bis $2^{63}-1$ verarbeiten.

Für rationale Zahlen werden Gleitkommadarstellungen nach dem ANSI/IEEE Standard 754-1985, kurz **IEEE 754** genutzt. Eine Zahl wird über Vorzeichen ($s$), Mantisse ($m$) und Exponent ($e$) zur Basis 2 dargestellt. Es gibt Zahlen einfacher (single) und doppelter (double) Genauigkeit und einige zusätzliche Erweiterungen.

Um Eindeutigkeit zu erreichen, wird jede Zahl mit einer Mantisse im Bereich $1 \leq m < 2$ kodiert. Dies wird durch Anpassung des Exponenten erreicht. Man spricht in diesem Zusammenhang von einer Normalisierung einer Zahl. Für die Darstellung mit einfacher Genauigkeit werden 32 Bit genutzt, die sich auf ein Bit für das Vorzeichen, 8 Bit für den Exponenten und 23 Bit für die Mantisse aufteilen: $X := (s, e_7, \ldots, e_0, m_{-1}, \ldots, m_{-23})$. Die Interpretation ist definiert durch

$$\phi(X) = (-1)^s \cdot \left(1 + \sum_{i=-1}^{-23} m_i \cdot 2^i\right) \cdot \left(2^{(\sum_0^7 e_i \cdot 2^i) - 127}\right) \quad \text{(A.23)}$$

Zahlen können mit einfacher Genauigkeit mit Beträgen im Bereich von ca. $5{,}877 \cdot 10^{-39}$ bis $3{,}4 \cdot 10^{38}$ dargestellt werden. Dabei nimmt der Abstand benachbarter Zahlen mit zunehmender Entfernung vom Wert 0 zu und die Zahlendichte nimmt ab.

Neben den normalisierten Zahlen existieren denormalisierte Zahlen und Kodierungen einzelner Werte, z.B. „unendlich“.

## A.5.3. Kodierung von Zeichen

Zeichen werden wie Zahlen ebenfalls über Bitfolgen innerhalb eines Rechners kodiert. Im Gegensatz zu den Zahlen, deren Darstellung durch die verwendete Hardware (Prozessor) vorgegeben ist, können Zeichen auf vielfältige Weise kodiert werden. Die Interpretation hängt vom eingesetzten Betriebssystem und der darauf laufenden Software ab.

### ASCII-Code

Meist orientiert sich die Zeichendarstellung der Systeme am ASCII-Code (*American Standard Code for Information Interchange*). Der ASCII-Code umfasst 128 Schrift- und Steuerzeichen, die mit 7-Bit $(c_6, \ldots, c_0)$ kodiert werden (siehe Tabelle A.12).

Zum ASCII-Code gibt es viele Erweiterungen zur Darstellung der Zeichen bestimmter Sprachräume, z.B. die Norm **ISO/IEC 8859**. Im deutschsprachigen Raum wurde häufig die Norm ISO-8859-1 und ISO-8859-15 eingesetzt, auch als latin-1 und latin-9 bezeichnet. Es handelt sich um eine Erweiterung des ASCII-Codes auf 8 Bit. Die dadurch hinzu kommenden 128 Werte werden für die deutschen Umlaute und weiterer Symbole genutzt, wie z.B. das Euro-Symbol (€) in der Norm ISO-8859-15.

In modernen Betriebssystemen wird die Kodierung nach ISO/IEC 8859 zunehmend durch **Unicode** verdrängt. Hierfür gibt es die Norm ISO/IEC 10646, praktisch verwendet wird aber fast nur die Bezeichnung Unicode. Dieser internationale Standard für universelle Zeichenkodierung umfasst fast alle weltweit genutzten Zeichen und Symbole. Im Unicode-Zeichensatz (UCS, *Universal Character Set*) ist jedem Zeichen ein eindeutiger Wert zugeordnet. UCS enthält mit der Version 6.2 im Jahr 2012 insgesamt 110182 Zeichen, wobei die ersten 128 Zeichen mit denen des ASCII-Codes übereinstimmen. Der UCS-Wert muss im Rechner binär kodiert werden, wofür man festgelegte Formen verwendet.

Zur binären Kodierung von Unicode wird häufig UTF-8 eingesetzt (UTF steht für ***UCS T**ransformation **F**ormat*). Während Kodierungen im ASCII- und ISO-8859-Format jedem Zeichen eine feste Anzahl von binären Stellen zuweisen, ist die Stellenanzahl bei UTF-8 variabel. Es werden Vielfache von 8 Bit für ein Zeichen verwendet.

**UTF-8**

Die UCS-Zeichen 0–128 entsprechen den Zeichen des ASCII-Codes und werden mit einer 0 auf 8 Bit erweitert: `0xxxxxxx`. Für die größeren Werte werden mehr Bytes verwendet, kodiert durch den Präfix. Zugehörige Bytes beginnen jeweils mit `10xxxxxx`.

| UCS-Bereich | UTF-8 |
|---|---|
| $0 - 2^7$-1 | `0xxxxxxx` |
| $2^7 - 2^{11}$-1 | `110xxxxx 10xxxxxxx` |
| $2^{11} - 2^{16}$-1 | `1110xxxx 10xxxxxxx 10xxxxxxx` |
| $2^{16} - 2^{21}$-1 | `11110xxx 10xxxxxxx 10xxxxxxx 10xxxxxxx` |

Das Zeichen „Ä“ findet man in UCS unter der Nummer 196 bzw. hexadezimal 0x00C4. Der binäre Wert `11000100` wird auf 2-Byte für die UTF-8 Kodierung, beginnend ab der letzten Postion aufgeteilt und der Rest mit 0 aufgefüllt:

„Ä“ = `11000011 10000100` = 0xC3 84.

Das Emoticon „😊“ findet man unter der Bezeichnung „SMILING FACE WITH SMILING EYES“ unter der UCS Nummer 128522, hexadezimal 0x1F60A . Dafür werden vier Bytes benötigt (0x1F60A=`11111011000001010`):

„😊“ = `11110000 10011111 10011000 10001010` = 0xF0 9F 98 8A

**Tabelle A.12.:** Code-Tabelle für den ASCII-Code

| | | | | $c_6$ | 0 | 0 | 0 | 0 | 1 | 1 | 1 | 1 |
|---|---|---|---|---|---|---|---|---|---|---|---|---|
| | | | | $c_5$ | 0 | 0 | 1 | 1 | 0 | 0 | 1 | 1 |
| $c_3$ | $c_2$ | $c_1$ | $c_0$ | $c_4$ | 0 | 1 | 0 | 1 | 0 | 1 | 0 | 1 |
| 0 | 0 | 0 | 0 | | NUL | DLE | | 0 | | P | ‘ | p |
| 0 | 0 | 0 | 1 | | SOH | DC1 | ! | 1 | A | Q | a | q |
| 0 | 0 | 1 | 0 | | SFX | DC2 | ” | 2 | B | R | b | r |
| 0 | 0 | 1 | 1 | | ETX | DC3 | # | 3 | C | S | c | s |
| 0 | 1 | 0 | 0 | | EOT | DC4 | $ | 4 | D | T | d | t |
| 0 | 1 | 0 | 1 | | ENQ | NAK | % | 5 | E | U | e | u |
| 0 | 1 | 1 | 0 | | ACK | SYN | & | 6 | F | V | f | v |
| 0 | 1 | 1 | 1 | | BEL | ETB | ’ | 7 | G | W | g | w |
| 1 | 0 | 0 | 0 | | BS | CAN | ( | 8 | H | X | h | x |
| 1 | 0 | 0 | 1 | | HT | EM | ) | 9 | I | Y | i | y |
| 1 | 0 | 1 | 0 | | LF | SUB | * | : | J | Z | j | z |
| 1 | 0 | 1 | 1 | | VT | ESC | + | ; | K | [ | k | { |
| 1 | 1 | 0 | 0 | | FF | FS | , | < | L | \ | l | \| |
| 1 | 1 | 0 | 1 | | CR | QS | - | = | M | ] | m | } |
| 1 | 1 | 1 | 0 | | SO | RS | . | > | N | ^ | n | * |
| 1 | 1 | 1 | 1 | | SI | US | / | ? | O | _ | o | DEL |

Steuerzeichen (Spalten $c_6c_5c_4$ = 000, 001) — Schriftzeichen (übrige Spalten)

**Tabelle A.13.:** Code-Tabelle ISO-8859-15 / latin9 für $c_7$=1

| | | | | $c_6$ | 0 | 0 | 0 | 0 | 1 | 1 | 1 | 1 |
|---|---|---|---|---|---|---|---|---|---|---|---|---|
| | | | | $c_5$ | 0 | 0 | 1 | 1 | 0 | 0 | 1 | 1 |
| $c_3$ | $c_2$ | $c_1$ | $c_0$ | $c_4$ | 0 | 1 | 0 | 1 | 0 | 1 | 0 | 1 |
| 0 | 0 | 0 | 0 | | PAD | DCS | NBSP | ° | À | Ð | à | ð |
| 0 | 0 | 0 | 1 | | HOP | PU1 | ¡ | ± | Á | Ñ | á | ñ |
| 0 | 0 | 1 | 0 | | BPH | PU2 | ¢ | ² | Â | Ò | â | ò |
| 0 | 0 | 1 | 1 | | NBH | STS | £ | ³ | Ã | Ó | ã | ó |
| 0 | 1 | 0 | 0 | | IND | CCH | | Ž | Ä | Ô | ä | ô |
| 0 | 1 | 0 | 1 | | NEL | MW | ¥ | $\mu$ | Å | Õ | å | õ |
| 0 | 1 | 1 | 0 | | SSA | SPA | Š | ¶ | Æ | Ö | æ | ö |
| 0 | 1 | 1 | 1 | | ESA | EPA | § | · | Ç | × | ç | ÷ |
| 1 | 0 | 0 | 0 | | HTS | SOS | š | ž | È | Ø | è | ø |
| 1 | 0 | 0 | 1 | | HTJ | SGCI | © | ¹ | É | Ù | é | ù |
| 1 | 0 | 1 | 0 | | VTS | SCI | ª | º | Ê | Ú | ê | ú |
| 1 | 0 | 1 | 1 | | PLD | CSI | « | » | Ë | Û | ë | û |
| 1 | 1 | 0 | 0 | | PLU | ST | ¬ | Œ | Ì | Ü | ì | ü |
| 1 | 1 | 0 | 1 | | RI | OSC | SHY & | œ | Í | Ý | í | ý |
| 1 | 1 | 1 | 0 | | SS2 | PM | ® | Ÿ | Î | Þ | î | þ |
| 1 | 1 | 1 | 1 | | SS3 | APC | ¯ | ¿ | Ï | ß | ï | ÿ |

# A.6. Digitale Gatter

Digitalschaltungen werden aus Gattern aufgebaut. Die Gatterfunktion entspricht einer n-ären booleschen Operation. In diesem Anhang werden die häufig verwendeten Operationen und deren zugehörige Symbole gezeigt.

## A.6.1. Unäre Operation

**Funktion** | **Symbol** | **Tafel**

NOT (Inverter, Nicht)

$y = \neg x$
$y = \overline{x}$

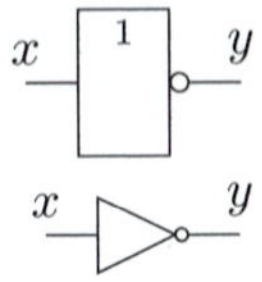


| $x$ | $y$ |
|---|---|
| 0 | 1 |
| 1 | 0 |

## A.6.2. Binäre Operationen

Mit $n$-Eingängen lassen sich $2^{2^n}$ unterschiedliche Funktionen und somit unterschiedliche Gatter mit einem Ausgang realisieren. Bei binären Gattern gibt es $2^{2^2} = 16$ verschiedene Funktionen. Die häufig eingesetzten sind:

**Funktion** | **Symbol** | **Tafel**

**AND (Konjunktion, UND)**

$f = a \wedge b$
$f = a \cdot b$
$f = a\,b$

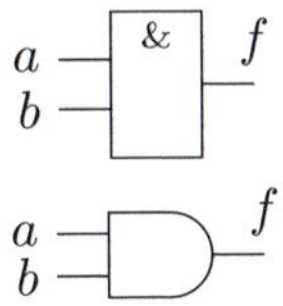


| $a$ | $b$ | $f$ |
|---|---|---|
| 0 | 0 | 0 |
| 0 | 1 | 0 |
| 1 | 0 | 0 |
| 1 | 1 | 1 |

**OR (Disjunktion, ODER)**

$f = a \vee b$
$f = a + b$

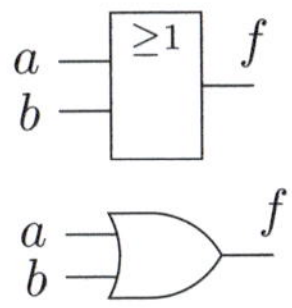


| $a$ | $b$ | $f$ |
|---|---|---|
| 0 | 0 | 0 |
| 0 | 1 | 1 |
| 1 | 0 | 1 |
| 1 | 1 | 1 |

↪

| Funktion | Symbol | Tafel |
|---|---|---|

**NAND (Exklusion, Nicht-UND, Sheffer-Funktion)**

$f = \neg(a \wedge b)$

$f = \overline{a \cdot b}$

$f = \overline{a\,b}$

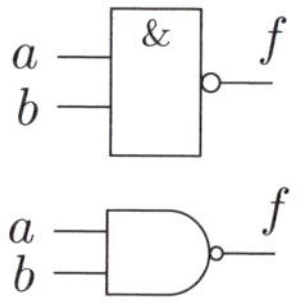


| $a$ | $b$ | $f$ |
|---|---|---|
| 0 | 0 | 1 |
| 0 | 1 | 1 |
| 1 | 0 | 1 |
| 1 | 1 | 0 |

**NOR (Nicht-ODER, Peirce-Funktion)**

$f = \neg(a \vee b)$

$f = \overline{a + b}$

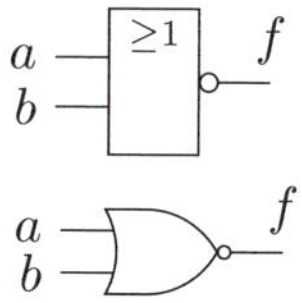


| $a$ | $b$ | $f$ |
|---|---|---|
| 0 | 0 | 1 |
| 0 | 1 | 0 |
| 1 | 0 | 0 |
| 1 | 1 | 0 |

**XOR (Antivalenz, Exclusives-ODER)**

$f = a \veebar b$

$f = a \oplus b$

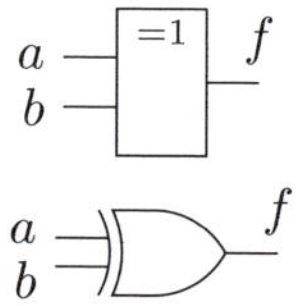


| $a$ | $b$ | $f$ |
|---|---|---|
| 0 | 0 | 0 |
| 0 | 1 | 1 |
| 1 | 0 | 1 |
| 1 | 1 | 0 |

**XNOR (Äquivalenz)**

$f = \overline{a \veebar b}$

$f = \overline{a \oplus b}$

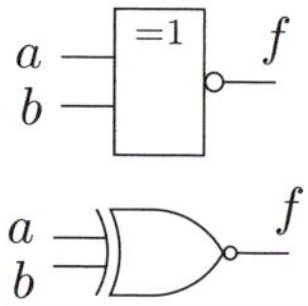


| $a$ | $b$ | $f$ |
|---|---|---|
| 0 | 0 | 1 |
| 0 | 1 | 0 |
| 1 | 0 | 0 |
| 1 | 1 | 1 |

Der Vollständigkeit halber seien noch die restlichen binären Operationen genannt, die aber kein eigenes Gattersymbol besitzen, sondern entweder durch bestehende Gatter mit Invertierung von Eingängen oder durch Verbindungen des Ausgangs mit einem Eingang oder einem festen Potential erzeugt werden:

| Funktion | Symbol | Tafel |
|---|---|---|

**Kontradiktion (0-Funktion)**

$f = 0$

$f = a \wedge \overline{a} = b \wedge \overline{b}$

$f = a\,\overline{a} = b\,\overline{b}$

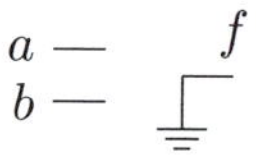


| $a$ | $b$ | $f$ |
|---|---|---|
| 0 | 0 | 0 |
| 0 | 1 | 0 |
| 1 | 0 | 0 |
| 1 | 1 | 0 |

↪

**Funktion** **Symbol** **Tafel**

**Inhibition von $a$ auf $b$ ($a$-Und-Nicht-$b$)**

$f = a \wedge \overline{b}$
$f = a \cdot \overline{b}$
$f = a\,\overline{b}$

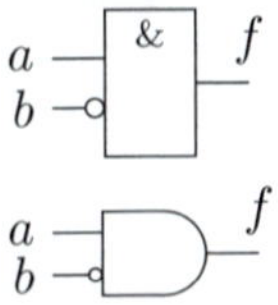


| $a$ | $b$ | $f$ |
|---|---|---|
| 0 | 0 | 0 |
| 0 | 1 | 0 |
| 1 | 0 | 1 |
| 1 | 1 | 0 |

**Identität zu $a$**

$f = a$

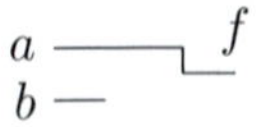


| $a$ | $b$ | $f$ |
|---|---|---|
| 0 | 0 | 0 |
| 0 | 1 | 0 |
| 1 | 0 | 1 |
| 1 | 1 | 1 |

**Inhibition von $b$ auf $a$ (Nicht-$a$-Und-$b$)**

$f = \overline{a} \wedge b$
$f = \overline{a} \cdot b$
$f = \overline{a}\,b$

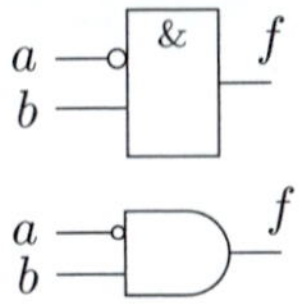


| $a$ | $b$ | $f$ |
|---|---|---|
| 0 | 0 | 0 |
| 0 | 1 | 1 |
| 1 | 0 | 0 |
| 1 | 1 | 0 |

**Identität zu $b$**

$f = b$

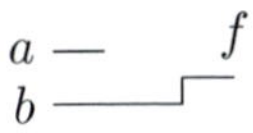


| $a$ | $b$ | $f$ |
|---|---|---|
| 0 | 0 | 0 |
| 0 | 1 | 1 |
| 1 | 0 | 0 |
| 1 | 1 | 1 |

**NOT-$b$ (Negation von $b$)**

$f = \neg b$
$f = \overline{b}$

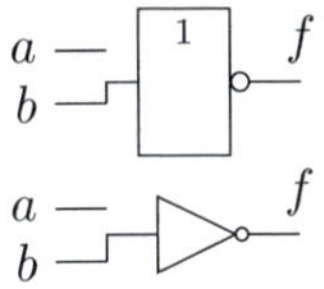


| $a$ | $b$ | $f$ |
|---|---|---|
| 0 | 0 | 1 |
| 0 | 1 | 0 |
| 1 | 0 | 1 |
| 1 | 1 | 0 |

**Implikation $b$ auf $a$ ($a \geq b$, $a \leftarrow b$, $a$-Oder-Nicht-$b$)**

$f = a \vee \overline{b}$
$f = a + \overline{b}$

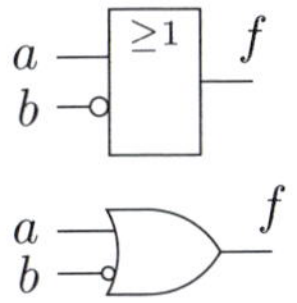


| $a$ | $b$ | $f$ |
|---|---|---|
| 0 | 0 | 1 |
| 0 | 1 | 0 |
| 1 | 0 | 1 |
| 1 | 1 | 1 |

↪

| **Funktion** | **Symbol** | **Tafel** |
|---|---|---|

**NOT-$a$ (Negation von $a$)**

$f = \neg a$

$f = \overline{a}$

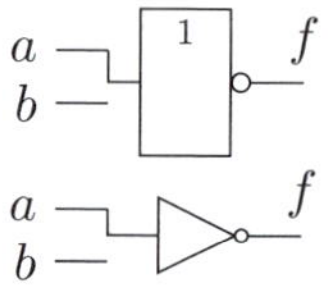


| $a$ | $b$ | $f$ |
|---|---|---|
| 0 | 0 | 1 |
| 0 | 1 | 1 |
| 1 | 0 | 0 |
| 1 | 1 | 1 |

**Implikation $a$ auf $b$ ($a \leq b$, $a \rightarrow b$, Nicht-$a$-Oder-$b$)**

$f = \overline{a} \vee b$

$f = \overline{a} + b$

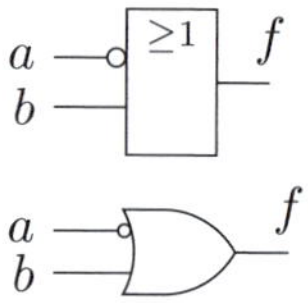


| $a$ | $b$ | $f$ |
|---|---|---|
| 0 | 0 | 1 |
| 0 | 1 | 1 |
| 1 | 0 | 0 |
| 1 | 1 | 1 |

**Tautologie (1-Funktion)**

$f = 1$

$f = a \vee \overline{a} = b \vee \overline{b}$

$f = a + \overline{a} = b + \overline{b}$

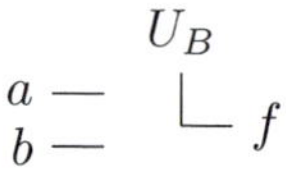


| $a$ | $b$ | $f$ |
|---|---|---|
| 0 | 0 | 1 |
| 0 | 1 | 1 |
| 1 | 0 | 1 |
| 1 | 1 | 1 |

### A.6.3. Weitere Gatter

Bei den 3-ären (gesprochen: ternären) Gattern beschränken wir uns auf die im Buch verwendeten Gatter Volladdierer und 2:1-Multiplexer. Der 2:1-Multiplexer lässt sich leicht zu einem $2^m : n$-Multiplexer erweitern.

**2:1 Multiplexer (2-1-MUX)**

$$f = s\,e_1 + \overline{s}\,e_0$$

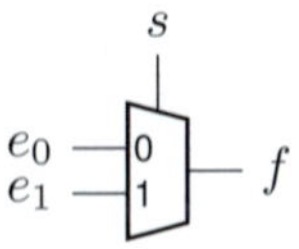


| $s$ | $e_0$ | $e_1$ | $f$ |
|---|---|---|---|
| 0 | 0 | 0 | 0 |
| 0 | 0 | 1 | 0 |
| 0 | 1 | 0 | 1 |
| 0 | 1 | 1 | 1 |
| 1 | 0 | 0 | 0 |
| 1 | 0 | 1 | 1 |
| 1 | 1 | 0 | 0 |
| 1 | 1 | 1 | 1 |

Beim Volladdierer handelt es sich um ein ternäres Gatter mit zwei Ausgängen:

**Volladdierer (FullAdder)**

$$s_i = a_i \oplus b_i \oplus c_{i-1}$$
$$c_i = a_i\,b_i + a_i\,c_{i-1} + b_i\,c_{i-1}$$

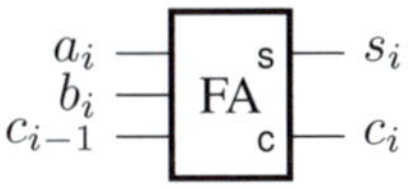


| $a_i$ | $b_i$ | $c_{i-1}$ | $s_i$ | $c_i$ |
|---|---|---|---|---|
| 0 | 0 | 0 | 0 | 0 |
| 0 | 0 | 1 | 1 | 0 |
| 0 | 1 | 0 | 1 | 0 |
| 0 | 1 | 1 | 0 | 1 |
| 1 | 0 | 0 | 1 | 0 |
| 1 | 0 | 1 | 0 | 1 |
| 1 | 1 | 0 | 0 | 1 |
| 1 | 1 | 1 | 1 | 1 |

## A.6.4. Übersicht Flip-Flops

### Taktunabhängige Flip-Flops

**RS-Basis-Flip-Flop (Tafel am Beispiel NOR-RS-FF)**

| IN / $Q^{(t-1)}$ | | | Folge $Q^{(t)}$ | |
|---|---|---|---|---|
| $S$ | $R$ | $Q = \overline{Q}$ | $Q^{(t)}$ | $\overline{Q}^{(t)}$ |
| 0 | 0 | 1 | (1⇌0) | (1⇌0) |
| 0 | 0 | 0 | $Q^{(t-1)}$ | $\overline{Q}^{(t-1)}$ |
| 0 | 1 | – | 0 | 1 |
| 1 | 0 | – | 1 | 0 |
| 1 | 1 | – | 0 | 0 |

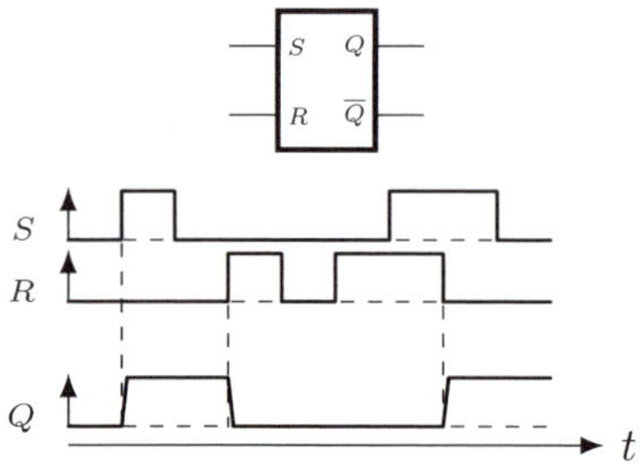


### Taktpegelgesteuerte Flip-Flops / Latches

**RS-Latch**

| Eingabe | | | Folge |
|---|---|---|---|
| $C$ | $S$ | $R$ | $Q^{(t)}$ |
| 0 | – | – | $Q^{(t-1)}$ |
| 1 | 0 | 0 | $Q^{(t-1)}$ |
| 1 | 0 | 1 | 0 |
| 1 | 1 | 0 | 1 |
| 1 | 1 | 1 | – |

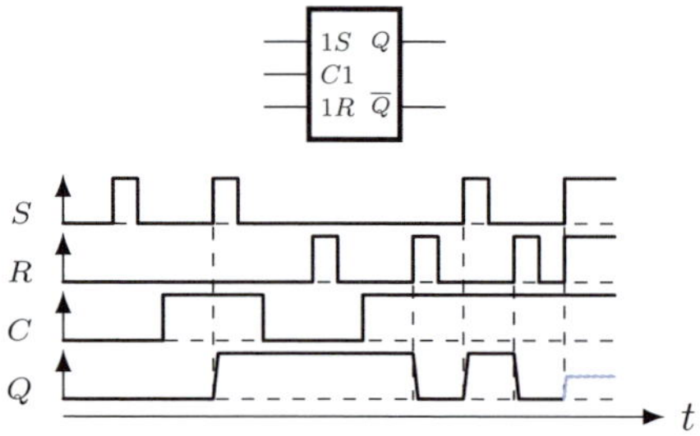


**D-Latch**

| Eingabe | | Folge |
|---|---|---|
| $C$ | $D$ | $Q^{(t)}$ |
| 0 | – | $Q^{(t-1)}$ |
| 1 | 0 | 0 |
| 1 | 1 | 1 |

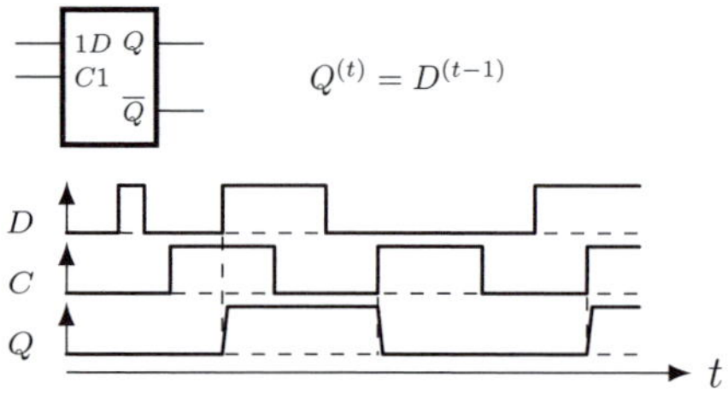

### JK-Flip-Flop

| Eingabe | | | Folge |
|---|---|---|---|
| $C$ | $J$ | $K$ | $Q^{(t)}$ |
| 0 | – | – | $Q^{(t-1)}$ |
| 1 | 0 | 0 | $Q^{(t-1)}$ |
| 1 | 0 | 1 | 0 |
| 1 | 1 | 0 | 1 |
| 1 | 1 | 1 | $\overline{Q}^{(t-1)}$ |

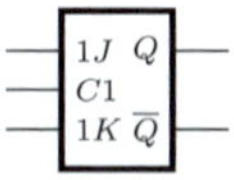


$$Q^{(t)} = J \cdot \overline{Q^{(t-1)}} + \overline{K} \cdot Q^{(t-1)}$$

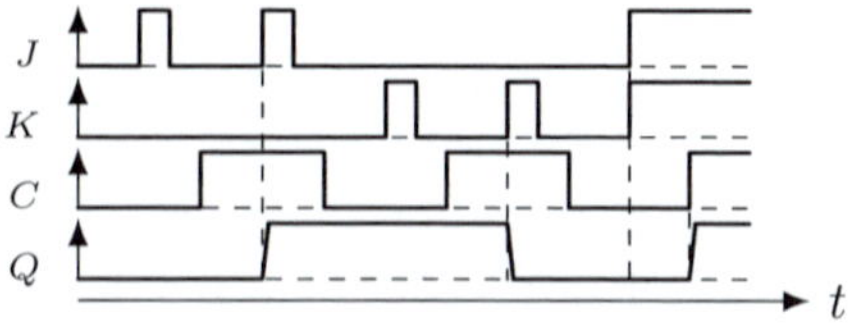


## Einflankengesteuerte Flip-Flops

### RS-Flip-Flop

| Eingabe | | | Folge |
|---|---|---|---|
| $C$ | $S$ | $R$ | $Q^{(t)}$ |
| – | 0 | 0 | $Q^{(t-1)}$ |
| $\uparrow$ | 0 | 1 | 0 |
| $\uparrow$ | 1 | 0 | 1 |
| $\uparrow$ | 1 | 1 | – |

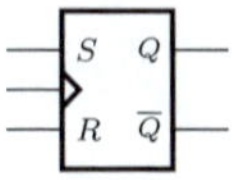


$$Q^{(t)} = S + \overline{R} \cdot Q^{(t-1)}$$

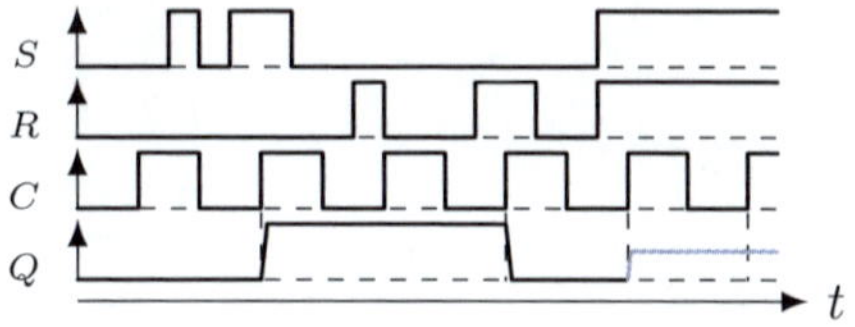


### JK-Flip-Flop

| Eingabe | | | Folge |
|---|---|---|---|
| $C$ | $J$ | $K$ | $Q^{(t)}$ |
| – | 0 | 0 | $Q^{(t-1)}$ |
| $\uparrow$ | 0 | 1 | 0 |
| $\uparrow$ | 1 | 0 | 1 |
| $\uparrow$ | 1 | 1 | $\overline{Q}^{(t-1)}$ |

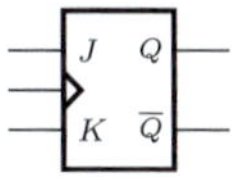


$$Q^{(t)} = J \cdot \overline{Q}^{(t-1)} + \overline{K} \cdot Q^{(t-1)}$$

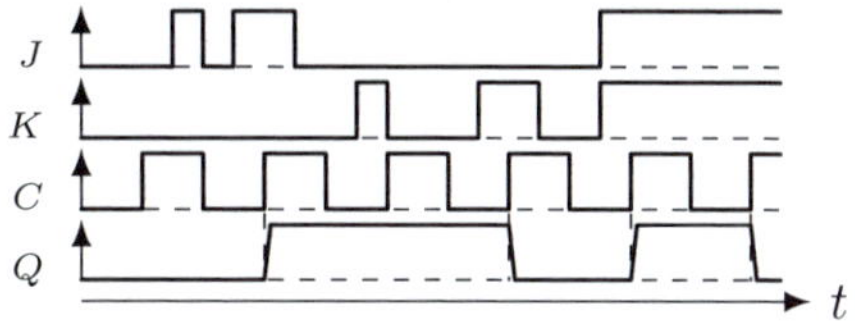


### D-Flip-Flop

| Eingabe | | Folge |
|---|---|---|
| $C$ | $D$ | $Q^{(t)}$ |
| $\uparrow$ | 0 | 0 |
| $\uparrow$ | 1 | 1 |
| – | – | $Q^{(t-1)}$ |

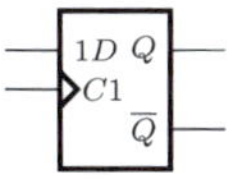


$$Q^{(t)} = D^{(t-1)}$$

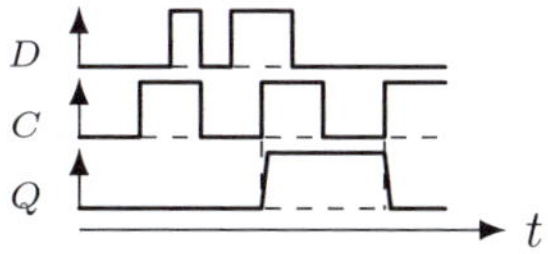

### T-Flip-Flop (Toggle)

| Eingabe | | Folge |
|---|---|---|
| $C$ | $T$ | $Q^{(t)}$ |
| – | 0 | $Q^{(t-1)}$ |
| ↗ | 1 | $\overline{Q}^{(t-1)}$ |
| – | 1 | $Q^{(t-1)}$ |

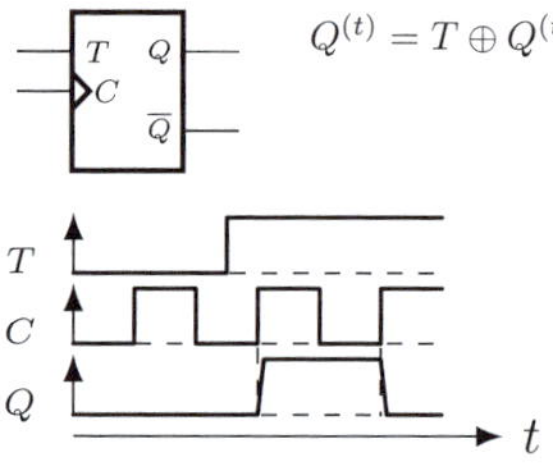


$Q^{(t)} = T \oplus Q^{(t-1)}$

## Master-Slave Flip-Flops

### Zweipegelgesteuerte Master-Slave Flip-Flops

### JK-MS-Flip-Flop

| Eingabe | | | Folge |
|---|---|---|---|
| $C$ | $J$ | $K$ | $Q^{(t)}$ |
| – | 0 | 0 | $Q^{(t-1)}$ |
| 1 | 0 | 1 | 0 |
| 1 | 1 | 0 | 1 |
| 1 | 1 | 1 | $\overline{Q}^{(t-1)}$ |

Der Wert wird während der H-Phase von $C$ übernommen, aber erst beim H→L Wechsel (↘) ausgegeben.

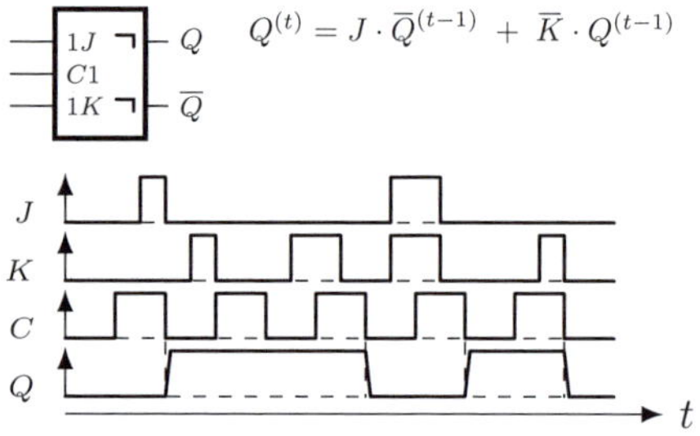


$Q^{(t)} = J \cdot \overline{Q}^{(t-1)} + \overline{K} \cdot Q^{(t-1)}$

### Zweiflankengesteuerte Master-Slave Flip-Flops

### JK-MS-Flip-Flop

| Eingabe | | | Folge |
|---|---|---|---|
| $C$ | $J$ | $K$ | $Q^{(t)}$ |
| - | 0 | 0 | $Q^{(t-1)}$ |
| ↗ | 0 | 1 | 0 |
| ↗ | 1 | 0 | 1 |
| ↗ | 1 | 1 | $\overline{Q}^{(t-1)}$ |

Der Wert wird beim L→H Wechsel (↗) von $C$ übernommen und beim H→L Wechsel (↘) ausgegeben.

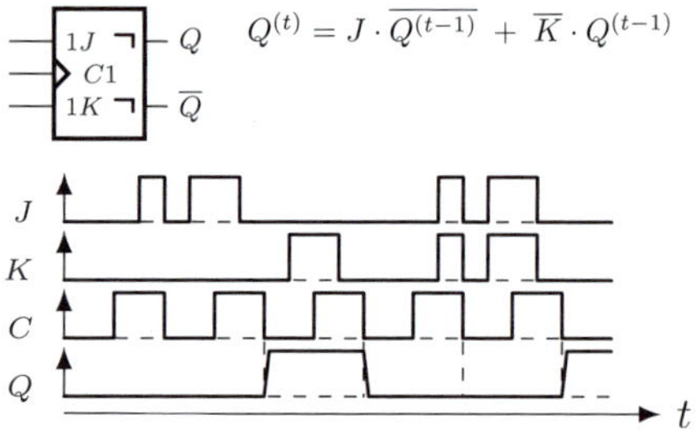


$Q^{(t)} = J \cdot \overline{Q^{(t-1)}} + \overline{K} \cdot Q^{(t-1)}$

# A.7. Historisches

Informationen zur Entwicklung der Elektronik und Computertechnik findet man breit gestreut in Veröffentlichungen zur Technikgeschichte und komprimiert in Büchern wie [Sjo99]. Der Verein Deutscher Elektrotechniker (VDE) pflegt auf seiner Webseite eine *Chronik der Elektrotechnik* mit Zeittafeln zur Geschichte von Elektronik, Halbleiter- und Rechentechnik [LS13].

## A.7.1. Von der Entdeckung der Glühemission bis zur Entdeckung des Transistoreffektes

Die Geschichte der Elektronik ist eng verknüpft mit den Entwicklungen der Elektronenröhren und deren technischen Anwendungen in Rundfunk und Fernsehen sowie in Industrie und Militär (Radar).

**1883** Th.A. Edison entdeckt die Elektronenemission am glühenden Kohlefaden im Vakuum

**1901** Sir O. W. Richardson formuliert die Theorie der Elektronenemission aus glühenden Leitern (Richardson-Gleichung)

**1901** Patentanmeldung der Quecksilberdampflampe als Gleichrichter für Wechselstrom

**1904** Sir J.A. Fleming meldet britisches Patent (16. November) auf eine Diodenröhre mit geheizter Kathode zur Gleichrichtung hochfrequenter Wechselströme an

**1906** L. de Forest meldet die von ihm so genannte „Audion“-Röhre, eine mit Gitter versehene Diode (Triode) als verbesserte Glühkathoden-Gleichrichterröhre zum Patent an (späteres US-Patent 841 387)

**1907** L. de Forest beschreibt mit der Audionschaltung (Patentanmeldung vom 29. Januar, später US-Pat. 879532) die Verwendung einer Audion-Röhre zur Verstärkung hochfrequenter Schwingungen

**1911** Patent für O. von Bronk (DRP 271 059 vom 3. September 1911) über eine „Empfangseinrichtung für drahtlose Telegraphie“ auf der Basis der Lieben-Röhre

**1913** A. Meißner gibt Rückkopplungsschaltung an, mit der eine Lieben-Röhre als Hochfrequenzgenerator einsetzbar ist (Meißner-Schaltung); damit ist erstmals die Erzeugung ungedämpfter Schwingungen in Röhrensendern möglich

**1917** I. Langmuir konstruiert ein Thyratron (Kippschwingröhre), eine Gasentladungsröhre mit Steuergitter, die durch eine Spannung am Steuergitter gezündet werden kann

**1923** Eröffnung des „Unterhaltungsrundfunks“ in Berlin (Oktober), dies ist Anlass für einen Aufschwung der Produktion von Elektronenröhren zum Einsatz in Röhrenempfängern

**1948** Moderne Miniaturröhren mit vereinheitlichten Sockeln

**1948** Die Entdeckung des Transistoreffektes öffnet der Elektronikentwicklung den Weg in das Zeitalter der Halbleitertechnik.

## A.7.2. Von der Entdeckung der Halbleiterelemente bis zum Mikroprozessor

**1817** Entdeckung des Selen durch J.J.Berzelius;

**1822** Entdeckung des Siliziums durch J.J.Berzelius;

**1871** Entdeckung des Germaniums durch Mendelejew;

**1873** Entdeckung der Photoleitung an Selen durch W. Smith, und darauf aufbauend:

- **1875** Entwicklung eines Belichtungsmessers (W. v. Siemens)
- **1925 ff.** Physikalische Erklärung der Photoleitung (Pohl u.a.).

**1876** Entdeckung des Gleichrichtereffektes an Schwefelkies-Kristallen ($FeS_2$) durch Karl Ferdinand Braun (deutscher Physiker, 1850–1918, Nobelpreis für Physik 1909), Kristall mit aufgesetzter Metallspitze arbeitet als Diode, speziell als HF-Gleichrichter

**1926** Gleichrichter/Fotoelemente mit technischer Bedeutung auf der Basis von Kupferoxydul/Kupfer ($Cu_2O$/Cu) und Selen/Eisen

**1938** Physikalisches Modell des Metall-Halbleiter-Überganges (W. Schottky)

**1947** pn-Übergang an Germanium (Shockley)

**1948** Untersuchungen an Halbleitermaterialien und Bändermodell; Transistoreffekt an Germanium (J. Bardeen, W. Brattain, W. Shockley, Nobelpreis 1956)

**1952** Erste Untersuchungen an Verbindungshalbleitern (Welker)

**1954** Solarzelle

**1956** Thyristor

**1959** J.S. Kilby: Patentanmeldung für integrierte Schaltkreise (Nobelpreis 2000)

**etwa 1960** technische Bedeutung des Siliziums wird erkannt

**1960** MOS-Transistor

**1962** Halbleiterlaser (GaAs)

**1963** Mikrowellenoszillationen an GaAs (Gunn)

**1969** Erster Mikroprozessor: Intel 4004

### A.7.3. Zeittafel zur Geschichte der Computertechnik

**Entwicklung der Prozessortechnik 1969–2013 anhand ausgewählter Beispiele** [BH04, Led13, Int13, IRT13]

**1969** Intel 4004, erster in Serie gebauter 4-Bit-Mikroprozessor, kam 1971 für ca. 200$ auf den freien Markt (ca. 2300 Transistoren, 108 kHz Taktfrequenz, $\leq 10\,\mu$m-pMOS)

**1972** Intel 8008, 8-Bit-Architektur (ca. 3500 Transistoren, 200 kHz Taktfrequenz)

**1974** Zilog Z80 (ca. 8500 Transistoren, bis 8 MHz Taktfrequenz)

**1978** Intel 8086 und 8088, 16-Bit-Architektur, Grundlage der 80x86-Serie (8086: ca. 29000 Transistoren, 8 MHz, 3 $\mu$m-nMOS )

**1980** Motorola 68000, 16-Bit-Architektur (ca. 68.000 Transistoren, 4 bis 16 MHz)

**1984** Motorola 68010 intern 32-Bit (190.000 Transistoren, 8 bis 30 MHz)

**1985** Intel 80386, 32-Bit-Architektur (beinhaltet ca. 260.000 Transistoren, 33 MHz Taktfrequenz)

**1989** Intel 80486, „486"-er, interner Coprozessor (ca. $1{,}2 \cdot 10^6$ Transistoren, 25 bis 100 MHz MHz, Taktvervielfachung)

**1993** Intel Pentium ($>3{,}1 \cdot 10^6$ Transistoren, 60 bis 300 MHz, $<1\,\mu$m-BiCMOS und CMOS)

**1997** Intel Pentium II ($7{,}5 \cdot 10^6$ Transistoren, bis 350 MHz)

**1998** AMD K6-2/3 ($9{,}3$–$21{,}4 \cdot 10^6$ Transistoren, bis 570 MHz $\leq 0{,}25\,\mu$m)

**2000** Intel Pentium 4 (ca. $42 \cdot 10^6$ Transistoren auf 217 mm$^2$ Si-Fläche; bis 2 GHz $\leq 0{,}18\,\mu$m)

**2001** Intel Itanium, erster komplett auf 64-Bit ausgelegter Prozessor für den PC/Workstation-Markt, konnte aber x86-Befehle nur langsam verarbeiten

**2003** AMD Athlon 64, 64-Bit-Architektur, aber abwärtskompatibel zu x86, leitete die amd64- bzw. x86-64-Serie ein (ab $68{,}5 \cdot 10^6$ Transistoren , bis 3,2 GHz, $\leq 130$ nm Strukturbreite)

**2003** AMD Opteron, 64-Bit-Architektur mit integriertem zweitem Cache (L2-Cache) von 1 MiB ($>105 \cdot 10^6$ Transistoren, 130–90 nm Strukturbreite)

**2004** Intel Pentium IV Prescott, ($>125 \cdot 10^6$ Transistoren, 2,2–3,8 GHz, 90 nm Strukturbreite)

**2006** IBM, Toshiba, Sony - Cell-Prozessor, 64-Bit-Mehrkern-Architektur, integriert eine PowerPC CPU (Entwicklung von Motrola, IBM u.a.) und acht Synergistic Processing Elements (Rechenkerne) auf einem Chip (65 GHz, bis 65 nm Strukturbreite)

**2006** Intel Core-2 Serie, zwei (Core 2 Duo) bis vier Kerne (Core 2 Quad), 64-Bit-Architektur ($220$–$410 \cdot 10^6$ Transistoren, 1–3,4 GHz, 65–45 nm Strukturbreite)

**2008–2013** Intel Core-i Serie (i3, i5, i7), zwei bis sechs Kerne, 64-Bit-Architektur ($177$–$2300 \cdot 10^6$ Transistoren, 1,4–3,6 GHz, 45–22 nm Strukturbreite)

Aktuelle Prozessoren werden in Strukturbreiten von 22 bis 17 nm bei ein Taktfrequenz von bis zu 4 GHz gefertigt. Prognosen zufolge sind bis zum Jahr 2020 Strukturbreiten von unter 10 nm zu erwarten [IRT13].

Die Entwicklung des Mikroprozessors (Mikrocontrollers) bis zum Jahr 2013, also etwa die ersten 40 Jahre, kann man mit folgenden Größen kennzeichnen:

- Erhöhung der Taktfrequenz um ca. $4 \cdot 10^4$
- Erhöhung der Anzahl der Transistoren um ca. $10^6$
- Verringerung der Strukturbreite auf ca. $\frac{1}{450}$

Diese Entwicklung folgt annähernd dem Mooreschen Gesetz (siehe auch Seite 137), welches heute, etwas abgewandelt besagt, dass sich die Integrationsdichte auf dem Halbleiter ca. alle 18 Monate verdoppelt.

Zunehmend spielen die Prozessoren von Grafikkarten eine Rolle. Hier wächst die Anzahl der parallelen Recheneinheiten enorm an, was letztendlich die Anzahl der integrierten Transistoren merklich ansteigen lässt. Aktuell existieren Grafikprozessoren mit $> 7 \cdot 10^9$ Transistoren (GeForce GTX Titan).

**Smartphone-Prozessoren**

Parallel werden Prozessorerserien für mobile Anwendungen, z.B. für Smartphones entwickelt. Smartphone-Prozessoren erreichen im Vergleich zu PC-Prozessoren aus dem gleichen Produktionsjahr nicht die gleiche Rechenleistung, dafür arbeiten sie aber mit einer wesentlich geringeren Leistungsaufnahme. Smartphone-Prozessoren sind in der Regel zusammen mit weiteren Komponenten als SoCs integriert. Der Kern basiert häufig auf einer 32-Bit-ARM-Architektur (*Advanced RISC Machines*).

Smartphone-Prozessoren (Stand 2013):

- Qualcomm Snapdragon (bis 1,5 GHz Dualcore)
- NVidia Tegra 4 (bis 1,3 GHz Quadcore)
- Apple A6X (1,4 GHz Dualcore)

# Englische Fachbegriffe

| Englisch | Deutsch | Abk. |
|---|---|---|
| actuator | Aktor | |
| alternating current | Wechselstrom | A.C. |
| amplification | Verstärkung | |
| amplifier | Verstärker | |
| amplitude, peak value | Spitzenwert | |
| amplitude response | Amplitudengang | |
| analog signal | Analogsignal | |
| attenuator | Abschwächer, Lautstärkeregler | |
| band gap | Bandabstand | |
| band width | Bandbreite | |
| band-pass filter | Bandpass | |
| band-stop filter | Bandsperre | |
| binary coded | binär kodiert | |
| binary decision diagram | binärer Entscheidungsgraph | BDD |
| bitstream | Bitstrom | |
| block diagram | Blockschaltbild | |
| buffer | Puffer | |
| capacitance | Kapazität | |
| capacitor | Kondensator | |
| carry | Übertrag | |
| character string | Zeichenkette | *string* |
| characteristic impedance | Wellenwiderstand | |
| charge conservation | Ladungserhaltung | |
| charge carrier | Ladungsträger | |
| charge coupled device | ladungsgekoppeltes Bauelement | CCD |
| clock signal | Taktsignal | clk |
| coil | Spule | |
| common-mode rejection ratio | Gleichtaktunterdrückung | CMRR |
| complex number | komplexe Zahl | |
| conduction band | Leitungsband | |
| conductivity, conductance | Leitfähigkeit | |
| conductor | Leiter | |
| coupling coefficient | Kopplungskoeffizient | |
| crystal oscillator | Quarzoszillator | |

| Englisch | Deutsch | Abk. |
|---|---|---|
| current | Strom | |
| cutoff frequency | Grenzfrequenz | |
| D.C. voltage | Gleichspannung | |
| device | Gerät, Baugruppe | |
| dielectric | Dielektrikum | |
| dielectric constant | Dielektrizitätskonstante | |
| digitising, signal digitisation | Digitalisierung, Signal- | |
| direct current | Gleichstrom | D.C. |
| discrete | diskret | |
| distortion | Verzerrung | |
| duty cycle | Tastgrad | |
| efficiency | Wirkungsgrad | |
| electrical charge | elektrische Ladung | |
| electron | Elektron | |
| equivalent resistance | Ersatzwiderstand | |
| excitation | Anregung | |
| fan-out, fan-in | Ausgangs-/Eingangslastfaktor | |
| feedback | Rückkopplung | |
| ferrite | Ferrit | |
| ferrite core | Ferritkern | |
| forbidden band, band gap | verbotene Zone | |
| Fourier analysis | Fourieranalyse | |
| frequency spectrum | Frequenzspektrum | |
| frequency response | Frequenzgang | |
| full-wave rectifier | Zweiweggleichrichter | |
| fulladder | Volladdierer | |
| (AND-, OR-, NOT-) gate | (UND-, ODER-, NICHT-) Gatter | |
| gate | Gatter oder Tor | |
| glitch | Störung, Störimpuls | |
| half-wave rectifier | Einweggleichrichter | |
| hard disc | Festplatte | |
| harmonic | Harmonische | |
| high-pass filter | Hochpass | |
| hole, p-hole | Defektekelektron, Loch | |
| hysteresis | Hysterese | |
| impurity | Verunreinigung | |
| induced voltage | induzierte Spannung | |
| inductance | Induktivität | |
| influence quantity | Einflussgröße | |
| input signal | Eingangssignal | |
| insulation | Isolation, Isolierung | |
| insulator | Isolator | |
| integrated circuit | Integrierter Schaltkreis | IC |

| Englisch | Deutsch | Abk. |
|---|---|---|
| Kirchhoff's current law | 1. Kirchhoffsches Gesetz | |
| Kirchhoff's voltage law | 2. Kirchhoffsches Gesetz | |
| Lenz's law | Lenzsche Regel | |
| limit of permissible error | Fehlergrenze | |
| linear circuit | Analogschaltung | |
| liquid crystal display | Flüssigkristallanzeige | LCD |
| low-pass filter | Tiefpass | |
| measured value | Messwert | |
| measurement deviation or measurement error | Messabweichung, Messfehler | |
| measuring chain | Messkette | |
| measuring range | Messbereich | |
| multi-stage amplifier | mehrstufiger Verstärker | |
| noise | Rauschen | |
| nonsinusoidal | nicht sinusförmig | |
| open circuit | offener Stromkreis | |
| Original Equipment Manufacturer | Originalsystem-Hersteller | OEM |
| output signal | Ausgangssignal | |
| oversampling | Überabtastung | |
| passive element | passives Bauelement | |
| phase angle | Phasenwinkel | |
| phase shift | Phasenverschiebung | |
| phasor | Zeiger | |
| potential difference | Potentialdifferenz | |
| potential divider | Spannungsteiler | |
| power | Leistung | |
| printed circuit board | Leiterplatte | PCB |
| race condition | Wettlaufsituation | |
| radio-frequency identification | Identifizierung mittels elektromagnetischer Wellen | RFID |
| reactance | Blindwiderstand | |
| rectifier | Gleichrichter | |
| reset | Zurücksetzung | res |
| restoring gate | (Signalpegel) wiederherstellendes Gatter | |
| rms-value (root mean square) | Effektivwert (quadr. Mittelwert) | |
| sampling rate | Abtastrate | |
| saturation | Sättigung | |
| self-excitation | Selbsterregung | |
| semiconductor | Halbleiter | |
| sensitivity (of a measuring system) | Empfindlichkeit | |

| Englisch | Deutsch | Abk. |
|---|---|---|
| settling time | Einschwingzeit | |
| short circuit current | Kurzschlussstrom | |
| signal processing | Signalverarbeitung | |
| signal transit time, propagation delay, envelope delay | Signallaufzeit | |
| sine wave | Sinuskurve | |
| sinusoidal | sinusförmig | |
| solid state, solid | Festkörper | |
| standard deviation | Standardabweichung | |
| state diagram | Zustandsdiagramm | |
| strain gauge | Dehnmessstreifen | |
| thermistor | Thermistor | |
| thermocouple | Thermoelement | |
| time constant | Zeitkonstante | |
| time delay | Zeitverzögerung | |
| timing diagram | Taktdiagramm | |
| transducer | Wandler, Geber | |
| transfer function | Übertragungsfunktion | |
| transformer | Transformator | |
| transmission line | Leitung | |
| transmission gate | Übertragungsgatter | |
| tune | Einschwingen | |
| valence band | Valenzband | |
| virtual earth | virtuelle Masse | |
| Wheatstone bridge | Wheatstone Brücke | |

# Literaturverzeichnis


[Ard05] ARDENNE, Manfred v.: *Effekte der Physik und ihre Anwendungen*. Frankfurt am Main : Deutsch-Verlag, 2005

[ASS96] AZIZ, Pervez M. ; SORENSEN, Henrik V. ; SPIEGEL, Jan Van d.: An Overview of Sigma-Delta Converters: How a 1-bit ADC achieves more than 16-bit resolution. In: *IEEE Signal Processing Magazine* 14 (1996), September, Nr. 1, 61–84. `http://repository.upenn.edu/cgi/viewcontent.cgi?article=1144&context=ese_papers`

[Bar24] BARKHAUSEN, Heinrich: *Elektronen-Röhren / Bd. 1. Elektronentheoret. Grundlagen, Verstärker*. Leipzig : S. Hirtzel, 1924

[BBKS05] BERGMANN, Ludwig ; BLÜGEL, Stefan ; KASSING, Rainer ; SCHAEFER, Clemens: *Festkörper*. Berlin [u.a.] : de Gruyter, 2005

[BDM05] BECKER, Bernd ; DRECHSLER, Rolf ; MOLITOR, Paul: *Technische Informatik. Eine Einführung*. Pearson Studium, 2005

[Ben99] BENDER, Jürgen: *Aufbau und modellbasierte Untersuchung der Übertragungs- und Abbildungseigenschaften eines Barkhausenrausch- und Wirbelstrommikroskops für die hochauflösende Materialcharakterisierung*. Aachen : Shaker, 1999

[BENS04] BERGMANN, Ludwig ; EICHLER, Hans-Joachim ; NIEDRIG, Heinz ; SCHAEFER, Clemens: *Optik: Wellen- und Teilchenoptik*. Berlin [u.a.] : De Gruyter, 2004

[BH04] BEIERLEIN, Thomas ; HAGENBRUCH, Olaf: *Taschenbuch Mikroprozessortechnik*. München [u.a.] : Fachbuchverl. Leipzig im Carl-Hanser-Verl., 2004

[Bie04] BIERL, Lutz: *Das grosse MSP430-Praxisbuch: der Ultra-Low-Power-Mikrocontroller von Texas Instruments*. Poing : Franzis, 2004

[Blu96] BLUM, Alfons: *Elektronisches Rauschen*. Stuttgart : Teubner, 1996

[BM08] BECKER, Bernd ; MOLITOR, Paul: *Technische Informatik: Eine einführende Darstellung*. Oldenbourg Wissenschaftsverlag, 2008

[BP89] BENDER, Dietrich ; PIPPIG, Ernst-Egon: *Einheiten, Masssysteme, SI*. Berlin : Akad.-Verl., 1989

[Bö07] BÖGE, Wolfgang: *Formeln und Tabellen Elektrotechnik*. Friedr. Vieweg & Sohn Verlag GWV Fachverlage GmbH, Wiesbaden, 2007

[CLRS10] CORMEN, Thomas H. ; LEISERSON, Charles E. ; RIVEST, Ronald ; STEIN, Clifford: *Algorithmen - Eine Einführung*. Oldenbourg Wissenschaftsverlag, 2010

[Con05] CONTADINI, Franco: Sigma-Delta-ADCs im Detail. In: *E&E* (2005), November, 25—27. http://www.eue24.net/pi/index.php?StoryID=253&articleID=13760

[Dav08] DAVIES, John H.: *MSP430 microcontroller basics*. Oxford : Newnes, 2008

[DB98] DRECHSLER, Rolf ; BECKER, Bernd: *Graphenbasierte Funktionsdarstellung. Boolesche und Pseudo- Boolesche Funktionen*. Teubner Verlag, 1998

[Deg08] DEGNER, Michael: *Mathematik für Physiker und Ingenieure: Grundlagen*. Düsseldorf : Verl. Stahleisen, 2008

[Den88] DENDA, Wolfgang: *Rauschen als Information*. Heidelberg : Hüthig, 1988

[DIN] DIN-NORM: *DIN IEC 60063-1985-12, Vorzugsreihen für die Nennwerte von Widerständen und Kondensatoren*. Beuth

[DIN95] DIN-NORMEN: *DIN Taschenbuch 514: Normen über graphische Symbole für die Elektrotechnik: Schaltzeichen*. Berlin; Wien; Zürich : Beuth, 1995

[DIN09] DIN-NORM-SAMMLUNG: *Formelzeichen, Formelsatz, mathematische Zeichen und Begriffe: Normen*. Berlin; Wien; Zürich : Beuth, 2009

[Fig13] FIGARO: *Figaro Gassensoren*. http://www.figarosensor.com. Version: Juni 2013

[FKL55] FRIEDRICH, Walther ; KNIPPING, P. ; LAUE, M.: *Interferenzerscheinungen bei Röntgenstrahlen*. Leipzig : J. A. Barth, 1955

[Fou] FOUNDATION, Nobel: *Nobelpreis für Physik 1956*. http://www.nobelprize.org/nobel_prizes/physics/laureates/1956/

[Fox12] FOX, Mark: *Optische Eigenschaften von Festkörpern*. München : Oldenbourg Verlag, 2012

[Fre84] FREITAG, Horst: *Einführung in die Zweitortheorie*. Stuttgart : Teubner, 1984

[Fri] FRICK, Frank: *Im Räderwerk der Quantennormale (PTB-Publikation)*. http://www.ptb.de/cms/publikationen/zeitschriften/masstaebe/masstaebe07/im-raederwerk-der-quantennormale.html

[FW09] FRÖHNER, Michael ; WINDISCH, Günther: *Eagle-Guide elementare Fourier-Reihen*. Leipzig : Ed. am Gutenbergplatz, 2009

[GHZ+89] GÖPEL, W ; HESSE, J ; ZEMEL, J. N. ; BOLL, R ; OVERSHOTT, K. J.: *Sensors: a comprehensive survey Vol. 5,*. Weinheim : VCH, 1989

[GMB10] GRASSER, Tibor ; MELLER, Gregor ; BALDO, Marc: *Organic electronics*. Heidelberg ; New York : Springer, 2010 (Advances in polymer science 223)

[Gon05] GONSCHOREK, Karl-Heinz: *EMV für Geräteentwickler und Systemintegratoren.* Berlin : Springer, 2005

[Gö07] GÖBEL, Jürgen: *Informationstheorie und Codierungsverfahren: Grundlagen und Anwendungen.* Berlin [u.a.] : VDE, 2007

[Haf03] HAFERKORN, Heinz: *Optik: physikalisch-technische Grundlagen und Anwendungen.* Weinheim : Wiley-VCH, 2003

[Heu91] HEUBERGER, Anton: *Mikromechanik : Mikrofertigung mit Methoden der Halbleitertechnologie.* Berlin [u.a.] : Springer, 1991

[Hey84] HEYWANG, Walter: *Amorphe und polykristalline Halbleiter.* Berlin; New York : Springer-Verlag, 1984

[HH95] HALL, Elizabeth A. H. ; HUMMEL, Gisela: *Biosensoren: mit 24 Tabellen.* Berlin [u.a.] : Springer, 1995

[HPAD07] HENNESSY, John L. ; PATTERSON, David A. ; ARPACI-DUSSEAU, Andrea C.: *Computer architecture: a quantitative approach.* 4th ed. Amsterdam ; Boston : Morgan Kaufmann, 2007

[IIII01] IEEE COMPUTER SOCIETY. TEST TECHNOLOGY STANDARDS COMMITTEE ; INSTITUTE OF ELECTRICAL AND ELECTRONICS ENGINEERS ; IEEE STANDARDS BOARD ; IEEE STANDARDS ASSOCIATION: *IEEE standard test access port and boundary-scan architecture.* New York : Institute of Electrical and Electronics Engineers, 2001

[int94] *MCS® 51 Microcontroller Family User's Manual.* Februar 1994. – Publication number 121517, Intel Corporation

[Int13] INTEL: *Intel Museum: Journey Through Decades of Innovation.* `http://www.intel.com/content/www/us/en/company-overview/intel-museum.html?iid=subhdr+info_museum`. Version: Juni 2013

[IRT13] IRTS: *International Technology Roadmap for Semiconductors.* `http://www.itrs.net/reports.html`. Version: 2013

[Kal09] KALLIS, Klaus: *Lithographieunabhängige nanoskalige MOS-Technologie auf Bulk-Silizium.* Münster, Theophano-Verl., Diss., 2009

[Ker13] KERAMIKVERBAND: *Keramik, Elektrische Eigenschaften.* `http://www.keramverband.de/keramik/deutsch/fachinfo/eigenschaften/eigenschaften_elektrisch.htm`. Version: 2013

[KF90] KUDO, Tetsuichi ; FUEKI, Kazuo: *Solid state ionics.* Tokyo, Japan : Weinheim, F.R.G. ; New York, NY, USA : Kodansha ; VCH, 1990

[Kit13] KITTEL, Charles: *Einführung in die Festkörperphysik / von Charles Kittel.* 15. Aufl. München : Oldenbourg, 2013

[KMB89] KOPPELBERG, Sabine ; MONK, James D. ; BONNET, Robert: *Handbook of Boolean algebras Vol. 1, [General theory of Boolean algebras].* Amsterdam; New York; Oxford : North-Holland, 1989

[KP95] KELLER, Jörg ; PAUL, Wolfgang J.: *Hardware-Design: formaler Entwurf digitaler Schaltungen.* Stuttgart; Leipzig : Teubner, 1995

[Kur88] KURZ, Günter: *Oszillatoren.* 1. Aufl. Berlin : Verlag Technik, 1988 (Reihe Informationselektronik)

[Kur08] KURZWEIL, Hans: *Endliche Körper: Verstehen, Rechnen, Anwenden.* 2. Aufl. Springer Berlin Heidelberg, 2008

[Led13] LEDERER, Christian: *Website CPU-Museum.* `http://www.cpu-museum.de/`. Version: Juni 2013

[LM12] LÖFFLER-MANG, Martin: *Optische Sensorik Lasertechnik, Experimente, Light Barriers.* Wiesbaden : Vieweg + Teubner, 2012

[LS13] LINDNER, Helmut ; SCHANZ, Michael: *Chronik der Elektrotechnik.* `https://www.vde.com/wiki/chronik_neu/Wiki-Seiten/Homepage.aspx`. Version: 2013

[Mar12] MARINESCU, Marlene: *Elektrische und magnetische Felder eine praxisorientierte Einführung.* Berlin; Heidelberg : Springer, 2012

[Mat94] MATTHESS, Georg: *Die Beschaffenheit des Grundwassers.* Berlin [u.a.] : Borntraeger, 1994

[MC99] MOLITOR, Paul ; CHRISTOPH, Scholl: *Datenstrukturen und effiziente Algorithmen für die Logiksynthese kombinatorischer Schaltungen.* Stuttgart : Teubner, 1999

[Mei97] MEIER, Uwe: *Analoge Schaltungen: Entwurf, Berechnung und Simulation.* München [u.a.] : Hanser, 1997

[Mey11] MEYER, Martin: *Signalverarbeitung analoge und digitale Signale, Systeme und Filter.* Wiesbaden : Vieweg + Teubner, 2011

[MGL92] MEINKE, Hans H. ; GUNDLACH, Friedrich-Wilhelm ; LANGE, Klaus: *Taschenbuch der Hochfrequenztechnik: Grundlagen, Komponenten, Systeme.* Berlin [u.a.] : Springer, 1992

[Moo65] MOORE, Gordon E.: Cramming more components onto integrated circuits. In: *Electronics* 38 (1965), April, Nr. 8

[MSP12a] *MSP430x2xx Family User's Guide.* `http://www.ti.com/general/docs/lit/getliterature.tsp?baseLiteratureNumber=slau144`. Version: Januar 2012. – SLAU144I, Texas Instruments

[MSP12b] *MSP430x4xx Family User's Guide.* `http://www.ti.com/general/docs/lit/getliterature.tsp?baseLiteratureNumber=slau056`. Version: Dezember 2012. – SLAU056k, Texas Instruments

[Mü90] MÜLLER, Rudolf: *Rauschen*. Berlin; New York : Springer-Verlag, 1990

[Mü95] MÜLLER, Rudolf: *Grundlagen der Halbleiter-Elektronik*. 7. Aufl. Berlin : Springer, 1995

[NIS13] NIST: *Naturkonstanten (Latest values of the constants)*. http://physics.nist.gov/cuu/Constants/. Version: 2013

[Okl08] OKLOBDZIJA, Vojin G.: *Computer engineering handbook. Digital design and fabrication*. Boca Raton, Fla. : CRC Press, 2008

[OM13] OMEGA-MESSTECHNIK: *Thermoelement-Referenztabellen nach ITS-90*. http://www.omega.de/techref/index.html. Version: 2013

[PH11] PATTERSON, David ; HENNESSY, John: *Rechnerorganisation und Rechnerentwurf: Die Hardware/Software-Schnittstelle*. 4. Aufl. Oldenbourg Wissenschaftsverlag, 2011

[Pie01] PIERPONT, William G.: *Die Kunst der Radiotelegrafie*. 3. Aufl. 2001 http://www.raes.ab.ca/TASRTVersions/TASRT-German.pdf. – Deutsche Übersetzung: Olaf Rettkowski, 17. Mai 2007

[PTB07] PTB: *Das internationale Einheitensystem (PTB-Mitteilungen 2, 2007)*. http://:www.ptb.de/cms/fileadmin/internet/publikationen/mitteilungen/2007/PTB-Mitteilungen_2007_Heft_2.pdf. Version: 2007

[PTB13] PTB: *Zahlenwerte wichtiger Naturkonstanten*. http://www.ptb.de/de/naturkonstanten/_zahlenwerte.html. Version: 2013

[Rai70] RAISBECK, Gordon: *Informationstheorie : Eine Einführung für Naturwissenschaftler u. Ingenieure*. Berlin : Akademie-Verl., 1970

[Rai03] RAITH, Wilhelm: *Lehrbuch der Experimentalphysik 4, 4. Aufl.* Berlin : de Gruyter, 2003

[RH02] ROJAS, Rául ; HASHAGEN, Ulf: *The first computers: history and architectures*. MIT Press, 2002

[Rie97] RIECH, Volkhard: *Mathematik zu den Experimentalphysik-Vorlesungen: ein Leitfaden für Studienanfänger*. Heidelberg; Berlin : Spektrum, Akad. Verl., 1997

[RM91] RUGE, Ingolf ; MADER, Hermann: *Halbleiter-Technologie*. Berlin; Heidelberg; New York; London; Paris; Tokyo; Hong Kong; Barcelona; Budapest : Springer, 1991

[Sch67] SCHRÖDER, Heinrich: *Elektrische Nachrichtentechnik, 1. Band*. Berlin : Verl. Radio-Foto-Kinotechnik, 1967

[Sch74] SCHULZE, Gustav E. R.: *Metallphysik*. 2. Aufl. Berlin : Akademie-Verlag, 1974

[Sci] SCIENTIFIC, Thermo: *Conductivity measurement in high purity water.* http://www.iccontrols.com/files/4-2.pdf

[Sci13] SCIENTIFIC, Sensor: *Sensor Scientific-Webseite.* http://www.sensorsci.com/. Version: 2013

[She06] SHENOI, Belle A.: *Introduction to digital signal processing and filter design.* Hoboken, N.J : Wiley-Interscience, 2006

[Sjo99] SJOBBEMA, Dirk Johannes W.: *Geschichte der Elektronik : vom Volta-Element zum digitalen Fernsehen.* Aachen : Elektor-Verl., 1999

[Spi01] SPICKERMANN, Diethart: *Passive elektronische Bauelemente.* Weil der Stadt : Schlembach, 2001

[Sto36] STONE, M. H.: The theory of representations for Boolean algebras. In: *Transactions of the American Mathematical Society* 40 (1936), Januar, Nr. 1, 37–37. http://www.ams.org/jourcgi/jour-getitem?pii=S0002-9947-1936-1501865-8

[Sto05] STOECKER, Horst: *Taschenbuch der Physik: Formeln, Tabellen, Ubersichten.* Frankfurt am Main : Deutsch-Verlag, 2005

[TSG10] TIETZE, Ulrich ; SCHENK, Christoph ; GAMM, Eberhard: *Halbleiter-Schaltungstechnik.* Berlin [u.a.] : Springer, 2010

[Uhl11] UHLEMANN, Andre: *Schnelles Testverfahren zur Evaluierung von EEPROM-Eigenschaften*, Universitätsbibliothek Duisburg-Essen, Diss., 2011. http://nbn-resolving.de/urn:nbn:de:hbz:464-20110630-090557-8

[Ulm09] ULMANN, Bernd: *Analogrechner: Grundlagen und Geschichte faszinierender Technik.* München : Oldenbourg, R, 2009

[Unb87] UNBEHAUEN, Rolf: *Elektrische Netzwerke: e. Einf. in d. Analyse.* Berlin; Heidelberg; New York; London; Paris; Tokyo : Springer, 1987

[US86] UNGER, Konrad ; SCHNEIDER, Helmut G.: *Verbindungshalbleiter.* 1. Aufl. Leipzig : Geest & Portig, 1986 (Technisch-physikalische Monographien Bd. 44)

[Wer08] WERNER, Martin: *Information und Codierung: Grundlagen und Anwendungen.* Springer, 2008

[Win02] WINTER, Renate: *Theoretische Informatik: Grundlagen mit Übungsaufgaben und Lösungen.* München; Wien : Oldenbourg, 2002

[WS03] WAGEMANN, Hans-Günther ; SCHÖNAUER, Tim: *Silizium-Planartechnologie : Grundprozesse, Physik und Bauelemente.* Stuttgart; Leipzig; Wiesbaden : Teubner, 2003

[Ziv94] ZIVKOVIC, Miodrag: Table of primitive binary polynomials. In: *Math. Comp* 63 (1994), S. 38–5

# Stichwortverzeichnis

**N**



**O**